U0384289

编写委员会

主　任

张登柱

副主任

王先平　李发孝

主　编

张学彬　郑正勤　王　峻　刘培伟　张华武

副主编

王再强　柯　剑　唐　珂　朱　亮

撰　写

张学彬　郑正勤　王　峻　刘培伟　张华武　王再强
王　强　柯　剑　唐　珂　朱　亮　陈　林　刘振庚
李鹏国　张　龙　蒋　冬　郑　尧

猴子岩水电站
高地应力引水发电系统
工程施工技术

张学彬　郑正勤　王　峻　刘培伟　张华武◎编著

项目策划：蒋　玙
责任编辑：蒋　玙
责任校对：唐　飞
封面设计：墨创文化
责任印制：王　炜

图书在版编目（CIP）数据

猴子岩水电站高地应力引水发电系统工程施工技术 / 张学彬等编著. — 成都 : 四川大学出版社, 2021.7
ISBN 978-7-5690-4815-5

Ⅰ. ①猴… Ⅱ. ①张… Ⅲ. ①引水式水电站—工程施工—康定 Ⅳ. ① TV74

中国版本图书馆 CIP 数据核字 (2021) 第 126420 号

书名　猴子岩水电站高地应力引水发电系统工程施工技术

编　　著	张学彬　郑正勤　王　峻　刘培伟　张华武
出　　版	四川大学出版社
地　　址	成都市一环路南一段 24 号（610065）
发　　行	四川大学出版社
书　　号	ISBN 978-7-5690-4815-5
印前制作	四川胜翔数码印务设计有限公司
印　　刷	四川五洲彩印有限责任公司
成品尺寸	210mm×285mm
插　　页	4
印　　张	23.5
字　　数	717 千字
版　　次	2021 年 7 月第 1 版
印　　次	2021 年 7 月第 1 次印刷
定　　价	98.00 元

◆ 读者邮购本书，请与本社发行科联系。
电话：(028)85408408/(028)85401670/
(028)86408023　邮政编码：610065
◆ 本社图书如有印装质量问题，请寄回出版社调换。
◆ 网址：http://press.scu.edu.cn

四川大学出版社
微信公众号

国家西部大开发重点工程
国电大渡河猴子岩水电站开工典礼
四川省人民政府 中国国电集团公司
2011.11.16
VOLVO
VOLVO
VOLVO

开工典礼

电站进

电站进水塔

地下厂房

开关站

尾水出口

前　言

中华人民共和国成立以来，水利水电建设事业蓬勃发展，建设了具有代表性的二滩水电站、葛洲坝水电站、三峡水电站、向家坝水电站等大型水利水电工程，取得了举世瞩目的成就，为我国的经济发展做出了巨大的贡献。

随着我国国民经济的持续、快速发展，特别是国家西部大开发战略、西电东送工程的实施，水电资源开发已经进入后时代，截至2014年年底，我国水电装机容量已经突破3亿千瓦。目前，东部水电的开发率已超过50%，个别省区甚至已经达到80%以上，而西部水电的开发率总体上仍然很低。这说明水电开发的主战场主要在西部地区，更集中在水电资源富集的青藏高原及其次区域内。西部地区落差大，水电丰富，水电站主要建在高山峡谷区，其河谷狭窄，洪水流量较大，很难在地表布设厂房系统，地下厂房方式往往是最佳方案，地下工程将越来越多，应用也越来越广泛。因此，做好地下工程施工技术的提炼、运用尤为重要。

为了系统地总结施工经验，并在此基础上提高施工技术水平和管理水平，中国水利水电第七工程局有限公司充分利用猴子岩水电站高地应力大型地下洞室施工管理经验，同时借鉴行业内其他水电站地下工程的建设经验，编写了本书。

本书在编写过程中，得到了中国水利水电第七工程局有限公司、国电大渡河猴子岩水电建设有限公司、成都勘测设计研究院有限公司、中国水利水电建设咨询北京有限公司和四川大学出版社众多单位领导的支持及相关专家、学者的帮助，特此由衷感谢。

限于作者水平有限，书中难免有欠缺、错误、不足，敬请读者批评指正。

作　者

2020年12月

目　录

第1章　高地应力地下洞室群建设概况

1.1　地下洞室开挖施工技术现状

20世纪六七十年代，苏联在大断面地下建筑物的研究、设计与施工方面做了大量的工作。1974年，莫斯特科夫结合苏联当时完成的一些大断面地下建筑物，对大型地下洞室的掘进方法做了较详细的论述。莫斯特科夫在考虑围岩地质条件和断面大小的情况下，对苏联当时的一些大型洞室开挖方法做了分析，并给出了在一定施工技术条件下的洞室掘进方法选择建议；同时还讨论了大型洞室开挖的施工机械配套问题。

我国在洞室开挖方法方面的研究起步较晚。20世纪60年代以前，我国水电站地下工程开挖采用手风钻造孔，自由爆破。1959年，水利电力部门的有关技术刊物开始介绍光面爆破技术。1964年，在二龙山水库输水洞中对光面爆破进行了比较全面的试验研究，并在实际应用中取得了较好的效果。20世纪70年代，在渔子溪水电站、镜泊湖水电站、察尔森水库和太平驿水电站等工程的引水隧洞中都采用了光面爆破技术，并进行了大量的锚喷支护试验研究。为了发展新奥法，从1982年开始，铁道部、水电部等单位广泛开展了科学研究，分别在广东的大瑶山隧道、云南的西洱河三级电站、贵州的东风电站和天生桥电站等国家重点骨干工程中进行了大规模的试验研究工作，并取得了可喜的成果。

1985年以后，在鲁布革水电站引水隧洞开挖中，引进了成龙配套的地下工程开挖支护设备，采用凿岩台车、非电毫秒雷管、全断面光面爆破，创平均月进尺231m、最高月进尺373.5m的纪录。20世纪90年代，在二滩水电站、小浪底水电站、广州抽水蓄能电站等工程的隧洞和地下厂房开挖中大量使用现代化的钻孔和装载运输设备，使我国的地下工程施工技术和速度都上了一个新的台阶。在这期间，一些单位的工程技术人员，结合本单位参与施工的具体大型地下洞室工程，在施工方法、开挖程序等方面做了比较详尽的介绍。

在广蓄一期地下厂房的施工中，中国水利水电第十四工程局（以下简称“水电十四局”）提出了“平面多工序、立体多层次”的施工观念。广蓄一期地下厂房总体上采用分层开挖的施工方案，整个厂房分6层开挖。顶拱使用凿岩台车钻孔，采用中导洞首先掘进、两边跟进扩大的开挖方式；中部使用潜孔钻机钻孔，大孔径梯段爆破开挖，并在上部层面施工的同时，从引水支洞和尾水管提前进入厂房，进行厂房下层的开挖，实现立体交叉施工。另外，在同一工作面（或平行工作面）安排钻孔、装药爆破、出渣、支护、量测等工序平行作业。这种“平面多工序、立体多层次”施工方案的实施，大大加快了施工进度，使厂房开挖工期大大缩短。

在大朝山地下厂房开挖过程中，同样采用了分层开挖的施工方案，整个厂房分7层开挖。顶拱采用两侧导洞超前、中间岩柱跟进的开挖方式；下部层面的开挖充分利用了主厂房上、下游及端部的施工通道，并先行以临时支洞进入主厂房开挖区，在不影响整个开挖程序的前提下，进行立体施工。

在二滩地下厂房的开挖过程中，承包商是以德国的霍尔兹曼为责任公司的中德二滩联营体，在厂房施工中，联营体采用了国际上常用的某些施工方法。地下厂房按上、中、下三个部分开挖，由上至下先开挖顶拱，然后分六个台阶逐层下挖，逐层锚喷。顶拱开挖采用中导洞领先、两侧扩大跟进的开挖方式，台阶开挖则采用周边预留保护层光面爆破的施工程序和方法。

其他还有一些关于龙滩、太平驿、小浪底、天荒坪、棉花滩等水电站地下厂房开挖方法的介绍，国外也有一些具体工程的施工情况介绍。另外，有人结合自己从事地下工程施工的经验，对大型洞室和地下厂房的施工程序和开挖方法做了总结。例如，水电十四局的蒋健结合广州抽水蓄能电站、龙滩水电站地下厂房的施工，介绍了地下厂房开挖方法、施工机械使用等方面的情况；中国水利水电第六工程局的于景辰对地下厂房的一般开挖方法做了研究，并探讨了地下洞室中的周边爆破、施工排水等问题。

尽管国内在大型地下洞室的开挖方面积累了丰富的施工经验，而且也做了一定的理论和试验研究，但是对于大型地下洞室施工程序的选择和开挖方法的确定仍处于一种经验和半经验的状态。在使用了现代化施工机械的情况下，对于大型地下洞室的开挖缺乏比较全面的研究；对于水电工程地下厂房的施工程序和开挖方法，以及厂房施工中的顶拱开挖、岩锚梁施工等关键问题也很少有人进行总结和系统研究。

1.2 洞室围岩变形及控制技术现状

交通隧道、水工隧道及其他地下工程在穿越高地应力、较大残余构造应力、浅埋偏压区域及软弱破碎围岩体时，围岩大变形是一种常见的、危害极大的施工地质灾害。隧道围岩大变形是围岩体在地应力、工程扰动和地下水活动等环境条件下，围岩岩体的一种变形破坏现象，其实质是由于围岩开挖引起的地应力重分布，造成岩体自稳能力的丧失或部分丧失，变形得不到有效的约束，围岩发生塑性变形破坏，从而使围岩支护遭到不同程度的破坏。早在 19 世纪中叶，软岩大变形问题就已经出现并引起人们的关注（Presse 和 Kauffmann，1860）。

自奥地利的陶恩隧道发生围岩大变形以来，国内外专家学者开始对围岩大变形的机理进行研究。在软岩的力学性质方面，日本学者对凝灰岩、粉砂岩、泥岩和砂岩等四种软岩进行了三轴固结不排水剪切试验，得出在高围压作用下变形模量呈非线性增加，但对于最大失效应力，软岩很快进入屈服，随着围压的增大，轴向应变和轴向塑性应变均倾向于屈服，一旦岩石进入屈服，变形模量随轴向塑性应变呈指数衰减；还通过三轴循环剪切试验，得到强度随黏结力和内摩擦角的变化规律。国内学者研究了软岩流变过程与强度，提出根据流变过程中四个特征点的变化规律，确定临界等速流变应力的方法和流变强度取值原则；根据软岩的膨胀崩解耐久性、冻融作用、力学性质试验，得到了软岩的力学性质变化特征，总结了软岩力学特性与赋存环境和时间的关系，并提出了软岩强度用流变强度极限区间的取值原则；提出了岩石强度随时间呈指数函数衰减的计算公式，以及流变呈指数函数递增的规律。另外，有学者系统分析了软岩中矿物组成以及软岩中膨胀矿物的特性，研究了软岩的单轴抗压、抗拉强度特性和三轴抗压特性，并研究了软岩的可塑性、膨胀性和流变性等工程力学特性，通过试验研究发现了软岩的抗剪强度恢复特性。

在围岩的支护研究方面，认为只有适合围岩变形破坏特征的支护，才能有效地维护洞室的稳定。根据对围岩破坏特征的认识，日本学者提出了围岩支护的应变控制理论，认为可以通过增加支护结构将围岩应变控制在容许范围之内。M. D. Salamon 等提出了能量支护理论，主张利用支架自动调整围岩释放的能量和支护体系吸收的能量。还有学者根据现场监测资料总结出软岩隧道相对于地层压力的重分布变形速率快、流变变形显著、对应力变化敏感、对水流渗入高度敏感、隧道全断面各方向均变形以及底板拱起变形明显六条变形特征，提出了控制隧道使用期稳定性的有效理论。国内学者根据我国隧道的地质特点，提出了适合我国软岩隧道的支护理论，同济大学根据软岩巷道变形破坏特点，提出了支护结构应有强柔性、有限的可缩性，边支边让，并设计了高强度大弧板复合支护结构。有学者根据深部围岩变形力学形态，认为巷道开挖后，在围岩中形成拉压域，压缩域在围岩深部，是维护巷道稳定的主承载区；张拉域形成于巷道周围，是支护的对象，提出主次承载区支护理论。另有学者在新奥法的基础上，认为不能单纯强调支护刚度，要先柔后刚，柔刚适度，提出联合支护理论，并由此发展了锚喷网技术、锚喷网架技术、锚带网架技术、锚带喷架等联合支护技术。另外，还发展了锚注支护技术、锚喷支护理论和技术等。石家庄铁道学院通过乌鞘岭隧道的现场监测数据分析并结合数值计算，研究了二次衬砌在软弱围岩段的施作时机，认为适时提前施作二次衬砌是合理可行的，二次衬砌承受因初期支护不足而产生的部分荷载，对隧道稳定是有利的。

在围岩大变形研究方面还存在一些问题：首先，关于围岩大变形还没有建立一个明确的定义，勘察设计和施工方对大变形的认识不一致；其次，研究者仅从各自的角度开展洞室围岩大变形问题的研究，其研究成果有一定的局限性，难以形成统一的理论体系；最后，在围岩大变形预测方面的研究较少，更多的是在勘察设计阶段，仅从地质角度进行预测，缺乏结合现场施工工法及支护体系的大变形预警系统的研究，导致在勘察设计阶段预测会出现大变形的地段进行了很强的支护设计却未出现大变形，相反在设计中未预测出现大变形的地段却发生了大变形，造成施工困难。可见，对围岩大变形的研究，在理论方面需要形成一个系统的理论体系，对围岩大变形的预测研究，尤其是结合新奥法施工过程中的围岩大变形预警系统研究将成为今后一段时间的研究热点。

1.3　高地应力岩爆控制现状

岩爆是一种岩体中聚积的弹性变形势能在一定条件下的突然猛烈释放，导致岩石爆裂并弹射出来的现象。岩爆可瞬间突然产生，也可持续几天至几个月。发生岩爆的条件是岩体中有较高的地应力，超过了岩石本身的强度，同时岩石具有较高的脆性度和弹性，在这种条件下，一旦由于地下工程活动破坏了岩体原有平衡状态，岩体中多余的能量会导致岩石破坏，并将破碎岩石抛出。

1.3.1　岩爆形成机理

岩爆机理探索一直是一个重要的课题。2011年，钱七虎院士主持召开了中国科协新观点新学说学术沙龙，就岩爆机理探索进行了研讨。全球就岩爆和矿震召开了多次国际、国内学术研讨会。钱七虎院士、何满潮教授还主持了国家自然科学基金重大项目，就深部岩体力学与岩爆机理等开展了卓有成效的研究。钱七虎院士从深部岩体微裂隙、非协调变形破坏、自平衡封闭应力等方面研究了深部岩体分区破裂化与岩爆的关系等。国内高地应力条件下水电站地下厂房变形实例见表1.3-1。

表1.3-1　国内高地应力条件下水电站地下厂房变形实例

项目名称	初始地应力/MPa	结构面情况	变形情况
二滩	32～52	主要发育两组节理，1＃尾水调压室出露断层较大	变形主要都发生在开挖施工期，且多呈台阶状突变，与开挖爆破及岩爆的对应关系明显。曾在2＃尾水调压室南端和2＃机窝一次贯穿过程中分别引起主厂房30～60mm和24～40mm的突发大变形

续表1.3－1

项目名称	初始地应力/MPa	结构面情况	变形情况
锦屏Ⅰ	20～36	主要发育4组节理裂隙，3条主要断层和煌斑岩脉，小断层发育	f_{14}断层通过部位存在结构面“张开位移”，在开挖期间，监测结果多出现突变
锦屏Ⅱ	10～23	主要发育5组裂隙，1条较大规模断层，小型断层及破碎带发育	围岩变形存在明显的突变。厂房右R0＋263m安装间上游边墙部位曾监测到高达8.13mm的位移突变
拉西瓦	29	除缓倾断层Hf8断层外，开挖还揭露出规模较大的结构面	洞室拱顶位移一般随前几期开挖逐渐增加，边墙位移都表现为随向下开挖而逐渐增大。主厂房下游边墙2254.50～2259.50m高程曾发生塌方，塌方量约$30m^3$
官地	25～35	无大断层，主要结构面为NWW和NE向两组，均为陡倾角	洞周岩体随下部开挖变形增长明显，与监测断面附近开挖联系较大
瀑布沟	21～27	围岩中小断层发育，包括多条辉绿岩脉断层	变形曲线呈现“台阶状”突变，高强度开挖对应变形的明显的“跃升”
溪洛渡（左岸）	16～18	无较大规模的断层，层间错动带总体上不发育	围岩变形受施工影响较大，变化曲线呈阶跃式发展。主厂房顶拱厂横0＋068.00m上下游半幅同时扩挖，该多点位移计孔口测点向临空面变形量为4.32mm

关于岩爆机理的室内试验研究，也取得了重要进展。例如，谭以安（1989）通过对南盘江天生桥水电站引水隧洞岩爆灾害进行现场调查，对岩爆破坏断面进行分析，对岩爆破坏岩石断口形貌特征进行电镜扫描分析，得到岩爆爆裂面整体呈阶梯状“V”形断面。其中一组裂面与原开挖洞壁大致平行，另一组与洞壁斜交。其中与最大初始应力平行一组裂面表现为张性，斜交面表现为剪切性质。并根据岩爆破坏的几何形态特征、一般力学与动力学特征，在岩爆破坏分析的基础上，提出岩爆渐进破坏过程的三个阶段：劈裂成板、剪断成块和块片弹射。但是认为岩爆的张剪破坏不具有一般性，有其工程特殊性，另外，其没有对岩爆所在岩体的地质特征和是否该引水隧洞所有岩爆都是这种破坏模式进行介绍。刘小明和侯发亮（1996）将拉西瓦花岗岩在室内各种受力情况下的岩石试件破坏断口薄片、现场岩芯饼化薄片和洞室岩爆薄片分为8组进行研究，指出岩石破坏断口表面粗糙度曲线具有自相似分形特征，并且认为岩石断口粗糙度曲线的分数维大小和岩石断裂机制之间存在着一种内在对应关系，并用此理论判明了拉西瓦地下洞室岩爆为拉破裂机制。李广平（1997）建立了考虑裂纹闭合效应和裂纹相互作用的岩体压剪细观损伤力学模型。使用该模型发现，岩爆是在洞室开挖过程中（或开挖完毕后）围岩发生应力调整（切向应力增加、径向应力减少）而诱发岩体中的预存裂纹发生摩擦滑移、界面扩展、裂纹扭折以致裂纹相互连接而导致围岩发生宏观脆性断裂的产物。徐林生和王兰生（1999）结合洞壁围岩二次应力场测试与围岩变形破裂状况对比分析的结果，将不同烈度级别的岩爆与三向应力条件下变形破坏全过程相对照，从力学机制角度，将岩爆归纳为压致拉裂、压致剪切拉裂、弯曲鼓折（溃屈）三种基本方式。但是这三种基本方式是从岩石破坏过程的三个阶段出发，同时综合分析大量地下工程岩爆资料得到的，有其工程价值。谷明成等（2002）为了进一步分析岩爆的形成发生过程，从Cook（1965）提出的刚度理论角度出发，把洞壁发生岩爆的岩体单元看作实验室受压的岩石试件，把岩体单元周围的稳定围岩看作一台加载的试验机，构成了“围岩—岩体单元”系统。这个系统中的加载是通过施工掌子面的推进，由应力状态的改变来进行的。据此分析岩爆的形成、发展过程，并将其分为张性劈裂、破裂成块和岩块弹射三个变形破坏阶段。杨健和王连俊（2005）通过研究不同岩性岩石分别在单轴压缩和三向应力状态下的

声发射特性，并根据声发射特性划分为四种不同的类型：群发型、集发型、突发型和散发型。侯哲生等（2011）在对锦屏水电站引水隧洞与施工排水洞现场调查的基础上，将深埋完整大理岩的岩爆归纳为拉张型板裂化岩爆和剪切型岩爆。上述关于岩爆机理的研究主要是基于室内试样的试验所获得的。实际上，岩爆是高应力压缩的储能岩体开挖过程中的能量突然释放而发生的一种动力现象。因此，迫切需要开展现场受高应力压缩的岩体开挖过程的综合观测试验，以揭示不同类型岩爆孕育过程的机制、特征和规律。

1.3.2　岩爆预测预报

岩爆的预防和治理是洞室施工中比较关键的问题。如果能在勘测设计阶段采取必要的措施，防止或减缓岩爆的烈度，以避免或减少对施工的影响，这是最为理想的，然而，要达到这一点非常困难，往往在施工过程中，岩爆问题才能彻底暴露，所以在施工阶段必须有足够的准备和相应措施。

国内外学者一直致力于岩爆灾害风险评估和预测预警方法的研究。岩爆灾害包含振动和冲击破坏两个重要特征，因而对其风险评估和预测预警方法的研究也包含两个方面：①研究岩爆的振动特征，评估岩爆风险；②研究岩爆的冲击破坏特征，评估岩爆破坏倾向性和破坏程度。基于岩爆振动特征的研究，学者们研发和提出了各种岩爆实时监测和检测方法，如微震/声发射监测技术、红外线遥感、光学测试等，获取了岩爆灾害的声、光、电等信息，用以描述岩爆能量特征和岩爆孕育演化规律，进而提出了多种预测预警方法和指标。基于岩爆冲击破坏特征的研究，学者们分析了岩爆的发生条件和岩爆冲击能力及破坏等级的内在联系，量化岩爆的控制因素后提出了多种指标来评估岩爆倾向性和预测岩爆风险。基于岩爆冲击破坏特征研究的岩爆风险评估和预测经验评估方法又可细分为单指标或多指标判据方法和数值评估方法两大类。前者基于岩爆信息的统计学理论建立定量或半定量评价系统和分类判据；而后者以力学分析和计算为基础，通过评估岩爆的能量特征和应力或变形条件，从而建立评判岩爆风险的预测指标。以下各节从岩爆风险经验评估方法和监测检测方法两个方面重点探讨各类方法的研究进展，分析各种方法的主要特点、存在的问题和不足。

关于岩爆灾害等级的划分，国内外众多学者进行了深入而广泛的研究，先后提出了多种岩爆等级划分方法。代表性的划分方法：Russnes（1974）根据岩爆时的声响、岩体破裂及变形形态将岩爆分为无岩爆、轻微岩爆、中等岩爆和严重岩爆四个等级；布霍依诺（1985）按照岩爆对矿山工程损害程度划分为三级；谭以安（1992）深入研究了前人的研究成果及岩爆发生时的力学特征、破坏方式、不同岩爆对围岩和构造物的破坏程度，提出了考虑岩体破坏形态、力学特征、声学特征、破坏过程和破坏程度的岩爆等级划分方法，将岩爆划分为四个等级；《中国水力发电工程地质勘察规范》（GB 50287—2006）综合国内外岩爆等级划分方法，提出了根据岩爆发生时的声响及发生后的破坏形态、破坏深度、破坏范围、块体大小、持续时间的岩爆等级划分方法，将岩爆等级划分为轻微岩爆、中等岩爆、强烈岩爆和极强岩爆四个等级。目前，这些方法已较全面地考虑了评定岩爆等级的指标，现场使用时，若其中一些指标的值不能有效获取，可以利用其他指标进行评价，操作简单、适用性较强。但是，这些划分方法大多是根据岩爆发生时的表观现象对岩爆发生的等级进行粗略的、定性的分析与评价，且对于多因素评价指标，有时评价指标之间互相矛盾，难以定量地准确划分岩爆发生的等级，从而影响岩爆的预测与防治。

1.3.3　岩爆监测方法

岩爆预测在实际工程中的应用有很多方法，如钻屑法、微重力法、电阻法、流变法、气体测定法、地震法、声发射法、电磁辐射法、振动法、光弹法等，通过对开挖面前方的围岩特性、地质状况，是否存在断层或断层破碎带以及水文地质情况，获取预测岩爆的影响因子的监测数据，再通过以上理论模型或判据进行归纳分析，判断预测岩爆发生的可能性。主要手段如下：

(1) 基于岩体变形和岩石的力学性质评估岩爆风险。通过观察开挖面及其附近的地理环境、生物异常预报，分析岩石的动态特性，主要包括岩体内部发出的各种声响和局部岩体表面的剥落等，采用工程类比法进行宏观预报。例如，发生岩爆之前，岩体的体积发生变形使岩体的密度发生变化。根据其密度、重力强度及密度分布的变化，采用微重力法预测岩爆倾向的地带。由于应力松弛速度取决于岩石的力学性质、地质条件、应力集中和埋深等因素，当应力松弛速度低、破坏程度高时，有可能发生岩爆，利用流变法根据岩体的松弛速度和破坏程度来预测岩爆。当有岩爆发生时，岩石的电阻、光学特性都有明显变化，可以通过测试岩石的电阻变化及在偏振光作用下的干涉条纹来预测岩爆。施工过程中，向岩体中打小直径钻孔，根据经验，当有岩爆发生时，钻孔过程中单孔孔深排粉量的变化异常，一般排粉量达到正常值的 2 倍，最大值可达到正常值的 10 倍，可以通过钻屑法预测岩爆。由于开挖过程中常伴随着一些气体的释放，如瓦斯、氡气，这些气体的扩散与围岩的受载有关，可以通过气体测定进行岩爆预测。在每一次开挖循环结束后，取得岩块进行单轴抗压强度检测。开挖后及时充填采空区、降低采空区顶板和侧帮应力集中，以及通过岩石单轴抗压强度与推算地应力的比值判断岩爆发生的基本条件及岩爆的级别，也是常见的方法。

(2) 基于实时监测的岩体动态信息评估岩爆风险。地质雷达方法：通过地质雷达探测到的围岩结构、发育情况，判断岩石是否完整、是否含有地下水等结构条件；根据岩石主要结构面与主应力的夹角，初判岩爆发生的可能性。钻速测试与地震仪和工程检测仪也是岩爆预测的手段，当测定岩体的弹性波速超过预定值时，通过确定巷道周围的应力、应变的变化来预警岩爆。声发射或微震方法：岩体在变形破坏过程中会产生应力波和声波，即声发射或微震。它是由岩石受力时的裂纹扩展行为引起的，可反映岩石在加载过程中裂隙发展情况和岩石性质及受力状态对岩石破坏特征的影响。岩体岩性、结构不同，其声发射或微震特征不同。岩石临近破坏之际，声发射或微震活动的显著变化均超前于位移的显著变化，噪音读数迅速增加。利用声发射或微震技术，探测岩石破裂时发出的亚声频噪音（微震）。地音探测器能将那些人耳听不到的声波转化成电信号，探测微细破裂，当地音探测器探测到的声发射数或微震事件数大于预定值，就意味着可能有岩爆发生。微震监测技术越来越多地在澳大利亚、美国、加拿大、中国，以及非洲、南美洲等地区的矿山、热干岩电站、地下实验室、隧洞等工程中推广应用，取得了一系列卓有成效的研究成果。但是，微震活动性与不同类型、不同等级岩爆孕育过程的关系，以及基于微震活动性的定量岩爆预警方法有待进一步建立。

1.3.4 岩爆防治方法

岩爆防治是工程的重难点，也是影响施工安全、进度、质量的关键因素，因此，在强岩爆洞段采取相应的防岩爆措施尤为必要。在钻爆法施工中，岩爆问题的防治原则是以防为主，防治结合。主动防御时，可躲避，可采取措施降低岩爆发生的可能性；被动治理时，可支护、清渣等，处理方法非常灵活。而 TBM 施工中，设备不能及时撤离，设备自身的防护能力有限，且非常昂贵，设备体积大，洞内很难展开其他机械的运作，一旦发生岩爆，被动治理的代价是非常大的，所以必须确立以防为主的原则。

无论是钻爆法施工还是 TBM 施工，总体来讲，岩爆防治方法主要包括围岩支护、弱化岩体的力学性质、调整围岩应力状态和能量集中水平以及三者的有机结合。另外，可配合改进施工方法或掘进参数、动态监测预警、改善设备对围岩的支护能力和自身的防护能力及建立治理预案等方法，以达到更好的防治效果。为此，加拿大、南非建立了岩爆支护手册。

围岩支护是岩爆防治的重要措施。由于在岩爆发生时被动承受冲击作用力，围岩支护也称为“被动”措施。20 世纪 80 年代，随着采矿工程埋深的增加，岩爆的支护设计开始受到重视。Roberts 和 Brummer（1988）结合南非采场的岩爆治理经验，认为在有岩爆倾向的巷道，支护系统所提供的阻力不能低于60kN/m²，同时要求支护系统能在屈服状态下工作，能保证岩爆发生时破裂岩体仍能在支护系统的作用下不脱离母岩。Ortlepp（1993）利用现场的记录数据估计岩体弹射速度，从而确定支护参数。现场岩爆对支护系统在吸能方面的要求使得很多学者开始研究支护单元的位移荷载特征曲线，并着手研发新的高吸能支护单元。Ortlepp（1994）和Li（2010）分别研究了锥形锚杆和Dura锚杆的吸能能力，对工程设计有较大的指导意义。Stacey等（1995）在Ortlepp的工作基础上，研究了喷射混凝土层和钢筋挂网的吸能能力。在岩爆支护设计方面，Kaiser等（1996）总结了诸多地下采矿工程中的支护经验和加拿大岩爆研究项目的成果，确定了有岩爆倾向的巷道支护设计理念，并提出了根据岩爆震级和震源距离来确定支护参数的设计方法。岩爆区掌子面开挖形式如图1.3－1所示。

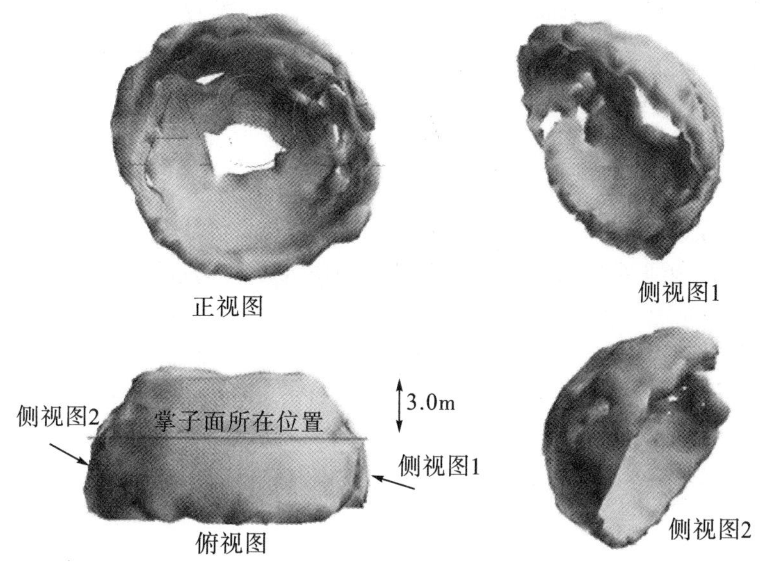

图1.3－1　岩爆区掌子面开挖形式

国内对有岩爆倾向的隧洞的支护设计往往是针对具体工程进行的。王兰生等（1999）结合二郎山公路隧道开挖过程中的岩爆现象，将岩爆进行烈度分级，并给出了不同烈度岩爆的支护参数。李春杰和李洪奇（1999）在对秦岭铁路隧道案例分析的基础上，研究了岩爆与地质因素的关系、岩爆的声响运动特征和岩爆发生的时空规律，并总结了秦岭铁路隧道的防治措施和支护设计参数；李忠和杨腾峰（2005）总结了福建九华山隧道岩爆的支护设计参数；汪琦等（2006）研究了苍岭隧道岩爆发生的时空规律，并在此基础上给出了相应的岩爆防治措施；张杰和董祥丽（2007）分析了终南山公路隧道开挖过程出现的岩爆与岩性、地质构造的关系，也分析了岩爆发生断面与掌子面的距离，给出了相应的具体措施，最后总结了施工治理岩爆的支护参数。总体上讲，国内岩爆的支护设计仍停留在经验阶段，不同的工程所采用的支护措施和支护参数均不相同，目前尚缺乏一种能够广泛适用的岩爆防治支护设计方法。

弱化岩体力学性质和调整围岩应力状态常常是相辅相成的，实施前者时可同时达到调整应力状态的目的。当然，还可以通过其他方法来调整围岩应力状态或分布方式。此类方法在开挖前积极主动采取措施，改变现状以期降低岩爆发生的概率和强度，故此方法也称为“主动”措施。应力释放孔、应力解除爆破、高压注水和局部切槽是弱化岩体力学性质的常用方式。苍岭隧道（吴德兴，2005）、秦岭隧道（王献，2006）、福堂水电站引水隧洞（吴勇，2006）和大伙房水利枢纽引水隧洞（李忠等，2004）、二郎山隧道（徐林生，2004）等均采用了该类方法。这类方法适用于中等及以上强度的岩爆。

1.4 猴子岩水电站高地应力地下洞室群概况

1.4.1 工程概况

猴子岩地下洞群空间结构密集，在三大洞室区域，有约近一半的山体将被挖除；各类洞室纵横交错，仅右岸引水发电系统布置有40余条洞室，总长度达15km。电站地下厂房洞室群三大洞室最小垂直埋深约400m，最小水平埋深约280m，实测地应力高达36.4MPa，σ_2、σ_3最大值分别高达29.80MPa、22.32MPa，且与厂房轴向大角度相交，边墙部位发育多组断层和破碎带不利组合，对洞室稳定极为不利。高地应力地下厂房洞室群开挖施工过程中，由于地应力释放和调整，带来的围岩松弛、大变形、岩爆等问题突出。

1.4.2 重大工程节点及重要里程碑

引水发电系统工程于2011年11月开始建设，2014年4月完成下厂房开挖，2016年6月完成厂房混凝土浇筑，2017年1月首台机组投产发电，2018年7月通过所有单位工程验收。

1.4.3 取得的成绩

（1）“大渡河猴子岩水电站引水发电系统工程施工”获得2018—2019年度四川省建设工程天府杯金奖。

（2）“大渡河猴子岩水电站引水发电系统工程施工”获得“天府杯”金奖及中国电力建设股份有限公司2019年度中国电建优质工程奖。

（3）四川省总工会2014年四川省五一劳动奖状。

（4）四川省总工会2017年四川省工人先锋号。

（5）已授权发明专利2项，已授权实用新型专利4项，已受理发明专利3项。

（6）四川省工法6项，水利水电工程建设工法3项。

（7）省部级以上QC成果一等奖2项、二等奖1项、三等奖4项。

（8）省部级以上科技进步奖一等奖1项、二等奖4项、三等奖2项。

第2章 猴子岩水电站施工概况

2.1 枢纽布置及主要建筑物

猴子岩水电站位于四川省甘孜藏族自治州康定市境内，是大渡河干流水电规划调整推荐22级开发方案的第9个梯级电站。电站采用坝式开发，枢纽建筑物主要由拦河坝、两岸泄洪及放空建筑物、右岸首部式地下引水发电系统等组成。水库正常蓄水位1842.00m，死水位1802.00m，总库容7.06亿立方米。水电站装机4台机组，单机容量425MW，总装机容量1700MW。

拦河坝为混凝土面板堆石坝，最大坝高223.50m；泄洪建筑物由右岸溢洪洞和泄洪放空洞、左岸深孔泄洪洞和非常泄洪洞（由1#导流洞改建）组成；引水发电建筑物布置于河道右岸，采用首部地下厂房布置方式，引水采用“单管单机”供水，地下厂区主厂房、主变室、尾水调压室三大洞室平行布置，尾水采用“两机一室一洞”布置格局。

2.1.1 枢纽布置

猴子岩水电站主要工程特性见表2.1−1。

表2.1−1 猴子岩水电站主要工程特性表

名称	单位	指标
正常水位	m	1842.00
死水位	m	1802.00
正常蓄水位以下库容	亿立方米	7.06
装机容量	MW	170
坝顶高程	m	223.50
引水洞数量	条	4
尾水隧洞数量	条	2
泄洪洞数量	条	3
溢洪洞数量	条	1

2.1.2 引水发电系统

引水发电建筑物布置于河道右岸，采用首部地下厂房布置方式。引水采用“单管单机”供水，地下厂区主厂房、主变室、尾水调压室三大洞室平行布置，尾水采用“两机一室一洞”布置格局。引水发电建筑物主要由电站进水口、压力管道、主厂房、副厂房、主变室、开关站、尾水调压室、尾水隧洞等建筑物组成。电站安装4台42.5万千瓦的水轮发电机组，总装机容量170万千瓦，电站额定水头 130m，单机引用流量 368.40m³/s。

电站进水口位于大渡河右岸磨子沟下游，采用岸塔式进口，4 台机组进水口呈“一”字形并排布置，进水口塔体尺寸 122.00m×30.00m×71.50m（长×宽×高）。进水口底板顶高程 1781.00m，塔顶高程 1847.50m，相邻进水塔之间设一条沉降缝，每个塔体结构独立。相邻进水口孔口中心线间距 30.00m，单个进水塔塔体宽度分别为 30.00m（中机组段）与 31.00m（边机组段）。

压力管道采用单机单管布置，4 条管道平行布置，上平段管轴线间距 30.00m，下平段管轴线间距 30.54m，上、下平段采用 60°斜井连接，压力管道内径为 10.50m，4 条管道长 539.116～636.940m；单机设计引用流量 368.4m³/s，流速 4.25m/s。

发电厂房布置于大渡河右岸略靠坝轴线上游山体内，厂房纵轴线方向为 N61°W，厂房左上角距坝轴线铅直面约 100m，顺坝轴线方向距右坝肩约 200m。厂房最小垂直埋深约 380m，最小水平埋深约 250m。主厂房 219.5m×29.2m×68.7m（长×宽×高），主变室 139.0m×18.8m×25.2m（长×宽×高），尾水调压室 140.5m×23.5m×75.0m（长×宽×高）；三大洞室平行布置，尾水调压室中心线和厂房顶拱中心线间距为 134.9m，主变室与厂房和尾水调压室间岩柱厚度分别为 45.00m 和 44.75m。

尾水系统采用“两机一室一洞”布置格局，两条尾水隧洞与调压室的连接采用室内交汇方式。调压室为两个长条形圆拱直墙阻抗式调压室，中间用 15.50m 厚岩柱隔开，调压室断面尺寸分别为 64.00m×20.00m×57.50m、57.00m×20.00m×57.50m（长×下室宽×高）。调压室在靠河床一端设调压室安装场，其底高程同启闭机平台高程，为 1732.00m，其端头接调压室交通洞，交通洞为城门洞型，长约 510m，净断面尺寸为 5.00m×6.25m（宽×高）。1＃、2＃尾水隧洞长度分别为 805.264m、669.318m，主洞断面尺寸为 12.0m×16.0m（宽×高）。

地面开关站位于右岸坝轴线下游约 480m 处，地面高程 1850.00m。与地下主变室采用一条出线洞连接，开关站尺寸为 162.0m×20.0m（长×宽）。进站交通洞（S211－4）从 S211 接线，进站交通洞为城门洞型，长约 370m，净断面尺寸为 8.0m×7.0m（宽×高）。

猴子岩水电站引水发电系统透视图如图 2.1－1 所示。

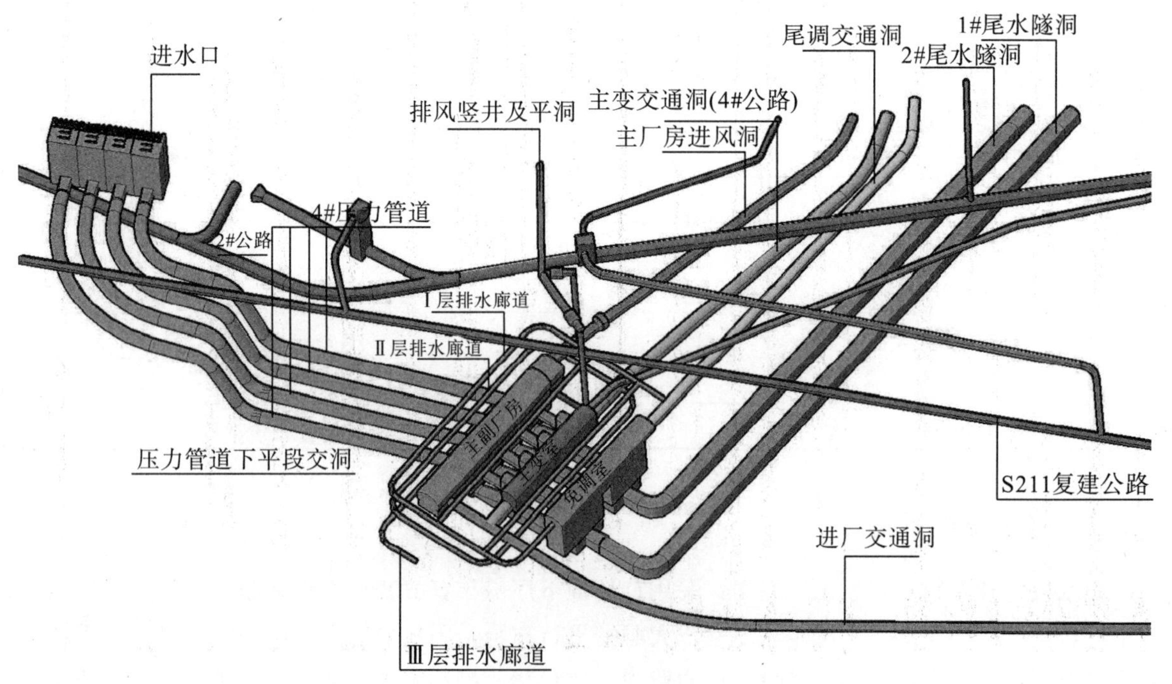

图 2.1－1　猴子岩水电站引水发电系统透视图

2.2　工程水文气象

2.2.1　气象条件

大渡河流域位于青藏高原东南边缘向四川盆地西部的过渡地带，南北跨五个纬度，东西跨四个经度，地形变化十分复杂，致使流域内气候差异很大。按气候区划，上游属川西高原气候区，中下游属四川盆地亚热带湿润气候区。同一气候区，气候垂直变化明显，有“一山四季”的特点。但流域气温和降水总的变化趋势是由北向东南增高和增加。

降水量主要集中在 5—10 月，其中又以 6—9 月最多。中、上游 5—10 月降水量占年降水量的 80％～90％，下游为 75％～80％。

猴子岩水电站坝址区无气象站，距电站上、下游距离约 47km 及 89km 处分别设立有丹巴县气象站和泸定县气象站。

2.2.2　水文

根据丹巴水文站 1952 年 5 月—2009 年 4 月实测径流资料统计，多年平均流量为 764m^3/s，年径流深为 456.9mm，年径流模数为 14.5L/(s·km^2)。径流变化与降水变化一致，年内变化大，而年际变化小。径流集中在丰水期，5—10 月约占年径流的 81.0％；枯水期为 11 月至翌年 4 月，占年径流的 19.0％左右；最枯期为 1—3 月，占年径流的 6.5％左右。年最小流量一般出现在 1 月、2 月，2003 年 1 月测得最小流量为 119m^3/s。最丰期、最枯期年平均流量分别为 1060m^3/s 和 462 m^3/s，两者之比为 2.29，分别为多年平均流量的 1.39 倍和 0.60 倍。

2.3　基本地质条件

2.3.1　地形地貌

坝址区位于色龙沟口至折洛沟口河段，全长 3.8km，河道略呈“S”形流向，坝址河谷狭窄，河谷形态呈较对称的“V”形谷。枯水期河水位 1694～1697m，河面宽 60～65m，正常蓄水位 1842m 时相应河面宽 265～380m。河谷两岸地形陡峻，临河坡高大于 800m。左岸 1900.00m 高程以下地形坡度一般为 60°～65°，以上变缓为 30°～40°。右岸 2000.00m 高程以下地形坡度一般为 55°～60°，以上为 40°～50°。坝前右岸发育磨子沟。引水发电系统位于右岸。

2.3.2　地层岩性

坝址区出露地层主要为志留系上统（S_3）～泥盆系下统（D_1）变质碳酸盐岩、绢云石英白云片岩、泥质结晶白云岩等。第四系沉积物主要为河床冲洪积、堰塞湖相堆积、冰水堆积和崩坡积等。

地下洞群主要以变质灰岩、白云质灰岩、白云岩为主，夹少量的钙质绢云石英片岩，局部为含绢云母变质灰岩、薄层钙质石英片岩。

2.3.3　地质构造

地质调查测绘及勘探表明，地下洞群地层经多次构造运动作用，岩石已不同程度区域变质，层理、片理及层间褶皱较发育，岩层总体产状由 N40°～60°E/NW∠30°～45°逐渐转为 N80°E/NW∠30°～45°、EW/N∠35°～45°，向 NNW 方向倾伏，局部产状变化较大。无Ⅰ级结构面通过；Ⅱ级结构面 3 条，均为断层；Ⅲ级结构面 153 条，其中断层 60 条、挤压带 93 条；Ⅳ级结构面 305 条，其中断层 219 条、挤压带 86 条；其余主要为Ⅴ级结构面的层面裂隙、节理裂隙。

2.3.4 物理地质作用

引水发电系统建筑物区内物理地质现象主要表现为岩体的风化、卸荷等方面。

1）岩体风化

坝址区岩体风化作用的强弱主要受岩性控制，变质灰岩、白云质灰岩，岩石坚硬，岩体较完整，抗风化能力强，风化较弱，依据规范中的岩体风化带划分的规定，猴子岩坝址区岩体分为弱风化上带、弱风化下带、微新岩体，其次地质构造、岩体结构、地下水和岩体卸荷等因素对岩体风化作用影响也较明显。

2）岩体卸荷

坝址河谷深切，谷坡陡峻，河谷的强烈下切导致谷坡向临空方向产生较强烈卸荷。岩体卸荷作用主要沿顺坡向的中陡倾角裂隙进行，在裂隙密集部位卸荷明显，在地形突出部位卸荷较深，其卸荷强度一般随水平埋深增加、高程降低而减弱。依据岩体卸荷带划分标准，猴子岩水电站两岸谷坡岩体分为强卸荷带、弱卸荷带，此外在两岸局部地段，还存在深卸荷现象。

2.3.5 水文地质条件

根据坝址区地下水的赋存条件，可将其分为第四系松散堆积层孔隙水和基岩裂隙水两种基本类型。引水发电系统为基岩裂隙水，岩体含水不丰，平硐中基岩裂隙水多以滴状渗水为主，目估渗水量 2～4L/min。

厂房区岩体中岩溶不发育，仅见少量小的溶隙，除断层带具较强透水性外，中陡倾角裂隙一般透水性较弱。地下水位埋藏较深，岩体中地下水不丰；厂房区范围天然状态下地下水位垂直埋深 400～500m，水库蓄水后，外水压力将会升高。经估算，地下厂房区（包括主厂房、主变室、尾水调压室、压力管道、尾水隧洞）渗透总量约为 $800m^3/h$。

2.3.6 地应力

坝址地处深山峡谷区，新构造运动总体特点以整体间歇性强烈抬升为主，区域构造应力最大主应力方向表现为近 EW 向或 NWW～SEE 向。坝址岩体以坚硬较完整变质灰岩为主，易于蓄积较高的应变能，地应力值相对较高。

根据现场勘探，洞室地应力均大于 20.00MPa，属于高地应力区，最大主应力 36.43MPa，在高地应力的情况下，同时伴随着片帮、局部裂隙发育等现象。

2.3.7 有害气体

针对地下洞群的有害气体，开展了氡（Rn）及其子体浓度测试、岩体自然伽马（γ）辐射强度测试、环境空气质量测试（包括 O_2、CO_2、CO、NO、NO_2、SO_2 百分比浓度）等百分含量测试，测得局部氡子体平衡当量浓度随深度增加而增加，存在超标现象，其余有害气体浓度不超标，但应加强通风。

2.4　工程施工条件

2.4.1　交通条件

猴子岩水电站位于省道 S211 线上，南行 65km 至瓦斯沟口接国道 G318，交通相对便利。但受相邻水电站（黄金坪水电站、长河坝水电站）正值建设高峰期、汛期道路损失、施工交通管制等影响，需从康定或丹巴绕行。

2.4.2　物资供应条件

工程所需的砂石骨料及混凝土由泥洛河坝骨料加工系统供应，该系统已建成投产，由发包人单独委托其他承包人运行。

水泥、粉煤灰、钢筋等主材由建设单位供应，其余周转材料均为自购。在工程前期，油料自购解决，后期由建设单位布置于孔玉大桥右岸桥头附近的油库供应。炸药由建设单位提供炸药库，专业公司供应。

在工程建设过程中，物资供应主要受公路运输条件制约。

2.4.3　水电供应条件

生产用水及生活用水由建设单位统筹修建。生产用水接口位于磨子沟猴子岩隧道出口处，输送至各施工区域。生活用水接口位于 1＃承包商营地上方色玉隧道进口附近，输送至各营区。

在猴子岩隧道进出口、尾水隧洞出口、进厂交通洞进口、上游围堰左岸、1＃承包商营地附近 300m 范围内各提供一个 10kV 接入点。

2.5　工程施工特点

2.5.1　地下洞室群空间结构密集、布置纵横交错、体型复杂

猴子岩水电站地下洞室群空间结构密集，在三大洞室区域，有近一半的山体将被挖除。各类洞室纵横交错，仅右岸引水发电系统布置有 40 余条洞室，总长度达 15.0km；地下厂房开挖边墙高度达 68.7m，开挖跨度近 30.0m，与主变室间岩柱厚度仅约 45.0m。其工程项目繁多，洞室体型结构复杂多样，大跨度、大断面、高边墙、薄岩柱等开挖支护难题突出。

2.5.2　特殊高地应力

电站垂直埋深约 660m，水平埋深约 300m，围岩强度应力比为 2～4，第一主应力最大为 36.43MPa，属于高～极高地应力区。和其他高地应力地下洞群不同的是，本工程的第二主应力也非常高，最高达 29.8MPa，与第一主应力的比值约为 0.82，远远高于锦屏水电站的 0.56、拉西瓦电站的 0.69 及白鹤滩的 0.48，且该应力与大型洞室的轴线大角度（70°）相交，使得开挖前岩体大围压积累的高变形能，开挖解除后产生较大的临空向张拉变形，对洞室围岩变形及稳定的控制带来了很大的困难。

2.5.3 洞群效应显著

施工中洞群效应显著，开挖扰动频繁，围岩变形过程复杂，持续时间长，安全风险高，施工环境恶劣，存在岩体卸荷松弛、喷层开裂、围岩变形、岩爆等一系列施工难题。

2.5.4 施工通道布置受限制、施工干扰大

本工程地下洞群各主要洞室布置紧凑，受地形、地貌的限制，地表无条件开洞口，所有的施工支洞均从设计隧道内开口派生形成，空间关系复杂、施工干扰问题突出。

2.5.5 施工通风难度大

工程主体地下洞室群水平埋深、垂直埋深均较大，布置密集，连通山体内外的通道洞线较长，通道出口受限，通透性差，加之多工作面、多工序持续平行交叉作业，其施工环境要求高，因此施工通风难度大。

2.5.6 复杂结构缓坡长斜井施工困难

出线洞斜井长 185.1m，倾角 45°，开挖及衬砌断面均为城门洞型，混凝土衬砌结构复杂，斜井底板范围内设置 25cm×25cm 通长踏步，两侧设置 30cm 宽排水沟。

无法采用平洞法、矿山法，因为倾角过大，无法保证施工安全，施工效率低；采用反井法进行施工，超出了钻机的施工范围，且堵井风险非常高；采用常规满堂脚手架、钢模台车及滑模进行施工，施工难度大，工期长，成本高，安全隐患突出。

第 3 章　施工总体布置

3.1　施工交通布置

3.1.1　已提供主要交通道路

（1）进风洞：起点于原 S211 公路，终点于厂房左侧端头顶部，作为厂房顶部、主变室顶部及出线洞下平段的主要施工通道。

（2）进厂交通洞：起点于原 S211 公路，终点于厂房下游边墙安装间位置，作为地下洞室的主要施工通道。

（3）4＃公路隧道：起点于原 S211 公路，终点于主变室左侧端头底部，作为地下洞室的主要施工通道。

（4）1＃公路：猴子岩大桥至菩提河坝渣场段，作为菩提河坝回采渣场的主要运输道路。

（5）2＃公路：原 S211 接线经泄洪放空洞至磨子沟，作为进水口下部、压力管道上平段的主要施工道路。

（6）8＃公路：起点于 2＃公路磨子沟处，终点至色古沟渣场，作为色古沟渣场的主要运输道路。

（7）S211－3＃公路：省道 S211 复建公路隧道接线至电站进水塔顶，作为进水口上部开挖阶段的主要施工道路。

（8）原 S211 公路：进风洞洞口至猴子岩大桥段，作为右岸临河的主要施工道路。

3.1.2　施工道路布置

1）进水口顶部开挖支护施工道路

EL. 1877. 50m 马道以上顶部施工通道：进水口顶部自然坡度达 50°～70°，边坡地势陡峻，局部区域为直陡边坡，水平开挖厚度较薄，主要采用人工进翻渣，自猴子岩隧道上游洞口外侧修筑一施工便道至进水口边坡开口线各位置，供人员上下施工；并搭设索道至 EL. 1907. 50m 马道上游侧，用于施工材料的运输。

2）开关站开挖支护施工道路

通过开关站交通洞出口开关站平台向上修筑“S”形盘山便道，接线至边坡开口线及上部各工作面。

3）尾水出口边坡开挖支护施工道路

在尾水出口边坡下游位置向上修筑“S”形盘山便道，接线至边坡开口线及上部各工作面。

施工支洞布置如图 3. 1－1 所示。

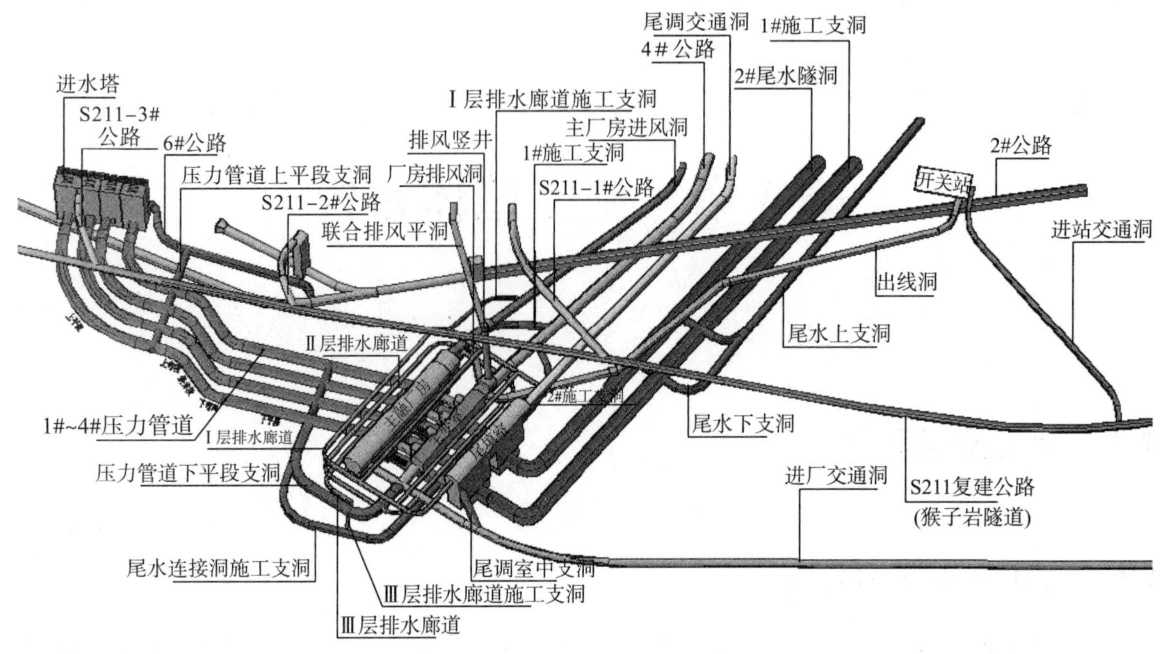

图 3.1—1 施工支洞布置图

3.2 施工支洞布置

3.2.1 布置原则

施工支洞是为了确保永久洞室作业而另行增加的施工通道。施工支洞设计一般主要考虑以下几种因素。

1）功能

施工支洞的设计首先要满足通道的功能需求，主要体现在线路、断面、坡度、转弯半径、工期等具体指标。线路规划要尽量结合各部位洞室、混凝土浇筑等不同时段的施工需要；断面要分级考虑永久洞室的施工机械、构件安装、风水电管路布置等需求，一般单车的断面尺寸为 4.5m×5.5m（宽×高），一般双车的断面尺寸为 8.0m×7.0m（宽×高），单车道的错车线应按出渣强度和运输调度运行计划确定，初步设计中可考虑每 150～300m 间距设置一会车道，会车道长度应为 4～6 倍车长；坡度要结合路面成型条件（是否硬化）、车辆运输重量、爬坡能力等因素设置，一般不大于 15%；转弯半径主要是依据施工机械、构件运输的转弯需求，大型支洞以不小于 30m 为宜；同时，支洞设计还需结合工程任务紧急程度，调整支洞的数量、断面等指标。

2）成本

施工支洞布置尽量采取永临结合的原则，尽量缩减工程量，以节约施工成本；同时，在满足功能、安全的前提下，做好线路优化、断面优化、支护优化、路面结构优化等，降低费用支出。

3）安全

施工支洞设计要充分满足围岩稳定性要求，尽量不破坏围岩的整体性，以少影响或不影响主体建筑物为原则；各施工支洞路线力求平面布置平顺、便捷，坡度适中，以利于行车安全，组织高效快速施工；支洞与永久洞室相交部位有封堵要求的，需考虑堵头对后期永久结构物的安全风险，尽量避开高风险部位；支洞的支护按照临时支护进行设计，但应充分考虑使用时长、爆破振动、渗水等各种条件，进行必要的加强支护或系统支护。

4）其他

施工支洞设计时要考虑尽可能为施工临时设施（如压气站、变电站、抽水站、通风机等）预留一定的空间，便于施工规划和布置。

3.2.2 施工支洞布置

1）进水口施工支洞

进水口施工支洞主要考虑进水口边坡开挖支护、进水塔及引渠混凝土浇筑施工，一般采用三层施工通道，如图3.2－1所示。

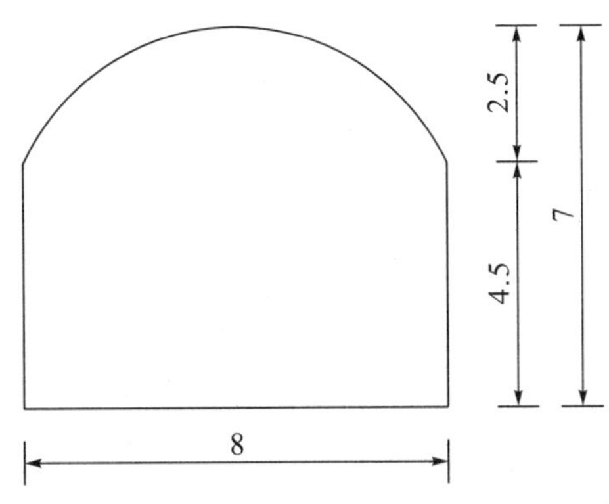

图3.2－1 **进水口施工支洞断面图**

顶层施工通道主要为边坡顶部开挖施工通道，若不考虑出渣需要，只需修筑临时施工便道供挖掘机、人员通行即可，主要材料、设备、机具考虑采用索道进行运输。

中部施工通道一般设置在进水塔塔顶高程，除了开挖需要外，还可以满足后期进水塔上部混凝土浇筑及门机的运输和安装。

底部施工通道布置在进水塔底板高程，用于下部开挖及进水塔下部、引渠混凝土施工，需注意通道应避开混凝土永久结构。若没有条件单独设置下部施工通道，在满足工期的情况下，可以采用压力管道作为施工通道。

2）压力管道施工支洞

压力管道施工支洞一般分为上平段支洞和下平段支洞。

上平段支洞横穿所有压力管道上平段，考虑其分担压力管道斜井（或竖井）的通道任务，在进行工期对比分析后，确定支洞与主平洞的相交位置。支洞底板尽量与主洞底板（混凝土浇筑后）高程一致，避免后期混凝土浇筑通道的影响，主洞与支洞顶部相交部位后期采用挑顶开挖方式处理。

下平洞支洞横穿所有压力管道下平段，支洞要考虑压力钢管运输及安装要求，设置为两种断面，在主洞范围以外主要考虑压力钢管运输界限，设置为“矮胖型”，主要考虑管节直径＋临时管路＋安全预留；主洞范围以内主要考虑压力钢管安装界限，设置为“高瘦型”。同时，考虑到压力钢管翻身、吊装需求，需要对首条与压力管道下平段支洞相交部位顶部进行扩挖并布设天锚，如图3.2－2所示。

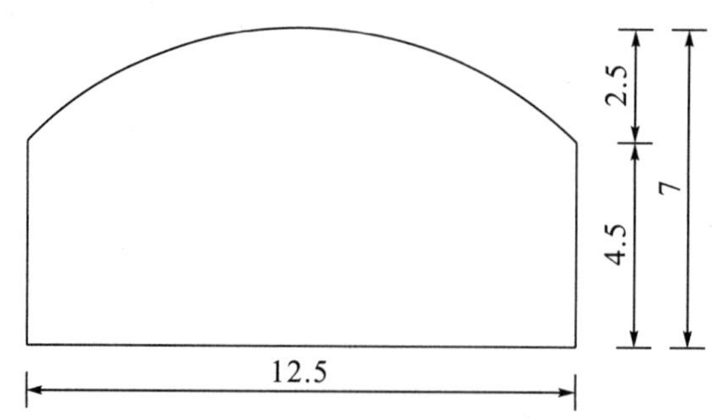

图 3.2-2　压力管道下平段支洞断面图

3）三大洞室施工支洞

三大洞室施工支洞主要分为主厂房、主变室、尾水调压室施工支洞，除利用已有的进厂交通洞、进风洞、排风洞、尾调交通洞、压力管道下平段、尾水管、母线洞等永久洞室外，需要增加施工支洞进行补充，如图 3.2-3 所示。

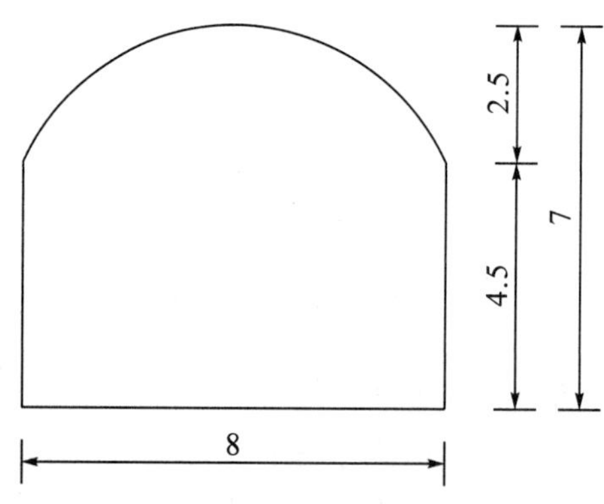

图 3.2-3　三大洞室施工支洞断面图

为满足副厂房底板（含油池）及框架、机组集水井混凝土施工，在副厂房端部增加一条施工支洞。支洞布置于主厂房左端墙的副厂房底板上，前期主要作为厂房第Ⅴ～Ⅶ层的开挖支护的施工通道，可以和母线洞形成双通道，并有利于风流条件，提高通风效果。后期作为副厂房、集水井砼浇筑的施工通道，可以减少集水井浇筑、副厂房浇筑对首台机组（4＃机组）施工的干扰。

为满足主变室上层开挖支护及后续混凝土施工需要，在主变室第一层底板高程与进风洞之间增加一条施工平洞。

由于尾调交通洞连接尾水调压室安装场，只能承担上层的通道任务。因此，在尾水调压室中部、下部（阻抗板高程）均需增加施工支洞。尾调中支洞布置于尾水调压室端墙的中部，并在相应高程贯通中隔墙，主要负责进行 1＃、2＃尾水调压室中部的开挖与支护；尾调下支洞布置于尾水调压室端墙的中下部，并在阻抗板高程贯通中隔墙（尽量与中支洞分侧布置，满足中隔墙安全稳定及通道利用率），主要负责尾水调压室 1＃、2＃闸室下层的开挖支护，后期作为尾水调压室阻抗板以上混凝土浇筑的施工通道。

4）尾水系统施工支洞

尾水系统共布置 3 条施工支洞：尾水连接洞支洞、尾水隧洞上支洞、尾水隧洞下支洞。

尾水连接洞支洞主要负责尾水连接洞开挖支护、主厂房底部的开挖支护，以及厂房肘管层、尾水管和连接洞混凝土浇筑。

尾水隧洞上支洞主要负责尾水隧洞上层的开挖支护。

尾水隧洞下支洞主要负责尾水隧洞下层的开挖支护和混凝土施工。

5）排水廊道施工支洞

第一层及第三层排水廊道相对独立，没有施工通道进入。第一层排水廊道施工支洞由进风洞派生，第三层排水廊道施工支洞由尾水连接洞支洞派生。

3.2.3　施工支洞的设计

引水发电系统施工支洞特性详见表 3.2－1。

表 3.2－1　引水发电系统施工支洞特性表

通道名称	断面尺寸/m×m	通道长度/m	通道坡度/%	起讫高程/m
压力管道上平段支洞	8.0×7.0	150.560	0.40	1771.00～1771.00
压力管道上下段支洞	12.5×8.0	372.056	－9.37	1703.00～1680.00
尾水连接洞支洞	8.0×7.0	453.384	－4.61	1683.00～1666.00
主变上支洞		73.020	－6.41	1721.00～1717.00
尾调中支洞		64.721	7.99	1705.00～1710.00
尾水隧洞上支洞		380.421	7.30	1711.00～1686.00
尾水隧洞下支洞		246.666	－8.51	1690.00～1673.00
1＃支洞		160.449	－8.89	1706.00～1692.00
2＃支洞		142.603	－11.89	1705.00～1688.00
6＃公路		283.734	－8.11	1756.00～1779.00
第一层排水廊道支洞	3.0×3.5	121.826	11.21	1730.00～1734.00
第二层排水廊道支洞		52.622	0	1675.00～1675.00

3.3　生活营地布置

3.3.1　营地布置

1）猴子岩大桥下游侧原业主临时营地

建设单位将猴子岩大桥下游侧原业主临时营地提供给引水发电系统，建筑面积约 2800m²，为 4 层框架结构，面积较大，布局一致，且办公、食堂、住宿用房设施已完善，主要为引水发电系统标管理层生活、办公营地。

2）施工场地 A

施工场地 A 位于大牛渣场，沿 8＃公路外侧修建，占地面积 20000m²，主要建筑面积约 5000m²，主要为生产人员及民工生活营地、钢筋加工场、物资仓库、机械修理厂、设备停放场等。使用期间正值下游回踩渣场边坡开挖，工程施工期间噪声、扬尘极大，生活环境较为恶劣。

3）施工场地 C

施工场地 C 位于猴子岩隧洞下游侧，沿 S211 复建公路外侧修建，占地面积 1000m²，主要建筑面积约 630m²，主要为开关站及出线洞施工的生产人员及民工生活营地、钢筋加工场等。使用期间正值上游开关站及大坝边坡开挖，工程施工期间噪声、扬尘极大，生活环境较为恶劣。

4）船头小学下游营地

船头小学下游营地沿 10＃公路内侧修建，占地面积约 2000m²，主要布置临时喷射混凝土拌和站、设备停放场等。

5）桃花渣场营地

桃花渣场营地位于4#临时桥左岸下游侧，上游侧布置鱼类增殖站，下游为弃渣场。

经监理批复，采用桃花渣场营地作为2016年10月猴子岩水电站下闸蓄水后引水发电系统标的生产人员及民工生活营地、钢筋加工场、物资仓库、机械修理厂、设备停放场等。

6）现场临时性住房

为保证现场生产的连续性，减轻作业人员每天上下班跋涉之苦，提高劳动效率，经过现场踏勘，并报监理工程师批转，在猴子岩隧洞上游洞口外侧平台布置了活动板房作为进水口边坡施工期间的辅助性住房；在尾水隧洞出口下游平台处布置了活动板房作为尾水隧洞及出口边坡施工期间的辅助性住房；在猴子岩大桥右岸桥头上下游平台位置布置了活动板房作为厂房系统及周边洞室施工期间的辅助性住房。

上述各临时性住房均随其附近的工程施工完成后进行了拆除。

3.3.2 小结

（1）主要生产、生活营地布置在施工场地A，居住集中，便于管理，营地统一规划建设，建设成本比分散布置小。施工场地A由大牛渣场堆积渣料填筑而成，地基承载力不足，无法承受较高的建筑物，同时边坡坡面较为松弛，受雨水、河水冲刷影响较大，房屋建筑位置不宜太靠近渣场外侧位置。施工区主要采用双层活动板房，并沿渣场内侧进行布置。

受自然条件限制，施工场地A内侧8#公路上方为前期采用S211复建公路修建时的开挖渣料进行回填的斯拜诺沟，且边坡外侧较为松散，未采取任何措施。为确保营地使用安全，对斯拜诺沟外侧边坡进行了危石清理、上部锚索框格梁固定、局部主动网防护、下部采用挡墙进行防护等一系列积极的安全措施。但是，在营地使用过程中，受开挖爆破、车辆震动、雨水冲刷等因素的影响，斯拜诺沟仍有细小碎石滚落，存在一定的安全隐患。

因此，营地在建设规划上避免将房屋布置在斯拜诺沟正下方，该部位主要用来堆放施工材料。

（2）根据临时住房的使用效果，施工人员距离工作面近能够快速进入现场，劳动效率高，管理快捷方便，使用期间没有发生滚石和滑坡伤害。但2013年6月，大渡河流域出现了历史性洪流，沿岸两侧低洼处被洪水淹没冲毁。这提示了洪水潜在的安全隐患，施工临时设施布置需杜绝这种隐患，生活营房设施应绝对避免布置在安全不可预测、不可控区域。

3.4 施工供水

3.4.1 施工供水计算

施工机械用水量计算：

$$Q_s = \frac{k_1 \sum_q P}{8 \times 3600} k_2$$

式中 Q_s——生产用水总量，L/s；

k_1——水量损失系数，一般采用1.1~1.2；

k_2——用水不均匀系数，一般采用1.25~1.50；

q——用水机械台班数，台班；

P——机械用水量定额指标，L/台班，可参考表3.4−1。

表3.4−1 常用机械用水量定额指标

用水机械		单位	用水量 P/(L/台班)	备注
凿岩机	手持式	台·时	180～240	
	支架式	台·时	240～300	
潜孔钻机		台·时	480～720	
挖掘机、自卸车		台·时	30～35	
铲运机、推土机		台·时	70～75	
空气缩机		(m^3/min)·班	40～80	以空气压缩机单位容量计

注：用水量计算时，表列数据应换算成台班数。

供水管直径计算：

$$D=\sqrt{\frac{4Q\times 1000}{\pi \upsilon}}$$

式中 D——供水管直径，mm；

Q——用水量，L/s；

υ——管道水流速度，m/s，临时水管经济流速可参考表3.4−2。

表3.4−2 临时水管经济流速

管径/mm	流速 υ/(m/s)	
	正常时间	消防时间
支管（D<100）	2	—
生产、消防管（D=100～300）	1.3	>3.0
消防管（D>300）	1.5～1.7	2.7
生产用水管（D>300）	1.5～2.5	3.0

3.4.2 供水量确定

施工场地A：入住600人，平均每人每天用水量为0.5m^3，用水量约为30m^3/h。

进水口：配置潜孔钻机10台、液压钻机2台、手风钻20台，用水量约为20m^3/h。

压力管道上平段及斜井：配置返井钻机2台、手风钻60台，用水量约为48m^3/h。

压力管道下平段：配置手风钻60台，用水量约为48m^3/h。

厂房、主变室：配置三臂钻1台、锚杆台车1台、手风钻60台，用水量约为63.2m^3/h。

尾水调压室：配置三臂钻1台、手风钻30台，用水量约为24m^3/h。

尾水隧道：配置手风钻60台，用水量约为48m^3/h。

3.4.3 供水管路布置

根据建设单位提供的供水接口及供水线路布置，引水发电系统工程施工供水分二期布置，2013年8月前，主厂房区域供水管路从2#公路布置；2013年8月后，主厂房区域供水管路从通风竖井布置，共布置4条主供水管路。各施工供水主线布置如下：

（1）1#承包商营地上方色玉隧洞进口附近的供水接口接一条供水管道（1#供水管、DN100）

至施工场地A，供施工场地A生活用水。

（2）磨子沟生产用水接入点（2＃供水管、DN133）至S211－1＃公路，向进水口、联合排风平洞、主厂房排风平洞、主厂房排风竖井、主变室排风平洞、主变室排风竖井供水。

（3）磨子沟生产用水接入点经2＃公路（3＃供水管、DN200）至进风洞，向6＃公路、压力管道、厂房系统、尾水系统、排水、送风、出线系统及相关施工支洞施工供水。

（4）猴子岩隧洞进口附近的供水接口（4＃供水管、DN100）至开关站，向施工场地C、进站交通洞、开关站、出线洞供水。

3.4.4 小结

引水发电系统供水系统形成之前，在下游围堰位置采用水泵抽取大渡河河水供应现场施工，根据施工工作面布置，分别在4＃公路隧洞出口平台位置设置20m³左右的钢制水箱，尾水隧洞施工支洞出口平台、6＃公路隧洞洞口、S211－3＃公路出口、开关站交通洞进口等位置设置10m³左右的钢制水箱，其中，4＃公路隧洞出口平台位置、尾水隧洞施工支洞出口平台位置的水箱在水泵位置接钢管至水箱位置，其他位置采用水车倒运。为满足施工用水的压力要求，在水箱水出口位置设有增压泵。

3.5 施工供电

3.5.1 施工供电计算

1）用电量的计算

$$P = 1.1\left(K_1 \sum P_1 + K_2 \sum P_2 + K_3 \sum P_3\right)$$

式中 P ——计算用电总量；

$\sum P_1$ ——施工机械用电负荷之和；

$\sum P_2$ 、$\sum P_3$ ——室内、室外照明负荷之和；

K_1 ——施工机械同时工作系数；

K_2 、K_3 ——室内、室外照明同时工作系数。

2）变压器容量的计算

$$P_b = \frac{KP}{\cos\varphi}$$

式中 P_b ——变压器容量，kVA；

K ——功率损失系数，取1.05～1.10；

$\cos\varphi$——用电机械设备平均功率因素，一般取0.75。

3.5.2 供电布置

猴子岩水电站施工供电分二期布置，坝基坑开挖前的施工供电为一期供电，大坝开挖后的施工供电为二期供电，共布置变配电站11个（其中地面6个、地下4个），总装置容量9550kVA，施工用电高峰负荷为16400kW。2013年1月后厂房、主变室、尾水调压室、尾水隧洞、压力管道下平段施工电源从进厂交通洞口附近的10kV供电点接线供电。一期变配电站供电布置特性见表3.5－1。

表3.5-1　一期变配电站供电布置特性表

名称	布置位置	承担任务	高峰容量/kVA	备注
1#变电站	S211-3隧道洞口	向进水口供电	800	1#压气站及液压钻机、照明等
2#变电站	2#与8#公路隧道之间	向6#公路、压力管道上平段、上弯段及斜井段供电	800	2#压气站及反井钻机、照明等
3#变电站	联合排风平洞洞口附近	向联合排风平洞、主厂房排风平洞、主厂房排风竖井、主变室排风平洞、主变室排风竖井供电	630	3#压气站、反井及照明等
4#变电站	进站交通洞洞口附近	向进站交通洞、开关站、出线上平洞、斜井段施工供电	630	4#压气站、反井钻机及照明等
5#变电站	尾水施工支洞口附近	向尾水施工支洞、尾水隧洞、尾水支洞供电	1000	5#压气站
6#变电站	尾水上支洞与尾水隧道交叉洞口	向尾水施工支洞、尾水隧洞供电	630	多臂钻、喷射台车及照明等
7#变电站	尾调交通洞出口	向尾水调压室上、下部及尾调交通洞供电	1000	6#压气站
8#变电站	尾调交通洞内	向尾水调压室上、下部供电	630	多臂钻、喷射台车及照明等
9#变电站	4#公路洞口	向厂房、主变室供电	1000+630	6#压气站
10#变电站	进风洞洞内	向厂房、主变室供电	1000	多臂钻、喷射台车及照明等
11#变电站	压力管道下平段支洞与尾水连接支洞附近	向压力管道下平段施工支洞与尾水连接洞支洞	800	8#压气站

3.5.3　应急电源

应急电源主要用于受停电影响的施工排水、照明及正在进行混凝土浇筑的仓位用电。在4#公路隧洞出口、压力管道下平段施工支洞与尾水连接洞支洞交叉处、尾水出口附近各配置1台300kW柴油发电机，在进水口底板配置1台250kW柴油发电机。

3.5.4　小结

引水发电系统工程复杂、工程量巨大，供电线路布置复杂分散，且洞内多采用电缆进行布置，故障出现能及时发现处理。开挖阶段主要采用电动式空压机和轴流风机等设备，其瞬间启动负荷大，易造成线路跳闸。

3.6　施工供风布置

3.6.1　供风站设置

根据引水发电系统工程施工作业面分部、施工强度特点、施工机械特点及施工机械设备的配置，施工供风以固定式压风站供风为主，移动压风机供风为辅，施工区内共设置8个固定压风站，辅以10台移动压风机机动供风，以满足施工供风要求，系统供风能力为1160m^3，固定供风系统仅考虑手风钻、轻型潜孔钻机、小型喷混凝土设备施工用风，辅助企业供风根据系统需要配置，小型洞室施工配置移动压风机机动供风。

1＃压风站布置在引水发电系统 S211－3＃隧道 1847.50m 高程平台，供进水口明挖预裂、保护层开挖及锚杆钻孔施工用风。

2＃压风站前期布置在 2＃与 8＃公路之间，后期布置在 6＃公路洞内，供 6＃公路、压力管道上平段及斜井段施工用风。

3＃压风站布置在 S211－1＃隧道内，向联合排风平洞、主厂房排风平洞、主厂房排风竖井、主变室排风平洞、主变室排风竖井供风。

4＃压风站布置在进站交通洞进口附近，向进站交通洞、开关站、出线上平洞、斜井段施工供风。

5＃压风站布置在尾水施工支洞附近，向尾水施工支洞、尾水隧洞供风。

6＃压风站布置在 4＃公路隧道出口附近，供主厂房、主变室、尾水调压室上部和下部、尾调交通洞、第一层排水廊道、1＃施工支洞、2＃施工支洞、主变施工支洞、出线下平洞等施工用风。

7＃压风站布置在压力管道下平段施工支洞内，供主厂房、主变室中部和下部、尾水调压室中部、压力管道下弯段和下平段、尾水支洞、第二层排水廊道、第三层排水廊道、尾水连接施工支洞等施工用风。

3.6.2 施工供风量计算

钻机等机具用风量可按下式计算：

$$\sum Q = \sum Nq K_1 K_2 K_3$$

式中 $\sum Q$——同时工作的钻孔等机具总耗风量，m^3/min；

N——同时工作的同类型钻孔等机具的数量；

q——每台钻孔等机具的耗风量，m^3/min，可参阅有关机械设备手册；

K_1——同时工作的折减系数，见表 3.6－1；

K_2——机具损耗系数，钻孔机取 1.15，其他机具取 1.10；

K_3——管路风量损耗（漏气）系数，见表 3.6－2。

表 3.6－1 风动机具同时工作折减系数

机具类型	凿岩机		其他	
同时工作台数	1～10	11～30	1～2	3～4
同时工作折减系数 K_1	0.85～1.00	0.75～0.85	0.75～1.00	0.55～0.75

表 3.6－2 管路风量损耗系数

管路长度/km	11～30	1～2	3～4
管路风量损耗系数 K_3	0.75～0.85	0.75～1.00	0.75～0.85

3.6.3 供风站容量确定

1＃压风站：配置 YT－28 手风钻 20 台、QZJ－100B 潜孔钻机 4 台、喷射机 4 台，用风约 $120m^3/min$。

2＃压风站：配置 YT－28 手风钻 60 台、湿喷机 8 台，用风约 $120m^3/min$。

3＃压风站：配置手风钻 18 台、干喷机 4 台，用风约 $80m^3/min$。

4#压风站：配置YT－28手风钻10台、QZJ－100B潜孔钻机4台、喷射机4台，用风量约80 m^3/min。

5#压气站：配置手风钻40台、喷射机8台，用风量约120m^3/min。

6#压气站：配置YT－28手风钻30台、湿喷台车2台，用风量约120m^3/min。

7#压风站：配置100Y钻机10台进行预裂孔造孔，以及湿喷台车1台、YT－28手风钻40台、湿喷机4台，用风量约200m^3/min。

3.6.4　小结

在开挖施工过程中，为减小开挖爆破的影响，压气站应布置在开挖区以外，但供风管道距离较长，风压沿程损失较大。综合现场实际情况，部分压气站随开挖移至洞内，工程施工期间，噪声极大，环境较为恶劣。

3.7　拌和系统布置

引水发电系统工程不设砂石料加工系统，所需砂石骨料（含混凝土骨料及喷混凝土骨料）由泥洛河坝骨料加工及混凝土生产系统（以下简称“泥洛河坝砂拌系统”）生产供应，该系统的建设及运行由其他标段负责，且引水发电系统标进场前已投入运行。

引水发电系统工程除喷混凝土及总价项目的混凝土外的全部混凝土均由泥洛河坝砂拌系统供应。泥洛河坝砂石料加工系统的成品砂石料生产能力为800t/h，其中成品砂生产能力为280t/h。

优点：资源集中化，避免各分包单位分别单独建设拌和站带来资源浪费，节约临时施工用地，便于现场标准化管理。

缺点：猴子岩水电站标段较多，混凝土施工高峰期各单位存在同时浇筑混凝土的情况，拌和站取料存在排队过长的情况，不利于大体积混凝土仓号的浇筑。

3.8　通风散烟

3.8.1　通风安全标准

隧道等的施工标准有《铁路隧道设计规范》，地下建筑物的施工标准有《水工建筑物地下开挖工程施工技术规范》（DL/T 5099—1999）。对于大型地下建筑施工并没有相对应的安全标准，所以在施工中对于环境的安全标准一般是参照相关规定，本书对洞内通风要求与标准主要如下：

（1）卫生标准：按规范规定，施工过程中，地下空间内氧气的体积分数应该大于20%；根据DL/T 5099—1999相关规定，在计算有害气体时，应将其他气体折算成CO含量，其中N_nO_m的毒性系数比为6.5，SO_2、H_2S的毒性系数比为2.5，每千克炸药爆破后可产生折合成40L CO气体。在进行爆破后排烟研究时，只需要将当量CO降到标准浓度以下即可。《铁路隧道设计规范》中规定：施工人员进行工作时，工作面CO的允许质量浓度为30mg/m^3，但施工人员进入工作面进行检查时，其质量浓度可为100mg/m^3。

空气中有害物质的最高容许含量见表3.8－1。

表 3.8-1　空气中有害物质的最高容许含量

<table>
<tr><td rowspan="2">名称</td><td colspan="2">最高容许浓度</td><td colspan="2">一氧化碳的最高容许含量与作业时间
（反复作业的间隔时间应在 2h 以上）</td></tr>
<tr><td>按体积/%</td><td>按重量/(mg/m³)</td><td rowspan="3">作业时间</td><td rowspan="3">最高容许含量/(mg/m³)</td></tr>
<tr><td>二氧化碳（CO_2）</td><td>0.50000</td><td></td></tr>
<tr><td>甲烷（CH_4）</td><td>1.00000</td><td></td></tr>
<tr><td rowspan="3">一氧化碳（CO）</td><td rowspan="3">0.00240</td><td rowspan="3">30.0</td><td>1h 以内</td><td>50</td></tr>
<tr><td>0.5h 以内</td><td>100</td></tr>
<tr><td>15～20min</td><td>200</td></tr>
<tr><td>氮氧化合物换算二氧化氮（NO_2）</td><td>0.00025</td><td>5.0</td><td colspan="2" rowspan="4"></td></tr>
<tr><td>二氧化硫（SO_2）</td><td>0.00050</td><td>15.0</td></tr>
<tr><td>硫化氢（H_2S）</td><td>0.00066</td><td>10.0</td></tr>
<tr><td>酸类（丙烯醛）</td><td></td><td>0.3</td></tr>
<tr><td>含有 10%以上游离 SiO_2 的粉尘</td><td></td><td>2.0</td><td colspan="2" rowspan="3">含 80%以上游离 SiO_2 的生产粉尘
不宜超过 1mg/m³</td></tr>
<tr><td>含有 10%以上游离 SiO_2 水泥粉尘</td><td></td><td>6.0</td></tr>
<tr><td>含有 10%以上游离的 SiO_2 其他粉尘</td><td></td><td>10.0</td></tr>
</table>

注：一氧化碳的最高容许浓度在作业时间短暂时可予以放宽：当作业时间为 1h 以内时，为 50mg/m³；当作业时间为 0.5h 以内时，为 100mg/m³；当作业时间为 15～20min 时，为 200mg/m³。在上述条件反复作业时，两次作业之间需间隔 2h 以上。

（2）风速与温度：按规范规定，根据不同温度，可按表 3.8-2 调节洞内风速。

表 3.8-2　温度与风速的关系

温度	15℃以下	15℃～20℃	20℃～22℃	22℃～24℃	24℃～28℃
风速/(m/s)	<0.1	<1.0	>1.0	>1.5	>2.0

（3）风速要求：按规范规定，工作面附近的最小风速需高于 0.15m/s，最大风速不得超过以下规定：①隧洞、竖井，4m/s；②运输与通风洞，6m/s；③升降人员与器材的井筒，8m/s。此外，《施工组织设计手册》中规定，专用通风洞、井最大容许风速 15m/s。

3.8.2　通风方式

1）自然通风

自然通风不需通风设备，利用通向地面的洞、井，在自然风压作用下使新鲜风流与工作面污浊空气相互掺混，逐渐使洞内污浊空气稀释、排出。这种通风方式仅在较短的洞、井中才有效，常需辅以局部机械通风。

2）机械通风

地下工程施工中多采用机械通风。机械通风的基本布置方式有压入式通风（包括沿程排放式通风）、吸出式通风和混合式通风，如表 3.8-3、图 3.8-1 所示。

表 3.8－3　隧道通风方式

通风方式	定义	适用条件
压入式通风	将新鲜空气通过风管输送到隧道里端，污浊空气经由隧道排出	隧道独头掘进距离小于 2500m，一般采用无轨运输，隧道开挖断面较大
吸出式通风	将污浊空气通过风管吸出洞外，新鲜气流经由隧道进入	隧道独头掘进距离较短，一般采用有轨运输，隧道开挖断面较小，洞内有害气体多
混合式通风	压入式通风和吸出式通风结合使用，压入式通风靠近洞口，吸出式通风靠近隧道施工掌子面	隧道独头掘进距离大于 2500m，一般采用无轨运输，隧道开挖断面较大，且隧道后续施工工序较多
巷道式通风	利用隧道和辅助坑道等作为新鲜空气和污浊空气的流通通道	设计有平行导坑等堵住坑道，隧道独头掘进距离长，一般采用有轨运输，隧道开挖溢出的有害气体少

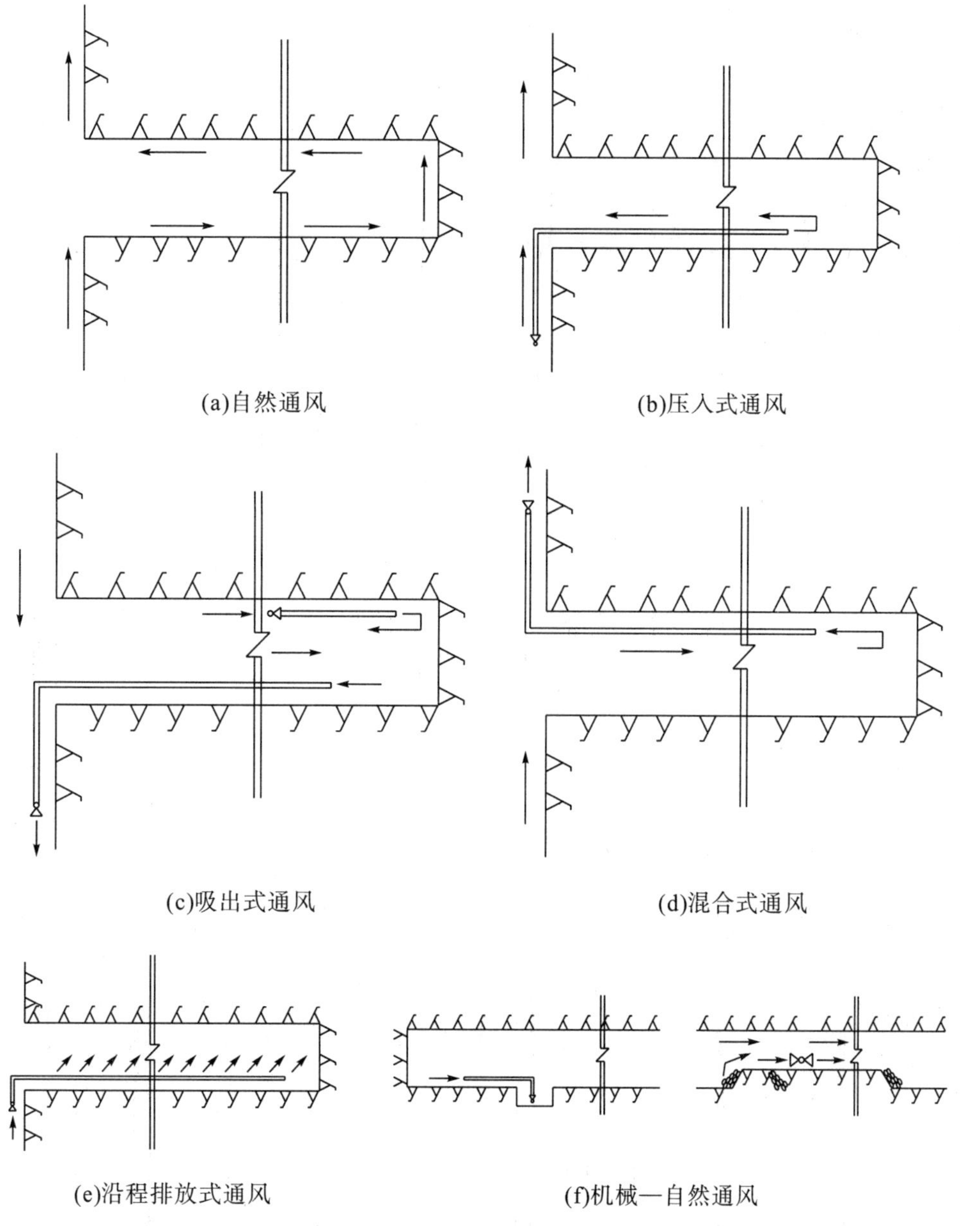

(a)自然通风　(b)压入式通风　(c)吸出式通风　(d)混合式通风　(e)沿程排放式通风　(f)机械—自然通风

图 3.8－1　机械通风方式

（1）压入式通风：有效射程大，冲淡和排出炮烟的作用比较强，且工作面回风不通过风机和通风管，对设备污染小，但具有通风排烟时间较长，长距离掘进时需要的风量大，有毒气体或含尘风沿洞、井全断面排出，对在洞、井内平行作业施工不利等缺点。常用于较短（<200m）隧洞和竖井，特别是有瓦斯涌出的工作面采用这种方式比较安全。

（2）吸出式通风：排烟速度快，污浊空气沿风管排出，全线施工条件好，但有效吸程很短，可能导致通风设备被爆破飞石击坏，且易形成炮烟停滞区，一般不单独使用。常用于较短（<200m）隧洞和深300m以上的竖井。

（3）混合式通风：具有吸出式通风和压入式通风两者的优点，通风能力强，效果好，是长大洞、井快速通风的常用方式，特别是对采用喷锚支护的隧洞，降尘效果十分明显。压入式风机一般是辅助风机，利用其有效射程长的特点，把炮烟搅混均匀并排离工作面，然后由较大功率主风机——吸出式风机吸走。但这种方式需要两套以上的风机和风管装置，基建与运转费用高，且风机布置和通风组织要求严格。

（4）沿程排放式通风：沿程排放冲淡柴油机废气，通风机械功率小，通风管径结构复杂，可逐段缩小，常用于长大隧洞无轨掘进的通风。

（5）机械—自然通风：对于长大隧洞，还可利用支洞、导洞、导井或钻孔实现机械和自然通风组合。该通风方式具有通风设备简单、供应风量较大、自然排风通畅等优势。

3）巷道式通风

巷道式通风通过最前面的连通道使正洞和平行导洞组成风流循环系统，在平行导洞洞口附近安装通风机，将污浊空气由平行导洞吸出，新鲜空气由正洞流入，形成循环风流，通风阻力小，供应风量较大，如图3.8−2所示。

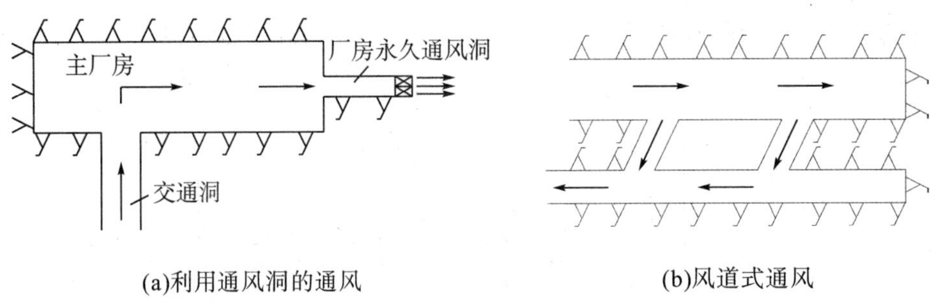

(a)利用通风洞的通风　　(b)风道式通风

图3.8−2　巷道式通风

3.8.3　通风计算方法

3.8.3.1　风量计算

掘进工作面有害气体的主要成分包括爆破产生的炮烟、粉尘、机械作业等产生的有毒有害气体，所以该过程的通风就是以排出这些污染物、创造适合人工作的环境为计算依据。风量计算有多种方法，包括按排除炮烟计算所需风量、按粉尘浓度不超过允许浓度计算风量、按稀释柴油设备排出的有害成分不超过允许浓度计算所需风量、按施工中工作人员供氧要求计算风量，最后取各个计算结果的最大值作为需风量要求。

以下计算公式均根据《水利水电工程施工手册（第2卷）：土石方工程》第五章第七节“通风、散烟与防尘”。

1）按爆破散烟计算

（1）稀释炮烟。

$$V_L = \frac{QB}{Ct} \tag{3.8.3.1-1}$$

式中　V_L——稀释炮烟所需风量，m^3/min；

Q——同时爆破最大炸药量，kg；

B——每千克炸药爆炸后产生的有毒气体的体积，折算成CO，一般为0.04m^3/kg；

C——CO允许浓度，取0.0024；

t——爆破后的通风时间，min。

（2）冲淡废气。

按压入通风方式计算通风量：

$$V_y = \frac{21.4}{t} \times \sqrt{Q \times S \times L} \tag{3.8.3.1-2}$$

式中　V_y——通风量；

Q——同时爆破最大炸药量，kg；

S——隧道爆破面积，m^2；

L——通风区段长度，m；

t——爆破后的通风时间，取50min。

2）按洞室内所允许的最小风速计算

岩巷中允许的最低风速为0.15m/s，则工作面风量为

$$V_d = 60V_{min}S_{max} \tag{3.8.3.1-3}$$

式中　V_d——保证洞内最小风速所需风量，m^3/min；

V_{min}——洞内允许最小风速，取0.15m/s；

S_{max}——隧道开挖最大断面面积，m^2。

3）按施工中工作人员供氧要求计算

根据《水工建筑物地下开挖工程施工规范》（SL 378—2007）中的规定，洞内人员的需风量按照每人每分钟3m^3的风量来叠加计算，总需风量根据洞内同时工作的人数最大值来确定，计算式为

$$V_p = kmV_0 \tag{3.8.3.1-4}$$

式中　V_p——通风量，m^3/min；

m——同时在洞内工作的最多人数，人；

V_0——每人所需的通风量，取3m^3/min。

k——风量备用系数，取k=1.1～1.15。

4）按施工中运渣车运行供氧要求计算

在地下洞室开挖中，开挖面较大，一般采用无轨运输，车辆包括装载车和自卸运渣汽车，车辆运行需风量可按照下式进行计算：

$$V_g = nV_0P \tag{3.8.3.1-5}$$

式中　V_g——使用柴油机械时的通风量，m^3/min；

V_0——单位功率需风量指标，通常取4.1$m^3/(kW \cdot min)$；

P——洞内同时工作的柴油机械的总额定功率，kW；

n——台车工作时的柴油机械利用率系数，装载车、运渣车均取 0.65。

3.8.3.2 风阻计算

为了保证把风流送到工作面，并在工作面保持一定的风速，还需要保证通风时所需要的风压 $H_{机} \geq H_{总阻}$，$H_{总阻}=H_{动压}+H_{静压}$（$H_{静压}=H_{摩阻}+H_{局阻}$）。

表 3.8-4　系统各分压的计算

计算式		参数	单位
动压	$\frac{\rho}{2}V^2$	ρ 为空气密度	kg/m^3
		v 为末端管口风速	m/s
		动压	Pa
摩擦阻力	$6.5\times a\times L\times Q^2\times 9.81/d^5$	a 为管道摩擦系数	
		L 为通风距离	m
		Q 为风量	m^3/s
		d 为风管直径	m
		摩擦阻力	Pa
局部阻力	$H_{局阻}=0.1H_{摩阻}$		Pa
静压	$H_{静压}=H_{局阻}+H_{摩阻}$		Pa
系统风压	$H=H_{静压}+H_{动压}$		Pa

地下施工过程中，气流局部是紊流状态（雷诺数 Re 的数量级多为 10^6）。由工程流体力学可得，无论是层流还是紊流，用风流压能损失所反映的摩擦阻力计算如下：

$$h_f=\lambda\frac{L}{d}\rho\frac{v^2}{2} \tag{3.8.3.2-1}$$

对于紊流运动，用当量直径 $d_e=4S/P$ 代替，代入阻力公式，可以得到紊流状态下摩擦阻力计算式：

$$h_f=\frac{\lambda\rho}{8}\cdot\frac{LP}{S^2}Q^2 \tag{3.8.3.2-2}$$

以摩擦风阻定律的计算公式来表示紊流摩擦阻力：

$$h_f=R_fQ^2 \tag{3.8.3.2-3}$$

式中　h_f——摩擦阻力，Pa；

R_f——摩擦风阻，N·s^2/m^8；

Q——管道内的风流量，取进出口的流量的几何平均值，m^3/s。

摩擦风阻定律计算公式为

$$R_f=a\frac{LP}{S^3} \tag{3.8.3.2-4}$$

式中　a——摩擦阻力系数，N·s^2/m^4，对于圆形柔性塑胶风管，当管压力大于 2000Pa 时，可取 0.003～0.0035N·s^2/m^4，具体取值参考有关标准；

L——风筒长度，m；

P——风筒周长，m；

S——风筒截面积，m^2。

摩擦阻力系数 a 可表示为

$$a=\frac{\lambda\rho}{8} \tag{3.8.3.2-5}$$

流体流动为紊流状态，只与相对糙度有关，对于给定的地下施工通风洞库或风筒来说，相对糙度一定，则 λ 可视为定值，具体可参考标准取值。取标准状态下的空气密度为 $\rho_0=1.2kg/m^3$。

3.8.3.3　通风机械选型计算

通风机的工作风量应为施工所需通风量与风管或风道的漏风量之和。

通风机的选型可以根据通风机的工作通风量计算：

$$V_m=\left(1+\frac{1}{2}\times\frac{P\times L}{100}\right)V$$

式中　V_m——通风机工作风量，m^3/min；

V——施工所需的有效风量，m^3/min；

L——风管长度，m；

P——100m 风管漏风量，取 2%。

3.8.4　地下洞室群通风排烟布置原则

根据地下工程施工经验及地下厂房的地质条件，通风排烟、除尘的影响是连续性的，它将影响进度、质量和员工的身体健康，必须认真对待。其布置原则是：紧密结合洞室群布置结构及开挖方案，以压力钢管下平段、尾水系统等通风难度最大的施工部位为通风排烟的重点，合理分期规划通风排烟系统，适当增设排烟竖（斜）井辅助通风，使洞室内污染的空气按预定的通道排出洞外，新鲜空气不断补充进入，消除污浊空气在洞室群内滞留和相互串通的现象，确保地下洞室群有良好的施工环境。

3.8.4.1　通风排烟按照部位进行分期布置

初期：压力管道上平段及下平段开挖过程中的通风排烟（压力管道斜井未贯通之前），排风竖井贯通前的主厂房、主变室和尾水调压室的通风排烟，尾水隧洞与地面贯通前的通风排烟。中期：压力管道上平段和下平段开挖贯通后的通风排烟，排风竖井贯通后的主厂房、主变和尾水调压室的通风排烟，尾水隧洞与地面贯通后的通风排烟。后期：压力管道全部开挖完成后的通风排烟，主厂房、主变和尾水调压室开挖完成后的通风排烟，尾水隧洞全部开挖完成后的通风排烟。

3.8.4.2　施工通风排烟布置

初期的通风排烟除压力管道上平段部分靠进水口侧的施工采用自然通风外，其他部位全部使用通风机进行机械通风排烟；中期的通风排烟使用机械通风与自然通风辅助进行，并尽可能提前贯通竖井，创造更多的自然通风排烟条件；后期的通风排烟主要以自然通风排烟为主，在不能形成自然通风条件或自然通风条件差的部位使用机械进行通风排烟。

3.8.5 地下洞室群通风排烟的重点、难点及技术对策

3.8.5.1 施工重点、难点

根据猴子岩水电站地下厂房系统工程洞室布置特点、厂区工程地质条件进行分析，地下厂房系统工程通风排烟主要有以下难点：

(1) 主要洞室开挖、浇筑等施工具有对外通道线路长、出口少的特点，主厂房、主变室和尾水调压室三大洞室群的前期施工通道口只有2条（主厂房进风洞、4＃公路隧道），且高程基本相同，不利于形成自然通风条件。

(2) 压力管道下平洞第一层开挖过程中（压力管道上、下平段未贯通之前），各个工作面的烟尘均通过4＃公路隧道唯一的通道进行排烟，工作面和交通洞内的烟尘可能长期滞留。

(3) 猴子岩引水发电系统只布置1条排风竖井，且位于主变室端头位置，厂房及尾水调压室洞内的烟尘不易直接被排出，且较大洞室内的空气流通性差。

(4) 由于尾水隧洞与地面贯通的时间较晚，各个工作面的烟尘均通过尾水隧洞下支洞唯一的通道进行排烟，所以也是通风排烟的一大难点。

3.8.5.2 施工技术对策

针对上述重点、难点，根据施工技术总体规划，施工中主要采取以下对策：

(1) 根据现场工作面移交情况，进场后尽快形成通风排风竖井，以便为主厂房、主变洞的开挖提供自然通风的条件。

(2) 施工初期根据工期要求及洞室群的布置特点，分部位布置通风机械进行通风排烟。压力管道下平洞、厂房、主变洞、尾水系统（包括尾水调压室）开挖支护施工采用正压送风和正压排风的强制式机械通风排烟方式。

(3) 施工中期根据工期要求及洞室群的布置特点，以各个部位相对独立的施工进行通风排烟的布置。压力管道尽快贯通斜井导井，形成自然通风排烟的条件；尽早贯通主变洞的排风竖井，形成自然排风的通道；尽快将尾水出口与地面贯通。

(4) 施工后期根据工期要求及洞室群的布置特点，通风排烟布置如下：主要洞室群基本上全部使用自然通风循环进行，部分线路过长不易形成自然通风条件及自然通风条件差的部位采用机械辅助通风。

(5) 为了保证洞内空气质量，隧洞内尽量减少使用柴油机械设备，以减少有毒气体的排放，洞内使用的柴油机械设备（包括运输车辆、挖掘机设备）需要配置过滤净化器。

(6) 洞内所有喷混凝土采用湿喷，严禁打干钻。

3.8.6 小结

引水发电系统地下洞室埋深较大，洞室较为集中，且纵横交错，开挖阶段与外界相通洞室较少，通风排烟主要以机械通风为主，在配置通风排烟设备时建议采用进口风机设备。

对比国产风机，进口风机具有噪声低的特点，施工过程中可减少噪声污染，改善洞内施工环境；进口风机具有功率低、风量大的特点，运行期间在很大程度上降低了用电量的消耗，节约了能源消耗，这足以弥补设备单价较高的缺点。

第 4 章　开挖支护施工

猴子岩水电站主要洞室包括主厂房、主变室、尾水调压室、压力管道（引水隧洞）、母线洞、尾水连接洞、尾水隧洞、出线洞、进厂交通洞及排水廊道等洞室。

4.1　平洞开挖支护

猴子岩水电站主要平洞包括压力管道（引水隧洞）、母线洞、尾水连接洞、尾水隧洞、出线洞、进厂交通洞及排水廊道等洞室。各洞室特征见表 4.1－1。

表 4.1－1　各洞室特征

序号	洞室名称	断面形式	断面尺寸/m	断面面积/m^2	长度/m	备注
1	1＃压力管道	圆形	R＝6.37（半径）	127.490	635.57	渐变段（20.00m）
						平洞段（449.06m）
						斜井段（116.52m）
2	2＃压力管道	圆形	R＝6.37（半径）	127.490	603.10	渐变段（20.00m）
						平洞段（463.94m）
						斜井段（119.16m）
3	3＃压力管道	圆形	R＝6.37（半径）	127.490	570.89	渐变段（20.00m）
						平洞段（428.54m）
						斜井段（122.35m）
4	4＃压力管道	圆形	R＝6.37（半径）	127.490	538.60	渐变段（20.00m）
						平洞段（393.22m）
						斜井段（125.38m）
5	1＃～4＃母线洞	城门洞型	8.60×7.35/11.60×20.30	57.340/224.980	46.70	分标准段和扩大段
6	1＃～4＃尾水连接洞	城门洞型	17.07×11.37/13.00×18.07	172.620/222.110	118.01	0＋9.14m～0＋44.4m 渐变
7	1＃尾水隧洞	城门洞型	14.24×18.12	242.100	792.54	0＋00～20.15m 渐变
8	2＃尾水隧洞	城门洞型	14.24×18.12	242.100	669.47	0＋00～20.15m 渐变
9	出线洞	城门洞型	6.78×6.78	55.010	527.60	上下平洞段
					185.10	斜井段
10	联合排风洞平洞	城门洞型	8.30×7.35	55.790	234.00	
11	尾调交通洞	城门洞型	9.8×8.2	72.500	513.84	
12	第一层排水廊道	城门洞型	3.0×3.5	9.530	1206.95	
13	第二层排水廊道	城门洞型	3.0×3.5	9.530	756.94	

续表4.1－1

序号	洞室名称	断面形式	断面尺寸/m	断面面积/m²	长度/m	备注
14	第三层排水廊道	城门洞型	3.0×3.5	9.530	51.12	
15	进厂交通洞	马蹄形	9.40×8.03	64.050	1999.00	

4.1.1 引水隧洞开挖支护（平洞段）

4.1.1.1 工程概况

压力管道（引水隧洞）采用单机单管布置，4 条管道平行布置，上平段管轴线间距 30.00m，下平段管轴线间距 30.54m，上、下平段采用 60°斜井连接，压力管道内径为 10.50m，4 条管道长 538.597～635.57m；单机设计引用流量 368.40m³/s，流速 4.25m/s。根据压力管道布置形式，压力管道施工主要分为三个部分进行：渐变段和上平段，上弯段、下弯段和斜井段，下平段。压力管道上平段主要由渐变段、上平段、部分上弯段组成。起点中心线高程 1786.25m，坡度 i=0.0065，断面主要为圆形断面，开挖断面半径为 6.37m。压力管道下平段主要由部分下弯段、下平段、穿帷幕段、锥管段及进厂段组成。下平段中心高程均为 1686.00m，坡度 i=0%，下弯段及下平段断面主要为圆形断面，开挖断面半径为 6.37m。

表 4.1－2　压力管道上平段及下平段主要特性

压力管道		1＃压力管道/m	2＃压力管道/m	3＃压力管道/m	4＃压力管道/m
上平段	起始桩号	（管 1）0+020.000	（管 2）0+020.000	（管 3）0+020.000	（管 4）0+020.000
	结束桩号	（管 1）0+312.122	（管 2）0+287.008	（管 3）0+254.605	（管 4）0+224.285
下平段	起始桩号	（管 1）0+428.638	（管 2）0+406.167	（管 3）0+376.952	（管 4）0+349.664
	结束桩号	（管 1）0+575.571	（管 2）0+543.100	（管 3）0+510.885	（管 4）0+478.597

4.1.1.2 开挖支护施工程序

（1）开挖总体顺序：开挖工作面的间隔距离不小于 30m，故采用 4＃→2＃、3＃→1＃总体施工，先行施工 4＃和 2＃压力管道，待 4＃、2＃压力管道推进 30m 以上后开始施工 3＃、1＃压力管道，且保持相邻洞室开挖面距离大于 30m。

（2）压力管道上、下平洞设计为圆形断面，开挖断面直径 12.74m，开挖断面较大，综合考虑施工安全、施工质量、施工进度等因数，采用两台阶分层开挖，考虑适用于机械化生产，顶层高度以多臂钻作业高度确定，一般为 7.50～10.50m［见《水利水电工程施工手册（第 2 卷）：土石土方工程》］，结合本工程实际情况，第一层开挖宽度 12.74m，高度 9.55m，断面面积 102.55m²，占总开挖断面的 80%；第二层开挖宽度 11.03m，高度 3.19m，断面面积 24.93m²，占总开挖断面的 20%。

（3）下平断开挖为尽快为斜井开挖提供施工工作面，每条洞均优先开挖上游段，为反井钻机的施工提供条件；当各条压力管道开挖进尺 50m 后开挖下游侧，提早贯入厂房，满足厂房开挖“先洞后墙”的原则。

（4）支护施工与开挖根据平行交叉作业，各工序交替流水作业。

4.1.1.3　开挖施工

1）爆破设计

第一层钻爆采用自制钻爆台车作为操作平台，利用手风钻钻孔，全断面开挖，毫秒微差起爆，楔形掏槽，周边光面爆破方式；第二层利用手风钻钻孔，全断面开挖，周边光面爆破方式。Ⅱ、Ⅲ类围岩循环进尺2.5～3.0m，Ⅳ类围岩循环进尺控制在2.0m左右，Ⅴ类围岩进尺1.0m。

以Ⅲ类围岩爆破设计为例，开挖断面钻孔布置如下：

第一层开挖断面约102.55m²，布孔190个，平均1.85个/m²，孔径42mm；周边孔59个，孔距45～50cm，光爆抵抗线60cm；崩落孔119个，孔距80～110cm，层间抵抗线90cm；掏槽孔12个，中央楔形孔，最大孔深3.5m，孔径42mm。第二层开挖断面约24.92m²，具有良好的临空面，布孔49个，平均1.97个/m²，孔径42mm，孔深3.0～3.5m；周边孔25个，孔距45～50cm，光爆抵抗线60cm；崩落孔24个，孔距80～120cm，层间抵抗线100cm。

爆破孔布置如图4.1－1所示，围岩开挖爆破设计主要技术指标见表4.1－3。

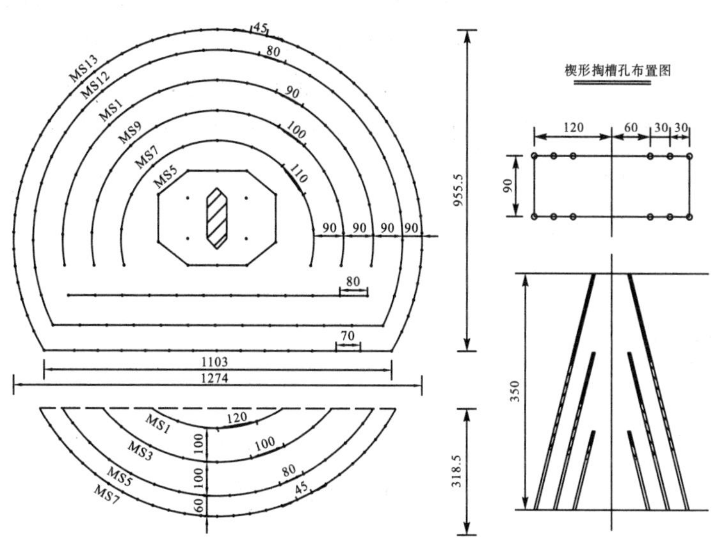

图4.1－1　压力管道平洞Ⅲ类围岩爆破孔布置图

表4.1－3　Ⅲ类围岩开挖爆破设计主要技术指标

部位	开挖断面/m²	钻孔个数/个	爆破方量/m³	总装药量/kg	炸药单耗/(kg/m³)	爆破效率	预期进尺/m
上层开挖	102.55	190	307.65	296.65	0.96	90%	3
下层开挖	24.92	49	74.76	76.725	1.026	90%	3

2）开挖施工方法

见“4.5 标准施工工艺”。

4.1.1.4　支护施工

压力管道支护工程主要由普通砂浆锚杆、C20喷混凝、挂网钢筋及格栅钢架。锚杆采用全长黏结型普通砂浆锚杆，直径采用Φ28、Φ25钢筋，水泥砂浆强度等级为M20。

1）总体施工方案

支护分为随机支护和系统支护。

对开挖掌子面不稳定块体、不利结构面、局部破碎部位及时进行随机喷锚支护；并在随机支护的基础上，系统喷锚及时跟进。对于Ⅳ类围岩，随机支护和系统支护紧跟掌子面。并根据开挖揭露的地质情况采取超前支护等措施。实际施工中，分析各洞段地质情况并根据不同的地质类型制定相应的随机支护施工措施如下：

（1）岩爆：于顶拱120°范围内随机布置Φ25@1.5m×1.5m，L=4.5m砂浆锚杆。

（2）断层：垂直于结构面设置Φ25@1.5m×1.5m，L=4.5m砂浆锚杆，并及时完成系统支护。

（3）裂隙密集带：素喷C20砼，δ=5～8cm，设置Φ25@1.2m×1.2m，L=4.5m砂浆锚杆，锚杆垂直于结构面打设。

（4）挤压破碎带：喷C20砼，δ=5～8cm，设置Φ25@1.2m×1.2m，L=4.5m锚杆进行随机支护，必要时进行固结灌浆，及时完成系统支护

（5）岩脉软弱带：喷C20砼，δ=5～8cm，顶拱120°范围内布置Φ50@40cm，L=4.5m超前小导管并进行灌浆，布置Φ25@1m×1m，长度不小4.5m的砂浆锚杆进行加强支护，必要时进行固结灌浆

（6）塌方：喷5cm早强钢纤维砼，封闭补平岩面；按间距0.6m×0.8m梅花形打设锚杆（采用Φ25螺纹钢），长度不小于4.5m，外露0.1m；架立格栅钢架，安设钢筋网、网格ϕ8@15cm×15cm，与岩面密贴并与锚杆头焊接；复喷混25cm C25混凝土，采用管棚法施工工艺通过该洞段。

（7）涌水：钻设排水孔，排水孔大小及数量依据涌水量确定，集中引排至集水坑内，通过排污系统排出洞室外；对围岩进行灌浆，降低渗透性或形成帷幕阻水，钻设Φ50灌浆孔，间、排距3m，深入基岩5m，交错布置。

2）支护施工方法

见“4.5 标准施工工艺”。

4.1.1.5 特殊部位开挖支护

1）交叉口

压力管道下平段施工支洞与压力管道相交段开挖支护是本工程施工的难点之一。压力钢管下平段施工支洞作为压力钢管的运输通道，在压力钢管下支洞与1#压力钢管交叉口处进行压力钢管翻身场地扩挖。

交叉洞口开挖按“锁口、开挖、支护”程序进行，支洞开挖支护完成之后再进行主洞开挖，施工程序、工艺如下。

（1）锁口锚杆。

开挖之前，采用钻爆台车进行锁口锚杆施工。在主洞开挖洞脸与支洞口周边进行锚杆锁口，洞顶部位锁口锚杆设置2排，排距0.5m，第1排离洞口周边0.5m，孔距0.5m；第2排，孔距1.0m。锚杆采用Φ25螺纹钢，锚入岩石内4～5m。支洞侧墙部位锁口锚杆设置2排，排距0.5m，第1排离洞边0.5m，孔距10.0m；第2排，孔距10.5m。锚杆型式、长度与洞顶部位相同，在安装锚杆的基础上进行挂网喷砼，喷射砼厚度为12～15cm，强度为C20，同时，洞顶及侧墙部位设置排水孔。

锁口锚杆设置部位为进洞口、主洞与支洞交叉部位及与厂房高边墙交叉部位。

（2）岔口开挖及支护。

①开挖。

锁口锚杆完成后，进行岔洞口开挖，以坡度12%进入主洞上半洞，洞口（叉口）部位前10m范围内采用导洞超前，再扩大成型。钻爆前，先在主洞设计开挖周边线布置一圈减震孔，主洞采用全断面开挖，采用加密钻孔，周边光爆，少量炸药爆破。开挖采用手风钻钻爆，3.0m^3侧卸装载机装20t自卸汽车出渣。

②支护。

根据压力管道平断与支洞相交部位的地质条件显示，该部位岩体较为破碎，且交叉部位跨度大，对洞室的安全稳定不利，洞室稳定性差，为确保安全，在交叉部位10m范围设置Ⅰ20a型钢拱架支撑加强支护，间距0.5m。

2）压力管道下平段穿帷幕段开挖

压力管道穿帷幕段断面扩大了40cm，为保证本段开挖成型，需提前进行渐变开挖，从下平洞断面过渡至帷幕段断面，过渡长度为2m，过渡示意图如图4.1－2所示。

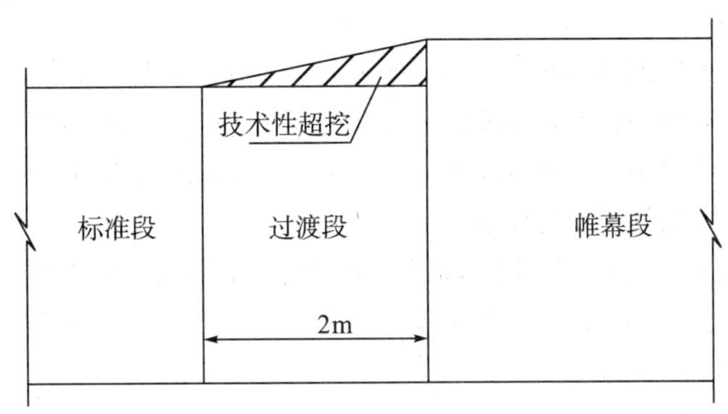

图4.1－2　**过渡示意图**

3）下平洞与主厂房上游边墙交叉口开挖与支护

采用先洞后墙的施工顺序。下平洞在向下游方向开挖施工时，先贯入厂房2m，并做好与厂房衔接面环向预裂、锁口锚杆和网喷支护，主厂房开挖至同高程时施作系统锁口锚杆。

4条压力管道在厂房上游边墙贯通后，根据现场开挖揭示，压力管道与厂房上游边墙交叉部位的岩体较破碎，对厂房边墙的稳定不利，为减小洞室交叉对高边墙的不利影响，在压力管道进厂段距厂房边墙10m范围内增加Ⅰ20a型钢拱架，间距0.5m。

4.1.1.6　小结

猴子岩水电站岩压力管道（引水隧洞）平洞段开挖，通过合理的分层分序规划，采取必要的加强支护措施，尤其是特殊部位（进洞口、主洞与支洞交叉部位、主洞与厂房高边墙交叉部位）的锁口锚杆及型钢拱架加强支护，对确保隧洞的安全稳定起到了关键性作用。

4.1.2　尾水隧洞开挖支护

4.1.2.1　工程概况

猴子岩水电站尾水系统采用“两机一室一洞”布置格局，两条尾水隧洞与调压室的连接采用室内交汇方式。

尾水调压室后设1＃、2＃尾水隧洞，跨度14.70m，高度18.55m，城门洞型。1＃尾水隧洞长792.538m，纵坡$i=1.13729\%$；2＃尾水隧洞长669.467m，纵坡$i=1.36149\%$，出口高程1677.00m。尾水隧洞上半洞开挖通道为尾水上支洞，尾水隧洞下半洞开挖及尾水隧洞衬砌通道为尾水下支洞。

4.1.2.2　开挖支护总程序

1）施工总程序

(1) 工程进场后，立即组织尾水上支洞施工，适时进行尾水中支洞、尾水下支洞施工，以便及早进行尾水隧洞的开挖支护施工。

（2）尾水隧洞轴线相距较近，两条尾水隧洞采用错距开挖，开挖支护工作面前后错开 30m 左右，具体距离根据进场后的爆破振动监测成果确定。尾水隧洞出口 50m 采用导洞与尾水出口提前贯通，改善尾水隧洞通风条件，出口段扩挖待出口边坡下挖并完成洞脸锁口后，由出口向洞内方向完成开挖支护。

（3）尾水隧洞下层靠近尾水调压室端预留 50m 斜坡道，斜坡道坡度约 10%，到达尾水调压室底部（导洞底板）EL. 1675. 50m，作为尾水调压室第Ⅸ层的开挖出渣通道，待尾水调压室第Ⅸ层开挖完成后，再开挖斜坡道。

（4）施工支洞、尾水隧洞及尾水连接洞与尾水调压室等洞室相贯部位，均采用先洞后墙方案，即在调压室边墙开挖至相应高程前，完成施工支洞、尾水连接洞、尾水隧洞开挖，对末端至少 1.5 倍洞径范围内采用加强支护措施，并自施工支洞、尾水连接洞或尾水隧洞对调压室边墙设计开挖线实施环向预裂，以确保高边墙成型与稳定。

（5）根据施工进度安排及施工支洞布置情况，尾水隧洞共分为 2 层进行开挖，底预留 1.5～2.0m 厚保护层。第一层（上半洞）高度为 8.12(8.35)m，第二层（下半洞）高度为 10.00(10.20)m，尾水隧洞开挖分层分区如图 4.1－3 所示。

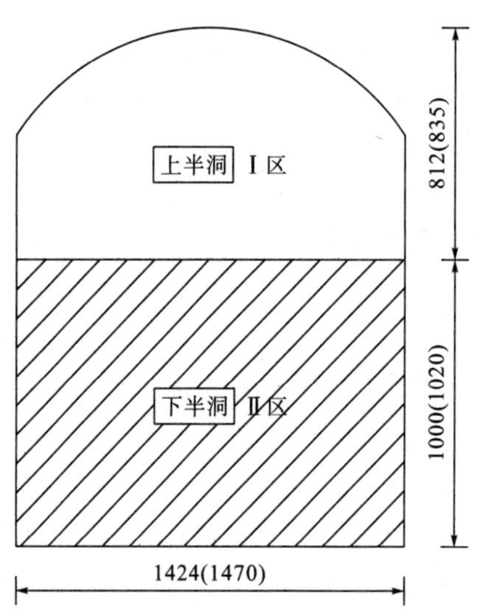

图 4.1－3　尾水隧洞开挖分层分区图

2）尾水隧洞上半洞开挖施工程序

尾水隧洞上半洞开挖跨度大，顶拱存在缓倾角层面，顶拱开挖安全是重点，同时也是难点。为此制定了主尾水隧洞上半洞顶拱层开挖时，一次揭露的跨度尽量小，开挖揭露结构面应及时做好临时和系统支护，支护及时跟进或紧跟掌子面的原则。基于以上原则，主尾水隧洞上半洞开挖施工程序如下：

从尾水上支洞进入 1＃尾水隧洞上半洞，优先进行 1＃尾水隧洞进口端开挖，然后开挖尾水上支洞延伸段进入 2＃尾水隧洞，以保证 1＃、2＃尾水隧洞开挖掌子面相距大于 30m。系统锚杆及时跟进掌子面，当遇到不良地质时当班支护。

3）尾水隧洞下半洞开挖施工程序

（1）尾水下支洞与 1＃尾水隧洞下层贯通后，1＃尾水隧洞上游分 2 幅进行，1＃尾水隧洞上游分 2 幅进行，1＃尾水隧洞上游左侧进行下层开挖，1＃尾水隧洞上游右侧预留斜坡道进行上层开挖。同时进行尾水下支洞延伸段开挖。1＃尾水隧洞左侧下层采用结构预裂、阶梯爆破开挖施工，右侧半幅修筑 10%斜坡道，以满足 1＃尾水隧洞上游上层剩余（尾 2）0＋200m～0＋000m 开挖施工，1＃尾水隧洞上游上层（尾2）0+200m～0+000m提前于1＃尾水隧洞上游左侧下层开挖前完成，1＃尾水隧洞上游右侧待1＃尾水隧洞上游左侧下层完成后从小桩号向大桩号进行开挖。

（2）尾水下支洞延伸段与2＃尾水隧洞下层贯通后，2＃尾水隧洞上游分2幅进行，2＃尾水隧洞上游左侧进行下层开挖，2＃尾水隧洞上游右侧预留斜坡道进行上层开挖。同时进行1＃尾水隧洞下游开挖及2＃尾水隧洞下游下层开挖。2＃尾水隧洞上游左侧下层采用结构预裂、阶梯爆破开挖施工，右侧修筑10％斜坡道，以满足2＃尾水隧洞上游上层剩余（尾2）0+117m～0+000m开挖施工，2＃尾水隧洞上游上层（尾2）0+117m～0+000m提前于2＃尾水隧洞上游左侧下层开挖前完成，2＃尾水隧洞上游右侧待2＃尾水隧洞上游左侧下层完成后从小桩号向大桩号进行开挖。

（3）1＃尾水隧洞下游（上下支洞之间）下层开挖提前于1＃尾水隧洞下游上层开挖完成前进行施工，但注意1＃尾水隧洞与尾水上支洞岔口下游上层未完成前不得超过交叉口。

（4）在尾水下支洞未完成全面贯通前进行2＃尾水塌方段（上层开挖后出现）处理及其他辅助施工。

4.1.2.3　开挖总体方案

1）尾水隧洞开挖

遵循“弱爆破，及时支护、早封闭、勤量测”的施工原则，以确保洞室的稳定。

2）第一层（上半洞）开挖方法

尾水隧洞上层开挖断面为14.24(14.70)m×8.21(8.35)m，断面面积为96.70m^2，全断面一次开挖成型，开挖设计轮廓线采用光面爆破，自制4台平台车为施工平台，采用YT－28手风钻钻孔，液压反铲进行危石清理，开挖石渣采用侧卸装载机（3.0m^3）配合25t自卸汽车出渣。Ⅲ类围岩循环进尺2.5～3.0m，Ⅳ类围岩循环进尺控制在2.0m左右。

3）第二层（下半洞）开挖方法

（1）尾水隧洞下层的结构边线开挖采用KSZ－100E行走履带式液压钻机或100E潜孔钻机造孔。为保证KSZ－100E行走履带式液压钻机或100E潜孔钻机马达边线，超挖10cm确保下层开挖结构面，在进行边墙预裂前对现有边墙进行检查、修边。预裂爆破孔孔径76mm，孔距75cm，孔深8m，底部超深50cm。预裂孔采用竹片绑箍Φ32药卷间隔装药，装药密度400g/m，黏土堵塞长度90cm。

（2）各区域梯段爆破用履带式钻机造孔，单段梯段长度10m，孔径110mm，间排距初拟为200cm×220cm，采用Φ60乳化炸药，炸药单耗0.41kg/m^3。单响药量根据爆破振动监测可做适当调整。2台液压反铲配8台25t自卸汽车出渣。

在本层爆破施工时必须严格控制单响药量，以降低爆破振动影响，确保尾水隧洞主体结构安全。根据尾水隧洞实际地质情况确定单响药量，实际开挖最大单响药量根据开挖过程爆破振动监测及爆破松动圈试验进行调整。

（3）保护层。

预留：设计开挖面顶部预留1.5～2.0m保护层。

开挖：造孔采用水平孔布置，辅助孔采用手风钻造孔，孔径42mm，间距50～90cm，排距50～70cm，孔深350cm。药卷采用Φ25或Φ32，孔装药量2.6kg，乳化炸药，堵塞165cm，连续装药；光爆孔孔径42mm，间距50cm，孔深425cm，药卷Φ25，线密度为153g/m，单孔装药量0.65kg，乳化炸药，堵塞75cm，间隔装药。

4.1.2.4　开挖施工

1）爆破设计

（1）第一层（上半洞）爆破设计。

①孔径：采用YT－28手风钻钻孔，钻孔直径42mm。

②孔深：根据单次进尺长度 3m，光爆孔、崩落孔、底板孔取 3.25m，掏槽孔取 3.6m。

③岩石坚固系数：根据《爆破安全规程》（GB 6722—2003）的岩石分级，石灰岩 f 取值范围为 6～8。

④单位消耗量：根据戈斯帕扬公式：

$$q=\left(\sqrt{\frac{f-3}{3.8}}+\frac{L_1K_1\eta}{S}\right)K_2K_3F_s\sqrt{\frac{50}{S}}\approx 0.74$$

式中 L_1——平均钻孔深度，取 3m；

K_1——炮孔装药量充填系数，根据岩石坚固系数取 0.8；

η——炮孔利用系数，取 0.95；

K_2——等效炸药换算系数，2＃岩石乳化炸药取值为 1；

K_3——岩体裂隙的修正系数，根据岩体裂隙发育状况，取值为 0.9；

F_s——自由面数量，为 1；

S——断面面积，为 99.70m^3。

⑤炮孔总个数：$N=\alpha_1+\alpha_2 S=37.6+1.56\times 109.61\approx 193$(个)。（$\alpha_1$、$\alpha_2$ 是由岩体可爆程度确定的系数，炮孔个数根据具体炮眼布置做适当调整）

⑥一次开挖循环的总药量：$Q=qV=0.74\times(99.70\times 2.85)\approx 210.3$(kg)。

⑦周边孔采用光面松动爆破。

周边孔炮孔间距：$a=(15\sim10)D$，取 45cm。

周边孔最小抵抗线：$W=(7\sim20)D$，取 60cm。

周边孔单孔装药量：用线装药密度 QX 表示，即 $QX=qaW$（q 为松动爆破单耗，取 0.4kg/m^3），取 100g/m。

周边孔的个数：$n_1=L/a=25.5/0.45\approx 56$(个)。其中，$L$ 为开挖面周长，包括侧面和顶拱段。

⑧尾水隧洞上半洞开挖爆破孔布置如图 4.1－4 所示。尾水隧洞上半洞开挖爆破主要技术指标见表 4.1－4。

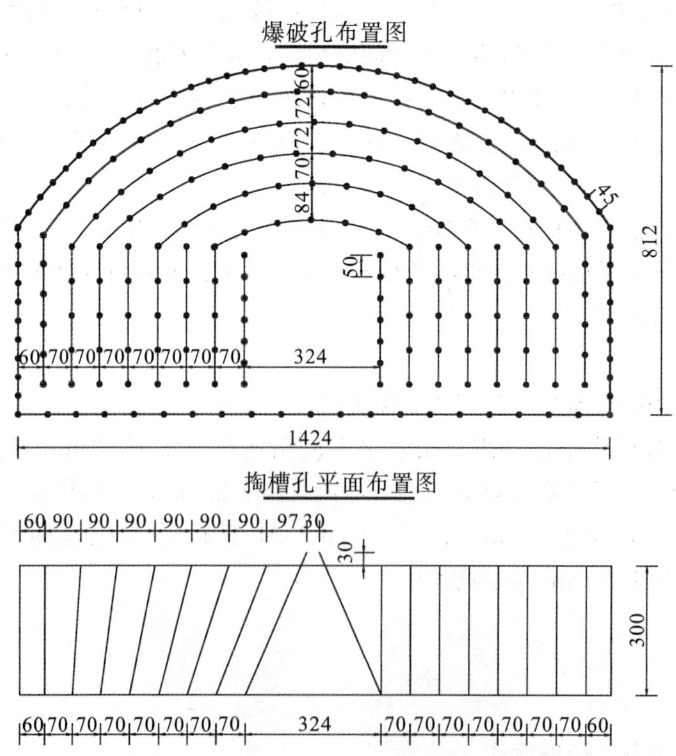

图 4.1－4 尾水隧洞上半洞开挖炮孔布置图

表 4.1-4　尾水隧洞上半洞开挖爆破主要技术指标

部位	开挖断面/m^2	钻孔个数/个	爆破方量/m^3	总装药量/kg	炸药单耗/(kg/m^3)	爆破效率	预期进尺/m
上半洞	99.07	211	284.15	210.2	0.74	95%	2.85

(2) 第二层（下半洞）爆破设计。

孔径：采用履带式液压钻机或100E潜孔钻机钻孔，钻孔直径为76mm。

孔深：根据分层高度主爆孔为8m，预裂孔超深至8.5m。

①爆破参数设计。

最小抵抗线：$W=\sqrt{0.25\pi D^2\Delta l\tau/eqmH}=\sqrt{(0.25\times3.14\times0.092\times900\times7\times0.6)/(1\times2.2\times6.5)}\approx$ 2.2m。q 取 1.1m；τ 取 0.6；e 为炸药换算系数，为 1；m 为炮孔密度，为 1；Δ 为装药密度，取 900。

炮孔间距：$a_{预}=(15\sim10)D$，预裂孔取 0.75m。根据《爆破新技术与现场安全管理及强制性标准规范务实全书》及并结合厂房、尾水调压室开挖经验，$a_{主}=(1.0\sim2.0)W$，主爆孔取 2.0m。

预裂孔线装药密度：根据爆破试验结果，取 400g/m。

主爆孔单孔药量：$Q_{主}=0.33eqaHW=0.33\times1\times1.66\times2.0\times8\times2.2\approx13.2(kg)$，查表知，$q$ 为 1.8～2.6，取 2.0kg/m^3，临空面为3个，折减系数 0.67，得 q 为 1.34。

炮孔堵塞长度：$l=(20\sim40)D$，取 1.8m。

总装药量：$Q=558.4kg$。

梯段爆破单位耗药量：$q=Q/V=475.2/1139\approx0.41(kg/m^3)$。

②质点振动速度控制单响药量计算。

采用质点振动速度经验公式进行计算，经验公式如下：

$$V=K\left(\frac{w^{\frac{1}{3}}}{D}\right)^{a}$$

式中　V——质点振动速度，mm/s；

w——爆破装药量，齐发爆破时取总装药量，分段延迟爆破时视具体条件取有关段或最大一段的装药量，kg；

D——爆破区药量分布的几何中心至防护目标的距离，m，取 7.12m；

K、a——与场地的地质条件、岩体特性、爆破条件等相对位置有关的系数，根据分析计算，取 $K=211.29$，$a=2.48$。

经计算得 $V=211.29\times\left(\frac{52.8^{\frac{1}{3}}}{7.12}\right)^{2.48}\approx43.1(mm/s)$＜爆破振速限值 50mm/s，本两层设计开挖最大单响药量为Ⅱ区3段，最大单响药量为 52.8kg。

尾水隧洞下半洞开挖爆破孔布置如图 4.1-5 所示。爆破主要技术指标见表 4.1-5。

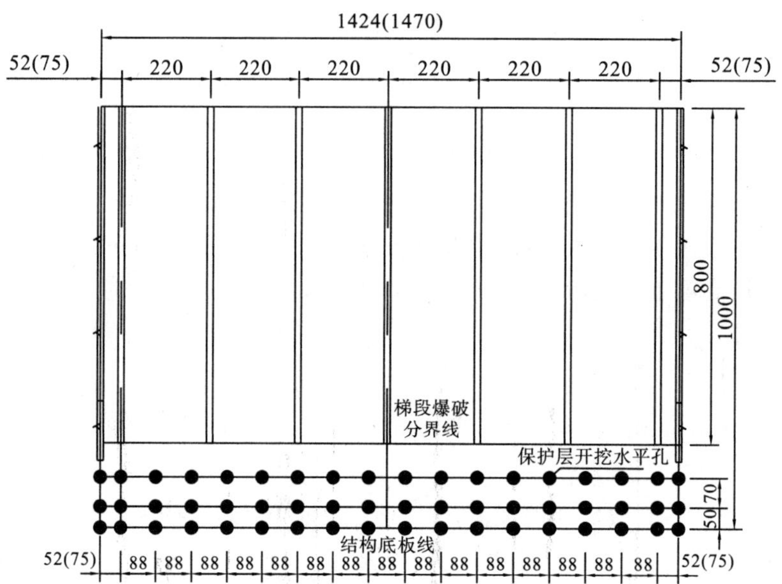

图 4.1-5 尾水隧洞下半洞开挖爆破孔布置图

表 4.1-5 尾水隧洞下半洞开挖爆破主要技术指标

部位	开挖断面/m²	钻孔个数/个	爆破方量/m³	总装药量/kg	炸药单耗/(kg/m³)	爆破效率	预期进尺/m
梯段爆破	143.00	62	1139.20	548.7	0.48	99%	10

预裂孔间隔装药，采用预裂爆破，预裂爆破完成后再进行中部的拉槽孔爆破；施工过程采用非电梯型起爆网络，毫米微差非电雷管分段延期起爆；实际施工时爆破参数通过现场爆破试验进行调整。

2）施工方法

（1）第一层开挖施工方法见“4.5 标准施工工艺”。

（2）第二层（下半洞）。

①钻孔参数及要求。

由于KSZ-100E行走履带式液压钻机或潜孔钻机的马达边线超出钻杆的外边线一定距离，造成钻杆不能直接靠住边墙，单根钻杆长度1.1m，按5∶110坡比钻孔，造成超挖，见表4.1-6。

表 4.1-6 钻孔参数

马达与边墙距离/cm	预裂孔深度/cm	主爆孔/cm	预裂孔平面超挖/cm	设计爆破平面超挖/cm
5	700	650	32	30
6	700	650	38	36
7	700	650	45	41
8	700	650	51	47

选用的钻孔设备为KSZ-100E行走履带式液压钻机或潜孔钻机，马达边线与边墙距离6cm，导致边墙超挖36cm。因此，为避免大量超挖，特将上半洞扩挖10cm，临近边墙刻槽宽度2m，高度2m，垂直钻孔。钻孔控制：潜孔钻机采用样架测量放线，KSZ-100E行走履带式液压钻机采用测量放样、罗盘控制。

钻孔时，测量人员根据爆破设计人员及监理工程师批准的爆破设计图进行布孔，由熟练的钻工严格进行钻孔作业，各钻手分区、分部位定人定位施钻，实行严格的钻手作业质量经济责任制。每排炮由值班技术员按“平、直、齐”的要求进行检查。炮孔质量要满足猴子岩水电站地下洞室开挖施工要求及现行的施工技术规范。

②钻孔检查、装药联线引爆。

装药是控制开挖质量的最后环节，要确保装药质量达到爆破参数要求的标准，严格遵守安全爆破操作规程。装药前对各种钻孔进行认真清理验收，以保证设计孔深。在进行光爆孔及预裂孔的药卷安装时，为了使药卷位于炮孔的中心线上，除采用竹片间隔绑药外，还在竹片上间隔设置定位装置，以达到爆破效果。

装药结束后，由值班技术员和专业炮工进行全面认真的检查，联成起爆网络，爆破前将工作面设备、材料撤至安全位置。最后由炮工和值班技术员复核检查，确认无误，撤离人员和设备，炮工负责引爆。

③通风排烟、排险、出渣及清底施工见“4.5 标准施工工艺”。

4.1.2.5 支护施工

尾水隧洞支护工程主要由普通砂浆锚杆、C20喷混凝、挂网钢筋及格栅钢架。锚杆采用全长黏结型普通砂浆锚杆，直径采用Φ32、Φ28、Φ25钢筋，水泥砂浆强度等级为M20。

1）总体支护方案

尾水隧洞的支护分为随机支护和系统支护。对开挖掌子面不稳定块体、不利结构面、局部破碎、挤压破碎带等不良地质段及时进行随机喷锚支护；并在随机支护的基础上，系统喷锚及时跟进。对于Ⅳ类围岩，随机支护和系统支护紧跟掌子面。并根据开挖揭露的地质情况采取超前支护等措施。

2）支护施工方法

见“4.5 标准施工工艺”。

3）不良地质段的处理措施

本洞室若遇在Ⅳ类围岩、岩脉、断层及软弱破碎带，应加强临时支护，特别是本洞室处于高地应力地区，极易发生岩爆等灾害。施工过程中我部采取临时加强支护施工预案。

（1）调查隧洞工程地质和水文地质情况，分析围岩的稳定条件和围岩分类。

（2）在围岩分类的基础上，用工程类比法设计临时支护类型及设计参数；对临时支护进行受力分析和结构验算，并提出施工要点、施工工序及施工注意事项。

（3）支护施工过程中，一要掌握好地质情况的多变和突变情况；二要在施工现场进行监控量测，及时根据信息反馈修改设计参数、变更临时支护施工工序等。

（4）及时总结经验，改进临时支护设计与施工。重视掌握岩体变形、坍塌的规律，并在适当的时间，采用合适的方法，把临时支护做好，确保施工人员和机械设备的安全。

4.1.2.6 岩爆区系统加强支护施工

1）工程概述

（1）工程地质条件。

1＃、2＃尾水隧洞桩号0+000m～0+180m段岩性为厚层～中厚层状变质灰岩，微风化，洞段多为干燥，局部有滴水和少量渗水；裂隙以层面裂隙为主。

2013年进行过施工期地应力补充测试，位于2＃尾水隧洞桩号0+59m，地应力大小列于表4.1－7。主应力值较大，属高地应力。尾水隧洞地应力测试见表4.1－7。

表 4.1−7　尾水隧洞地应力测试

测点编号	测点位置	水平埋深	垂直埋深	岩性		σ_1	σ_2	σ_3
σ_{SG-3}	2# 尾水隧洞上游壁 0+59m（高程 1667.00m）	430m	580m	变质灰岩	量值/MPa	34.77	19.76	12.26
					α/°	270.0	170.5	62.5
					β/°	34.5	13.5	52.2

（2）岩爆情况。

据统计，1＃尾水隧洞 0+000m～0+260m、2＃尾水隧洞 0+000m～0+260m 洞段大小塌方约 45 次，其中近期发生两次较严重塌方。

（3）加强支护设计措施。

①在原已实施系统锚杆内插加强支护砂浆锚杆及预应力锚杆，砂浆锚杆全部增设钢垫板，并采用 Φ22 钢筋作为龙骨筋与锚杆连接成网状整体；

②修复已损坏拱架；

③局部裂缝、掉块部位增加随机预应力砂浆锚杆加强支护；

④对于喷层开裂部位，在原喷 C20 混凝土（厚 12cm）的基础上，补喷厚 5cm C25 混凝土；

⑤在塌方空腔处铺设钢筋网片，并喷厚 17cm C25 混凝土，在已失效锚杆位置重新补打锚杆，锚杆参数与原设计参数一致；

⑥增设临时监测断面，加强观测频次，并对数据进行适时分析。

4.1.2.7　特殊部位开挖

1）平交口的开挖

尾水隧洞开挖平交有尾水下支洞与 1＃尾水隧洞、尾水上（下）支洞延伸段与 1＃尾水隧洞、尾水上支洞延伸段与 2＃尾水隧洞、1＃尾水隧洞与尾水调压室、2＃尾水隧洞与尾水调压室共 6 处平交口。由于尾水隧洞跨径较大，平交口极易发生变形、开裂甚至坍塌等灾害，采用如下处理措施。

（1）平交口开挖应按照短进尺、多循环的原则施工。

（2）平交口支护应紧跟开挖作业面，根据开挖揭示的地质条件，相交部位可采用 Φ28，$L=6.0$m 加强锚杆、Φ32，$L=12.0$m 锁口锚杆、挂 ϕ6.5@15cm×15cm 钢筋网喷混凝土等，必要时采用Ⅰ20a 型钢支撑等方式加强支护，加强支护范围要大于平交口应力影响区域（一般平交口弧线外 6m 左右）。

（3）平交口施工过程中，根据具体情况进行必要的安全监测，根据监测数据分析成果，指导开挖、支护。

2）出口段的开挖

由于尾水隧洞出口段与尾水边坡开挖相接，出口段受边坡开挖爆破影响，极易发生变形、开裂甚至坍塌等灾害，应采用如下处理措施：

（1）出口段开挖应按照短进尺、多循环的原则施工，减小围岩扰动。

（2）出口段支护应紧跟开挖作业面，根据开挖揭示的地质条件，除按设计要求支护外，根据地质条件可采用Ⅰ20a 型钢支撑或钢格栅拱架等方式加强支护。

（3）出口段开挖至设计开挖线，尾水出口边坡开挖时预留保护层 2m，后采用手风钻钻孔开挖。

（4）出口段施工过程中，根据具体情况进行必要的安全监测，根据监测数据分析成果，指导开挖、支护。

3）渐变段及弯段

（1）渐变段及弯段开挖遵循“短进尺、弱爆破，及时支护、早封闭、勤量测”的施工原则，以确保洞室的稳定及开挖面成型效果。

（2）渐变段开挖采用YT－28手风钻，开挖工艺采用光面爆破，上半洞开挖周边孔间距50cm、2排孔间距60cm、辅助孔间距70～80cm布孔、掏槽孔开口320cm。下层布孔可参照本方案典型断面，可根据断面变化情况及实际开挖参数调整后进行调整，主爆孔间距200～220cm布孔。

施工过程中由于围岩稳定性差、地应力较高、且顶拱围岩稳定性差等原因，尾水隧洞进口渐变段（尾1、尾2）0＋00m～0＋10m、出口段（尾1）0＋771m～0＋792.538m、（尾2）0＋644.467m～0＋669.467m及与支洞交叉口上下各10m范围部位采取设置Ⅰ20a型钢拱架和预应力锚杆（Φ32，L＝9m，T＝1200kN）锁口加强支护。

4.1.2.8　小结

尾水隧洞位于猴子岩水电站地下洞室最低位置，垂直埋深最大处760m，科研设计阶段地质勘探实测最大地应力为36.4MPa，部分洞段地质条件差，岩爆现象突出，开挖施工通过加强安全监测［增设监测仪器（锚杆应力计，多点位移计），加强观测频次，并对数据适时分析］，并采用合理的系统加强支护措施（增设砂浆锚杆和预应力锚杆），以及特殊部位的加强支护（预应力锁口锚杆和型钢拱架），确保了隧洞的稳定安全。对今后类似的高地应力大断面地下隧洞工程开挖施工，具有较好的借鉴意义。

4.1.3　排水廊道开挖支护

4.1.3.1　工程概况

猴子岩水电站排水廊道共分为上、中、下三层。

第一层排水廊道全长1206.95m，起点为尾调交通洞K0＋016.2m上游侧边墙，高程1734.92m，终点位于1＃尾水调压室左侧端墙，高程1731.59m，同时在主变室与主副厂房之间及主变室与尾水调压室之间各有一条廊道支线。支洞断面3.0m×3.5m（宽×高），城门洞型（小断面）。其中（排1）全段处于0.5％的下坡，（排1支1）处于0.753％的下坡，（排1支2）处于0.98％的下坡。

第二层排水廊道全长756.94m，分别为（排2）521.92m和（排2支1）235.02m，廊道环绕主变室与主副厂房及安装间，并分别与进厂交通洞和4＃公路隧道平面相交。廊道断面3.0m×3.5m（宽×高），城门洞型。（排2）起点为4＃公路K0＋223.514m上游侧，终点位于进厂交通洞K0＋086.004m右边墙，起点高程1703.10m，终点高程1703.49m。排水廊道最低点设置在（排2）0＋221.72m处，高程1701.99m，（排2）0＋000m～（排2）0＋221.71m段处于0.5％的下坡，（排2）0＋221.72m～（排2）0＋521.92m段处于0.5％的上坡；（排2支1）起点为4＃公路K0＋223.514m下游侧边墙，终点为进厂交通洞K0＋086.004m左侧边墙，起点高程1704.40m，终点高程1703.22m，全段处于0.5％的下坡。

第三层排水廊道位于EL.1676.30m，沿厂房上游布置，分别相交与主厂房上游墙1＃机右端EL.1676.30m与渗漏集水井。

排水廊道施工布置如图4.1－6～图4.1－8所示。

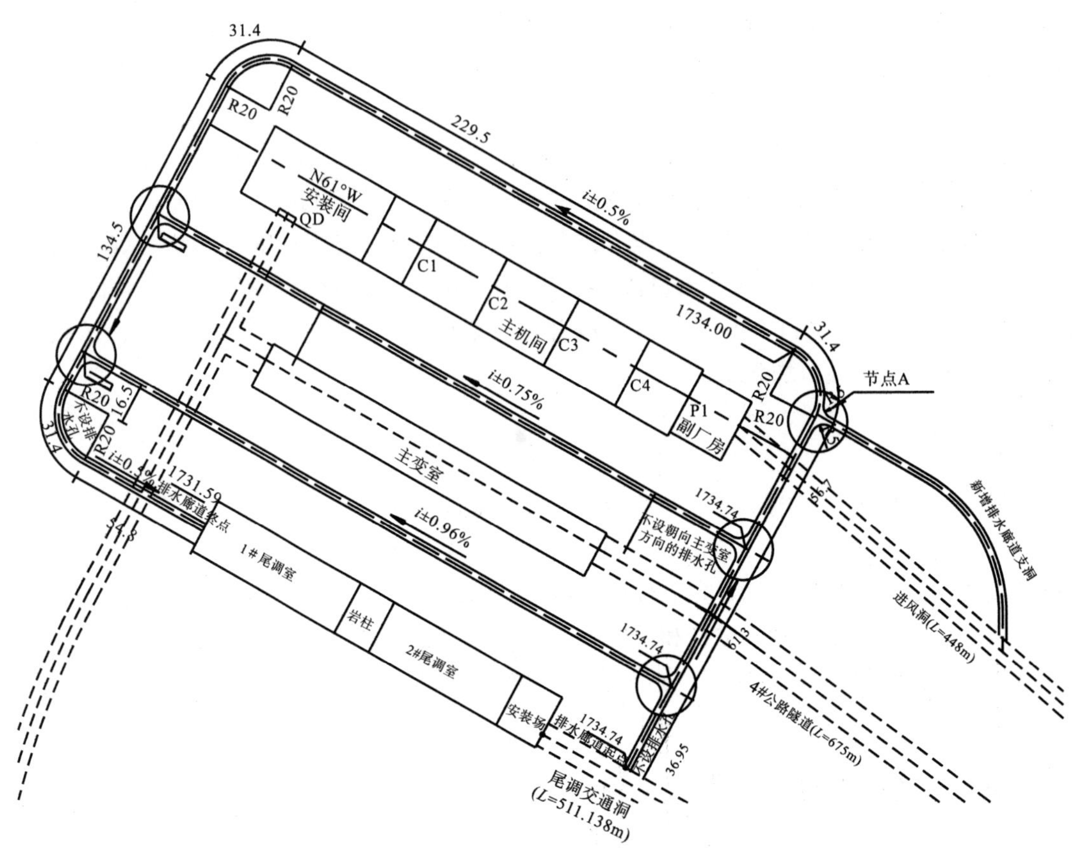

图 4.1-6　第一层排水廊道施工布置图

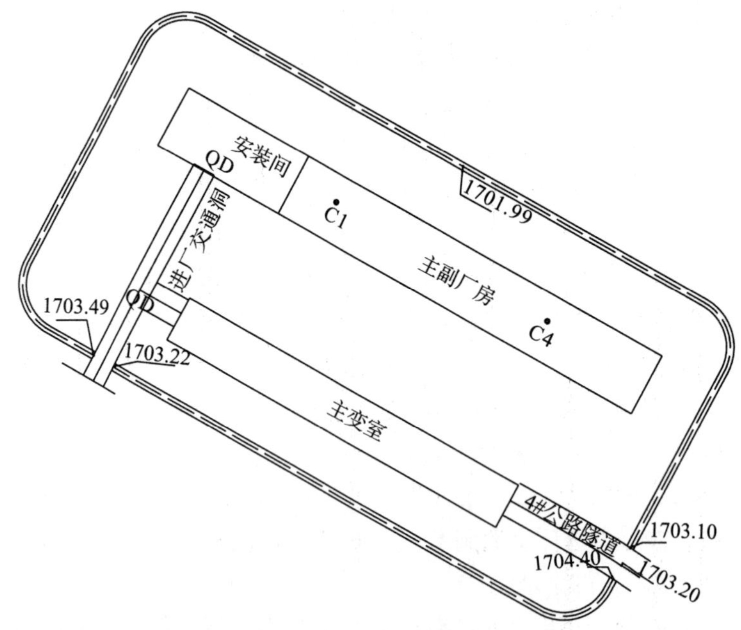

图 4.1-7　第二层排水廊道施工布置图

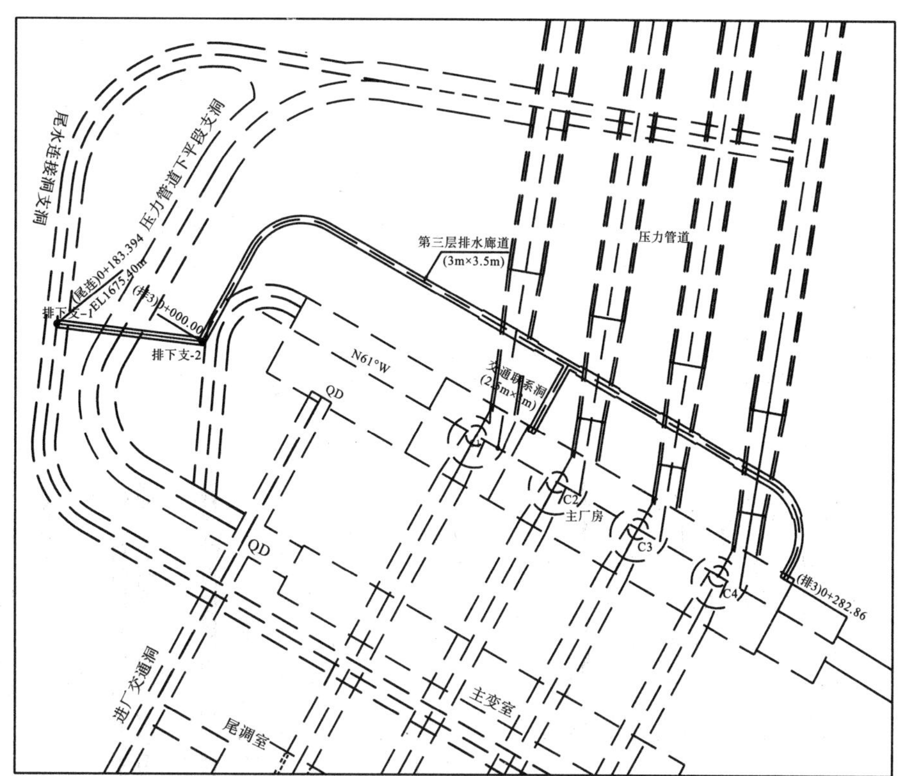

图 4.1-8　第三层排水廊道施工布置图

4.1.3.2　总体施工方案

1）第一层排水廊道

第一层排水廊道前期仅使用上层排水廊道支洞作为施工通道。待尾水调压室交通洞贯通后，尾水调压室交通洞可作为廊道的又一施工通道。

第一层排水廊道共分五个区进行施工，Ⅰ区为（排 1）0+154.95m～（排 1）0+503.95m；Ⅱ区为（排 1）0+000m～0+154.95m；Ⅲ区为（排 1 支 1）0+000m～0+269.5m；Ⅳ区为（排 1 支 2）0+000m～0+269.5m；Ⅴ区为（排 1）0+503.95m～0+667.95m。具体分布如图 4.1-9 所示。

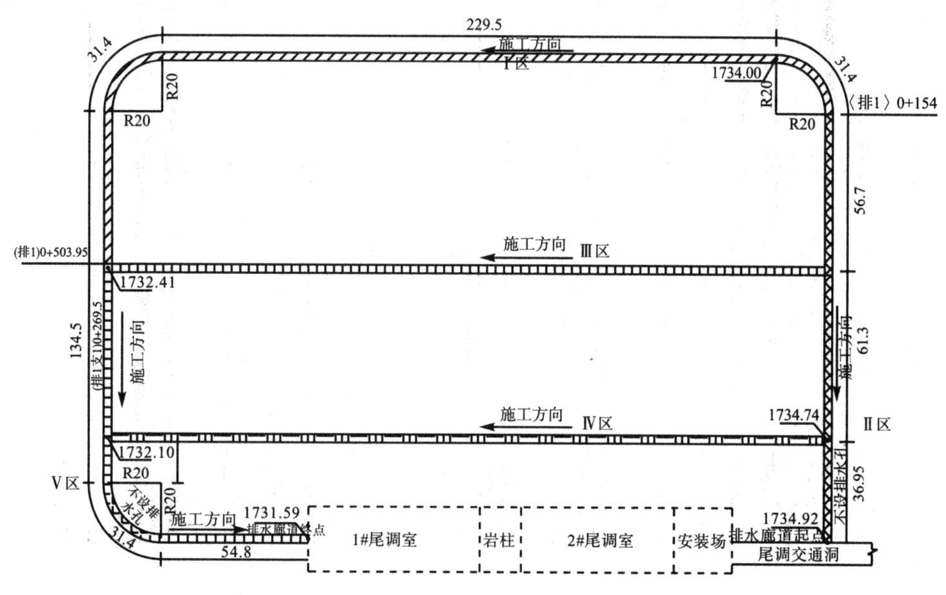

图 4.1-9　第一层排水廊开挖施工分区布置图

总体施工程序如图 4.1－10 所示。

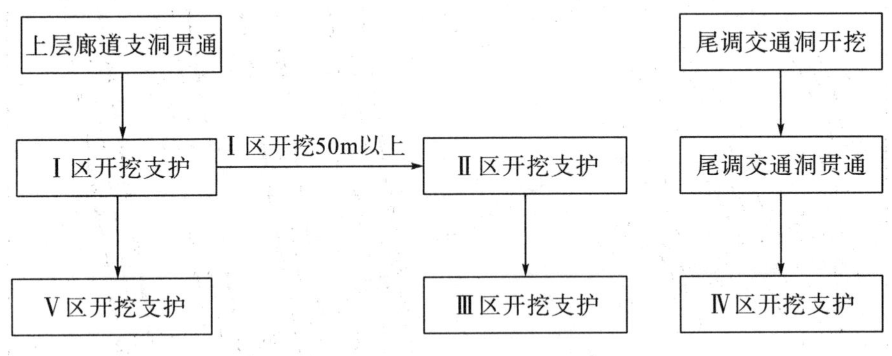

图 4.1－10　总体施工程序

单个工作面施工程序：洞身开挖→随机支护→排水孔施工→路面混凝土。

洞室采用手风钻进行全断面开挖，开挖爆破后，利用 3.0m³ 装载机将渣料倒运至支洞洞口，最后装入 20t 自卸汽车内，沿 S211 低线公路运至菩提河坝过渡料回采渣场（色古沟渣场）。洞身锚杆采用手风钻钻孔，锚杆采用 Φ20 钢筋，长度 3.0m；随机喷射砼采用 C20 混凝土，厚度 5cm。在进行洞口开挖时应做好锁口支护，增加锁口锚杆（Φ25，L＝4.5m）沿洞口周边轮廓线布置，间排距 50cm，共计设置两排。在开挖至排水廊道交叉口时适当进行扩挖。具体尺寸及参数如图 4.1－11 所示。

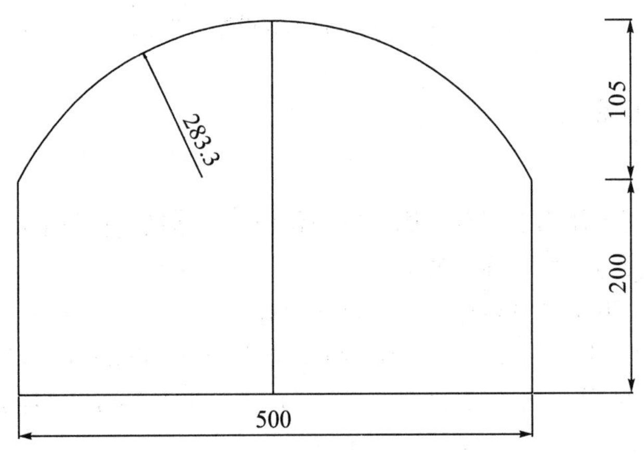

图 4.1－11　扩挖段剖面示意图

2）第二层排水廊道

第二层排水廊道使用 4＃公路隧道及进厂交通洞作为施工通道。最高峰可同时进行开展四个工作面。

第二层排水廊道共分两个区进行施工，Ⅰ区为（排 2）全段，共计 521.92m；Ⅱ区为（排 2 支 1），共计235.02m。

具体分布如图 4.1－12 所示。

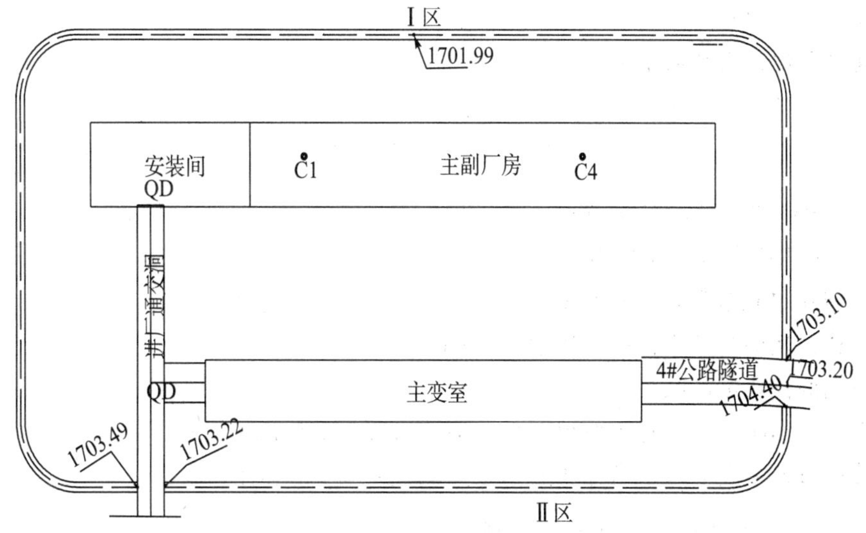

图 4.1－12　第二层排水廊开挖施工分区布置图

单个工作面施工程序：洞身开挖→随机支护→排水孔施工→路面混凝土。

洞室采用手风钻进行全断面开挖，开挖爆破后，采用人工配合农用车出渣。渣料沿 S211 低线公路运至菩提河坝过渡料回采渣场（色古沟渣场）。洞身锚杆采用手风钻钻孔，锚杆采用 Φ20 钢筋，长度 3.0m，随机布置；喷射砼采用 C20 混凝土，厚度 5cm。在进行洞口开挖时应做好锁口支护，增加锁口锚杆（Φ25，$L=4.5$m）沿洞口周边轮廓线布置，间排距 50cm，共计设置两排。

3）第三层排水廊道

待下层排水廊道支洞开挖完成后开始施工，采用手风钻进行全断面开挖，开挖爆破后，利用 3.0m^3 装载机将渣料倒运至支洞洞口，最后装入 20t 自卸汽车内，后经 4＃公路隧道（进厂交通洞）沿 S211 低线公路运至菩提河骨料回采渣场。洞身锚杆采用 Φ20 钢筋。锚杆的孔位布置可根据围岩类别而定，Ⅱ、Ⅲ类围岩锚杆长 3.0m 顶拱随机布置，随机喷砼厚 5cm；Ⅳ类围岩锚杆长 3.0m 边顶拱设置，间距 1.5m×1.5m，梅花形布置，边顶拱喷砼厚度 5cm，Ⅴ类围岩锚杆长 3.0m 边顶拱设置，间距 1.2m×1.2m，梅花形布置，边顶拱喷砼厚度 5cm。

4.1.3.3　开挖施工

1）爆破设计

以Ⅲ类围岩设计为例（详见《水利水电工程施工组织设计手册 2》，第 496～499 页），施工过程中根据实际情况进行适当调整。

（1）孔径：采用 YT－28 手风钻钻孔，钻孔直径 42mm。

（2）孔深：取单次进尺长度，光爆孔、崩落孔、底板孔取 2.5m，直孔掏槽。

（3）岩石坚固系数：根据水利水电预算定额使用的岩石分级，白云质灰岩 f 取值范围为 10～12。

（4）单位消耗量：根据刘青荣公式：

$$q=\frac{0.31\sqrt[4]{f\times f\times f}}{\sqrt[3]{S_x}}\cdot\frac{1}{\sqrt{d_x}}el_x$$

式中 S_x——相对断面积，$S_x=S/5=1.907$（S 为断面面积，取 9.5343m^3）；

e——炸药类型系数，取 1.146；

d_x——药卷相对直径，取 1.0mm；

l_x——炮孔深度对炸药消耗量系数，取 1.0。

根据计算，$q=1.89$。

（5）炮孔总个数：炮孔数量为

$$N=\frac{qSl_1}{a_x g}+n_1+n_2$$

式中 l_1——一个药卷长度，取 0.2m；

g——一个药卷重量，取 0.2kg；

a_x——炮孔填充系数，取 0.98；

n_1——药径减小时周边孔增加数量，取 0；

n_2——掏槽孔数量，取 13。

根据计算，$N=31$ 个。炮孔个数根据具体炮眼布置做适当调整。

具体爆破孔布置及主要技术指标如图 4.1－13、表 4.1－8 所示。

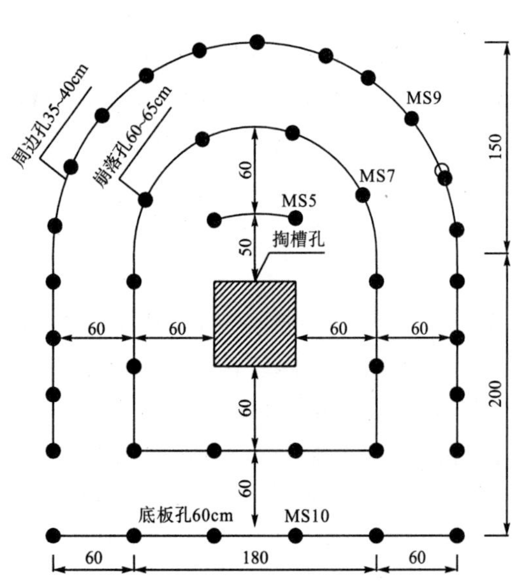

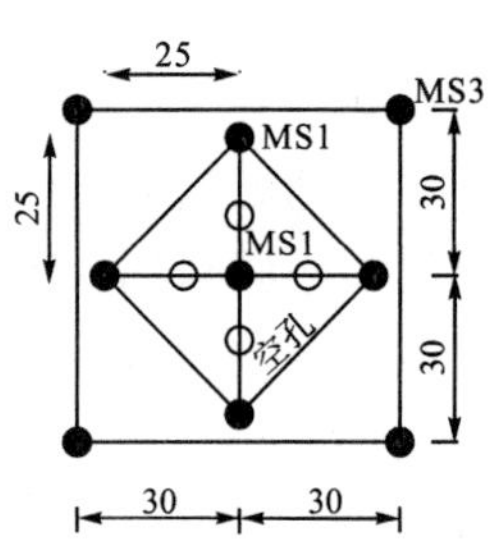

图 4.1－13 排水廊道Ⅲ类围岩爆破孔布置图

表 4.1－8 爆破设计主要技术指标

开挖断面/m²	钻孔个数/个	爆破方量/m³	总装药量/kg	炸药单耗/(kg/m³)	爆破效率	预期进尺/m
9.53	44	23.84	45	1.89	89%	2.5

（2）开挖施工方法见“4.5 标准施工工艺”。

4.1.3.4 支护施工

支护施工方法见“4.5 标准施工工艺”。

4.1.3.5 小结

猴子岩水电站排水廊道为典型的小断面城门洞型隧洞，开挖施工过程中通过合理的爆破设计，配合选择适用施工机械，提高机械化施工效率，较好地提高了施工效率。

4.1.4　母线洞开挖支护

4.1.4.1　工程概述

地下厂房系统共设置4条母线洞，长46.70m，断面为圆拱直墙形，标准段开挖尺寸为8.60m×7.35m（宽×高），扩大段开挖尺寸为11.60m×20.30m（宽×高）。母线洞底板高程1696.50m。厂房侧母线洞洞口位于厂房下游侧高边墙中部，上有岩锚梁，下有尾水管，彼此相距较近，应力较为集中，其开挖将给厂房高边墙的稳定带来不利影响。具体布置如图4.1－14所示。

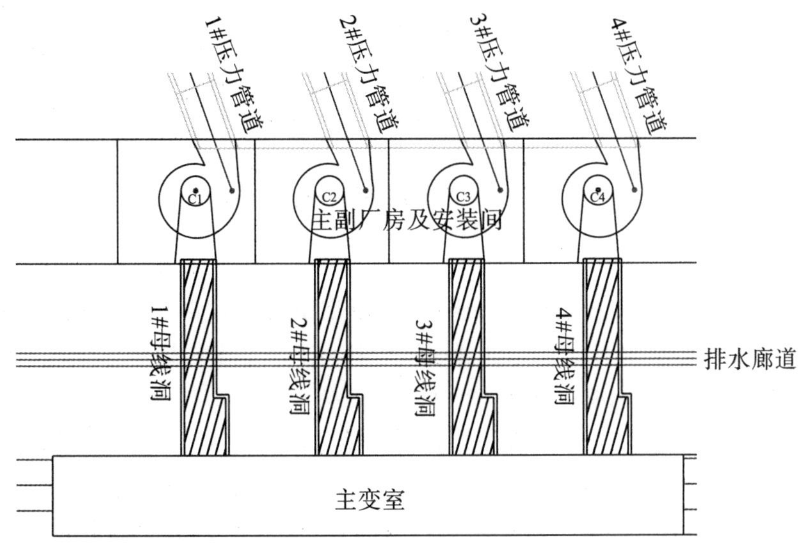

图4.1－14　具体布置

4.1.4.2　总体施工方案

厂房开挖遵循“先洞后墙”的原则，母线洞应先于厂房相应高程边墙的开挖。因此，为最低限度地减少母线洞开挖给厂房高边墙稳定带来的不利影响，同时也为保证厂房的施工进度，直接通过4＃公路隧洞在主变室第Ⅲ层的临时通道开挖母线洞标准段，即从4＃公路隧道临时断面底板EL.1703.00m降坡至EL.1696.50m进行母线洞第三层开挖，尽快完成厂房侧标准段开挖，并做好母线洞与厂房交叉洞口的锁口支护。

为保证母线洞间岩柱的稳定，4条母线洞采用分组间隔的开挖程序进行施工，母线洞开挖先4＃、2＃，后3＃、1＃。单条母线洞施工程序：扩大段Ⅱ层（EL.1702.50～1709.53m）开挖→降坡进入母线洞标准（EL.1702.50～1696.50m）→标准段Ⅲ层开挖→锁口支护→扩大段Ⅰ层（EL.1709.53～1716.80m）开挖（与主变室第二层开挖同步）→预留斜坡道挖除。母线洞施工通道主要布置在主变洞侧，第Ⅱ层通过4＃公路在主变室内的临时通道开挖，第Ⅰ层随主变第Ⅱ层同时开挖，预留斜坡道待主厂房开挖至第Ⅳ层时从主厂房进入开挖。

母线洞开挖采用TY－28手风钻钻孔，中部楔形掏槽，设计开挖边线光面爆破，单循环进尺2.5～3.0m，开挖石渣采用$3m^3$装载机挖装，20t自卸汽车水平运输出渣。

4.1.4.3　开挖施工

1）开挖分层

根据机械设备的使用效率，结合上下整体分层情况以及对穿锚索施工等，综合考虑后拟定施工分层第一层高 7.27m，底板高程 1709.53m；第二层高 7.03m，底板高程 1702.50m；第三层及母线洞标准段，高 7.35m，底板高程 1696.50m。其开挖分层纵剖面如图 4.1−15 所示。

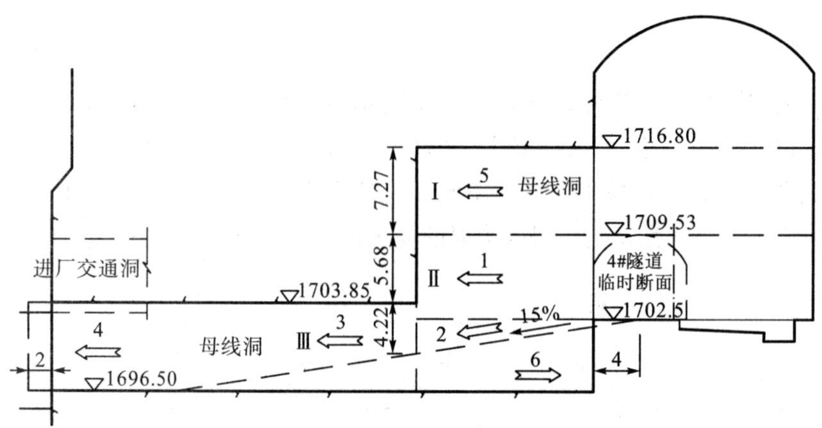

图 4.1−15　母线洞开挖分层纵剖图

2）开挖程序

母线洞共四条，开挖时，相互之间存在干扰，为此制定了母线洞挖支护施工原则：先进行4＃、2＃洞开挖，再进行 3＃、1＃洞开挖，这种开挖顺序有利于洞室围岩稳定。开挖的同时及时做好随机支护；系统支护与掌子面的距离控制在 10～15m。

母线洞第一层施工程序：首先由主变室第二层开挖工作面进入母线洞第一层，锁口支护完成以后，采用手风钻水平进行钻爆，利用主变室第二层开挖后的渣料落入母线洞第二层垫高作为第一层的施工平台（垫渣高程 1702.50～1709.53m）。母线洞第一层开挖方法如图 4.1−16 所示。

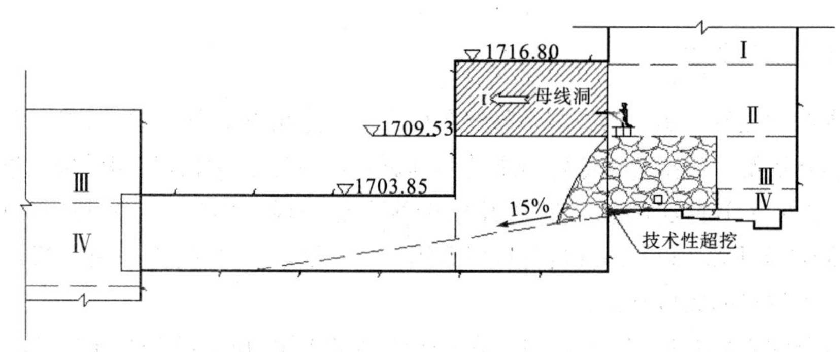

图 4.1−16　母线洞第一层开挖方法（1∶400）

母线洞第二层施工程序：各条母线洞在开洞前应先导洞后扩挖，施工由 4＃公路隧道临时断面降坡进入施工工作面，为保证在扩大段变标准段部位的操作高度，必须进行提前降坡工作，即直接在 4＃公路隧道临时断面处进行降坡，降坡坡度为 15％。这样，就必须对部分主变室的底板进行技术性超挖。开挖利用手风钻进行钻爆，全断面开挖。

母线洞第三层施工程序：由 4＃公路隧道临时断面降坡进入施工工作面，施工第三层之前首先进行锁口锚杆施工，待锚杆施工完毕后进行全断面开挖，并贯入厂房 2m（遵循先洞后墙原则），如图 4.1−17、图 4.1−18 所示。

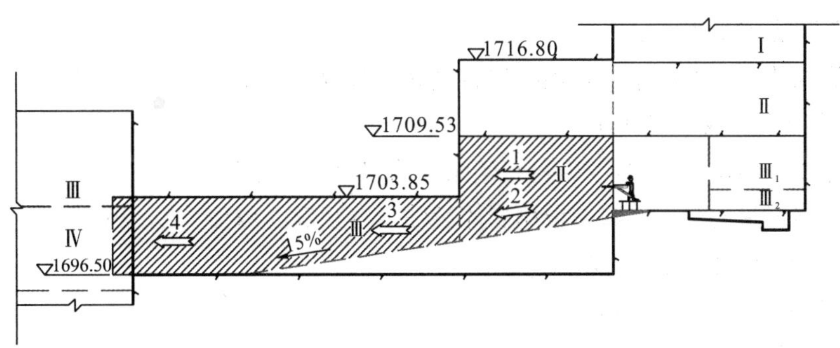

图4.1－17　母线洞第二、三层开挖方法（1∶400）

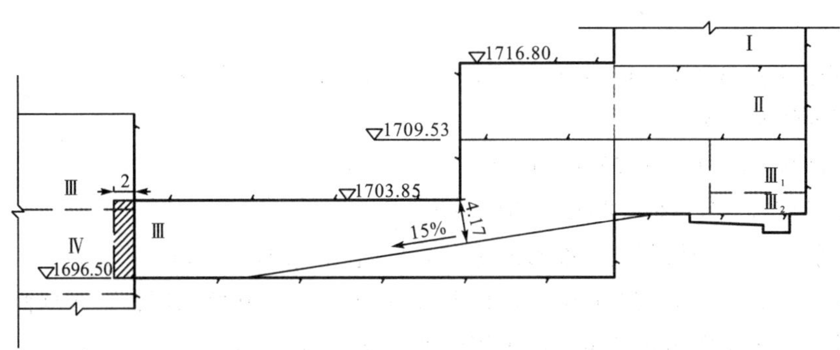

图4.1－18　母线洞第二层嵌入厂房开挖方法（1∶400）

斜坡道施工程序：待主厂房第Ⅳ层开挖支护完毕后，利用1＃支洞作为施工通道，将剩余斜坡道挖除，如图4.1－19所示。

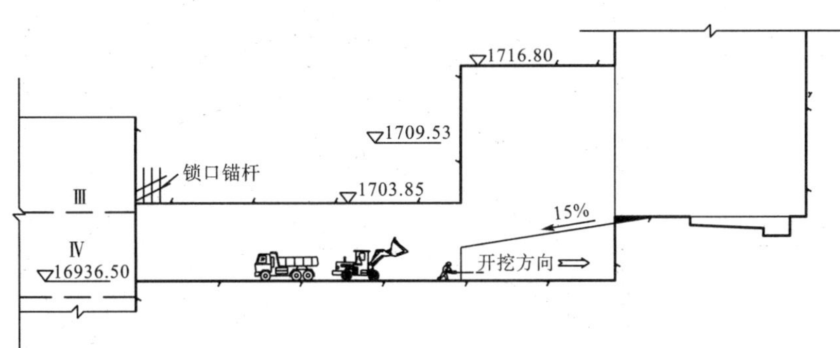

图4.1－19　母线洞预留斜坡道开挖方法（1∶400）

3）爆破设计

（1）第一层开挖。

①孔径：采用YT－28手风钻钻孔，钻孔直径42mm。

②孔深：取单次进尺长度，光爆孔、崩落孔、底板孔取3.0m，直孔掏槽。

③岩石坚固系数：根据水利水电预算定额使用的岩石分级，白云岩f取值范围为10～12。

④单位消耗量：根据戈斯帕扬公式

$$q=\left(\sqrt{\frac{f-3}{3.8}}+\frac{L_1K_1\eta}{S}\right)K_2K_3F_s\sqrt{\frac{50}{S}}$$

式中 f——普氏岩石坚固系数，取 12.0；

L_1——平均钻孔深度，取 3.0m；

K_1——炮孔装药量充填系数，根据岩石坚固系数取 0.65；

η——炮孔利用系数，取 0.6；

K_2——等效炸药换算系数，2#岩石硝铵炸药取值为 0.881；

K_3——岩体裂隙的修正系数，根据岩体裂隙发育状况，取值为 0.59；

F_s——自由面数量，为 1；

S——断面面积，为 80.58m^3。

根据计算，Ⅲ类围岩 $q=0.64$。

⑤炮孔总个数：炮孔数量 $N=\alpha_1+\alpha_2 S=30.9+1.00\times 80.58\approx 111$(个)。($\alpha_1$、$\alpha_2$ 是由岩体可爆程度确定的系数，根据《水利水电工程施工组织设计》查询，炮孔个数根据具体炮眼布置做适当调整)

⑥一次开挖循环的总药量：$Q=qV=0.64\times(80.58\times 2.85)\approx 147$(kg)。

⑦周边孔光面爆破参数。

周边孔炮孔间距：$a=(15\sim10)D$，取 50cm。

周边孔最小抵抗线：$W=(7\sim20)D$，取 80cm。

周边孔单孔装药量：用线装药密度 QX 表示，即 $QX=qaW\approx 0.11$(kg/m)。

周边孔的个数：$n_1=L/a=22.1/0.5\approx 44$(个)。其中，$L$ 为开挖面周长，包括侧面和顶拱段。

具体爆破孔布置图及爆破设计主要技术指标如图 4.1-20、表 4.1-9 所示。

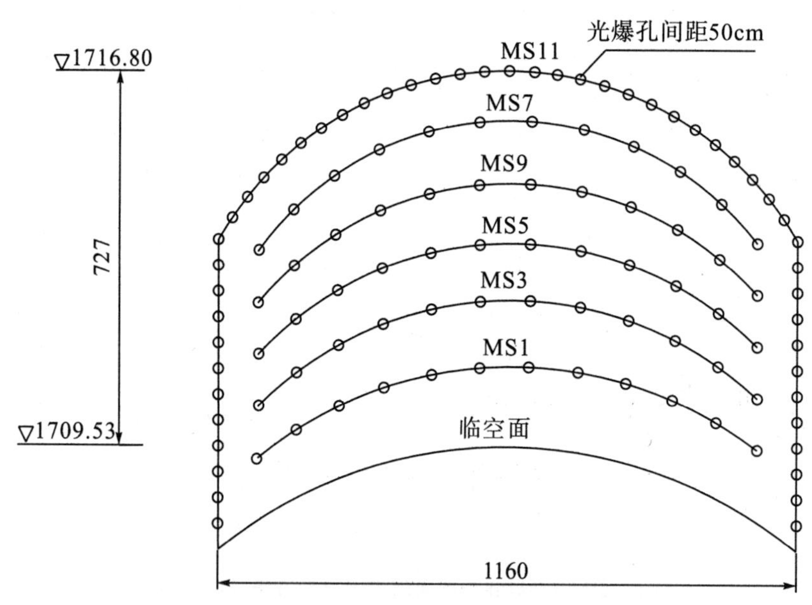

图 4.1-20　母线洞第一层开挖爆破孔布置图

表 4.1-9　爆破设计主要技术指标

开挖断面/m^2	钻孔个数/个	爆破方量/m^3	总装药量/kg	炸药单耗/(kg/m^3)	爆破效率	预期进尺/m
80.58	105	229.65	150.225	0.65	95%	2.85

(2) 第二层开挖。

①中导洞法开挖。

导洞及扩挖单循环进尺 2m，共计施工两个循环。

孔径：采用YT－28手风钻钻孔，钻孔直径42mm。

孔深：取单次进尺长度，光爆孔、崩落孔、底板孔取2.2m，直孔掏槽。

岩石坚固系数：根据水利水电预算定额使用的岩石分级，白云质灰岩 f 取值范围为10～12。

单位消耗量：根据刘青荣公式

$$q=\frac{0.31\sqrt[4]{f\times f\times f}}{\sqrt[3]{S_x}}\cdot\frac{1}{\sqrt{d_x}}el_x$$

式中　f——普氏岩石坚固系数，取12.0；

S_x——相对断面积，$S_x=S/5=1.907$（S 为断面面积，取 $9.5343m^3$）；

e——炸药类型系数，取1.16；

d_x——药卷相对直径，取1.0mm；

l_x——炮孔深度对炸药消耗量系数，取1.0。

根据计算，$q=1.87$。

炮孔总个数：炮孔数量为

$$N=\frac{qSl_1}{a_xg}+n_1+n_2$$

式中　l_1——一个药卷长度，取0.2m；

g——一个药卷重量，取0.2kg；

a_x——炮孔填充系数，取0.98；

n_1——药径减小时周边孔增加数量，取0；

n_2——掏槽孔数量，取13。

根据计算，$N=31$ 个。炮孔个数根据具体炮眼布置做适当调整。

具体爆破孔布置及爆破设计主要技术指标如图4.1－21、表4.1－10、表4.1－11所示。

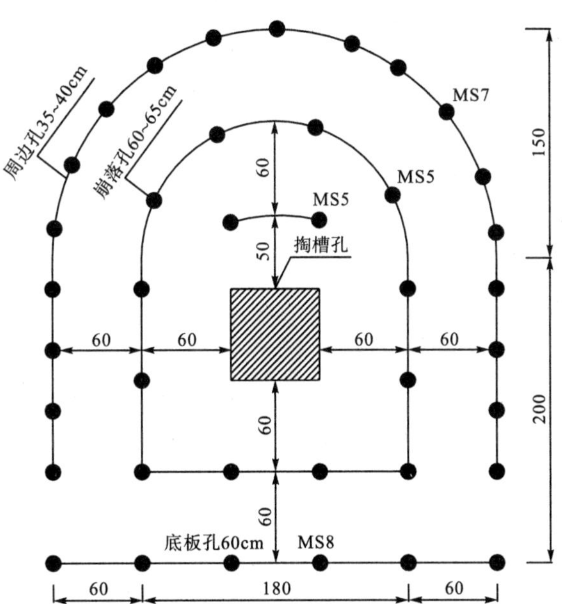

图4.1－21　母线洞第二层中导洞爆破孔布置图

表 4.1-10 爆破设计主要技术指标（导洞部分）

开挖断面/m^2	钻孔个数/个	爆破方量/m^3	总装药量/kg	炸药单耗/(kg/m^3)	爆破效率	预期进尺/m
9.53	44	19.07	35.625	1.87	89%	2

表 4.1-11 爆破设计主要技术指标（扩挖部分）

开挖断面/m^2	钻孔个数/个	爆破方量/m^3	总装药量/kg	炸药单耗/(kg/m^3)	爆破效率	预期进尺/m
64.3	114	128.6	103.55	0.81	95%	2

②全断面开挖。

Ⅰ. 孔径：采用 YT-28 手风钻钻孔，钻孔直径 42mm。

Ⅱ. 孔深：取单次进尺长度，光爆孔、崩落孔、底板孔取 3.0m，楔形掏槽。

Ⅲ. 岩石坚固系数：根据水利水电预算定额使用的岩石分级，白云岩 f 取值范围为 10～12。

Ⅳ. 单位消耗量：根据戈斯帕扬公式

$$q=\left(\sqrt{\frac{f-3}{3.8}}+\frac{L_1K_1\eta}{S}\right)K_2K_3F_s\sqrt{\frac{50}{S}}$$

式中 f——普氏岩石坚固系数，取 12.0；

L_1——平均钻孔深度，取 3.0m；

K_1——炮孔装药量充填系数，根据岩石坚固系数取 0.65；

η——炮孔利用系数，取 0.6；

K_3——等效炸药换算系数，2＃岩石硝铵炸药取值为 0.881；

K_3——岩体裂隙的修正系数，根据岩体裂隙发育状况，取值为 0.97；

F_s——自由面数量，为 1；

S——断面面积，为 73.82m^3。

根据计算，Ⅲ类围岩 $q=1.1$。

Ⅴ. 炮孔总个数：炮孔数量 $N=\alpha_1+\alpha_2S=37.6+1.36\times73.82\approx138$(个)。($\alpha_1$、$\alpha_2$ 是由岩体可爆程度确定的系数，根据《水利水电工程施工组织设计》，炮孔个数根据具体炮眼布置做适当调整)

Ⅵ. 一次开挖循环的总药量：$Q=qV=1.1\times(73.82\times2.85)\approx231$(kg)。

Ⅶ. 周边孔光面爆破参数：

周边孔炮孔间距：$a=(15\sim10)D$，取 50cm。

周边孔最小抵抗线：$W=(7\sim20)D$，取 70cm。

周边孔单孔装药量：用线装药密度 QX 表示，即 $QX=qaW\approx0.11$(kg/m)。

周边孔的个数：$n_1=L/a=22.5/0.5=45$(个)。其中，L 为开挖面周长，包括侧面和顶拱段。

具体爆破孔布置及爆破设计主要技术指标如图 4.1-22、表 4.1-12 所示。

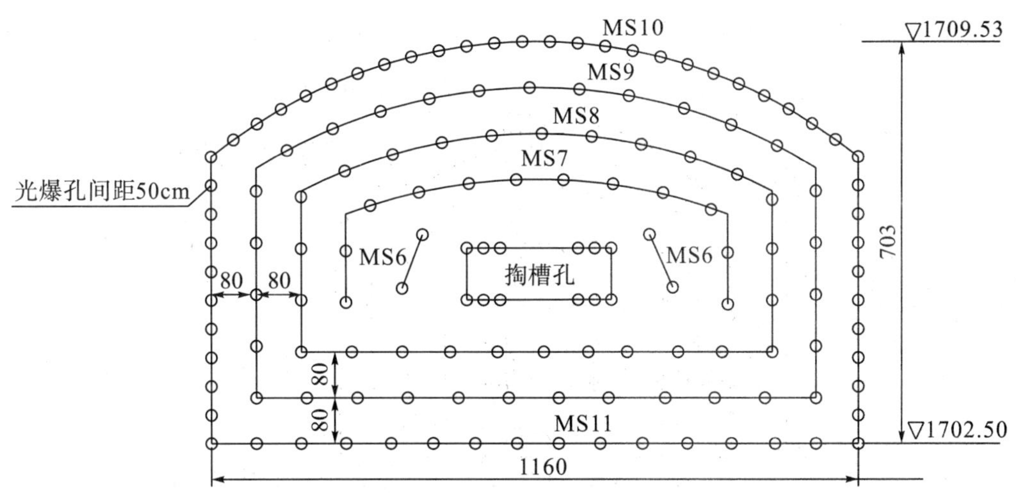

图4.1-22　母线洞第二层全断面爆破孔布置图

表4.1-12　爆破设计主要技术指标

开挖断面/m^2	钻孔个数/个	爆破方量/m^3	总装药量/kg	炸药单耗/(kg/m^3)	爆破效率	预期进尺/m
73.8	144	210.33	229.225	1.09	95%	2.85

(3) 第三层开挖。

①孔径：采用YT-28手风钻钻孔，钻孔直径为42mm。

②孔深：取单次进尺长度，光爆孔、崩落孔、底板孔取3.0m，楔形掏槽。

③岩石坚固系数：根据水利水电预算定额使用的岩石分级，白云岩f取值范围为10~12。

④单位消耗量：根据戈斯帕扬公式

$$q=\left(\sqrt{\frac{f-3}{3.8}}+\frac{L_1K_1\eta}{S}\right)K_2K_3F_s\sqrt{\frac{50}{S}}$$

式中　f——普氏岩石坚固系数，取12.0；

L_1——平均钻孔深度，取3.0m；

K_1——炮孔装药量充填系数，根据岩石坚固系数，取0.65；

η——炮孔利用系数，取0.6；

K_2——等效炸药换算系数，2#岩石硝铵炸药取值为0.881；

K_3——岩体裂隙的修正系数，根据岩体裂隙发育状况，取值为0.92；

F_s——自由面数量，为1；

S——断面面积，为57.31m^3。

根据计算，Ⅲ类围岩$q=1.18$。

⑤炮孔总个数：炮孔数量$N=\alpha_1+\alpha_2S=37.6+1.36\times57.31\approx116$(个)。($\alpha_1$、$\alpha_2$是由岩体可爆程度确定的系数，根据《水利水电工程施工组织设计》，炮孔个数根据具体炮眼布置做适当调整)

⑥一次开挖循环的总药量：$Q=qV=1.18\times(57.31\times2.85)\approx193$(kg)。

⑦周边孔光面爆破参数。

周边孔炮孔间距：$a=(15\sim10)D$，取50cm。

周边孔最小抵抗线：$W=(7\sim20)D$，取70cm。

周边孔单孔装药量：用线装药密度QX表示，即$QX=qaW\approx0.11$(kg/m)。

周边孔的个数：$n_1=L/a=20.25/0.5\approx40$(个)。其中，$L$为开挖面周长，包括侧面和顶拱段。

具体爆破孔布置及爆破设计主要技术指标如图 4.1－23、表 4.1－13 所示。

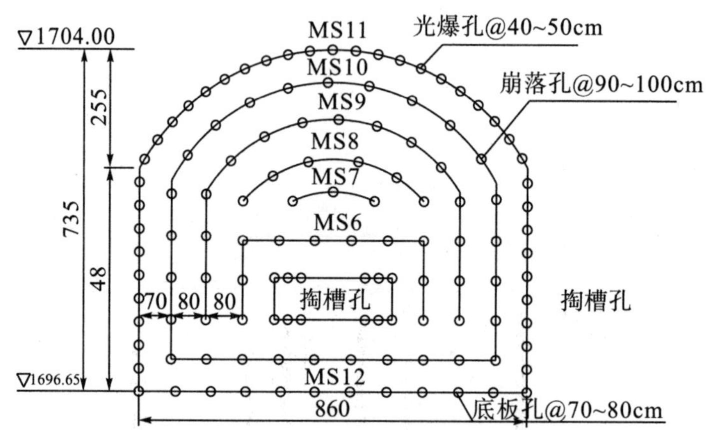

图 4.1－23　母线洞第三层开挖爆破孔布置图

表 4.1－13　爆破设计主要技术指标

开挖断面/m^2	钻孔个数/个	爆破方量/m^3	总装药量/kg	炸药单耗/(kg/m^3)	爆破效率	预期进尺/m
57.31	124	163.3335	192.725	1.18	95%	2.85

4）开挖施工方法

见“4.5 标准施工工艺”。

4.1.4.4　支护施工

1）系统支护

母线洞扩大段采用砂浆锚杆 Φ25，L=5m/Φ28，L=7m，长短锚杆交错布置，间排距 1.0m×1.0m；扩大段主变室侧锁口锚杆采用砂浆锚杆 Φ28，L=8m，共计设置 2 环，第一环离开口线 1.0m，间距 1.5m，第二环离第一环 0.5m，环向间距 1.5m，扩大段主厂房侧锁口锚杆采用砂浆锚杆 Φ25，L=6m，间距 1m 布置，顶拱喷 C20 混凝土，厚 15cm，挂钢筋网 ϕ8@20cm×20cm，边墙喷 C20 混凝土，厚 10cm，底板设置 3 排 Φ22，L=3.0m 砂浆锚杆，排距 1.5m，洞身设置 Φ50 排水孔，L=2.5m，间排距 2.0m，矩形布置。

母线洞标准段Ⅲ类围岩采用砂浆锚杆 Φ25，L=4/5m，排距 1.3m 交叉布置，顶拱喷 C20 混凝土，厚 15cm，挂钢筋网 ϕ8@20cm×20cm，边墙喷 C20 混凝土，厚 10cm，底板中心线设置两排 Φ22，L=3.0m 砂浆锚杆，排距 1.5m，洞身设置 Φ50 排水孔，L=2.5m，间排距 2.0m，矩形布置。母线洞标准段Ⅳ类围岩采用砂浆锚杆 Φ25，L=4/5m，排距 1.0m 交叉布置，顶拱喷 C20 混凝土，厚 15cm，挂钢筋网 ϕ8@20cm×20cm，边墙喷 C20 混凝土，厚 10cm，底板中心线设置两排 Φ22，L=3.0m 砂浆锚杆，排距 1.5m，洞身设置 Φ50 排水孔，L=3.0m，间排距 2.6m，矩形布置。

扩大段厂房侧端墙采用砂浆锚杆 Φ25，L=5m/Φ28，L=7m，长短锚杆交错布置，间排距 1.0m×1.0m，喷 C20 混凝土，厚 10cm，扩大段主变侧端墙采用砂浆锚杆 Φ25，L=4/5m，排距 1.3m 交叉布置，喷 C20 混凝土，厚 10cm，端墙设置 Φ50 排水孔，间排距 2.6m，矩形布置。

母线洞扩大段锚杆采用三臂凿岩台车钻孔，顶拱孔径 64mm，边墙孔径 48mm。锚杆在钢筋加工厂制作，自卸汽车运至施工现场，人工在自制平台上安装锚杆。母线洞标准段锚杆采用手风钻钻孔，钻孔孔径 42mm，锚杆在加工厂制作，自卸汽车运至现场，人工在支护台车上安装锚杆。侧墙砂浆锚杆采用“先注浆后安装锚杆”的程序施工，顶拱砂浆锚杆采用“先安装锚杆后注浆”的程序施工，注浆采用注浆机进行。

2）加强支护

母线洞提前贯入厂房2m，此时厂房上部正在进行爆破开挖，虽然已采取必要的控制爆破措施，为确保交叉口部位的安全稳定，避免厂房爆破造成交叉洞口塌方，对交叉部位10m范围设置Ⅰ20a型钢拱架加强支护，间距0.5m；同时，为确保岩体安全稳定在与主变室交叉部位10m范围，同样设置Ⅰ20a型钢拱架加强支护。

3）支护施工方法

见“4.5 标准施工工艺”。

4.1.5 出线洞开挖支护施工（平洞段）

4.1.5.1 工程概述

猴子岩水电站出线洞连接主变室与开关站，起点位于主变出线平台下游侧边墙，高程1716.50m，出口位于开关站靠下游侧45m处出线场，高程1850.00m，全长751.2m。分为上平段、斜井段、下平段，长度分别为183.7m、203.6m、363.9m，斜井倾角40°，平段断面6.72m×6.78m（宽×高），斜井断面8.2m×7.35m（宽×高），均为城门洞型。具体布置见表4.1－14。

表4.1－14 出线洞结构特性表

项目	起点里程/m	终点里程/m	长度/m	坡度/%	开挖断面/cm	备注
下平段	0+000	0+173.679	173.690	－0.5	672×678	城门洞型
	0+173.679	0+183.679	10.000	0	820×735	城门洞型
斜井段	0+183.679	0+339.679	185.100	45°	672×678	城门洞型
上平段	0+339.679	0+349.679	10.000	0	820×735	城门洞型
	0+349.679	0+703.617	353.938	0.5	672×678	城门洞型

4.1.5.2 总体施工方案

上、下平段采用常规的洞室开挖方式进行开挖，待下平段开挖至（出0+183.679m）处时继续向前掘进，并直至斜井段底板［图4.1－24（a）］；上平段开挖至（出0+339.679m）处时也继续向前掘进，并开挖至斜井段顶拱［图4.1－24（b）］。

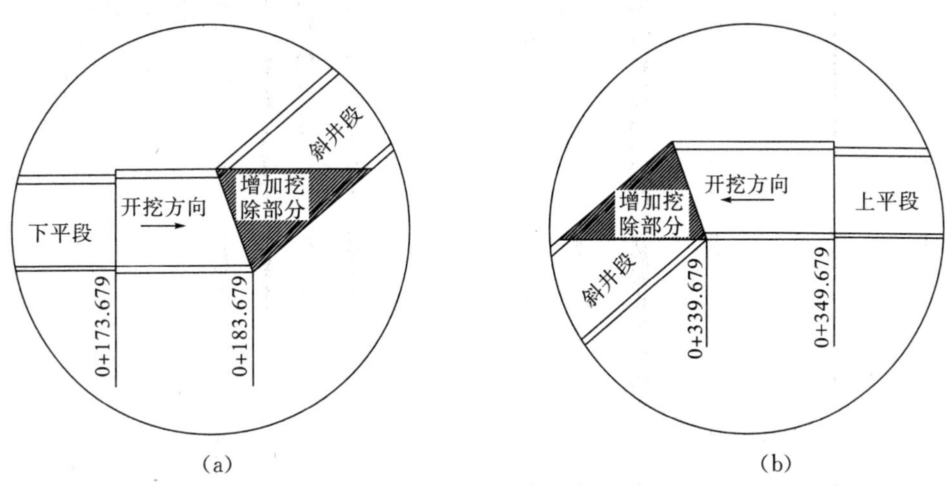

图4.1－24 上、下平段与斜井相交处开挖示意图

4.1.5.3 主要施工方法

根据出线洞地质情况及结构形式，出线洞平洞开挖采用全断面开挖方式，利用自制钻爆平台，采用 YT－28 手风钻钻爆开挖，循环进尺控制为 2.5～3.0m。采用 $3m^3$ 装载机、25t 自卸汽车配合出渣（图 4.1－25）。锚杆孔及排水孔均采用 YT－28 手风钻凿孔，人工安装排水管及锚杆，钢筋网钢筋由大牛渣场钢筋加工厂加工，现场安装。喷射混凝土统一由引水发电系统标拌和站统一拌制，采用 $6m^3$ 混凝土罐车运至施工现场，利用湿喷机或湿喷台车进行喷护施工。

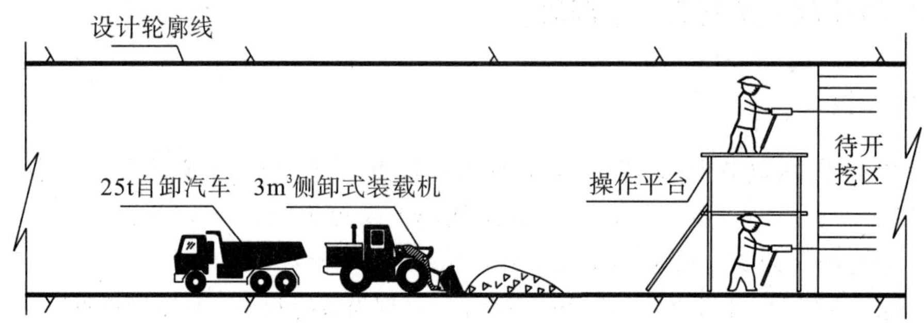

图 4.1－25 出线洞开挖方法示意图

4.1.5.4 开挖施工

1）爆破设计

开挖方式采用全断面开挖，钻爆采用自制钻爆台车作为操作平台，利用手风钻钻孔，毫秒微差起爆，楔形掏槽，周边光面爆破方式，暂按照Ⅲ类围岩设计，预计进尺 3.0m。具体爆破设计如图 4.1－26、表 4.1－15 所示。

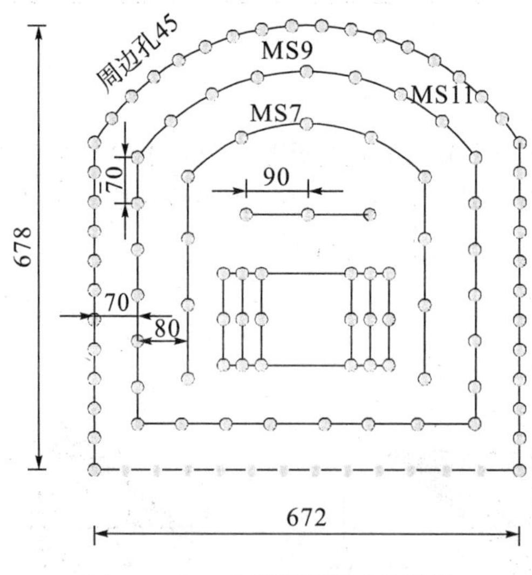

图 4.1－26 出线平洞爆破设计图

表 4.1－15 出线洞爆破设计主要技术指标

开挖断面/m^2	钻孔个数/个	爆破方量/m^3	总装药量/kg	炸药单耗/（kg/m^3）	爆破效率	预期进尺/m
42.00	112	126.00	149	1.18	90%	3

2）开挖施工方法

见“4.5 标准施工工艺”。

4.1.5.5　支护施工

出线洞支护施工主要包括砂浆锚杆、挂钢筋网、喷射混凝土施工。

1）系统支护参数

（1）Ⅲ1 类围岩：开挖断面 42m^2；系统锚杆 Φ22，L=3.0m@1.5m×1.5m，矩形布置；挂钢筋网 ϕ6.5@15cm×15cm，喷 C20 混凝土 12cm，边顶拱设置。

（2）Ⅲ2 类围岩：开挖断面 42m^2；系统锚杆 Φ22，L=3.0m@1.2m×1.2m，矩形布置；挂钢筋网 ϕ6.5@15cm×15cm，喷 C20 混凝土 12cm，边顶拱设置。

（3）Ⅳ、Ⅴ类围岩：开挖断面 42m^2；系统锚杆 Φ25，L=4m@1m×1m，矩形布置；挂钢筋网 ϕ6.5@15cm×15cm，喷 C20 混凝土 12cm，边顶拱设置。

2）加强支护

出线洞进出口段为确保岩体稳定安全，10m 范围内设置Ⅰ20a 型钢拱架加强支护，间距 0.5m。

3）支护施工方法

见“4.5 标准施工工艺”。

4.1.6　尾水连接洞开挖支护

4.1.6.1　工程概况

猴子岩水电站尾水管扩散段及连接段（以下简称“尾水连接洞”）共 4 条，含尾水管扩散段及尾水管连接段，在厂房下游侧平行布置，洞向 N35°W，洞轴线间距 32.5m，洞间岩柱厚 20.5m，其中厂（纵）0+009.14m～厂（纵）0+044.40m 为尾水管扩散段，长度 35.26m；厂（纵）0+44.40m～厂（纵）0+127.15m 为尾水管连接段，长度 82.75m；尾水连接洞在厂（纵）0+127.15m 进入尾水调压室下部，尾水连接洞支洞相交于 4 条尾水连接洞桩号（厂纵）0+092.63m 处。

为满足尾水连接洞施工需求，尾水连接洞上层施工通道主要为尾水连接洞支洞，下层施工通道由尾水连接洞支洞降坡后提供。

尾水连接洞断面为城门洞型，标准段开挖断面尺寸 13.000m×18.065m（宽×高）。尾水连接洞支护参数随围岩类别的不同而异，各类围岩具体位置及长度根据开挖揭示的地质条件确定。厂（纵）0+009.14m～厂（纵）0+044.40m 段从上游侧向下游侧，由尾水肘管开挖断面向尾水连接洞开挖断面渐变，断面由 17.070m×11.369m（宽×高）渐变为标准段（13.000m×18.065m）。

尾水连接洞的系统支护形式有锚杆、对穿锚索、锚杆束、挂钢筋网、素喷混凝土、挂网喷混凝土、格栅钢架等。

4.1.6.2　施工程序

根据猴子岩水电站引水发电系统工程施工总体规划、阶段目标和工期要求，尾水连接洞施工程序如下：

（1）待尾水连接洞支洞开挖至支洞桩号 K0+235.21m 时，施工 15%的上坡爬坡至 1673.00m 高程进入 1＃尾水连接洞内，并持续向前掘进至 4＃尾水连接洞左侧边墙。

（2）待支洞上层开挖支护完成后，启动尾水连接洞上层的开挖支护施工，4 条连接管施工需按照跳洞原则开挖，上游首先施工 4＃及 2＃尾水连接洞，下游首先施工 3＃及 1＃尾水连接洞。

（3）尾水连接洞开挖支护总体分为上下两层进行，上层采用全断面整体推进的方式进行，待上游上半洞开挖至（厂横）0+009.14m时，继续向前掘进，完成厂房第Ⅸ层的中导洞开挖。

（4）待上层开挖支护完成后，启动下层的开挖支护施工，下层采用周边预裂、梯段爆破开挖的方式进行，下层开挖方向为从下游向上游推进，并预留上层施工通道，以便进行厂房集水井、第Ⅷ及第Ⅸ层的开挖及渣料运输。

（5）在上层开挖支护到达尾水管扩散段渐变起点桩号时，在厂（纵）0+044.400m处底板后退，按照与顶拱变坡相同的坡度降坡，进行上部开挖支护至（厂纵）0+012.976m处，然后进行水平开挖，开挖掘进至（厂纵）0+009.140m处（即厂房下游边墙）。下层施工之前首先将支洞底板进行降底，降至EL.1668.50m（及尾水连接洞底板衬砌混凝土高程）后进行开挖。

（6）断层破碎带及Ⅳ、Ⅴ类围岩采用中导洞超前，扩挖跟进，超前锚杆支护，短进尺、弱爆破，喷锚支护及时跟进，必要时采用格栅拱架加强支护。

（7）施工过程中及时做好施工风、水、电管线及施工道路等临时设施的修建工作，以保证工程施工顺利进行。

（8）对于尾水扩散段部位、连接段与尾水调压室相交部位的开挖，开挖质量、开挖体型及开挖振动控制是本部位施工的重中之重，为保证上述控制的实现，特制定下列措施：

①对于洞室爆破孔进行精确放样，特别是周边孔，各孔的孔深及方向角进行逐孔放样。

②每一循环的爆破孔采取多组测量进行校核，首先作业班组进行放样，后由项目部测量队进行严格校核，经各方签字后申请监理工程师验收，监理验收同意后方可进行开挖。

③针对每一循环进行爆破振动的监测，并及时提取监测数据，及时进行调整改进。

（9）在4条尾水连接洞与连接支洞相交部位及尾水连接洞与尾水调压室相交部位设置一环锁口锚杆，锁口锚杆采用Φ32，L=8.0m砂浆锚杆，布置间距1m，距离开口线50cm，外倾5°，并外露50cm，共计设置496根。

尾水连接洞支洞爬坡进入1＃尾水连接洞→支洞开挖至4＃尾水连接洞边墙→尾水连接洞上层开挖支护→尾水连接洞支洞底板降至EL.1668.50m→尾水连接洞下层开挖支护。

4.1.6.3 开挖施工

1）上层开挖施工方法

尾水连接洞上层开挖采用跳洞开挖方式，上游先开挖2＃、4＃尾水连接洞，后挖1＃、3＃尾水连接洞，下游先挖1＃、3＃尾水连接洞，后挖2＃、4＃尾水连接洞，全断面整体开挖推进。开挖采用人工手风钻法光爆进行，用自制作业平台作为施工平台。开挖渣料采用3.0m^3装载机或1.6m^3反铲装渣，25t自卸车运输。开挖后视围岩情况进行随机支护，系统喷锚支护滞后开挖工作面跟进，与开挖平行作业。

上层开挖采用斜孔掏槽法爆破，顶拱部分周边孔间距50cm，所有周边孔均由测量人员采用全站仪进行逐孔放样，并隔孔放出尾线点，用以控制周边孔孔向，对起拱点、中心线及底板转角点进行明显标识。Ⅱ、Ⅲ类围岩洞段开挖循环进尺3.0m，Ⅳ、Ⅴ类围岩洞段开挖循环进尺2.0m。

2）下层开挖方法

下层开挖分为二序进行，第一序为上部，第二序为预留保护层。开挖方向为从尾水连接洞支洞向上、下游侧进行，上部主要采用周边结构线预裂超前，梯段爆破开挖跟进。底板预裂厚2m保护层，采用手风钻水平进行开挖。

结构预裂孔孔径Φ76mm，孔间距80cm，线装密度400～500g/m，开挖过程中根据开挖效果适当调整，梯段爆破孔径Φ76mm，孔间距初拟为2.0m×2.0m，单响药量不超过40kg。

底板保护层采用水平光爆的工艺进行开挖，底板孔间距80cm，缓冲孔间距1.0m，单循环进尺

3m 左右。

3）爆破设计

（1）尾水连接段爆破设计。

①Ⅲ类围岩爆破设计，如图 4.1−27、表 4.1−16 所示。

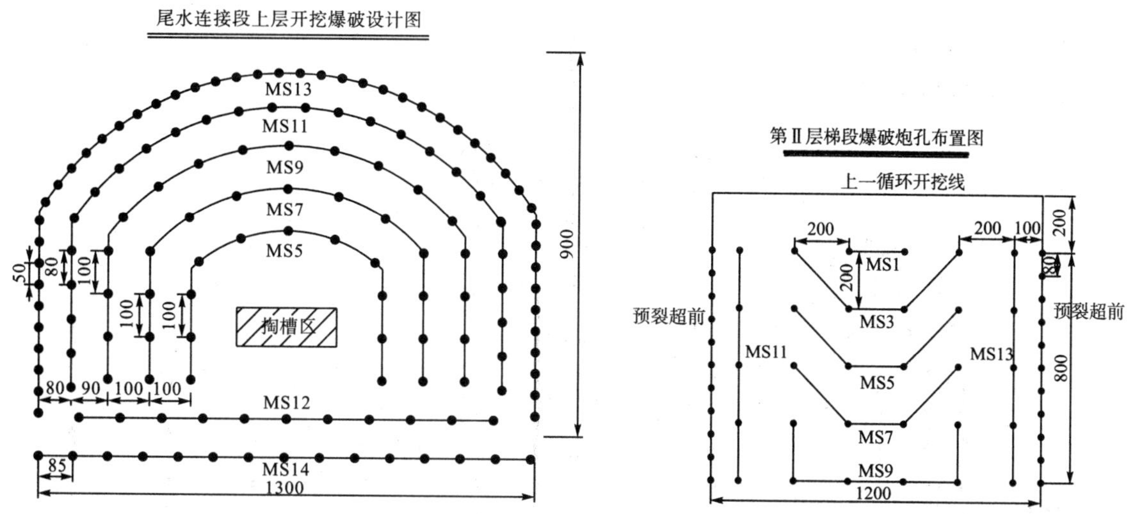

图 4.1−27　尾水连接段Ⅲ类围岩爆破设计图

表 4.1−16　尾水连接段Ⅲ类围岩爆破设计技术指标

部位	开挖断面/m²	钻孔个数/个	爆破方量/m³	总装药量/kg	炸药单耗/(kg/m³)	爆破效率	预期进尺/m
上层开挖	104.28	153	291.98	226.8	0.78	93%	3
梯段开挖	91.82	52	918.20	691.6	0.75	90%	3

②Ⅳ类围岩爆破设计，如图 4.1−28、表 4.1−17 所示。

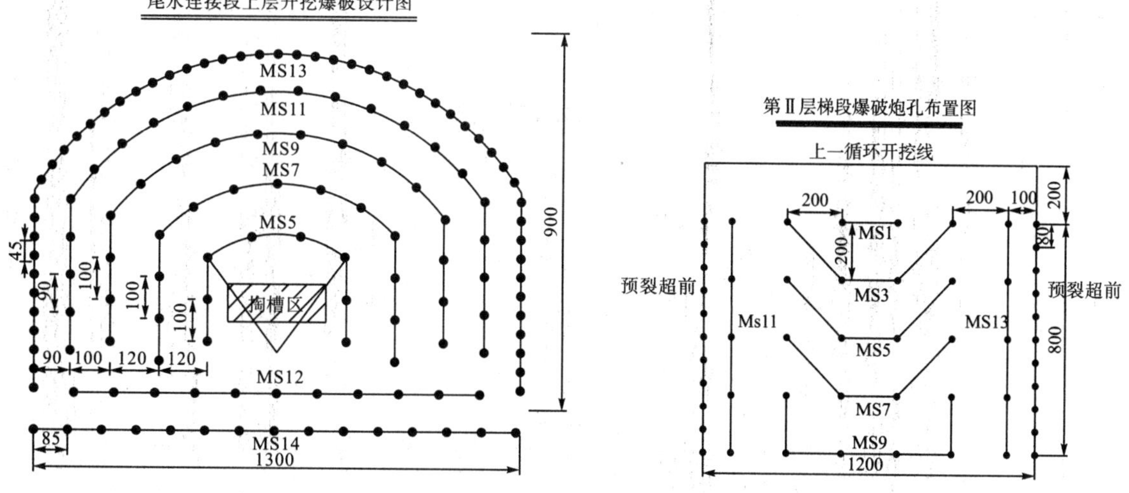

图 4.1−28　尾水连接段Ⅳ类围岩爆破设计图

表 4.1—17　尾水连接段Ⅳ类围岩爆破设计技术指标

部位	开挖断面/m^2	钻孔个数/个	爆破方量/m^3	总装药量/kg	炸药单耗/(kg/m^3)	爆破效率	预期进尺/m
上层开挖	104.28	153	208.56	152.9	0.73	90%	1.8
梯段开挖	91.82	52	918.20	691.6	0.75	100%	10.0

(2) 尾水扩散段爆破设计，如图 4.1—29、4.1—18 所示。

①Ⅲ类围岩爆破设计。

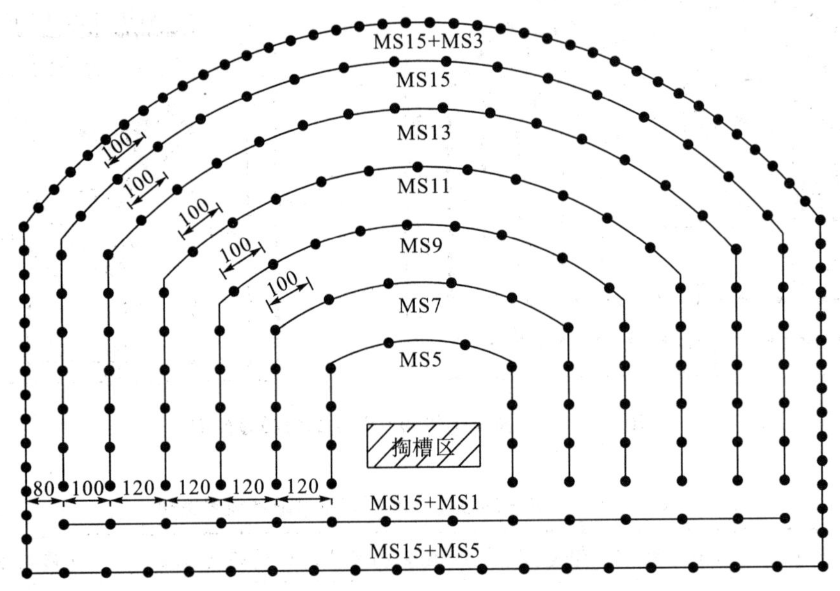

图 4.1—29　尾水扩散段Ⅲ类围岩爆破设计图

表 4.1—18　尾水扩散段Ⅲ类围岩爆破设计技术指标

部位	开挖断面/m^2	钻孔个数/个	爆破方量/m^3	总装药量/kg	炸药单耗/(kg/m^3)	爆破效率	预期进尺/m
扩散段开挖	172.6	222	310.68	253.4	0.82	90%	1.8

②Ⅳ类围岩爆破设计，如图 4.1—30、表 4.1—19 所示。

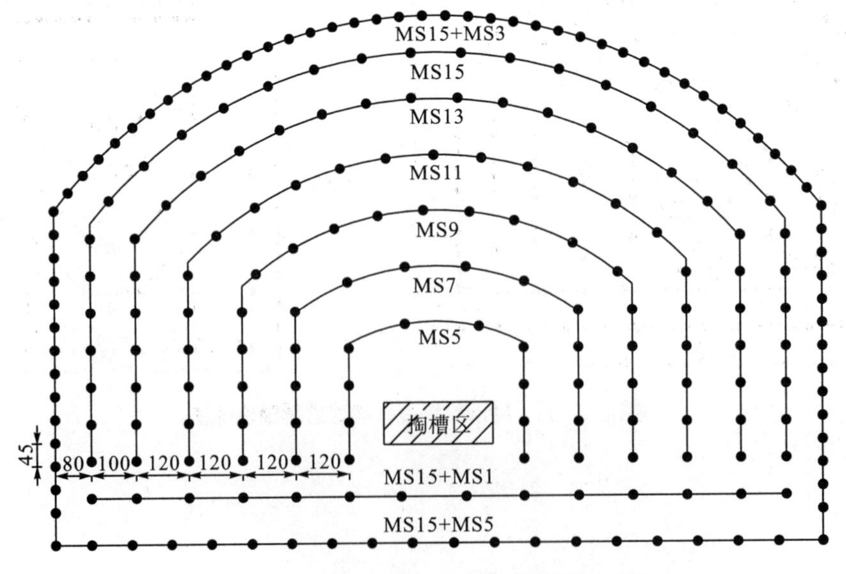

图 4.1—30　尾水扩散段Ⅳ类围岩爆破设计图

表4.1-19 尾水扩散段Ⅳ类围岩爆破设计技术指标

部位	开挖断面/m^2	钻孔个数/个	爆破方量/m^3	总装药量/kg	炸药单耗/(kg/m^3)	爆破效率	预期进尺/m
扩散段开挖	172.6	222	258.9	188.2	0.73	83%	1.5

4.1.6.4 支护施工

1）系统支护参数

尾水连接洞采用锚杆Φ32，$L=8.0$m及Φ28，$L=6.0$m进行支护，Ⅲ1类围岩布置间距1.5m×1.5m，Ⅲ2类围岩布置间距1.2m×1.2m，Ⅳ类围岩布置间距1.0m×1.0m，挂钢筋网Φ8@20cm×20cm，喷射C20混凝土15cm。

2）支护施工方法

见“4.5 标准施工工艺”。

4.1.6.5 特殊部位开挖支护

1）平交口的开挖支护

尾水连接洞开挖与尾水连接洞支洞平交。由于尾水连接洞跨径较大，平交口极易发生变形、开裂甚至坍塌等灾害，采用如下处理措施。

(1）平交口开挖应按照短进尺、多循环的原则施工。

(2）平交口支护应紧跟开挖作业面，根据开挖揭示的地质条件，相交部位可采用Φ28，$L=6.0$m加强锚杆；Φ32，$L=12.0$m锁口锚杆，挂ϕ6.5@15×15cm钢筋网喷混凝土等，必要时采用Ⅰ20a型钢支撑等方式加强支护，加强支护范围要大于平交口应力影响区域（一般平交口弧线外6m左右)。

(3）平交口施工过程中，根据具体情况进行必要的安全监测，根据监测数据分析成果，指导开挖、支护。

(4）根据现场开挖地质条件揭示交叉口部位岩体较为破碎，围岩裂隙发育，且交叉口部位跨度较大，对洞室的安全稳定不利，为避免后续爆破影响交叉口安全稳定，在1#～4#尾水连接洞支洞交叉部位10m范围设置Ⅰ20a型钢拱架（间距0.5m）和锁扣锚杆加强支护（Φ25，$L=4.5$m）加强支护。

2）尾水管扩散段交叉口

4条尾水管扩散段开挖进入厂房下游边墙后，3#和4#尾水管扩散段顶拱发生塌方。发生塌方的主要原因是在高地应力条件下，此部位的岩体强度应力比较低，同时上方厂房下游边墙进行了爆破，爆破振动诱发掉块。

鉴于上述情况，并考虑到4条尾水管作为以后主厂房下层开挖出渣通道，其安全性尤为重要。为保证尾水管扩散段交叉口的稳定安全，以及以后通过尾水管的人员设备安全，减少后期主厂房边墙及尾水管下层开挖施工爆破带来的不利影响，对尾水管扩散段交口部位进行加强支护，具体措施如下：

(1）对1#～4#尾水管扩散段（厂纵）0+15.4m～0+16.9m段增设两排锁口锚筋束（3Φ28，$L=12$m)。

(2）对1#～4#尾水管扩散段（厂纵）0+15.4m～0+25.4m段增设Ⅰ20a型钢拱架，间距0.5m，塌方部位设置复拱。

3）尾水连接洞与尾水调压室相交部位

遵循“先洞后墙”的原则，尾水连接洞与尾水调压室相交部位开挖支护完成时，尾水调压室正在进行第 7 层开挖，交叉口部位 3＃、4＃尾水连接洞出现小规模掉块现象。经分析，主要是由于在高地应力条件下，此部位的岩体强度应力比较低，同时上方尾水调压室进行了爆破作业，爆破振动诱发掉块。鉴于上述情况，为保证交叉口部位的岩体稳定安全，减少后期尾水调压室上游边墙开挖施工爆破带来的不利影响，在 1＃～4＃尾水连接洞交叉口部位 10m 范围设置 I 20a 型钢拱架（间距 0.5m）加强支护。

4.1.6.6 小结

尾水管扩散段作为厂房下层开挖的主要通道，其安全性尤为重要，考虑到其位置的特殊性，施工过程中采取必要的加强支护措施，确保该部位洞室稳定安全，是尾水管扩散段开挖施工的关键。

4.2 斜井（竖井）隧洞开挖支护

猴子岩水电站主要斜井（竖井）隧洞包括压力管道（斜井段）、出线洞斜井、排风竖井。各洞室特征见表 4.2－1。

表 4.2－1 各洞室特征

洞室名称	断面形式	断面尺寸/m	断面面积/m²	长度/m	倾角	备注
1＃压力管道	圆形	6.37（半径）	127.49	116.52	60°	斜井段
2＃压力管道	圆形	6.37（半径）	127.49	119.16	60°	斜井段
3＃压力管道	圆形	6.37（半径）	127.49	122.35	60°	斜井段
4＃压力管道	圆形	6.37（半径）	127.49	125.38	60°	斜井段
出线洞斜井	城门洞型	6.78×6.78（宽×高）	55.01	185.10	45°	
联合排风竖井	圆形	4.2（半径）	54.20	104.00	90°	

4.2.1 引水隧洞开挖支护（斜井段）

4.2.1.1 工程概况

压力管道采用单机单管布置，4 条管道平行布置，上平段管轴线间距 30.00m，下平段管轴线间距 30.54m，上、下平段采用 60°斜井连接，压力管道内径 10.50m，4 条管道长 538.597～635.570m；单机设计引用流量 368.40m³/s，流速 4.25m/s。根据压力管道布置形式，压力管道施工主要分为六个部分进行，即渐变段、上平段、上弯段、斜井段、下平段及下弯段。压力管道斜井段施工时，上平段及上弯段上部均已按要求施工完成，具备压力斜井段反井钻机安装条件。压力管道斜井段断面为全圆断面，开挖直径 12.74m，全断面支护，倾斜角度 60°，上、下弯段竖曲线半径 R=30m。与斜井段施工相关的上、下弯段及斜井段主要特性见表 4.2－2。

表 4.2-2　压力管道上、下弯段及斜井段主要特性表

压力管道		1#压力管道	2#压力管道	3#压力管道	4#压力管道
上弯段	起始桩号/m	（管1）0+312.122	（管2）0+287.008	（管3）0+254.605	（管4）0+224.285
	结束桩号/m	（管1）0+341.591	（管2）0+316.477	（管3）0+284.074	（管4）0+253.754
斜井段	起始桩号/m	（管1）0+341.591	（管2）0+316.477	（管3）0+284.074	（管4）0+253.754
	结束桩号/m	（管1）0+397.222	（管2）0+374.751	（管3）0+345.536	（管4）0+318.248
下弯段	起始桩号/m	（管1）0+397.222	（管2）0+374.751	（管3）0+345.536	（管4）0+318.248
	结束桩号/m	（管1）0+428.638	（管2）0+406.167	（管3）0+376.952	（管4）0+349.664
斜井角度		60°	60°	60°	60°

4.2.1.2　总体施工方案

压力管道上平段及上弯段开挖完成，上弯段具备反井钻机安装条件后，进行斜井段施工。斜井段施工采用LM-200型反井钻机进行Φ1400导井施工，在压力管道上弯段设置卷扬提升系统。扩挖时采用二次扩挖，第一次扩挖将1.4m导井从下至上扩挖至3.6m，第二次扩挖从上至下扩挖至设计断面并进行相应的系统支护施工，其中扩挖阶段施工设备、人员均通过爬梯从上部进入。基本施工顺序为：上弯段开挖支护→反井钻机安装、下弯段开挖支护→Φ216导孔钻设→Φ1400导井钻设→斜井第一次Φ3.6m导井扩挖→二次扩挖及支护

（1）为减小相邻洞室群开挖爆破振动的影响及相邻洞室的施工干扰，采取间隔跳洞开挖方式。首先进行4#、2#洞开挖，再进行3#、1#洞开挖。

（2）在压力管道斜井段反井钻机Φ216导孔贯通前完成压力管道下弯段开挖支护，下弯段应满足反井钻机反钻施工条件。

（3）斜井段导井施工：先对压力管道上弯段进行部分开挖，保证反井钻机工作空间及安装位置要求。反井钻机安设于压力管道上弯段斜井段轴线上。在斜井段轴线上钻设Φ216导孔至压力管道下弯段，在下部安设Φ1400反钻钻头，从下至上进行导井钻设。

（4）斜井第一次扩挖：根据设计图纸斜井段开挖直径达12.74m，反井钻机导井直径1.40m，需进行二次扩挖。第一次扩挖采用吊篮作为施工平台，人员及钻爆设备从压力管道上弯段进入，从吊篮内向周围辐射钻设爆破孔，待爆破孔钻设完成后从下至上逐层爆破，渣料通过自由滚落至压力管道下弯段，采用装载机及自卸汽车装运。

（5）斜井第二次扩挖：在斜井第一次扩挖后，斜井段已形成Φ3.6m溜渣井，第二次扩挖是采用人工手风钻从上至下逐层开挖，每次开挖进尺控制在Ⅲ类围岩3.0m、Ⅳ类围岩2.5m左右。斜井段开挖至设计结构线后，在斜井段下侧埋设轨道车轨道，人员通过爬梯上下，设备运输通过上部轨道车及卷扬系统实施。开挖后渣料采用人工翻渣，渣料通过溜渣井进入压力管道下弯段，出渣同斜井第一次扩挖出渣。第二次扩挖时在翻渣完成后及时实施系统支护，其中锚杆长度≥6.0m的锚杆采用100B潜孔钻机钻孔，人工安插锚杆，锚杆均采用先插杆后注浆的工艺。

4.2.1.3　导井施工（反井钻机施工）

1）反井钻机进行竖井导井施工工艺流程

反井钻机施工工艺流程：施工准备→反井钻机安装→Φ216导孔钻设→Φ1.4m导孔钻设→反井钻机拆除。

2）反井钻机选型

压力管道斜井长度56～65m，反井钻机施工段最大长度81m（含上、下弯段部分），结合现有

设备情况，选用LM－200型反井钻机。LM－200型反井钻机主要技术参数见表4.2－3。

表4.2－3　LM－200型反井钻机主要技术参数表

导孔直径/mm	扩孔直径/m	深度/m	转速/(r/min)	扭矩/(kN·m)	推力/拉力/kN	总功率/kW	外形尺寸/m
216	1.4～2.0	200	0～20	40	350/850	82.5	3.2×1.7×3.4

LM－200型反井钻机包括主机、操作车、泵站、钻具部分和泥浆循环系统、冷却系统。泵站有两台电机驱动，主油泵75.0kW、辅油泵7.5kW，导孔钻进循环用泥浆泵90.0kW，冷却系统循环量10～15m^3/h。该机设计最大钻井深度200m，钻井直径1.4～2.0m。

3）反井钻机施工准备

（1）反井钻机安装基础浇筑。

反井钻机基础要求平整，砼基础浇筑在完整基岩上。基础采用C20混凝土分二期浇筑而成，一期形成基础并预留反井钻机地脚螺栓坑，待机体到位并进行初校后，回填二期混凝土，以确保反井钻机与基础牢固衔接，不发生移位。

（2）反井钻机安装。

斜井上段反井钻机施工时，将反井钻机安装在压力管道上弯段，斜井段轴线上，主机起钻孔口与斜井中心线延长线吻合。

反井钻机的主机由载重能力15t的载重汽车运至现场，并且上平段洞径可满足使用装载机卸车要求。在经测量放好线的位置安放反井钻机后，采用手拉葫芦辅助人工校正安装位置。操作台、泵站停放在反井钻机附近的通道内两侧，操作台距起钻孔口有大于1m的安全距离。

（3）反井钻机的冷却循环系统。

反井钻机的冷却循环系统由洗井泵（泥浆泵）、水池、水沟组成。距反井钻机基础约15m处设置一个5m^{3}水池，水池中间设一隔墙，将水池分隔成清水池和沉淀池。反井钻机混凝土基础和水池之间由一水沟连接，导孔施工出现的回水、细沙沿此沟回流至沉淀池。洗井泵设置在钻机车与水池之间，尽量循环使用沉淀池内的水。

4）斜井导孔施工

反井钻机施工的关键在于导孔钻孔质量，LM－200型反井钻机导孔直径为216mm。因开钻后的偏离误差大小无法进行中间检测和控制，只能依靠经验，针对不同的围岩类别，实施不同的工作压力、转速和适时装配稳定钻杆进行控制。

反井钻机的钻杆分为开孔钻杆、普通钻杆和稳定钻杆。开孔钻杆与导孔钻头相接，用扶正器约束；稳定钻杆比普通钻杆外周多了均匀分布的钢肋板，其作用是承受径向负荷，防止钻杆随深度的增加旋转产生过大弯曲、过大摆幅，保证钻孔垂直度，同时保护钻杆与孔壁的接触磨损。因此，稳定钻杆的布置是否合理将影响钻孔偏斜率。

根据施工经验，稳定钻杆加设方法如下：钻进2m时必须加设1根，钻进8～10m时再加设1根，然后每钻进20m加设1根。钻杆加设时一般采用副泵提供的较小动力运行，钻杆丝扣之间力度适中，过紧容易损伤丝扣，过松钻杆容易脱落。为了便于拆卸钻杆，可在钻杆套接前于丝扣处加设少量10号铅丝。先导孔开始施工时，一般采用副泵提供较小的、均匀的动力，以免孔口周壁因振动过大开裂而难以成型。

5）反井钻机导井开挖（扩孔施工）

导孔施工完毕后，在对应底部施工通道安装Φ1.4m扩孔钻头。

（1）扩孔开孔：扩孔开始施工时一般围岩破坏严重，钻头周圈难以均匀受力，因此，一般采用副泵提供较小的、均匀的动力。当Φ1.4m扩孔钻头接好后，慢速上提钻具，直到滚刀开始接触岩石，然后停止上提，用最低转速（5～9r/min）旋转，并慢慢给进，进尺控制为10cm/h，保证钻头滚刀不受过大的冲击而破坏，防止钻头偏心受力过大而扭断钻杆。给进一些停下，等刀齿把凸出的岩石破碎掉，再继续给进。

（2）开始扩孔：下面要有人观察，将情况及时通知操作人员，等钻头全部均匀接触岩石才能正常扩孔钻进。在扩孔过程中，当岩石硬度较大时，可适当增加钻压；反之，可以减少钻压。扩孔时，要及时出渣，防止堵孔。扩孔过程也是拆钻杆的过程，拆下的钻杆要进行必要的清理，上油带好保护帽。

钻进施工中要求较为稳定的供水量，以使刀具能得到水冷却，供水量要求不小于7.8m^3/h。扩孔施工时，拆卸钻杆要特别注意钻杆卡瓦正确摆放及自身的完好程度，以免卡瓦突然断裂，造成扩孔钻头、钻杆脱落。

（3）完孔：当钻头距基础2.5m时，要降低钻压慢速钻进，并且认真观察基础周围是否有异常现象，如果有，要及时采取措施处理。应慢慢地扩孔，直至钻头露出地面。

（4）出渣：导井开挖施工中，适时利用3m^3侧卸装载机在导井下部通道装25t自卸汽车进行出渣。

6）反井钻机拆除

扩孔完成后，将扩孔钻头牢固悬挂，将钻架主机和一些辅助设备拆下，然后将钻头提出孔外，运到井上，再将泵车、油箱等进行拆装整理、运输。清理现场后，全部钻孔工作结束。

7）反井钻机偏斜度控制

反井钻井偏斜就是反井施工的技术关键，为此采取以下措施：

（1）进行精确的测量控制，发现偏斜较大时，反复扫孔纠正偏斜度。

（2）施工设备：选用经检修完好的反井钻机和泥浆泵，保证其性能良好。

（3）钻机安装定位：钻机安装牢固、定位准确，混凝土浇筑密实。

（4）合理布置钻具：选用螺旋、直条等多种镶齿稳定钻杆和硬岩导孔钻头，并根据地质条件合理布置。

（5）正确选择钻进参数：钻进参数主要是根据地质条件与不同的钻进位置选择不同的钻压、转速和确定相应的钻进速度，并根据实际钻进过程进行相应的调整。

（6）精心操作：挑选有多年实践经验的操作人员，按照施工组织设计和反井钻机操作规程进行操作，及时发现和处理钻进中的问题和事故。

4.2.1.4　斜井段Φ3.6m溜渣井扩挖

1）主要施工方法

斜井段第一次扩挖时在压力管道上弯段设置卷扬提升系统，由于该压力管道角度为60°，在吊篮上需设置导向装置。钻爆时从吊篮内向外辐射钻设爆破孔，爆破时从下至上逐层爆破，渣料通过导井滚落至压力管道下弯段，在下弯段利用装载机、自卸汽车出渣。

2）施工程序

斜井段第一次扩挖施工程序：Φ1.4m导井施工结束→卷扬提升系统安装→爆破孔钻设→爆破开挖→通风排烟→出渣。

3）吊篮及卷扬提升系统设置

溜渣井开挖前在压力管道上弯段顶部位设置吊顶锚杆，并在压力管道上平段内设置卷扬机提升系统，提升系统提升能力按5t设计，如图4.2－1所示。

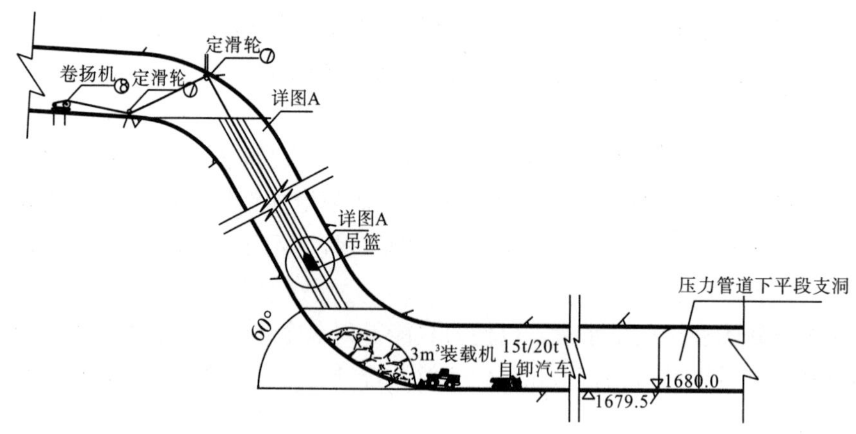

图 4.2-1　吊篮及卷扬提升系统布置图

(1) 穹顶定滑轮吊顶锚杆受力计算。

①锚杆选择。

拟选择 4 根锚杆，按锚杆受力最大的情形进行计算，单根锚杆最大拉应力为

$$\sigma_{max} = T_{max} \div 4 = (7000 + 7000 \times \cos60^\circ) \times 9.8 \div 4 \approx 27230(\text{N})$$

锚杆截面面积为

$$A_S = \frac{\sigma_{max}}{0.55 \times f_{pty}}$$

式中　A_S——锚杆有效面积；

σ_{max}——单根锚杆的最大设计荷载；

f_{pty}——钢材的抗拉强度标准值，取 315N/mm²。

则 $A_S = \dfrac{27230}{0.55 \times 315} \approx 157.17(\text{mm}^2)$ 。

锚杆直径：$d=\sqrt{\dfrac{4A_S}{\pi}}=\sqrt{\dfrac{4\times157.17}{3.14}}=14.15\text{mm}$。

因此，锚杆直径选择 Φ25 可满足要求。

②锚固长度计算。

锚杆锚固长度计算采用支座锚杆锚固长度，计算公式为

$$L = \frac{\sigma_{max} \times k}{\pi \times d \times \tau}$$

式中，σ_{max}=27230N，τ=1.2，k 取 2.0，d 取 25。

则 $L = \dfrac{\sigma_{max} \times k}{\pi \times d \times \tau} = \dfrac{27230 \times 2.0}{3.14 \times 25 \times 1.2} \approx 578.13(\text{mm})$。因此，天锚锚杆锚固长度应大于 1m。

考虑注浆密实度及特殊工况，故建议入岩深度不小于 2.5m。综合分析，锚杆选择 Φ25，L= 4.5m，入岩 4.0m，注浆密实度不低于 80%。

(2) 定滑轮受力分析。

①锚杆选择。

拟选择 4 根锚杆，按锚杆受力最大的情形进行计算，单根锚杆最大拉应力为

$$\sigma_{max} = T_{max} \div 4 = (5000 \times \sin22^\circ + 4697 \times \sin7^\circ) \times 9.8 \div 2 \approx 11996(\text{kN})$$

锚杆截面面积为

$$A_S = \frac{\sigma_{\max}}{0.55 \times f_{\text{pty}}}$$

式中　A_S——锚杆有效面积；

$\sigma_{\max}$——单根锚杆的最大设计荷载；

f_{pty}——钢材的抗拉强度标准值，取 315N/mm²。

则 $A_S = \dfrac{11996}{0.55 \times 315} = 69.24(\text{mm}^3)$。

锚杆直径为

$$d_1 = \sqrt{\frac{4A_S}{\pi}} = \sqrt{\frac{4 \times 69.24}{3.14}} \approx 9.39(\text{mm})$$

$$d_2 = \sqrt{\frac{4A_S}{\pi}} = \sqrt{\frac{4 \times 98.99}{3.14}} \approx 13.29(\text{mm})$$

因此，锚杆直径选择 Φ25 可满足要求。

②锚固长度计算。

锚杆锚固长度计算采用支座锚杆锚固长度，计算公式为

$$L = \frac{\sigma_{\max} \times k}{\pi \times d \times \tau}$$

式中，$\sigma_{\max}$=4696kN，τ=1.2，k 取 2.0，d 取 25。

则 $L = \dfrac{4696 \times 2.0}{3.14 \times 25 \times 1.2} \approx 99.7(\text{mm})$。因此，锚杆锚固长度应大于 1m。

考虑注浆密实度为 80%左右，故建议入岩深度不小于 2.5m。为保证绝对安全，综合分析，锚杆选择 Φ25，L=4.5m，入岩 4m，注浆密实度不低于 80%。

(3) 卷扬机受力分析。

①锚杆选择。

拟选择 4 根锚杆，按锚杆受力最大的情形进行计算，单根锚杆最大拉应力为

$$\sigma_{\max} = T_{\max} \div 4 = 4696 \times 9.8 \div 4 = 11505(\text{kN})$$

锚杆截面面积为

$$A_S = \frac{\sigma_{\max}}{0.55 \times f_{\text{pty}}}$$

式中　A_S——锚杆有效面积；

$\sigma_{\max}$——单根锚杆的最大设计荷载；

f_{pty}——钢材的抗拉强度标准值，取 315N/mm²。

则 $A_S = \dfrac{11505}{0.55 \times 315} \approx 66.41(\text{mm}^3)$。

锚杆直径为

$$d_1 = \sqrt{\frac{4A_S}{\pi}} = \sqrt{\frac{4 \times 66.41}{3.14}} \approx 9.2(\text{mm})$$

$$d_2 = \sqrt{\frac{4A_S}{\pi}} = \sqrt{\frac{4 \times 98.99}{3.14}} \approx 13.29(\text{mm})$$

因此，锚杆直径选择 Φ25 可满足要求。

②锚固长度计算。

锚杆锚固长度计算公式采用支座锚杆锚固长度，计算公式为

$$L=\frac{\sigma_{max}\times k}{\pi\times d\times\tau}$$

式中，σ_{max}=4696kN，τ=1.2，k 取 2.0，d 取 25。

则 $L=\frac{4696\times 2.0}{3.14\times 25\times 1.2}\approx 99.7(\text{mm})$。因此，锚杆锚固长度应大于 1m。

考虑注浆密实度在 80%左右，故建议入岩深度不小于 2.5m。综合分析，锚杆选择 Φ25，L=6m，入岩 5.5m，注浆密实度不低于 80%。

(4) 钢丝绳的选用。

按最大动荷载计算，钢丝绳承受的最大拉力 $T_{max}=4.9\times 10^4$N。考虑钢丝绳安全系数为 3.0，经查《实用五金手册》后决定选择直径为 18mm 的天然纤维芯圆股钢丝绳（6×7 类），其近似重量 114kg/100m，钢丝绳公称抗拉强度 1570N/mm^2，钢丝破断拉力总和为 182×1.134≈206.4(kN)。

钢丝绳的容许应力按下式计算：

$$S=\frac{S_b}{K_1}$$

$$S_b=\alpha P_g$$

式中 S_b——钢丝绳的破断拉力；

K_1——钢丝绳使用安全系数，取 3.0；

P_g——钢丝绳的破断拉力总和；

α——钢丝绳之间荷载不均匀系数，取 0.85。

则 $S=\frac{\alpha P_g}{K_1}=\frac{0.85\times 206.4}{3.0}\approx 58.5(\text{kN})>T_{max}=54.56\text{kN}$，故选用直径为 18mm 钢丝绳满足要求。

(5) 锚碇设置。

卷扬机基础施工前先浇筑一层厚 30cm 找平混凝土，在卷扬机基座的四角分别设 2 根 Φ28，L=3.0m 插筋，入岩 2.0m，外露 1.0m，弯折 0.35m，分别弯折与卷扬机基座焊接形成整体。

(6) 吊笼设置。

为方便导井内人员、设备运输，需设置导井吊笼，吊笼直径 1.2m，设置 3 组定向轮，主要采用工字钢、钢筋加工。

4) 爆破设计

斜井段采用 Y26 手风钻钻爆，爆破孔下倾角 15°，孔深 1.3m。具体爆破图如图 4.2−2 所示。

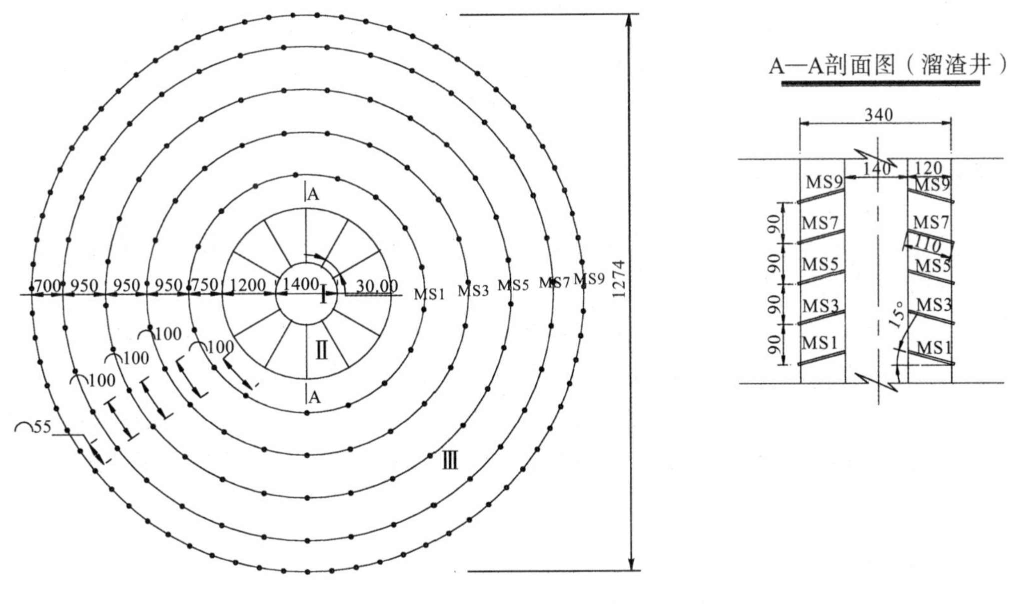

图 4.2−2　压力管道斜井爆破孔布置图

4.2.1.5　二次扩挖

压力管道斜井段在直径 3.6m 扩孔完成后开始二次扩挖，二次扩挖至直径 12.74m，即设计断面，二次扩挖采用手风钻钻爆，人工翻渣，装载机、自卸汽车配合出渣。

斜井段二次扩挖施工程序如图 4.2−3 所示。

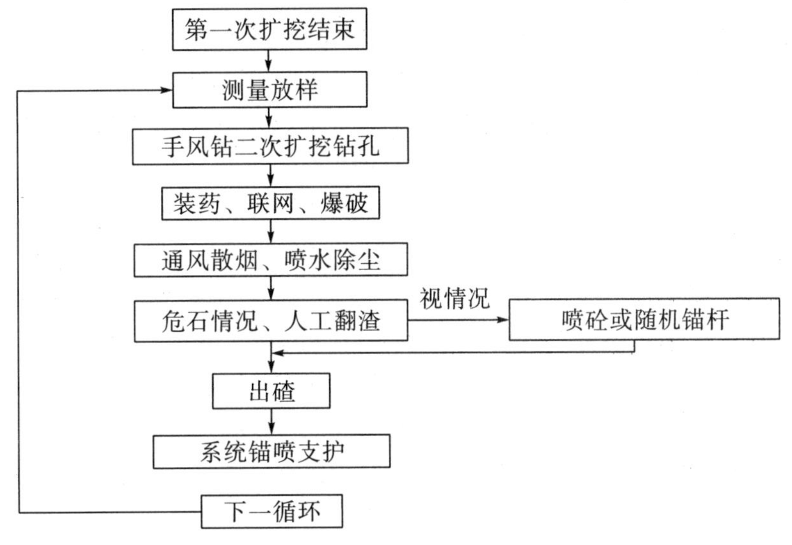

图 4.2−3　斜井段二次扩挖施工程序

1）爆破设计

由于斜井段坡度达 60°，受施工工作面制约，无法采用多臂钻等大型钻孔设备，故钻爆施工只能采用人工手风钻钻爆。根据地质资料，斜井段围岩以Ⅲ类为主，爆破设计暂按Ⅲ类围岩考虑：钻爆时从上至下逐层钻爆，采用 Y26 手风钻凿孔，毫秒微差起爆，周边光面爆破方式，循环进尺控制为 3.0m。

2）施工方法

二次开挖施工方法见“4.5 标准施工工艺”。

翻渣采用人工翻渣，施工人员通过上部爬梯进入工作，从四周向中部导井翻渣、清底，渣料通过导井滚落进入下弯段，在下弯段采用装载机及自卸汽车配合出渣，渣料运往菩提河渣场。每次出渣时需在下弯段渣料滚落冲击区预留厚 1.0m 松渣缓冲层。

4.2.1.6 开挖质量技术控制措施

（1）斜井开挖前，会同监理进行测量放样成果复查，确保测量导线及控制点位置准确。

（2）斜井扩挖控制。

斜井扩挖过程中，在井口设置控制斜井周边线的导向装置，由测量人员进行周边线的测放。

扩挖放线每排炮进行一次，及时对上一排炮的扩挖误差进行纠正。

钻孔孔位依据测量定出的开挖轮廓线确定，钻孔由熟练的技工严格按批准的爆破设计图操作。炮孔的装药、堵塞和引爆线路的联结，由经考核合格的爆破员负责，并严格按爆破图的规定进行，炮孔经检查合格后方可装药爆破，以确保钻孔爆破质量。

4.2.1.7 支护施工

压力管道斜井段支护工程主要由普通砂浆锚杆、C20 喷混凝、挂网钢筋等组成。锚杆采用全长黏结型普通砂浆锚杆，直径采用 Φ28、Φ25 钢筋，水泥砂浆强度等级为 M20。支护施工时在完成一个循环开挖后立即进行相应区域支护施工，支护施工紧跟开挖面进行。

1）总体施工方案

整体施工规划为在开挖施工完成后立即开始支护施工，如遇围岩状况较差，围岩状况无法满足系统支护施工安全要求时，根据现场实际情况，并联系设计适当增加随机支护，主要支护参数如下：

（1）随机锚杆 Φ25，L=4.5m，外露 15cm，根据现场实际情况布置。

（2）Ⅲ1 类围岩：开挖断面 127.48m^2；系统锚杆 Φ28，L＝6.0m，Φ25，L＝4.5m@2.0m×2.0m，外露 15cm，交错布置；挂钢筋网 ϕ6.5@15cm×15cm，喷 C20 混凝土，厚 12cm。

（3）Ⅲ2 类围岩：开挖断面 127.48m^2；系统锚杆 Φ28，L＝6.0m，Φ28，L＝9.0m@2.0m×2.0m，外露 15cm，交错布置；挂钢筋网 ϕ6.5@15cm×15cm，喷 C20 混凝土，厚 12cm。

（4）Ⅳ类围岩：开挖断面 127.48m^2；系统锚杆 Φ28，L＝6.0m，Φ28，L＝9.0m@1.5m×1.5m，外露 15cm，交错布置；挂钢筋网 ϕ6.5@15cm×15cm，喷 C20 混凝，厚 12cm。

（5）Ⅴ类围岩：开挖断面 127.48m^2；系统锚杆 Φ28 L＝6.0m，Φ28，L＝9.0m@1.0m×1.0m，外露 15cm，交错布置；挂钢筋网 ϕ6.5@15cm×15cm，喷 C20 混凝土 12cm。

对开挖掌子面不稳定块体、不利结构面、局部破碎部位及时进行随机喷锚支护，并在随机支护的基础上，系统支护及时跟进。实际施工中，分析各洞段地质情况，并根据不同的地质类型制定相应的随机支护施工措施如下：

岩爆：随机布置 Φ25@1.5m×1.5m，L=4.5m 砂浆锚杆。

断层：垂直于结构面设置 Φ25@1.5m×1.5m，L=4.5m 砂浆锚杆，并及时完成系统支护。

裂隙密集带：素喷 C20 砼，δ=5～8cm，设置 Φ25@1.2m×1.2m，L＝4.5m 砂浆锚杆，锚杆垂直于结构面打设。

挤压破碎带：喷 C20 砼，δ=5～8cm，设置 Φ25@1.2m×1.2m，L＝4.5m 锚杆进行随机支护，必要时进行固结灌浆，及时完成系统支护。

岩脉软弱带：喷 C20 砼，δ=5～8cm，顶拱 120°范围内布置 Φ50@40cm，L=4.5m 超前小导管并进行灌浆，布置 Φ25@1m×1m，长度不小于 4.5m 的砂浆锚杆进行加强支护，必要时进行固结灌浆。

(6) 塌方：喷5cm早强钢纤维砼，封闭补平岩面；按间距0.6m×0.8m梅花形打设锚杆（采用Φ25螺纹钢），长度不小于4.5m，外露0.1m；架立格栅钢架，安设钢筋网、网格ϕ8@15cm×15cm，与岩面密贴并与锚杆头焊接；复喷厚25cm C25混凝土，采用管棚法施工工艺通过该洞段。

(7) 涌水：钻设排水孔，排水孔大小及数量依据涌水量确定，集中引排至集水坑内，通过排污系统排出洞室外；对围岩进行灌浆，降低渗透性或形成帷幕阻水，钻设Φ50灌浆孔，间、排距3m，深入基岩5m，交错布置。

2) 支护施工方法

见“4.5 标准施工工艺”。

4.2.1.8 特殊部位开挖施工

根据斜井段开挖工艺，斜井二次扩挖从上至下开挖，在开挖至下弯段已开挖区时，为保证施工安全，需调整开挖方式。在开挖至剩余8m时，下部停止出渣，用渣料将下部空间堆满，防止塌方。待5m厚层爆破后再进行出渣。

4.2.1.9 小结

猴子岩压力管道斜井段倾角为60°，长度均大于100m，开挖直径12.74m，且围岩类别大部分为Ⅲ类围岩，经过比选考虑后，采用反井钻机法开挖施工，并经两次扩挖成型。反井钻机法施工特点为机械化程度高，施工速度快、安全，工作环境好，质量好，工效高，但对于Ⅳ～Ⅴ类围岩成功率低。

4.2.2 排风竖井开挖支护

4.2.2.1 工程概况

联合排风系统由主厂房排风平洞、联合排风机室、联合排风竖井、联合排风平洞等洞室组成。其中，主厂房排风平洞起于主厂房进风兼排风洞洞段，止于联合排风机室；联合排风机室与联合排风平洞通过联合排风竖井相连，联合排风竖井起点高程1734.00m，终点高程1838.00m；联合排风平洞出口位于大坝右岸边坡上。竖井采用圆形断面，净空直径8.0m。

4.2.2.2 施工通道布置

排风系统施工通道根据建筑物特性，将联合排风系统分为三大部分，即联合排风机室、联合排风竖井、联合排风平洞。

由于联合排风平洞及联合排风竖井位于改线S211公路猴子岩隧洞外侧山体内，未与改线S211公路猴子岩隧洞贯通，因此，联合排风平洞及联合排风竖井没有施工通道。为了满足联合排风平洞和联合排风竖井的施工，在改线S211公路猴子岩隧洞与联合排风平洞之间设置一条联系洞（长5.9m，断面尺寸8m×7m，城门洞型），为了满足改线S211运行及移交要求，排风系统施工完成后采用C20砼进行封堵。

联合排风竖井施工通道：反井钻机及开挖、支护施工设备施工通道为1＃公路→猴子岩大桥→S211复建公路→联系洞（贯通排风平洞和S211复建公路）→联合排风竖井工作面。

出渣通道：联合排风机室→主厂房排风平洞→主厂房进风洞→S211低线公路→猴子岩大桥→1＃公路→渣场。

4.2.2.3　总体开挖施工流程

竖井开挖主要分两个阶段进行，即导井施工阶段（反井钻机施工阶段）和竖井二次扩挖施工阶段。二次扩挖自上而下进行，采用YT－28手风钻钻爆开挖，循环进尺2.5～3.0m，采用人工通过导井翻渣，渣料通过导井到达联合排风机室后采用装载机配合25t自卸汽车装运出渣。

4.2.2.4　导井施工（反井钻机施工）

1）反井钻机选型

联合排风竖井深度为104m，反井钻机施工段长度为104m（含联合排风机室第一层），选用LM－200型反井钻机。

2）导井施工方法

见4.2.1.3。

4.2.2.5　竖井二次扩挖

1）竖井提升系统设置

竖井开挖前在顶部位设置吊顶锚杆，并在联系洞内设置卷扬机提升系统，提升系统提升能力按5t设计，卷扬机安装如图4.2－4所示。

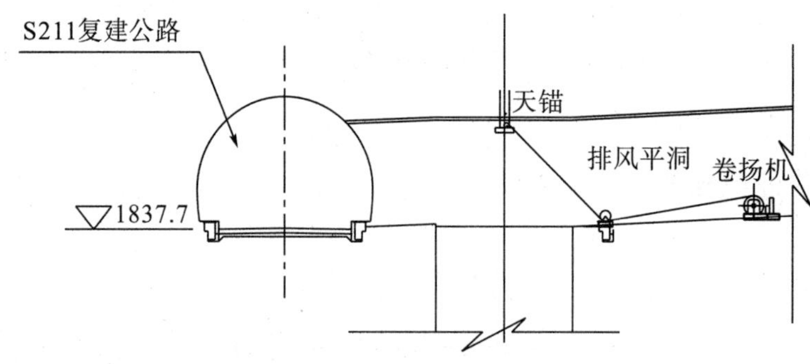

图4.2－4　卷扬机安装侧面示意图

(1) 穹顶定滑轮吊顶锚杆受力计算。

①锚杆选择。

拟选择4根锚杆，按锚杆受力最大的情形进行计算，单根锚杆最大拉应力为

$$\sigma_{max}=T_{max}\div 4=(7000+7000\times\cos 66°)\times 9.8\div 4\approx 24010(\mathrm{N})$$

锚杆截面面积为

$$A_S=\frac{\sigma_{max}}{0.55\times f_{pty}}$$

式中　A_S——锚杆有效面积；

σ_{max}——单根锚杆的最大设计荷载；

f_{pty}——钢材的抗拉强度标准值，取315N/mm²。

则 $A_S=\frac{24010}{0.55\times 315}\approx 138.59(\mathrm{mm}^2)$。

锚杆直径为 $d=\sqrt{\frac{4A_S}{\pi}}=\sqrt{\frac{4\times 98.99}{3.14}}=13.29(\mathrm{mm})$。因此，锚杆直径选择Φ25可满足要求。

②锚固长度计算。

锚杆锚固长度计算采用支座锚杆锚固长度，计算公式为

$$L=\frac{\sigma_{\max}\times k}{\pi\times d\times\tau}$$

式中，$\sigma_{\max}=24010\text{N}$，$\tau=1.2$，$k$ 取 2.0，d 取 25。

则 $L=\frac{\sigma_{\max}\times k}{\pi\times d\times\tau}=\frac{24010\times2.0}{3.14\times25\times1.2}\approx509.76(\text{mm})$。因此，天锚锚杆锚固长度应大于 1m。

考虑注浆密实度为 80%左右，故建议入岩深度不小于 2.5m。综合分析，锚杆选择 Φ25，$L=3.5\text{m}$，入岩 3.0m，注浆密实度不低于 80%。

（2）钢丝绳的选用。

按最大动荷载计算，钢丝绳承受的最大拉力 $T_{\max}=4.9\times10^4\text{N}$。考虑钢丝绳安全系数为 3.0，经查《实用五金手册》后决定选择直径 18mm 的天然纤维芯圆股钢丝绳（6×7 类），其近似重量为 114kg/100m，钢丝绳公称抗拉强度 1570N/mm^2，钢丝破断拉力总和为 182×1.134≈206.4(kN)。

钢丝绳的容许应力按下式计算：

$$S=\frac{S_b}{K_1}$$

$$S_b=\alpha P_g$$

式中　S_b——钢丝绳的破断拉力；

K_1——钢丝绳使用安全系数，取 3.0；

P_g——钢丝绳的破断拉力总和；

α——钢丝绳之间荷载不均匀系数，取 0.85；

则 $S=\frac{\alpha P_g}{K_1}=\frac{0.85\times206.4}{3.0}\approx58.5(\text{kN})>T_{\max}=49\text{kN}$。满足要求。

（3）锚碇设置。

卷扬机基础施工前先浇筑一层 30cm 厚找平混凝土，在卷扬机基座的四角分别设 2 根 Φ28，$L=3.0\text{m}$ 插筋，入岩 2.0m，外露 1.0m，弯折 0.35m，分别弯折与卷扬机基座焊接形成整体。

（4）封闭平台的设计。

排风竖井井口段开挖并进行喷锚支护后，在出线平洞 A 下挖台阶上部搭设 DN48 架管，架管上部满铺 50mm 木板，排风竖井靠近出线平洞 A 半圆范围内，搭设 3 根 20＃槽钢，两侧与系统锚杆焊接，中部采用竖向槽钢支撑，上部满铺 50mm 木板，作为施工通道。在竖井铺设木板外侧采用 Φ25 钢筋焊接形成栏杆，高度 1.5m，栏杆钢筋间、排距符合相关安全规定要求。

（5）吊笼及爬梯。

排风竖井施工时，为了确保施工安全，在竖井正中设计吊笼。为了固定吊笼使其不发生过大水平或侧向位移，用两根钢丝绳或粗尼龙绳作为稳绳分别穿过吊笼两侧的卡槽并随工作面的推进向下延伸，钢丝绳或粗尼龙绳两端分别固定在对应位置处的工字钢大梁和井底随机插筋（Φ22，$L=3\text{m}$）上，钢丝绳或粗尼龙绳通过吊环与工字钢大梁连接，确保焊接牢固。上、下吊装物具时，只能使用最慢挡，如果吊笼发生大旋转晃动，应立即停止卷扬机工作，待吊笼稳定后再行工作。

竖井井壁设置钢筋爬梯，爬梯主要由 Φ22 和 Φ16 两种钢筋相互焊接构成，爬梯宽 550mm，跨步筋间距 300mm，爬梯外侧护栏宽 550mm，间距 1000mm；爬梯每间隔 15m 处设置一个 600mm×600mm 的休息平台，休息平台上部用 Φ22 钢筋斜拉与边墙外露系统锚杆焊接，下部用∠50×5 角钢斜撑与边墙系统锚杆外露端焊接牢固，爬梯的焊接应满足相关规范的要求，确保焊接牢固，必须经

过相关单位验收后才能使用。

2）竖井二次扩挖

（1）在排风竖井二次扩挖前沿排风竖井开口线进行锁口锚杆施工，并在开口线5.0m范围进行加强支护。联合排风竖井二次扩挖采用自上而下的开挖方式，通过导井向联合排风机室翻渣，开挖钻爆采用手风钻。

（2）爆破设计。

竖井二次扩挖利用手风钻钻孔，毫秒微差起爆，周边光面爆破方式，以Ⅲ类围岩设计为例，预计进尺3.0m。具体爆破设计及主要技术指标如图4.2−5、表4.2−4所示。

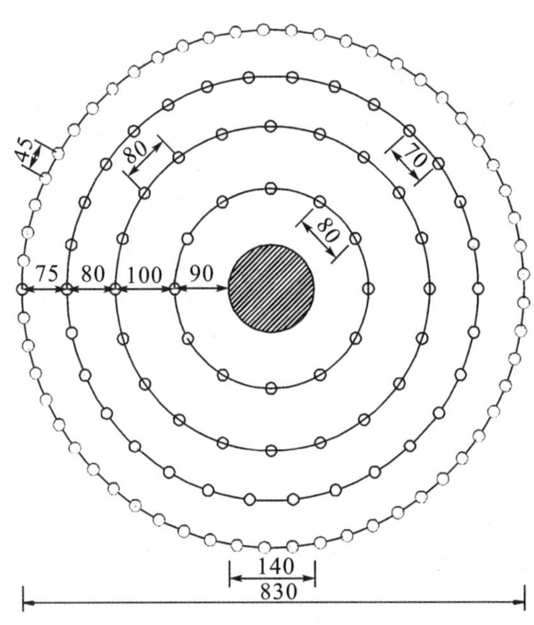

图4.2−5　竖井二次扩挖爆破设计示意图

表4.2−4　排风竖井开挖爆破设计主要技术指标

开挖断面/m^2	钻孔个数/个	爆破方量/m^3	总装药量/kg	炸药单耗/(kg/m^3)	爆破效率	预期进尺/m
54.10	119	157.71	153.5	0.97	90%	3

（3）施工方法

施工方法见“4.5 标准施工工艺”。

按每次扩挖进尺3m计算，每次开挖方量约130m^3，下方联合排风机室第一层容量2500m^3，满足一次性堆渣要求，固在竖井内翻渣完成后开始出渣。出渣和翻渣不得同时进行。在上部翻渣完成后对导井进行检查，确保所有渣料均按施工要求掉落，无渣料停留于导井内，用防护网将导井上口封闭，开始下道工序施工。出渣采用装载机、自卸汽车配合。

4.2.2.6　支护施工

联合排风系统工程支护工程主要由砂浆锚杆、C20喷混凝土及挂网钢筋、预应力锚杆等构成。锚杆采用全长黏结型普通砂浆锚杆，采用Φ22、Φ25、Φ25钢筋，水泥砂浆强度等级M20。

1）总体施工方案

支护分为随机支护和系统支护。对开挖掌子面不稳定块体、不利结构面、局部破碎的地方及时进行随机喷锚支护，并在随机支护的基础上，系统喷锚及时跟进。对于Ⅳ类围岩，随机支护和系统支护紧跟掌子面，并根据开挖揭露的地质情况采取超前支护等措施。

（1）洞身开挖时，视围岩揭露情况进行临时喷护或锚杆支护。

（2）现场施工时，根据围岩揭露情况确定加强支护参数。

（3）根据设计提供的洞室地质预报，及时分析各洞段地质情况，制定相应的施工措施。

2）支护施工方法

见“4.5 标准施工工艺”。

4.3　大型洞室开挖支护

4.3.1　主厂房开挖支护

4.3.1.1　工程概况

发电厂房布置于大渡河右岸略靠坝轴线上游山体内，厂房纵轴线方向为N61°W，厂房左上角距坝轴线铅直面约100m，顺坝轴线方向距右坝肩约200m。厂房最小垂直埋深约380m，最小水平埋深约250m。

主厂房分主机间和安装间两部分。主机间开挖长度140.5m；岩锚梁以上开挖跨度29.2m，岩锚梁以下开挖跨度25.8m；水轮机安装高程1686.00m，发电机层高程1703.00m；主机间总高度（从排水廊道底板至厂房顶拱）70.5m。安装间位于主机间右端，长度56.0m，与主机间跨度相同。副厂房位于主机间左端，长度23.0m，跨度25.8m，底板高程1691.50m。

4.3.1.2　地下厂房开挖分层原则

（1）分层应满足主变室顶拱开挖滞后于主副厂房和尾水调压室顶拱开挖，三大洞室开挖程序应考虑到方便洞室之间对穿锚索施工原则，主变室第Ⅰ层的开挖需在厂房和尾水调压室第Ⅰ层开挖完成后才能开始，根据施工总进度安排，这样不能满足主变室与厂房、主变室与尾水调压室之间对穿锚索的施工。为了解决上述矛盾，借鉴国内同规模的大型地下厂房（如龙滩、溪洛渡、瀑布沟、猴子岩等），本工程三大洞室顶拱采用平行错距开挖的施工程序，为了减小洞室之间岩柱的塑性变形，主变室开挖稍微滞后，在平面上厂房和尾水调压室错开30m以上。

（2）采用合理的施工程序，以“平面多工序，立体多层次”的思想合理安排开挖、支护、衬砌三者之间的关系，坚持“厂房外部环境提早治理，主排水系统排水帷幕、探洞回填等领先洞室开挖形成”的原则，分梯次展开厂外排水系统排水及探洞回填施工，降低围岩外水压力及渗水，增强围岩稳定，为洞室稳定创造条件，并针对洞室地质条件按特殊与一般相结合的原则，围绕地下水出露部位，有针对性地展开排水孔施工。在工期安排中留有充分的余地。

（3）地下厂房边（端）墙开挖遵循“先洞后墙”的原则，边墙在开挖至相应洞口（母线洞、尾水管洞、进厂交通洞等）高程之前，应先完成相应岔口开挖及锁口支护，再下降边墙。根据招标文件技术条款要求和施工进度安排，压力管道下支洞下游段的引水洞上层开挖因受帷幕灌浆工期限制，将不能提前进入厂房。

（4）对地下厂房洞较大规模断层、软弱夹层、蚀变带等不良地质段，遵循“超前锚杆、弱爆破掘进、适时跟进支护”的施工原则，采取短循环、小进尺、弱爆破、超前锚杆、钢拱架跟进支护等有效的爆破振动控制措施，能够保证厂房顶拱层围岩稳定、岩锚梁等重要结构开挖成型及不受爆破振动破坏。

结合本工程特点、难点、重点和总体规划原则，采用“平面多工序、立体多层次”的大型地下洞室群大规模机械化快速施工组织方法，安全、优质、高效建成。

4.3.1.3 开挖总体分层分区

在确定厂房开挖分层方案的过程中，需要考虑的因素主要有以下几点：

(1) 施工通道条件。在厂房开挖过程中，施工通道的重要性不言而喻，通往厂房的永久通道和增设的临时施工通道是有限的，如何合理充分地利用这些位于不同高程的施工通道，是分层时必须首先考虑的问题。

(2) 厂房的结构特点。水电站地下厂房结构复杂，不仅有岩锚梁这类对施工质量要求甚严的特殊部位，而且在立面上厂房各个部分的底板开挖高程并不一致，特别是厂房下部一般还会有深机坑和保留岩柱（墙），这些都给施工带来了一定的困难，在开挖分层时必须注意到厂房的这些结构特点。

(3) 施工机械性能。厂房开挖工程量巨大，必然会配备各种现代化的大型洞室开挖支护设备，每一层面的施工一般都由很多施工机械配套使用，在厂房分层及确定具体层高时，必须考虑到各种工程机械的性能参数，以期充分发挥施工机械的最大效能。

(4) 相邻洞室及相关构筑物的施工需要。地下厂房作为厂房系统洞室群中最主要的洞室，不仅本身结构复杂，相贯洞室多，而且与相邻洞室联系紧密。在某些情况下，这些相邻洞室有时要利用厂房作为施工通道，分层时必须考虑到这种可能。另外，厂房开挖分层还要为一些重要部位（如岩锚梁）的施工提供便利。

通过综合考虑，整个地下厂房系统共分 11 层开挖，其中厂房的基本分层设计定为 9 层（从第Ⅱ层到第Ⅹ层）。厂房开挖总体分层分区如图 4.3－1 所示。

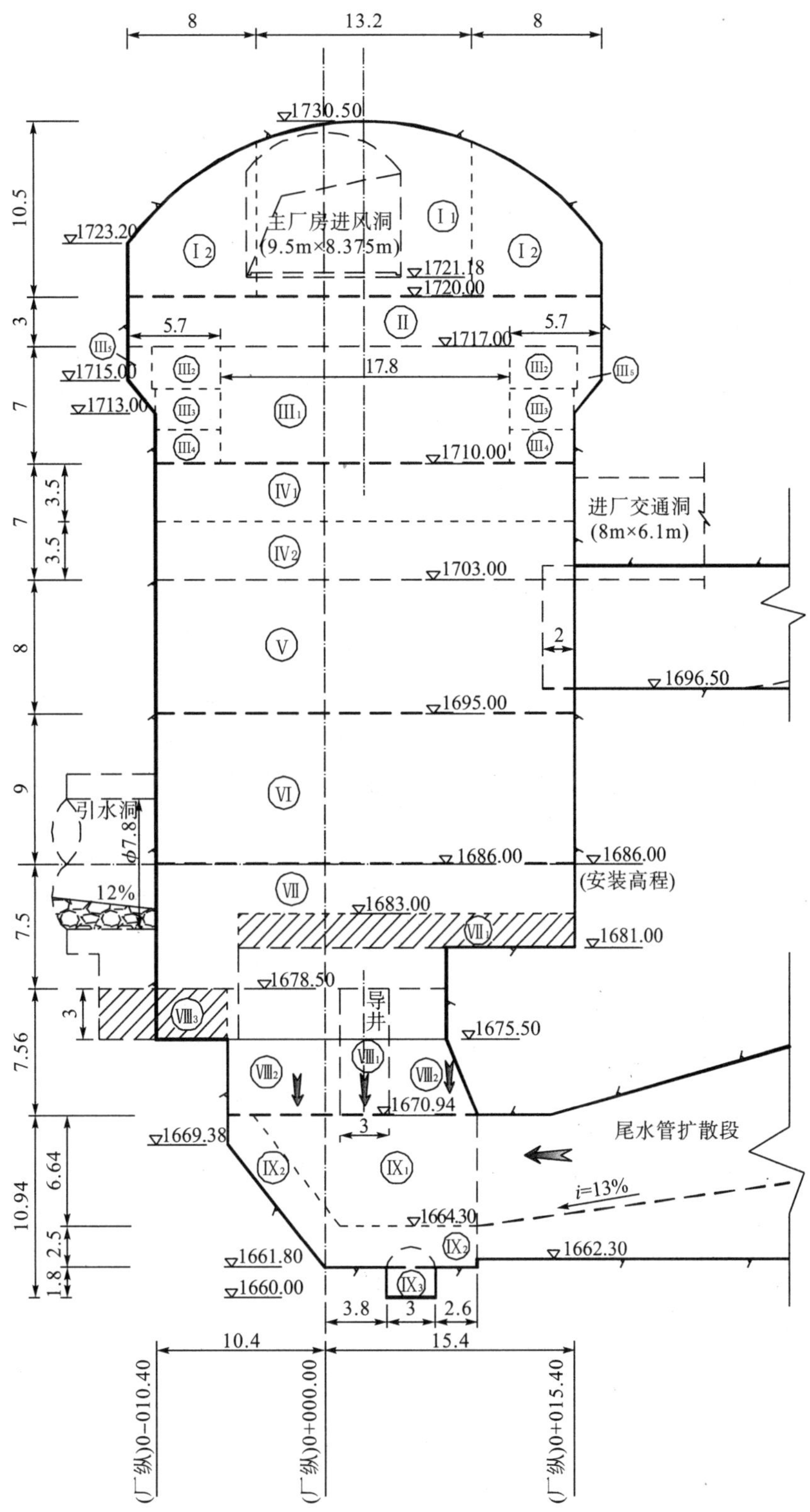

图 4.3-1　厂房开挖总体分层分区图

4.3.1.4　厂房第Ⅰ层开挖

1）厂房第Ⅰ层开挖分层分区

厂房第Ⅰ层分层高度 13.5m（EL.1717.00～1730.50m），拟分三区施工。厂房第Ⅰ层开挖分层分区如图 4.3-2、图 4.3-3 所示。

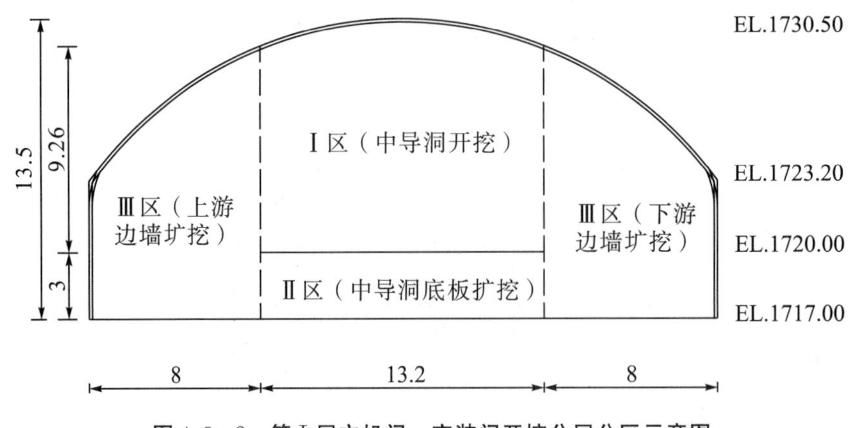

图 4.3-2　第Ⅰ层主机间、安装间开挖分层分区示意图

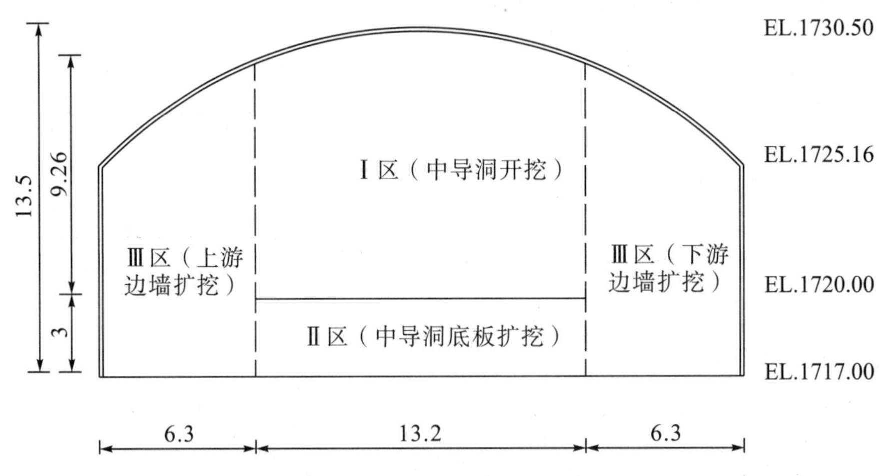

图 4.3-3　第Ⅰ层副厂房开挖分层分区示意图

2）施工规划

厂房第Ⅰ层开挖高程 1717.00～1730.50m，分为三区进行开挖，Ⅰ区为中导洞开挖（高程 1720.00～1730.50m），导洞断面尺寸 13.2m×10.5m，主要采用手风钻钻孔，光面爆破施工工艺；Ⅱ区为导洞部分底板扩挖（高程 1720.00～1717.00m），底板扩挖分成两半幅开挖；Ⅲ区为两侧扩挖，由厂房进风洞底板水平进入从副厂房方向开始向安装间方向开挖。

3）开挖施工程序

（1）开挖进尺。

主厂房第Ⅰ层开挖及临时锚杆支护采用 YT-28 手风钻钻孔，自制 3 台平台车为施工平台，开挖设计轮廓线采用光面爆破，液压反铲进行危石清理，开挖石渣采用侧卸装载机配合 20t 自卸汽车出渣。Ⅱ、Ⅲ类围岩循环进尺 2.5～3.0m，Ⅳ类围岩循环进尺控制在 2.0m 左右。

（2）开挖施工程序。

地下厂房开挖跨度大，顶拱存在缓倾角层面，顶拱开挖安全是重点，也是难点。为此，制定了主厂房顶拱层开挖时，一次揭露的跨度尽量小、开挖揭露结构面应及时做好临时和系统支护、支护及时跟进或紧跟掌子面的原则。基于以上原则，厂房第Ⅰ层开挖施工程序为：从进风洞按 15%坡比降坡从副厂房端墙进入厂房，同时将进风洞的开挖断面过渡至中导洞的开挖断面，该过渡段 12m。首先进行中部导洞开挖，系统锚杆及时跟进掌子面。

4）开挖施工工艺

（1）施工工艺流程：测量放线→钻孔→装药连线→起爆→通风排烟→排险→出渣→清底→下一循环。

（2）爆破设计。

导洞钻爆采用自制钻爆台车作为操作平台，利用手风钻钻孔，全断面开挖，毫秒微差起爆，楔形掏槽，周边光面爆破方式，暂按照Ⅲ类围岩设计，预计进尺2.85m。Ⅱ区扩挖采用手风钻钻爆，预计进尺2.85m。扩挖钻爆采用自制钻爆台车作为操作平台，利用手风钻钻孔，全断面开挖，周边光面爆破方式，暂按照Ⅲ类围岩设计，预计进尺2.85m，爆破设计如下（具体爆破技术指标根据开挖爆破效果及围岩类别进行适当调整）。

①中导洞爆破设计。

厂房第Ⅰ层中导洞开挖爆破设计及主要技术指标如图4.3-4、表4.3-1所示。

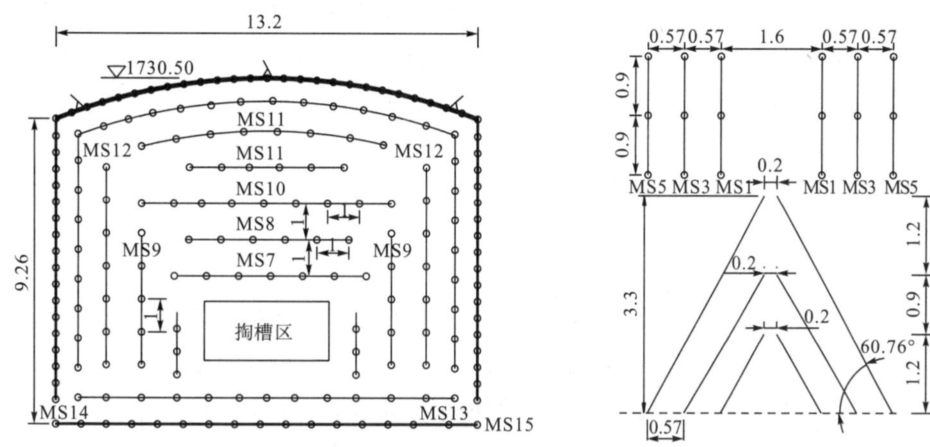

图4.3-4　厂房第Ⅰ层中导洞开挖爆破孔布置示意图

表4.3-1　厂房第Ⅰ层中导洞开挖爆破设计主要技术指标

开挖断面/m²	钻孔个数/个	爆破方量/m³	总装药量/kg	炸药单耗/(kg/m³)	爆破效率	预期进尺/m
133.24	207	379.73	314.45	0.83	95%	2.85

②主厂房第Ⅰ层扩挖爆破设计。

主厂房第Ⅰ层扩挖爆破设计及主要技术指标如图4.3-5、表4.3-2所示。

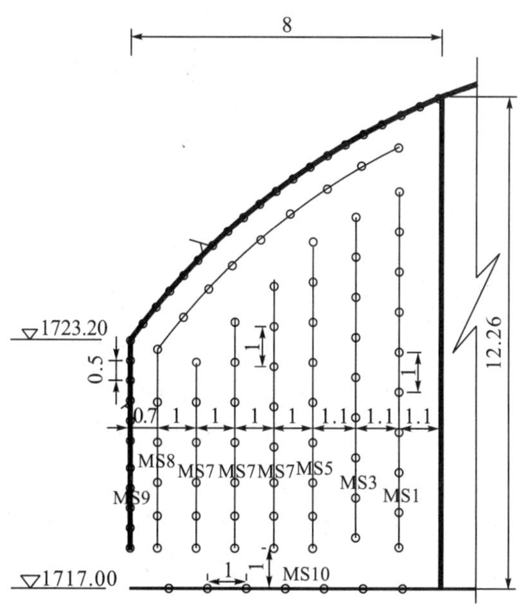

图4.3-5　主厂房第Ⅰ层扩挖爆破孔布置示意图

表 4.3-2　主厂房第Ⅰ层扩挖爆破设计技术指标

开挖断面/m^2	钻孔个数/个	爆破方量/m^3	总装药量/kg	炸药单耗/(kg/m^3)	爆破效率	预期进尺/m
78.54	100	223.83	146.55	0.65	95%	2.85

4.3.1.5　厂房第Ⅰ层支护

主厂房第Ⅰ层支护设计有普通砂浆锚杆、C20喷混凝土及挂网钢筋。锚杆采用全长黏结型普通砂浆锚杆，采用Φ32、Φ28钢筋，水泥砂浆强度等级为M20。

锚杆钻孔采用三臂凿岩台车，厂房顶拱支护采用“先插杆后注浆”的程序施工，侧墙支护采用“先注浆后插杆”的程序施工，根据招标文件要求，采用“先插杆后注浆”施工程序的锚杆孔径应比锚杆直径大25mm，采用“先注浆后插杆”施工程序的锚杆孔径应比锚杆直径大15mm。但是根据现场实况，锚杆施工时需同时在杆体上捆绑注浆管与排气管，拟定厂房顶拱锚杆孔孔径64mm，边墙锚杆孔孔径51mm，遇软弱围岩适当扩大。锚杆在钢筋加工厂制作，自卸汽车运至施工现场，人工在平台车上安装锚杆，注浆采用注浆机进行。

1）总体施工方案

厂房第Ⅰ层支护分为随机支护和系统支护。对开挖掌子面不稳定块体、不利结构面、局部破碎的地方及时进行随机喷锚支护，并在随机支护的基础上，系统喷锚及时跟进。对于Ⅳ类围岩，随机支护和系统支护紧跟掌子面，并根据开挖揭露的地质情况采取超前支护等措施。

（1）中部导洞开挖时，视围岩揭露情况进行临时喷护或锚杆支护。

（2）根据原中导洞开挖支护揭露的岩体情况，厂房岩体受地应力影响较大，岩体松弛卸荷严重，岩石破碎，塌孔严重，边墙采用“先注浆后插杆”的施工工艺，锚杆无法插入，且孔内浆液不饱满，为提高支护质量，顶拱及边墙的系统锚杆均采用“先安装锚杆后注浆”的施工工艺进行施工。

（3）根据设计提供的洞室地质预报，及时分析各洞段地质情况，制定相应的施工措施。

2）锚杆施工

锚杆施工方法见“4.5 标准施工工艺”。

3）锚索施工

锚索施工方法见“4.5 标准施工工艺”。

4.1.3.6　厂房第Ⅱ层开挖

1）总体施工方案

厂房第Ⅱ层开挖之后主要分为两期进行：前期为进厂交通洞与厂房未贯通之前，后期为进厂交通洞与厂房已贯通且已经形成施工便道。

前期总体施工方案：首先将下部进厂交通洞贯通至厂房中部拉槽的上游侧边线即（厂纵）0-006.4m，在进厂交通洞与厂房相交部位上方施工一导井（直径1.4m），并逐步将导井扩大至正常断面（即厂房中部拉槽断面）。其次进行进厂交通洞右侧（安装间方向）的厂房中部拉槽施工，当中部拉槽至（厂横）0-053m时停止拉槽，利用手风钻进行最后3m的保护层开挖，渣料均溜入下方进厂交通洞内，利用4＃公路作为出渣通道。

后期总体施工方案：使用进厂交通洞及4＃公路作为开挖出渣通道，进风洞作为机械设备通道，主要进行进厂交通洞左侧（副厂房方向）的中部拉槽及保护层、岩台的开挖支护施工。主要施工程序为：中部拉槽（修筑施工便道）→保护层及岩台开挖跟进→斜坡道挖除。在进行底板二次开挖的同时，前期已拉槽部位的保护层及岩台持续跟进，最后进行斜坡道的挖除。

2）主副厂房及安装间第Ⅱ层开挖分层分区

综合考虑第Ⅱ层岩锚梁开挖及混凝土浇筑、岩锚梁锚杆施工、各种机械设备的使用效率，以及锚索施工等多种因素，主厂房第Ⅱ层分层高度拟为 7.0m（EL.1710.00～1717.00m），主厂房及安装间开挖断面面积 190.8m^2，副厂房开挖断面面积 180.6m^2。

（1）主厂房及安装间第Ⅱ层开挖分层分区。

为了减小爆破对高边墙围岩的影响，同时保证边墙的成型质量，主厂房及安装间第Ⅱ层分三区开挖：中部拉槽区、两侧保护层区、岩锚梁岩台开挖区。中部拉槽宽 15.8m，梯段高 8.0m，开挖断面面积约 126.4m^2；两侧保护层宽 5m，分三层开挖，分别为Ⅱ－②、Ⅱ－③、Ⅱ－④区，分层高度分别为 3.0m、2.0m、2.0m，相应断面面积分别为 15.0m^2、10.0m^2、10.0m^2；岩锚梁台开挖为Ⅱ－⑤区，开挖宽度 1.7m，面积 5.2m^2。

主厂房及安装间第Ⅱ层开挖分层分区如图 4.3－6 所示。

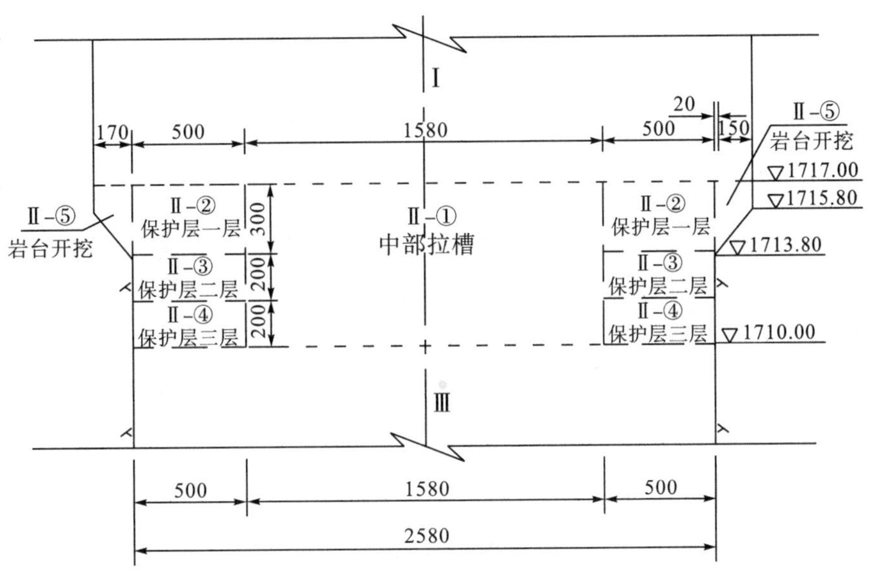

图 4.3－6 主厂房及安装间第Ⅱ层开挖分层分区图（1∶250）

（2）副厂房第Ⅱ层开挖分层分区。

副厂房未设置岩锚梁，除没有Ⅱ－⑤区外，第Ⅱ层开挖分层分区形式及施工方法与主厂房及安装间段相同（Ⅱ－②宽度略有不同）。副厂房第Ⅱ层分两区开挖：中部拉槽区、两侧保护层区。中部拉槽宽 15.8m，一次性拉槽梯段 8.0m，开挖断面面积约 126.4m^2；两侧保护层宽 5m，分三层开挖，分别为Ⅱ－②、Ⅱ－③、Ⅱ－④区，分层高度分别为 3.0m、2.0m、2.0m，相应断面面积分别为 15.0m^2、10.0m^2、10.0m^2。

副厂房第Ⅱ层开挖分层分区如图 4.3－7 所示。

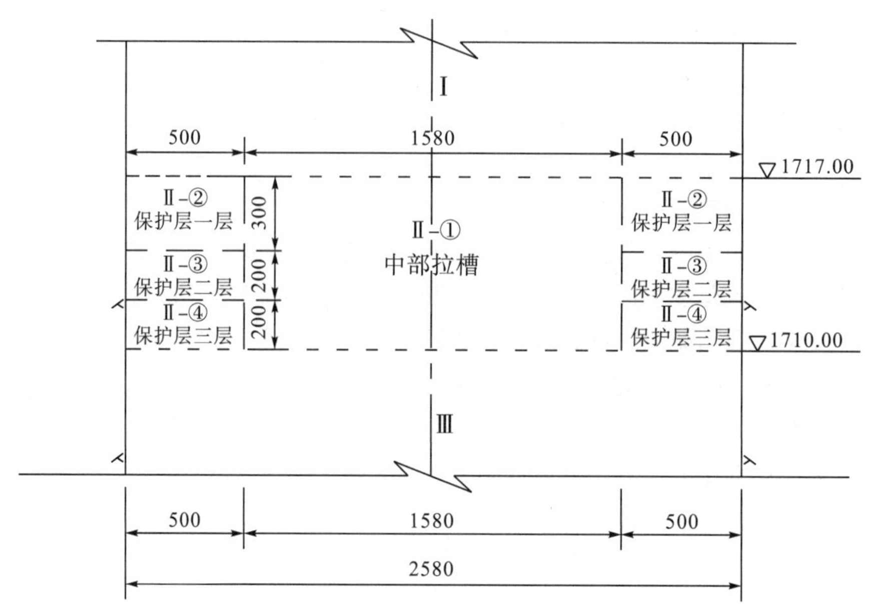

图 4.3-7　副厂房第Ⅱ层开挖分层分区图（1∶250）

3）地下厂房第Ⅱ层施工程序

(1) 安装间第Ⅰ层（厂横）0+000m～（厂横）0-056m段支护完成后，组织验收（提供开挖支护验收等相关资料），验收期间进行第Ⅱ层开挖前准备工作，验收合格后，首先施工导井并进行导井扩挖，先行贯通安装间与进厂交通洞，形成出渣及支护施工通道。

(2) 进行主副厂房及安装间第Ⅱ层中部拉槽施工，拉槽具体施工顺序为：中部拉槽与两侧保护层之间的施工预裂→中部拉槽施工。拉槽的施工方向为安装间→主副厂房。单次拉槽进尺8m。拉槽施工期间进行第一排锚索施工，锚索施工不占用直线工期。

(3) 待进厂交通洞右侧（安装间方向）中部拉槽施工完毕后，进行进厂交通洞左侧（副厂房方向）的中部拉槽施工，并适时形成施工便道进行出渣。

(4) 待拉槽进尺约100m时，即进行两侧保护层（Ⅱ-②、Ⅱ-③、Ⅱ-④区）的施工，保护层单次循环进尺15m。

(5) 岩锚梁岩台（Ⅱ-⑤）开挖滞后保护层（Ⅱ-②、Ⅱ-③、Ⅱ-④区）进行施工，在岩台开挖前应首先进行岩台下部边墙的锁口锚杆及喷混凝土施工。

(6) 岩锚梁岩台（Ⅱ-⑤）开挖超前，按边墙锚杆→边墙挂网喷护→岩锚梁锚杆的顺序紧跟岩锚梁岩台施工。

(7) 岩锚梁边墙支护的同时，进行岩锚梁以下第二排预应力锚索施工，锚索施工基本贯穿第Ⅱ层开挖支护整个施工过程。

(8) 岩锚梁锚杆施工之前，进行主、副厂房及安装间第Ⅲ层的深孔预裂。

4）主要开挖方法

(1) 施工方法。

①主、副厂房及安装间第Ⅱ层开挖遵循“预支护、短进尺、弱爆破，及时支护、早封闭、勤测量”的施工原则，以确保洞室的稳定。主厂房第Ⅱ层总体开挖顺序为：中部拉槽超前→上、下游保护层（Ⅱ-②、Ⅱ-③、Ⅱ-④区）开挖跟进→岩锚梁岩台（Ⅱ-⑤），开挖平面上成品字形推进。

②主、副厂房及安装间第Ⅱ层中部拉槽采用ROC-D7液压钻机造孔，钻孔深度8.5m，梯段爆破，2台液压反铲配20t自卸汽车出渣。单段梯段长度8m，孔径76mm，间排距初拟为200cm×236cm。采用Φ60乳化炸药，炸药单耗0.46kg/m^3，单响药量根据爆破振动监测可做适当调整，暂

定两孔一响，即最大单响药量为34kg。

为减少中部拉槽爆破振动影响，在中部拉槽与保护层之间设置一排初预裂孔，先行起爆形成一道裂缝。初预裂孔采用ROC−D7液压钻机钻孔，孔径76mm，间距0.8～1.0m，底部超深50cm。

由于第Ⅱ层为岩锚梁层，在其爆破施工时必须严格控制单响药量，以降低爆破振动影响，确保厂房主体结构安全。根据厂房第Ⅱ层开挖爆破试验确定单响药量，实际开挖最大单响药量可根据开挖过程爆破振动监测及爆破松动圈试验进行调整。

③两侧保护层及岩台开挖采用手风钻造竖直孔，周边光面爆破。分段开挖长度15m，采用1台液压反铲配20t自卸汽车出渣。岩台开挖采用手风钻钻孔，双向光面爆破控制技术，确保岩台成型质量。为保证开挖质量，所有光爆孔和二圈孔钻孔在经过严格测量放线的样架上进行。具体施工过程中，保护层根据爆破效果及岩石特性另行调整，岩台开挖将通过专项试验确定最终结果。

（2）开挖施工工艺。

总体施工工艺：测量放线、布孔→钻孔→装药连线→起爆→通风排烟→安全处理→出渣→清底→下一循环。

①施工测量采用全站仪进行。测量作业由专业人员认真进行，每个循环结束后必须进行测量检查，并准确施出下一循环开挖轮廓线，确保测量控制工序质量。所用全站仪必须经过鉴定后才可使用，施工过程中定期对控制点进行复测工作，确保测量准确无误。

②爆破设计。

主厂房第Ⅱ层开挖前，根据围岩地质情况进行爆破设计，现场施工时根据爆破试验结果对爆破参数进行调整；中部拉槽及保护层（Ⅱ−②）开挖爆破设计如图4.3−8、图4.3−9所示。

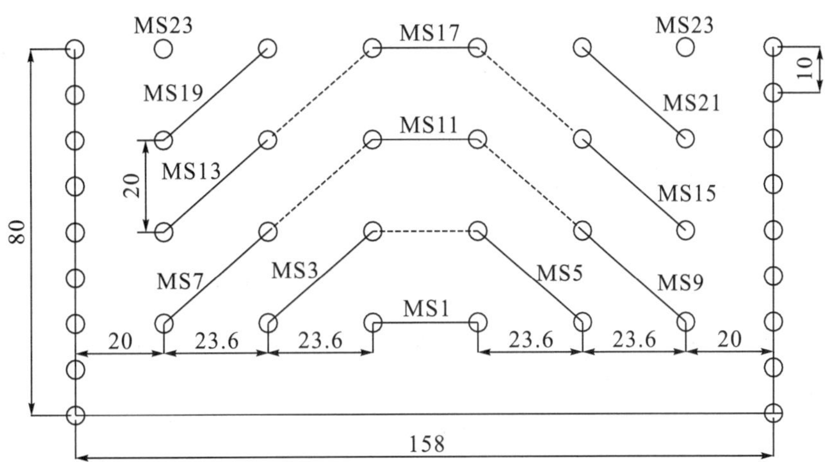

图4.3−8 主厂房第Ⅱ层中部拉槽爆破孔布置示意图

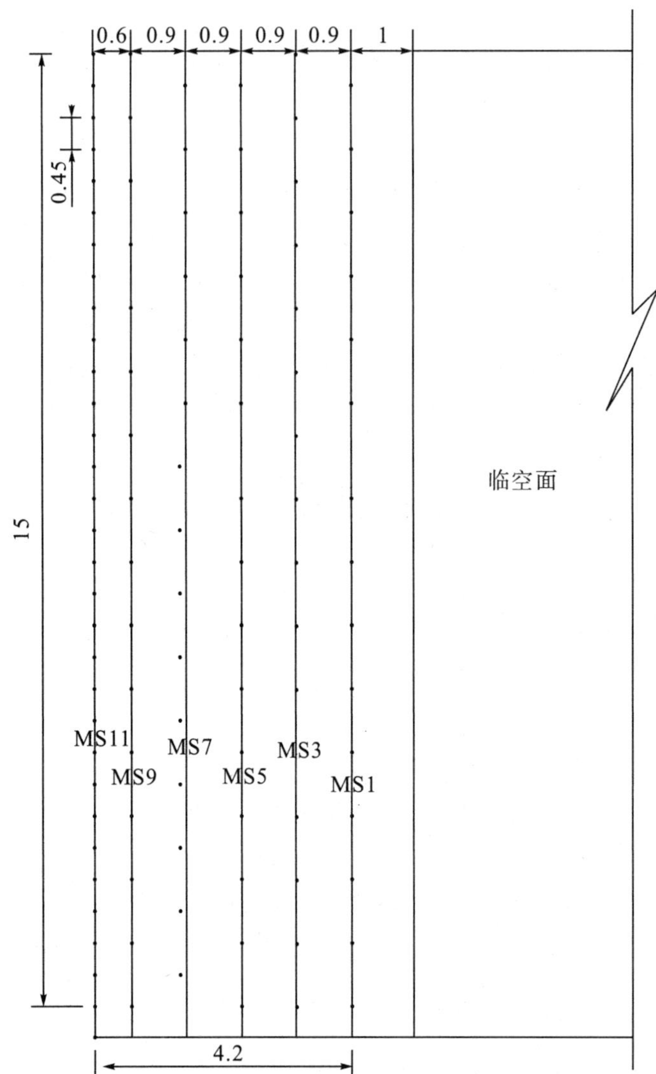

图 4.3－9　**主厂房第Ⅱ层保护层（Ⅱ－②）爆破孔布置示意图**

保护层第Ⅱ、Ⅲ层爆破设计参照第Ⅰ层爆破设计进行局部调整。

③钻孔要求。

由熟练的钻工手风钻严格按监理工程师批准的爆破设计图进行布孔和钻孔作业，各钻手分区分部位定人定位施钻，实行严格的钻手作业质量经济责任制。每排炮由值班技术员按“平、直、齐”的要求进行检查。炮孔质量要满足猴子岩水电站地下洞室开挖施工要求及现行的施工技术规范。

④钻孔、装药。

中部拉槽：拉槽主爆孔采用ROC－D7液压钻机造孔，孔径90mm，间排距200cm×236cm，孔深850cm（含超深50cm）。主爆孔药卷Φ70，孔装药量16.0/17.0kg（外侧主爆孔加强），乳化炸药，堵塞210/170cm，连续装药。预裂孔采用底部装药Φ70药卷，上部装药Φ32，间距45cm，线装密度364g/m。保护层：崩落孔和光爆孔采用手风钻造孔，崩落孔孔径42mm，间排距125cm×100cm，孔深300（200）cm。药卷Φ32，乳化炸药，堵塞50cm，连续装药；光爆孔孔径42mm，间距30cm，孔深300（200）cm，药卷Φ25，线密度100g/m，单孔装药量0.3（0.20）kg，乳化炸药，堵塞80cm，间隔装药。

⑤钻孔检查联线引爆。

装药是控制开挖质量的最后环节，要确保装药质量达到爆破参数要求的标准，严格遵守安全爆破操作规程。装药前对各种钻孔进行认真清理验收，以保证设计孔深。在进行光爆孔及预裂孔的药卷安装时，为了使药卷位于炮孔的中心线上，除采用竹片间隔绑药外，还在竹片上间隔设置定位装置，以达到爆破效果。

装药结束后，由值班技术员和专业炮工进行全面认真检查，联成起爆网络，爆破前将工作面设备、材料撤至安全位置。最后由炮工和值班技术员复核检查，确认无误，撤离人员和设备，炮工负责引爆。

⑥通风排烟。

爆破后起动强力轴流通风机进行通风，在开挖面爆破渣堆进行人工洒水降尘。

⑦爆破后的安全检察及处理。

起爆后15分钟炮工应去检查爆破情况，发现或怀疑有瞎炮时，应立即报告，并在其附近设立标志，派人看守，直至瞎炮处理完毕。作业队派有经验的施工安全员对开挖面进行检查，发现有松动岩块，人工清撬处理。出渣结束时，用反铲清理工作面，并再次进行安全处理，将松动岩块全部清理干净。

⑧出渣。

中部拉槽和保护层开挖采用3m^{3}侧卸式装载机、1.2m^{3}液压反铲挖装配20t自卸汽车经前述施工道路运输至菩提河坝回采渣场。

⑨清底。

出渣后用1反铲对掌子面进行安全处理，并将底板松渣清理干净，平整工作面，使之满足下一循环的作业要求，底部清理的多余松渣用反铲装车运至渣场。

⑩二次破碎与局部岩埂的处理。

由于地质断层和节理、裂隙等结构面的存在，开挖过程中存在二次破碎与局部岩埂的处理。当所爆岩块尺寸大于铲运设备所要求的块度或第Ⅱ层开挖底板面存在残留岩埂时，采用手风钻凿岩，用浅眼爆破法随下排炮进行二次破碎。由于洞内通风排烟条件较差，二次破碎处理禁止用裸露爆破处理。

4.3.1.7　岩锚梁开挖

1）概述

主厂房及安装间为岩锚梁部位，开挖总长度393m（厂横0－056m～厂横0＋140.5m上下游），岩锚梁以上开挖宽度29.2m，岩锚梁以下开挖宽度25.8m。岩锚梁上拐点高程1715.80m，下拐点高程1713.80m，岩台斜面与铅垂面夹角40.4°，岩台开挖宽度1.7m。

2）岩锚梁地质条件

根据厂房上、下游侧（厂横）0－56m～（厂横）0＋000m桩号段岩锚梁保护层开挖地质揭示，受厂房第一层爆破松动圈影响，岩锚梁保护层地质情况复杂多变，主要有以下几种不利地质情况：

（1）局部存在挤压带及软弱夹层。

（2）岩台下拐点部位多处存在水平裂隙切割。

（3）下游侧沿厂房洞轴线方向发育一条的倾角约60°的裂隙。

（4）发育密集、错综复杂的组合裂隙切割，岩石总体完整性差。

3）爆破试验

（1）试验内容。

进行岩锚梁岩台开挖爆破试验：针对岩台开挖钻孔布置、装药结构等进行试验与优化。通过对岩台面平整度、光爆孔残留半孔率、拐角岩体保留的完整性及有无超欠挖等方面的综合分析，结合岩体声波检测成果，确定满足相关技术与质量要求的岩锚梁岩台施工钻爆参数与施工工艺。猴子岩地下厂房岩锚梁针对不同岩石地质条件，进行了三组岩锚梁岩台开挖爆破试验。

（2）测试仪器及方法。

①测试仪器。

由于岩锚梁岩台开挖时要求实测松动范围小于20cm，岩台爆破后需要及时测试爆破松动范围，以确保达到设计要求。岩体的声波特性综合反映了岩体结构面切割状况及岩石物理力学性质，声检测方法已成为了解岩体质量评价的重要手段。对于地下洞室围岩松状况问题，一般采用现场检测声波速度的方法，并结合相应部位多点位移计监测成果和已有地质资料，实现围岩松动状况与范围的了解与评判。

岩锚梁岩台爆破以后，按断面布置一系列垂直洞壁面的测孔，采用声波法进行孔深范围围岩的声波检测。声波检测设备为RS－ST01C型智能岩石声波检测仪和HX－PZT－S32G2及RS－SD30型单孔一发双收换能器。

②测试方法。

声波测孔采样间隔0.20m，由孔底往上逐点测试。将钻孔的声波测井采样记录分别读出各点第一道和第二道的初至时间，计算出该点两道的时差和测点的波速，并绘制声速—孔深曲线图。

（3）试验部位。

岩锚梁岩台开挖爆破试验安排在岩锚梁岩台保护层内进行，具体区域如图4.3－10、图4.3－11所示。按照岩锚梁岩台尺寸，进行1：1的开挖爆破试验。试验段选取厂房（厂横）0－045m～（厂横）0－030m。

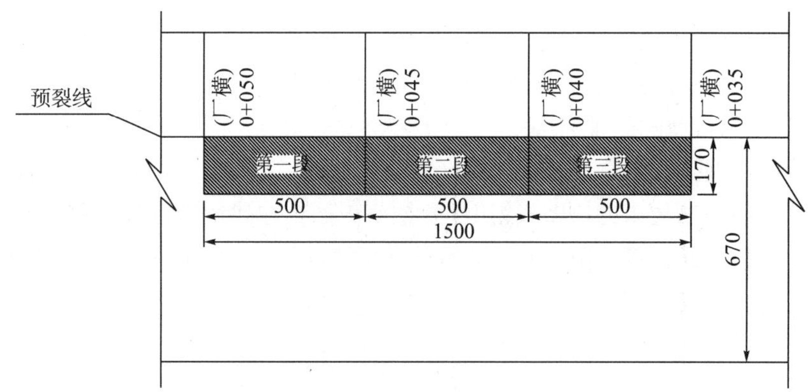

图4.3－10　岩锚梁岩台开挖爆破试验段平面布置图

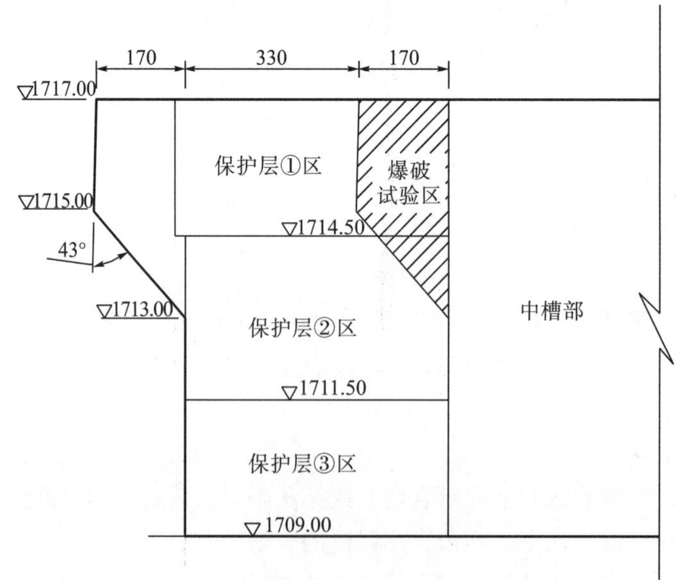

图4.3－11　岩锚梁岩台开挖爆破试验段横断面图

(4) 技术要求。

①岩壁吊车梁开挖时，吊车梁附近应预留厚3～4m的岩石保护层。

②岩壁吊车梁的岩壁开挖应采取光面爆破，爆破参数需经试验确定；严格控制一次起爆药量，确保岩壁成型，保证岩壁的完整和稳定，尽量减小由于爆破而产生的岩石松动范围，要求实测松动范围小于20cm。

③岩壁不应欠挖，超挖不应大于20cm，岩壁开挖后，应清除爆破产生的裂隙及松动岩石，清洁岩壁面，及时进行岩壁斜面修整，斜面与水平面夹角和设计值相比只允许偏小，但误差不超过3°。

④应对岩壁吊车梁开挖层先行实施预裂爆破，完成该开挖层以上的系统支护后，方能进行岩壁吊车梁斜面和保护层的开挖。

⑤岩壁面开挖完成后，应先进行下层中间拉槽的开挖，然后对下层周边进行预裂爆破，预裂深度大于6m，且必须保证预裂效果，预裂完成后才能开展锚杆施工，待锚杆施工完毕并检测合格后才能开始岩壁吊车梁的混凝土浇筑。

(5) 试验程序。

岩锚梁岩台开挖爆破试验程序如图4.3－12所示。

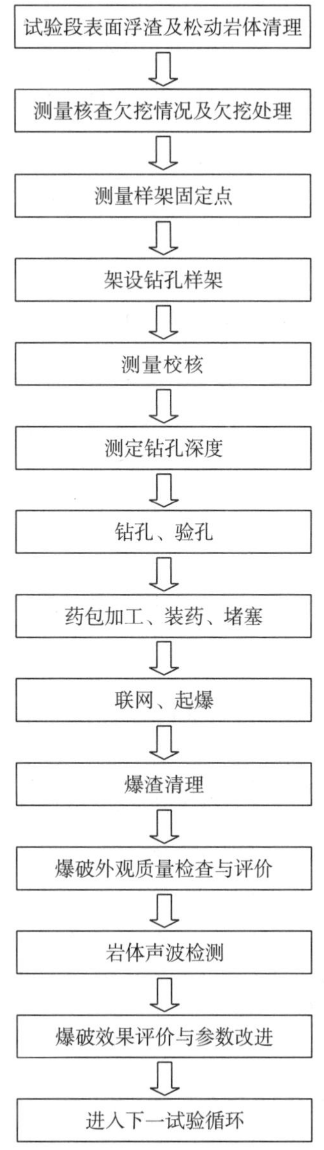

图4.3－12 岩锚梁岩台开挖爆破试验程序

（6）试验方案。

①钻孔样架架设。

岩锚梁岩台采用竖直+斜面光爆孔的开挖方式，边墙和斜面孔的钻孔精度直接影响岩台轮廓线的开挖质量。为了保证钻孔精度，必须首先制作好用于固定钻机钻凿方向的钻孔样架，在开挖边界与钻孔孔位的测量放样后进行钻孔样架的架设，然后才能使用气腿式手风钻按照钻孔样架确定的角度和间距钻凿边墙和斜面光爆孔。

样架轴向偏差不大于 5mm，纵向钢管直线度偏差不大于 5mm。

岩锚梁岩台开挖钻孔样架架设示意图如图 4.3－13 所示。

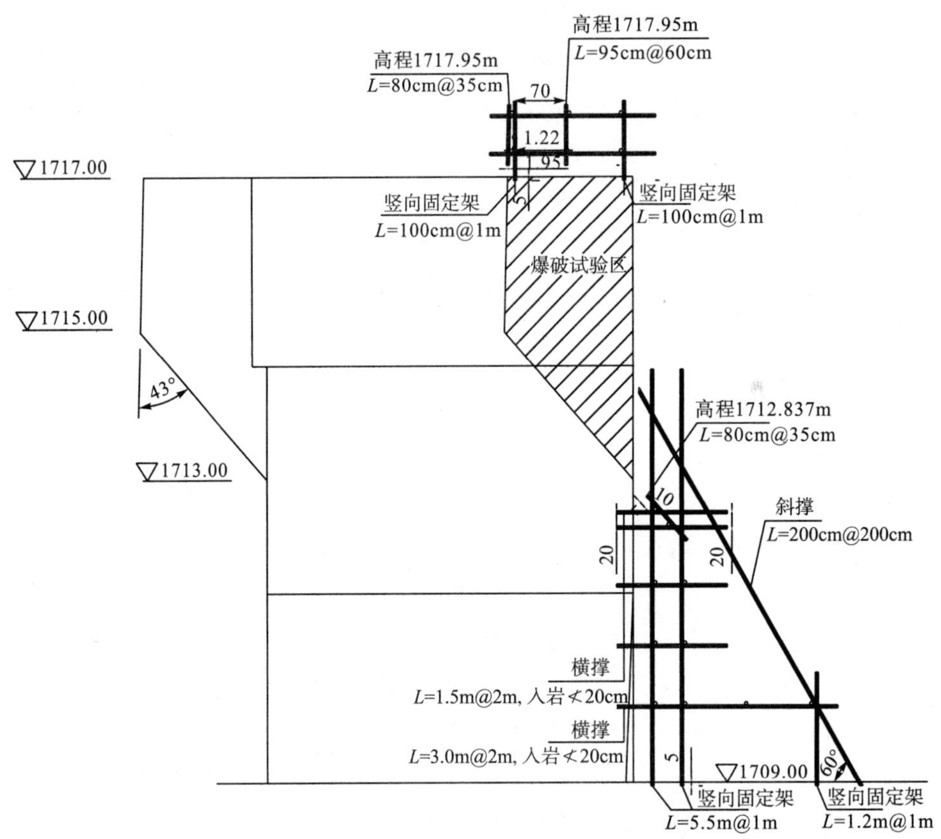

图 4.3－13　岩锚梁岩台开挖钻孔样架架设示意图

钻孔样架施工程序如下：

工作面虚渣清理→测量欠挖检查→欠挖处理→工作面石渣、松动岩块清理，高压风吹干净工作面→测量放设计炮孔位→风钻预开炮孔，孔深 3～5cm→测量放垂直壁面及水平面插 Φ48 钢管孔位→钻 Φ50 孔至设计深度→安插 Φ48 钢管→架设样架→测量按炮孔设计中心线在 Φ48 钢管上放导向管中心线固定点，并固定导向管→测量校核样架、钻孔导向管至设计要求；并书面提供每孔钻杆长度→钻孔→清孔→分部验孔（一检）→质量部验孔（二检）→现场监理验孔（三检，即终检）→拆样架→进入下一循环。

②爆破参数。

岩锚梁岩台开挖试验针对不同岩石地质条件，在厂房不同区段进行三组，具体组数根据现场情况和试验效果确定。

为防止欠挖，并保证开挖轮廓平整度，在开挖过程中对上直墙和斜面光爆孔的钻孔做如下考虑：上直墙和斜面光爆孔孔底交汇于一点，并且交汇点相对于岩台设计上拐点向边墙内偏移 5cm，向下偏移 5cm。

岩锚梁岩台开挖爆破试验爆破参数见表4.3－5，具体爆破设计见表4.3－6～表4.3－8，三种参数各选取5m。

表4.3－3　岩锚梁岩台开挖爆破试验爆破参数

组别	试验宽度	爆破参数
第一段	5m	孔距30cm，竖直孔、斜面孔线装药密度78.125g/m
第二段	5m	孔距30cm，竖直孔、斜面孔线装药密度67.567g/m
第三段	5m	孔距30cm，竖直孔、斜面孔线装药密度54.347g/m

表4.3－4　第一测试段爆破设计

炮孔名称	雷管段别	钻孔参数				装药参数					
		孔径/mm	孔深/cm	孔距/cm	孔数/个	药径/mm	装药长度/cm	堵塞长度/cm	单孔药量/kg	线密度/(g/m)	总装药量/kg
主爆孔	MS1	42	125	60	8	25	100	25	0.25	250	1.2
竖直光爆孔	MS2	42	125	30	17	25/12	74	51	0.083	78.1	1.41
斜向光爆孔	MS3	42	262	30	17	25/12	218	44	0.196	78.1	3.33
合计					42						5.94

表4.3－5　第二测试段爆破设计

炮孔名称	雷管段别	钻孔参数				装药参数					
		孔径/mm	孔深/cm	孔距/cm	孔数/个	药径/mm	装药长度/cm	堵塞长度/cm	单孔药量/kg	线密度/(g/m)	总装药量/kg
主爆孔	MS1	42	125	60	8	25	100	25	0.25	250	1.2
竖直光爆孔	MS2	42	125	30	16	25/12	84	41	0.083	67.5	1.33
斜向光爆孔	MS3	42	262	30	16	25/12	232	30	0.18	67.5	2.88
合计					40						5.41

表4.3－6　第三测试段爆破设计

炮孔名称	雷管段别	钻孔参数				装药参数					
		孔径/mm	孔深/cm	孔距/cm	孔数/个	药径/mm	装药长度/cm	堵塞长度/cm	单孔药量/kg	线密度/(g/m)	总装药量/kg
主爆孔	MS1	42	125	60	8	25	100	25	0.25	250	1.2
竖直光爆孔	MS2	42	125	30	17	25/12	102	23	0.083	54.3	1.41
斜向光爆孔	MS3	42	262	30	17	25/12	217	45	0.146	54.3	2.48
合计					42						5.09

③岩体声波检测。

在每一组试验结束，爆渣清理完毕后，随即进行岩体声波检测，声波孔多臂钻垂直岩锚梁岩台开挖轮廓钻设，上直墙声波孔略向下倾斜，声波孔孔深5.0m。

岩锚梁岩台开挖爆破试验声波检测孔布置示意图如图4.3－14所示。

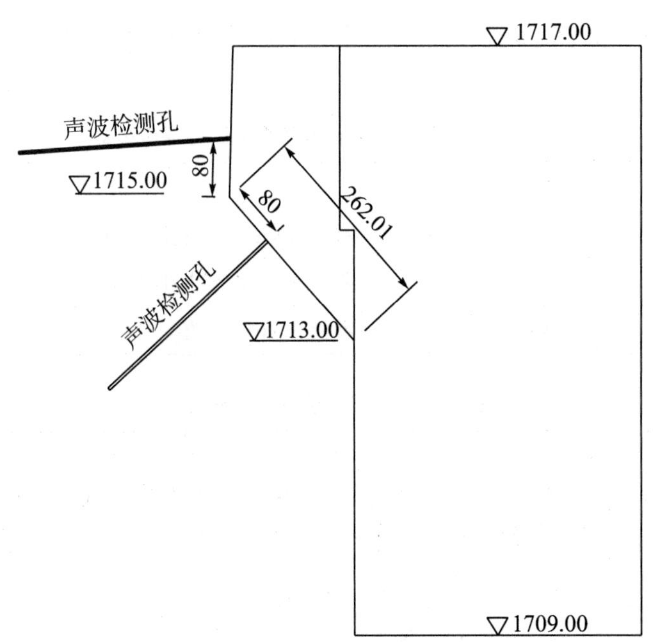

图 4.3－14　岩锚梁岩台开挖爆破试验声波检测孔布置示意图

（7）试验成果。

厂房上游侧（厂横）0－056m～（厂横）0＋000m 桩号段岩锚梁保护层开挖爆破试验成果显示，Ⅱ－②区开挖时，受爆破振动影响；Ⅱ－⑤区保护层顶部顺节理面破坏为与水平方向成约 45°的斜面，使下拐点的保留受到威胁；Ⅱ－③区保护层开挖时岩锚梁下拐点有局部遭到撕裂；岩锚梁Ⅱ－④区保护层成型效果较好，开挖后的岩面较为平整。

（8）岩锚梁爆破试验成果总结及分析。

岩锚梁爆破试验未达到预期效果，主要原因分析如下：

①岩锚梁整体高程较原招标文件中提高 0.8m，岩台上拐点（EL.1715.80m）距厂房第Ⅰ层开挖底板（EL.1717.00m）仅 1.2m，受厂房第Ⅰ层开挖爆破松动圈影响，岩锚梁保护层裂隙密集且极为发育，爆破后面的岩面顺层滑动，导致岩锚梁下拐点遭到破坏，岩台成型效果难以保证。

②Ⅱ－③区开挖完成后，未对岩锚梁下拐点进行锁口保护，导致Ⅱ－⑤区开挖时，岩锚梁下拐点再次受到破坏。

4）岩锚梁岩台开挖程序及方法

（1）施工程序。

岩锚梁保护层开挖施工程序为：Ⅱ－⑤区岩锚梁竖向光爆孔提前造孔→Ⅱ－②、Ⅱ－③、Ⅱ－④区保护层开挖→Ⅱ－⑤区岩锚梁斜面造孔、开挖。保护层开挖采用手风钻钻孔，双向光面爆破控制技术，以保证岩台成型质量。在保护层上部开挖钻孔时，要把岩锚梁的垂直孔造好，孔内塞 PVC 管以防塌孔。岩锚梁开挖之前，先在下拐点打锁口锚杆及增加角钢保护，同时在下拐点下部边墙增设 5cm 厚钢纤维混凝土，以保证岩锚梁岩台的开挖质量。单段岩台开挖程序如图 4.3－15 所示。

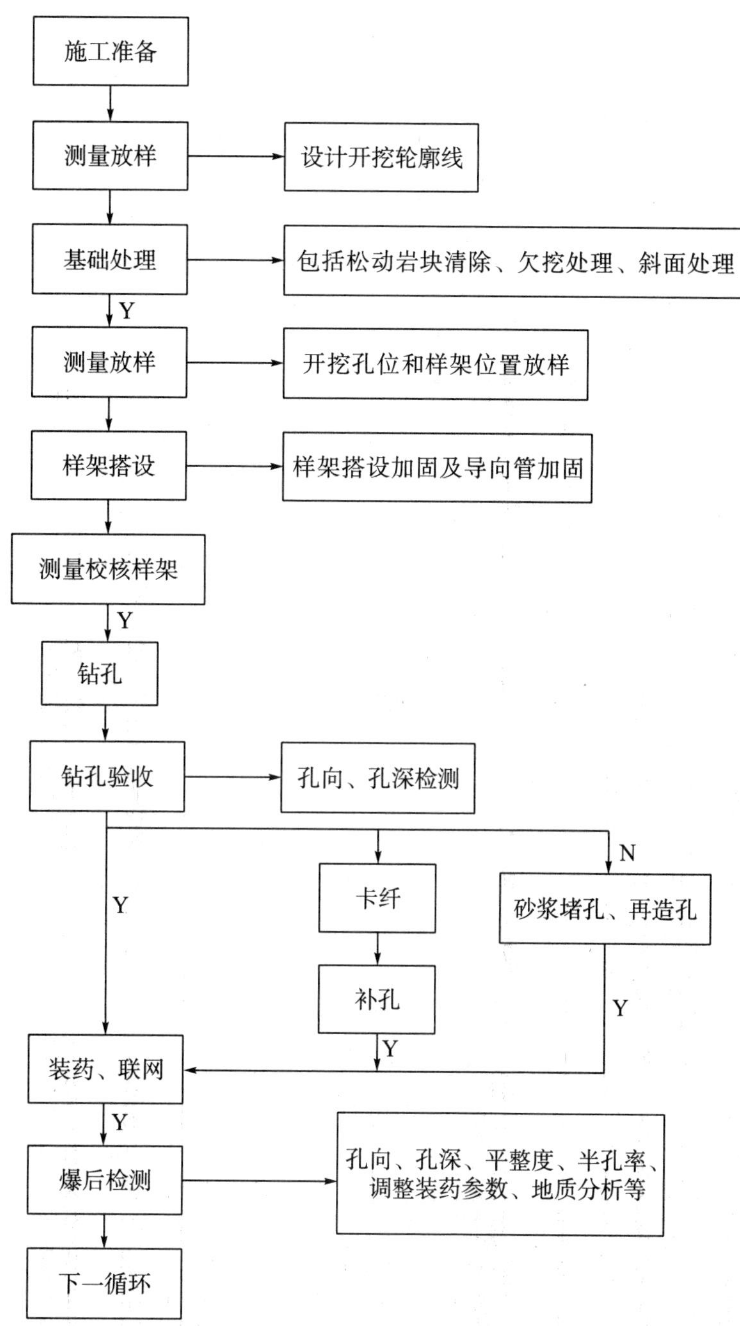

图 4.3－15　单段岩台开挖程序

(2) 施工方法。

①测量放样：岩台开挖施工放样以及钻孔样架搭设放样采用全站仪施测，由项目部测量队全面负责实施。钻孔样架的搭设由项目部测量队按照设计高程和位置放样，并在边墙上每隔 3m 给出高程。为了保证钻孔时上直墙、斜面及下直墙光爆孔三孔一线，要求测量对光爆孔逐孔放样，确定每个孔的桩号，标记出每个孔的实际钻孔深度。

②样架搭设：对于岩台上、下拐点设计轮廓线位置以及岩台斜面孔必须采用搭设钢管样架的方式，以控制钻孔精度。钻孔样架全部采用 Φ48 钢管搭设，主要由支撑管、导向管以及操作平台钢管三部分组成，样架搭设顺序为支撑钢管、导向管及操作平台钢管，钢管与钢管之间采用扣件进行连接。

样架搭设前应进行欠挖处理，用榔头或风镐对有尖角部位进行处理，以保证样架搭设稳定。先严格按照测量放线，进行支撑管的搭设。导向管安装前，采用手风钻按照设计孔位进行预开孔，预开孔孔深 5cm，开孔完成后方可进行导向管及支撑钢管的安装；岩台斜面孔钻孔样架搭设前应首先在岩台下拐点以下直墙位置按照设计间距和高程完成固定钢管的造孔施工（孔径 50mm，入岩深度不小于 20cm）。

导向管搭设先实施 Φ48 外导管，长 80cm。考虑局部欠挖，统一离设计岩面 20cm 固定导向管。样架导向管的布置间距、角度必须与爆破设计中的钻孔布置一致；所用钻杆长度必须与孔位对应，做好标记或将钻杆截断成统一长度，以减少人为施工误差。

所有样架搭设必须牢固可靠，若定位架不稳定，可考虑将架子与周边锚杆或增设短插筋（Φ25，入岩 50cm）焊接固定。样架搭设完成后由质量部会同测量队进行联合验收，重点检查导向管的间距、角度等是否满足设计要求，合格后方可报监理工程师验收。

③岩台下拐点保护：根据类似工程经验，岩锚梁下拐点应进行加固。

④钻孔：岩台竖向光爆孔和斜面光爆孔全部采用钻孔样架进行控制，所有施工样架必须通过质量部、测量队及监理工程师的验收签证方可投入正常使用。开钻前，当班技术员采用钢卷尺、地质罗盘、水平尺对准备投入使用的钻孔排架进行钻前校核检查，经检查无变形和移位后方可开钻。开孔后应立即检查孔位是否在开口线位置，确保孔位无误后再继续施钻，并在钻进过程中注意检查。

岩台光爆孔位置造孔严格执行换钎制度，首次开孔采用短钎，再换为长钎。终孔钻杆长度=光爆孔设计孔深+导向管长度+钎尾长度。

在Ⅱ－②区钻孔时，将Ⅱ－⑤区竖向光爆孔和二圈孔一并实施，插 Φ38 PVC 管并用面纱堵塞孔口，PVC 管端部一律伸出孔口 20cm。

⑤废孔及孔深超深处理：岩台位置光爆孔的孔间距偏差不大于 3cm，钻孔开孔偏差不大于 1cm，孔斜偏差不大于 2°，钻孔孔深偏差控制在 3cm 以内。光爆孔要求做到孔向互相平行，同桩号位置的上、下拐点竖向光爆孔和岩台斜面光爆孔一一对应。要做到边钻孔边检测，不合格的孔应及时安排补钻。对于钻孔孔位偏差大于允许值的废孔和孔深超深部位，采用水泥砂浆在起爆前 8 小时进行回填封堵。

⑥装药起爆：岩台上、下拐点设计轮廓线位置以及岩台斜面位置均采用 YT－28 手风钻光面爆破。根据不同的地质条件，②③④区保护层垂直光爆孔线装药密度拟按 50～80g/m 控制；⑤区垂直光爆孔（设计轮廓线位置）以及岩台斜面孔的线装药密度拟按 40～70g/m 控制。光爆孔采用 1/8 Φ25 小药卷间隔装药，光爆孔装药全部绑在竹片上。

装药前必须对所有钻孔按“平、直、齐”的要求进行认真检查验收并做好钻孔检查记录。为尽量保护岩壁不被损坏，光爆孔竹片应贴预留侧岩壁布置。装药结束后，由值班质检员、技术员和专业炮工分区分片检查，并经项目部、质量部验收合格，监理工程师检查通过后，炮工负责引爆。

⑦出渣：开挖出渣采用反铲配合自卸车进行。

⑧岩台清理：岩台开挖成型后，岩面局部松动块体和欠挖部位采用人工清理，严禁采用爆破的方式进行处理。

4.3.1.8 厂房第Ⅱ层支护

主、副厂房及安装间第Ⅱ层的支护分为随机支护、系统支护、岩锚梁锚杆施工和锚索施工。对于岩石节理裂隙发育的不利边墙稳定的岩面，采用随机支护进行必要的安全处理。保护层开挖成形后，及时按系统支护参数进行边墙砂浆锚杆的施工。主厂房第Ⅱ层支护原则：随机支护紧跟开挖面，滞后 15～20m 实施系统锚杆，然后施工预应力锚索，喷混凝土应根据开挖揭露情况进行动态调整。

1）随机支护

随机支护主要包括随机锚杆、喷混凝土或纳米混凝土等常规支护形式。实际施工中，为适应地质条件和结构条件的变化，将各种支护方式合理组合进行联合支护。随机支护由业主、设计、监理及我部四方会勘后确定。

随机支护参数：①破碎区域、不利组合区域增设 Φ25，$L=4.5$m 砂浆锚杆加强支护；②岩锚梁下拐点下部边墙增设锁口锚杆 Φ22，$L=3.0$m，间距 0.5m，以保证岩台的成型良好；③破碎区域采取超前固结灌浆提前做好岩石锚固措施。

2）系统支护

主副厂房第Ⅱ层系统支护程序：Ⅲ类围岩施工时，随机支护紧跟开挖面，滞后 10～15m 实施系统锚杆，然后进行系统支护，最后进行预应力锚索施工。不良地质段锚喷支护跟进的关系及滞后的控制距离将根据现场情况及地质状况适当调整。

工作面布置的思路：中部拉槽与保护层开挖相冲突，中部拉槽优先；开挖与支护相冲突，支护为主优先，确保围岩的稳定与施工安全；其他工作面的布置根据现场施工情况进行适当调整。

3）支护施工方法

见“4.5 标准施工工艺”。

4）岩锚梁锚杆施工

岩锚梁锚杆分为四种，锚杆为上拐点以上部位受拉锚杆，其中锚杆 Φ36@80cm，$L=12$m，入岩 9.5m，仰角 25°；锚杆 Φ36@80cm，$L=12$m，入岩 9.5m，仰角 20°。锚杆为岩台上受压锚杆，其中锚杆 Φ28@160cm，$L=7$m，入岩 5.5m，角度水平；锚杆 Φ32@80cm，$L=9$m，入岩 6.8m，角度下倾 54.24°。如图 4.3−16 所示。

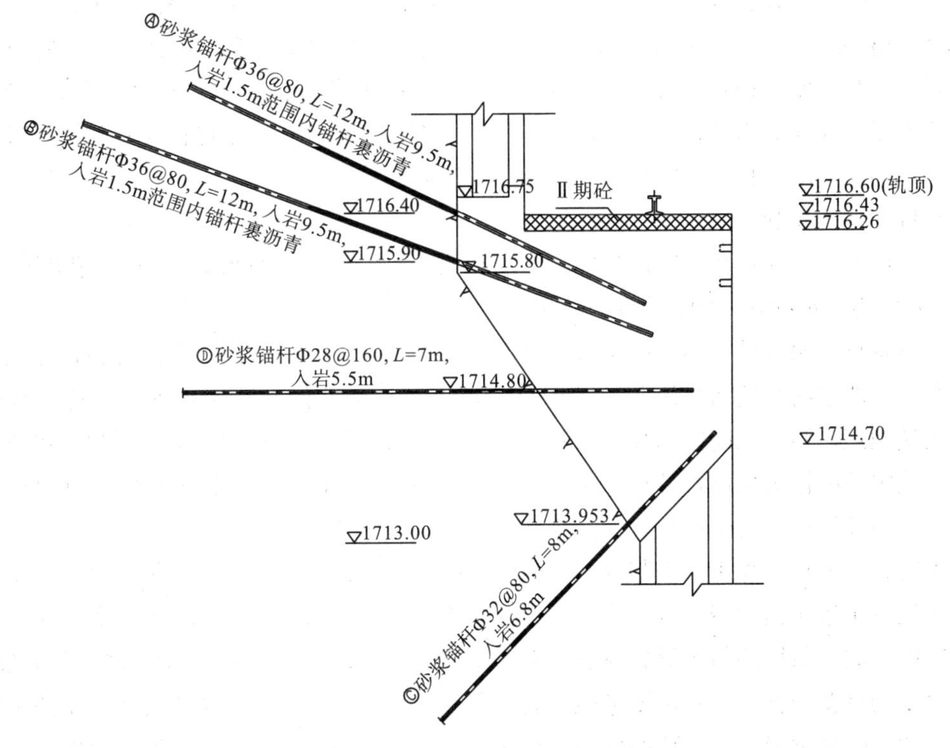

图 4.3−16　**岩锚梁锚杆施工**

锚杆在钢筋加工厂按设计要求制作成型，用自卸汽车运至施工现场；锚杆采用 353 三臂钻机造孔，麦斯特注浆机灌注，人工在操作平台上安装锚杆。锚杆根据倾角方向采取不同的施工工艺，锚杆均采用“先注浆再安锚杆”的工艺。

锚杆施工程序如图 4.3-17 所示。

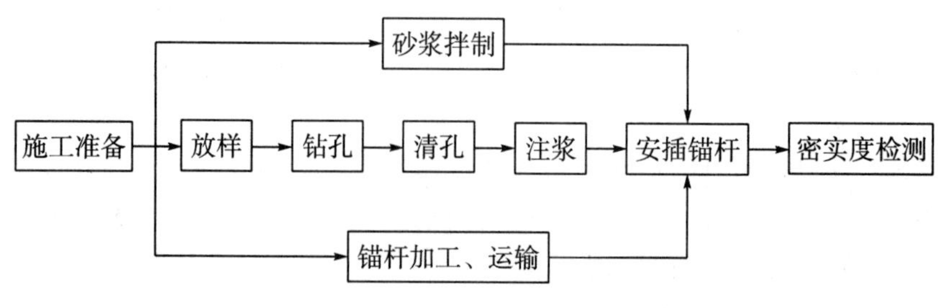

图 4.3-17　锚杆施工程序

(1) 锚杆加工。

岩锚梁锚杆采用厂家定制通长钢筋，在加工厂按照设计要求加工。锚杆入岩 1.5m 范围内裹沥青，锚杆预先将要裹沥青的范围用麻绳缠好，现场用锅加热沥青，然后用勺子将加热好的沥青浇在裹好的麻绳上，保证裹沥青均匀，注意不要浇到范围以外，否则用钢丝刷刷干净。

(2) 测量放线、锚孔定位。

基础面验收合格后，按照设计要求或现场监理工程师指令放好锚杆孔位，并采用地质罗盘控制角度，并用红油漆做好标记，钻孔时严格按放好的锚杆角度开钻。每根锚杆的位置均应用徕卡(Leica) 全站仪进行测量定位后才能施钻，施工中要求孔位：锚杆孔施工控制标准为水平偏差（左右）≤10cm，垂直偏差（上下）≤3cm，孔深误差≤5cm，倾角误差≤2°，并确保锚杆的入岩设计深度。

(3) 钻孔、清孔。

采用 353 三臂钻造孔施工，钻孔直径为 64mm、76mm。Φ36 锚杆钻孔孔径为 76mm、64mm，Φ28 锚杆钻孔孔径为 64 mm。按设计要求或监理工程师指令施工，钻孔结束后采用标竿检查孔深，确保钻孔深度。钻孔完成后用高压水枪或风枪将孔清洗干净，做好钻孔记录，经验收合格后用干净的水泥纸或其他物品将孔覆盖好。凡钻孔达不到上述要求，或锚杆注浆和插杆时发现达不到上述要求，均应重新造孔，对废孔用同标号砂浆补灌回填。

(4) 孔位、孔深控制。

施工中孔位要求：锚杆孔施工控制标准为水平偏差≤10cm，垂直偏差≤3cm，孔深误差≤5cm，倾角误差≤2°。为了精确地控制钻孔角度，有以下两种方法：

①采用全站仪按照设计蓝图逐孔对每根锚杆进行测量放样，并采用油漆进行明显标注；钻孔分段进行，在每段两端两个断面采用数字水准尺或地质罗盘确定锚杆的倾角进行钻孔，然后安插锚杆，再将两端同规格锚杆之间拉钢线，控制其他锚杆的入岩角度；左右角度采用数字水平尺或罗盘靠在钻杆上确定钻杆钻进角度，开孔时缓慢钻进，钻进约 50cm 后，用数字水平尺或罗盘再次校正钻孔角度，在钻孔过程中随时检查钻杆的角度并及时进行调整。

②施工时，上下角度采用木板制成三个相应角度的大直角三角尺，多臂钻开口一定要打在点位上，当三角尺直角边所挂垂球线与三角尺直角边重合时，即是锚杆孔的设计角度。开口 5～10cm 用相应角度的木制三角尺的斜边靠在钻杆上调整角度。当钻孔达到 30～50cm 时，重新校核角度，如果角度改变则重新调整。左右角度采用在底板上预先放出一条垂直边墙的尾线，用两个垂球吊在三臂钻台车臂上，通过确定台车臂的投影是否在尾线上来控制钻孔的左右角度。为保证钻孔角度的准确，钻孔开始时应采用轻冲击，准确无误后再全速钻进。

钻孔深度根据钻杆的长度控制：钻孔深度采用钻杆来控制，当孔深与钻杆的长度成几何倍数时，由钻杆的根数控制孔深；当不成几何倍数时，则在钻杆上标长度记号以控制钻孔深度。

岩锚梁锚杆钻孔角度控制如图 4.3-18 所示。

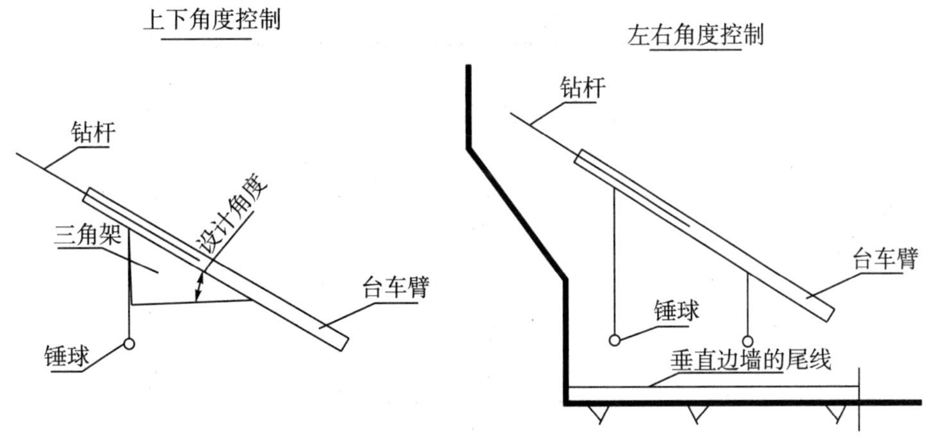

图4.3－18　岩锚梁锚杆钻孔角度控制示意图

（5）锚杆安插及注浆。

锚杆安插在孔造完成后及时进行。锚杆安插采用反铲臂上安装操作平台，人工配合反铲进行。砂浆按试验室提供的配和比拌制，锚杆砂浆强度采用M30，注浆材料采用水泥砂浆。锚杆注浆时先将注浆管插至孔底，随着浆液的灌入慢慢将注浆管往外抽，保证注浆饱满，注浆后立即安插锚杆，并将孔口用水泥纸堵塞防止浆液溢出，待砂浆初凝后除去。砂浆采用麦斯特锚杆注浆机灌注，控制好注浆压力，保证注浆饱满、充实。各种原材料（水泥、砂等）均要经现场质检人员验收合格后才能用于工地施工。

为保证岩锚梁锚杆在安插、注浆过程中外露长度一致，利用已施工锚杆或在边墙上打插筋拉两根水平的钢丝，控制锚杆的外露长度。注浆完成后，立即用高压水清洗岩台面，保证岩壁吊车梁浇筑岩面的清洁。

（6）注浆密实度无损检测。

锚杆注浆完成7天后进行注浆密实度无损检测，检测比例为100%，砂浆密实度应大于90%，对不合格的锚杆进行补打，补打锚杆仍按上述要求进行密实度无损检测。

4.3.1.9　厂房第Ⅲ～Ⅴ层开挖支护

1）总体施工方案

首先进行厂房进风洞处斜坡道挖除，厂房第Ⅲ层开挖之后主要分为两层进行，上层为厂房第Ⅱ层，预裂深度4.0m，下层厚4.0m，开挖采用周边预裂（预裂深度12.0m，直至第Ⅳ层底板），其安装间部分采用手风钻进行水平光爆开挖，其他部分采用梯段爆破进行。

厂房第Ⅳ、Ⅴ层采用深层预裂（预裂深度8.5m，薄层开挖层厚4.0m），系统支护、锚索、排水孔等施工工序紧跟开挖作业面。

2）开挖施工分层及施工程序

（1）开挖分层分区。

①厂房第Ⅲ层分层分区。

综合考虑第Ⅱ层预裂孔深度为4.5m，锚索布置高程1708.00m、1704.00m，同时考虑多臂钻、喷浆机施工高度及使用效率，主机间及副厂房第Ⅲ层分层高度拟为8.0m（EL.1710.00～1702.00m），开挖支护又分为两层，上层为EL.1710.00～1706.00m，下层为EL.1706.00～1702.00m。安装间也分为两层开挖，上层为EL.1710.00～1706.00m，下层为EL.1706.00～1702.50m。

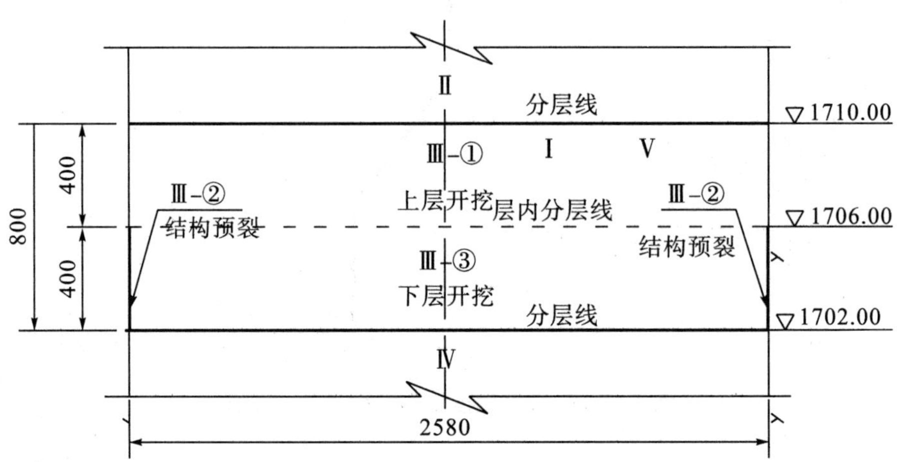

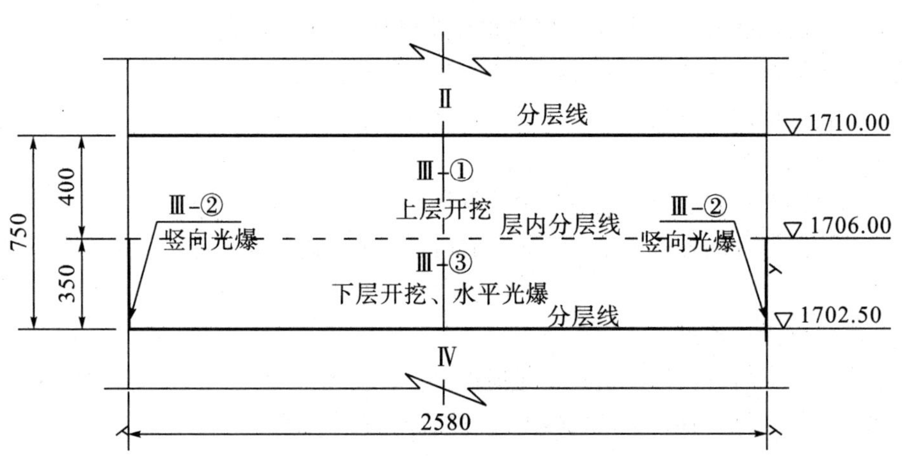

图 4.3-20　主机间、副厂房及安装间第Ⅲ层开挖程序剖面图（1∶250）

②厂房第Ⅳ、Ⅴ层分层分区。

综合考虑母线洞、1＃支洞的通道高程，结合锚索布置及施工机械效率，厂房第Ⅳ、Ⅴ层均为8m，各层又分为两小层开挖，层高均为4m。采用周边结构线预裂，分层开挖支护的方法进行施工。其中，副厂房底板、安装高程1686.00m岩台采用预留保护层并用手风钻光面爆破的开挖方式进行。预裂均采用100E潜孔钻机钻孔，钻孔超深50cm，线密度暂定400g/m，并根据爆破试验进行调整。

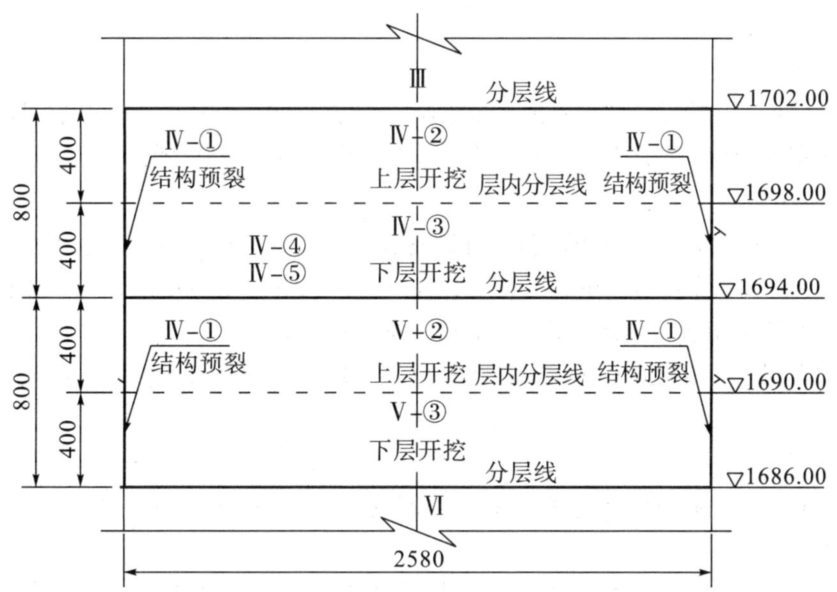

图 4.3-21　**主副厂房第Ⅳ、Ⅴ层开挖程序剖面图**（1∶250）

(2) 施工程序。

①第Ⅲ层施工程序。

Ⅰ. 将进风洞斜坡道挖除，采用手风钻竖向分层开挖，端墙采用光面爆破施工工艺，孔距 45～50cm，线装密度 80～100g/m，分层高度 3～5m。

Ⅱ. 从进厂交通洞进入进行右端上层开挖，采用竖向梯段开挖，采用潜孔钻机钻孔，布置间距暂定 2.0m×2.0m，单循环开挖进尺 10m。

Ⅲ. 右端上层进尺 30～50m 后进行左端上层开挖，开挖方式同右端。

Ⅳ. 主副厂房在进行上层开挖的同时进行下层结构线预裂，预裂采用 100E 潜孔钻机钻孔，孔距 80cm，线装密度 800g/m。待左端上层开挖 50～80m 后启动下层的开挖支护，开挖参数同上层。待 1＃支洞贯通不再采用进厂交通洞作为通道后进行安装间底板开挖，采用底板水平光爆进行开挖，单循环进尺 3～3.5m，边墙也采用光爆进行开挖，光爆孔间距 45～50cm，线装密度 80～100g/m。

Ⅴ. 系统支护、锚索、排水孔等施工项目紧跟开挖工作面。

②第Ⅳ层开挖程序。

Ⅰ. 从进厂交通洞降坡进入上层，采用潜孔钻机造孔，孔间距初拟 2.0m×2.0m。

Ⅱ. 上层开挖的同时进行 2＃、3＃、4＃母线洞的剩余开挖支护及衬砌混凝土。

Ⅲ. 上层开挖完成后，从 1＃支洞爬坡进入开挖区内，进行 1＃母线洞处剩余三角体和 1＃母线洞剩余部分的开挖及 1＃母线洞的衬砌混凝土。

Ⅳ. 从左至右进行下层开挖，开挖方式同上层，支护和其他项目以及第Ⅴ层预裂及时跟进开挖作业面。

③第Ⅴ层开挖程序。

Ⅰ. 从 1＃支洞进入本层开挖区，开挖方法同第Ⅳ层。

Ⅱ. 副厂房底板及安装高程岩台各预留 3m 保护层，边墙及底板均采用光面爆破施工工艺。

Ⅲ. 开挖至 1＃压力管道处进行降坡处理，形成至压力管道的施工通道。

3）主要开挖方法

（1）施工方法。

①厂房第Ⅲ～Ⅴ层开挖遵循“预支护、短进尺、弱爆破，及时支护、早封闭、勤测量”的施工原则，以确保洞室的稳定。厂房第Ⅲ～Ⅴ层总体开挖顺序：结构预裂超前（深层）→浅层开挖→随层支护。

②厂房第Ⅲ～Ⅴ层预裂采用100E潜孔钻机钻孔，孔超深50cm，主爆孔采用液压钻机钻孔，2台液压反铲配20t自卸汽车出渣。单循环长度8m，孔径76mm。采用Φ60①②③乳化炸药，单响药量根据爆破振动监测可做适当调整，最大单响药量不超过40kg。

③底板及岩台保护层开挖采用手风钻造水平（竖直）孔，周边光面爆破。采用1台液压反铲配20t自卸汽车出渣。

（2）开挖施工工艺。

测量放线、布孔→钻孔→装药连线→起爆→通风排烟→安全处理→出渣→清底→下一循环。

（3）爆破设计。

厂房第Ⅲ～Ⅴ层开挖前，根据围岩地质情况进行爆破设计，现场施工时根据爆破试验结果对爆破参数进行调整。开挖爆破设计如图4.3－22、图4.3－23所示。

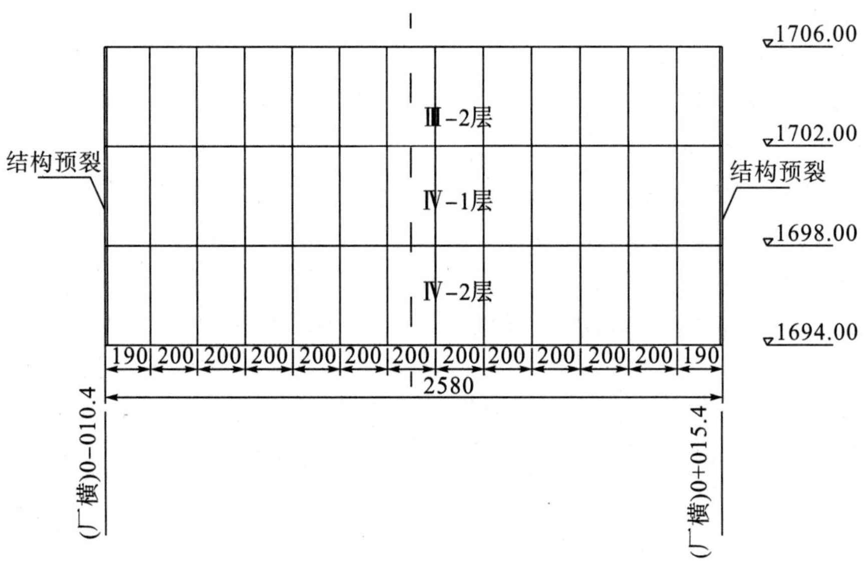

图4.3－22　厂房第Ⅲ～Ⅴ层开挖爆破立面图

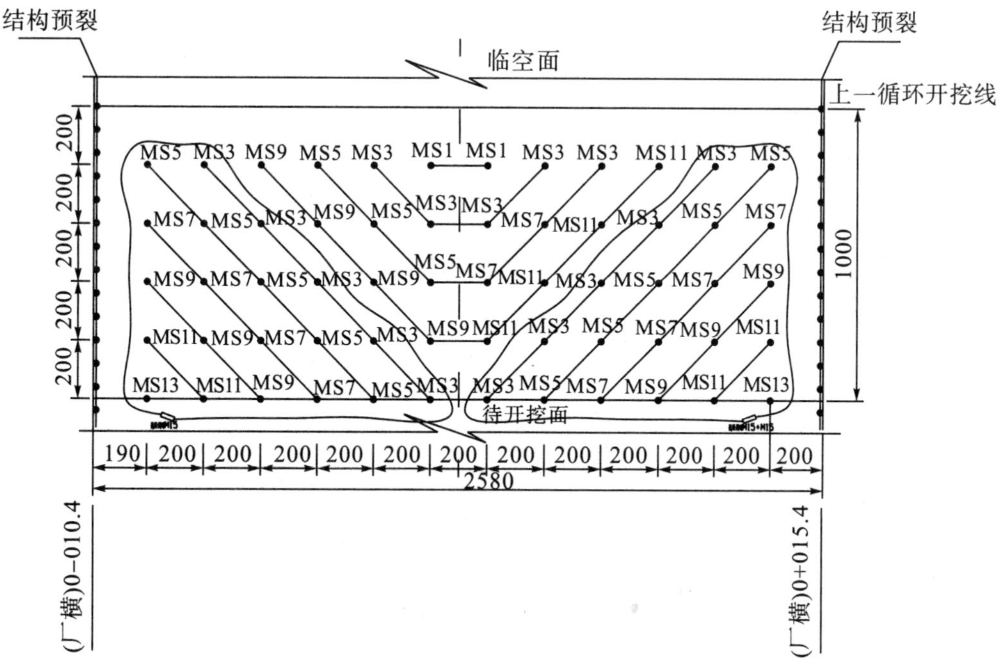

图4.3-23 厂房第Ⅲ～Ⅴ层开挖爆破平面图

4）支护施工方法

见“4.5 标准施工工艺”。

4.3.1.10 厂房第Ⅵ～Ⅸ层开挖支护施工

1）总体施工方案

优先进行厂房第Ⅷ层中导洞及集水坑的开挖支护，导洞从尾水连接洞贯入厂房，导洞开挖支护完成后进行第Ⅷ层扩挖及第Ⅸ层开挖支护施工。在厂房第Ⅵ层开挖支护完成后（含保护层开挖），第Ⅶ层每个机组进行溜渣井的开挖，然后进行扩挖。最后进行厂房第Ⅷ层剩余部位欠挖处理。另外，根据施工进度安排，排水总管提前进行开挖支护。

厂房第Ⅵ层施工方案：分层厚度6m，采用深层预裂（预裂深度6.0m，上游操作廊道部分直接预裂至1674.5m，深度11.5m。薄层开挖层厚4.0m）进行，暂考虑采用1＃压力管道作为开挖及出渣通道，锚杆采用多臂钻造孔施工。基坑顶部岩台预留2m保护层，利用手风钻水平爆破开挖。

厂房第Ⅶ层施工方案：分层厚度5.5m，基坑四周采用光面爆破。开挖采用手风钻钻孔爆破，溜渣井设置在（厂纵）0＋005m，处于基坑横向方向的中心，溜渣井直径2.5m，一次性开挖成型。渣料溜至厂房机坑底部。锚杆钻孔采用搭设排架利用100B潜孔钻机进行钻孔，采用尾水连接洞出渣。操作廊道底板预留2m保护层，利用手风钻水平爆破开挖。

厂房第Ⅷ、Ⅸ层施工方案：首先进行中导洞的开挖支护，导洞的开挖支护待尾水连接洞开挖支护完成后开始施工，导洞采用系统安全支护。根据施工进度安排，待中导洞开挖支护完成后进行周边扩挖及第Ⅸ层开挖支护施工，最后进行集水井及排水总管的开挖支护，集水井四周采用结构预裂，手风钻钻爆开挖，排水总管采用手风钻光面爆破。斜面预留2m保护层，利用手风钻进行爆破开挖。

开挖支护原则：“深层预裂、浅层开挖”，下挖爆破的层厚不超过3m。

2）开挖施工分层及施工程序

（1）开挖分层分区。

①厂房第Ⅵ层分层分区。

综合考虑厂房下部的结构布置，锚索布置高程1684.00m，同时考虑多臂钻、喷浆机施工高度及使用效率，主机间及副厂房第Ⅵ层分层高度拟为 6.0m（EL.1686.00～1680.00m），开挖支护又分为两层，上层为 EL.1686.00～1682.00m，下层（保护层）为 EL.1682.00～1680.00m。

②厂房第Ⅶ～Ⅸ层分层分区。

综合考虑尾水连接洞、操作廊道等结构的布置，厂房第Ⅶ～Ⅸ层分层分区示意图如图 4.3－24 所示。

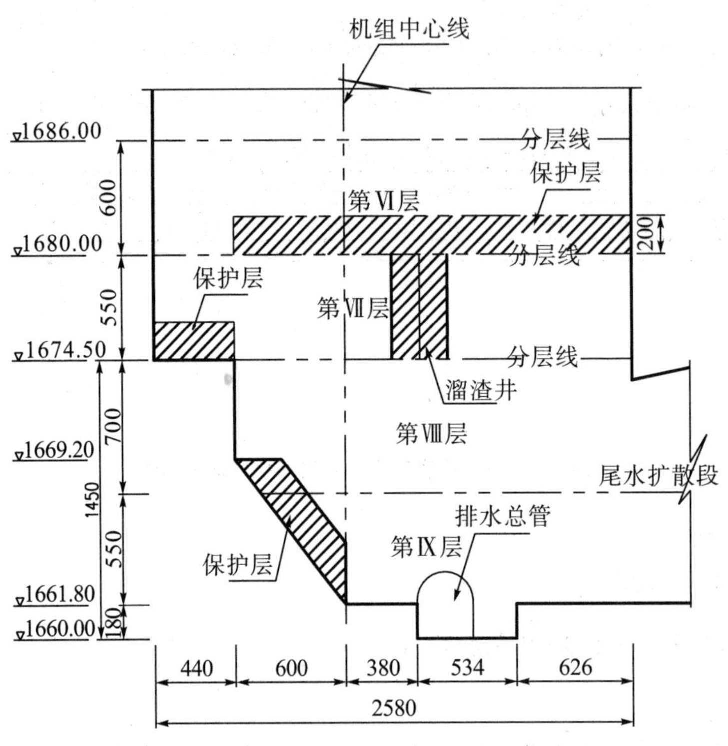

图 4.3－24　厂房第Ⅶ～Ⅸ层分层分区示意图

（2）施工程序。

①第Ⅵ层施工程序。

Ⅰ. 结构线预裂采用 100E 潜孔钻机钻孔，孔距 80cm，线装密度 800g/m。上游直接预裂至 EL.1674.50m（操作廊道底板高程）。

Ⅱ. 预裂完成后，在 1＃、3＃压力管道处进行开挖，并将渣料溜入 1＃、3＃压力管道内，在 1＃、3＃压力管道处开挖并形成通道。开挖采用液压钻机钻孔爆破，孔距初拟 2.5m×2.5m。

Ⅲ. 沿压力管道宽度向前掘进至（厂横）0＋000m，开挖形成斜坡道，启动上层的开挖支护，首先进行上游半幅的开挖支护，待上游开挖进尺约 50m 后启动下游半幅的开挖支护。

Ⅳ. 上层开挖完成后启动下层的开挖支护施工，下层采用梯段爆破施工，首先进行上游半幅的开挖，然后进行下游半幅的开挖支护。基坑四周顶部岩台预留 2m 保护层，采用手风钻水平光爆开挖，周边孔钻孔间距 50cm，线密度 100g/m。

Ⅴ. 系统支护、锚索、排水孔等施工项目紧跟开挖工作面。

②第Ⅶ层开挖程序。

Ⅰ. 首先进行溜渣导井的开挖，溜渣井直径 2.5m，采用 100B 潜孔钻机或手风钻钻孔爆破。

Ⅱ. 溜渣井开挖完成后进行机坑的扩挖，扩挖采用手风钻钻爆，单次钻爆进尺 3m。

Ⅲ. 首先进行 4＃机的开挖，然后依次是 3＃、2＃、1＃。操作廊道预留 2m 保护层，采用手风钻水平光爆开挖，周边孔钻孔间距 50cm，线密度 100g/m。

Ⅳ. 开挖完成的同时启动系统锚杆及对穿预应力锚杆的施工。

③第Ⅷ～Ⅸ层开挖程序。

Ⅰ. 从尾水连接洞进入提前进行中导洞的开挖及安全支护。中导洞开挖支护完成后进行周边扩挖和底板降底，即第Ⅸ层开挖支护施工。

Ⅱ. 根据工期安排，提前进行底部排水总管的开挖支护。

Ⅲ. 待第Ⅶ层开挖支护完成后进行本层剩余部位欠挖处理，同时施工对穿预应力锚杆。

Ⅳ. 开挖均采用手风钻钻爆，锚杆采用多臂钻或手风钻钻孔。

3）主要开挖方法

（1）施工方法。

①厂房第Ⅵ层开挖遵循“预支护、短进尺、弱爆破，及时支护、早封闭、勤测量”的施工原则，以确保洞室的稳定。厂房第Ⅵ层总体开挖顺序：结构预裂超前（深层）→浅层开挖→随层支护。

②预裂采用100E潜孔钻机钻孔，孔超深50cm，主爆孔采用液压钻机或100B潜孔钻机钻孔，2台液压反铲配20t自卸汽车出渣。单循环长度8m，孔径76mm。采用Φ60乳化炸药，单响药量根据爆破振动监测可做适当调整，最大单响药量不超过40kg。

③机坑、操作廊道及排水总管采用手风钻钻爆，其中操作廊道、排水总管采用光爆施工工艺，孔距45～50cm，线密度100g/m，排水总管采用掏槽施工工艺，每个工作面配6台手风钻，开挖爆破后，利用3.0m^{3}装载机将渣料倒运至支洞洞口，最后装入20t自卸汽车内。另外，在进行排水总管开挖支护前，在洞室轮廓线外侧50cm增设一环锁口锚杆，锚杆参数Φ25，L=4.5m@50cm。

④底板及岩台保护层开挖采用手风钻造水平（竖直）孔，周边光面爆破。采用1台液压反铲配20t自卸汽车出渣。

（2）爆破设计。

厂房第Ⅵ～Ⅸ层开挖前，根据围岩地质情况进行爆破设计，现场施工时根据爆破试验结果对爆破参数进行调整。

根据《水利水电工程施工组织设计手册》，梯段爆破设计的计算方法及步骤见表4.3－9。

表4.3－9　梯段爆破设计的计算方法及步骤

序号	计算式	符号意义	计算过程
1	$W_{max}=k\times d$	W_{max}——理论抵抗线； D——孔径； k——系数，通常取45	$W_{max}=45\times0.064=2.88$(m)
2	$h=0.3\times W_{max}$	h——超钻深度	$h=0.3\times2.88\approx0.9$(m)
3	$L=1.05(H+h)$	H——梯段高度； L——孔深；	$L=1.05\times(6+0.9)\approx7.25$(m)
4	$E=0.05+0.03L$	E——钻孔偏差	$E=0.1+0.03\times7.25\approx0.32$(m)
5	$W=W_{max}-E$	W——实际抵抗线	$W=2.88-0.32\approx2.56$(m)
6	$a=1.25\times W$ 每排孔距$=B/a$ 调整孔距 $a=B/$孔距数	a——孔距； B——工作面宽度	$a=1.25\times2.56=3.2$(m) 每排孔距数$=12.9/3.2\approx4$(个) 调整孔距 $a=12.9/4\approx3.2$(m)

根据表4.3－9计算得知，主爆孔孔距取3m，抵抗线取2.5m符合要求。

根据《水利水电工程施工组织设计手册》，预裂爆破设计的计算方法及步骤见表4.3－10。

表 4.3－10　预裂爆破设计的计算方法及步骤

序号	计算式	符号意义	计算过程
1	$a=(7\sim12)D$	a——炮孔间距； D——钻孔孔径； 岩石较完整，孔径大，取 11	$W_{max}=11\times0.076=0.836(m)$，取 0.8m
2	$Q_x=0.188a\sigma^{0.5}$	Q_x——线装密度； σ—岩石极限抗压强度； a——炮孔间距	$Q_x\approx750g/m$
3	底部 1m 的装药增加量	线装密度的 3～5 倍	取 3 倍，即 2250g

根据表 4.3－10 计算得知，预裂孔间距 80cm，线装密度取 800g/m 符合要求。

根据《水利水电工程施工组织设计手册》，排水总管爆破设计的计算方法如下：

①孔径：采用 YT－28 手风钻钻孔，钻孔直径 42mm。

②孔深：取单次进尺长度，光爆孔、崩落孔、底板孔取 2.5m，直孔掏槽。

③岩石坚固系数：根据水利水电预算定额使用的岩石分级，白云质灰岩 f 取值范围为 10～12。

④单位消耗量：根据刘青荣公式：

$$q=\frac{0.31\sqrt[4]{f\times f\times f}}{\sqrt[3]{S_x}}\cdot\frac{1}{\sqrt{d_x}}el_x$$

式中　S_x——相对断面积，$S_x=S/5=1.907$（S 为断面面积，取 9.5343m³）；

e——炸药类型系数，取 1.146；

d_x——药卷相对直径，取 1.0mm；

l_x——炮孔深度对炸药消耗量系数，取 1.0。

根据计算，$q=1.89$。

⑤炮孔总个数：炮孔数量为

$$N=\frac{qSl_1}{a_xg}+n_1+n_2$$

式中　l_1——一个药卷长度，取 0.2m；

g——一个药卷重量，取 0.2kg；

a_x——炮孔填充系数，取 0.98；

n_1——药径减小时周边孔增加数量，取 0；

n_2——掏槽孔数量，取 13。

根据计算，$N=31$ 个。炮孔个数根据具体炮眼布置做适当调整。

爆破设计图如图 4.3－25～图 4.3－28 所示。

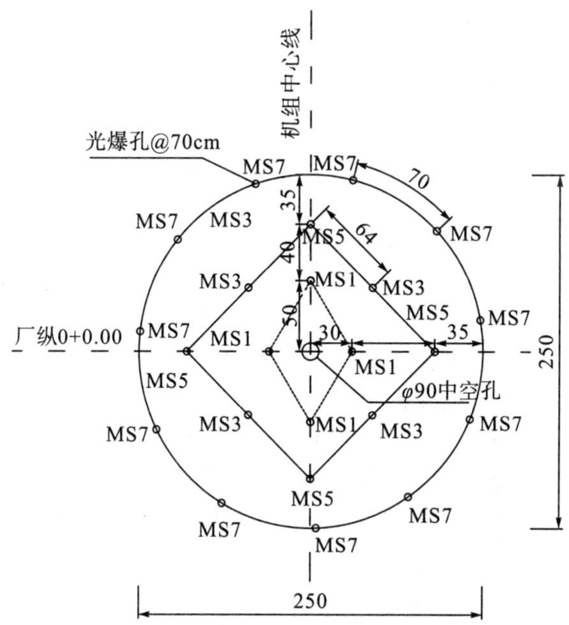

图 4.3-25　厂房第Ⅶ层溜渣井炮孔平面布置图

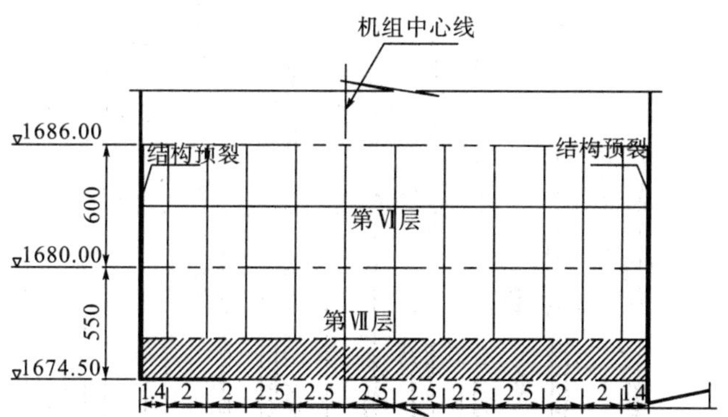

图 4.3-26　厂房第Ⅶ层开挖爆破立面图

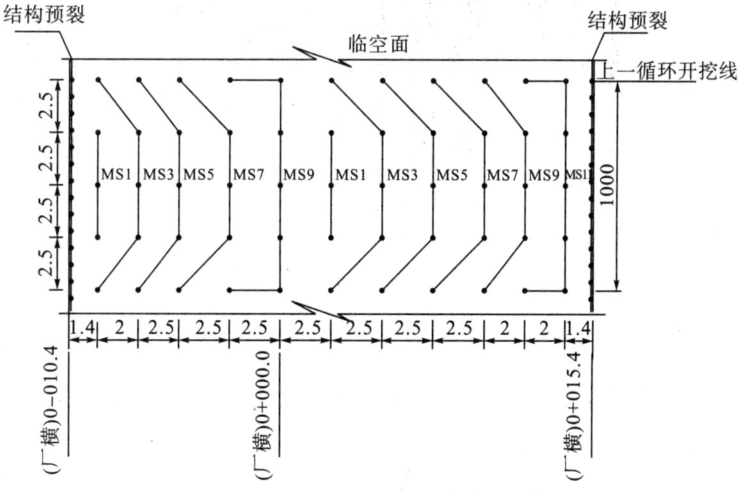

图 4.3-27　厂房第Ⅶ层开挖爆破平面图

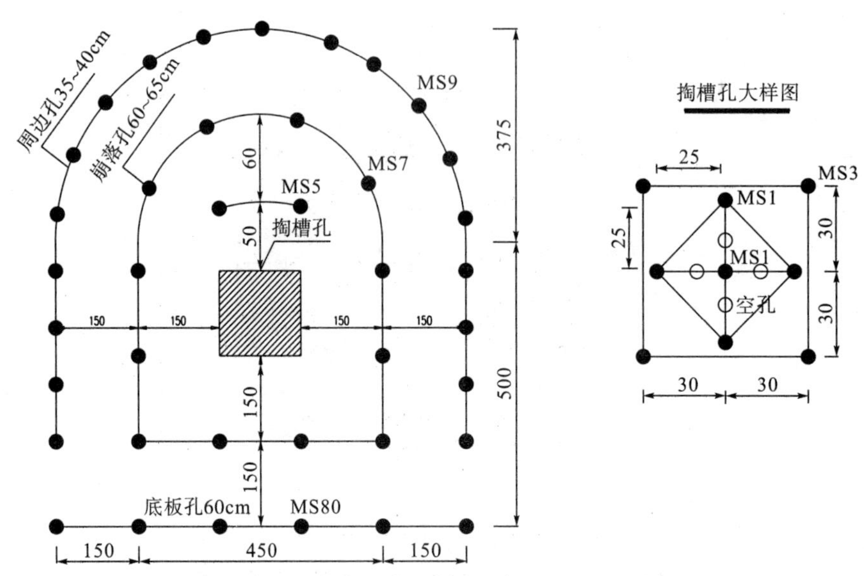

图 4.3-28　排水廊道典型断面钻爆设计图与掏槽孔大样图

4）小结

猴子岩水电站地下厂房位于高地应力区，相应围岩降类后，总体以Ⅲ1类围岩为主，局部岩层发育有次级小断层、挤压破碎带，呈板状碎裂结构，以Ⅲ2、Ⅳ类围岩为主。根据施工过程中所遇到的具体情况，采用根据不同地质情况选用不同钻孔机具、造孔过程中对破碎岩体采取循环固结灌浆固壁等措施，保证了施工的顺利进行。

目前，厂房开挖支护项目施工已经完成，根据测力计监测反馈情况，并结合多点位移计、锚杆应力计资料分析，猴子岩水电站地下厂房处于稳定状态，厂房锚索施工质量总体情况良好。由此证明，锚索结构合理、施工措施和工艺方法得当，可以为类似地下厂房加固治理借鉴参考。

4.3.1.11　小结

地下厂房顶拱层开挖过程中，最危险的部位是拱冠部位。顶拱开挖以中导洞超前为宜，由于顶拱比较平缓，并不能很有效地在顶拱浅处形成承重岩石拱，这使得中部岩石的竖直向荷载并不能通过拱的作用很快传于拱座，所以提前加固拱座意义不大。另外，当采用两侧导洞超前的施工方法时，中间保留岩柱的压应力集中使得在后续拆除时顶拱产生比较大的位移变形。顶拱层两侧扩挖后要及时对拱角进行支护加固，以保证顶拱开挖支护后的整体稳定。

根据力学分析和方案比选，猴子岩地下厂房顶拱层采取“中部上导洞”的开挖施工程序。主厂房第Ⅰ层分层总高度12.5m（EL.1717.00～1730.50m），分为三区进行开挖，Ⅰ-①区为中导洞顶拱开挖，Ⅰ-②区开挖为两侧剩余保护层的开挖，采用分部开挖方法进行，分中部开挖、上游侧扩挖、下游侧扩挖三个步骤开挖成型，上下游的开挖掌子面错开10～20m，避免因顶拱一次揭露跨度过大引起塌方。根据洞室围岩地质情况，提出精确的爆破设计方案，采取相应支护措施，保证了猴子岩地下厂房顶拱层开挖轮廓控制质量。

4.3.2　主变室开挖支护

4.3.2.1　工程概况

主变室平行布置在主副厂房及安装间下游侧，两洞之间岩墙最小厚度45.00m。主变室内上游侧布置主变运输道，下游侧布置主变压器室。主变室采用圆拱直墙型，跨度18.80m，直墙开挖高度20.50m，顶拱高度4.70m，主变室总长度163.00m。

主变室跨度达18.80m，其工程量大、技术复杂、工序多、施工干扰大。为满足施工工期要求，需配备配套的合理高效的地下工程施工设备，设计合理的施工程序，优化施工方案，才能保证施工质量和工期需要。

4.3.2.2 主变室开挖分层分区

主变室开挖及喷锚支护工程量大、工序繁多、技术和施工质量要求高，且与周边施工项目相关联。根据目前施工情况及主变室的结构特点、通道条件、施工机械性能，主变洞自上而下分两层开挖，各层又分区进行开挖支护。具体分层分区示意图如图4.3－29所示。

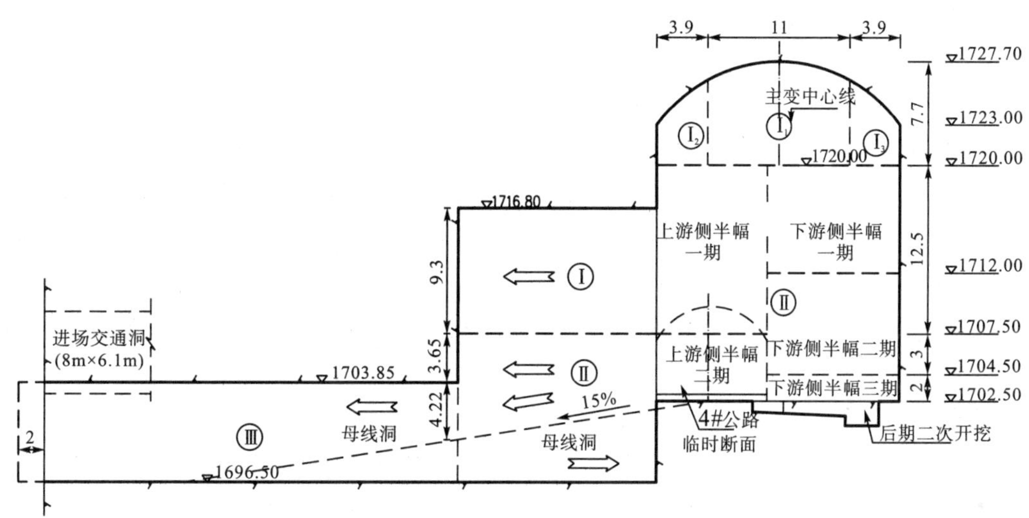

图4.3－29 主变室开挖分层分区示意图

4.3.2.3 总体施工方案

1）第Ⅰ层开挖

主变室第Ⅰ层开挖高程1720.00～1727.70m，分为三区进行开挖，即中导洞超前，上、下游侧跟进，导洞断面尺寸11.0m×7.7m（宽×高），扩挖断面尺寸3.9m×7.7m（宽×高），开挖主要采用手风钻钻孔，结构线光面爆破的施工工艺。开挖方向由左端向右端进行，待中导洞进尺50～80m后进行上游侧开挖，待上游侧开挖50～80m后进行下游侧开挖。

2）第Ⅱ层开挖

为提供主变室第Ⅱ层施工通道，首先将主变室上游侧的底板按照15％的坡度进行降坡，降坡里程（厂横）0＋162.2m～（厂横）0＋137.2m（25m），降坡高程1719.75～1716.00m（3.75m），以满足出线洞的开挖支护通道要求；然后进行主变室的第二层开挖，分为两半幅进行，上游侧半幅宽度8.5m（4＃公路临时断面宽度），下游侧半幅宽度10.3m。

上游侧半幅又分为两期施工，一期开挖高程1720.00～1707.50m，开挖方向为主变室左端墙至右端墙，首先在靠风机室侧施工一导井，将主变室与下方4＃公路临时断面贯通，渣料将4＃公路临时断面填实，贯通后再向前掘进30m左右（梯段爆破、周边光爆），从4＃公路修筑一条坡度为15％的施工便道进入主变室内，并将渣料填筑至高程1707.50m，多余的渣料运至渣场，同时适时进行母线洞的开挖支护，待本期开挖至主变室右端墙时，从进厂交通洞修筑一条施工便道至主变室；二期开挖高程1707.50～1702.50m，开挖方向为两端向中部推进，本期开挖EL.1703.00～

1707.50m范围内为渣料填筑区，利用装载机直接装运出渣，EL.1702.50～1703.00m范围采用手风钻水平钻爆剥离后，利用反铲清面并装运至渣场。

下游侧半幅开挖分为三期进行，一期及二期梯段爆破，边墙预裂，一期开挖高程1720.00～1712.00m，开挖方向为主变室右端墙至左端墙，首先从出线洞平台修筑一条坡度为15%的便道进入下游侧一期开挖区内，作为本期的钻爆设备及人员通道，待开挖进尺20m左右后从进厂交通洞修筑一条施工便道至下游EL.1712.00m，作为反铲翻渣及二期钻爆设备、人员的施工通道；二期开挖高程1712.00～1704.50m，开挖方向为右端墙至左端墙，EL.1712.00m平台作为钻爆设备通道，从进厂交通洞修筑一条施工便道至EL.1704.50m作为出渣通道；三期开挖高程1704.50～1702.50m，开挖方向为两端向中间推进，利用手风钻水平钻爆，装载机配合反铲出渣。

主变洞油坑及事故油池等结构作为二次开挖，由4#公路隧洞进入主变洞进行开挖，根据实际结构布置，其开挖可考虑结合底板保护层进行。

4.3.2.4　开挖施工工艺及措施

1）开挖施工工艺流程

（1）Ⅲ类围岩开挖施工工艺流程：测量放样→钻孔→装药爆破→通风散烟→安全处理→出渣清底→随机支护→进入下一循环

（2）Ⅳ类、断层破碎带等不良地质段开挖施工工艺流程：测量放样→超前支护施工→洞室开挖→安全处理→出渣清底→随机支护→初喷砼→系统锚杆施工→挂网喷砼→进入下一循环。

2）爆破设计

（1）爆破设计原则。

根据主变洞地质条件及岩性、技术规范要求、开挖方法及以往施工经验，采用孔间微差爆破技术，轮廓线用预裂或光面爆破。地质条件差的洞段（断层破碎带）和喷锚支护、砼衬砌结构附近，爆破设计按“短进尺、弱爆破、少扰动”的原则进行。

（2）爆破器材选用。

炸药根据岩性及地下水情况选用2#岩石乳化炸药，起爆均采用非电毫秒雷管。

（3）主要钻爆参数选择。

①主变室第Ⅰ层。

主变洞第Ⅰ层中导洞及扩挖采用YT－28手风钻钻水平孔，光面爆破，光爆孔间距40～50cm，钻孔直径50mm，循环进尺根据不同围岩类别暂定为：Ⅱ～Ⅲ类围岩洞段3.0～3.5m，地质破碎带及Ⅳ类围岩洞段2.0m，断层带进尺1.5m。主变室第Ⅰ层中导洞开挖及两侧扩挖爆破孔布置如图4.3－30、图4.3－31所示，开挖爆破参数表4.3－11、表4.3－12参数进行施工。

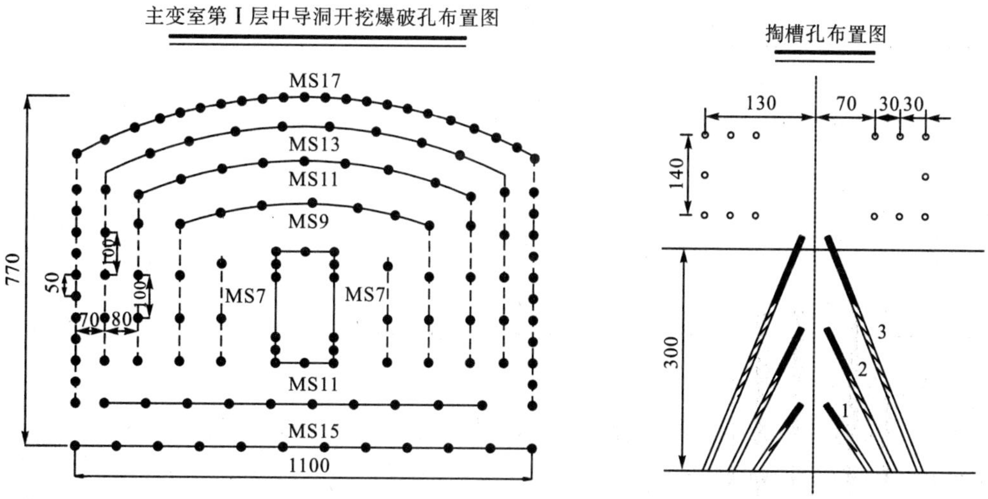

主变室第Ⅰ层中导洞开挖爆破孔布置图

掏槽孔布置图

图 4.3－30　主变室第Ⅰ层中导洞爆破孔布置图

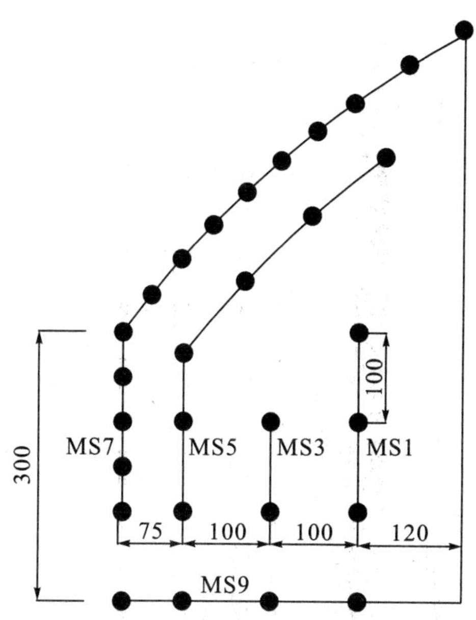

图 4.3－31　主变室第Ⅰ层扩挖爆破孔布置图

表 4.3－11　主变室第Ⅰ层中导洞开挖爆破参数表

炮孔名称	钻孔参数			装药参数				备注
	孔径/mm	孔深/cm	孔数/个	药卷直径/mm	装药长度/cm	单孔装药量/kg	总药量/kg	
掏槽孔	42	340	14	32			24.8	MS1
主爆孔	42	300	64	32	200	2	128	MS3～MS9
周边孔	42	300	44	32	250	0.3	13.2	MS11
底孔	42	300	12	32	200	1.65	19.8	MS11
合计			134				185.8	

表 4.3－12　主变室第Ⅰ层扩挖爆破参数表

炮孔名称	钻孔参数			装药参数			
	孔径/mm	孔深/cm	孔数/个	药卷直径/mm	装药长度/cm	单孔装药量/kg	总药量/kg
主爆孔	42	300	11	32	200	2	22
周边孔	42	300	14	32	250	0.3	4.2
底孔	42	300	4	32	220	2.2	8.8
合计			29				35

②主变室第Ⅱ层。

主变洞室Ⅱ层梯段开挖采用 ROC－D7 液压钻机垂直钻孔爆破，炮孔间排距 2.0m×1.8m，钻孔孔径 76mm，梯段开挖排炮水平进尺暂定 9.0m；两侧保护层采用手风钻钻孔，周边设计边线光面爆破，光爆孔间距 40～50cm。主变室第Ⅱ层开挖钻孔爆破平面图如图 4.3－32 所示。

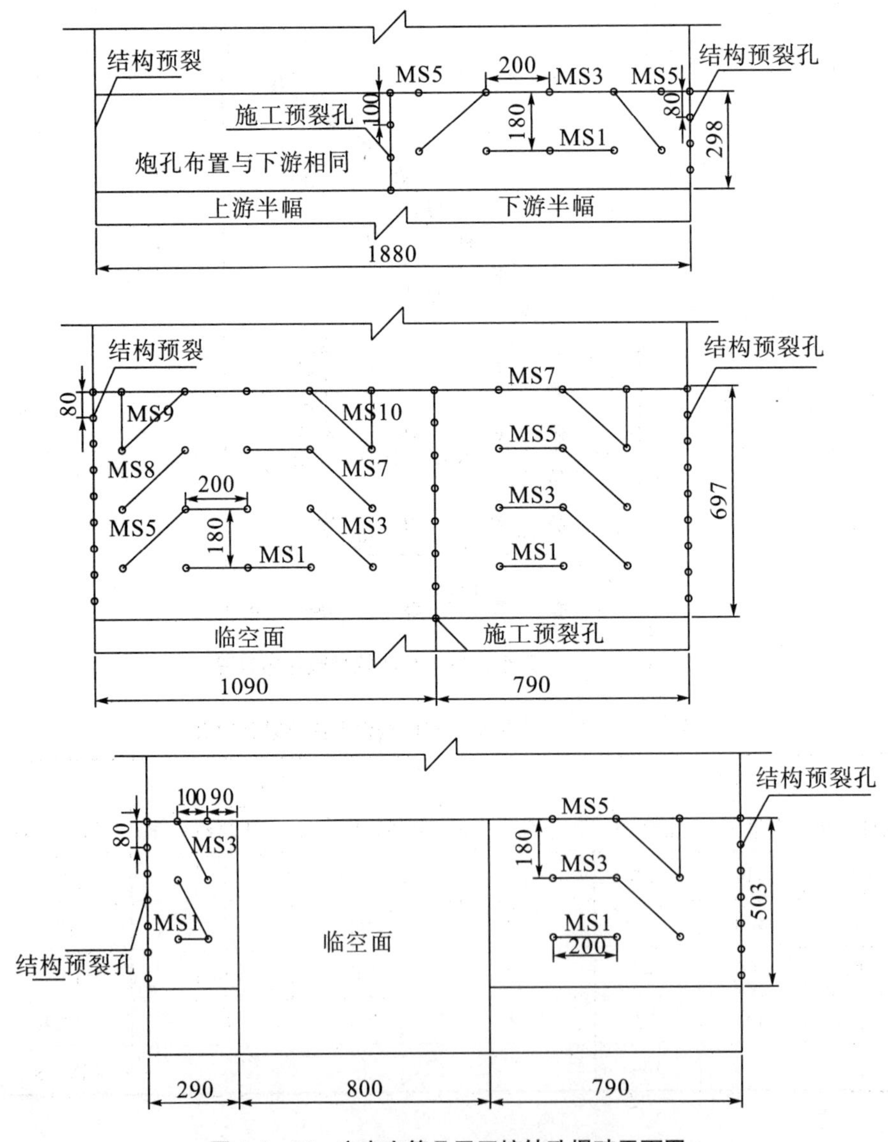

图 4.3－32　主变室第Ⅱ层开挖钻孔爆破平面图

4.3.2.5　支护施工

主变室围岩有Ⅲ1类、Ⅲ2类及Ⅳ类，支护主要分为随机支护和系统锚喷支护，在Ⅳ类围岩、岩脉、断层及软弱破碎带，根据需要做锚筋束、管棚、固结灌浆等超前支护，具体参数在现场或试验后确定。

对开挖掌子面的Ⅲ类围岩不稳定块体、不利结构面、局部破碎的地方及时进行随机喷锚支护，在随机支护的基础上，系统喷锚滞后开挖工作面不大于20m。对于Ⅳ类围岩，随机支护和系统支护紧跟掌子面0～5m，并根据开挖揭露的地质情况，按设计要求进行加强支护，如超前锚杆、固结灌浆等。

砂浆锚杆强度为HRB335级，水泥砂浆强度为M20，挂网钢筋强度为HPB235级，喷混凝土为C20，锚杆全为普通砂浆锚杆，外露长度10cm，并与钢筋网焊接牢固，锚杆轴线应于开挖面垂直，在裂隙较发育部位，锚杆轴线可进行适当调整。

1）系统支护参数

（1）主变室顶拱支护参数。

Ⅲ1类围岩：喷C20混凝土，厚15cm，挂网钢筋$\phi 8$@15cm×15cm，锚杆采用Φ28，$L=7$m及Φ25，$L=5$m，间距1.5m×1.5m，矩形布置，同时拱肩拐点设置$T=12$t，Φ32预应力锚杆，长度9m，间距1.5m。

Ⅲ2类围岩：喷C20混凝土，厚20cm，挂网钢筋$\phi 8$@15cm×15cm，锚杆采用Φ28，$L=7$m及Φ25，$L=5$m，间距1.2m×1.2m，矩形布置，同时拱肩拐点设置$T=12$t，Φ32预应力锚杆，长度9m，间距1.5m。

Ⅳ类围岩：喷C20混凝土，厚20cm，挂网钢筋$\phi 8$@15cm×15cm，锚杆采用Φ28，$L=7$m及Φ25，$L=5$m，间距1.0m×1.0m，矩形布置，同时拱肩拐点设置$T=12$t，Φ32预应力锚杆，长度9m，间距1.5m。

（2）主变室边墙支护参数。

Ⅲ1类围岩：喷C20混凝土，厚15cm，挂网钢筋$\phi 8$@20cm×20cm，锚杆采用Φ28，$L=7$m及Φ25，$L=5$m，间距1.5m×1.5m，矩形布置。

Ⅲ2类围岩：喷C20混凝土，厚15cm，挂网钢筋$\phi 8$@20cm×20cm，锚杆采用Φ28，$L=7$m及Φ25，$L=5$m，间距1.2m×1.2m，矩形布置。

Ⅳ类围岩：喷C20混凝土，厚15cm，挂网钢筋$\phi 8$@20cm×20cm，锚杆采用Φ28，$L=7$m及Φ25，$L=5$m，间距1.0m×1.0m，矩形布置；主变室端墙墙支护参数参照边墙支护参数。

2）支护施工方法

见“4.5 标准施工工艺”。

4.3.3　尾水调压室开挖支护

4.3.3.1　工程概况

猴子岩水电站尾水调压室位于主变室下游侧，采用阻抗式。尾水调压室长158.5m（包括安装场18.0m），净跨度23.50～22.00m，室高75.0m。中间预留厚15.50m的岩柱隔墙，在隔墙顶高程1720.00m以下，调压室分为1#、2#两个调压室，每两条尾水管连接段在下部交汇于一室，高程1720.00m以上，两室以宽顶堰形式连通。

充分考虑施工机械的作业空间及第Ⅰ层的锚杆支护要求，尾水调压室第Ⅰ层开挖高程1733.00～1742.00m。尾水调压室及安装场第Ⅰ层开挖尺寸158.5m×23.5m×10.3m（长×宽×高）。

尾水调压室跨度23.5m，其工程量大、技术复杂、工序多、施工干扰大。为满足施工工期要求，需配备配套的合理高效的地下工程施工设备，设计合理的施工程序，优化施工方案，才能保证施工质量和工期需要。

4.3.3.2 尾水调压室开挖分层、分区

1）开挖分层原则

按照如下原则进行开挖分层规划：

(1) 充分考虑尾水调压室的结构特点。开挖分层结合尾水调压室的结构布置特点，如安装场、岩柱隔墙以及岩台布置等，进行合理的分层规划。

(2) 通道条件。开挖分层应充分利用发包人提供的施工通道以及增设的施工通道，减少井挖量，节约工程投资，加快施工进度。

(3) 招标文件技术要求。最大分层高度不得超过招标文件的要求。

(4) 施工机械性能。如锚杆钻孔、喷混凝土以及开挖钻爆、出渣设备机械性能、分层高度，要便于发挥施工设备性能。

(5) 支护参数。顶层开挖分层高度须方便深孔锚杆施工，不得小于9m。

(6) 锚索布置。开挖分层尽可能与锚索布置相结合，开挖分层线比相应的锚索低2m左右，避免在锚索施工过程中搭设较高的脚手架，以便于加快锚索施工进度，利于高边墙稳定。

(7) 施工技术规划。借鉴其他地下工程的成功经验，下层开挖采用“深孔预裂、薄层开挖、随层支护”方案，梯段开挖分层高度一般按6.5m控制，以利于高边墙稳定。

2）开挖分层、平面分区

尾水调压室共分11层进行开挖，其中阻抗板以上分为8层进行开挖，第Ⅰ层10.3m (EL.1742.00～1731.70m)，第Ⅱ层6.5m (EL.1731.70～1725.20m)，第Ⅲ层6.2m (EL.1725.20～1719.00m)，第Ⅳ层6m (EL.1719.00～1713.00m)，第Ⅴ层5m (EL.1713.00～1708.00m)，第Ⅵ层7m (EL.1708.00～1701.00m)，第Ⅶ层7m (EL.1701.00～1693.00m)，第Ⅷ层9.5m (EL.1693.00～1683.50m)，第Ⅸ层4.5m (EL.1683.50～1679.00m)，第Ⅹ层4.5m (EL.1679.00～1674.50m)，第Ⅺ层7.5m (EL.1674.50～1667.00m)。其中第Ⅰ、Ⅱ、Ⅲ层为2个调压室连通部分，EL.1720.00m以下经中隔墙岩柱分隔为两个独立的调压室。1＃调压室经尾调中支洞完成第Ⅳ、Ⅴ、Ⅵ层开挖，从EL.1703.00m进入中隔墙1＃联系洞（4.7m×5.5m），经1＃联系洞完成2＃调压室第Ⅳ、Ⅴ、Ⅵ层开挖，2＃调压室经2＃施工支洞完成第Ⅶ、Ⅷ层开挖，从EL.1683.50m进入中隔墙2＃联系洞（4.7m×5.5m），经2＃联系洞完成1＃尾水调压室第Ⅶ、Ⅷ层开挖。阻抗板以下与尾水隧洞、尾水管及尾水连接洞一起分层开挖。

尾水调压室第Ⅰ层分中导洞开挖和两侧扩挖，中导洞开挖支护完成后再进行两侧扩挖支护。第Ⅱ层及以下各层开挖分中部拉槽开挖和周边预留保护层或直接采用结构预裂的形式进行开挖。隔墙岩柱顶面预留3.0m保护层，竖井边墙预留3.0m保护层。尾水调压室开挖分层和通道布置如图4.3－33、图4.3－34所示。

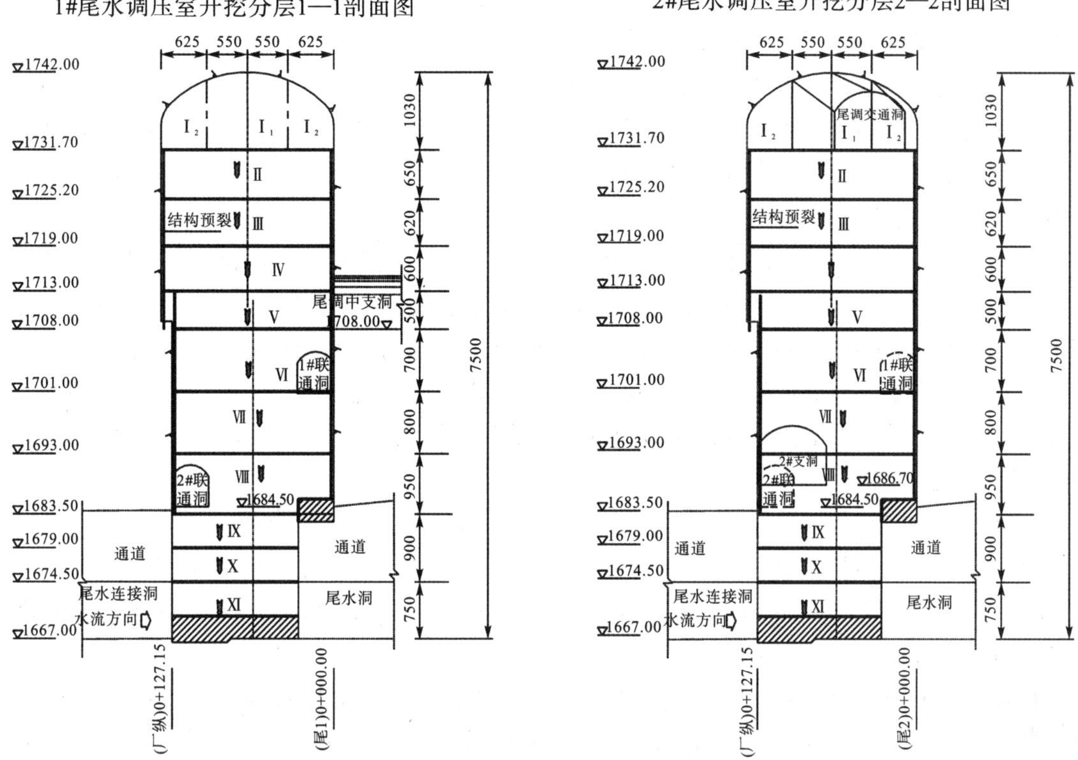

图 4.3—33 尾水调压室开挖分层图

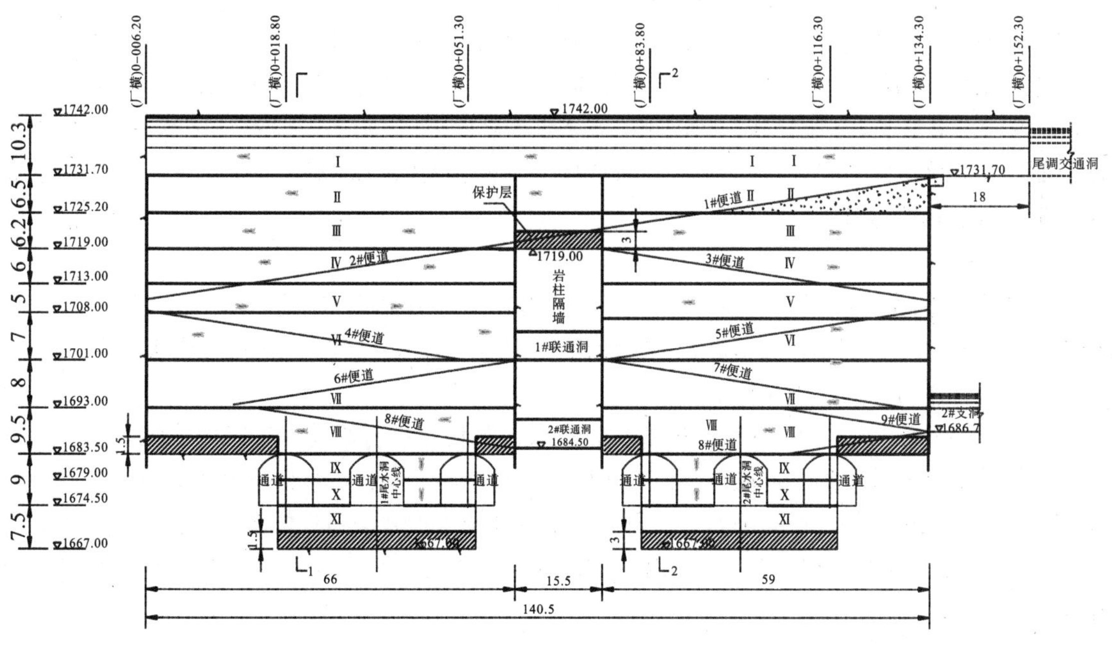

图 4.3—34 尾水调压室开挖通道布置图

4.3.3.3 总体施工方案

1）第Ⅰ层开挖

尾水调压室第Ⅰ层开挖高程 1731.70～1742.00m，分为三区进行开挖：Ⅰ区为中导洞(EL.1731.70～1742.00m) 开挖，导洞断面尺寸 11.00m×10.30m，开挖主要采用手风钻钻孔，光面爆破施工工艺；Ⅱ区为两侧扩挖，由尾水调压室交通洞底板上坡进入从尾水调压室方向开始向安装场方向开挖；Ⅲ区为尾水调压室安装场两侧扩挖。

第Ⅰ层开挖支护主要采用“中导洞超前、侧墙跟进”的施工方式，支护跟进开挖工作面，即先行开挖中导洞，待中导洞开挖进尺100m后开始两侧边墙扩挖及支护。当导洞或扩挖支护到尾水调压室及安装场端墙时，应立即完成端墙的支护工作。

2）第Ⅱ、Ⅲ层开挖

尾水调压室第Ⅱ层分层高度6.5m（EL.1731.70～1725.20m），第Ⅲ层分层高度拟6.2m（EL.1725.20～1719.00m），首先在尾水调压室上游侧用手风钻由2＃尾水调压室左侧向1＃尾水调压室右侧按照15％的纵坡开挖拉槽，并形成出渣便道，掌子面高度达到分层高度后，形成阶梯爆破临空面，再采用100E潜孔钻机对边墙及端墙进行超前预裂，之后采用100B或100E潜孔钻机进行阶梯毫秒微差爆破。上下游墙支护及时跟进，端墙待开挖完后，及时进行锚喷网支护进行封闭。

3）第Ⅳ～Ⅷ层开挖

第Ⅳ层分层高度6.0m（EL.1719.00～1713.00m），第Ⅴ层分层高度5.0m（EL.1713.00～1708.00m），第Ⅵ层分层高度7.0m（EL.1708.00～1701.00m），第Ⅶ层分层高度8.0m（EL.1701.00～1693.00m），第Ⅷ层分层高度9.5m（EL.1693.00～1683.50m）。采用结构预裂、阶梯爆破进行开挖施工。

首先在尾水调压室上游侧用手风钻由2＃尾水调压室上游向1＃尾水调压室右侧按照15％的纵坡开挖延伸1＃便道至尾调中支洞，并形成2＃出渣便道，掌子面高度达到分层高度后，形成阶梯爆破临空面，再采用100E潜孔钻机对边墙及端墙进行超前预裂，之后采用100B或100E潜孔钻机进行阶梯毫秒微差爆破。当与尾调中支洞贯通后，及时挖除1＃施工便道，反坡修筑3＃施工便道，然后进行2＃尾水调压室周边预裂、中部跟进梯段爆破。第Ⅴ层同样修筑相应便道后进行开挖。第Ⅵ层修筑相应便道后进行开挖，并于中隔墙靠下游侧修筑联通洞，将1＃尾水调压室与2＃尾水调压室相连。第Ⅶ层与第Ⅳ层同理，修筑相应便道后进行开挖。第Ⅷ层修筑相应便道后进行开挖，先将2＃尾水调压室与2＃支洞贯通，并由1＃尾水调压室与3＃尾水调压室相向开挖，贯通中隔墙靠上游侧联通洞，将1＃尾水调压室与2＃尾水调压室相连。然后分别进行1＃、2＃尾水调压室周边预裂、中部跟进梯段爆破。

4）第Ⅸ～Ⅺ层开挖

尾水调压室下部（高程1683.50～1667.00m）开挖分为三层进行（Ⅸ～Ⅺ层），第Ⅸ、Ⅹ层层高均为6m，第Ⅺ层高4.5m，采用边墙一次性预裂到位，第Ⅸ、Ⅹ层深孔梯段分层爆破以及第Ⅺ层保护层开挖方式进行。施工程序如下：

（1）2＃尾水调压室第Ⅷ层开挖支护基本完成后，紧接着进行第Ⅸ～Ⅺ层边墙深孔预裂爆破施工，该三层边墙结构预裂爆破一次性到位（预留保护层1m），第Ⅸ层梯段爆破紧跟其上，并进行该层支护施工，完成第Ⅸ层开挖支护施工。第Ⅹ、Ⅺ层开挖支护施工随后依次进行。

（2）1＃尾水调压室高程1694.00m以上锚索施工基本完成后，紧接着进行第Ⅸ～Ⅺ层开挖支护施工。

4.3.3.4 开挖施工工艺及方法

1）第Ⅰ层开挖施工方法

见“4.5 标准施工工艺”。

2）爆破设计

（1）第Ⅰ层。

①孔径：采用YT－28手风钻钻孔，钻孔直径42mm。

②孔深：根据单次进尺长度 3m，光爆孔、崩落孔、底板孔取 3.25m，掏槽孔取 3.30m。

③岩石坚固系数：根据《爆破安全规程》(GB 6722—2003) 的岩石分级，石灰岩 f 取值范围为 6~8。

④单位消耗量：根据戈斯帕扬公式，$q=0.75$。

⑤炮孔总个数：$N=\alpha_1+\alpha_2 S=37.6+1.56\times109.61\approx209$(个)。($\alpha_1$、$\alpha_2$ 是由岩体可爆程度确定的系数，炮孔个数根据具体炮眼布置做适当调整)

⑥一次开挖循环的总药量：$Q=qV=0.75\times(109.61\times2.85)\approx213.8$(kg)。

⑦周边孔采用光面松动爆破。

周边孔炮孔间距：$a=(15\sim10)D$，取 40cm。

周边孔最小抵抗线：$W=(7\sim20)D$，取 50cm。

周边孔单孔装药量：用线装药密度 QX 表示，即 $QX=qaW$（q 为松动爆破单耗，取 0.4kg/m^3），取 80g/m。

周边孔的个数：$n_1=L/a=11.2/0.4=28$(个)。其中 L 为开挖面周长，包括侧面和顶拱段。

第Ⅰ层中导洞典型开挖爆破孔布置如图 4.3－35 所示，开挖爆破设计主要技术指标参照表 4.3－13。

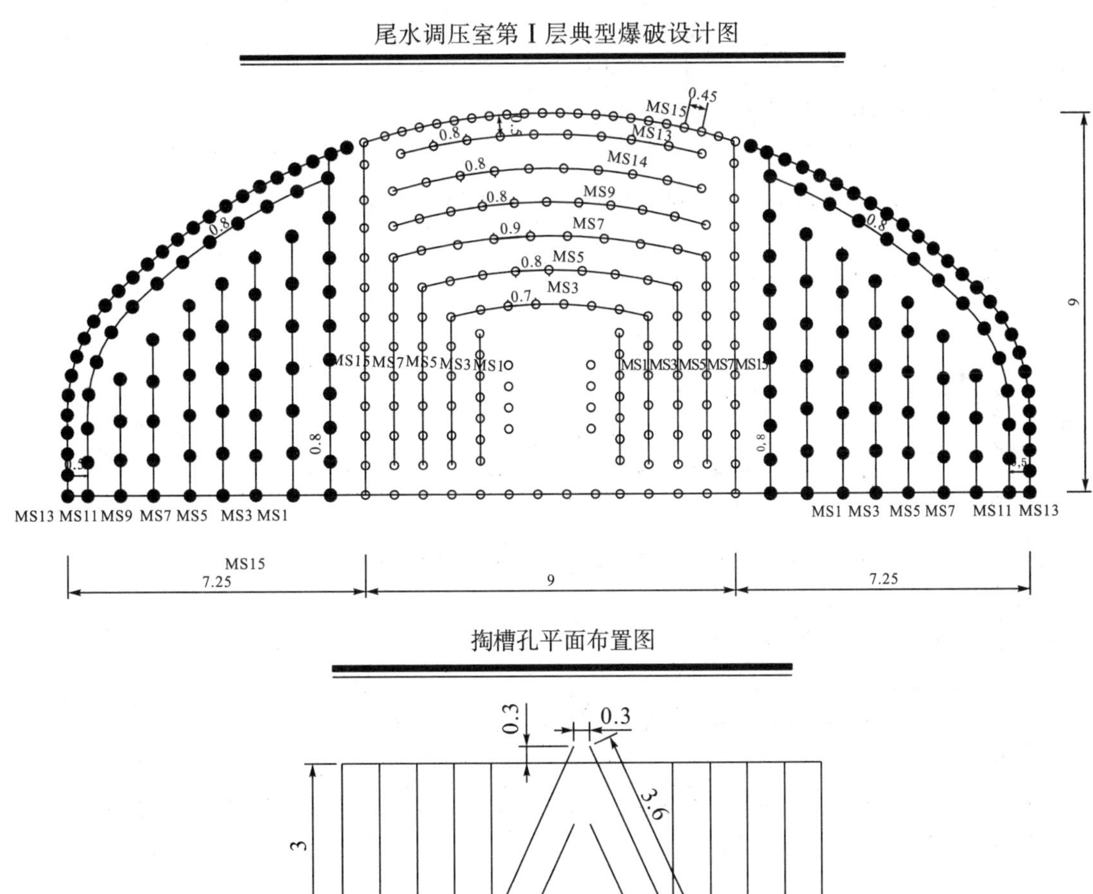

图 4.3－35　尾水调压室第Ⅰ层开挖爆破孔布置图

表 4.3-13　尾水调压室第Ⅰ层开挖爆破设计主要技术指标

部位	开挖断面/m²	钻孔个数/个	爆破方量/m³	总装药量/kg	炸药单耗/(kg/m³)	爆破效率	预期进尺/m
Ⅰ区	78.96	165	225.04	212.3	0.94	95%	2.85
Ⅱ区	92.14	148	270.89	180.3	0.67	98%	2.94

(2) 第Ⅱ、Ⅲ层。

尾水调压室第Ⅱ、Ⅲ层开挖前，根据围岩地质情况进行爆破设计，现场施工时根据爆破试验结果对爆破参数进行调整。典型爆破设计如图 4.3-36、图 4.3-37 所示。

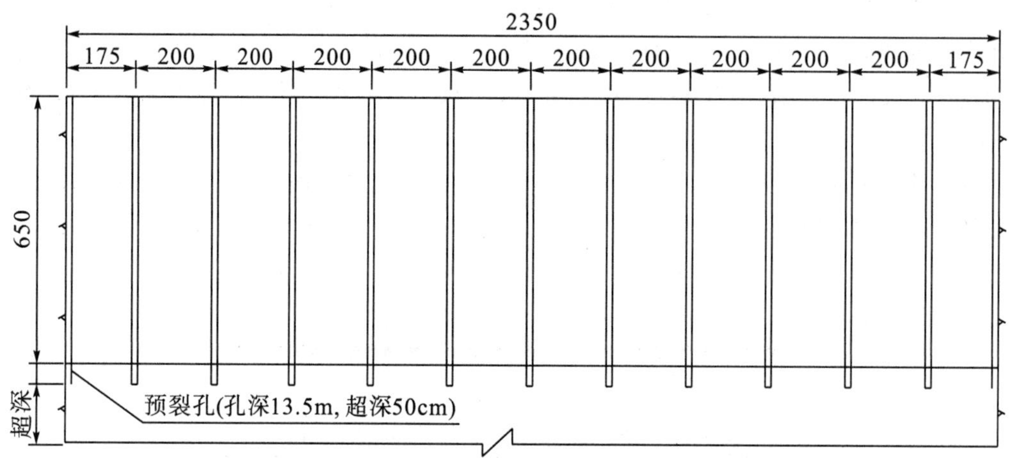

图 4.3-36　尾水调压室第Ⅱ、Ⅲ层典型爆破设计图

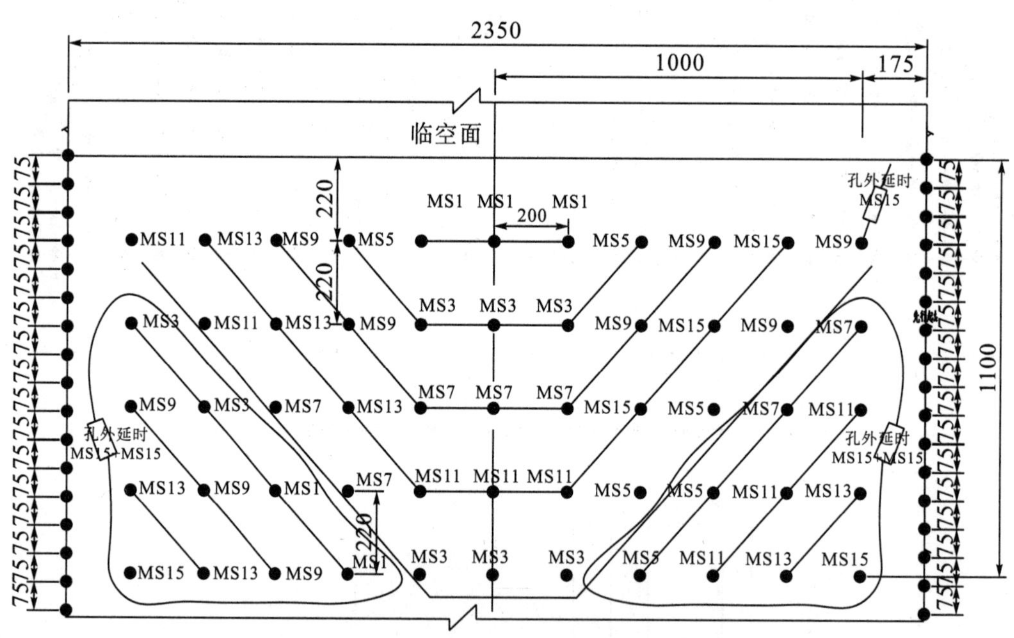

图 4.3-37　尾水调压室第Ⅱ、Ⅲ层典型梯段爆破网络图

①孔径：采用履带式钻机或 100E 潜孔钻机钻孔，钻孔直径 76mm。

②孔深：根据分层高度，主爆孔 6.5m，预裂孔 13.5m，岩柱隔墙上方 11.4m。

③爆破参数设计。

最小抵抗线：$W=\sqrt{0.25\pi D^2 \Delta l\tau/eqmH}=\sqrt{(0.25\times3.14\times0.0762\times900\times7\times0.6)/(1\times2.2\times6.5)}\approx$ 1.2(m)，取 1.2m。τ 取 0.6；e 为炸药换算系数，取 1；m 为炮孔密度，取 1；Δ 为装药密度，

取900。

炮孔间距：$a_{预}=(15\sim10)D$，预裂孔取0.75m。根据《爆破新技术与现场安全管理及强制性标准规范务实全书》并结合厂房开挖经验，$a_{主}=(1.0\sim1.5)W$，主爆孔取2.2m。

预裂孔装药量：参照厂房预裂爆破参数。

总装药量：$Q=716\text{kg}$。

单位耗药量：$q=Q/V=716/1683\approx0.43(\text{kg/m}^3)$。

(3) 第Ⅳ～Ⅷ层爆破设计。

尾水调压室第Ⅳ～Ⅷ层开挖前，根据围岩地质情况进行爆破设计，现场施工时根据爆破试验结果对爆破参数进行调整。典型爆破设计如图4.3－38、图4.3－39所示。

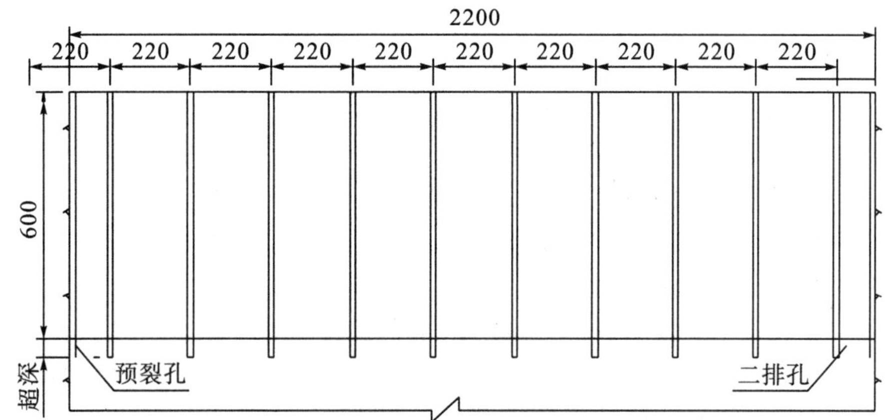

图4.3－38　尾水调压室第Ⅳ～Ⅷ层典型爆破设计图

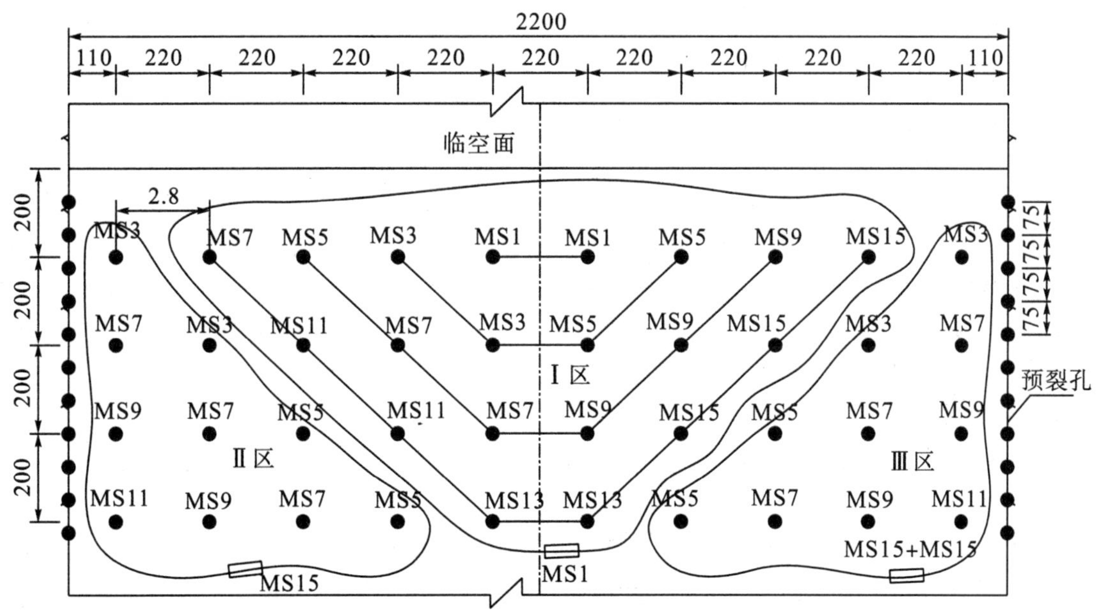

图4.3－39　尾水调压室第Ⅳ～Ⅷ层典型梯段爆破网络图

①孔径：采用履带式钻机或100E潜孔钻机钻孔，钻孔直径76mm。

②孔深：根据分层最大高度主爆孔6m，预裂孔最大深度10m。

③爆破参数设计。

最小抵抗线：$W=\sqrt{0.25\pi D^2\Delta l\tau/eqmH}=\sqrt{(0.25\times3.14\times0.092\times900\times6\times0.6)/(1\times1.4\times6.0)}\approx1.5(\text{m})$，取1.5m。$\tau$取0.6；$e$为炸药换算系数，取1；$m$为炮孔密度，取1；$\Delta$为装药密度，

取 900。

炮孔间距：$a_{预}=(15\sim10)D$，预裂孔取 0.75m。根据《爆破新技术与现场安全管理及强制性标准规范务实全书》并结合厂房开挖经验，$a_{主}=(1.0\sim1.5)W$，主爆孔取 2.2m。

预裂孔装药量：参照厂房预裂爆破参数。

主爆孔单孔药量：$Q_{主}=0.33eqaHW=0.33\times1\times1.49\times2.0\times6.0\times2.2\approx13(\text{kg})$。查表知，$q$ 为 1.8～2.6，取 1.8kg/m³，临空面为 2 个，折减系数 0.83，得 q 为 1.49。

炮孔堵塞长度：$l=(20\sim40)D$，取 1.5m。

总装药量：$Q=520\text{kg}$。

单位耗药量：$q=Q/V=520/1056\approx0.49(\text{kg/m}^3)$。

质点振动速度控制单响药量计算：

采用质点振动速度经验公式进行计算，经验公式为

$$V=K\left(\frac{w^{\frac{1}{3}}}{D}\right)^{a}$$

式中 V——质点振动速度，mm/s；

w——爆破装药量，齐发爆破时取总装药量，分段延迟爆破时视具体条件取有关段的或最大一段的装药量，kg；

D——爆破区药量分布的几何中心至防护目标的距离，m，取 11.75m；

K、a——与场地的地质条件、岩体特性、爆破条件等相对位置有关的系数，根据回归分析计算，取 $K=211.29$，$a=2.48$。

本设计开挖最大单响药量为 39kg。经计算得，$V=211.29\times\left(\frac{39^{\frac{1}{3}}}{11}\right)^{2.48}\approx11.4(\text{mm/s})$，小于爆破振动速度限值 50mm/s。

(4) 第Ⅸ～Ⅺ层爆破设计参照第Ⅳ～Ⅷ层施工。

4.3.3.5 开挖调整

1) 调整措施

在尾水调压室 EL.1707.00m 以上锚索施工的同时启动开挖支护工程，增设城门洞型尾水调压室，下穿洞先进行一部分尾水调压室开挖，并提前打通尾水调压室开挖支护场内施工通道，为尾水调压室第Ⅶ、Ⅷ层开挖提供便利。尾水调压室第Ⅶ～Ⅺ层开挖支护方法根据通道变化进行相应调整。

2) 下穿隧洞布置

尾水调压室下穿隧洞起始于 2＃支洞与尾水调压室交界处（起点高程 1686.70m），从 2＃尾水调压室上游边墙转至下游边墙贯穿尾水调压室中隔墙，然后由 1＃尾水调压室下游边墙转至上游边墙并延伸至右端墙（厂横 0－06.20m）结束。全洞由直线及圆弧组成，纵坡由 13.92％在厂横 0＋111.30m 处突变成 0％，终点高程 1683.50m，全长 148m。拱顶距尾水调压室现有底层最大高差 10.0m，最小高差 6.8m。

尾水调压室下穿隧洞横穿尾水调压室岩柱隔墙，主要考虑尾水调压室混凝土浇筑工程提供施工道路（相当于原施工方案中 2＃联通洞），因尾水调压室上游布置有闸墩，因此，尾水调压室下穿隧洞需绕至下游段横穿中隔墙，该段最终需以尾水调压室边墙同等标号混凝土进行封堵。尾水调压室下穿隧洞布置如图 4.3－40 所示。

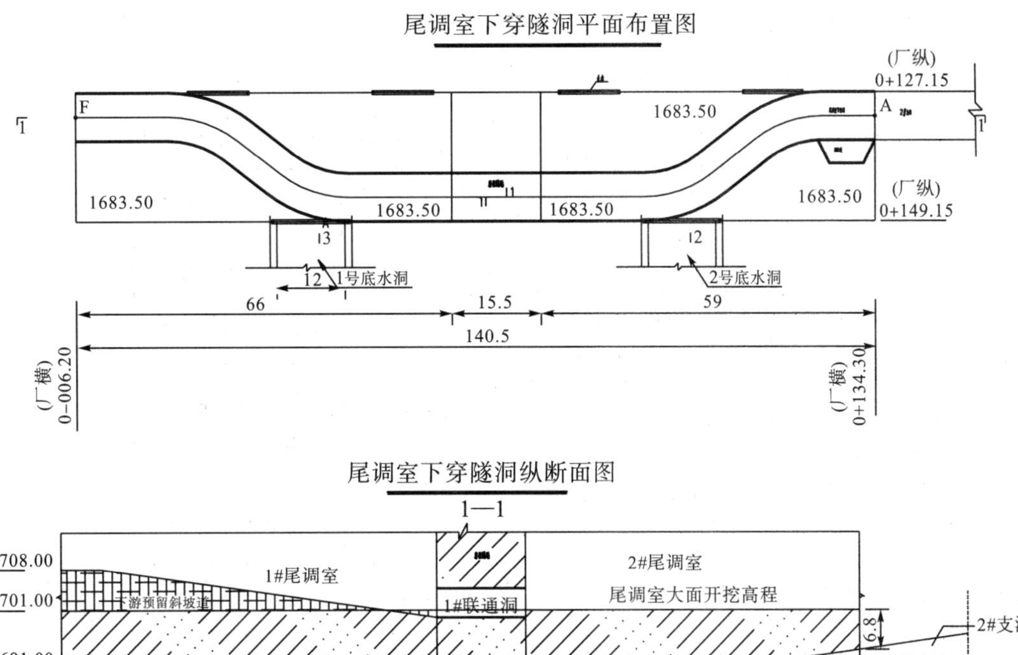

图 4.3－40　**尾水调压室下穿洞布置图**

3）调整后尾水调压室第Ⅶ～Ⅷ层（EL.1683.50～1701.00m）开挖支护

尾水调压室下穿隧洞形成后，尾水调压室第Ⅶ～Ⅷ层（EL.1683.50～1701.00m）开挖支护施工程序做如下调整，以提高开挖支护速度。

（1）1＃尾水调压室。

①从中支洞进入1＃尾水调压室，利用下游预留斜坡道从1＃联通洞洞口（EL.1700.00m）修回旋便道至EL.1693.00m，路面宽度7m，作为1＃尾水调压室上游部分第Ⅶ层开挖支护的施工道路。

②上述施工便道形成后，紧接着进行上游部分第Ⅶ层开挖支护。

③1＃尾水调压室范围内下穿隧洞进行漏穿开挖，利用1＃尾水隧洞施工通道（R3：1＃尾水调压室→1＃尾水隧洞→尾水支洞→S211低线公路→指定渣场）出渣，形成1＃尾水调压室第Ⅷ层开挖的临空面。

④1＃尾水调压室第Ⅷ层开挖及支护施工，利用1＃尾水隧洞施工通道（R3）作为施工道路。

⑤1＃尾水调压室下游部分预留斜坡道第Ⅵ～Ⅷ层（EL.1708.00～1683.50m）开挖支护。

⑥1＃尾水调压室EL.1694.00m锚索施工。

（2）2＃尾水调压室。

①2＃尾水调压室内下穿隧洞［（厂横）0＋85.3～134.3m范围内，为保证施工通道，靠近1＃联通洞的10m范围暂不钻爆］漏穿施工，利用2＃支洞进行出渣，并在漏穿的下穿隧洞内，填筑施工便道至EL.1693.00m，作为2＃尾水调压室第Ⅶ层开挖支护施工道路。

②述施工便道形成后，紧接着进行2＃尾水调压室第Ⅶ层开挖支护，最后对下穿隧洞未漏穿部分进行开挖支护施工。

③2＃尾水调压室EL.1694.00m锚索施工。

④将下穿隧洞填筑的便道挖除，形成第Ⅷ层施工道路及临空面。

⑤第Ⅷ层开挖支护施工。

(3) 具体施工顺序如图 4.3－41 所示。

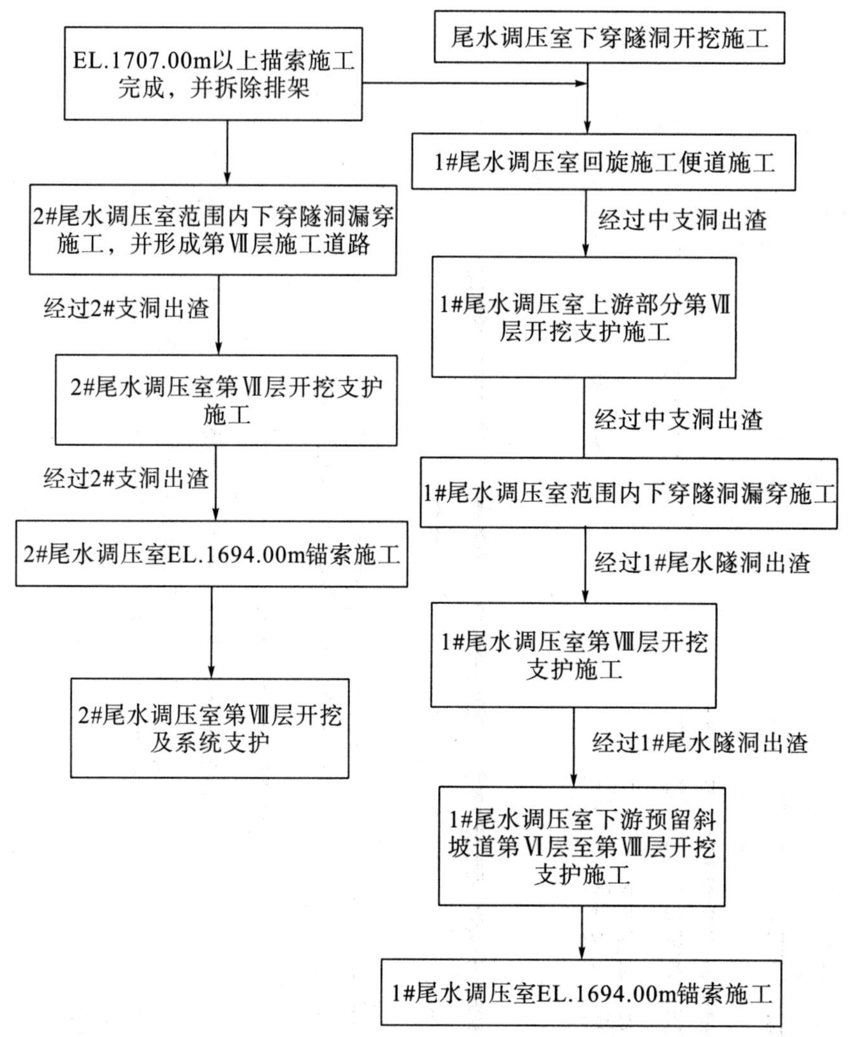

图 4.3－42　尾水调压室第Ⅶ～Ⅷ层（EL. 1683.50～1701.00m）开挖支护顺序图

4) 调整后尾水调压室第Ⅸ～Ⅺ层（EL. 1683.50～1667.00m）开挖支护

尾水调压室下部（EL. 1683.50～1667.00m）开挖分为三层进行，第Ⅸ、Ⅹ层层高均为 6m，第Ⅺ层高 4.5m，采用边墙一次性预裂到位，第Ⅸ层、Ⅹ层深孔梯段分层爆破以及第Ⅺ层保护层开挖方式进行。施工程序如下：

(1) 2＃尾水调压室第Ⅷ层开挖支护基本完成后，紧接着进行第Ⅸ～Ⅺ层边墙深孔预裂爆破施工，该三层边墙结构预裂爆破一次性到位（预留保护层 1m），第Ⅸ层梯段爆破紧跟其上，并进行该层支护施工，完成第Ⅸ层开挖支护施工。第Ⅹ、Ⅺ层开挖支护施工随后依次进行。

(2) 1＃尾水调压室 EL. 1694.00m 以上锚索施工基本完成后，紧接着进行第Ⅸ～Ⅺ层开挖支护施工。开挖支护程序同上。

具体施工顺序如图 4.3－43 所示。

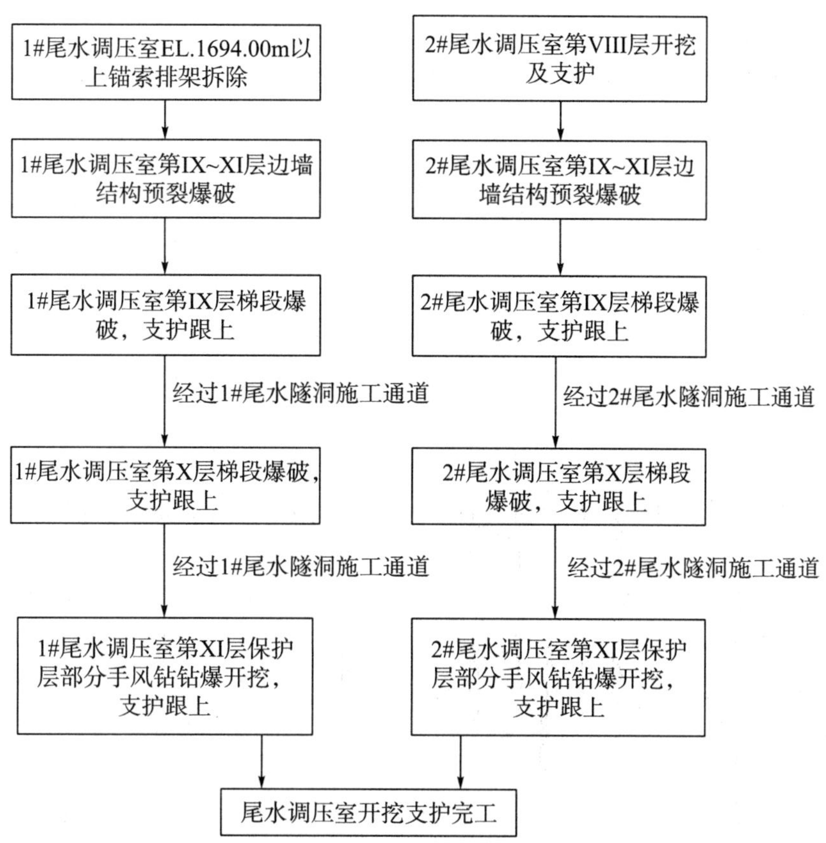

图 4.3－43　**尾水调压室第Ⅸ～Ⅺ层**（EL.1683.50～1667.00m）**开挖支护顺序图**

4.3.3.6　支护施工

尾水调压室支护分为随机支护、系统支护和锚索施工。对于岩石节理裂隙发育的不利边墙稳定的岩面，采用随机支护进行必要的安全处理。保护层开挖成形后，及时按系统支护参数进行边墙砂浆锚杆的施工。支护原则：随机支护紧跟开挖面，滞后15～20m实施系统锚杆，然后施工预应力锚索，喷混凝土应根据开挖揭露情况进行动态调整。

1）随机支护

随机支护主要包括随机锚杆、喷混凝土或纳米混凝土（钢纤维混凝土）等常规支护形式。实际施工中，为适应地质条件和结构条件的变化，将各种支护方式合理组合进行联合支护。随机支护由业主、设计、监理及我部四方会勘后确定。

随机支护参数：

（1）破碎区域、不利组合区域增设Φ28，L＝6m砂浆锚杆加强支护。

（2）建议安装场岩台开挖之前对岩台下部边墙增设厚5cm的纳米混凝土或钢纤维混凝土进行加强支护，已保证岩台的开挖质量。

2）系统支护

尾水调压室第Ⅱ、Ⅲ层系统支护程序：Ⅲ类围岩施工时，随机支护紧跟开挖面，滞后10～15m实施系统锚杆，然后进行系统支护，最后进行预应力锚索施工。不良地质段锚喷支护跟进的关系及滞后的控制距离将根据现场情况及地质状况适当调整。

工作面布置的思路：开挖与支护相冲突，优先以支护为主，确保围岩的稳定与施工安全；其他工作面的布置根据现场施工情况进行适当的调整。

（1）尾水调压室顶拱支护参数。

Ⅲ1类围岩：喷C20混凝土，厚15cm，挂网钢筋ϕ8@15cm×15cm，锚杆采用Φ32，L=9m及Φ28，L=7m，间距1.5m×1.5m，矩形布置，同时拱肩拐点设置T=12t，Φ32预应力锚杆，长度9m，间距1.5m。

Ⅲ2类围岩：喷C20混凝土，厚20cm，挂网钢筋ϕ8@15cm×15cm，锚杆采用Φ32，L=9m及Φ28，L=7m，间距1.2m×1.2m，矩形布置，同时拱肩拐点设置T=12t，Φ32预应力锚杆，长度9m，间距1.5m。

Ⅳ类围岩：喷C20混凝土，厚20cm，挂网钢筋ϕ8@15cm×15cm，锚杆采用Φ32，L=9m及Φ28，L=7m，间距1.0m×1.0m，矩形布置，同时拱肩拐点设置T=12t，Φ32预应力锚杆，长度9m，间距1.5m。

（2）尾水调压室边墙支护参数。

Ⅲ1类围岩：喷C20混凝土，厚15cm，挂网钢筋ϕ8@20cm×20cm，锚杆采用Φ32，L=8m及Φ28，L=6m，间距1.5m×1.5m，矩形布置。

Ⅲ2类围岩：喷C20混凝土，厚15cm，挂网钢筋ϕ8@20cm×20cm，锚杆采用Φ32，L=8m及Φ28，L=6m，间距1.2m×1.2m，矩形布置。

Ⅳ类围岩：喷C20混凝土，厚15cm，挂网钢筋ϕ8@20cm×20cm，锚杆采用Φ32，L=8m及Φ28，L=6m，间距1.0m×1.0m，矩形布置。端墙墙支护参数参照边墙支护参数。

3）支护施工方法

见“4.5 标准施工工艺”。

4.4 边坡开挖

4.4.1 进水口边坡开挖

4.4.1.1 工程概况

猴子岩水电站进水口位于大渡河右岸磨子沟下游，采用岸塔式进口。开挖最低高程1776.00m，最高高程约1940.00m，最大开挖高度约164m。

4.4.1.2 施工布置

1）施工通道布置

进水口EL.1847.00m以上开挖运输通过S211－3＃公路运渣，以下部位通过6＃公路运渣。

为满足工程施工需要，进水口开挖出渣运输线路规划如下：

（1）开挖工作面→（S211－3＃公路）→省道S211复建公路枢纽区段→14＃公路→801公路→3＃临时桥→13＃公路→色古沟渣场。

（2）开挖工作面→6＃公路→2＃公路→8＃公路→3＃临时桥→13＃公路→色古沟渣场。

（3）开挖工作面→6＃公路→2＃公路→省道S211→2＃临时桥→1＃公路→菩提河坝回采渣场。

2）施工风、水、电布置

施工供风：进水口土石方开挖主要采用YT－28手风钻进行钻爆，QZJ－100B潜孔钻机进行结构线预裂钻孔，前期采用DN150钢管从设置在S211－3＃公路的压气站（额定容量120m^3/min）进行供风，后期采用DN200钢管从6＃公路的压气站（额定容量200m^3）进行供风。

施工供水：前期 EL. 1847.50m 以上采用 DN100 软管从设置在 S211－3＃公路的系统供水点接入，后期从至 6＃公路的供水系统主管引接，采用 Φ108 供水管引接至各工作面。

施工供电：主要是工作面照明及抽水（设备用水）用电，前期从设置在 S211－3＃公路的箱式变电站接线点引接，后期变电站设置在进水口 6＃公路内。

3）施工排水

边坡开口线外根据现场实际情况设置截水沟，同时施工工作面施作临时排水沟，并将临时排水沟内水最终排至永久排水沟，再经永久排水沟排入大渡河。

4.4.1.3 施工总体方案

1）边坡开挖

电站进水口边坡开挖自上而下分三个区进行施工：第一区间为边坡工程 S211－3＃公路出口高程（EL. 1847.50m）以上至坡顶开口线 EL. 1954.00m；第二区间为 S211－3＃公路出口高程（EL. 1847.50m）以下至 EL. 1804.00m；第三区间为 EL. 1804.00～1776.00m。

第一区间工程量主要集中于上游边坡，局部分布在下游边坡，小部分分布在洞脸工程 EL. 1847.50m 以上，由于边坡坡陡，临时施工便道无法到达，水平开挖厚度较薄（平均 5～8m），采用人工清理覆盖层，采取 YT－28 手风钻松动爆破，支护及时跟进。

第二区间从 S211－3＃公路进入工作面，开挖采取自上而下的施工程序进行，结构面预裂爆破，大面开挖梯段爆破，以 6.0～10.0m 分层整体下降，爆破过程中，支护及时跟进。

第三区间开挖与引水洞岩塞段开挖密切相关。洞顶以下开挖分层和引水洞开挖分层大体一致，先开挖进水口边坡，然后支护洞脸揭露部分，并做好洞口锁口支护，采用小导洞后扩大的办法进洞，岩塞打通后自洞外向洞内开挖。第三区间在 EL. 1804.00～1779.00m 开挖之前需完成洞脸的预裂，确保洞口成型质量。

2）边坡支护

本工程边坡支护类型分为三类：第一类为开挖坡比陡于 1.0∶0.5 的开挖边坡，普通砂浆锚杆 Φ32，L＝9m 和 Φ28，L＝6m，梅花形交错交替布置，间排距 1.5m；喷 C20 混凝土，厚 15cm；挂钢筋网 ϕ6.5，网格间距 15cm×15cm。第二类为开挖坡比为 1.0∶0.5 的边坡，普通砂浆锚杆 Φ28，L＝6m 和 Φ25，L＝4.5m，梅花形交错交替布置，间排距 1.5m；喷 C20 混凝土，厚 15cm；挂钢筋网 ϕ6.5，网格间距 15cm×15cm。第三类为马道，喷 C20 混凝土，厚 15cm；挂钢筋网 ϕ6.5，网格间距 15cm×15cm。

边坡的支护安排在分层开挖过程中逐层进行，上层支护要保证下层开挖施工的安全顺利进行，岩石状况较好的部位可滞后一个开挖梯段，岩石差的部位紧跟开挖工作面及时进行支护；边坡松动岩块和危石的清理在开挖前进行。在每层边坡开挖完成后，立即进行脚手架的搭设，然后在脚手架上进行各类支护工作的施工。先进行锚杆钻孔，然后注浆插入锚杆，利用锚杆外露部分架设钢筋网，在该部位各类锚杆施工结束后喷混凝土，预应力锚索施工、各类锚杆及其他支护施工同时穿插进行。

3）挡渣墙的设置

为了有效挡渣，设置了一级集渣平台和挡渣墙。为 1779.00m 高程挡渣墙，用于进水口边坡 EL. 1847.50～1779.00m 边坡开挖支护的集渣和挡渣。集渣平台示意图如图 4.4－1 所示。

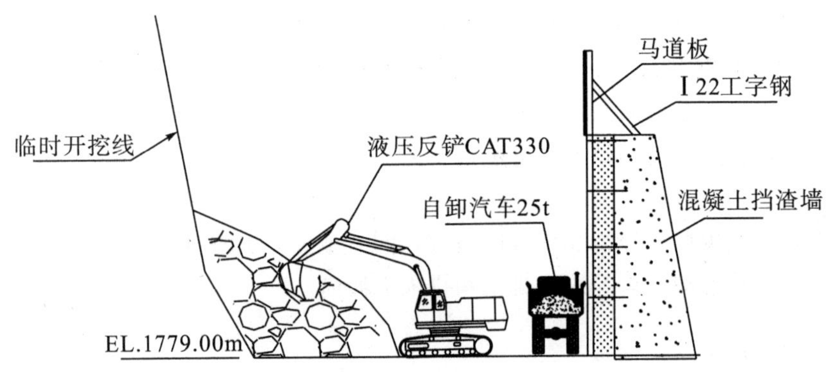

图 4.4－1　EL.1799.00m **集渣平台示意图**

4）边坡排水

在边坡开挖支护之前应首先进行截水沟的施工，截水沟施工 M10 浆砌块石，厚度 30cm，首先利用人工或风镐开挖截水沟，开挖完成后施作浆砌块石。

边坡设置排水孔，孔径 Φ50mm，间排距 3m，孔深 5m，仰角 5°，在工作面不允许的情况下采用手风钻钻进成孔，在工作面允许的情况下采用轻型潜孔钻机钻进成孔，在钻孔验收合格后安插塑料盲沟，外包土工布。

5）边坡防护施工

在开挖开口线外根据监理工程师指示施作防护网，防护网采用主动与被动结合的方式，被动防护网连续设置，主动防护网根据岩石性质及破碎情况设置。

4.4.1.4　施工程序及施工分区

1）施工程序

进水口边坡开挖支护主要工程项目有边坡开挖喷锚支护、锚索、马道、排水孔、截水沟、主被动防护网等分项工程施工。通过对进水口边坡施工控制性关键线路及其他条件的分析，可以确定：确保 S211 低线道路的通畅、防止石渣入河及保证高边坡施工安全是整个进水口边坡施工的重点和难点。因此，边坡截水沟形成、集渣平台和挡渣墙施工及其他安全设施的投入是进水口边坡进入正常施工的前提和基础。

基于以上两点，进水口边坡施工在宏观上的安排程序如下：

（1）施工进水口边坡各种安全设施，并提早完成边坡截水沟的施工。

（2）遵照设计意图，力求使边坡支护紧跟开挖。同时，避免开挖爆破损坏支护结构。

2）施工分区

根据施工道路布置条件所决定的出渣方式及控制边坡开挖爆破飞石抛掷方向的需要，进水口边坡在铅直方向上共划分为三个区进行施工，即 EL.1847.50m 以上施工（Ⅰ开挖区）、EL.1847.50～1804.00m 边坡施工（Ⅱ开挖区）、EL.1779.00～1804.00m 边坡施工（Ⅲ开挖区）。在平面上，为控制爆破飞石抛掷方向平行于河道走向，在每一开挖层预裂爆破之后、大面爆破开挖之前，须首先沿垂直河道走向方向开挖一条宽 15m 的先锋槽，为先锋槽上、下游方向大面爆破开挖提供临空面。进水口边坡开挖分层布置如图 4.4－2 所示。

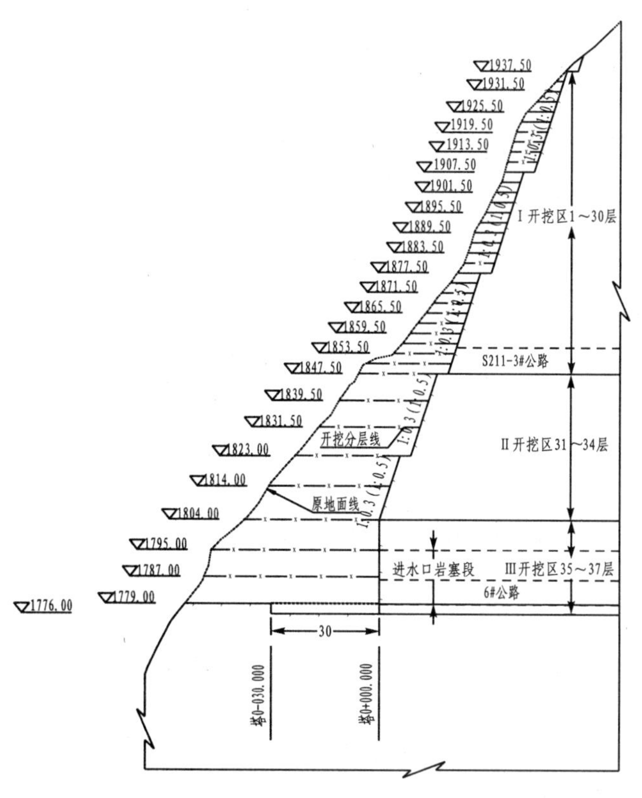

层号	工程范围	梯段高度	工程量 (m³)	备注
1	开口线～1937.5			
2	1937.5～1934.5	3		
3	1934.5～1931.5	3		
4	1931.5～1928.5	3		
5	1925.5～1922.5	3		
6	1922.5～1919.5	3	12524	手风钻钻爆
7	1919.5～1916.5	3		
8	1916.5～1913.5	3		
9	1913.5～1910.5	3		
10	1910.5～1907.5	3		
11	1907.5～1904.5	3		
12	1904.5～1901.5	3		
13	1901.5～1898.5	3		
14	1898.5～1895.5	3		
15	1895.5～1892.5	3		
16	1892.5～1889.5	3		
17	1889.5～1886.5	3		
18	1886.5～1883.5	3		
19	1883.5～1880.5	3	95058	手风钻钻爆
20	1880.5～1877.5	3		
21	1877.5～1874.5	3		
22	1874.5～1871.5	3		
23	1871.5～1868.5	3		
24	1868.5～1865.5	3		
25	1865.5～1862.5	3		
26	1862.5～1859.5	3		
27	1859.5～1856.5	3		
28	1856.5～1853.5	3		
29	1853.5～1850.5	3		
30	1850.5～1847.5	3		
31	1847.5～1839.5	8		
32	1839.5～1831.0	8	203040	
33	1823.0～1814.0	9		
34	1814.0～1804.0	10		ROC-D7梯段预裂爆破
35	1804.0～1795.0	9		
36	1795.0～1787.0	8	185567	
37	1787.0～1779.0	8		
合计			496189	

图 4.4－2　进水口开挖分层布置图

4.4.1.5　土方明挖开挖施工

土方明挖主要包括进水口边坡的植被清理、剥离层剥离、截排水沟施工等工作。

1）施工工艺流程

经实地考察发现，进水口边坡植被及土方覆盖层较薄，主要采用人工清理的方式进行土方开挖，反铲挖装，自卸车出渣。具体施工工艺流程为：施工准备→测量放样→施工截、排水沟→植被清理、剥离层剥离→反铲挖装、自卸车出渣→人工边坡修整→边坡支护及基础处理。

2）施工方法

(1) 施工准备。

考察边坡的地质特征及施工条件，布置风水电线路及设备运输通道。

(2) 测量放样。

由测量人员测放出设计开挖边线，核实开挖断面。

(3) 施工截、排水沟。

人工清除开挖区内的植被、杂物，开挖线坡外做好截、排水沟，机械设备不能到达的部位采用人工开挖及运输，采用人工清撬松土，若遇坚硬岩石或风化岩，采用风镐或手风钻钻爆开挖。

截水沟设置在边坡开口线外，具体位置由监理工程师指定。砌筑采用 M10 砂浆，砂浆一次拌制的数量按照现场施工人员数量及工人单位小时的生产效率确定，避免对砂浆的浪费。片石采用挤浆法施工，铺砌时自下而上进行，砌块不得大面平铺，石块彼此交错搭接，错缝一般为 7～8cm，不得松动，严禁浮塞。砂浆在砌体内必须饱满、密实，不得有悬浆。砌体选用 15cm 以上的片石。

(4) 土方开挖。

厚层土方及覆盖层采用 1.60m³、0.80m³ 反铲翻渣至原 S211 公路集渣平台，2.25m³、1.80m³

反铲或装载机装 20t、15t 自卸车运至上游色古沟渣场。

土方及覆盖层自上而下分层超前于石方进行开挖，一般分层高度按 3.0～4.0m 控制，对于孤石，采用手风钻浅孔小炮炸裂挖除。靠近设计规格线的土质边坡、底板区，采用 0.80m^3 反铲按设计进行开挖，预留 50cm 修整余量，再用人工修整，使之满足施工图纸要求的坡度和平整度，底板修整至设计规格后及时进行底板混凝土浇筑。雨天施工时，施工台阶略向外倾斜，以利于排水。

3）施工控制要点

（1）截水沟施工控制要点。

①片石的最小形状尺寸不得小于 15cm。

②表面砌缝宽度小于 4cm，两层间竖向错缝不小于 8cm，三块石料相接处的空隙小于 7cm。

③砌体砌筑完毕应及时覆盖，并经常洒水养护，保持长湿润，常温下养护期不小于 7 天。

④表面平整度允许偏差+3cm，厚度允许偏差+3cm。

（2）土方明挖施工控制要点。

①施工期间的临时排水：提前形成截、排水沟，配置足够的排水设备，有效排除工作面的积水，并防止场外水流流进开挖区内，确保干地施工。

②测量精度控制：采用先进精确的全站仪测放点线，严格控制超欠挖。

③强化钻爆质量：预裂爆破钻孔要控制好倾角和深度，保护层开挖要严格控制装药量，减少超欠挖，减少对建基岩产生不必要的爆破裂隙。

④支护要尽可能跟进开挖，防止岩石风化或土体边坡滑移、坍塌。

⑤相关部位施工干扰和协调，如进水口边坡开挖与压力管道洞室开挖的协调。

4.4.1.6 *石方明挖施工*

1）施工工艺流程

石方明挖施工工艺流程如图 4.4-3 所示。

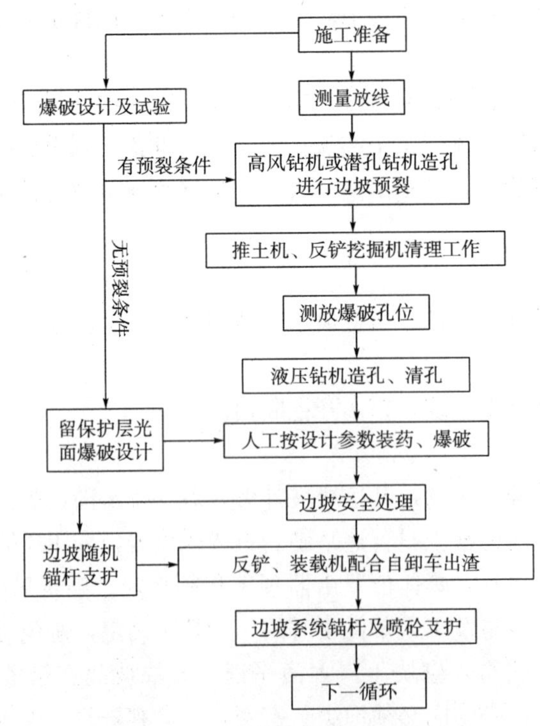

图 4.4-3　石方明挖施工工艺流程

2）施工分区

（1）EL.1847.50m以上开挖。

通过S211－3＃公路进入EL.1847.50m工作面，向上、下游两个工作面同时施工，采用手风钻钻爆，先形成EL.1847.50m集渣平台，再进行EL.1847.50m以上开挖，溜渣至EL.1847.50m集渣平台运出。

EL.1847.50m以上部位开挖共分30层，分层高度2.5～3.0m，边坡设计线采用手风钻光面爆破。

爆破采取浅孔小药量松动爆破，爆破孔底部装厚10～20cm的泡沫作为柔性垫层，以减小爆破对建基面的扰动，保持岩体完整性

上部边坡采用人工翻渣至EL.1847.50m平台，采用液压反铲挖装，15t自卸汽车运输至渣场。

（2）EL.1779.00m进水口集渣平台施工。

通过6＃公路进入工作面。从下游至上游依次开挖，工作面开挖宽度15～18m，先采用人工配合手风钻进行开挖，形成施工通道，再采用ROC－D7液压钻机进行开挖钻爆，并利用液压反铲配合装渣，达到安全距离时开始挡渣墙的施工。

（3）EL.1847.50～1787.00m区间开挖。

大型开挖、翻渣设备通过S211－3＃公路进入EL.1847.50m工作面，结合开挖轮廓尺寸及施工进度要求，开挖布置两个工作面。

YT－28手风钻找平岩面，QZJ－100B潜孔钻机边坡预裂，ROC－D7液压钻机梯段爆破，梯段高度6.0～10.0m，共分7层，创造两个临空面斜向上、下游坡，弱松动爆破（每次爆破控制渣料在集渣平台容量范围内），加长炮孔堵塞长度，利用前次渣料在自由面压渣，以控制飞石滚落。采用反铲挖掘和TY220推土机推渣料入溜渣通道至底板集渣平台，反铲、装载机装渣，自卸汽车运经6＃公路→2＃公路→8＃公路→3＃临时桥→13＃公路至渣场。

马道预留厚2.5m保护层，底板预留厚3.0m保护层，保护层采用YT－28手风钻钻孔，浅孔分层爆破，底部柔性垫层，磁电雷管引爆。

EL.1793.50m是引水洞岩塞段与边坡相接处，施工干扰大，各部位施工程序需精心协调。洞顶以下开挖分层和引水洞开挖分层大体一致，先开挖引水洞出口，然后开挖支护洞脸揭露部分，并做好洞口锁口支护，采用先导后扩的方式进洞，打通岩塞段。大面开挖之前完成洞脸的预裂，确保洞口成型质量。

（4）EL.1787.00～1776.00m区间开挖。

该区间分两部分：EL.1787.00～1779.00m，EL.1779.00～1776.00m。

采用ROC－D7液压钻机梯段爆破，梯段高度3m，加长炮孔堵塞长度，利用前次渣料在自由面压渣，以控制飞石范围。

坑槽开挖采用小梯段爆破，YT－28手风钻钻孔，周边预裂爆破，预裂孔一次钻至设计高程。保护层开挖采用手风钻钻孔，浅孔小药量松动爆破，爆破孔底部装厚10～20cm的泡沫作为柔性垫层，以减小爆破对建基面的扰动，保持岩体完整性。弃渣采用反铲挖装，自卸汽车运输至渣场。

3）爆破设计

（1）爆破试验。

①梯段及预裂爆破参数试验。

Ⅰ.试验目的。

根据爆破效果、爆破破坏范围和爆破地震效应试验结果确定、优化梯段爆破和预裂爆破或光面爆破参数。

Ⅱ.试验部位。

梯段爆破试验结合生产进行，试验地点选在进水口。

Ⅲ. 试验方法。

预裂爆破采用 CM351 高风压钻机，拟定钻孔装药参数为：孔径 100mm，孔距 0.6～0.8m，Φ32 药卷间隔装药（线装药量 400kg/m），导爆索起爆。

Ⅳ. 梯段爆破按照爆破设计进行试验并验算飞石距离。

②基岩保护层爆破试验。

Ⅰ. 试验目的。

通过试验证明基岩保护层采用水平光爆技术一次爆除的可靠性，确定基岩保护层一次爆除的具体钻爆方法和钻爆参数。

Ⅱ. 试验部位及时间。

基岩保护层爆破（水平预裂或光面爆破）试验在进水口保护层部位进行。

Ⅲ. 试验方法。

用钻孔声波法检测基岩被破坏范围。

在同等条件下，进行水平预裂爆破和水平光面爆破，比较两者对水平建基面的影响程度和不平整度。

Ⅳ. 测试仪器。

SYC－2C 型非金属超声波测试仪。

③钻爆设计参数。

Ⅰ. 火工材料的种类及规格。

炸药：乳化炸药或铵梯炸药，药卷直径 60mm、32mm、25mm。

雷管：毫秒非电雷管，火雷管。

传爆器材：导爆索。

起爆器材：火雷管、导火线。

Ⅱ. 预裂爆破孔参数拟定。

ⅰ. 采用 CM351 高风压钻机（QZJ－100E 潜孔钻机）造孔，预裂孔孔径 $D=70\sim100$mm。

炮孔间距 a：据经验公式 $a=(7\sim12)D$，则 $a=10\times70=700$mm，选用 $a=60$cm、80cm。

不耦合系数：$D_d=D/d=2\sim5$。其中，D 为钻孔直径，为 100mm（成孔）；d 为药卷直径，选用药卷直径 32mm。则 $D/d=100/32\approx3.13$。

线装药密度：$Q_x=0.042\times R_{0.5}\times a_{0.6}$（kg/m）。其中，$a$ 为炮孔间距，选用 80cm；R 为岩石极限抗压强度（MPa），基于本工程岩石情况，选用 100MPa。则 $Q_x=0.367$kg/m，底部加强装药 2～3 倍。

堵塞长度 L 取 1.4m。

采用空气间隔装药，底部采用 Φ32 乳化炸药加强装药，装药 3 节，0.45kg，线装药采用 1 节Φ32 炸药间隔 20cm。

ⅱ. 采用 YT－28 手风钻钻孔，预裂孔孔径 $D=42$mm。

炮孔间距 a：根据经验公式 $a=(7\sim12)D$，则 $a=10\times42=420$(mm)，选用 $a=50$cm。

不耦合系数：$D_d=D/d=2\sim5$。其中，D 为钻孔直径，为 42mm（成孔）；d 为药卷直径，选用药卷直径 25mm。则 $D/d=42/25=1.68$。

线装药密度：$Q_x=0.042\times R_{0.5}\times a_{0.6}$（kg/m）。其中，$a$ 为炮孔间距，50cm；R 为岩石极限抗压强度（MPa），基于本工程岩石情况，选用 100MPa。则 $Q_x=0.277$ kg/m，选用 280g/m，装药时底部加强装药 2～3 倍；

堵塞长度 L：取 0.6m。

采用空气间隔装药，底部采用 Φ32 乳化炸药加强装药，装药 2 节，0.3kg，线装药采用 1

节 Φ25 炸药间隔 20mm。

Ⅲ. 深孔梯段爆破孔参数拟定。

采用倾斜深孔爆破，倾斜角初步按 1.0∶0.5 开挖坡比确定。

梯段高度：$H=8$m。

钻孔直径 D：CM−351 液压钻机，成孔直径分别为 80mm 和 100mm。

底板抵抗线：$W=(20\sim40)d$。其中药卷直径 60mm，则 $W=30\times60$mm$=1.8$(m)。

超钻深度：$h=0.5W=0.9$m。

钻孔深度：$L=1.05\times(H+h)\approx10.5$，以不穿透岩体预留保护层为准。

炮孔间距：$a=mW$。其中，m 为炮孔邻近系数，取 1.5，故 $a=1.5\times1.8=2.7$(m)，取 $a=3.0$m。

炮孔排距：$b=0.866a=0.866\times2.7\approx2.34$(m)，取 $b=2.5$m。

装药量：$Q=qaWH/\sin\alpha=0.5\times3.0\times1.8\times8/\sin\alpha\approx24.16$(kg)。

装药长度：$L_1=Q/q_1$。其中，q_1为每米药包重量，根据《水利水电工程施工组织设计》可得，$q_1=2.827$kg/m，故 $L_1=8.55$m。

堵塞长度：$L_2=L-L_1$，故 $L_2=1.95$m。

单响药量：单响药量的控制通过非电毫秒微差雷管实现，根据具体现场条件决定。

Ⅳ. 浅孔梯段（光爆孔）参数拟定。

采用垂直浅孔爆破，梯段高度 3.0m。

采用 YT−28 手风钻钻孔，光爆孔孔径 $D=42$mm。

根据经验公式：钻孔深度 $L=H=3.0$m。

炮孔间距：$a=(0.5\sim1.0)L$，$a=0.5\times3.0=1.5$(m)。

炮孔排距：$b=(0.8\sim1.0)a$，$b=1.0\times1.5=1.5$(m)。

底板抵抗线：$W=(0.4\sim1.0)H$，$W=0.5\times3.0=1.5$(m)。

装药量：$Q=q(0.6\sim0.7)aWH=0.5\times0.6\times1.5\times1.5\times3.0=2.025$(kg)。

装药长度取 2.4m。

堵塞长度取 0.6m。

据招标文件提供的进水口岩石物理力学性能等参数，结合我部爆破开挖经验，开挖采用控制爆破技术，设计边坡采用预裂爆破技术予以保护。具体爆破孔布置及爆破参数如图 4.4−4、表 4.4−1、表 4.4−2 所示。

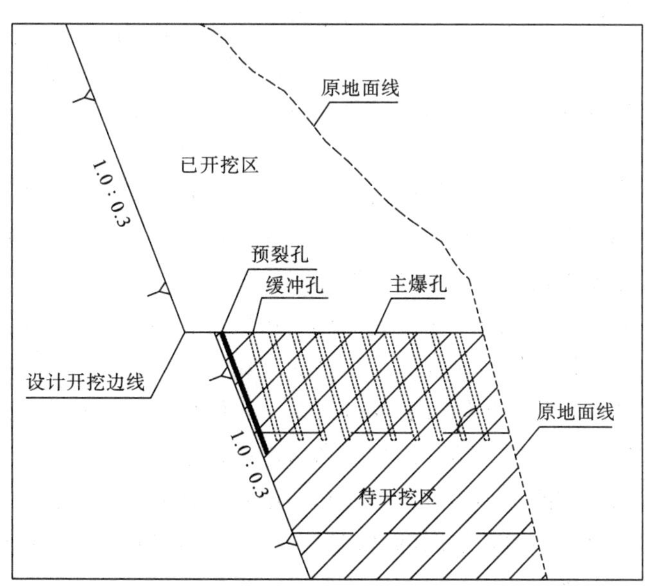

图 4.4−4　进水口边坡爆破孔布置示意图

表 4.4-1 进水口手风钻钻爆参数表

钻孔设备	类别	梯段高度/m	钻孔直径/mm	钻孔深度/m	孔间距/m	排间距/m	药卷直径/mm	单孔药量/kg	炸药单耗	线装药量/(g/m)	备注
YT-28手风钻	预裂孔	3	45	3.25	0.45	—	25	0.35	—	270	间隔装药
	缓冲孔	3	45	2.8	0.8	—	32	0.8	0.40	—	—
	主爆孔	3	45	2.8	1.0	1.2	32	1.2	0.45	—	—

注：以上爆破参数将根据现场爆破试验进行调整。

表 4.4-2 进水口梯段爆破参数表

钻孔设备	类别	梯段高度/m	钻孔直径/mm	孔间距/m	排间距/m	药卷直径/mm	单孔药量/kg	炸药单耗	线装药量/(g/m)	备注
QZJ-100B潜孔钻机	预裂孔	10～12	100	0.8	—	32	—	—	375～400	间隔装药
ROC-D7液压钻机	缓冲孔	6～10	100	2.5	—	60	16	—	—	—
	主爆孔	6～10	100	2.5	2.5	60	—	0.48	—	—

4）施工方法

（1）深孔梯段松动爆破。

各梯段的覆盖层开挖结束后，首先采用手风钻对自然边坡临空面进行整形钻爆，以减少梯段爆破底盘抵抗线，然后根据该层开挖区域大小分为若干个爆区进行梯段爆破开挖，各爆区之间形成边坡预裂、钻孔、出渣流水作业，相邻爆区分界线采用施工预裂爆破。

为提高爆破效率、降低成本，梯段采用毫秒微差爆破。每个爆区开挖前采用反铲清理钻孔工作面，然后测量定出孔位；造孔以履带潜孔钻机为主，KQJ-100B潜孔钻机为辅；主爆破孔、缓冲爆破孔及施工预裂孔均以卷状乳化炸药为主，人工装药，非电毫秒微差起爆网络起爆，施工预裂提前于相应梯段爆破100ms以上起爆。距离边坡预裂面20m范围内开挖采用控制爆破，单响药量不大于200kg，距离边坡预裂面5m范围内采取缓冲爆破，炮孔装药直径50mm，临近预裂面一排孔，装药量为主爆破孔的1/2～1/3。钻孔过程中，专人对钻孔的质量及孔网参数按照作业指导书的要求进行检查，如发现钻孔质量不合格及孔网参数不符合要求，立即进行返工，直至满足钻孔要求。

爆破后，首先由人工配合反铲对坡面松动块石进行清理，然后用0.80m^3、1.60m^3反铲翻渣至集渣平台，2.25m^3、1.80m^3反铲或装载机装20t、15t自卸车运至普提河堆石料加采场或色古沟渣场。

（2）边坡预裂爆破。

各部位石方设计边坡采用轻型潜孔钻机造孔分次预裂爆破成型，一次预裂深度不大于10m。边坡预裂爆破时，边坡外侧未爆岩体大于预裂孔深的1.5倍，以控制未经预裂隔振的主爆孔振动对边坡产生破坏影响。钻孔角度根据边坡坡度进行控制。

开钻前，首先按照设计图纸进行现场放线，标出边坡开挖线，确定开挖范围轮廓和钻孔深度、角度，然后根据放样的孔位进行钻孔作业。为保证钻孔精度，采用“三次校杆法”控制钻孔精度，即在刚开钻时只旋转不冲击，待钻头钻进岩层进行第一次校核，钻孔精度满足要求后再开冲击，等冲击器钻进岩层，第二次进行校核，精度满足要求后再进行钻进，待第一根钻钎钻进岩层后第三次校核钻杆精度，满足要求后才能继续钻进。预裂孔采用卷状乳化炸药，人工装药，装药结构为空气间隔不耦合形式，采用非电毫秒微差起爆网络起爆。边坡预裂爆破单响药量控制在50kg以内。

（3）建基面水平光面爆破。

进水口明挖工程各部位建基面石方采用光面爆破的方式进行开挖。光爆孔采用轻型潜孔钻机或手风钻造孔，钻孔角度严格控制，减小建面的超挖，避免出现欠挖。

（4）浅孔梯段爆破。

方量较小的石方及洞脸边坡5m范围内采用手风钻浅孔梯段爆破，边坡预裂提前施工。主爆孔采用YT－28手风钻钻孔，钻机就位时，用样架尺对钻孔角度定位校准，开孔后进行中间过程的深度和角度控制，以便及时调整偏差。采用卷状乳化炸药，人工装药，采用非电毫秒微差起爆网络。

爆破后，首先由人工配合反铲对坡面松动块石进行清理，然后用反铲翻渣至集渣平台，1.8m^3反铲或装载机装20t、15t自卸车运至菩提河堆石料回采场或色古沟渣场。

5）施工控制要点

（1）边坡钻孔爆破。

①钻孔爆破前应做好开挖边坡线外的危石清理及截水沟的开挖，并形成钻爆平台。

②对不良地质条件部位和需保留的不稳岩体，必须采取控制爆破，边开挖边支护，确保边坡稳定。

③梯段顶面应保持平整，并略向开挖前沿倾斜，以利于排除积水。

④梯段前排孔位应满足钻孔作业安全要求，孔向宜平行梯段破面。

⑤钻孔质量应符合下列要求。

Ⅰ.孔位偏差：一般爆破孔为孔距、排距、抵抗线的5%，预裂、光爆孔距为5%。

Ⅱ.倾角与方向偏差：一般爆破孔为52.5%孔深。预裂、光爆孔为±1.5%孔深。

Ⅲ.终孔高程偏差：一般爆破孔0～20cm。预裂、光爆孔55cm。

Ⅳ.爆后边坡壁面、建基面超欠挖应控制在20cm以内。

⑥采用预裂或光面爆破的效果应达到下述要求：

Ⅰ.预裂缝应贯通，本工程中的变质岩在地表呈现的缝宽不应小于0.3cm。

Ⅱ.边坡轮廓壁面孔痕应均匀分布，残留孔痕保存率，微风化岩体为85%以上，弱风化中、下限岩体为60%；弱风化上、中限岩体为20%。

Ⅲ.爆后岩面不平整度应不大于15cm，壁面不得有明显的爆破裂隙。

（2）基坑钻孔爆破。

①控制爆破单响最大段起爆药量，一般不大于500kg，建基面保护层的上一层梯段不大于300kg。

②底板等重要部位建基面，应预留岩体保护层，其厚度应由现场爆破试验确定，并应不小于1.5m，保护层应使用机具或人工挖除，或采用小炮分层爆破的方法开挖。

③基础开挖后表面因爆破振松（裂）的岩石、表面呈薄片状和尖角状突出的岩石以及裂隙发育或具有水平裂隙的岩石均需采用人工清理，如单块过大，可用单孔小炮和火雷管爆破。

④开挖后的岩石表面应干净、粗糙。岩石中的断层、裂隙、软弱夹层应被清除到施工图纸规定的深度。岩石表面应无积水或流水，所有松散岩石均应予以清除。建基面岩石的完整性和力学强度应满足施工图纸的规定。

⑤建基面上不得有反坡、倒悬坡、陡坎尖角；结构面上的泥土、锈斑、钙膜、破碎和松动岩块以及不符合质量要求的岩体等均必须采用人工清除或处理。

⑥建基面不允许欠挖，开挖面应严格控制平整度。坡岩面开挖，应使开挖面平顺，开挖时优先采用预裂爆破法。当接近建基岩面时，应避免爆破，使用机具或人工挖除，或用小孔径、浅孔火炮爆破。

（3）沟槽开挖。

①通过爆破试验调整爆破参数。槽挖应采用小直径炮孔进行分层爆破，并遵循“先中间后两边”的“V”形起爆方式，周边应采用预裂或光面爆破技术。

②建筑物结构基础槽开挖应在达到边坡设计轮廓面或槽顶水平建基面后进行，当顶宽小于5m时应采用分层爆破，沿轮廓面按孔深1.2m、40mm钻孔，轮廓面应采用光面爆破，其间采用拉槽辅助爆破，每层进深控制在1m以内，槽底建基面以上0.2m人工撬挖。

③顶宽大于5m的结构基础槽，建基底面1.5m以上采用50mm钻孔，轮廓预裂爆破中心拉槽辅助爆破。重要的大型结构基础槽的爆破应加强监测控制，调整爆破参数，尽量减少振动破坏影响。

4.4.1.7 边坡支护施工

1）边坡支护类型

进水口边坡支护类型主要有砂浆锚杆、锚筋束、锚索、坡面钢筋网、喷混凝土及柔性防护网施工。分区设计支护参数，其中锚杆直径25～32mm，长度4.5～12.0m；喷混凝土均为挂钢筋网喷混凝土；锚索详见锚索施工章节。

2）支护施工原则

（1）为了确保边坡稳定，支护与开挖同步进行，每开挖完一个台阶，及时进行支护施工，支护施工结束后方可进行同段下一台阶开挖。

（2）开挖边坡的支护在分层开挖过程中逐层进行，在下层开挖前需征得现场监理工程师的同意。

（3）为满足边坡稳定、限制卸荷松弛，边坡的支护在分层开挖过程中逐层进行上层支护，以保证下层开挖安全顺利进行。

（4）对边坡进行系统支护的同时，进行边坡排水孔施工，尽量排出可能造成危害的地下水。

3）施工程序

（1）明挖边坡的支护应在分层开挖过程中逐层进行，上层支护应保证下层开挖安全顺利进行，岩石状况较好的部位可滞后一个开挖梯段，岩石差的部位紧跟开挖工作面及时进行支护。

（2）边坡松动岩块的清理在开挖时进行。在每层边坡开挖完成后，立即进行脚手架的搭设，然后在脚手架上进行各类支护工作。

（3）先进行锚杆钻孔再注装锚杆，利用锚杆外露部分安装钢筋网，在该部位各类锚杆施工结束后喷混凝土。

4）施工方法

（1）施工道路布置。

施工道路主要为支护用材料的运输道路，主要利用明挖施工规划的施工道路和边坡马道。

（2）主要施工方法。

根据设计要求，开挖边坡应及时支护，即开挖一层、支护一层。钢管脚手架作为支护操作平台，操作平台必须满足施工安全要求。

5）锚杆施工

由于边坡锚杆支护数量大，而且具有大孔径要求，因此，锚杆钻孔设备选型如下：

孔深≤5m，选用YT－28手风钻钻孔。

孔深≥5m，选用YG80导轨式钻机钻孔。该钻机尺寸小、重量轻、钻进速度快，便于大量布置。

锚杆钻孔前先清理岩面，进行布孔，钻孔完成后，按照“先注浆后插杆”的方式进行注装。

（1）钻孔。

钻头选用要符合设计孔径要求，钻孔点有明显标志，开孔的位置偏差应小于100mm。

锚杆孔的孔轴方向应满足设计要求。施工图纸未作规定时，其系统锚杆的孔轴方向应垂直于开挖面；局部随机加固锚杆的孔轴方向应与可能滑动面的方向大角度相交，钻孔方位偏差不应大于5°。锚孔深度必须达到设计要求，孔深偏差值不大于50mm。

钻孔结束后，对每一个钻孔的孔径、孔向、孔深及孔底清洁度进行认真检查记录，用风、水联合清洗，将孔内松散岩粉粒和积水清除干净。

(2) 钻孔直径。

砂浆锚杆的钻孔孔径应大于锚杆直径。当采用“先注浆后安锚杆”的程序时，钻孔直径应大于锚杆直径15mm以上。当采用“先安锚杆后注浆”的程序时，对于上仰孔，钻孔直径应大于锚杆直径25mm以上；对于下倾孔，灌浆管需插至底部，钻孔直径应大于锚杆直径40mm以上。

(3) 锚杆的安装及注浆。

①当采用“先注浆后插锚杆”的程序时，锚杆插送方向要与孔向一致，插送过程中要适当旋转（人工扭送或管钳扭转）；锚杆插送速度要缓、均，当有“弹压感”时要旋转再插送，尽量避免敲击安插。

②当采用“先安锚杆后注浆”的程序时，对于上仰孔，应有延伸到孔底的排气管，并从孔口灌注水泥浆直到排气管返浆为止；对于下倾孔，注浆锚杆注浆管一定要插至孔底，然后回抽3～5cm，送浆后拨浆管必须借助浆压缓缓退出，直至孔口溢出（管刚好自动退出）。

封闭灌注的锚杆，孔内管路要通畅，孔口堵塞要牢靠。并从注浆管注浆直到孔口冒浆为止。

灌浆过程中，若发现有浆液从岩石锚杆附近流出应堵填，以免继续流浆。

浆液一经拌和应尽快使用，拌和后超过1h的浆液应予以废弃。

因任何原因发生灌浆中断，应取出锚杆，并用压力水在30min内对灌浆孔进行冲洗。如果在重新安装时发现钻孔被部分填塞，应复钻到规定的深度。

注浆完毕后，在浆液终凝前不得敲击、碰撞或施加任何其他荷载。

6) 挂钢筋网喷混凝土

(1) 人工安装钢筋网。

钢筋网在钢筋厂加工后，人工运至施工工作面，利用钢管搭设平台架进行施工。先按照设计网间排距的10倍进行龙骨钢筋的敷设，利用手电钻进行钻孔，再用$\phi6.5$插筋条固定龙骨钢筋，最后在龙骨钢筋上按照设计间排距施工钢筋网。钢筋网同锚杆绑扎连接，压网钢筋与锚杆焊接。安设时，要求钢筋网紧贴岩面，横平竖直。

(2) 喷射混凝土。

砼通过马道由小四轮车运输到施工工作面。

操作平台架采用Φ48钢管搭设而成，钢管水平方向和垂直方向间距均为1.5m。钢管之间使用扣件连接。

施工程序为先初喷厚3～5cm砼，再挂网、复喷砼到设计厚度，在系统锚杆上做明显标记来控制喷护厚度。

挂钢筋网通过监理工程师的现场验收后进行喷射混凝土的施工，施工前根据边坡地质条件，利用高压风（水）枪清理（冲洗）岩面浮石、块、土等，检查完喷射设备、核实风（水）压无误后进行喷射施工，喷射时严格按照规范的施工工艺要求进行施工。现场施工技术员、质检员对从混凝土拌和物到受喷面上的成品混凝土料进行全过程监控，保证喷射混凝土的质量。

7) 锚筋束施工

钻孔：钻孔采用CL－120G高风压钻机进行。

钢筋桩制作安装：钢筋在钢筋厂加工制作好后，人工运至现场安装，钢筋之间及与灌浆管之间点焊连接，焊接质量必须满足设计和规范要求。

注浆：采用注浆机进行注浆，施工前进行注浆试验，确定合适的注浆压力，注浆质量必须满足设计要求。

砂浆配合比：控制砂浆水灰比为0.4以下，通过配合比试验选定施工配合比。

8）排水孔施工

钻孔：孔径小于50mm的钻孔，边坡上部采用手风钻钻孔，具有工作面条件后采用轻型潜孔钻机钻进成孔。

钻孔孔位：用全站仪及钢卷尺按设计给定的控制坐标点定出每个孔的孔位，孔位偏差控制在设计要求范围内。

钻机就位：钻机就位时转动动力头，采用地质罗盘调整动力头倾角以满足要求，调整完毕后固定钻机。钻进过程中每进尺3～5m对钻机立轴进行一次校正。

钻进技术参数控制：在钻进过程中，根据所选用的钻进工艺，并结合以往类似工程施工经验，根据不同的地层采取合适的钻进技术参数钻进。

孔斜保证措施：钻孔孔向、方位角度调整好后，对钻机进行固定，保证钻进过程中平整稳固。

排水孔的冲洗：为了提高排水效果，在钻孔结束后采用大泵量水冲孔的方法清除孔内岩粉直至回水澄清为止。

排水盲沟：负责采购、运输、储存、保管排水孔施工所需的全部材料。每批采购材料均符合有关的材料质量标准，并附有生产厂的质量证明书。排水盲沟带采用端头包裹土工布作为反滤材料。

排水盲沟的安装：锯管选用细齿锯、割管机等机具。端面平整并垂直于轴线，不得有裂纹、毛刺等缺陷；插口处挫成15°～30°坡口，坡口厚度为管壁厚度的1/3～1/2；预埋管道通过伸缩缝时，必须按施工图纸的要求做过缝处理；预埋管道安装就位后，使用临时支撑加以固定，防止混凝土浇筑和回填时发生变形或位移。将预埋管道与临时支架焊接时，注意不烧伤管道内壁。

排水盲沟的检查：每批排水管材料均附有质量证明书，按施工图规定的材质标准以及监理工程师指示的抽检数量检验排水管性能；按监理工程师指示的抽验范围和数量，对排水孔的钻孔规格（孔径、深度和倾斜度）进行抽查并做好记录。

9）柔性防护网施工

进水口边坡开口线以外采用主动和被动防护网进行防护，主要防止边坡潜在危岩落石对进水口的威胁。被动防护网是由钢绳网、高强度铁丝格栅网、锚杆、工字钢柱、上拉锚绳、下拉锚绳、消能环、底座、上支撑绳及下支撑绳等部件构成。系统由钢柱和钢绳网联结组合构成一个整体，对所防护的区域形成坡面防护，从而阻止崩塌岩石的下坠，起到边坡防护的作用。

（1）主动防护网施工。

被动防护网施工工艺流程为：施工准备→坡面清理→测量确定锚杆孔位、钢柱混凝土基础位置→锚杆施工、混凝土基础施工→钢柱及纵、横向支撑绳安装→铺设钢绳网→铺挂格栅网。

主要施工及安装要点如下：

①对钢柱和锚杆基础进行测量定位。

②基座锚固。

Ⅰ.基坑开挖（对于覆盖层不厚的地方，当开挖至基岩而尚未达到设计深度时，在基坑的锚孔位置处钻凿杆孔，待锚杆插入基岩并注浆后才灌注上部基础混凝土）。基础开挖采用人工开挖，禁止采用爆破作业。

Ⅱ.预埋锚杆并灌注基础混凝土（对于岩石基础，Ⅰ、Ⅱ工序应为钻凿锚杆孔和锚杆安装；对于混凝土基础，也可在灌注基础混凝土后钻孔安装锚杆）。钢柱混凝土基础高度超过300mm，基础内需要设置Φ16钢筋笼，钢筋保护层厚度不小于30mm；拉锚绳锚杆基础采用C20混凝土；钻孔注浆锚杆采用M20水泥砂浆或纯水泥浆。

用手风钻施作钢绳网锚杆孔，孔径不小于45mm，清孔后用锚杆注浆机注浆并插入锚杆，浆液标号不低于M20，水泥宜用42.5普通硅酸盐水泥，确保浆液饱满。在进行下一道工序前注浆，液体养护不小于3天。

Ⅲ.将基座套入地脚螺栓并用螺帽拧紧。

③钢柱及上拉锚绳安装。

Ⅰ.将钢柱顺坡向向上放置，并使钢柱底部位于基座处。

Ⅱ.将上拉锚绳的挂环挂于钢柱顶端挂座上，然后将拉锚绳的另一端与对应的上拉锚杆环套连接，并用绳卡暂时固定（设置中间加固和下拉锚绳时，同上拉锚绳一起安装或待上拉锚绳安装好后再安装）。

Ⅲ.将钢柱缓慢抬起并对准基座，然后将钢柱底部插入基座中，最后插入连接螺杆并拧紧。

Ⅳ.通过上拉锚绳按设计方位调整好钢柱的方位，拉紧上拉锚绳并用绳卡固定。

④侧拉锚绳安装。

安装方法同上拉锚绳，上拉锚绳安装完毕后，进行侧拉锚绳的安装。

⑤上、下支撑绳安装。

Ⅰ.将第一根上支撑绳的挂环端暂时固定于端柱（分段安装时为每一段的起始钢柱）的底部，然后沿平行于系统走向调直支撑绳并放置于基座的下侧，并将消能环调节就位（距钢柱约50cm，同一根支撑绳上每一跨的消能环相对于钢柱对称布置），然后将支撑绳的挂环挂于终端钢柱顶部的挂座上。

Ⅱ.在第二根钢柱处，用绳卡将支撑绳固定于挂座的外侧（此时仅用30％标准坚固力）；在第三根钢柱处，将支撑绳放在挂座内侧。如此相间安装支撑绳在基座挂座的外侧和内侧，直到本段最后一根钢柱向下绕至该钢柱基座的挂座上，再用绳卡暂时固定。

Ⅲ.再次调整消能环位置，当确保消能环全部正确后拉紧支撑绳并用绳卡固定。

Ⅳ.第二根上支撑绳与第一根的安装方法相同，只不过从第一根支撑绳的最后一根钢柱向第一根钢柱的方向安装，且消能环位于同一跨的另侧。

Ⅴ.在距消能环40cm处用一个绳卡将两根上支撑绳相互连接（仅用30％的紧固力），在同一挂座处形成内侧和外侧两根交错的双支撑绳结构。

⑥钢绳网安装。

Ⅰ.将钢绳网按组编号，并在钢柱之间按照对应的位置展开。

Ⅱ.用一根多余的起吊钢绳穿过钢绳网上缘网孔（同一跨内两张网同时起吊），一端固定在一根临近钢柱的顶端，另一端通过另一根钢柱挂座绕到其基座并暂时固定。

Ⅲ.用紧绳器将起吊绳拉紧，直到钢绳网上升到上支撑绳的水平为止，再用多余的绳卡将网与上支撑绳暂时进行松动连接，同时也可将网与下支撑绳暂时连接，以确定缝合时更为安全，此后起吊绳可以松开抽出。

Ⅳ.将钢绳网暂时挂在上支撑绳上，并侧向调整钢绳位置使之正确。

Ⅴ.将缝合绳的中间固定在每张网的上缘中点，从中点开始用一半缝合绳分别向左、向右将网与支撑绳缠绕在一起，直到跨越钢绳网下缘中点，使左、右侧的缝合绳端头重叠1.0m为宜，最后用绳长将缝合绳与钢绳网固定在一起，绳长放在离缝合绳末端0.5m处。

⑦格栅安装。

Ⅰ.格栅铺挂在钢绳网的内侧，并叠盖在钢绳网上缘，用扎丝固定在网上。

Ⅱ.格栅底部沿斜坡向上敷设0.2～0.5m，将底部压紧。

Ⅲ.每张格栅叠盖10cm，每平方米在网上固定4处。

（2）主动防护网施工要点。

①对坡面防护区域的松土及落石进行清除。

②从防护区域下沿中部开始向上和两侧放线测量确定锚杆孔位，并在每一孔位处凿一深度不小于锚杆外露环套长度的凹坑，一般直径 20cm、深 15cm。

③按设计深度转凿锚杆孔并清除孔内粉尘，孔深应比设计锚杆长 5cm 以上，孔径不小于 45mm；当受凿岩设备限制时，构成每根锚杆的两股钢绳可分别锚入两个孔径不小于 35mm 的锚孔内，形成人字形锚杆，两股钢绳间夹角为 150°～320°，以达到同样的锚固效果。

④注浆并插入锚杆，采用标号不低于 M20 的水泥砂浆，宜用灰砂比 1.0∶1.0～1.0∶1.2、水灰比 0.45～0.50 的水泥砂浆，水泥宜用 42.5 号普通硅酸盐水泥，优先选用粒径不大于 3mm 的中细砂，确保浆液饱满，在进行下一道工序前注浆，液体养护不少于 3 天。

⑤安装纵、横向支撑绳，张拉紧后两端各用两个绳卡与锚杆外露环套固定连接。

⑥从上向下铺挂格栅网，格栅网间重叠宽度不小于 5cm，两张格栅网缝合，格栅网与支撑绳间用 $\phi 1.2$ 铁丝按 1m 间距进行扎结。

⑦从上向下铺设钢绳网缝合，缝合绳为 $\phi 8$ 钢绳，每张钢绳网均用一根长 33.5m 的缝合绳与四周支撑绳进行缝合并预张拉，缝合绳的两端各用两个绳卡进行固定连接；用 $\phi 1.2$ 铁丝对钢绳网和格栅网进行相互扎结，扎结点纵横。

SNS 主动防护系统示意图如图 4.4－5 所示。

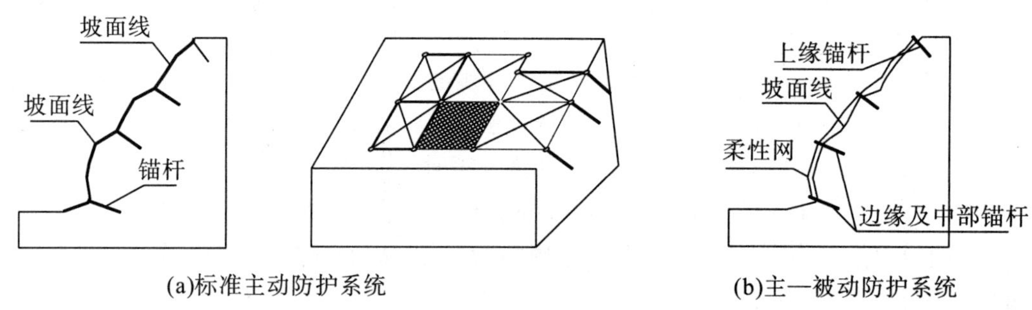

(a)标准主动防护系统　　(b)主—被动防护系统

图 4.4－5　SNS 主动防护系统示意图

（3）被动防护方式。

被动防护网施工工艺流程为：测量定位→基座锚固→钢柱及上拉锚绳安装→侧拉锚绳安装→上、下支撑绳安装→钢绳网安装→格栅安装。

主要施工及安装要点如下：

①对钢柱和锚杆基础进行测量定位。

②基座锚固。

Ⅰ. 基坑开挖（对于覆盖层不厚的地方，当开挖至基岩而尚未达到设计深度时，在基坑的锚孔位置处钻凿杆孔，待锚杆插入基岩并注浆后才灌注上部基础砼）。

Ⅱ. 预埋锚杆并灌注基础砼（对于岩石基础，Ⅰ、Ⅱ工序应为钻凿锚杆孔和锚杆安装；对于砼基础，可在灌注基础砼后钻孔安装锚杆）。

Ⅲ. 将基座套入地脚螺栓并用螺帽拧紧。

③钢柱及上拉锚绳安装。

Ⅰ. 将钢柱顺坡向向上放置并使钢柱底部位于基座处。

Ⅱ. 将上拉锚绳的挂环挂于钢柱顶端挂座上，然后将拉锚绳的另一端与对应的上拉锚杆环套连接并用绳卡暂时固定（设置中间加固和下拉锚绳时，同上拉锚绳一起安装或待上拉锚绳安装好后再安装）。

Ⅲ. 将钢柱缓慢抬起并对准基座，然后将钢柱底部插入基座中，最后插入连接螺杆并拧紧。

Ⅳ. 通过上拉锚绳按设计方位调整好钢柱的方位，拉紧上拉锚绳并用绳卡固定。

④侧拉锚绳安装。

安装方法同上拉锚绳，上拉锚绳安装完毕后，进行侧拉锚绳的安装。

⑤上、下支撑绳安装。

Ⅰ. 将第一根上支撑绳的挂环端暂时固定于端柱（分段安装时为每一段的起始钢柱）的底部，然后沿平行于系统走向调直支撑绳并放置于基座的下侧，并将消能环调节就位（距钢柱约50cm，同一根支撑绳上每一跨的消能环相对于钢柱对称布置），然后将支撑绳的挂环挂于终端钢柱顶部的挂座上。

Ⅱ. 在第二根钢柱处，用绳卡将支撑绳固定于挂座的外侧（此时仅用30%标准坚固力）；在第三根钢柱处，将支撑绳放在挂座内侧。如此相间安装支撑绳在基座挂座的外侧和内侧，直到本段最后一根钢柱向下绕至该钢柱基座的挂座上，再用绳卡暂时固定。

Ⅲ. 再次调整消能环位置，当确保消能环全部正确后拉紧支撑绳并用绳卡固定。

Ⅳ. 第二根上支撑绳与第一根的安装方法相同，只不过是从第一根支撑绳的最后一根钢柱向第一根钢柱的方向安装，且消能环位于同一跨的另侧。

Ⅴ. 在距消能环40cm处用一个绳卡将两根上支撑绳相互连接（仅用30%的紧固力），在同一挂座处形成内侧和外侧两根交错的双支撑绳结构。

⑥钢绳网安装。

Ⅰ. 将钢绳网按组编号，并在钢柱之间按照对应的位置展开。

Ⅱ. 用一根多余的起吊钢绳穿过钢绳网上缘网孔（同一跨内两张网同时起吊），一端固定在一根临近钢柱的顶端，另一端通过另一根钢柱挂座绕到其基座并暂时固定。

Ⅲ. 用紧绳器将起吊绳拉紧，直到钢绳网上升到上支撑绳的水平为止，再用多余的绳卡将网与上支撑绳暂时进行松动连接，同时也可将网与下支撑绳暂时连接，以确定缝合时更为安全，此后起吊绳可以松开抽出。

Ⅳ. 将钢绳网暂时挂在上支撑绳上，并侧向调整钢绳位置使之正确。

Ⅴ. 将缝合绳的中间固定在每张网的上缘中点，从中点开始用一半缝合绳分别向左向右将网与支撑绳缠绕在一起，直到跨越钢绳网下缘中点，使左、右侧的缝合绳端头重叠1.0m为宜，最后用绳长将缝合绳与钢绳网固定在一起，绳长放在离缝合绳末端0.5m处。

⑦格栅安装。

Ⅰ. 格栅铺挂在钢绳网的内侧，并叠盖在钢绳网上缘，用扎丝固定在网上。

Ⅱ. 格栅底部沿斜坡向上敷设0.2～0.5m，将底部压紧。

Ⅲ. 每张格栅叠盖10cm，每平方米在网上固定4处。

（4）被动防护网施工要点。

①边坡清理工作应在系统开挖支护之前完成，必须严格按照“多护少挖、自上而下”的原则施工。对有明显滑动和崩塌迹象的危岩体，需先进行清除或支护，再进行柔性防护网的施工。

②雨季施工应防止雨水冲刷对危岩的稳定产生不利影响。

③确定锚杆孔位时，在孔间距允许范围内，尽可能在低凹处选定锚杆孔位。

④对材料严格把关，在每批材料到达工地后，应进行质量检查于验收。

（5）边坡地质缺陷处理。

进水口的地质缺陷处理工程包括明挖区设计边线处的断层、局部超挖、局部不稳定滑移块等部分的清挖，软弱岩层和构造破碎区域的基础面的保护（喷混凝土）等项目。

高边坡坡面排水处理按照“高水高排”的原则，尽量拦截周边地表或山体的水流，防止其流入施工区；针对边坡断层或软弱夹层、上硬下软等地质情况，施工中及时封闭，加强支护，做到层层开挖，层层紧跟支护。同时，施工中必须制定强有力的安全保证措施，防止高处坠落等事故发生；若洞（坑）内有积水，用潜水泵抽排干净，然后按规定埋入锚筋或插筋，人工或机械回填混凝土。对于局部不稳定滑移块，应在系统支护不能满足其移定性要求的情况下适时采用随机锚杆和挂网喷混凝土进行围岩锁定、封闭，具体施工参数按监理工程师要求确定。对于开挖区的软弱基岩面，在开挖清理后采用 C20 素混凝土喷护，喷护厚度、喷射范围根据设计文件或监理指示确定，施工方法同边坡支护的喷护施工。

（6）边坡临时支护。

边坡临时支护方式有素喷砼、随机锚杆、随机排水孔并埋管、挂网喷砼等。对于揭露的边坡面，立即采用初喷厚 3～5cm C20 砼封闭；对于局部裂隙发育等处，采用随机锚杆（Φ25，$L=3.0\sim4.5$m）锁定；对于渗水部位，施作排水孔并埋管，以妥善、有效排水，防止边坡滑移或坍塌；对于较大面积的岩石破碎或掉块土方边坡，在永久支护无法施作时，采用随机锚杆+挂钢筋网片+喷砼的方式快速封闭。

4.4.1.8 边坡锚索施工

1）进水口边坡锚索施工的难点

由于复杂的工程地质条件，预应力锚索施工预计会出现以下难题：①由于岩石破碎、裂隙广泛分布，预应力锚索成孔时塌孔、漏风、掉块和卡钻问题突出，造孔技术难度大；②由于进水口边坡岩体节理、裂隙极其发育，边坡卸荷强烈、深拉裂缝分布广泛，锚索成孔预灌浆、锚索锚固段孔道灌浆难度大；③进水口工程地质条件复杂，岩体卸荷强烈，边坡仅进行了覆盖层清除及部分岩体剥除，锚索预应力施加后，应力松弛或损失将十分明显；④进水口锚索在强降雨条件下，高应力防腐问题将十分突出，影响锚索的长期有效运行；⑤由于锚索施工高度与现有道路高差较大，锚索最高布置 EL. 1922. 50m，现有施工通道在 EL. 1847. 50m，垂直高差达 75m，材料运输及灌浆难度大、幅度增加。

2）施工布置

（1）施工通道布置。

上游侧 EL. 1877. 50m 以上施工通道：从猴子岩隧道出口人工修筑施工便道至 EL. 1937. 50m，在 EL. 1890. 00m 采用脚手架搭设中转平台，从中转平台分别搭设施工便道至 EL. 1907. 50m 马道和 EL. 1892. 50m。EL. 1877. 50m 以下施工便道通过 S211－3＃支洞，经 EL. 1847. 50m 马道至上游中部分别采用脚手架搭设施工通道至各级马道。

下游侧施工便道通过 S211－3＃支洞，经 EL. 1847. 50m 马道至下游中部分别采用脚手架搭设施工通道至各级马道。

（2）材料运输。

进水口 EL. 1847. 50m 以上下游侧施工：猴子岩隧道→S211 复建公路－3＃支洞→人工运至工作面。

进水口 EL. 1877. 50m 以上上游侧施工：猴子岩隧道出口→索道→EL. 1890. 00 转运平台→人工运至 EL. 1907. 50m 马道平台。

进水口 EL. 1847. 50m 以下材料转运线路：先由人工转运至 S211－3＃洞出口马道平台，再用人工及小型吊装设备吊运至工作面。

（3）钻孔设备及施工用风布置。

在 S211－3＃公路设置锚索施工压气站，按照进水口锚索施工强度，计划配置锚索钻机 8 台，施工钻孔设备采用 YXZ－70A、YXZ－90A 型锚索钻机（表 4.4－3）配合高风压潜孔锤及高风压球齿合金钻头造孔。施工用风布置 22m^3 空压机 7 台，额定容量 154m^3/min，空压机设备采用

VHP750E及XRS415柴油空压机（表4.4−4）集中供风，供风管采用DN159钢管。

表4.4−3　锚索钻机性能参数表

钻机型号	产地	最大扭矩/(N·m)	最大提升力/kN	给进力/kN	钻孔倾角/°	钻孔深度/m	钻孔孔径/mm
YXZ−90A	成都	5800	65	45	0～360	45～120	150～260
YXZ−70A	成都	4000	45	30	0～360	35～100	110～230

表4.4−4　空压机性能参数表

型号	生产厂家	功率/kW	风压/MPa	风量/(m^3/min)	重量/kg	长×宽×高/m
VHP750E	英格索兰	160	1.24	21.5	4300	4.1×1.9×1.95
XRS415	阿特拉斯	220柴油机	1.7	24.5	5500	4.5×2.2×2.46

（4）施工用电。

锚索施工用电主要为空压机、施工设备和施工照明用电，施工高峰用电负荷约1500kW。采用业主提供的S211复建公路猴子岩隧道出口电源点接供电线路至S211−3＃隧道内布置的变电站，供锚索施工阶段的设备、混凝土拌和系统、制浆系统、供风系统等生产用电及施工照明用电。

①变压器布置。

根据对锚索施工各类设备的功率计算，锚索施工高峰用电负荷约1500kW，在S211−3＃隧道内集中布置变压器站，进行集中供电，安装1台1250kVA变压器和1台1000kVA变压器。

②工作面用电规划。

在进水口边坡马道设置配电柜，根据用电负荷接相应规格电缆线至各高程工作面。开挖及喷锚支护工作面敷设0.4kV低压电缆至小型施工设备，施工照明线路敷设220V低压铜芯电缆进行供电。为保证夜间施工安全进行，各工作面就近引接电源，每隔50m布置一个2.5kW镝灯照明支架（跟随工作面下移），保证工作面光线充足。

（5）制浆、灌浆系统。

①制浆、灌浆设备。

灌浆主要采用宜昌黑旋风高压灌浆泵，记录仪主要采用业主提供的多通道灌浆自动记录仪，灌浆系统配置为大循环灌浆系统。

②集中制浆站。

制浆系统布置在S211−3＃支洞内，高程1848.00m，制浆采用2台湖北天通（TYDE Y132M−4型）高速制浆机，后期根据工作面再增加2台高速制浆机。

③灌浆站。

在S211−3＃支洞内设置集中灌浆站，随进水口边坡支护高程的下降，必要时在EL.1937.50m、EL.1907.50m、EL.1877.50m、EL.1847.50m、EL.1823.00m马道设置多级中转站，在坡面按每30m高程设置临时灌浆站以满足灌浆需求。制、灌浆站以钢管为结构，外部为彩钢瓦围栏，并盖顶，形成规格统一、外观整洁有序的房建结构。

（6）锚索加工车间。

锚索加工车间要适应设计长度的要求，占地长度大，布置非常困难。拟在S211−3＃支洞上游侧、S211复建公路内设置锚索加工车间（在进水口锚索施工期间该公路未正常通行），安全防护设施严格按《国电大渡河猴子岩水电站现场安全文明施工标准化手册》执行，另外根据现场需要布置剪刀撑或其他加强钢管。

（7）排污系统。

针对制、灌浆站废水、污水产生的途径，在制浆站较低部位设置集污坑，在临空面修筑挡水墙，集中收集废水、污水，避免废水、污水向坡面随意排放。根据制、灌浆站位置，采用引管或排污泵抽排的形式向指定区域进行排放。同时，及时清理集污坑内沉淀的积渣，避免水泥浆液等沉淀造成集污坑封堵。

4）锚索施工

锚索施工方法见“4.5 标准施工工艺”。

4.4.2 开关站边坡开挖

4.4.2.1 工程概况

1）工程概述

地面开关站位于坝轴线下游约 480m 的右岸斜坡上，地面高程 1845.00m。开关站以上的自然边坡高约 700m，工程边坡开挖高度约 50m，自然边坡总体走向 SN，顺河方向长度约 200m，自然边坡上局部布置框格梁，并设置被动防护网。地形坡度陡缓相间，1850.00～2000.00m 高程边坡坡度约 45°；2000.00～2200.00m 高程为陡崖，坡度约 75°；2200.00m 以上坡度约 40°。开关站与地下主变室采用一条出线洞连接，开关站尺寸 153.0m×31.5m（长×宽）。进站交通洞从 S211 接线，全长 426m，起点高程 1810.57m，终点至开关站 EL.1845.00m，城门洞型，最大开挖断面 6.3m×7.2m（宽×高），最大纵坡 8.0%。

2）主要设计施工参数

（1）锚索框格梁：锚索吨位 1000kN，锚索长度 $L=25$m，锚索采用自由式单孔多锚头防腐型结构；框格梁截面 0.5m×0.5m，间排距 5m×5m。

（2）开挖支护：开挖坡比为 1∶0.3；开挖线锁口支护参数为 3×Φ25 锚筋束，$L=12$m，间距 2m，布置一排；沿开挖线锁口以下布置 Φ32 普通砂浆锚杆两排，$L=8$m，间排距 6m；其余边坡位置布置系统锚杆 Φ25，$L=5/4$m，@2.0×2.0m，梅花形布置；边坡随机锚索 $P=1500$kN，$L=20$m。边坡马道锁口位置布置一排 Φ25，$L=6$m，@1.0m 的砂浆锚杆；喷 C20 混凝土，厚 10cm；挂钢筋网 ϕ6.5，网格间距 15cm×15cm。

（3）边坡排水：坡顶截水沟设置为 C15 混凝土梯形水沟，沟底宽度 0.5m，高度 0.4m；马道设置为设置为 C15 混凝土梯形水沟，沟底宽度 0.2m，高度 0.2m，沟底 M7.5 水泥砂浆找平；坡面设置 Φ50 系统排水孔，$L=6$m，@2.0×2.0m，仰角 5°。

（4）边坡防护：被动防护网连续设置，被动防护网布置参数为（RXI－150，$H=5.0$m）$K=1500$J。

4.4.2.2 施工布置

1）施工通道布置

（1）渣料运输通道。

开挖工作面→进站交通洞→猴子岩隧道→S211 复建公路枢纽区段→S211 低线公路→2＃公路→8＃公路→色古沟渣场。

（2）开关站场地内临时通道。

场地内通道主要通过开关站交通洞出口开关站平台向上修筑“S”形盘山便道，接线至边坡开口线及上部各工作面。

2）施工风、水、电布置

由于进站交通洞断面较小，为单行运输通道，施工场地严重不足，临建设施难以布置，根据现场实际情况，将开关站供风及供电分为永久布置和临时布置两种。

永久布置：将从开关站开挖阶段至后期砼浇筑阶段的布置作为永久布置。永久设施布置在开关站进站交通洞下游侧，通过提前开挖形成临建平台，布置一座630kVA变电站和供风量60m³/min压气站。变电站供电电源采用35mm²高压供电线路从10＃公路隧道进口附近接线点接引，施工工作面供电从变电站低压侧接入使用。该压气站施工供风主要为开关站开挖支护施工用风，采用3台20m³/min移动式空压机供风，压气站至工作面敷设DN100钢管作为供风主管，供风主管至用风设备采用Φ50供风软管接引。

临时布置：开关站锚索施工用风量大、工期短，其施工用电及压气站采取临时布置方案。临时设施布置在10＃洞内进口附近，布置一台1250kVA变电站及80m³/min压气站，变电站供电电源采用35mm²高压供电线路从10＃公路隧道进口附近接线点接引，施工工作面供电从变电站低压侧接入使用。该压气站施工供风主要为开关站锚索施工用风，采用4台20m³/min移动式空压机供风，压气站至工作面敷设DN150钢管作为供风主管，供风主管至用风设备采用Φ50供风软管接引。

施工供水：猴子岩隧道内的系统供水管从开关站交通洞延伸至开关站边坡平台，供水管采用DN75mm钢管引接至各工作面。

4.4.2.3　开挖施工

1）总体方案

（1）施工分区。

根据设计图纸情况，将边坡开挖分成四个区域进行开挖，如图4.4－6所示。

①Ⅰ区：EL.1880.00m以上覆盖层开挖。

②Ⅱ区：EL.1880.00～1847.70m上下分层水平梯段开挖。

③Ⅲ区：EL.1847.70～1844.70m基底保护层开挖。

④Ⅳ区：EL.1844.70m以下挡墙基础开挖。

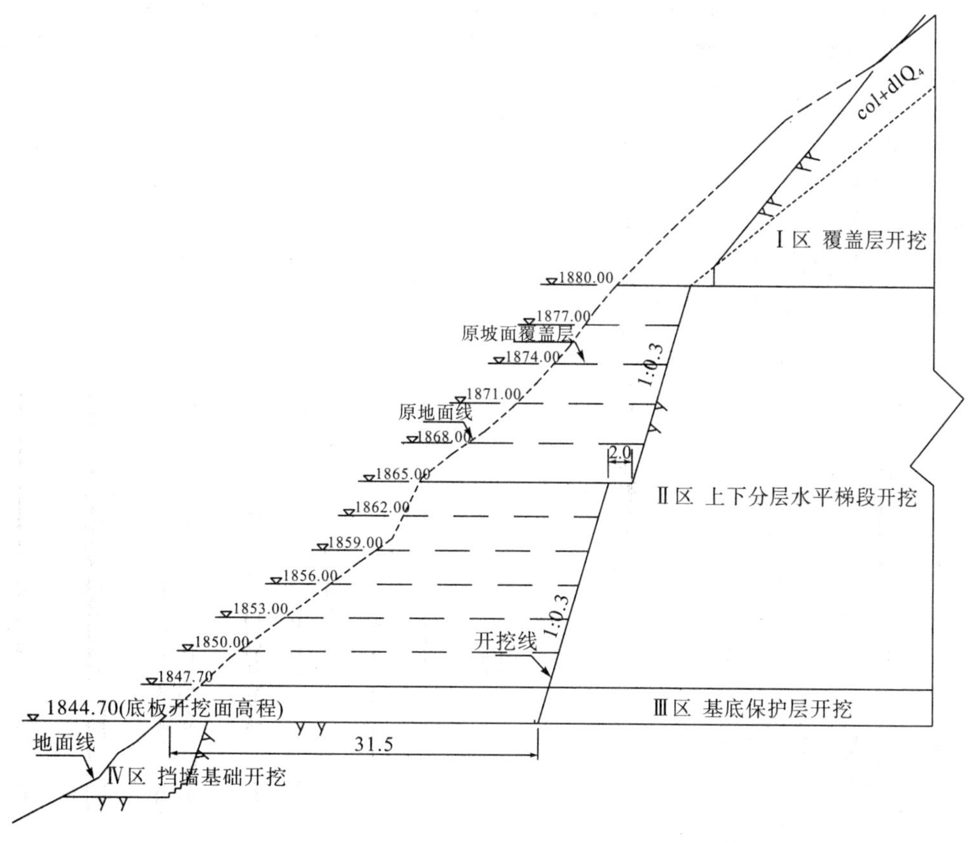

图4.4－6　开关站边坡开挖分层图

2）施工程序

开关站边坡开挖施工自上而下分四个区域进行，在开关站边坡 EL.1844.70m 设置挡渣墙，Ⅰ区,EL.1880.00m 以上覆盖层自上而下进行开挖，人工配合反铲进行清理，采用反铲配合 20t 自卸汽车出渣。Ⅱ区进行上下分层水平梯段开挖，自上而下开挖施工，高程 1880.00～1847.70m，开挖高度 32.3m，共分 11 层进行开挖，单层开挖高度 3.0m。采用手风钻钻孔，控制减弱松动爆破施工，水平进行梯段开挖，单段开挖宽度约 10m，反铲配合 20t 自卸汽车出渣。在Ⅱ区第 11 层开挖时，需对Ⅲ区进行预裂，Ⅲ区开挖高程 1847.70～1844.70m，开挖高度 3.0m，水平单段开挖宽度 10m，开挖采用手风钻钻孔，浅孔分层爆破。Ⅳ区开挖高程 1844.70m 以下，进行挡墙基础开挖，采用手风钻开挖钻爆。

3）开挖施工方法

（1）土方开挖。

土方开挖主要包括开关站边坡的植被清理、覆盖层剥离施工等工作。开关站边坡植被及土方覆盖层较厚，主要采用人工配合反铲清理的方式进行土方开挖，ZL－C50 装载机配合 20t 自卸车出渣。

（2）石方开挖。

石方开挖主要包括Ⅱ区石方开挖、Ⅲ区基底保护层开挖及Ⅳ区挡墙基础开挖。石方开挖方向从下游向上游逐层逐段进行梯段控制减弱松动爆破施工。

①Ⅱ区开挖：开关站边坡Ⅱ区开挖为石方开挖，开挖高程 1880.00～1847.70m，分层分段施工，开挖方向为从下游逐段向上游侧开挖，水平方向采用梯段爆破方法进行施工，边坡设计开挖线采用预裂爆破施工，梯段爆破开挖主要采用手风钻进行钻孔施工，实施控制减弱松动爆破，爆破前对爆破区域用金属网及沙袋进行覆盖，防止爆破产生飞石，反铲配合 20t 自卸汽车出渣。

②Ⅲ区开挖：开关站边坡Ⅲ区开挖主要为基地保护层开挖，开挖高程 1847.70～1844.70m，在Ⅱ区开挖施工时提前进行Ⅲ区预裂施工，采用手风钻进行钻孔施工，浅孔分层爆破，底部柔性垫层，火花爆破。反铲配合 20t 自卸汽车出渣。

③Ⅳ区开挖：开关站边坡Ⅳ区开挖主要为 EL.1844.70m 以下挡墙基础开挖，采用手风钻进行钻孔施工。反铲配合 20t 自卸汽车出渣。

4）爆破设计

（1）爆破设计的原则。

①在施工中必须以光面爆破、预裂爆破、梯段爆破为主，根据现场实际施工要求，采用多种爆破方式相结合的复合式爆破。

②选择合理的孔网参数和单耗药量。采用必要的安全防护措施，严格控制爆破振动和飞石，确保施工安全。

③根据技术规范的要求和施工现场的地理环境，采用合理的爆破参数，以达到较好的爆破效果。

（2）钻爆设计参数计算。

①火工材料的种类及规格。

炸药：乳化炸药或铵梯炸药，药卷直径 32mm。

雷管：毫秒非电雷管。

传爆器材：电雷管、导爆索。

②预裂爆破孔参数计算。

QZJ－100E 潜孔钻机钻孔，预裂孔孔径 D＝80～100mm。

炮孔间距 a：根据经验公式 a＝(7～12)D，a＝10×80＝800(mm)，选用 a＝80cm。

不耦合系数：$D_d=D/d=2\sim5$。其中，D 为钻孔直径，为 80mm（成孔）；d 为药卷直径，为 32mm，则 $D/d=80/32=2.5$。

线装药密度：$Q_x=0.042\times R_{0.5}\times a_{0.6}$（kg/m）。其中，$a$ 为炮孔间距，为 80cm；R 为岩石极限抗压强度（MPa），基于本工程岩石情况，选用 100MPa。则 $Q_x=0.277$kg/m，选用 350g/m，装药时底部加强装药 2～3 倍。

堵塞长度 L：取 1.2m。

采用空气间隔装药，底部采用 Φ32 乳化炸药加强装药，装药 2 节，0.4kg，线装药采用 1 节 Φ32 炸药间隔 20cm。

③梯段爆破孔参数计算。

采用垂直浅孔爆破，倾斜角初步按开挖坡比 1.0∶0.3 而定。

梯段高度：取 $H=3$m。

钻孔直径 D：YT－28 手风钻，成孔直径分别为 42mm；

底板抵抗线：$W=(20\sim40)d$。其中药卷直径为 32mm，则 $W=25\times32\text{mm}=0.8(\text{m})$。

超钻深度：$h=0.5W=0.4(\text{m})$。

钻孔深度：$L=1.05\times(H+h)\approx3.7(\text{m})$，以不穿透岩体预留保护层为准。

炮孔间距：$a=mW$。其中，m 为炮孔邻近系数，取 1.5。故 $a=1.5\times0.8=1.2(\text{m})$，取 $a=1.0$m。

炮孔排距：$b=0.866a=0.866\times1.0=0.866(\text{m})$，取 $b=0.8$m。

装药量：$Q=qaWH/\sin\alpha=0.6\times1.0\times0.8\times3/\sin\alpha\approx1.6(\text{kg})$。

装药长度：$L_1=Q/q_1$。其中，q_1 为每米药包重量，根据《水利水电工程施工组织设计》，可得 $q_1=2.827$kg/m，故 $L_1=0.6$m。

堵塞长度：$L_2=L-L_1$，故 $L_2=3.1$m。

单响药量：单响药量的控制通过非电毫秒微差雷管来实现的。

（3）爆破参数的确定。

①梯段高度 H 的确定。

梯段高度 H 是石方开挖的重要参数，它直接影响孔的数量和爆破效果，所以应根据实际地形条件、钻机的能力和挖装能力、安全等因素确定。本工程的深孔爆破梯段高度取 3.0m。

②孔距 a 的确定。

当 Φ=42mm，$H=3.0$m 时，取 $a=1.5$m。

③排距 b 的确定。

根据现场实际情况，选用 $b=(0.75\sim1.0)a$。

④超钻深度的确定。

当采用浅孔爆破时，$0.2\text{m}\leqslant h\leqslant0.5\text{m}$。

当采用深孔爆破时，$0.8\text{m}\leqslant h\leqslant1.0\text{m}$。

⑤单方耗药量 k 的确定。

为保证爆破效果，防止飞石，控制最大粒径，减少大块，根据开挖方段岩石性质，浅孔时取 $k=(0.3\sim0.4)\text{kg/m}^3$。

（4）根据进水口岩石物理力学性能等，结合我部爆破开挖经验，开挖采用控制爆破技术，设计边坡采用预裂爆破技术予以保护。具体孔网参数及爆破参数见表 4.4－5。

表 4.4-5 具体孔网参数及爆破参数

类别	孔径/mm	孔深/mm	孔距/mm	排距/mm	药径/mm	单孔药量/kg	单方耗药量/(kg/m³)	线装药密度/(g/m)
主爆孔	42	300	100	80	32	1.5	0.67	
缓冲孔	42	300	80	50	32	1.6	0.45	
预裂孔	42	300	60		32	0.35		100

5）爆破施工

爆破施工方法见“4.4.1 进水口边坡开挖”。

4.4.2.4 边坡支护施工

1）边坡支护类型

开关站边坡支护工程主要包括砂浆锚杆、锚筋束、锚索、框格梁、坡面钢筋网及喷混凝土施工。

2）支护施工原则

（1）为了确保边坡稳定，支护与开挖同步进行，每开挖完一个台阶，及时对裸露岩面喷混凝土封闭，预防边坡失稳滑坡，岩面素混凝土喷护封闭后，进行锚喷支护施工，支护施工结束后方可进行同段下一台阶开挖。

（2）在岩石条件较差、岩体稳定性极差的部位，应根据岩石稳定性增加相应的临时支护，以确保岩石稳定性。

（3）为满足边坡稳定、限制卸荷松弛，边坡的支护在分层开挖过程中逐层进行上层支护，以保证下一层开挖安全顺利进行。

3）施工程序

施工程序如图 4.4-7 所示。

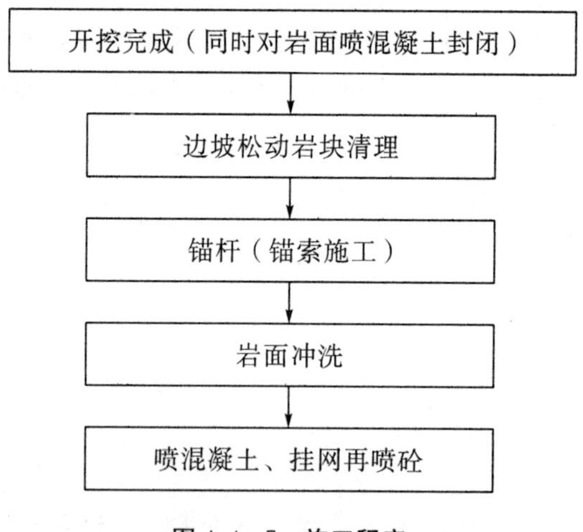

图 4.4-7 施工程序

（1）明挖边坡的支护应在分层开挖过程中逐层进行，上层支护应保证下层开挖安全顺利进行，每个台阶开挖出渣完成后，首先应对岩石面喷混凝土封闭，岩石状况较好的部位可滞后一个开挖梯段，岩石状况较差的部位紧跟开挖工作面及时进行支护，岩石稳定性极差的部位则应进行超前锚杆支护或在系统支护基础上增加随机支护，以确保下一循环施工安全。

（2）边坡松动岩块清理在开挖时进行。在每层边坡开挖完成后，立即进行脚手架的搭设，然后在脚手架上进行各类支护工作。

(3) 先进行锚杆钻孔再注装锚杆，利用锚杆外露部分安装钢筋网，在该部位各类锚杆施工结束后喷混凝土。

4) 施工方法

(1) 施工道路布置。

施工道路主要为支护用材料的运输道路，主要利用明挖施工规划的施工临时便道和边坡马道。

(2) 主要施工方法。

根据设计要求，开挖边坡应及时支护，即开挖一层、支护一层。钢管脚手架作为支护操作平台，操作平台必须满足施工安全要求。

施工方法见“4.4.1　进水口边坡开挖”。

4.4.2.5　锚索及框格梁施工

1) 锚索结构设计

(1) 锚索设计分布。

猴子岩水电站开关站边坡预应力锚索共布置370束，锚索间排距按沿开挖坡面5m×5m矩形布置。锚索吨位1000kN，锚索长度$L=25$m。

(2) 锚索布置范围采用框格梁进行护坡，如图4.4-8所示。

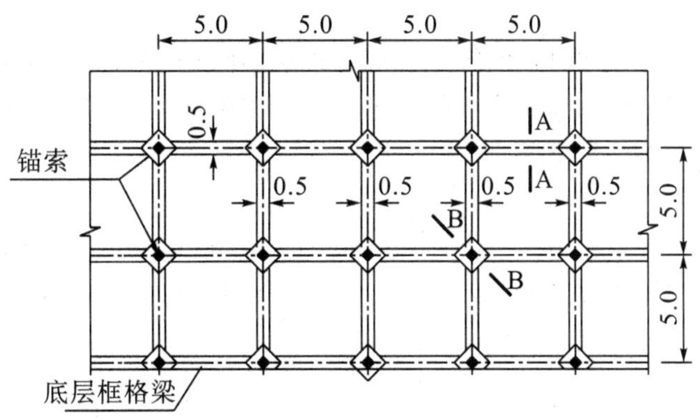

图4.4-8　框格梁护坡详图（1∶200）

2) 施工布置

(1) 施工交通运输。

施工机械及材料进场：①利用开关站进站交通洞经施工便道运至各工作面；②在开关站交通洞洞口下游侧平台EL.1845.00m～EL.2020.00m设置一道卷扬提升系统，卷扬提升系统额定提升能力5.0t，实际运行提升3t，卷扬提升系统跨度250m；③在开关站左、右两岸布置卷扬提升系统，在10＃公路设置临时材料堆放点，利用卷扬提升系统运输至各高程平台，再通过便道人工搬运至工作面。卷扬提升系统额定提升能力5.0t，实际运行提升3t，以解决更多支护工作面施工所需的材料、物资运输问题。卷扬提升系统上下锚点跨度、垂直高度根据现场放样计算，工程量以实际发生量计，具体参数见《卷扬提升系统施工技术方案》。

(2) 施工风、水、电布置。

施工供风前期使用进站交通洞1＃避车道内气压站，用高压软风管接入后引至各工作面使用。后期在临建平台形成后，设置4台电动空压机，供风量70m^3/min，空压机站采用Φ48架管及彩钢瓦搭设，空压机站宽度2.5m，棚建面积40m^2；供风管路采用Φ108钢管铺设到边坡各工作面，并在指定部位设置出风口以满足钻孔施工需要。

施工用水由猴子岩隧道内的系统供水管经开关站交通洞延伸至开关站边坡平台，采用Φ90供水管引接至各工作面。

施工用电由开关站进站交通洞进口的变电站供电。根据各工作面需要，从开关站洞口的变压器接点接入各工作面。

（3）制浆站及灌浆站布置。

在进站交通洞下方10＃公路边上搭设集中制浆站，制浆系统储灰采用Φ48架管搭设承重平台，平台架管横向间距0.8m，纵向间距0.8m，步距1.0m，平台面积50m^2（长20.0m×宽2.5m），储灰容量100t。配置2台NJ600高速制浆机、2台3SNS高压灌浆泵（1台备用），负责拌制和输送边坡锚索施工所需原浆。

1＃灌浆站布置在进站交通洞口临建平台上，搭设面积约15m^2，配置1台NJ－600储浆机、1台3SNS高压灌浆泵，负责开关站边坡EL.1880.00～1925.00m区域锚索灌浆施工。

2＃灌浆站布置在EL.1960.00m平台上，搭设面积约15m^2，配置1台NJ－600储浆机、1台3SNS高压灌浆泵，负责开关站边坡EL.1965.00～1975.00m区域锚索灌浆施工。

（4）编锚场布置。

锚索编锚布置在各高程马道上，利用卷扬提升系统把钢绞线运至各级马道编锚场。编锚场采用钢架管搭设排架承重平台。钢管采用Φ48（δ＝3.5mm），间排距1.5m×1.5m，步高1.5m，宽1.5m，长度30m。另外根据现场需要布置剪刀撑和其他加强钢管。

（5）材料堆放。

现场主要使用水泥、砂、碎石、钢绞线。为规范施工现场各类材料的存储与堆放，在进站交通洞洞口、10＃公路设置材料临时堆放场。在现场搭设棚建结构，以深蓝色铁皮盖顶并设围栏，从而保证水泥、钢绞线等材料不受污染。

（6）排污系统。

在各制浆、灌浆站设计集污坑，集中收集废水、污水，避免废水、污水向边坡随意排放。根据制、灌浆站位置，采用引管或排污泵抽排的形式向指定区域进行排放。同时，及时清理集污坑内沉淀的积渣，以避免水泥浆液等沉淀造成集污坑封堵。

3）锚索施工

（1）锚索施工。

锚索施工方法见“4.5 标准施工工艺”。

（2）锚墩及框格梁浇筑。

①锚墩施工前，孔口安装Φ140，L＝0.6m导向钢套管预埋件，1000kN锚墩尺寸为：顶边尺寸30cm×30cm，底边尺寸120cm×120cm，厚60cm；框格梁设置于开关站开挖线以外，框格梁施工时，必须嵌入边坡坡面，应采取“在坡面掏槽、立模、浇筑混凝土、压实回填”的施工工序进行施工，不得将混凝土骨架浮筑于边坡表面。框格梁施工相关参数为：结构尺寸0.5m×0.5m，间排距5m×5m，框格梁钢筋保护层厚度3cm，框格梁每5格设伸缩缝一道（设置于每格中间），缝宽2cm；坡面为覆盖层时，框格梁部位要嵌入坡面，掏槽深度约20cm。

②主要施工方法。

Ⅰ.施工程序。

开关站边坡地势陡峭，施工区内施工道路坡度较大，给临建布置、砂石骨料及成品混凝土的运输带来巨大的困难。为解决材料运输的问题，浇筑混凝土采取以现场小型搅拌机拌制为主、溜槽入仓的方式。锚索安装注浆完成后，先进行锚墩浇筑，待锚墩达到设计强度后再进行框格梁浇筑，框格梁纵向和横向分开浇筑。进行框格梁浇筑前，先对锚墩与框格梁浇筑的接触面进行人工凿毛处理，保证锚墩与框格梁浇筑接触面密实。

Ⅱ. 坡面清理。

坡面清理采用人工清理方式，尽量清理至基岩面，坡面尽量平顺；清坡前应在各级马道或开挖工作面附近做好安全防护，避免清坡过程中出现安全事故；清理的渣料用编织袋装袋堆放在马道上（堆放高度不得超过0.8m，马道靠外侧0.6m范围不得堆放渣料），采用人工运走或集中放渣（可采用滑道系统或卷扬提升系统运输）的方式下放至开挖面，通过汽车运往指定渣场。对于坚硬岩石及大孤石，采用手风钻钻爆施工。

Ⅲ. 钢筋绑扎。

锚墩配筋绑扎时，确保钢筋保护层厚度5cm、框格梁保护层厚度3cm。钢筋搭接长度10d，锚墩与纵梁连接处的钢筋需留够必要的搭接长度（不得小于30cm）。成型后钢筋笼采用锚墩内配置的插筋进行固定。框格梁与锚墩连接处的钢筋必须连接牢固。

Ⅳ. 立模。

钢筋绑扎后进行立模施工，锚墩、框格梁浇筑采用木模板，木模板材质要求为三等材以上的木板，并对模板内面进行刨光处理。腐朽、严重扭曲、有蛀孔等缺陷以及脆性木材、容易变形的木材等均不得使用。采用加固施工排架，脚手架管紧贴模板进行固定。锚墩的每块模板之间应固定牢固紧密。立模过程中，模板尺寸要用卷尺度量精确，钢筋绑扎时要预留与框格梁结构筋衔接的钢筋。

Ⅴ. 混凝土拌制。

锚墩混凝土采用C30混凝土，框格梁混凝土采用C20混凝土。混凝土拌制采用0.35m^3强制式混凝土搅拌机现场拌制。砼配合比由试验室确定，并报监理工程师审批后使用。

Ⅵ. 混凝土浇筑。

ⅰ. 框格梁混凝土浇筑时，严格按图纸要求设置伸缩缝，框格梁每5格设置伸缩缝一道（设置于每格中间），缝宽2cm。

ⅱ. 混凝土浇筑过程中严禁在仓内加水，如发现混凝土和易性较差，应及时采取措施改善其和易性，已入仓的混凝土必须加强振捣，以保证混凝土质量。不合格的混凝土严禁入仓，已入仓的不合格混凝土必须清除。浇筑期间，若发现表面泌水较多，应及时清除并研究减少泌水的措施。严禁在模板上开孔赶水，带走砂浆。对于岩面渗水严重的仓面，应采取钻孔或其他有效措施引排渗水，使之不影响混凝土浇筑。

ⅲ. 入仓混凝土必须振捣密实。混凝土振捣必须保证内实外光，振捣上层混凝土时应将振捣器插入下层混凝土5～10cm，以加强混凝土结合。振捣时间以混凝土不再显著下沉、不出现气泡开始泛浆时为准，同时应避免过振。振捣器前后两次插入混凝土中的间距应不超过振捣器有效半径的1.5倍，不漏振。振捣器距模板的垂直距离不应小于振捣有效半径的1/2，不得振捣钢模板以免模板发生变形。

ⅴ. 在施工缝处继续浇筑混凝土前，混凝土施工缝表面凿毛，清除松石子，并用水冲洗干净。排除积水后，先浇一层水泥浆或与混凝土配比相同的水泥砂浆，然后继续浇筑混凝土。

锚墩、框格梁浇筑采用0.35m^3强制式混凝土搅拌机拌制，人工下料溜槽入仓，插入式振动棒振捣，混凝土浇筑过程中严禁在仓内加水。

锚墩、框格梁混凝土应振捣均匀，不能出现骨料与砂浆分离的现象，高差过大时需在施工部位上方搭设小平台进行二次拌和。

锚墩、框格梁浇筑一定方量后，抽取砼试样进行力学性能检测，砼的强度指标在规定的时间内要达到1000kN吨级的强度要求。

Ⅶ. 拆模及养护。

ⅰ. 拆模。

模板拆除时应小心谨慎，以免损坏混凝土表面。拆除过程中造成的损坏应在经监理工程师检查后立即进行修复。

拆除模板的期限应征得监理工程师的同意或满足《水工混凝土施工规范》规定的强度要求。一般情况下，模板在混凝土强度达到70%以后即可拆除（冬季混凝土浇筑收仓5～7天后可以拆除模板，夏季混凝土浇筑收仓3～5天后可以拆除模板）。

ⅱ. 养护。

混凝土浇筑完毕后，应在12h以内加以覆盖，并浇水养护。

混凝土浇水养护日期：掺用缓凝型外加剂或有抗渗透要求的混凝土不得小于14天。在混凝土强度达到1.2MPa之前，不得在其上踩踏或施工振动。

每日浇水次数应能保持混凝土处于足够的润湿状态，常温下每日浇水两次。

4.4.3 尾水出口边坡开挖

4.4.3.1 工程概况

尾水隧洞出口高程1677.00m，出口部位开挖后，将形成尾水隧洞出口地基、洞脸边坡及内外侧开挖边坡。开挖坡高最高达120m。尾水出口边坡位于开关站上游侧，该段自然边坡高度大于1000m，形成陡缓相间的台阶状地貌特征，1740.00m高程以下边坡坡度大于65°，1740.00～2000.00m高程边坡坡度约45°，2000.00～2300.00m高程边坡坡度约60°，2300.00m高程以上边坡坡度约40°。坡脚处分布有松散的崩坡积物质，边坡下游侧地貌上见一小型沟槽，沟内见少量崩积块碎石。

4.4.3.2 施工布置

1）施工通道布置

（1）场外公路。

根据招标文件，2＃公路隧道在2013年8月以后因施工禁止通行，其施工通道如下。

2013年7月31日前尾水出口边坡出渣通道：

无用料：S211低线公路→2＃公路隧道→3＃桥→色古沟渣场。

有用料：S211低线公路→2＃公路→猴子岩大桥→菩提河坝渣场。

2013年8月1日后尾水出口边坡出渣通道：

无用料：下游围堰顶→左岸临时通道或上坝公路→上游围堰顶→色古沟渣场。

有用料：S211低线公路→2＃公路→猴子岩大桥→菩提河坝渣场。

（2）场内公路。

上山便道：根据现地形、地貌实际情况，我部设计便道起点为下游围堰右侧，采用人工爆破配合设备进行修筑，坡度30%，成“S”形爬坡至设计开口线下方5～7m。

2）施工风、水、电布置

施工供风：尾水出口边坡开挖支护用风主要有手风钻、履带式钻机、潜孔钻机造孔用风。在尾水上支洞洞口上游侧布置压气站，压气站设置4台20m^{3}移动式空压机供风。若由于施工用风的强度不均衡，不足部分利用尾水隧洞空压机进行供风，沿边坡开口线外侧布设DN80主管至工作面。

施工供水：利用系统供水主水管，采用Φ80钢管引接至工作面20m以内，各用水设备采用Φ25高压软管引接。供水布置同供风。

施工供电：采用Φ75电缆从尾水支洞洞口1250kVA变压器接入动力电源，以满足空压机站、洒水、照明用电及湿喷机等用电。然后通过三相五根单芯绝缘线输送施工用电，自空压机站供电布置同供风。

3）施工通信

工作面与下部空压机站、安全岗哨、下游围堰值班室采用对讲机进行联络，与其他部位联系采用移动电话。

4）施工通风、排水

施工排水：根据开挖进度及地下水情况，若开挖时出现大面积涌水，为加快施工进度，施工期间在开挖面顺坡脚形成一条临时排水沟。设计底面边线设置排水沟（0.5m×0.5m×0.5m），并设置1个积水坑（2m×2m×3m），积水坑设1～3台135kW离心水泵抽排水，接施工积水经Φ200排水管通过下游围堰排入大渡河。

5）制浆站及灌浆站布置

在右岸灌浆廊道边上搭设集中制浆站，制浆系统储灰采用Φ48架管搭设承重平台，平台架管横向间距0.8m，纵向间距0.8m，步距1.0m，平台面积50m^2（长20m×宽2.5m），储灰容量100t。配置2台NJ600高速制浆机、2台3SNS高压灌浆泵（1台备用），负责拌制和输送边坡锚索施工所需原浆。

灌浆站布置在进站交通洞口临建平台上，搭设面积15m^2，配置1台NJ－600储浆机、2台3SNS高压灌浆泵，负责尾水出口边坡区域锚索灌浆施工。

6）编锚加工布置

锚索编锚布置在右岸灌浆廊道附近，利用搭设的排架运至各级马道编锚场。编锚场采用钢架管搭设排架承重平台。钢管采用Φ48（δ=3.5mm），间排距1.5m×1.5m，步高1.5m，宽1.5m，长度30m。另外根据现场需要，部分锚索可在马道平台制作。

7）材料堆放、溜筒布置

（1）现场主要使用水泥、砂、碎石、钢绞线。为规范施工现场各类材料的存储与堆放，在右岸灌浆廊道洞口、大牛场设置材料临时堆放场。在现场搭设棚建结构，以深蓝色铁皮盖顶并设围栏，从而保证水泥、钢绞线等其他材料不受污染。

（2）在EL.1742.00m、EL.1711.00m部位设置水泥与砂石骨料承重平台，用于堆放现场施工所需的水泥、钢筋、砂石骨料。

（3）在各高程马道设置溜筒，用于框格梁混凝土浇筑。

8）挡渣墙

为减少尾水出口边坡开挖对交通的影响，保证尾水调压交通洞、主变室、进风洞及大坝基坑交通畅通，需要修建挡渣墙。挡渣墙布置在EL.1700.00m，设计为钢筋石笼挡渣墙，设计高度3m，最大厚度2m，沿尾水出口边坡坡脚边线布置，总长约230m。结合老S211（EL.1700.00m）道路内侧的集渣平台，理论挡渣能力2.12万立方米，有效挡渣利用系数取0.6，有效挡渣能力达1.27万立方米。

4.4.3.3　开挖施工

1）施工程序

尾水隧洞出口开挖总体分两高程区间进行施工，第一区间为EL.1742.00m至开口线EL.1790.00m，第二区间为EL.1742.00～1674.00m。

第一区间在开关站边坡开挖结束前1个月从10#公路EL.1758.00m自上游布置1条道路至尾水出口边坡EL.1760.00m。EL.1742.00m以上部分采用ROC－D7液压钻机配合YT－28手风钻钻孔，设计结构坡面预裂爆破，使用EL.1760.00m道路直接出渣至渣场，该道路同时作为支护施工工作面道路。EL.1765.00～1742.00m梯段爆破，分层厚度6～10m，反铲直接翻渣，开挖一层，喷锚支护一层。

第二区间通过 EL. 1742.00m 平台向下，在开挖区内布置出渣道路至 S211 低线公路进行施工，其中 EL. 1693.00～1677.00m 范围开挖时，同时进行从洞外向洞内方向进尾水堰塞段的开挖。

2）开挖分层

（1）EL. 1742.00m 以上开挖。

EL. 1742m.00 以上，至 10#公路修建一条施工道路至尾水边坡 EL. 1760.00m 工作面，采用自下而上分层开挖。在 EL. 1760.00m 以上，分层高度 3.0m 左右，采用 ROC−D7 液压钻机钻孔爆破，YT−28 手风钻辅助。设计坡面预裂爆破。EL. 1760.00～1742.00m 石方边坡采用浅孔梯段爆破，分层高度 6m，结构设计线采用 QZJ100 造孔预裂，分层高度 10～12m。

（2）EL. 1742.00～1674.00m 开挖。

EL. 1742.00～1674.00m，通过场内施工道路进入 EL. 1742.00m 工作面，设计结构线采用 QZJ−100B 潜孔钻机预裂爆破，大面采用 ROC−D7 液压钻机造孔梯段爆破，分层高度 8～10m，总计 7 层。尾水出口明渠段开挖结合尾水隧洞开挖进行分层。

尾水隧洞出口开挖分层如图 4.4−9 所示。

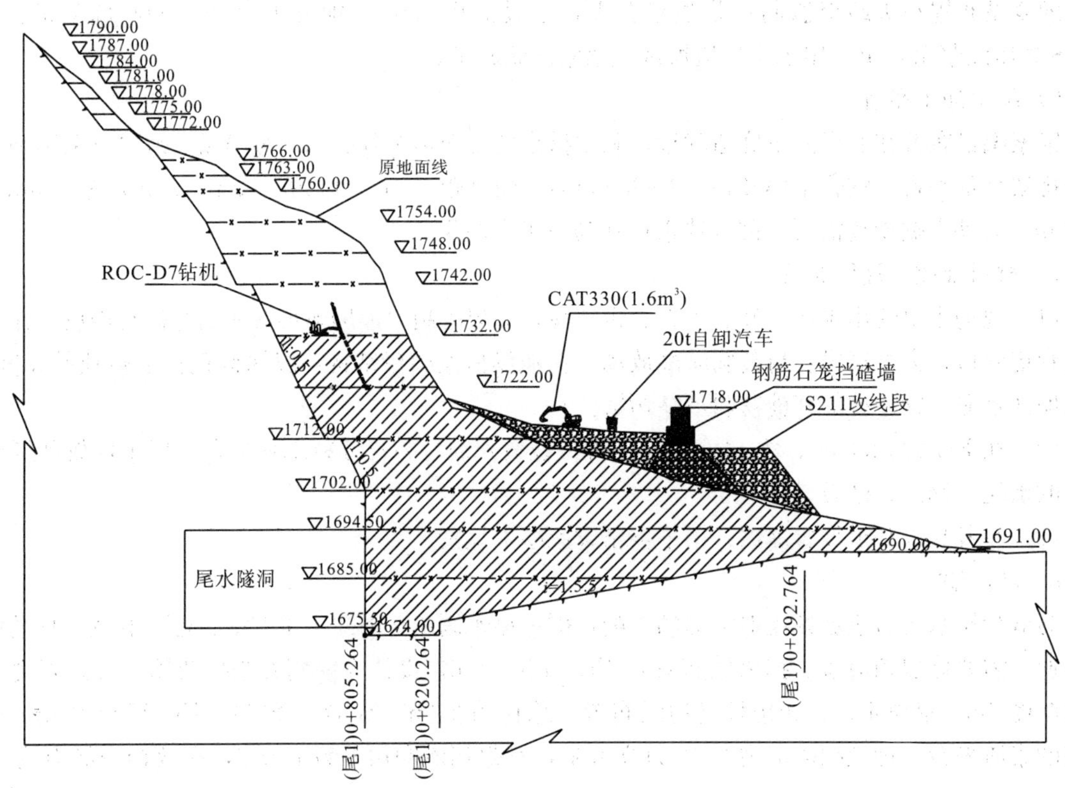

图 4.4−9　尾水隧洞出口开挖分层

3）主要施工方法

（1）土方开挖。

土方自上而下逐层剥离，CAT330（1.6m³）液压反铲挖装，20t 自卸汽车运输。

（2）石方开挖。

石方采用分层梯段爆破，边坡开挖设计轮廓采用预裂爆破方式控制边坡开挖质量，钻爆主要采用 ROC−D7 液压钻机，对于边坡顶部和局部边角等大型钻机无法施工的部位，采用 YT−28 手风钻钻爆。开挖梯段临近建基面后，预留厚 2.5～3.0m 的保护层，YT−28 手风钻造孔，孔底设厚 10～20cm 的泡沫柔性垫层磁电起爆。CAT330（1.6m³）反铲甩渣至 EL. 1710.00m 集渣平台后，TY220 推土机集渣，CAT330（1.6m³）反铲、WA380 挖装，20t 自卸汽车运输渣料至色古沟渣场。

4）爆破设计

在爆破过程中应根据实际地形、岩石类型、炮型及爆破效果等具体情况调整用药量和布眼间距。当采用多排炮爆破时，炮眼应按梅花形布置，间距约为同排炮眼间距的 0.86 倍。当岩层与路线走向基本一致，倾角大于 15°，且倾向公路或者开挖边界线外有建筑物，施爆可能对建筑物地基造成影响时，应在开挖边界沿设计坡面钻预裂孔，孔深同炮孔深度，孔内不装炸药和其他爆破材料，孔距不宜大于炮孔纵向间距的 1/2。炮眼的装药高度一般为炮孔深度的 1/3～1/2，特殊情况下也不得超过 2/3。对于松动爆破或减弱松动爆破，装药高度可降到炮孔深度的 1/4～1/3。具体设计见表 4.4－6。

表 4.4－6　爆破法爆破设计计算表

<table>
<tr><td colspan="2">炮孔布置示意图</td><td colspan="3">项目</td><td colspan="3">计算方式</td></tr>
<tr><td colspan="2" rowspan="11">依现场情况定</td><td colspan="3">最小抵抗线/m</td><td colspan="3">$W=\sqrt{0.25\pi D^2\Delta l\tau/eqmH}$</td></tr>
<tr><td colspan="3">底盘抵抗线/m</td><td colspan="3">$W_d=(0.5\sim0.9)H$</td></tr>
<tr><td colspan="2" rowspan="3">孔深/m</td><td>坚石</td><td colspan="3">$L=(1.10\sim1.15)H$</td></tr>
<tr><td>次坚石</td><td colspan="3">$L=(0.85\sim0.95)H$</td></tr>
<tr><td>松石</td><td colspan="3">$L=(0.7\sim0.9)H$</td></tr>
<tr><td colspan="2">预裂孔孔距</td><td>电雷管起爆</td><td colspan="3">$a_{预}=(15\sim10)D$</td></tr>
<tr><td colspan="2">主爆孔孔距/m</td><td>电雷管起爆</td><td colspan="3">$a=(0.8\sim1.2)W$</td></tr>
<tr><td colspan="3">主炮孔排距/m</td><td colspan="3">$b=0.86a$</td></tr>
<tr><td colspan="3">预裂孔单孔装药量</td><td colspan="3">$Q_{线}=0.034(a\sigma_{压})^{0.6}$</td></tr>
<tr><td colspan="3">单孔装药量/kg</td><td colspan="3">$Q_{主}=0.33eqaHW$</td></tr>
<tr><td colspan="3">深孔梯段爆破时的装药量/kg</td><td colspan="3">$Q=qW_daH$</td></tr>
<tr><td rowspan="2">深孔阶梯爆破单位炸药消耗量/（kg/m³）</td><td>1～3</td><td>3～6</td><td>6～8</td><td>8～10</td><td>10～12</td><td>12～16</td><td>16～20</td></tr>
<tr><td>0.15～0.20</td><td>0.25～0.30</td><td>0.35～0.40</td><td>0.40～0.45</td><td>0.45～0.50</td><td>0.50～0.55</td><td>0.55～0.60</td></tr>
</table>

注：D 为孔径；f 为岩石坚固性系数；τ 为装药长度系数，取 0.5；Δ 为装药密度，取 900kg/m³；l 为预计炮孔深度；q 为炸药单位消耗量；m 为炮孔密度系数，取 0.8～1.2；H 为阶梯高度，取 12～18m；e 为炸药换算系数。

按照表 4.4－6 计算，取梯段高度为 8m，获得各项参数见表 4.4－7～表 4.4－9

表 4.4－7　手风钻钻爆参数表

钻孔设备	类别	梯段高度/m	钻孔直径/mm	钻孔深度/m	孔距/m	排距/m	药卷直径/mm	单孔装药量/kg	炸药单耗	线装药密度/（g/m）	备注
YT－28手风钻	预裂孔	3	45	3.25	0.45	—	25	0.35	—	100	间隔装药
	缓冲孔	3	45	2.80	0.80	—	32	0.80	0.40	—	—
	主爆孔	3	45	2.80	1.00	1.2	32	1.20	0.45	—	—

注：以上爆破参数将根据现场爆破试验进行调整。

表 4.4-8　梯段挤压爆破参数表

钻孔设备	类别	梯段高度/m	钻孔直径/mm	孔距/m	排距/m	药卷直径/mm	单孔装药量/kg	炸药单耗	线装药密度/(g/m)	备注
QZJ—100B潜孔钻机	预裂孔	10	100	0.8	—	32	—	—	190	间隔装药
	缓冲孔	8	100	3.5	—	70	35.7	—	—	松动爆破
	主爆孔	8	100	3.5	3.5	70	35.7	0.35	—	松动爆破

注：取梯段高度为 8m，以上爆破参数将根据现场爆破试验进行调整。

表 4.4-9　基建面爆破参数表

钻孔设备	类别	孔深/m	钻孔直径/mm	孔间距/m	排间距/m	药卷直径/mm	单孔装药量/kg	炸药单耗	线装药密度/(g/m)
手风钻垂直钻孔	主爆孔	1.7	45	1.3	1.0	32	1.0	0.45	—
	光爆孔	3.0	45	0.6	—	25	0.76	—	250～350
手风钻水平钻孔	主爆孔	3.0	45	1.0	0.8	25	1.2	0.50	—
	光爆孔	3.0	45	0.6	—	25	0.76	—	250～350

注：以上爆破参数将根据现场爆破试验进行调整。

5）施工控制要点

（1）边坡钻孔爆破。

①钻孔爆破前应做好开挖边坡线外的危石清理及截水沟的开挖，并形成钻爆平台。

②对不良地质条件部位和需保留的不稳岩体，必须采取控制爆破，边开挖、边支护，确保边坡稳定。

③梯段顶面应保持平整，并略向开挖前沿倾斜，以利于排除积水。

④梯段前排孔位应满足钻孔作业安全要求，孔向宜平行梯段坡面。

（2）钻孔质量要求。

①孔位偏差：一般爆破孔为孔距、排距、抵抗线的 5%，预裂、光爆孔距为 5%。

②倾角与方向偏差：一般爆破孔为 52.5%孔深。预裂、光爆孔为±1.5%孔深。

③终孔高程偏差：一般爆破孔为 0～20cm。预裂、光爆孔为 55cm。

（3）采用预裂或光面爆破的效果应达到下述要求。

①边坡轮廓壁面孔痕应均匀分布，残留孔痕保存率：微风化岩体为 85%以上；弱风化中、下限岩体为 60%；弱风化上、中限岩体为 20%。

②爆后岩面不平整度应不大于 15cm，壁面不得有明显的爆破裂隙。

4.4.3.4　被动防护网、边坡支护及排水孔施工

被动防护网、边坡支护及排水孔施工方法见“4.4.1 进水口边坡开挖”。

4.4.3.5　锚索施工

1）锚索设计分布

猴子岩水电站尾水出口预应力锚索共布置 19 束，锚索吨位 200kN，锚索长度 50m、55m。

2）施工布置

（1）施工交通及材料运输。

尾水边坡 EL. 1772.00m 以上下游侧施工：猴子岩隧道→S211 复建公路－开关站交通洞→开关站平台→人工运至工作面。

尾水出口 EL. 1772.00m 以下施工：S211 低线公路→下游围堰→卷扬机平台→运至各级马道平台。

（2）施工风、水、电布置。

施工供风：尾水出口边坡锚索用风主要由锚索钻机钻造孔供风。在尾水上支洞洞口上游侧布置压气站，压气站设置 4 台 $20m^3$ 移动式空压机供风。

施工供水：利用系统供水主水管，采用 Φ80 钢管引接至工作面 20m 以内，各用水设备采用 Φ25 高压软管引接。供水布置同供风。

施工供电：采用 Φ75 电缆从尾水边坡 800kVA 变压器接入动力电源，以满足空压机站、洒水、照明用电及湿喷机等用电。然后通过三相五根单芯绝缘线输送施工用电，自空压机站供电布置同供风。

（3）施工排污。

根据施工进度情况，于边坡开挖界线外设计底面边线设置排水沟（0.5m×0.5m×0.5m），并设置 1 个沉淀池（2m×2m×3m），接施工积、废水经 Φ200 排水管通过下游围堰排入大渡河。

4）制浆站及灌浆站布置。

根据施工进展情况，EL. 1772.00m 以上在开关站边上搭设集中制浆站，EL. 1772.00m 以下在右岸灌浆廊道边上搭设集中制浆站。制浆系统储灰采用 Φ48mm 架管搭设承重平台，平台架管横向间距 0.8m，纵向间距 0.8m，步距 1.0m，平台面积 $50m^2$（长 20m×宽 2.5m），储灰容量 100t。配置 2 台 NJ600 高速制浆机、2 台 3SNS 高压灌浆泵（1 台备用），负责拌制和输送边坡锚索施工所需原浆。

（5）编锚加工布置。

锚索编锚布置在右岸灌浆廊道附近，利用搭设的排架运至各级马道编锚场。编锚场采用钢架管搭设排架承重平台。钢管采用 Φ48（δ=3.5mm），间排距 1.5m×1.5m，步高 1.5m，宽 1.5m，长度 30m。另外根据现场需要部分锚索可在马道平台制作。

（6）施工排架。

排架采用双排落地脚手架，立杆横距 1.5m；立杆纵距 1.5m；横杆步距 1.7m；操作层小横杆步距 0.8m；连墙杆 2 步 3 跨设置；脚手架计算高度 30m；采用的钢管 Φ48×3.5mm；扣件抗滑力系数 8；铺设 4 层脚手板，同时 2 层进行施工，施工层设置挡脚板、栏杆及密目网。

3）锚索施工方法

见“4.5 标准施工工艺”。

4.5 标准施工工艺

4.5.1　开挖施工工艺措施

1）施工工艺流程

（1）Ⅲ类围岩全断面开挖施工工艺流程如图 4.5-1 所示。

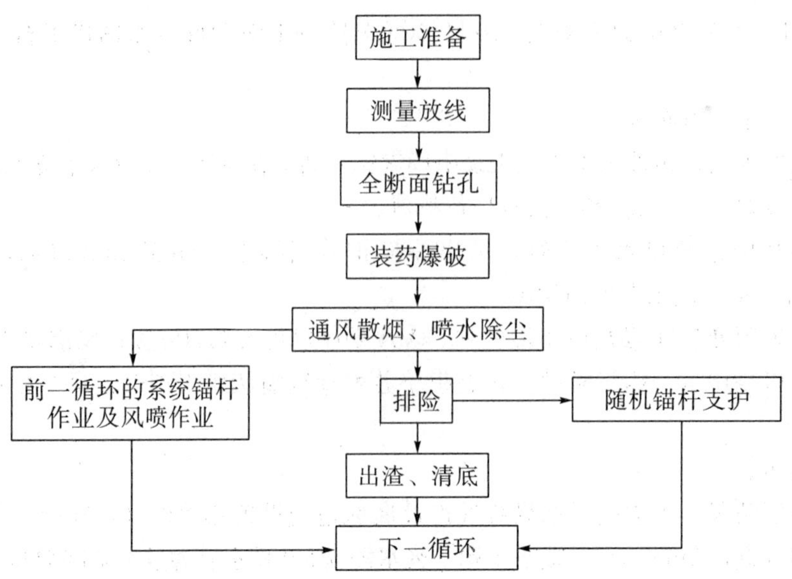

图 4.5-1 Ⅲ类围岩全断面开挖施工工艺流程

(2) Ⅳ类围岩短台阶开挖施工工艺流程如图 4.5-2 所示。

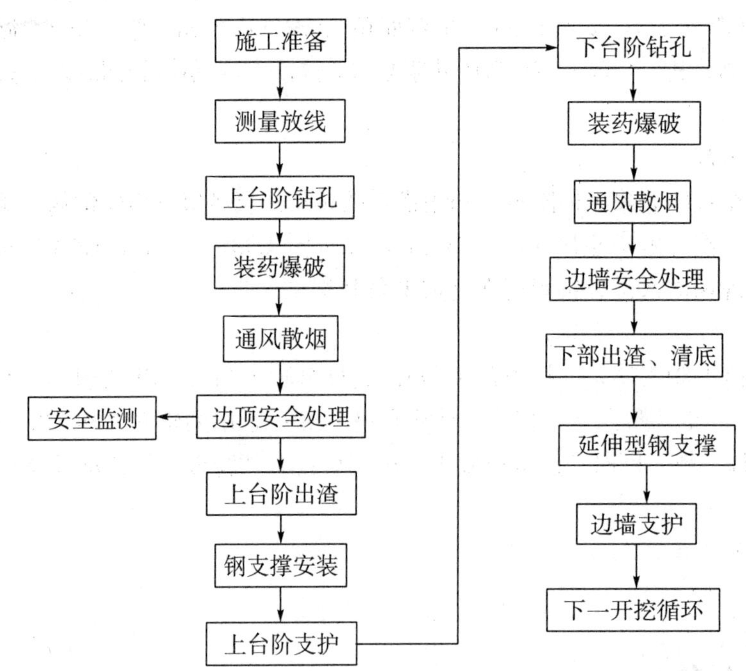

图 4.5-2 Ⅳ类围岩短台阶开挖施工工艺流程

(3) Ⅴ类围岩及不良地质段"核心土"法开挖施工工艺流程如图 4.5-3 所示。

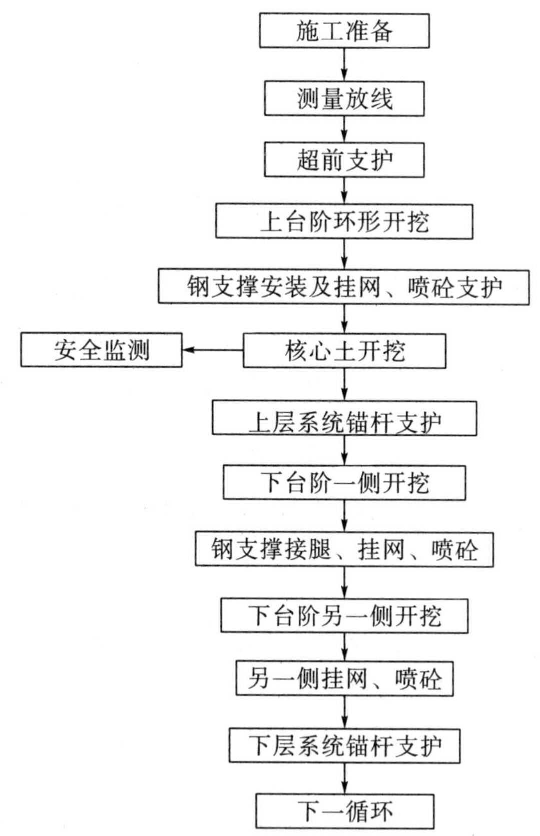

图 4.5—3　Ⅴ类围岩及不良地质段“核心土”法开挖施工工艺流程

2）施工工艺措施

（1）开挖准备。

洞内风、水、电就绪，施工人员、机具准备就位。

（2）测量放线。

洞内导线控制网测量采用全站仪配水准仪。测量作业由专业人员实施，每排炮后进行洞室中心线、设计规格线测放，并根据爆破设计参数点布孔位。开挖断面测量在喷混凝土前进行，测量间距3m。定期进行洞轴线的全面检查、复测，确保测量控制工序质量。同时，随洞室开挖、支护进度，每隔10m在两侧洞壁及洞顶设一桩号标志。洞内测量控制点埋设牢固隐蔽，做好保护，防止机械设备破坏。

（3）钻孔作业。

平洞钻爆以三臂、二臂凿岩台车为主、人工手风钻辅助造孔，斜井采用人工手风钻造孔。由合格操作手或钻工严格按照测量定出的中线、腰线、开挖轮廓线和测量布孔进行钻孔作业。各钻工分区、分部位定人定位施钻，实行严格的钻工作业质量经济责任制。技术人员现场旁站，便于及时发现和解决现场技术问题。每排炮由值班工程师按“平、直、齐”的要求进行检查，做到炮孔的孔底落在爆破规定的同一个铅直断面上；为了减少超挖，周边孔的外偏角控制在设备所能达到的最小角度。光爆孔、预裂孔及掏槽孔的偏差不得大于50mm，其他炮孔孔位偏差不得大于100mm。

采用光面爆破是控制洞室开挖规格的重要手段，光爆的好坏将直接决定洞室开挖规格的优劣，因此，合理选用优良的钻孔设备、挑选熟练的钻工、严格钻孔精度是保证开挖质量的前提。

（4）装药、联线、起爆。

装药前用高压风冲扫孔内，炮孔经检查合格后，方可进行装药爆破；炮孔的装药、堵塞和引爆线路的连接，由考核合格的炮工严格按批准的钻爆设计进行施作。严格遵守爆破安全操作规程与爆破设计图（爆破参数实施过程不断调整优化）进行装药，用电磁雷管连接起爆网络，最后由炮工和值班技术员复核检查，确认无误，撤离人员和设备，炮工负责引爆。

（5）通风排烟及除尘。

各洞室开挖施工过程中一直启动通风设备，利用通排风系统进行排烟除尘，保证放炮后在规定时间内将有害气体浓度降到允许范围。爆破排烟结束后，对开挖面爆破渣堆洒水除尘。

（6）安全处理。

由专职安全员进行全过程监控。爆破后，采用反铲或人工清除掌子面及边顶拱上残留的危石和碎块，保证进入人员及设备的安全，岩面破碎洞段进行安全处理后，可先喷一层厚5cm的混凝土，出渣后再次进行安全检查及处理。施工过程中，经常检查已开挖洞段的围岩稳定情况，清撬可能塌落的松动岩块。

（7）出渣及清底。

每排炮爆破后反铲进行安全处理，根据施工出渣方案进行出渣。出渣后，用反铲或人工清除工作面积渣，为下一循环钻爆作业做好准备。

（8）围岩支护。

每排炮开挖结束后，对稳定性差的局部岩体及时进行随机锚喷支护和系统支护，围岩好的地段系统锚杆、挂网及喷混凝土可滞后开挖作业施工。

4.5.2 支护施工工艺措施

4.5.2.1 普通砂浆锚杆（含超前锚杆、锚筋桩）

1）施工工艺流程

先注浆后插锚杆、先插锚杆后注浆施工工艺流程分别如图4.5－4、图4.5－5所示。

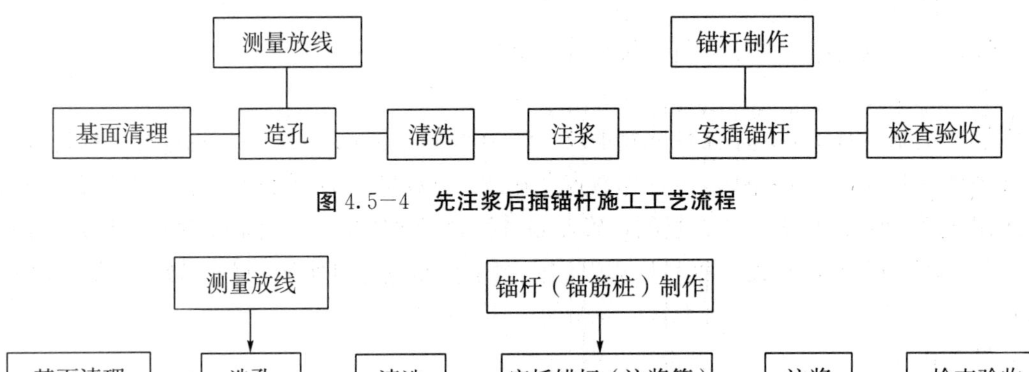

图4.5－4 先注浆后插锚杆施工工艺流程

图4.5－5 先插锚杆后注浆施工工艺流程

2）施工工艺措施

（1）材料准备。

砂浆锚杆（钢筋、水泥、砂等）材料必须采用合格的材料，细骨料采用最大粒径小于2.0mm的中细沙；水泥优先选用新鲜的普通硅酸盐水泥，强度等级不宜低于42.5，进场后由实验室进行分批抽样检查，并将检查结果报监理工程师审查；钢筋采用符合设计要求的钢筋，进场后均由试验室进行分批抽样检查，并将检查结果报监理工程师审查。未经验收合格的各种原材料绝不允许用于施工。

(2) 测量放线。

测量人员根据设计图纸进行放线，放出支护区域的起始桩号及基准高程，桩号每间隔 5m 应做出标记，部分洞段桩号可适当加密，根据支护参数进行锚杆孔位和孔向放样，并用红油漆进行标记。

(3) 岩面处理。

开挖爆破后，围岩有松动岩石悬挂，锚杆施工前，对于开挖出的洞室围岩，先采用挖掘机对松动岩石进行清撬处理，经验收合格后进行锚杆钻孔施工。

(4) 钻孔。

根据测量标示的锚杆点位，采用三臂凿岩台车、二臂凿岩台车、手风钻或潜孔钻机进行造孔施工，钻孔孔位偏差不大于 100mm，钻孔深度符合设计要求，超深不宜大于 100mm，若采用"先注浆后安装锚杆"的施工方法，其钻头直径应大于锚杆直径 15mm 以上；若采用"先安装锚杆后注浆"的施工方法，其钻头直径应比锚杆直径大 25mm 以上。锚筋桩应以钢筋束外接圆直径作为锚杆直径，并按"先安装锚杆后注浆"的需要选择钻孔直径，钻孔直径应大于钢筋束外接圆直径 20mm。钻孔结束后进行孔内冲洗，并进行孔位验收，做好相关验收记录。进入注浆环节，若暂不进行下一环节施工时，孔口应进行覆盖或堵塞保护。

(5) 注浆及插杆。

锚杆安装前，应进行调直、除锈和除油污处理，孔内的积水和岩粉应吹洗干净，并对孔径、孔向、孔深及清洁度进行检查记录。使用注浆机注浆前，应用水或高水灰比的砂浆滑润管路；采用"先注浆后插杆"的程序安装砂浆锚杆，应先将注浆管插到孔底，然后退出 50～100mm，开始注浆，注浆管随砂浆的注入缓慢匀速拔出，使孔内填满砂浆，在钻孔内注满浆后立即插杆；下倾锚杆应先注浆后插锚杆；上倾角>45°且长度≥7m 的上仰锚杆，必须采用"先插锚杆后注浆"的工艺施工，其灌浆系统必须满足施工图纸要求。采用先插杆后注浆的方法时，应在锚杆安装后立即进行注浆，待排气管出浆时方可停止注浆。锚筋桩的排气管应距孔底 50～100mm。直径 32mm 及以上锚杆应采取杆体居中的措施，要求杆体保护层厚度不小于 20mm。

锚杆注浆按照设计要求的砂浆强度配比进行拌制浆液（配比经室内试验设计后经监理单位报批使用），拌制现场必须配置称量装置，便于严格控制砂浆各成分原材料的重量。砂浆要拌和均匀，随拌随用，一次拌和的砂浆应在初凝前用完，并严防石块、杂物混入。锚杆由人工直接安插，洞顶拱等部位采用反铲配合实施，插入困难时可利用机械顶推或风镐冲击，安插后在孔口用铁锲固定并封闭孔口。锚杆安装后，在砂浆强度达到设计强度的 70%以前，不应敲击、碰撞或牵拉锚杆，同钢筋网连接的锚杆，孔口处必须固定牢固。

4.5.2.2　中空注浆锚杆

1) 施工工艺流程

中空注浆锚杆施工工艺流程如图 4.5-6 所示。

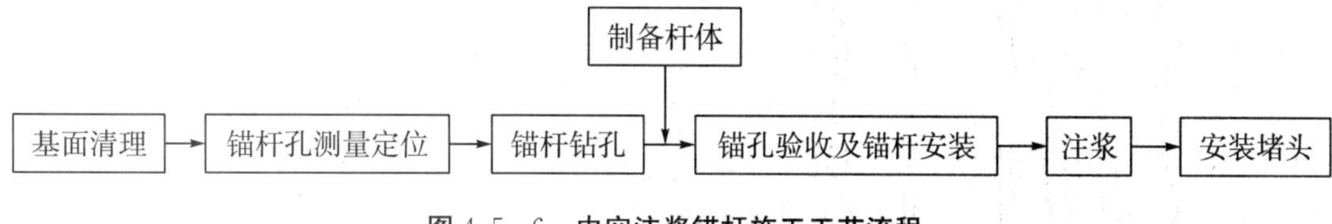

图 4.5-6　中空注浆锚杆施工工艺流程

2）施工工艺措施

（1）材料准备。

除满足砂浆锚杆材料检验规定外，中空锚杆杆体为带有标准螺纹的 Q345 中空高强无缝钢管，中空注浆锚杆使用前，还应检查钻头、钻杆是否通气，如有堵塞，处理通畅后方可使用。

（2）钻孔。

参见砂浆锚杆钻孔工艺。

（3）安装及注浆。

中空锚杆应严格按设计要求制备杆体、垫板、螺母等锚杆部件，间隔 2.0m 安装隔离支架。锚杆安装前检查中空锚杆体内孔、塑料注浆锚头的出浆孔是否有异物堵塞，若有堵塞应清理干净。清孔验收合格后向钻孔内插入锚杆和塑料锚头组件锚杆，安装后根据安装部位及锚杆倾斜方位选择注浆方式，用于边墙及锚孔向下倾斜的部位时，采用孔底出浆、孔口排气的注浆工艺，杆体作为灌浆管，用于拱部或锚孔向上倾斜，且仰角大于 30°的部位时，采用“孔口注浆、孔底排气”的注浆工艺，杆体作为排气回浆管用。注浆完成后立即安装堵头。

4.5.2.3 挂网喷混凝土施工

洞内主要喷 C20 混凝土、喷粗纤维混凝土。施工过程中先喷 3～5cm，再铺挂钢筋网，并与锚杆和附加插筋（或膨胀螺栓）连接牢固，最后分 2～4 次施喷直至达到设计喷护厚度。

喷混凝土均采用湿喷法，喷混凝土与开挖、锚杆施工跟进平行交叉作业。

1）施工工艺流程

喷混凝土一般施工工艺流程如图 4.5－7 所示。

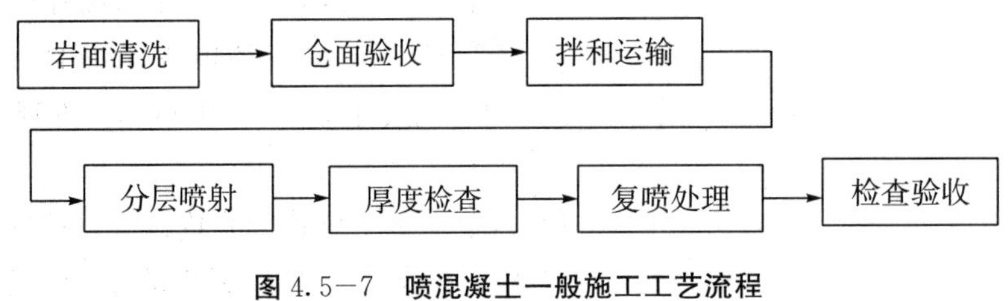

图 4.5－7 喷混凝土一般施工工艺流程

2）施工工艺措施

要认真遵照设计文件和施工规范要求进行各工序作业。结合以往施工经验，各工序作业要点如下：

（1）现场试验。

结合以往施工经验，通过室内试验即可优化选择出既满足施工需要，又符合设计要求的喷射混凝土生产工艺参数和配合比。粗纤维混凝土施工可借鉴我公司其他工程的施工经验，用成功经验指导现场生产性工艺试验，以确定使用配合比和工艺参数。其方法步骤如下：

①通过室内试验筛选 2～3 组配合比，并编写试验大纲报批用于生产性试验。

②选择场地（或监理指定），按围岩类别和部位选 6～9 个有代表性的部位进行生产性试验。

③按设计和试验大纲要求，采用筛选出的配合比分别进行喷射作业，喷射范围暂定 10m^3（或一个单位体积），按规范要求在喷射岩面设足够的木模或无底钢模（检测抗压、抗拉、抗渗、与岩面黏结强度等），同时按试验规范分别取样作标准试块，按相同条件进行养护。

④对符合设计要求的试件的物理特性进行对比（含爆破影响程度）。

⑤整理分析试验记录，综合回弹量、强度保证率以及施工工效等因素，选择合适的配合比和施工工艺参数，报送设计监理单位审批。

（2）准备工作。

埋设好喷厚控制标志，作业区有足够的通风照明，喷前要检查所有机械设备和管线，确保施工正常。对渗水面做好处理措施，备好处理材料，联系好仓面取样准备。

（3）拌和及运输。

拌和配料严格按试验确定的配合比精确配制搅拌，搅拌时间要足够，拌和料运输、存放要防雨、防污染，入机前严格过筛，其运输、存放时间应符合有关技术指标。钢纤维混凝土配料搅拌要均匀。除龙潭隧洞2＃施工支洞及其控制段主洞外，其他隧洞喷混凝土均由6m^3搅拌运输车运输至工作面。龙潭隧洞2＃施工支洞及其控制段主洞喷混凝土料采用6m^3混凝土搅拌运输车运输至支洞口后，利用溜槽输送至洞内，再转到6m^3混凝土罐运输到工作面。

水泥：优先选用普通硅酸盐水泥，当有防腐或特殊要求时，经监理工程师批准，可采用特种水泥。水泥强度等级不应低于P·O 42.5。进场水泥应有生产厂的质量证明书。

合成纤维：选用符合国家标准和施工图纸要求的聚丙烯粗纤维，公称长度15～60mm，当量直径大于100μm。

骨料：细骨料应采用坚硬耐久的粗、中砂，细度模数宜大于2.5，使用时的含水率宜控制在5%～7%；粗骨料应采用耐久的卵石或碎石，粒径不应大于15mm，当为纤维混凝土时，粒径不大于10mm。喷射混凝土中不得使用含有活性二氧化硅的骨料。

水：凡符合国家标准的饮用水，均可用于拌和与养护混凝土。未经处理的工业污水和生活污水不得用于拌和与养护混凝土。地表水、地下水和其他类型水在首次用于拌和与养护混凝土时，需按现行有关标准经检验合格方可使用。

外加剂：速凝剂的质量应符合施工图纸要求，并有生产厂的质量证明书，初凝时间不应大于5min，终凝时间不应大于10min，应采用低碱速凝剂。选用外加剂应经监理工程师批准。

钢筋（丝）网：采用屈服强度不低于300MPa的光面钢筋（丝）网。

外掺料：当工程需要采用外掺料时，掺量应通过试验确定，加外掺料后的喷射混凝土性能必须满足设计要求。

按施工图纸或监理工程师指示的范围使用喷射合成纤维混凝土，具体掺量应在实施时通过试验确定，并报监理工程师批准。

（4）清洗岩面。

清除开挖面的浮石、墙脚的石渣和堆积物；处理好光滑开挖面；安设工作平台；用高压风水枪冲洗喷面，对遇水易潮解的泥化岩层，采用高压风清扫；埋设控制喷射混凝土厚度的标志。仓面验收以后，对有微渗水岩面要进行风吹干燥。

（5）钢筋网。

按施工图纸的要求和监理工程师的指示，喷射混凝土前或初喷混凝土后在指定部位布设钢筋网，钢筋网的间距为150mm或200mm，钢筋采用直径6.5mm光面钢筋（建议采用直径6.0mm光面钢筋，直径6.5mm的钢筋已停产），钢筋保护层厚度不小于50mm。

（6）喷射要点。

喷射混凝土作业分段、分片依次进行，喷射顺序自下而上，避免回弹料覆盖未喷面。分层喷射时，后一层在前一层混凝土终凝后进行，若终凝1h以后再行喷射，应先用高压风水冲洗喷层面。喷射作业紧跟开挖工作面，混凝土终凝至下一循环放炮时间不得少于3h。

喷射作业严格执行喷射机的操作规程，应连续向喷射机供料；保持喷射机工作风压稳定；完成或因故中断喷射作业时，应将喷射机和输料管内的积料清除干净，防止管道堵塞。

为了减少回弹量，提高喷射质量，喷头应保持良好的工作状态。调整好风压，保持喷头与受喷面垂直，喷距控制在0.6～1.2m，采取正确的螺旋形轨迹喷射施工。刚喷射完的部分要进行喷厚检查（通过埋设点、针探、高精度断面仪检测），不满足厚度要求的，及时进行复喷处理。挂网处要喷至无明显网条为止。

（7）养护、检测。

喷射混凝土终凝 2h 后，应喷水养护，养护时间一般不得少于 14 天，当气温低于 5℃时，不得喷水养护。当喷射混凝土周围的空气湿度达到或超过 85%时，经监理工程师同意，可自然养护。

及时取芯检测，按期汇总检测报告，并及时进行质量评定和工程质量验收。钻芯按监理工程师要求在指定位置取直径 100mm 的芯样做抗拉试验，试验结果资料报监理工程师。所有钻芯取样的部位应采用干硬性水泥砂浆回填。

4.5.2.4 钢支撑施工

1）施工工艺流程

钢支撑施工工艺流程如图 4.5－8 所示。

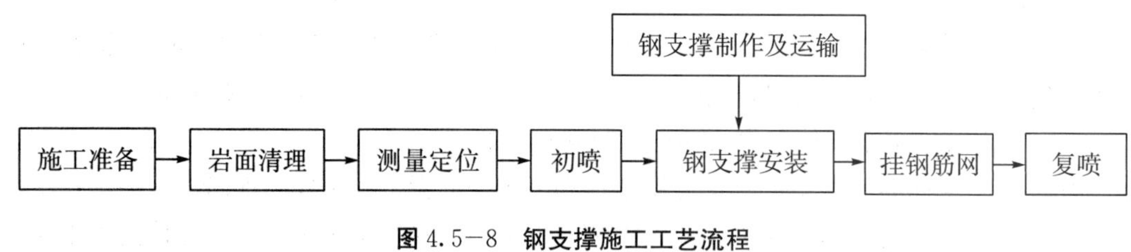

图 4.5－8 钢支撑施工工艺流程

2）施工工艺措施

（1）钢架放样、制模。

根据不同的型钢制作半径，制作不同规格的模具。型钢钢架的制作精度靠模具控制，故对模具的制作精度要求较高，模具制作控制的主要技术指标有内外弧长、弦长及半径。

模具制作采用实地放样的方法，先放出模具大样，然后用型钢弯曲机弯出型钢，并进行多次校对，直至型钢的内外弧长、弦长、半径完全符合设计要求，精确找出接头板所在位置。

（2）钢架弯曲、切割。

型钢定长 9m，用型钢弯曲机加工，并根据加工半径适当调节液压油缸伸长量。型钢弯曲过程中，必须由有经验的工人操作电机，进行统一指挥。型钢经弯曲后参照模具进行弧度检验，若弧度达不到要求，重新进行弯曲。弯曲好后，暂时存放在同样的 4 只自制简易钢筋凳（带滚筒）上。

弯曲好一个单元切割一个单元，型钢切割时，可采用量外弧长度、量内弦长度等办法，利用定型卡尺，控制型钢切割面在径向方向，然后用矢笔画线，利用氧焊切割，切割时，割枪必须垂直于型钢，并保证切割面平整，切割完后，对切割面突出的棱角进行打磨。

单根 9m 型钢弯曲结束之前需暂停弯曲，并将下一根 9m 型钢与其进行牢固焊接，然后继续进行弯曲。当班加工剩余的型钢需抬至存放场地存放，并对型钢弯曲机进行清扫。

（3）接头板焊接。

被弯曲好的型钢经切割后，再检查弧长。若型钢偏短，无法焊接接头板，需进行接长处理；若型钢偏长，则需进行二次切割。型钢弧度、长度满足设计要求后，将接头板放入卡槽内，对切割线偏离径向方向偏差很小的型钢，通过接头板进行调节，保证接头板轴线在径向方向。接头板焊缝按规范要求控制。接头板上的螺栓孔必须精确，与型钢焊接时，必须上、下、左、右对齐固定后方可进行焊接，焊接完成后，对螺栓孔、接头板面进行打整，减少型钢组装连接时的误差。

制作好的型钢半成品需统一存放，并对不同半径、单元的钢架做好标识，便于领用。存放型钢需下垫上盖。存放场尽量布置在交通方便处，便于钢架搬运。

（4）钢支撑运输。

钢架采用8t东风自卸车运输至施工现场，加工厂必须按钢架规格认真发放钢架。钢架运至工作面后，需存放于干燥处，禁止堆放在潮湿地面上，并标识清楚。当班技术员架设钢架前，必须仔细检查钢架规格，若规格误领，必须立即退回，重新领用。

（5）钢支撑安装。

作业人员根据测量放线检查欠挖情况，10cm以内的欠挖，由架设钢架作业人员采用撬棍或风镐处理，同时对松动石块做撬挖处理；大于10cm的欠挖，由爆破作业人员进行爆破处理后，架设钢架人员检查岩石松动情况，清除松动岩石，保证架设钢架时的施工安全。欠挖处理结束后，经现场技术人员检查合格方可架设钢架。

架设钢架在架子车上进行。运至现场的型钢由1～2名工人搬运至架设地点，并将型钢一端用绳子拴紧，由工作平台上的3～4名工人将型钢提到工作平台，施工人员根据钢架设计间距及技术交底记录找准定位点，先架设钢架底脚一节。架设底脚一节时，工作平台上先放下底脚一节，下面2名工人进行底脚调整，以埋设的参照点进行调整，使钢架准确定位，严格控制底部高程，底部有超欠挖地方必须处理，型钢底脚必须垫实，以防围岩变形，引起型钢下沉。架设型钢的同时，每榀钢支撑通过纵向连接件连接成整体，并与锚杆头焊牢。型钢要对称架设，架设完底脚一节后，进行拱顶一节的架设。架设拱顶一节时，先上好M20连接螺栓（不上紧），用临时支撑撑住型钢，用连接钢筋与上一榀型钢连接，再对称安装另一节拱顶型钢，安装完成后检查拱顶、两拱脚与测量参照点引线的误差，进行局部调整，最后拧紧螺栓。钢支撑应与锁脚锚杆焊接牢固，作业人员应首先进行自检，检查合格后，通知值班技术人员进行检查。

钢支撑应装设在衬砌设计断面以外，必须用喷混凝土填满钢架背面与岩面之间的空隙。若因某种原因侵入衬砌断面以内，需经监理工程师批准。钢支撑之间采用钢筋网（或钢丝网）制成挡网，以防止岩石掉块。钢丝网（或钢筋网）挡网采用焊接或其他方式与钢支撑牢固连接。混凝土施工前，按监理工程师的指示，拆除一定范围的上述钢筋网（或钢丝网），以保证混凝土衬砌尽量填满空隙。

4.5.2.5　超前钻孔注浆

隧洞受地质条件限制，部分断层、构造密集带围岩变形及涌水突泥洞段需视地质情况采用超前固结灌浆。超前固结灌浆采用YQ－100和XY－2PC地质钻机钻孔，灌浆机灌注。

4.5.2.6　超前小导管

超前小导管直径42mm，长度4.5m。施工中采用三臂凿岩台车或钻架台车人工手风钻钻孔，人工在平台架上安装插管。

1）施工工艺流程

超前小导管施工工艺流程如图4.5－9所示。

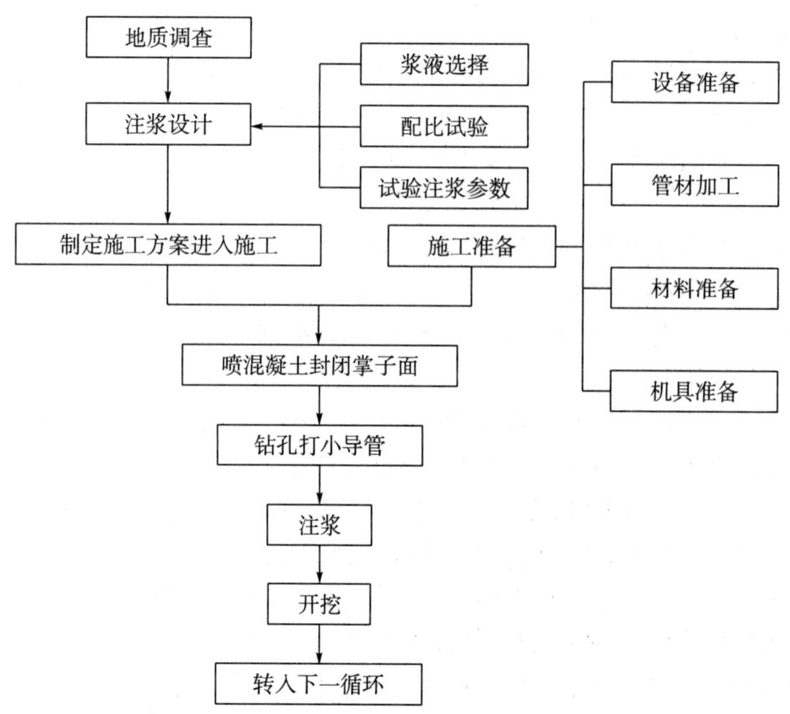

图 4.5－9　超前小导管施工工艺流程框图

2）施工工艺措施

（1）布置。

小导管采用 Φ42 无缝钢管加工而成，长度 4.5m，布置于隧洞顶拱。

（2）导管制作。

制作导管时，钢管尾部焊箍，顶部做成锥状，导管长度按设计要求加工，制作好的导管在加工厂整齐堆放，并进行标识。

（3）钻孔、清孔。

采用凿岩台车或手风钻造孔，孔间距、孔深、孔径符合施工技术要求，使用高压风管将钻孔清理干净。

（4）插管。

人工配合机械将加工好的导管从钢架腹部沿隧洞纵向打入孔内，外插角 10°～15°，钢管入岩长度不小于管长的 90%，尾部与钢架焊接成一体。

（5）注浆。

采用注浆机灌注水泥砂浆，注浆压力 0.5～2.0MPa 或大于地下水压力，必要时在孔口处设置能承受规定最大注浆压力和水压的止浆塞，并根据现场试验后确定施工。注浆顺序为由下至上，浆液先稀后浓，注浆量先大后小，注浆压力由小到大。浆液原则上采用纯水泥浆液，若地下水量较大，浆液内可添加 5%的水玻璃或通过现场试验确定添加水玻璃的比例。注浆前进行注浆试验，并根据试验情况调整注浆参数。初始注浆试验时，水泥浆水灰比可采用 1.0∶1.0～1.0∶0.5。

注浆压力初值宜为 0.5～1.0MPa，终压宜为 2.0MPa，具体需根据围岩地质条件及外水压力情况经现场灌浆试验确定。每孔的注浆量达到设计注浆量或注浆压力达到 2.0MPa 时，继续保持 10min 以上。当采用水泥浆时，开挖时间为注浆后 8h；当采用水泥－水玻璃浆液时，开挖时间为注浆后 4h。

4.5.2.7　超前大管棚

隧洞受地质条件限制，部分断层、构造密集带围岩变形及涌水突泥洞段需视地质情况采用超前大管棚对顶拱拱圈围岩进行加固，大管棚为Φ108，$L=12$m，采用YG50管棚钻机进行钻孔施工，人工采用顶撑设备安装，安装结束后以管棚内部空腔作为通道进行拱圈固结灌浆施工，以确保围岩稳定。

1）施工工艺流程

超前大管棚施工工艺流程如图4.5—10所示。

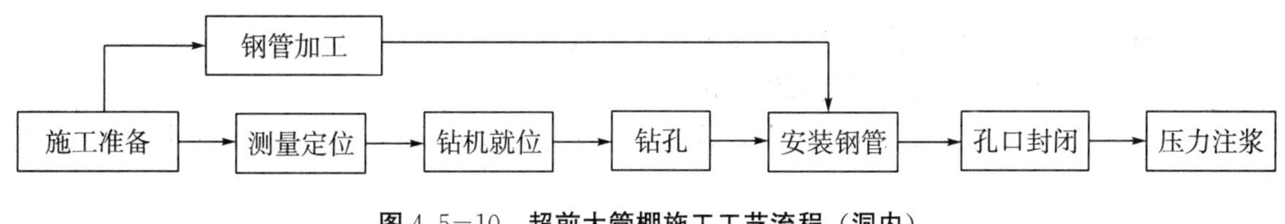

图4.5—10　超前大管棚施工工艺流程（洞内）

2）施工工艺措施

（1）布孔及钻孔。

根据钻孔布置范围进行钻孔作业空间（管棚室）扩挖，顶拱部位扩挖初拟高度1m，长度3m，以确保大管棚施工角度和方向。每循环管棚施工前，应开挖管棚工作室，工作室大小应根据钻孔要求确定。管棚施工前，在管棚设计位置安放至少三榀用工字钢组拼的管棚导向拱架，导向拱架内设置孔口管作为管棚的导向管，要求在钻机作业管过程中导向拱架不变形、不移位。洞口管棚采用套拱定位，套拱部位开挖应根据现场地质条件及配套设备确定，应确保套拱底脚坚实、孔口管位置准确。大管棚孔距视围岩情况而定，孔深12m，采用YG50管棚钻机在钻架上造孔，孔径110mm，外插角度应符合设计要求，钻孔到设计深度后，及时用高压风管吹洗，至孔口不返岩粉为止。

（2）工作平台。

为方便施工操作，采用1.5″钢管搭架铺板形成工作平台。

（3）钢管制作。

钢花管采用Φ108（外径），$\delta=6$mm的热轧无缝钢管加工而成，长12m，尾部焊套箍，管壁按梅花形布钻小孔，孔眼直径6～8mm，间距100～200mm。

（4）钢管安装。

钢管在造孔结束并吹洗干净后及时安装，连续推进至孔底。若孔内发生塌孔堵塞，应取出钢管，经扫孔、吹洗后再行安装；若经扫孔后仍无法将钢管送至孔底，可采取灌浆固结孔壁，再钻孔安装钢管。超前大管棚节间用丝扣连接，接头应相互错开至少1m。钢管入岩长度不小于管长的90%，外露部分在安装型钢钢架时与钢拱架焊接成整体。

（5）孔口封闭。

钢管安装后，孔口钢管与岩壁之间用止浆塞或水泥砂浆封堵，以保证注浆顺利进行。超前大管棚安设后应对开挖工作面喷C20混凝土封闭，厚度10～15cm。封闭范围为开挖工作面及邻近开挖工作面3m范围的环向开挖面。

（6）注浆材料。

水泥采用P·O 42.5普硅水泥；拌和用水符合混凝土施工用水标准。

（7）浆液选用。

由于施作超前大管棚洞段围岩较差，注浆时尽量采用水泥浆，以起到固结顶拱围岩作用。

（8）注浆。

注浆前应进行压水试验，压力一般不大于1.0MPa，并根据试验结果确定注浆参数。待孔口封堵砂浆达到一定强度后进行，一般从两侧拱脚向拱顶逐孔灌注，注浆压力初值0.5～1.0MPa，终压2.0MPa，施工时通过试验确定。当注浆压力达到2.0MPa，并稳压5min以上，可停止注浆。钢管内部宜填充水泥砂浆，以增加钢管强度和刚度。注浆完成后应及时扫排钢管内的胶凝浆液，并用水泥砂浆将钢管充填密实。注浆过程中注意以下几点：

①若单孔耗浆量很大，及时降低压力或间歇注浆。

②若耗浆量很大，或孔口及岩壁冒浆，经降压后仍不能止住，及时采用水泥—水玻璃注浆，水玻璃掺入量根据现场耗浆量、冒浆部位、注浆压力等具体情况确定。

③当单孔耗浆量接近设计值，且耗浆量减少时，及时将压力调至设计值，并正常结束。单孔注浆结束后，及时关闭孔口闸阀，以免浆液流出。

施工中设专人观察洞脸岩层变化情况，若有异常变化，及时通知停机，待采取处理措施后再恢复施工。

4.5.2.8 预应力锚索施工

1）锚索造孔工艺

根据工程地质条件，预应力锚索施工钻孔设备主要采用型号为 XYZ－50、XYZ－90 的锚固钻机施工。

锚索施工工艺流程如图 4.5－11 所示。

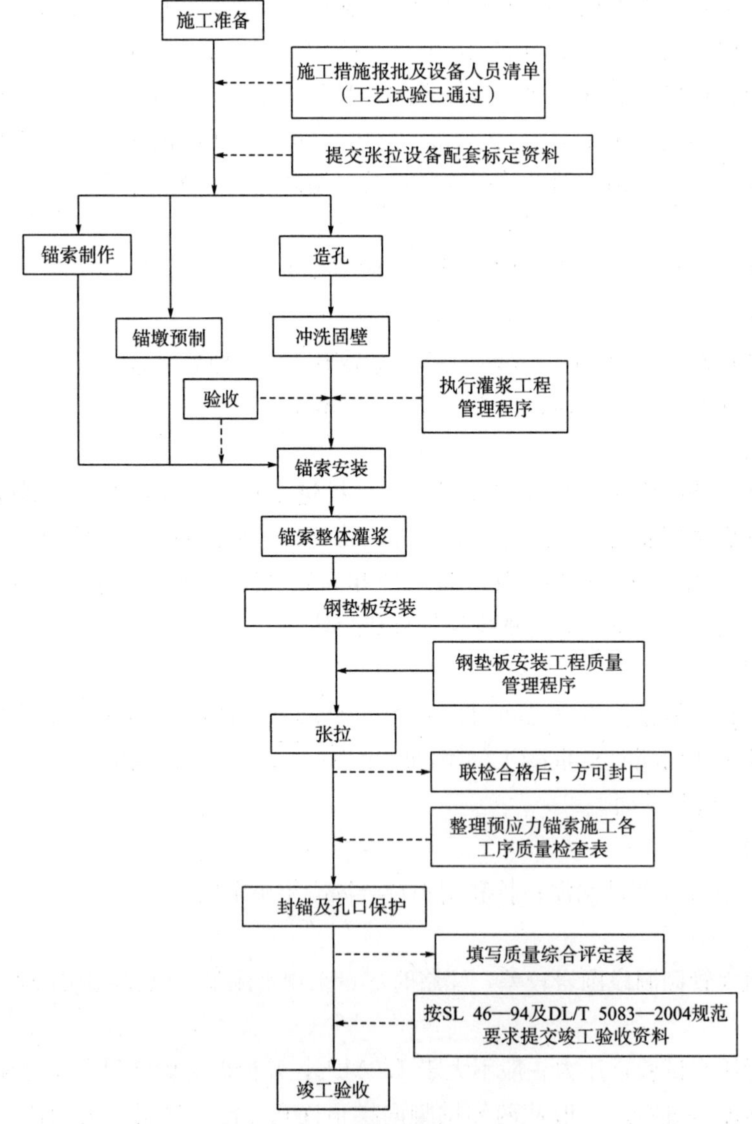

图 4.5－11 锚索施工工艺流程

2）锚索造孔纠偏

钻孔孔位采用全站仪进行测放，开孔时按同桩号两点确定钻孔的方位角，利用地质罗盘测量钻机机架来确定钻孔的开孔倾角。锚索孔开孔时，采用地质罗盘、自制三角重锤仪及全站仪等器具严格控制和校核钻具的倾角及方位角，以保证钻孔的精确程度。

防斜纠斜措施：开孔应严格控制钻具的倾角及方位角，当钻进20～30m后应校核角度，在钻进中及时测量孔斜并采用扶正器、导正加强肋及时纠偏。通过钻杆挠度、钻孔弯曲度的计算，结合岩石力学指标，确定扶正装置在孔内的安装间距，即10～15m安装一组；钻进40m左右进行孔内提钻强力排渣吹孔。锚索孔终孔后，为保证锚索孔成孔质量，及时采用全站仪对孔底坐标进行校核验收。

3）锚索制作及安装

（1）端头锚索编束。

①采用1860MPa级高强度低松弛无黏结钢绞线，其直径、强度、延伸率均满足设计规定要求。

②钢绞线用型材切割机按施工图纸所示尺寸下料，2000kN级端头锚索截取13根钢绞线；2500kN级端头锚索截取16根钢绞线；3000kN级端头锚索截取19根钢绞线。钢绞线下料长度为：钢绞线长度=锚索孔深+挤压锚缩减长度+找平砂浆厚度+钢锚墩厚度+锚具厚度+张拉长度。带测力计的端头锚索考虑锚索测力计的长度。

③按锚索施工细部结构图制作内锚头和无黏结自由段，锚固端每隔0.5m设置1组承载板，自由端沿锚索轴线方向每隔1.5m设置隔离支架，钢绞线沿隔离支架周围均匀分布。

④锚索挤压锚具要求：挤压时，挤压套内应加专用弹簧；挤压后，挤压套的长度80mm，直径应不大于30.5mm，钢绞线在挤压套外露5mm左右。严格按挤压套挤压后的长度控制剥除锚索PE套长度，确保钢绞线的PE套与挤压套之间不留缝隙。

⑤锚索灌浆管为Φ25聚乙烯管（聚乙烯管壁厚3.0～3.5mm，耐压强度的1.58MPa)，排气管与锚索束体一起埋设至锚索底部，距离孔底50cm，排气管埋设在孔口。

⑥钢绞线两端与锚头嵌固端应牢固连接，两嵌固端之间的每根钢绞线长度应对齐一致，编束时，每根钢绞线均应平顺、自然，不得有扭曲、交叉的现象。

⑦锚索体编制完成后，做通体检查，符合编束要求的按一定规律编排，并用黑铁丝每隔1.5m绑扎成束，绑扎必须牢靠、稳固，避免在运移过程中散脱、解体，绑扎过程中避免挤伤PE套管。

⑧成束后的2000kN级、2500kN级端头锚都套上Φ140钢管导向帽，钢管导向帽与锚索体连接牢固。

⑨锚索制作完毕后应登记编号，并采取保护措施防止钢绞线污染或锈蚀，经检查验收合格后方可使用。

（2）对穿锚索编束。

①采用1860MPa级高强度低松弛无黏结钢绞线，其直径、强度、延伸率均满足设计规定要求。

②钢绞线用型材切割机按施工图纸所示尺寸下料，2500kN级对穿锚索截取16根钢绞线；3000kN级对穿锚索截取19根钢绞线。钢绞线下料长度为：钢绞线长度=锚索孔深+(找平砂浆厚度+钢锚墩厚度+锚具厚度+张拉长度)×2。带测力计的对穿锚索考虑锚索测力计的长度，对穿锚需考虑两端张拉的情况预留足够长度。

③按对穿锚索施工细部结构图制作，沿锚索轴线方向每隔1.5m设置隔离支架，钢绞线沿隔离支架周围均匀分布。编束时，每根钢绞线均应平顺、自然，不得有扭曲、交叉的现象。

④锚索灌浆管为Φ25聚乙烯管（聚乙烯管壁厚3.0～3.5mm，耐压强度约1.58MPa)，进浆管与锚束体一起埋设至锚索底部，距离孔底50cm，排气管埋设在孔口。

⑤锚索体编制完成后，做通体检查，符合编束要求的按一定规律编排，并用黑铁丝每隔1.5m

绑扎成束，绑扎必须牢靠、稳固，避免在运移过程中散脱、解体，绑扎过程中避免挤伤PE套管。

⑥成束后的2500kN级对穿锚都套上Φ140钢管导向帽，钢管导向帽与锚束体连接牢固。

⑦锚索制作完毕后应登记编号，并采取保护措施防止钢绞线污染或锈蚀，经检查验收合格后方可使用。

锚索体入孔前，用高压风将孔道再次冲洗，用Φ159探孔器检查钻孔质量与孔深，锚索体经核对无误且经验收合格后，由人工将锚索体扛抬至孔位附近。对于端头锚及对穿锚均，采用人工的方式将锚索送入孔内。锚索外露长度必须满足张拉施工操作。对于孔深较大的锚索孔，如穿索困难，采用钻机或葫芦导链配合人工导入。索体就位后，及时将锚索外露部分包裹，以防污损。

4）锚索孔灌浆

在钻孔过程中，如遇岩体破碎、漏风、卡钻等难以钻进时，立即停止钻进，应改进钻孔工艺，对岩体进行预固结灌浆等处理，以提高破碎带内造孔孔壁的稳定性及钻孔工效。固结灌浆采用纯压式，灌浆压力0.10～0.38MPa，浆液比级0.4：1.0～1.0：1.0，采用全孔一段灌浆，特殊情况下可适当缩减或加长，灌浆结束标准：流量≤1L/min，屏浆10min；灌浆中若遇地层破碎、吃浆量较大，则灌一定量的水泥浆液后改用砂浆注浆机灌水泥砂浆，之后再采用纯水泥浆进行屏浆。

灌浆前，首先检查进浆管的通畅情况，确保进浆管通畅，否则进行疏通处理。灌浆时，灌浆管进浆，排气管上安装压力表，采用有压循环灌浆法。开始灌浆时，敞开排气管以排出气体、水和稀浆，回浓浆时逐步关闭排气阀，当回浆压力达到0.3～0.4MPa、吸浆率小于1L/min时，再屏浆20～30min即可结束。

自由式单孔多锚头防腐型锚索注浆水灰比为0.35：1.00，采用纯水泥浆液进行灌注。对距离需要灌浆锚索最近的灌浆站中的灌浆设备，按照“三参数大循环”的方式连接进回浆管和记录仪器。在现场制浆站，把制好的浆液通过送浆管送至灌浆站的储浆桶中。所有工作准备就绪则可以开始灌浆。采用强度等级不低于P·O 42.5的抗硫酸盐硅酸盐水泥，其符合规定的质量标准。锚索孔道采用高强水泥砂浆封孔，水泥砂浆封堵厚度不得小于50cm，预埋$L=4$m，Φ25厚壁PVC管作为灌浆管，并将隔离支架对中，挂标识牌。

5）钢锚墩安装

地下洞室锚索孔道灌浆完成后，采用M40砂浆浇筑找平垫层，并安装钢锚墩。钢锚墩为二层Q235钢板重叠满焊连接而成，外锚头钢板应进行除锈，并采用点焊将2块锚垫板对中焊为整体，钢锚墩采用1.5t葫芦进行吊装，再用膨胀螺栓固定。2000kN级、2500kN级锚索钢垫板规格为700mm×700mm×50mm、500mm×500mm×50mm；钢锚墩固定采用4根Φ22，长200mm的定制膨胀螺栓固定。M40砂浆配合比及外加剂掺量见表4.5－1。

表4.5－1　M40砂浆配合比及外加剂掺量

设计强度等级	设计稠度/mm	水灰比	用水量/(kg/m^3)	减水剂掺量/%	单位材料用量/(kg/m^3)			湿容重/(kg/m^3)
					水泥	砂子	减水剂掺量/(kg/m^3)	
M40	70～90	0.39	233	0.5	597	1370	2.985	2200

6）锚墩浇筑

锚索具有分布范围广、运输垂直距离高、人工运输量大、运输时间长、浇筑时段长的特点。锚墩混凝土是在各级马道设置拌和平台进行现场拌制。

锚墩混凝土用砂石骨料均由猴子水电站砂伴系统提供，采用P·O 42.5普通硅酸盐水泥，外加剂经检验合格后使用，且不得含有对锚索及钢筋有害的成分。

原材料运至施工现场后经人工运至各级马道拌制平台，经搅拌机严格按混凝土配合比拌制，人工将半成品混凝土运至各锚墩浇筑点进行浇筑。

在孔口安装钢垫板、钢套管、结构钢筋等预埋件，将二次注浆管焊接在导向钢套管上，同时用丝堵对二次注浆管进行保护。

锚墩钢筋安装前，清除岩面上的松散岩层和浮动的岩石，并将基岩面凿毛，按设计图纸布置插筋，并安装导向套管及锚垫板、砼垫墩钢筋笼，调整它们与钻孔的位置，使它们的中心线重合。并将钢筋笼、导向套管及锚垫板焊为一体，以保证其强度与整体性。

立模模板要平整、光滑，尺寸要符合设计要求，模板要与钢筋笼绑扎牢靠。

锚墩混凝土采用溜桶输送。在锚墩上方按照一定的倾斜角度搭建溜桶，为保证安全，用Φ10圆钢环向焊接捆绑溜桶，并在其两侧预留小孔隙，用两根钢丝绳贯穿所有搭建的溜桶，并通过插筋或坡面排架架管使钢丝绳固定在坡面上。由于施工落差高、坡面陡，为了保证骨料进仓无分离现象，采用二次搅拌混凝土进行浇筑，二次搅拌布置在各级马道或锚墩上方附近的承重平台上，混凝土二次搅拌采用 0.35m^3 强制式混凝土搅拌机。锚墩混凝土采用罐车通过交通通道运输到锚墩上方附近的马道上，对于不能通车的马道，需要人工推车二次倒运到上方的溜桶口处，进行浇筑施工。

为保证锚墩混凝土早期强度能满足锚索张拉的需要，混凝土中可掺入适量的早强减水剂。为保证锚墩混凝土的浇筑密实，混凝土采用二次振捣法施工。

浇筑完 24h 后方可拆除模板，对砼表面有蜂窝麻面的要进行修复处理，并注重对砼垫墩的养护。

锚墩混凝土强度不低于设计强度，混凝土严格按配合比加入水、水泥、碎石及砂子，选用一级配，砼搅拌要均匀，入仓砼要进行振捣，特别是边、角一定要振捣密实。浇筑完成后要抹平砼垫墩表面。

7）锚索张拉施工技术

（1）张拉方式。

锚索张拉优先采用整体张拉，张拉工艺为先采用单孔千斤顶对预应力钢绞线进行逐股预紧，使锚索各股预应力钢绞线的应力均匀后，再进行整索张拉。预紧应力宜为 0.1%σ～0.2%σ。对不具备整体张拉条件的锚索，按《水电水利工程预应力锚索施工规范》（DL/T 5083—2010）第 6.5.5 条相关要求，采用分组单根循环张拉方法。

（2）张拉设备选型及准备。

①张拉设备。

自由式单孔多锚头防腐型锚索分组单根张拉、预紧采用 YDC240QX－200 型千斤顶，整体张拉采用 YCW－250B、YCW－350B 型液压千斤顶，油泵采用 ZB4－500S 型电动油泵。

②张拉准备。

张拉前必须先对拟投入使用的张拉千斤顶和压力表进行配套标定，并绘制出油表压力与千斤顶张拉力的关系曲线图。张拉设备和仪器标定间隔期控制在 6 个月内，超过标定期或遭强烈碰撞的设备和仪器，必须重新标定后方可投入使用；张拉前，剥去外露钢绞线 PE 套管后用汽油清洗，并用棉纱擦洗干净。锚索张拉应在锚固灌浆抗压强度达到 35MPa 后进行，且各工序验收合格。为了保证张拉人员安全，张拉的锚索周围搭建张拉平台。张拉油泵由人工倒运到锚索附件的工作面或专门搭建的承重平台上。

（3）分组单根循环张拉。

①采用单根张拉，先张拉锚具中心部位钢绞线，然后张拉锚具周边部位钢绞线，按照间隔对称分序进行。一个张拉循环完毕，进行下一循环张拉，直至达到设计荷载。张拉按分级进行，并及时准确地记录。

②地下洞室边墙部位锚索张拉程序为：预紧→25%σ→50%σ→70%σ（锚索锁定吨位为 60%σ）。

③张拉过程中，当达到每一级的控制张拉力后测量伸长值，稳压 5min 即可进行下一级张拉，达到最后一级张拉力后稳定 10min 即可锁定。张拉时，升荷速率每分钟不宜超过设计应力的1/10，卸荷速率每分钟不超过设计应力的 1/5。

④锚索锁定后，当预应力损失超过设计应力 10%时，应进行补偿张拉。

⑤2000kN 级锚索张拉顺序：先张拉第五组 5－1、5－2；再张拉第四组 4－1、4－2，第三组 3－1、3－2、3－3，第二组 2－1、2－2、2－3；最后张拉第一组 1－1、1－2、1－3。

⑥2500kN 级锚索张拉顺序：先张拉第六组 6－1、6－2；再张拉第五组 5－1、5－2，第四组 4－1、4－2、4－3，第三组 3－1、3－2、3－3，第二组 2－1、2－2、2－3；最后张拉第一组 1－1、1－2、1－3。

(3) 整体张拉。

根据《水电水利工程预应力锚索施工规范》(DL/T 2083—2010) 要求，“长度超过 24m 的对穿锚索宜采用两端同步张拉”。对穿锚索采用单根预紧、整体分级张拉的方法。

安装千斤顶→0→预紧 20%σ/股→测量钢绞线伸长值→卸千斤顶。由内层向外层对称对每股钢绞线进行张拉。此过程使各钢绞线受力均匀，并起到调直对中作用。

①2000kN 级端头锚索钢绞线单根预紧顺序：先预紧第五组 5－1、5－2；再预紧第四组 4－1、4－2，第三组 3－1、3－2、3－3，第二组 2－1、2－2、2－3；最后预紧第一组 1－1、1－2、1－3。

②2500kN 级端头锚索钢绞线单根预紧顺序：先预紧第六组 6－1、6－2；再预紧第五组 5－1、5－2，第四组 4－1、4－2、4－3，第三组 3－1、3－2、3－3，第二组 2－1、2－2、2－3；最后预紧第一组 1－1、1－2、1－3。

③2500kN 级对穿锚索钢绞线单根预紧顺序：1－1、1－2、1－3、1－4、1－5、1－11、1－8、1－14、1－6、1－12、1－10、1－16、1－7、1－13、1－9、1－15。

④整体分级张拉，所有钢绞线一起张拉至 70%σ 时进行锁定。分级张拉过程：预紧→25%σ→50%σ→70%σ（锚索锁定吨位为 60%σ）。

⑤每级张拉完毕、稳压及升级前均应测量伸长值并记录，张拉过程中，达到每一级张拉力后稳定 5min 即可进行下一级张拉，达到最后一级张拉力后稳定 10min 即可锁定，张拉时，升荷速率每分钟不超过设计应力的 1/10，卸荷速率每分钟不超过设计应力的 1/5。

8) 锚索张拉异常情况处理

(1) 伸长值异常处理。

张拉过程中，在每级拉力下持荷稳定时，测量钢铰线的伸长值，用于校核张拉力。实际测量钢铰线的伸长值需与理论计算值基本相符，当实际测量的伸长值大于理论计算值的 10%或小于理论计算值的 5%时，就暂停张拉，待查明原因并采取相应措施予以调整后方可恢复，直至张拉正常为止。

(2) 夹片错牙的防范措施。

张拉准备阶段钢绞线清洗后应采用防护罩及时保护，锚垫板的锚孔应清洗干净，每个夹片打紧程度应均一；张拉过程中，操作人员应严格按照规范操作，特别是锚索张拉升压、卸载过程严禁过快。

(3) 张拉断丝的防范措施。

钢锚墩制安时，应对锚索进行保护，防止焊渣灼伤钢绞线；锚杆、排水孔、锚索钻孔时，应严格控制倾角及方位角，防止出现钻孔过程相交打伤钢绞线的情况。

(4) 锚索退锚措施。

锚索张拉后出现异常情况需要退锚旱，采用加工的专用退锚器具进行退锚。

9）锚索封锚

（1）待锚索孔口段灌浆完毕后，锚板外留足10cm，其余部分用砂轮切割机截去。

（2）锚头按施工图纸要求用喷护混凝土封闭保护，混凝土保护层的厚度不小于6cm。

（3）由于部分区域网喷混凝土已施工完成，无法按设计蓝图“预应力锚索结构图”［CD164－SG－451－1（5）］要求的，由网喷混凝土进行封闭，拟加工定型模具采用C20混凝土进行外锚头保护，混凝土保护层的厚度不小于6cm。模具为梯形结构，尺寸为下底30cm、上底15cm、高25cm。

第 5 章　混凝土施工

猴子岩水电站引水发电系统混凝土施工主要施工部位包括主厂房、主变室、尾水调压室、压力管道（引水隧洞）、母线洞、尾水连接洞、尾水隧洞、进水口、尾水出口等部位。

5.1　平洞衬砌混凝土

圆形隧洞混凝土衬砌施工一般分为两种方式：全断面一次浇筑成型；分仰拱和边顶拱两次浇筑成型。全断面浇筑多采用全圆钢模台车。分层浇筑，下部仰拱部位可采用翻模工艺或仰拱台车的方法施工，上部边顶拱可采用满堂脚手架或钢模台车的方法施工。

城门洞型隧洞混凝土衬砌施工一般分底板和边顶拱两次浇筑成型，底板和边墙的施工缝一般设置在底板以上，不小于 50cm。底板只考虑安装端头及矮边墙末模板，人工收面成型；边顶拱可采用钢模台车或满堂脚手架的方法施工，采用满堂脚手架时，边墙可分层浇筑施工。

施工方法的具体选用应综合考虑洞室断面大小、现场条件、工期、成本等因素。

5.1.1　引水隧洞平洞段混凝土施工

5.1.1.1　工程概况

压力管道采用单机单管布置，4 条管道平行布置，管轴线间距 30.54m，由渐变段、上平段、上弯段、斜井段、下弯段、下平段、帷幕段、锥管段、进厂段组成。压力管道衬砌有关参数详见表 5.1－1。

表 5.1－1　压力管道衬砌布置参数表

管道编号	1＃/m	2＃/m	3＃/m	4＃/m	衬砌厚度/m	成型断面
渐变段	20.000	20.000	20.000	20.000	1.50	钢筋混凝土变圆
上平段	289.625	265.027	233.141	203.338	1.00	钢筋混凝土衬砌圆形（Φ10.5m）
上弯段	29.469	29.469	29.469	29.469	1.00	
斜井段	59.499	610.341	63.729	65.961	1.00	
下弯段	310.416	310.416	310.416	310.416	1.00	
下平段	146.932	136.932	133.933	128.932	1.00	
帷幕段	10.000	10.000	10.000	10.000	1.40	钢衬（Φ10.5m）
锥管段	35.000	35.000	35.000	35.000	1.00	钢衬（Φ10.5m 渐变到 Φ7.8m）
进厂段	15.000	15.000	15.000	15.000	1.025	钢衬（Φ7.8m）
总长	636.940	604.185	5710.688	539.116		

压力管道衬砌为钢筋混凝土结构，混凝土标号为C25，标准段混凝土衬砌厚度1.0m；帷幕段衬砌混凝土厚度1.4m，一期钢筋混凝土C25，厚度0.6m，二期钢衬回填混凝土C20，厚度0.8m，底部90°范围内采用自密实混凝土C20；锥管段全段为钢衬回填混凝土C20，厚度1.0m，底部90°范围内采用自密实混凝土C20；进厂段全段为钢衬回填混凝土C20，厚度1.025m，底部90°范围内采用自密实混凝土C20。

5.1.1.2 总体施工方案

1）渐变段

猴子岩水电站共4条压力管道渐变段，结构形式完全一样，渐变段全长20m，压力管道渐变段C25混凝土衬砌，厚1.5m，分两次立模两层浇筑，HBT－60A砼泵泵送入仓。单条压力渐变段砼浇筑采用“先底板、再侧墙、后顶拱”的施工方式，渐变段砼浇筑顺序为：先4#、3#，再2#、1#。

顶拱砼浇筑采用满堂脚手架承重，侧墙模板主要采用砼垫块与拉筋支撑加固。平面部位主要采用普通钢模板（P3015、P2015）拼装，曲面部位主要采用定型钢模板拼装。

混凝土由6m³、9m³混凝土搅拌车从尼洛砂拌系统运输至工作面，用HBT60砼泵泵送入仓。底拱模板安装示意图如图5.1－1所示，边顶拱模板安装示意图如图5.1－2所示。

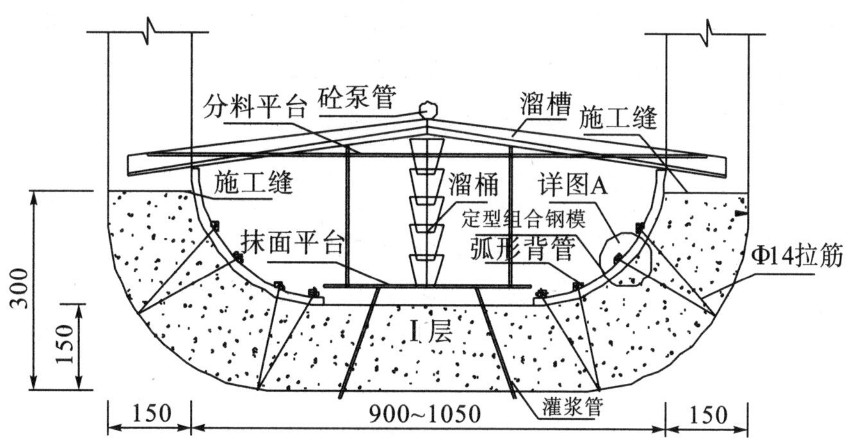

图5.1－1 渐变段底拱模板安装示意图（1∶100）

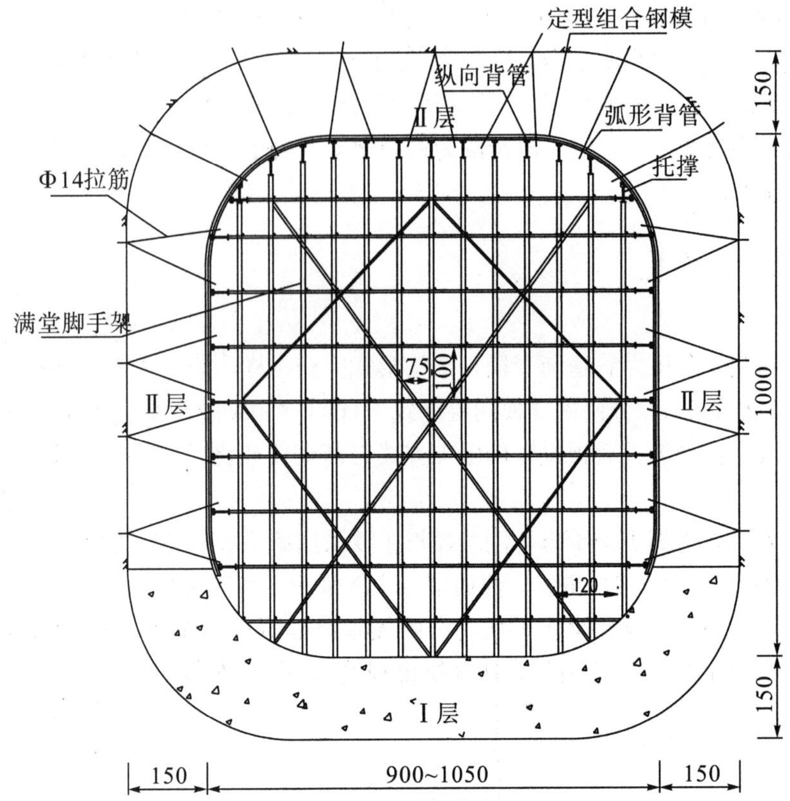

图 5.1－2　渐变段边顶拱模板安装示意图（1∶100）

2）上平段

压力管道上平段混凝土衬砌施工顺序为：1＃压力管道→2＃压力管道→3＃压力管道→4＃压力管道，先底拱后边顶拱；上支洞上游底拱从进口渐变段往下游逐块浇筑，上支洞下游侧底拱从上弯段往上游逐块浇筑；边顶拱从上弯段往进口渐变段逐块浇筑；钢模台车在上支洞与1＃压力管道平交段组装；衬砌每块竖向分成下1/3和上2/3两层，直线段纵向6～9m一块，空间转弯段6～9m分一块，施工采用C25二级配（W6F50）混凝土浇筑。

混凝土由6m^3、9m^3混凝土搅拌车从尼洛砂拌系统运输至工作面，用HBT60砼泵泵送入仓。仰拱台车断面示意图如图5.1－3所示，仰拱模板安装断面示意图如图5.1－4所示，液压式钢模台车断面示意图如图5.1－5所示。

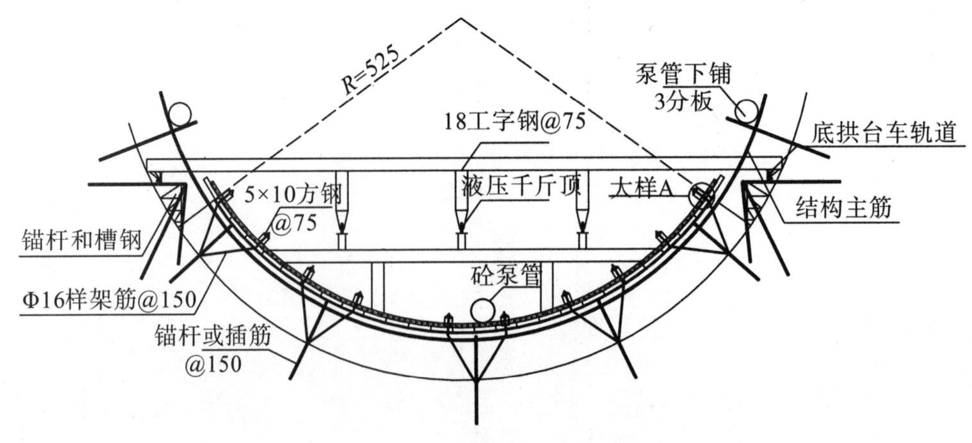

图 5.1－3　仰拱台车断面示意图

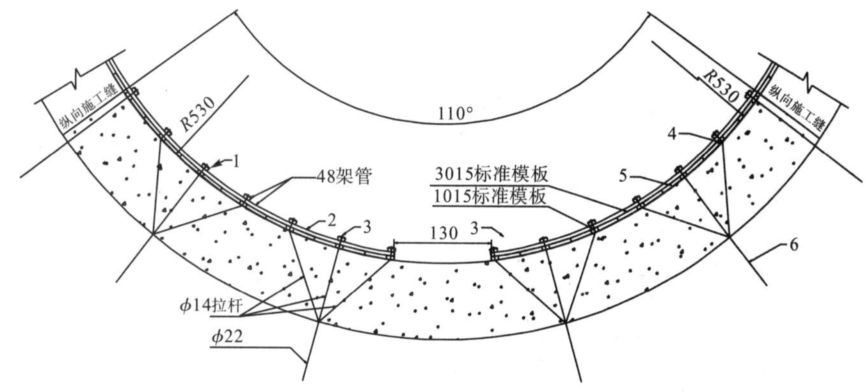

图 5.1－4　仰拱模板安装断面示意图

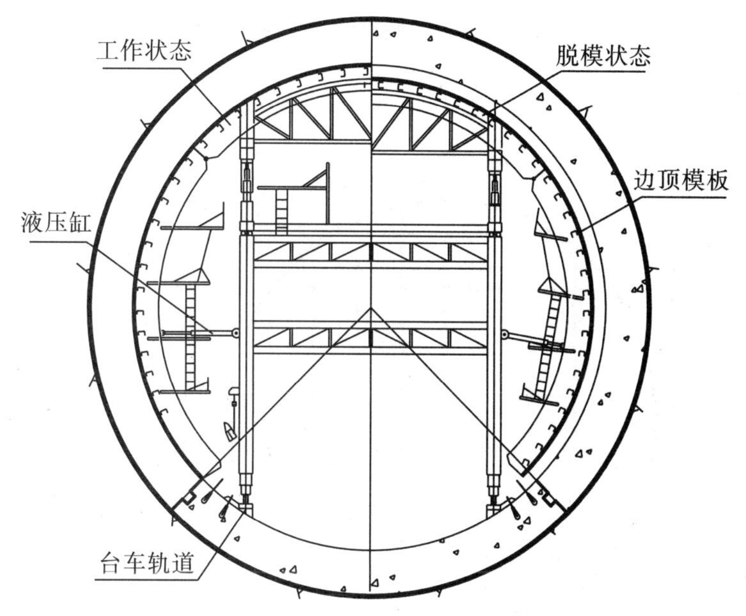

图 5.1－5　液压式钢模台车断面示意图

3）下平段

压力管道下平段标准段分仓长度按照 12m 进行划分。为了满足工期要求，将压力管道下平段的混凝土改为满堂架施工，即标准段衬砌段及 10m 帷幕段钢筋混凝土衬砌段采用满堂排架搭设，采用 P3015、P1015 钢模板组合，局部用 2cm 木板补缝，分二层浇筑；帷幕段待一期 C25 砼浇筑完毕，才能进行下一道钢管安装工序，最后回填砼。帷幕段、锥管段、进厂段待钢管安装及堵头模板完成并及时验收后回填混凝土 C20。

混凝土由 $6m^3$、$9m^3$ 混凝土搅拌车从尼洛砂拌系统运输至工作面，用 HBT60 砼泵泵送入仓。仰拱模板安装断面示意图如图 5.1－6 所示，边顶拱模板安装断面示意图如图 5.1－7 所示。

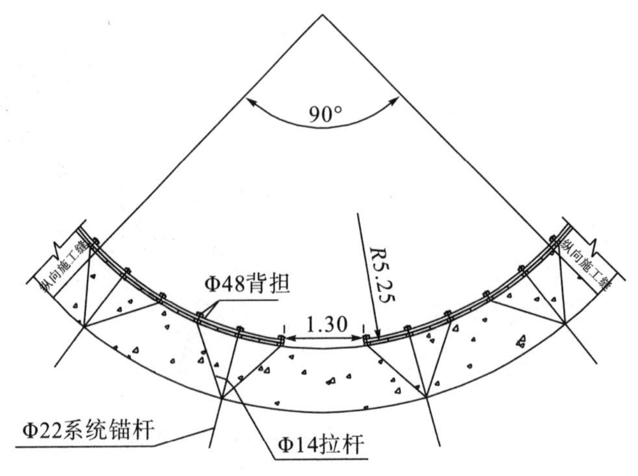

图 5.1—6 仰拱模板安装断面示意图

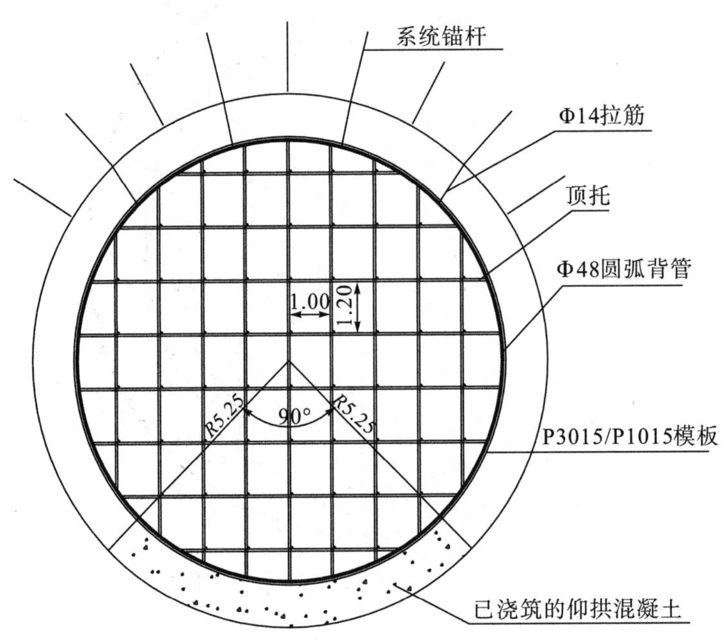

图 5.1—7 边顶拱模板安装断面示意图

4）钢衬段

压力管道钢衬段长度 56.6m，根据结构布置和压力钢管安装程序，每条钢衬段共分为 4 仓，每仓不分层，如图 5.1—8 所示。

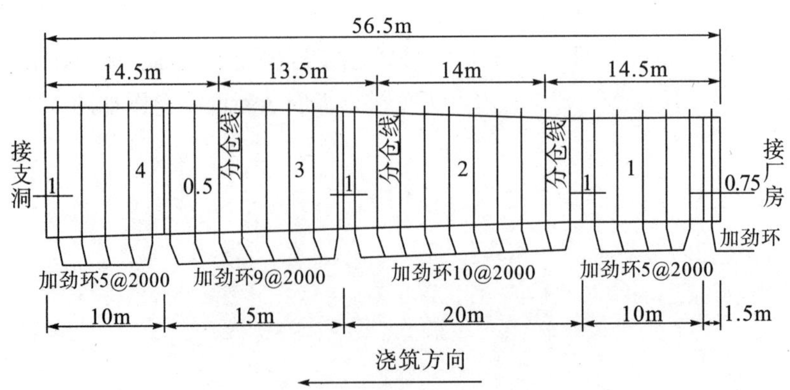

图 5.1—8 压力管道钢衬分仓图

钢衬段混凝土浇筑随钢管安装进度推进，即完成一条压力管道钢管安装后，随即开始本条钢衬混凝土回填浇筑施工。

混凝土浇筑只需安装堵头模板，堵头模板采用2cm木模板拼装，模板外侧设置Φ48钢管背担，内部设置Φ14拉筋与系统锚杆及压力钢管加劲环连接固定。

钢衬回填混凝土由6m^3、9m^3混凝土搅拌车运输，用HBT60混凝土泵泵送入仓。混凝土浇筑时，采用溜桶两侧均匀对称下料，边进料边振捣，仰拱部分浇筑上升速度控制在2m/h以下，以减少混凝土浮托力对钢衬的作用。顶拱处浇筑采取退管法，保证顶拱混凝土浇筑饱满。

5.1.1.3　施工方法

1）工艺流程

（1）仰拱：基础面清理、缝面处理→测量放线→钢筋施工（预埋钢管施工）→模板安装（仰拱台车安装）→预埋件及止水安装→清仓验收→砼浇筑→拆模、修补→砼养护→基础处理。

（2）边顶拱。

①基础面清理、缝面处理→测量放线→排架搭设→钢筋安装→模板安装→预埋件及止水安装→清仓验收→砼浇筑→拆模、修补→砼养护→基础处理。

②基础面清理、缝面处理→测量放线→钢筋安装→钢模台车安装（就位）→预埋件及止水安装→清仓验收→砼浇筑→拆模、修补→砼养护→基础处理。

5.1.2　尾水隧洞混凝土施工

5.1.2.1　工程概况

尾水系统采用“两机一室一洞”布置格局，两条尾水隧洞与调压室以室内交汇的方式连接，城门洞型，衬砌断面净空尺寸12.0m×16.0m（宽×高），1#、2#尾水隧洞长度分别为792.538m、669.467m。

尾水隧洞主要以Ⅲ1、Ⅲ2及Ⅳ类围岩为主，其中Ⅲ1、Ⅲ2类断面衬砌厚度1m，Ⅲ1类断面外层钢筋（迎水面钢筋）主筋为Φ25钢筋，里层钢筋主筋为Φ22钢筋，分布筋均为Φ16钢筋，Ⅲ2类断面外层钢筋（迎水面钢筋）、里层钢筋主筋均为Φ25钢筋，分布筋均为Φ16钢筋；Ⅳ类断面衬砌厚度1.2m，外层钢筋（迎水面钢筋）主筋为Φ32钢筋，里层钢筋主筋为Φ28钢筋，分布筋均为Φ20钢筋；渐变段衬砌厚度1.5m以上。

尾水隧洞在进口渐变段（0+00～20.15m）及出口锁口段（长25m）两端各设置1条Ⅰ型伸缩缝，其余在围岩类别变化桩号附近设置Ⅱ型伸缩缝，全洞未设置止水。

5.1.2.2　总体施工方案

底板混凝土采用普通组合钢模立模浇筑，输送泵入仓；边墙采用定型钢模台车立模浇筑，底板浇筑完成后，混凝土罐车自卸入仓；拱墙直线段采用钢模台车、混凝土罐车运输，输送泵入仓。拱墙转弯段及渐变段采用普通组和钢模立模，边墙采用拉杆、拉栓内拉，顶拱满堂脚手架、拉杆、拉栓配合支撑，混凝土罐车运输，输送泵入仓。

1）浇筑分层

尾水隧洞平洞混凝土分两层浇筑：先底板，再边顶；渐变段及转弯段分三层浇筑：先底板，再边墙，最后顶拱。底板混凝土与边顶混凝土在底板混凝土以上0.6m位置分缝，形成矮边墙，以便于钢模台车搭接。分层示意图如图5.1-9所示。

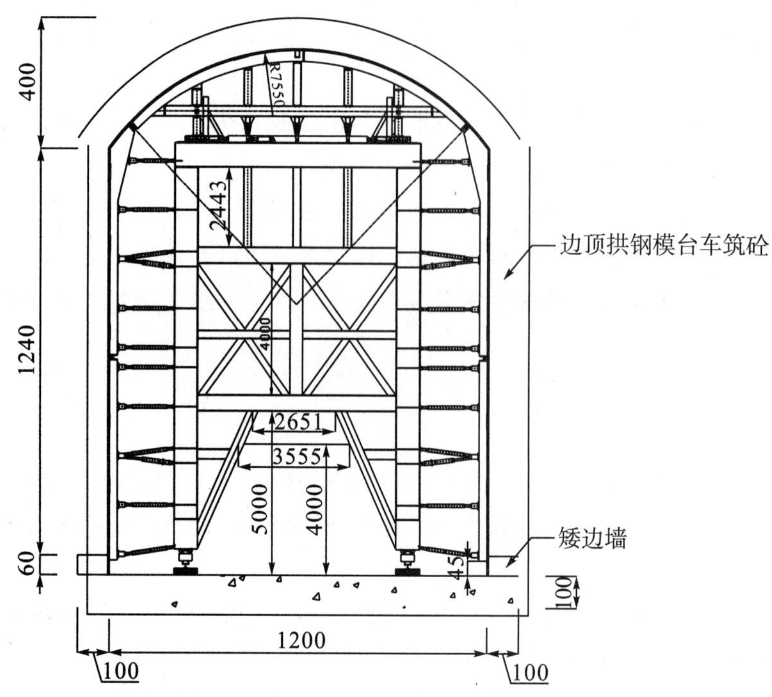

图 5.1－9　尾水隧洞直线段混凝土浇筑分层图

2）浇筑分仓

1＃尾水隧洞衬砌共计分为 66 段，其中直线段共 56 段，边顶拱采用钢模台车衬砌；转弯段及渐变段共 10 段，需采用组合钢模进行浇筑，每段需 4 仓进行，共 40 仓，其中顶拱 10 仓需采用承重脚手脚支撑模板。2＃尾水隧洞衬砌共计分为 56 段，其中直线段共 51 段，边顶拱采用钢模台车衬砌；转弯段及渐变段共 5 段，需采用组合钢模进行浇筑，每段需 4 仓进行，共 20 仓，其中顶拱 5 仓采用承重脚手架支撑浇筑。拱墙衬砌与底板、开挖支护工程交错施工。

（1）底板混凝土浇筑分仓。

1＃尾水隧洞底板分仓：（尾 1）0＋114.138m～0＋792.538m，共 56 仓，每仓长度 12.1m 或 12.1×2m（其中 0＋791.738～792.538m 长度 12.9m），便于与钢模台车拱墙衬砌分缝一致；0＋00～20.150m 为渐变段，分为 2 仓；0＋20.150～114.138m 主要为转弯段，分为 8 仓浇筑。2＃尾水隧洞底板分仓：（尾 2）0＋51.567m～0＋669.467m，共 51 仓，每仓长度 12.1m 或 12.1×2m（其中 0＋668.667～669.467m 长度 12.9m），便于与钢模台车拱墙衬砌分缝一致；0＋00～20.150m 为渐变段，分为 2 仓；0＋20.150～51.567m 为转弯段，分为 3 仓浇筑。因结合尾水隧洞下支洞封堵施工及上游施工道路不能中断，1＃尾水隧洞、2＃尾水隧洞与尾水下支洞相交部分仓面（即 2＃尾水隧洞第 56 仓、1＃尾水隧洞第 66 仓）留置在该洞底板衬砌最后时间浇筑。

（2）拱墙混凝土浇筑分仓。

①直线段浇筑分仓。

直线段边顶拱采用钢模台车浇筑，1＃尾水隧洞钢模台车浇筑范围：（尾 1）0＋114.138m～0＋791.738m，共 56 仓。2＃尾水隧洞钢模台车浇筑范围：（尾 2）0＋51.567m～0＋668.667m，共 51 仓。

②转弯段及渐变段浇筑分仓。

剩余部位为转弯段及渐变段，钢模台车无法转弯进入浇筑，边墙考虑采用悬臂大模板或 6m 钢模台车浇筑（本工程 12.10m 钢模台车可拆分为两节 6.05m 台车独立使用）。经试用，6m 钢模台车浇筑方案可行，转弯段及渐变段边墙采用钢模台车浇筑，顶拱采用普通组合钢模浇筑。2＃尾水隧洞转弯段及渐变段（0+00～20.150m为渐变段，0+20.15～51.567m为转弯段）边墙衬砌共分为9段，每段分3层进行，共27仓，每层层高4.3m，剩余拱顶部位分为5段，采用普通组合钢模板搭设承重脚手架支撑浇筑。1#尾水隧洞转弯段及渐变段（0+00～20.150m为渐变段，0+20.150～114.138m为转弯段）边墙衬砌共分为19段，每段分3层，共54仓，每层层高4.3m，剩余拱顶部位分为10段，采用普通组合钢模板搭设承重脚手架支撑浇筑。

3）浇筑顺序

（1）底板施工顺序：2#尾水隧洞（尾2）0+535.567m～0+669.467m段→1#尾水隧洞（尾1）0+634.438m～0+792.538m段→2#尾水隧洞（尾2）0+535.567m～0+000m段→1#尾水隧洞（尾2）0+634.438m～0+000m段。

（2）钢模台车拱墙衬砌顺序：为节约工期，1#、2#尾水隧洞拱墙衬砌混凝土施工共用2台12.10m钢模台车立模浇筑，1#尾水隧洞钢模台车浇筑范围：（尾1）0+114.138m～0+791.738m，共56仓。2#尾水隧洞钢模台车浇筑范围：（尾2）0+51.567m～0+668.667m，共51仓。

浇筑顺序如下：

①2#尾水隧洞（尾2）0+535.567m～0+669.467m段→2#尾水隧洞（尾2）0+523.467m～0+000m段→2#尾水隧洞（尾2）0+523.467m～0+535.567m段。

②1#尾水隧洞（尾1）0+634.438m～0+792.538m段→1#尾水隧洞（尾2）0+634.438m～0+000m段→1#尾水隧洞0+622.338m～0+634.438m拱墙衬砌（下支洞封堵）。

5.1.2.3　施工方法

1）工艺流程

（1）底板混凝土施工工艺流程如图5.1−10所示。

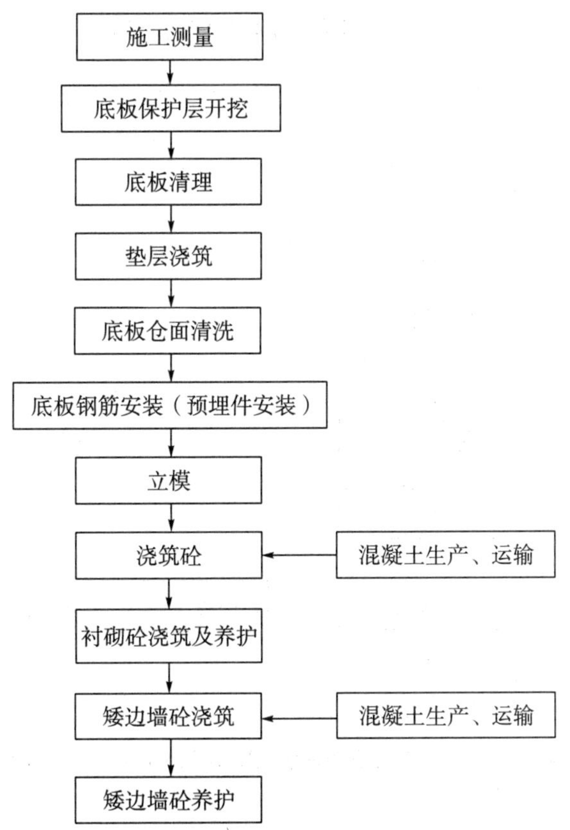

图5.1−10　底板混凝土施工工艺流程

（2）直边墙混凝土施工工艺流程如图 5.1—11 所示。

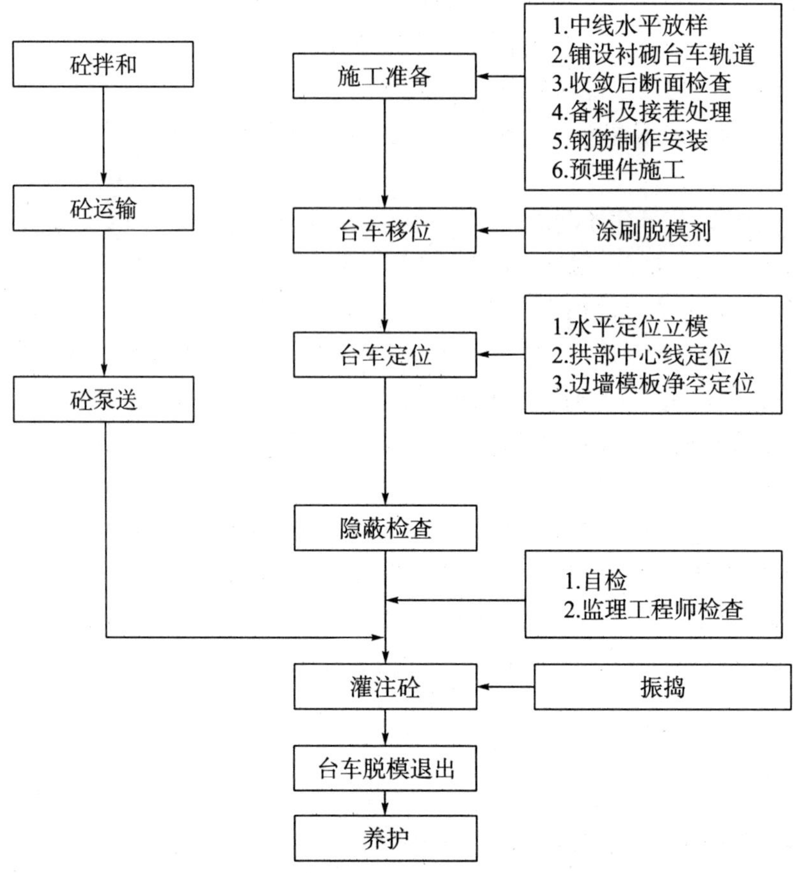

图 5.1—15　直边墙混凝土施工工艺流程

（3）渐变段及转弯段边顶拱混凝土施工工艺流程如图 5.1—12 所示。

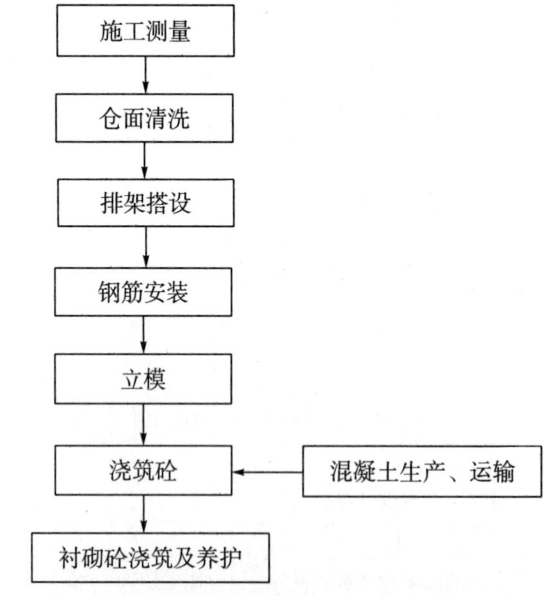

图 5.1—12　渐变段及转弯段边顶拱混凝土施工工艺流程

5.1.3　尾水连接洞混凝土衬砌（含渐变段）

5.1.3.1　工程概况

猴子岩水电站地下厂房共有4条尾水管扩散段及尾水连接洞，位于厂房下游侧平行布置，洞轴线间距32.5m，洞间岩柱厚最大19.80m，最小15.73m，上游面与厂房相接，下游面与尾水调压室相连，为全断面钢筋混凝土衬砌结构。尾水管扩散段长35.26m，连接段82.90m。厂（纵）0+009.14m～0+044.40m，由椭圆形渐变为城门洞型，衬砌厚度357.9～241.5cm，衬砌后净空尺寸1407cm×614cm～1000cm×1400cm。连接段为渐变段，自厂（纵）0+044.40m以$i=5.68\%$爬坡至厂（纵）0+127.30m，长度82.90m。（厂纵）0+044.40m～（厂纵）0+107.15m段衬砌厚度1.350m（底板1.5m），拱肩部位圆弧半径2.0m，并逐渐变为0m，正顶拱混凝土厚度由2.415m渐变为1.35m。（厂纵）0+107.15m～（厂纵）0+127.30m段也为渐变段，边顶拱衬砌厚度由1.35m渐变为1.85m。混凝土强度等级为C25，二级配。顶拱范围需进行回填灌浆，灌浆参数：孔径Φ50，深入基岩10cm，间排距3.0m，梅花型布置。环向结构缝及施工缝均埋设铜止水和651型橡胶止水带、沥青木板，纵向水平施工缝埋设插筋及遇水膨胀橡胶止水条（止水形式同压力管道）。

另外，尾水连接洞衬砌内预埋机组检修排水总管、厂房渗漏排水总管、主变冷却水供水（备用）取水管、机组冷却水供水（备用）取水管、机组冷却水排水管、补气空压机冷却排水管等管道。

5.1.3.2　施工程序

1）施工分块、分层

根据尾水连接洞结构特点、施工通道布置、结构缝分布，分块、分层按如下原则进行：

（1）尾水管连接段分块总体原则按照12m/仓进行控制，共计8仓，尾水管扩散段总长度35.26m，分为3仓。

（2）扩散段分为底板（含矮边墙）及边顶拱，分两次浇筑成型。

（3）连接段边墙共分3～4层，分别为底板（含矮边墙）、6m、6m及顶部剩余部分（约30cm）与顶拱一并浇筑。

具体如图5.1－13～图5.1－16所示。

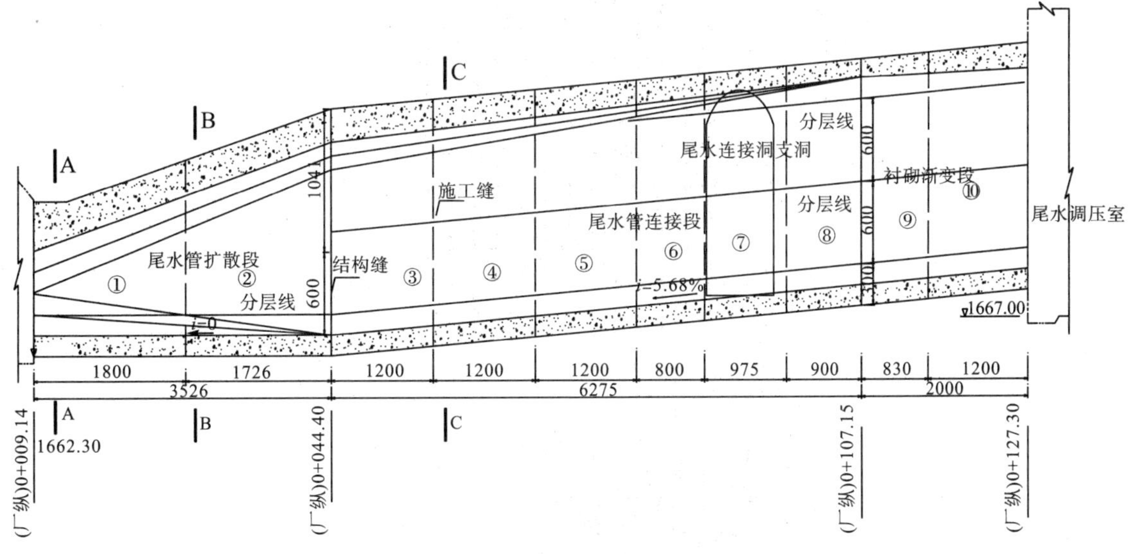

图5.1－13　尾水连接洞分仓图

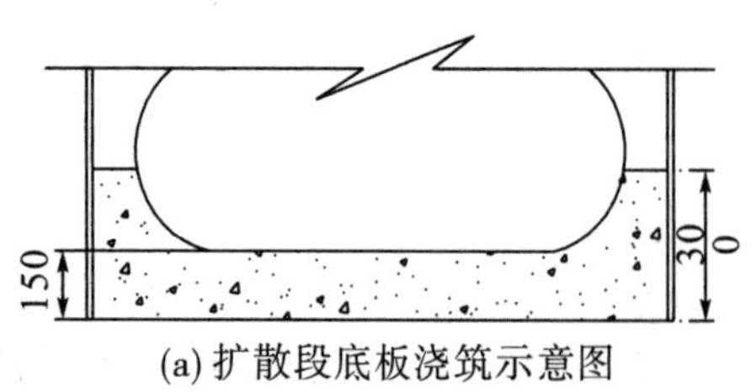

(a) 扩散段底板浇筑示意图

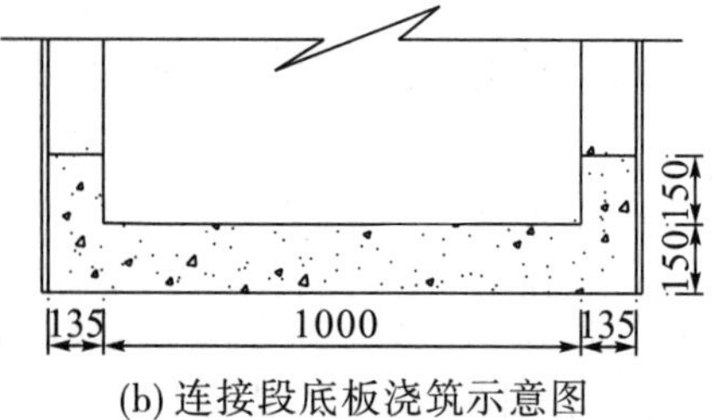

(b) 连接段底板浇筑示意图

图 5.1—14 **尾水连接洞底板浇筑示意图**

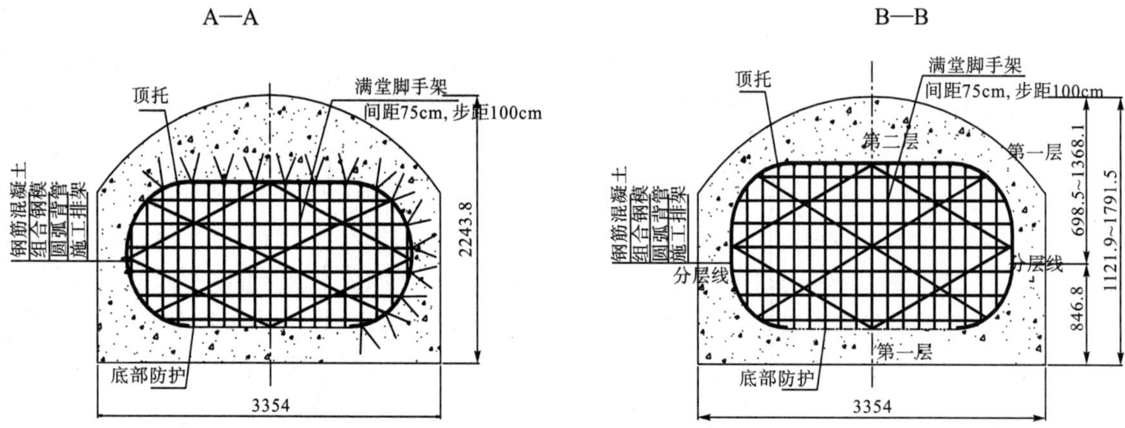

图 5.1—15 **扩散段边顶拱浇筑示意图**

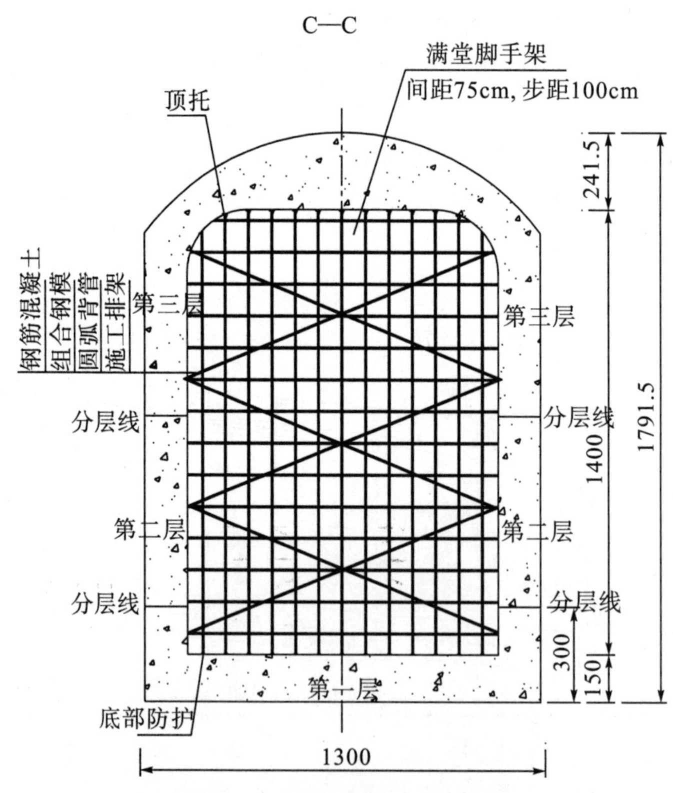

图 5.1—16 **连接段边顶拱浇筑示意图**

2）砼浇筑施工程序

根据总进度计划、尾水管与周边洞室相互关系、施工通道布置，同时结合现场实际情况，尾水管衬砌施工按如下原则进行：

（1）总体按照“4＃→3＃→2＃→1＃”的顺序施工。

（2）以尾水连接洞支洞为界，从上游往下游和从下游往上游对向施工，最后从支洞退出。

5.1.3.3　施工方法

尾水连接洞底板浇筑，扩散段圆弧段、连接洞底板圆弧段采用定型钢模板，局部采用2cm木板拼缝，标准段底板采用定制简易模板作为顶面模板，采用电动葫芦牵引模板进行整平收仓（即“拉模”施工工艺）。

边墙标准段拱肩1m以下部分采用悬臂大模浇筑，悬臂模板利用25t吊车进行提升。剩余边墙及顶拱浇筑采用Φ48钢管搭设满堂脚手架作施工承重排架，脚手架按照间排距50cm，步距100cm布置。砼采用砼罐车运至施工工作面，底板浇筑采用自卸辅以1台泵泵送入仓，边顶拱浇筑采用2台泵，左右侧布置，泵送入仓，人工振捣。

5.1.4　母线洞混凝土施工

5.1.4.1　工程概况

地下厂房系统共设置4条母线洞，长46.85m，断面为圆拱直墙形，标准段长32.65m，开挖尺寸8.60m×7.85m（宽×高），衬砌后尺寸7.00m×6.05m（宽×高），其中底板厚度100cm，边墙衬砌厚度70cm，顶拱衬砌厚度65cm；扩大段长14.2m，开挖尺寸11.6m×20.8m（宽×高），衬砌后尺寸10m×19m（宽×高），其中底板厚度100cm，边墙衬砌厚度70cm，顶拱衬砌厚度65cm。母线洞与主变室、主厂房相交，彼此相互制约，将给施工带来不小的干扰。母线洞具体布置及断面形式如图5.1－17、图5.1－18所示。

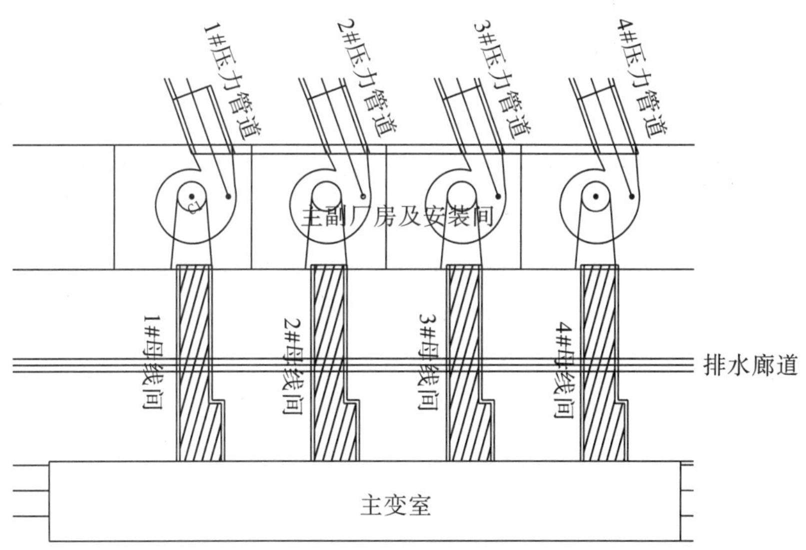

图5.1－17　母线洞布置图

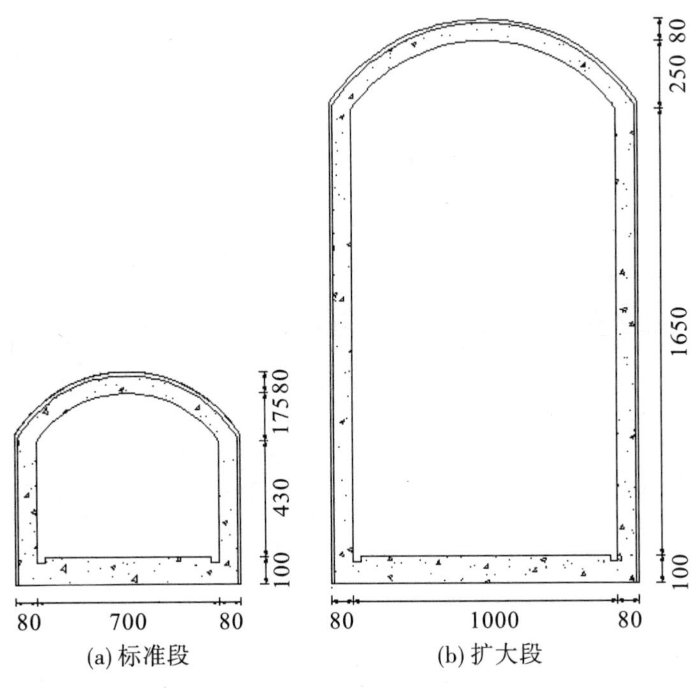

图 5.1-18　母线洞断面图

5.1.4.2　施工程序

猴子岩水电站共 4 条母线洞，结构形式完全一样，洞全长 46.85m，分为标准段和扩大段。先对母线洞底板进行浇筑，然后对母线洞边顶拱进行浇筑。母线洞标准段边顶拱分 3 仓浇筑，扩大段边顶拱分 3 仓浇筑，扩大段两侧端墙单独 1 仓浇筑；衬砌采用 6015、3015、1015 普通钢模组合拼装，模板支撑采用搭设满堂脚手架；混凝土由泥洛河沙拌系统统一拌制，6m^3、9m^3 混凝土罐车运输至施工现场，HBT60 混凝土泵泵送入仓。4 条母线洞采用 1#→2#→3#→4# 的顺序进行浇筑，单条母线洞从厂房侧至主变室侧按先小断面后大断面的顺序浇筑。

5.1.4.3　施工方法

（1）底板混凝土施工工艺流程：超欠挖检查→缝面处理→测量放线→预埋管施工→钢筋安装→立模、校模→仓位验收→砼浇筑→整平及抹面→拆模、养护。

（2）边顶拱混凝土施工工艺流程：基础面清理、缝面处理→测量放线→排架搭设→钢筋安装→模板安装→预埋件及止水安装→清仓验收→砼浇筑→拆模、修补→砼养护→基础处理。

5.1.5　封堵混凝土

本工程各支洞封堵混凝土为全封堵段加衬砌混凝土形式。现以尾水调压室施工下支洞为例进行介绍。

5.1.5.1　工程概况

尾水调压室施工下支洞起点位于 4# 公路隧道 K0+289.809m 处，终点位于尾水调压室边墙，全长 142.612m。采用城门洞型，断面尺寸 8.0m×7.0m（宽×高）。该支洞原招投标阶段仅含封堵混凝土，无衬砌混凝土，衬砌混凝土为新增变更项目，根据设计蓝图，尾水调压室施工下支洞封堵长度、形式及主要工程量见表 5.1-2。

表 5.1-2 尾水调压室施工下支洞封堵特性表

桩号	封堵形式	长度/m
(调下支) 0+040.762m~ (调下支) 0+134.762m	廊道衬砌	94.00
(调下支) 0+134.762m~ (调下支) 0+142.612m	全断面封堵	8.00

5.1.5.2 总体施工方案

尾水调压室施工下支洞封堵施工采用分层分段的浇筑方式进行，优先进行全断面封堵段的回填混凝土施工，封堵分层浇筑。浇筑封堵段时，先进行下半洞 3m 浇筑，再进行上半洞 4m 浇筑，全断面封堵段纵向设 1 仓；衬砌段先浇筑底板，再浇筑边顶拱，边顶拱施工采用满堂支架作为承重排架，采用组合钢模板拼装立模，局部采用 5cm 厚木模板拼装，衬砌段共分为 16 仓进行浇筑，单仓长度 6.0m 左右。

底板清基采用液压反铲 CAT330 进行大面清理，清理完成后人工进行清基，清理石渣采用 20t 自卸车运至色古沟渣场。混凝土均由砂拌系统提供，采用 $9m^3$ 混凝土罐车运至施工现场，HBT60 混凝土泵泵送入仓，人工平仓，Φ70 插入式振捣器振捣密实。

5.2 斜井混凝土

5.2.1 工程概述

压力管道采用单机单管布置，4 条管道平行布置，管轴线间距 30.54m，由上平段、上弯段、斜井段、下弯段、下平段、锥管段、进厂段组成。压力管道内径 10.50m，斜井段与水平面夹角 60°，空间转弯半径 30m，上、下弯段长度分别为 29.469m、31.416m，斜井段长度 55.631~64.494m，洞室衬砌后均为直径 10.5m 的圆形断面。

压力管道上、下弯段及斜井段砼衬砌主要项目有：混凝土衬砌厚度 100cm，混凝土标号 C25W6F50，二级配。根据设计蓝图，压力管道布设回填灌浆孔及固结灌浆孔，回填灌浆孔布设在洞室顶拱 90°范围，孔径 50m，每排 2 孔、3 孔，交错布置，间距 45°，排距 3.0m，入岩 0.1m；固结灌浆孔孔径 76m，入岩 6.0m，每排 12 孔，间距 30°，排距 3.0m，相邻两排交错布置。

5.2.2 施工总体方案

为确保下弯段与斜井段连接处浇筑密实，根据类似工程施工经验，优先进行下弯段浇筑，再进行斜井段浇筑，最后进行上弯段浇筑。

5.2.2.1 整体施工方案

根据本工程结构特点和类似工程施工经验，本工程压力管道上、下弯段及斜井段整体施工方案如下。

(1) 下弯段：搭设满堂脚手架作为支撑，采用 P3007 (75cm×30cm) 及 P1007 (75cm×10cm) 的小钢模拼装，设置 Φ48 架管作为环向围檩和纵向围檩，并设置 Φ14 拉杆。下弯段混凝土在下平段泵送入仓，全段整体浇筑。

(2) 斜井段：根据本工程实际情况，4 条压力管道斜井段长度 55.631~64.494m，均比较短，采用滑模台车组装拆除时间长、成本较高，且不便于作为后续灌浆施工平台。综合考虑工期、成本及后续施工等因素，斜井段混凝土施工采取搭设脚手架作为施工平台，单仓长度约 6m，采用 P3015 及 P1015 钢模板拼装，设置 Φ48 架管作为环向围檩和纵向围檩，并设置 Φ14 拉杆。斜井段混凝土在下平段泵送及上弯段溜管入仓，分层浇筑。

（3）上弯段：利用斜井段施工平台搭设满堂脚手架作为支撑，采用 75cm×30cm 及 75cm×10cm 的小钢模拼装，设置 Φ48 架管作为环向围檩和纵向围檩，并设置 Φ14 拉杆。上弯段混凝土在上平段泵送入仓，全段整体浇筑。

上、下弯段及斜井段搭设的脚手架作为灌浆施工平台，待灌浆施工完成后整体拆除。

5.2.2.2 施工方法

弯段及斜井段浇筑采用 Φ48 钢管搭设满堂脚手架作为施工承重排架，采用 P3007、P1007 钢模板拼装，局部采用 2cm 木板拼缝，模板采用 Φ48 圆弧背担加以拉筋固定。在底板 120°范围布设 7Φ28@1.5m×1.5m，L=1.5～2.5m，入岩 0.5m 插筋，梅花型布置，同时根据现场实际情况将系统锚杆适当加长至模板底面，插筋顶部安装模板，模板采用横纵背担连接形成整体，承重排架立杆着力于圆弧背担上。混凝土料采用混凝土运输车运至压力管道上平段支洞或下平段支洞，浇筑采用 2 台泵左右侧布置，泵送入仓，人工平仓。

压力管道斜井段、下弯段浇筑示意图如图 5.2－1 所示。

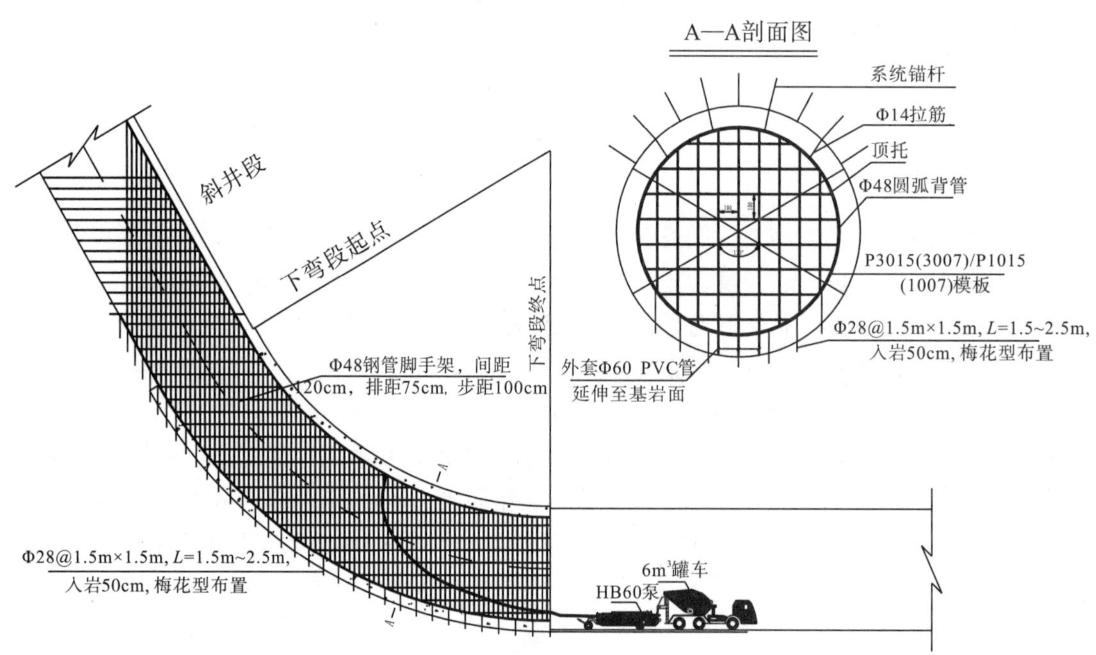

图 5.2－1　压力管道斜井段、下弯段浇筑示意图

5.3 大型洞室混凝土施工

5.3.1 厂房混凝土

5.3.1.1 工程概况

地下厂房从左至右依次由副厂房（长 23m）、主机段（共 4 台机组，总长 140.5m）和安装间

(长 56m) 三个部分组成，总长度 219.5m。

厂房上部布置有岩壁梁、防潮柱及吊顶圈梁等。岩壁梁总长 196m，轨道顶高程 1715.80m；吊顶圈梁总长 222.3m，顶面高程 1722.00m。

主机间共布置 4 台机组，1＃机组长度 33.2m，2＃、3＃机组长度 32.5m，4＃机组段包括检修集水井，长度 42.3m。机组段按 6 层布置，由上往下依次为发电机层、电气夹层、水轮机层、蜗壳层、锥管层和肘管（尾水管）层。

地下副厂房共分为 5 层，从下到上依次为透平油库层、电缆层、动力配电装置层、会议室及夹层、通信及二次设备层、顶层。底层高程 1691.40m，顶层高程 1717.00m。

5.3.1.2　混凝土总体施工程序

(1) 厂房Ⅱ层开挖支护结束，Ⅲ层边墙预裂完成后，组织厂房岩壁梁混凝土的施工。岩壁梁由右向左（安装间向副厂房）按 12m/块（具体长度为实际的分块长度）跳块进行浇筑，相继组织 4 个工作面平行作业，以满足工期要求；岩壁梁混凝土施工一段后，浇筑其上部的防潮柱和联系梁混凝土。待岩壁梁及其上部的防潮柱、联系梁混凝土施工结束并达到一定的强度后，才能组织厂房下部Ⅲ层的开挖支护施工。

(2) 为按时提供厂房永久桥机安装条件，安装间混凝土浇筑安排在Ⅳ层开挖支护结束且Ⅴ层左侧开挖一定距离进行。

(3) 主厂房开挖结束后，随即进行混凝土浇筑及机电埋件安装。施工严格按招标文件要求进行。根据招标文件要求，第一台发电机组为 4＃机，混凝土浇筑按 4＃、3＃、2＃、1＃机组的顺序呈阶梯形状上升，组织多部位混凝土流水作业，并按时与机电安装标进行各阶段混凝土浇筑与机组安装的交面工作。

(4) 1＃～4＃机组间留有岩墩，底部的排水廊道相互连通，在穿过岩墩部位为洞挖，在浇筑 3＃、2＃、1＃机组基础混凝土前，需分别完成 4＃与 3＃、3＃与 2＃、2＃与 1＃机组岩墩之间排水廊道的混凝土衬砌施工。

(5) 检修集水井紧靠 4＃机组的左端布置，跟 4＃机组关系密切，为保证 4＃机组肘管的顺利安装，检修集水井下部混凝土超前于 4＃机组基础的混凝土，以避免造成对 4＃机组肘管施工的影响；上部与 4＃机组间有岩墩隔断，其混凝土的施工不受影响，但集水井以上结构部与 4＃机组相连，故上部混凝土与 4＃机组相应层混凝土一起浇筑。

(6) 1＃～4＃机组尾水管总长度 35m，顺流向分为 3 块浇筑，最大分块长度 12m。尾水管混凝土的施工安排在肘管、锥管混凝土施工结束后进行，按 4＃、3＃→2＃、1＃的顺序施工。

(7) 副厂房主要为板梁柱结构，主要作为厂房的操作室。混凝土的施工时段安排在主厂房全部开挖支护结束后进行。

5.3.1.3　混凝土分层、分块

根据机组段的永久分缝和招标文件的要求，主厂房机组段混凝土按一台机组为一个块段进行浇筑，其中蜗壳层为大体积混凝土，在蜗壳腰线以下层间再分 4 个区进行浇筑。各机组由下至发电机层共分为 23 层，浇筑层厚按以下原则进行控制：尾水肘管底板混凝土浇筑层厚 1.0m；肘管混凝土浇筑层厚不大于 3.0m；锥管层混凝土浇筑层厚 2.0m 左右，蜗壳层混凝土浇筑层厚 1.0～1.5m；尾水管混凝土分为 3 块，每块分为 3 层浇筑；其余混凝土浇筑层高控制在 3.0m 以内（梁、板、柱除外），检修集水井直墙混凝土浇筑层高最大不超过 4.5m。主厂房机组段混凝土浇筑分层、分块示意图如图 5.3-1 所示。

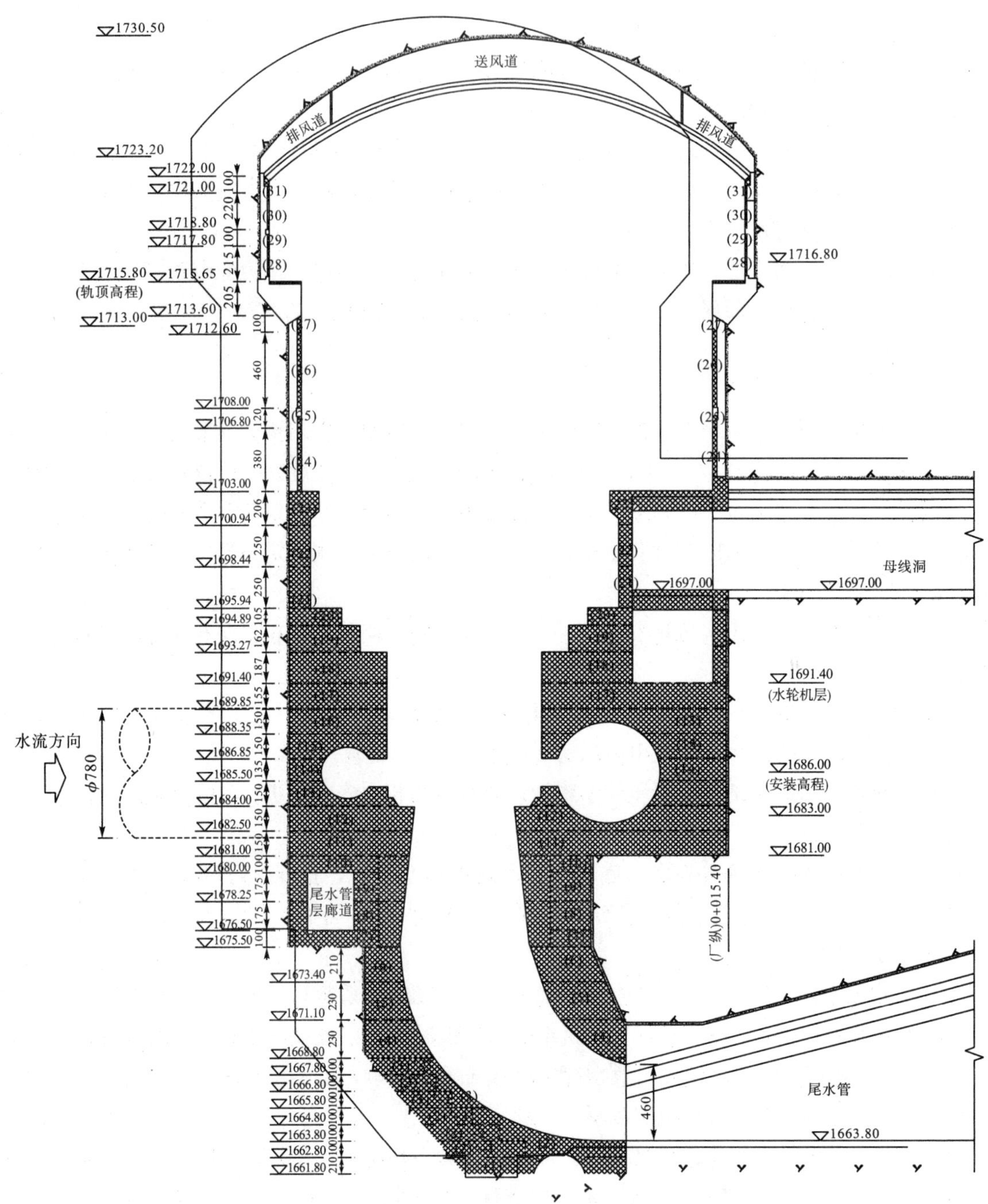

图 5.3－1　**主厂房机组段混凝土浇筑分层、分块示意图**

副厂房及安装间根据设计结构层高进行分层浇筑。安装间底板混凝土分块浇筑，分块长度按20m控制，最大不超过30m；副厂房框架结构每层分两次浇筑，第一次浇筑柱混凝土至梁底下1m左右，第二次浇筑该层梁、板及柱顶混凝土。

5.3.1.4　肘管层混凝土施工

1）工程概述

猴子岩水电站厂房共布置4台机组，按4＃、3＃、2＃、1＃的顺序呈阶梯浇筑上升，单台机组按照自下而上浇筑施工。各机组先进行主厂房尾水肘管安装及砼浇筑。为保证主厂房尾水肘管的安装，肘管层分两期浇筑：Ⅰ期混凝土，肘管安装前先进行厂房肘管支墩混凝土施工，支墩砼浇筑范围延伸至两侧边墙（同时进行相应的机电预埋件施工）；Ⅱ期混凝土为肘管安装完成后的回填混凝，Ⅱ期混凝土浇筑高度12.7m，EL.1661.80～1674.50m分5层，两侧对称浇筑。

2）施工程序及方法

厂房各机组尾水肘管Ⅰ期砼（即支墩砼），分为机窝底板、6个纵向条形墩和上游侧斜坡面2个台阶浇筑。单个机组段分为两区浇筑：1区为机组上游斜坡面台阶部分；2区为机窝底板及条形墩部位。其中2区又分为两期浇筑，一期为机窝底板高程1661.80m以下部分，二期为6个纵向条形墩部分。采用1台混凝土泵（型号HBT60）入仓；浇筑完成后进行模板拆除、支墩凿毛及工作面清理。机窝底板高程1661.80m，条形墩顶面高程1662.80m，斜坡面第一台阶高程1664.20m，斜坡面第二台阶高程1666.20m。

Ⅱ期混凝土首先完成肘管外层钢筋安装，然后进行混凝土浇筑。根据设计蓝图标注肘管安装的结构特点，将尾水肘管Ⅱ期混凝土分为5层浇筑：第一层EL.1661.80～1664.20m，第二层EL.1664.20～1666.20m，第三层EL.1666.20～1668.70m，第四层EL.1668.70～1671.70m，第五层EL.1671.70～1674.50m。浇筑方向从下游向上游，分层摊铺均匀，肘管钢结构底板以上部分应对称浇筑，控制好卸料入仓速度，避免肘管受混凝土外力上浮。主要采用4台9m³混凝土罐车运输，2台混凝土泵（型号HBT60）入仓，辅以桥机吊6m³卧罐直接入仓。每层浇筑完成后应做好毛面处理，确保下层施工缝面结构整体完整，从厂房下游侧向上游侧逐层浇筑。

5.3.1.5　锥管层混凝土施工

1）工程概述

尾水锥管及座环支墩混凝土浇筑范围为：厂（横）0＋000.00m～厂（横）0＋128.50m、厂（纵）0－010.40m～厂（纵）0＋015.40m、EL.1674.50～1684.00m（1684.157m），其中蜗壳基础层与锥管层第三层混凝土同期进行施工。

厂房锥管层布置有尾水管操作廊道、锥管进人廊道、吊物孔、楼梯间及供水泵房等，尾水锥管砼、进人廊道泵、座环基础泵及操作廊道砼标号均为C25W6，预留二期混凝土标号为C30。

厂房锥管层、蜗壳基础层混凝土施工项目包括基础处理，锚钩及管路等机电埋件施工，钢筋安装，锥管砼浇筑，蜗壳基础、座环支墩砼浇筑。其中锚钩及管路等机电埋件施工属于机电标施工范围，现场施工过程与机电标段做好协调，达到平行作业。

2）施工程序及分层、分块

厂房锥管层、蜗壳基础层总体施工程序按照4＃机组段→3＃机组段→2＃机组段→1＃机组段依次进行施工。

单台机组施工程序为：①机电锥管安装→②锥管EL.1674.50～1676.00m段砼浇筑（包含操作廊道砼）→③锥管EL.1676.00～1680.50m段砼浇筑（包含操作廊道砼）→④锥管EL.1680.50～1684.00m（1684.17m）段砼浇筑（包含操作廊道砼），同步进行蜗壳基础、座环支墩砼浇筑。

厂房锥管层、蜗壳基础层混凝土按照机组之间的结构缝共分为4块。

单台机组尾水锥管分为3层进行浇筑：①第一层为底板浇筑（包含操作廊道底板），EL.1674.50～1676.00m；②第二层为EL.1676.00～1680.50m，同时进行操作廊道边墙及顶板砼（厚50cm）浇筑；③第三层为蜗壳基础层施工（包括锥管进人廊道、座环支墩），EL.1680.50～1684.00m（1684.17m）。具体如图5.3－2所示。

各分层新老混凝土接触缝面按施工缝要求需作凿毛处理，机组之间的结构缝宽2cm，需设置铜片止水并采用聚胺酯泡沫板（或厚2cm沥青木板）填缝。

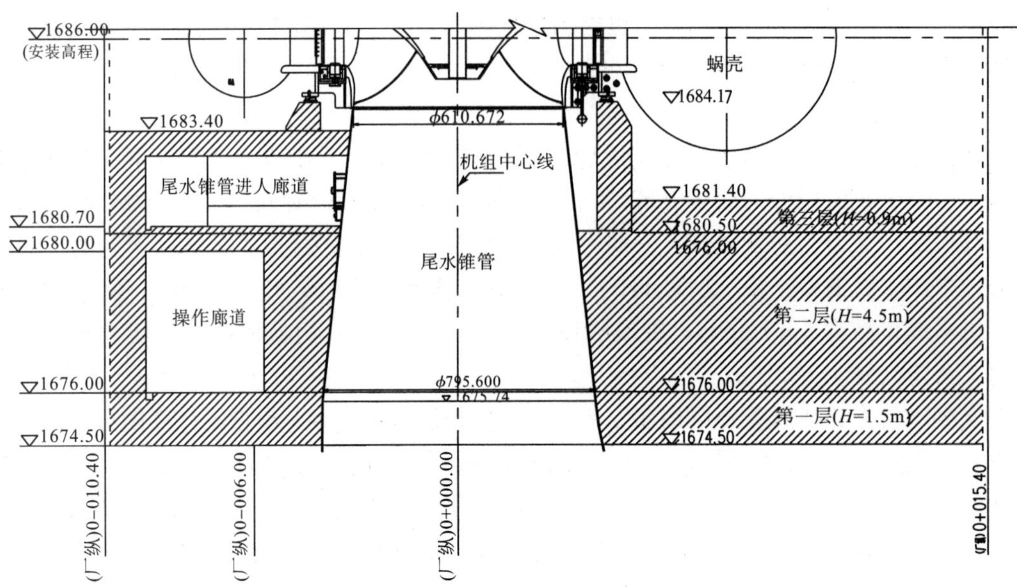

图 5.3−2　锥管层混凝土施工分层示意图

3）混凝土入仓方法

厂房尾水锥管及蜗壳基础层混凝土浇筑主要采用主安装间、副厂房、母线洞输送泵+溜槽+溜筒的入仓方式，在母线洞与厂房相交部位、厂房上游侧栈桥部位及副厂房与主机间相交部位设置受料斗，与溜槽一起在厂房下游 EL. 1680.00m 岩台上搭设施工排架作为支撑，排架间排距 2m×2m，步距 1.5m，排架用 Φ14 拉筋与厂房下游边墙系统锚杆连接牢固。

考虑到溜槽施工的连续性及施工强度，需增设 1 台 HBT60 混凝土泵备用作为锥管层混凝土入仓的备选方案。

锥管砼浇筑在上、下游和左、右侧设置 4 个对穿的下料点，需对称下料，控制混凝土上升速度，确保混凝土均匀上升。浇筑过程中邀请机电标进行全过程测量监控，确保锥管不移位、变形。

5.3.1.6　蜗壳层混凝土施工

1）概述

猴子岩水电站地下厂房主厂房共布置有 4 台机组，蜗壳混凝土浇筑范围为：厂（横）0+000.00m～厂（横）0+140.50m、厂（纵）0−010.40m～厂（纵）0+015.40m、EL. 1681.40～1691.50m（1693.65m）。

厂房蜗壳层内布置有蜗壳、机组技术供水室、主变技术供水室、深井泵房、楼梯间及蜗壳进人廊道等。

蜗壳混凝土施工项目包括基础处理，弹性垫层施工，机电埋件施工，Ⅱ期砼插筋施工，钢筋安装，蜗壳外围、深井泵房、机组技术供水室、主变技术供水室及楼梯间等部位砼浇筑。

2）混凝土施工技术要求

（1）对垫层保护的技术要求。

在进行混凝土浇筑时应采取措施以避免划伤、损伤弹性垫层。

（2）蜗壳外围混凝土技术要求。

由于蜗壳外围混凝土的几何形状十分复杂，尺寸较大，且预留孔洞、埋件及机电管路众多，为确保浇混凝土时蜗壳不发生位移、外围混凝土浇筑密实以达到联合承载效果及控制由混凝土水化热产生的温度应力，因此，对该部位混凝土浇筑提出如下要求：

①混凝土浇筑温度宜控制在 22℃以下。

②混凝土可分层浇筑，蜗壳中心线以下分层厚度应小于1.5m，蜗壳中心线以上分层厚度应小于2.0m，浇筑上升速度应控制为30cm/h，每层间歇5～7天。分层施工缝按要求凿毛冲洗，并埋设Φ22插筋，间排距0.50m布置。

③因基础环、座环下环与蜗壳下表面所形成的区域非常狭小，混凝土浇筑难以达到密实效果，为保证蜗壳与混凝土能够联合承载，避免该处蜗壳应力集中，应在混凝土浇筑后通过座环上的预留灌浆孔对该部位混凝土进行回填灌浆。

④混凝土层间间歇期：体积较大的二期混凝土层间间歇期5～7天，结构厚度较小的二期混凝土层间间歇期3～5天。

⑤在进行混凝土配合比设计及施工时，应满足规范的有关要求，同时还应满足混凝土强度保证率达到90%以上，离差系数不大于0.12。

⑥混凝土浇筑完毕后，应及时采取洒水、喷雾等措施进行养护，混凝土连续养护时间不少于21～28天。棱角和突出部位应加保护。

⑦蜗壳混凝土施工过程中，对蜗壳及座环变形进行监测，在施工过程中应严格控制蜗壳及座环变形。

3）施工程序及分层、分块

（1）总体施工程序。

厂房4台机组蜗壳总体施工程序按4＃→3＃→2＃→1＃呈阶梯浇筑上升，相邻机组段间隔2个月。单个机组蜗壳砼先进行蜗壳阴角部位浇筑，再进行蜗壳外围大体积混凝土浇筑，蜗壳外围大体积混凝土从蜗壳基础层自下而上分层浇筑至下机架高程（内侧）和水轮机层（外侧）。

厂房蜗壳混凝土施工形象如图5.3－3所示。

图5.3－3　**厂房蜗壳混凝土施工形象**

蜗壳与压力钢管混凝土施工程序应为优先完成压力钢管回填混凝土施工再进行蜗壳混凝土施工。

（2）施工分块、分层。

蜗壳砼按照机组之间的结构缝共分为4块。

单台机组蜗壳大体积混凝土分4层进行浇筑，内侧浇筑至下机架高程，外侧浇筑至水轮机层高程，其中蜗壳阴角部位混凝土单独优先浇筑，具体分层如图5.3－4所示。

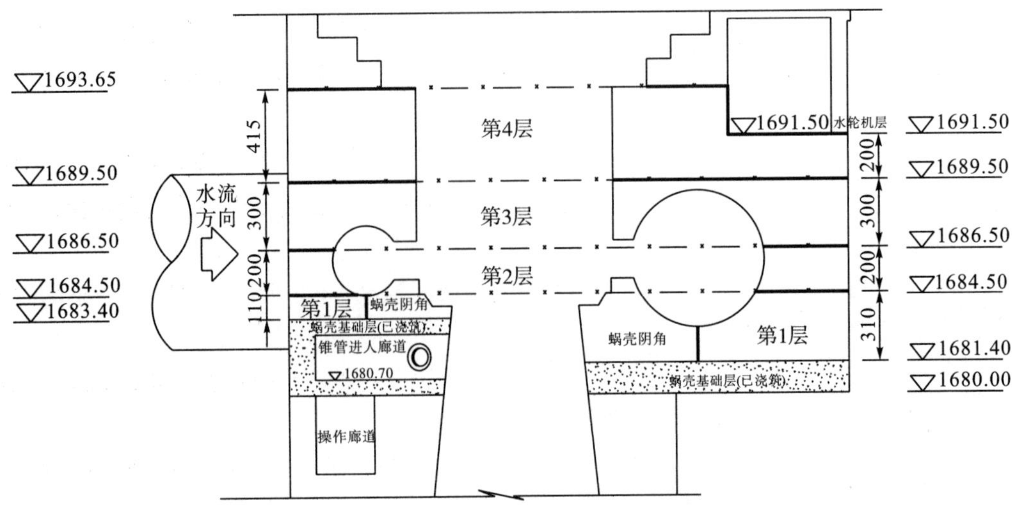

图 5.3-4　蜗壳层混凝土分层示意图

第Ⅰ层：EL. 1681. 40～1684. 50m，浇筑层高度 3. 10m，其中阴角混凝土又分为 4 块进行浇筑，4 块区域对称均衡下料，外围混凝土不再分区浇筑，采用均衡摊铺混凝土上升。厂房蜗壳阴角混凝土分仓平面示意图如图 5.3-5 所示。

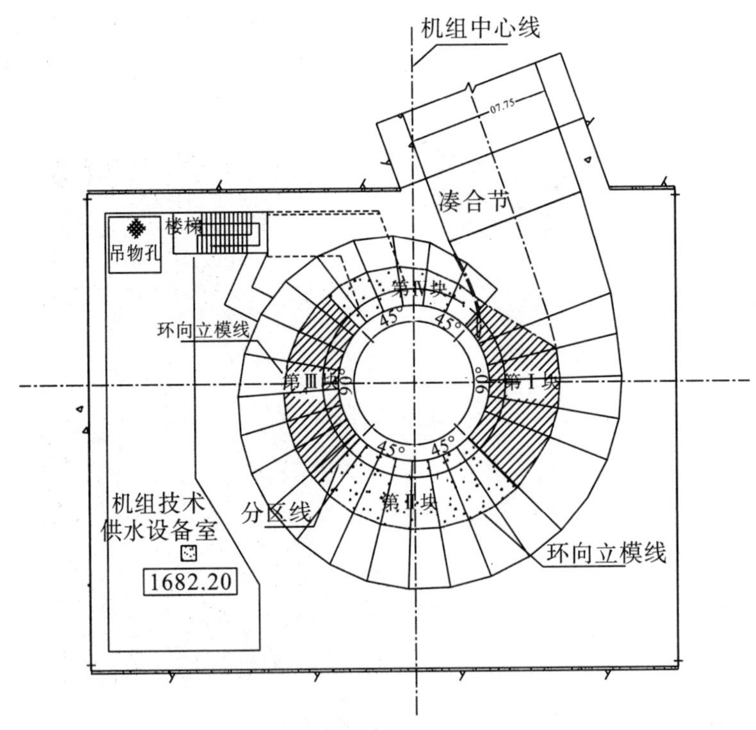

图 5.3-5　厂房蜗壳阴角混凝土分仓平面示意图

第Ⅱ层：EL. 1684. 50～1686. 50m，浇筑层高 2. 00m。

第Ⅲ层：EL. 1686. 50～1689. 50m，浇筑层高 3. 00m。

第Ⅳ层：EL. 1689. 50～1691. 50m（1693. 65m），浇筑层高 2. 00m/4. 15m。

各分层新老混凝土接触缝面均按施工缝要求做凿毛冲洗处理，机组之间的结构缝宽 2cm，需设置铜片止水并采用聚胺酯泡沫板（厚 2cm 沥青木板）填缝。

4）施工方法

（1）工艺流程。

蜗壳混凝土施工工艺流程如图5.3-6所示。

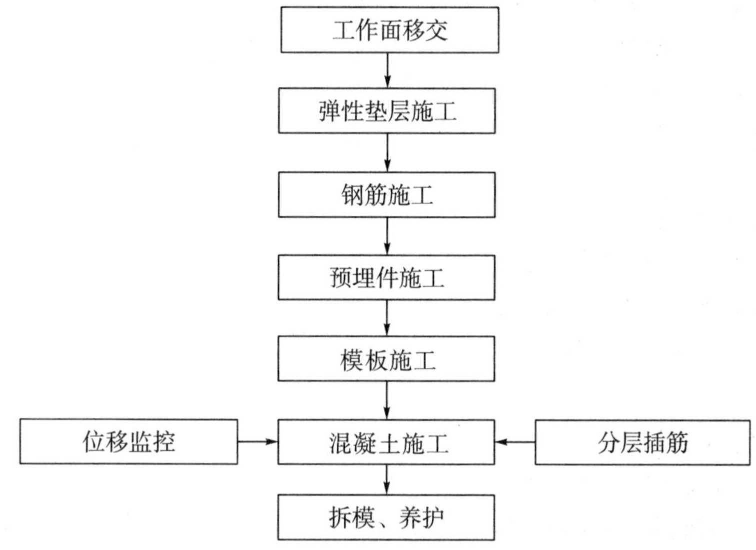

图5.3-6　蜗壳混凝土施工工艺流程

（2）工作面移交。

蜗壳、机墩金属结构及电气设备管路由其他标段施工，待上述工作完成并移交后再进行混凝土施工。

（3）弹性垫层施工。

①刷净或吹净垫层软木表面浮尘、杂物。

②弹性垫层每次安装3～4块，每次安装前将蜗壳钢板3～4块的安装区域采用刷子清理干净，着胶面要求干燥、光滑，刷净灰尘、杂物，若有油污需用汽油等溶剂擦净、晾干。

③将胶桶摇晃后开封，将胶倒入干净的容器并搅匀。

④在软木垫层粘贴面和垫层对应面积的钢板表面均匀涂一层胶，涂胶后放置3～10min，手蘸胶面呈长丝状时即可黏合，具体放置时间根据施工现场气温确定。

⑤粘贴时一端靠紧已贴垫层，先将1/5表面接触并施压，用木榔头或橡胶榔头向另一端有序敲击逐步压合，以排除贴合面的空气。

⑥压合后施加接触压力5～10min（可站人施压），即可黏合，垫层的四边（尤其四角）要压紧，中部用木榔头或橡胶榔头敲击。

⑦所有垫层相互结合的端面（即四周拼缝处）均应涂胶黏合。

⑧垫层采用错缝粘贴的效果更好。

⑨垫层粘贴完毕，在所有的表面接缝处刷胶（粘贴胶）填缝，聚脲防水层划破外露软木，可刷粘贴胶2～3遍密封。

⑩胶黏剂在室温下保存，如出现黏稠不便涂刷时，可加稀释剂（醋酸乙酯）稀释后使用。

（4）钢筋施工。

钢筋在加工厂按下料单分批制作并编号，平板车运输至安装间后再采用桥机吊运至施工现场。

蜗壳周边的环向钢筋均为渐变的结构尺寸，钢筋安装需遵循“先内后外，先弯后直、穿插交错”的原则，钢筋从下至上安装，先安装环向钢筋（主筋），再安装纵向钢筋（分布筋），蜗壳内层钢筋因体形多变，应按加工编号顺序安装，钢筋保护层采用混凝土垫块控制，垫块间排距1.5m×

1.5m，梅花型布置，垫块混凝土与结构混凝土等强度。

（5）预埋件施工。

①止水安装。

机组之间设置结构缝，并设置铜片止水。铜片止水与堵头模板同时安装，采用搭接型式，用氧气铜焊进行连接。止水安装时严格按照设计位置放置，不得打孔、钉锚，并采取可靠的固定措施，确保在浇筑混凝土时不产生过大位移。安装好的止水应妥善保护，防止变形和撕裂。浇筑混凝土时要有专人负责维护，充分振捣止水周边混凝土，如果有粗细骨料分离现象，处理好后再进行振捣，以确保止水与混凝土紧密结合。

②埋件施工其他注意事项。

在模板施工、钢筋安装和预埋件埋设过程中，各工序之间加强协调和配合，避免不必要的返工和材料损坏。混凝土浇筑过程中，将预埋件周围混凝土中颗粒较大的骨料剔除，并用人工或小功率振捣器小心振捣，不得碰撞预埋件。

（6）模板施工。

蜗壳外围模板包括机组技术供水室，主变技术供水室，深井泵房底板、边墙、柱及顶板模板，所有模板均采用P3015、P1015普通钢模板拼装，局部区域使用木板拼缝。

底板及边墙模板安装前，在上一层砼浇筑时需预埋1～2排插筋（Φ20，L=80cm，外露30cm）以便固定模板拉筋，插筋间排距75cm。模板竖向围檩采用双Φ48钢管，间距75cm；横向围檩采用双Φ48圆弧钢管，间距75cm，辅以Φ14拉筋内拉固定，布置参数为75cm×75cm，拉筋需与底板预埋插筋焊接牢固。柱模板也可考虑采用Φ14拉筋对拉固定。

机组技术供水室及主变技术供水室的顶板底模主要采用内部搭设满堂承重脚手架作内撑，脚手架间排距90cm×90cm，步距120cm。

（7）混凝土施工。

①砼入仓方法。

Ⅰ.4＃、3＃机组段：蜗壳砼从副厂房及母线洞泵送配溜槽入仓浇筑。

Ⅱ.2＃、1＃机组段：采用安装间搭设的溜槽系统进行浇筑。

Ⅲ.由于蜗壳砼为大体积混凝土，为了确保施工强度，必要时可采用桥机+吊罐的方式进行入仓。

Ⅳ.为保证蜗壳阴角部位混凝土浇筑密实，阴角部位采用接力混凝土泵泵送入仓，每浇筑一块阴角最高点预埋一根Φ125混凝土泵管，并埋设一套Φ50回填灌浆管及排气管，如图5.3－7、图5.3－8所示。

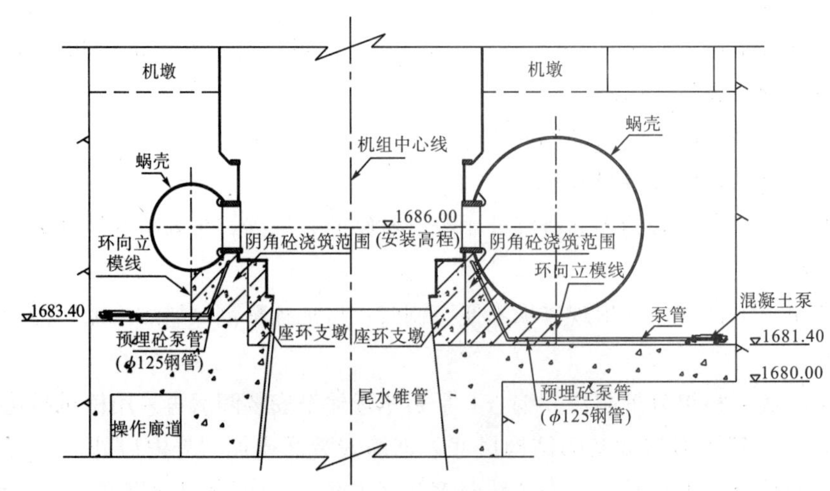

图5.3－7　厂房蜗壳阴角砼浇筑预埋泵管横剖面示意图

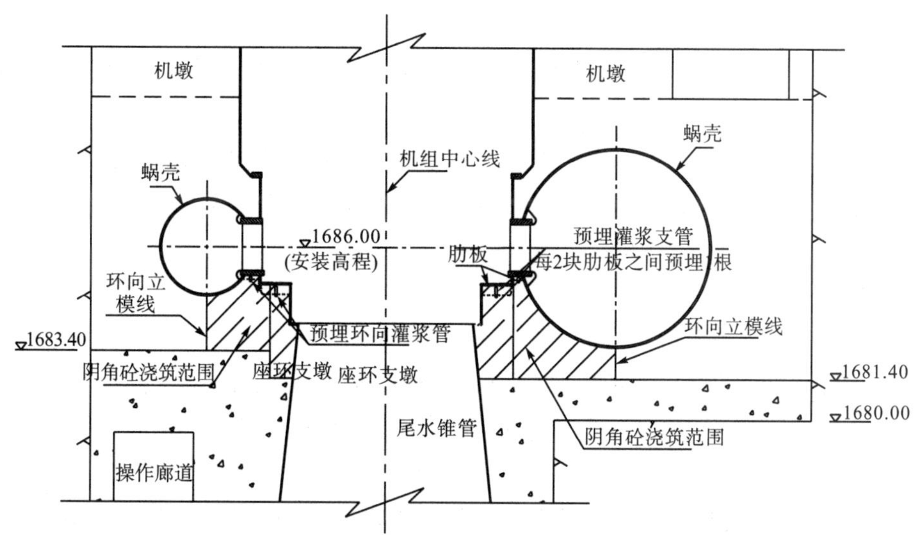

图 5.3—8　厂房蜗壳阴角砼浇筑预埋灌浆管横剖面示意图

②混凝土浇筑。

蜗壳砼最大分层高度 3.1m，最大浇筑仓面面积 594.46m²。仓面采取薄层平铺法施工，单层铺料厚度 50cm，人工平仓。砼上升高度控制在蜗壳中心线以下 0.3m/h，蜗壳中心线以上0.5m/h以内。

混凝土浇筑前，先在基岩面及新老砼结合面铺设一层厚 2～3cm 的水泥砂浆，砂浆配合比与混凝土的浇筑强度相适应。

混凝土浇筑由施工人员在仓号内平仓、振捣。振捣采用 Φ50/Φ70 插入式软轴振捣器，振捣标准以不显著下沉、不泛浆、周围无气泡冒出为止。注意层间结合，加强振捣，确保连续浇筑，防止漏振、欠振，以致出现冷缝。同时振捣器在仓面应按一定顺序和间距逐点振捣，间距为振捣作业半径的一半，并应插入下层砼深约 5cm，每点振捣时间以混凝土粗骨料不再显著下沉并开始泛浆为准(每点振捣时间宜为 15～25s)。振捣器不得紧贴模板、钢筋、预埋件，保证钢筋和预埋件不产生位移，避免引起模板变形和爆模，必要时辅以人工捣固密实。

混凝土浇筑过程中，严禁向仓内加水，仓内泌水必须及时排除。浇筑过程中模板工和钢筋工要加强巡视维护，异常情况及时处理。混凝土浇筑时必须保持连续性，如因故中断且超过允间歇时间则应做施工缝处理，混凝土浇筑允许间歇时间应根据实验室提供的试验成果而定。

(8) 温度控制及混凝土养护。

①混凝土浇筑完毕后应及时采取洒水、喷雾等措施进行养护，混凝土连续养护时间为 21～28天。棱角和突出部位应加保护。

②对于厂房蜗壳以下混凝土，冷却水管水平间距 1.0～1.5m，竖直间距不大于 1.5～2.0m。

③混凝土开始浇筑即开始通水，通水时间一般不低于 15 天。混凝土温度与水温之差不超过20℃，冷却水温度 12℃～17℃，通水流量 1.5～2.0m³/h，冷却时混凝土日降温不应超过 0.5℃～1℃，冷却水进出口方向应 24h 交换一次。

5.3.1.7　水轮机层、电气夹层及发电机层混凝土施工

猴子岩水电站地下厂房共布置 4 台水轮发电机组，机组 EL.1691.50m 以上结构主要为机墩、风罩与水轮机层、电气夹层及发电机楼板梁柱结构，其中水轮机层外侧部位主要是框架柱结构、回油箱基础、油罐基础、深井泵房楼板等结构；机墩 EL.1691.50～1696.20m，机组机墩部分含下机架基础混凝土、定子基础混凝土、基坑进人廊道、筒阀接力器管路廊道等结构；机组风罩部分

EL.1696.20～1703.00m，含风罩壁混凝土（厚80cm）、上机架基础混凝土、顶盖混凝土、风罩进人门等结构；水轮机层、电气夹层和发电机层由3层楼板梁构成，楼板高程分别为1691.50m、1697.00m、1703.00m。

单个机组内设置1个楼梯、2个吊物孔、12组下机架基础二期坑、16组定子基础二期坑以及各种穿板电缆孔若干等。主要施工项目有钢筋制安、预埋插筋、机墩风罩及板梁柱混凝土、二期砼混凝土、预埋件施工等。板梁柱、机墩、风罩混凝土标号为C25（二级配），机墩、风罩二期混凝土为C30（一级配）。

1）施工程序及分层、分块

施工程序：机墩第1层、母线层柱子施工→机墩第2层施工→机墩第2层、母线层EL.1697.00m楼板层施工→风罩第1层、发电机柱施工→风罩第2层、发电机EL.1703.00m楼板层施工。

机坑里衬安装验收、砼缝面处理→机墩钢筋安装→泵管、溜筒安装、冷却水管安装（若有）→第1层、第2层砼浇筑→风罩层钢筋安装→第3层至第4层砼浇筑。

考虑机墩、风罩和梁板柱的结构，主厂房EL.1691.50m以上机墩及风罩分四层施工：

第一层：EL.1691.50～1693.65m，高度2.15m。

第二层：EL.1693.65～1697.00m，高度3.35m。

第三层：EL.1697.00～1700.00m，高度3.00m。

第四层：EL.1700.00～1703.00m，高度3.00m。

EL.1691.50m混凝土浇筑分层示意图如图5.3－9所示。

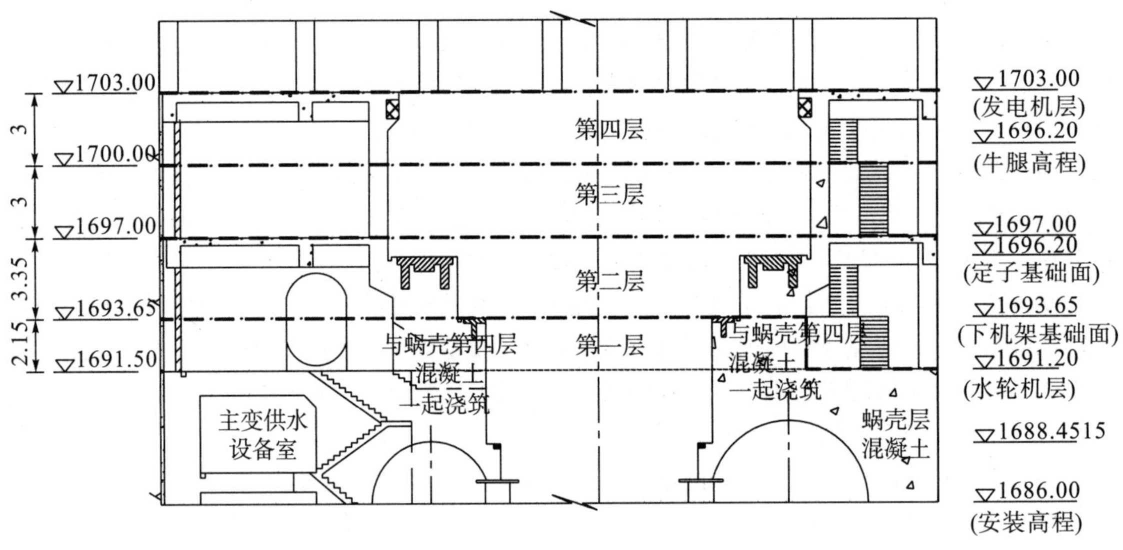

图5.3－9　EL.1691.50m混凝土浇筑分层示意图

2）施工方法

（1）机墩风罩混凝土浇筑。

机墩要承受发电机和水轮机转轮的动、静荷载，受力情况复杂，结构钢筋较多，混凝土内机电埋件多，混凝土浇筑质量要求高。风罩为薄壁钢筋混凝土结构，外露面成型质量要求高。

机墩与风罩混凝土以泵送＋溜槽入仓为主，桥机吊罐及泵送入仓为辅，浇筑过程中缓慢下料，均匀上升，逐层振捣，杜绝欠振、过振、漏振现象，确保混凝土浇筑内实外光。

柱子混凝土以泵送（主要为接力泵送）入仓为主，溜管＋溜槽及桥机＋吊罐及泵送入仓为辅，均匀下料浇筑。发电机EL.1703.00m楼板层梁板以泵送入仓为主，桥机＋3.0卧罐吊运为辅。

机墩混凝土用 Φ100 振捣器振捣，局部辅以 Φ50 软管振捣器振捣，风罩混凝土用 Φ50 软轴振捣器振捣。

(2) 边墙及板、梁、柱混凝土浇筑。

边墙混凝土浇筑：采用组合钢模板，普通拉筋加固，以泵送+溜槽入仓为主，桥机及泵送入仓为辅。

板、梁、柱混凝土浇筑：采用组合钢模板，满堂红脚手架支撑，预留孔洞采用木模，以泵送+溜槽入仓为主，桥机及泵送入仓为辅。

5.3.1.8　排架混凝土施工

1) 工程概述

厂房发电机层以上柱底部高程 1703.00m，上部与厂房岩壁吊车梁连接，布置在主机间和安装间。

发电机层以上柱结构尺寸：中柱 80cm×75cm（长×宽），边柱 75cm×75cm（长×宽），厂房上、下游边墙高程 1703.00～1714.70m，安装间端墙部位以上柱高程 1703.00～1725.20m，共布置 88 个。柱中部设连系梁，连系梁尺寸 30cm×50cm（宽×高）。

岩壁吊车梁下部预埋钢筋调整为预埋 30cm×30cm 的钢板，发电机层上柱施工时要需在预埋钢板面上增加焊接 2Φ25，L=80cm 钢筋，并与上柱顶部受力钢筋焊接牢固。

厂房排架柱平面布置图如图 5.3－10 所示。

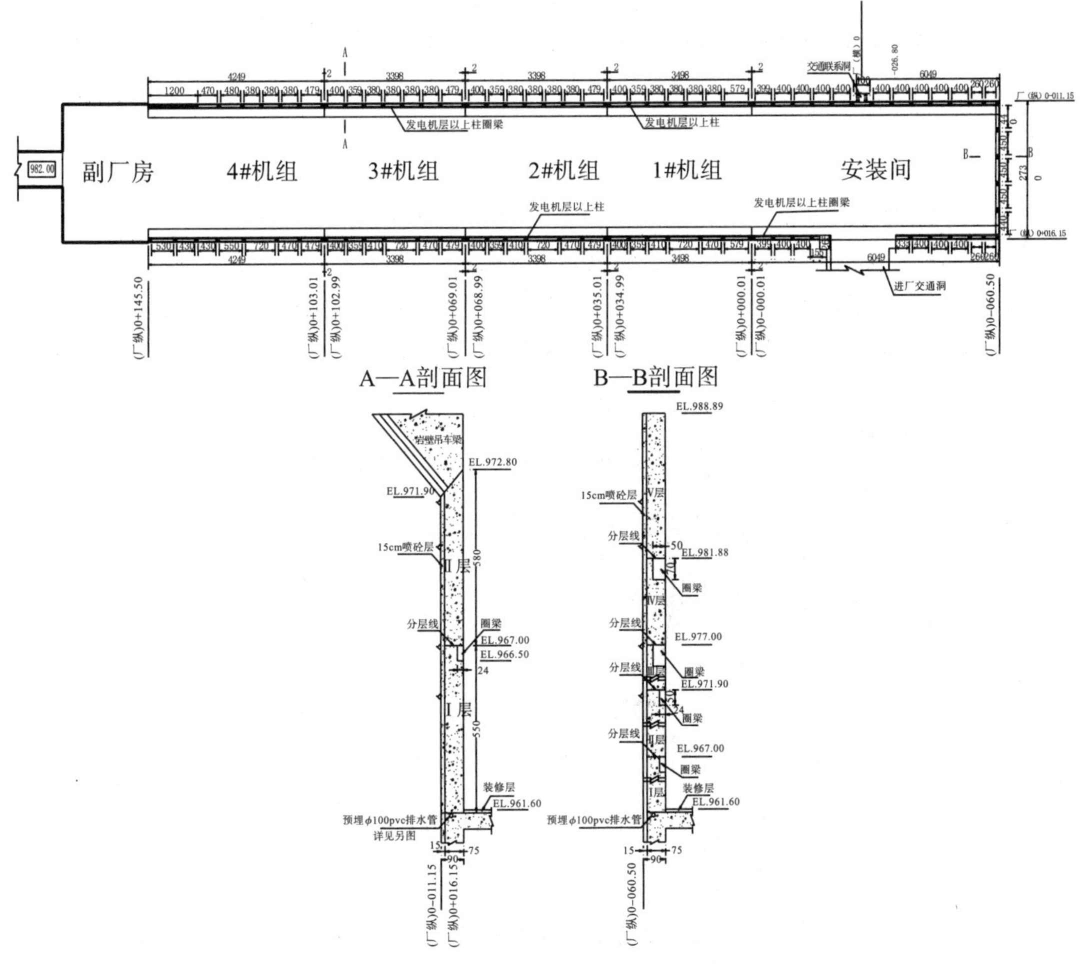

图 5.3－10　厂房排架柱平面布置图

2）施工方法

（1）施工分段。

厂房发电机层以上排架柱砼在相应段安装间及主机间各机组发电机层楼板砼浇筑完成后进行，按照各机组各一段、安装间一段，共五段。

（2）施工分层。

分层高度以中部连系梁作为分层界线，厂房上、下游分 3 层进行：第一层层高 3.9m（EL.1703.00～1706.90m），第二层层高 3.9m（EL.1706.90～1710.80m），第三层层高 3.9m（EL.1710.80～1714.70m）。安装间端墙按照各中部连系梁顶部高程作为分层线划分（共 7 层）。

（3）砼入仓方法。

厂房安装间发电机层以上排架柱在安装间底板砼通过混凝土输送泵输送至施工工作面，各机组发电机层以上排架柱在主变室布置砼泵经母线洞输送至施工工作面，采用“退管法”浇筑。由于上柱钢筋较密，在模板合适部位预留孔洞进行振捣，浇筑至一定高程时及时封补模板。

（4）施工工艺流程。

安装间部分排架柱砼已预留柱插筋，主机间的排架柱浇筑需在进行发电机层楼板浇筑时预留插筋。钢筋安装前需对安装间底板及发电机层楼板砼浇筑时预埋的柱钢筋进行校正、修复。钢筋的搭接一律采用焊接，搭接长度严格按规范执行，砼保护层厚度按设计蓝图执行。模板必须校正、清理、刷脱模剂，以保证砼的清洁。模板与老砼面的缝隙采用木板拼补并用砂浆堵塞。砼浇筑完成后进行砼养护，养护 14 天后拆除模板，拆除后进行砼缺陷修补及砼养护。

排架柱砼浇筑施工工艺：施工准备→测量放线→仓面清理→钢筋绑扎及焊接→立模→测量校核→清仓验收→砼拌和及运输→浇筑→养护→拆模→砼缺陷修补→养护。

5.3.1.9 吊顶混凝土施工

1）概述

猴子岩水电站地下洞室主厂房顶拱采用轻型复合板梁（简称肋拱）吊顶（图 5.3－11），该肋拱为现浇钢筋混凝土叠合结构，由拱板、肋梁、拱梁组成。拱板下缘为镀锌压型钢模板，与上部现浇钢筋混凝土一起组成复合拱板；肋梁担负次梁作用，与拱板一起整体浇注，两端与拱梁连接；拱梁作为主要承载结构，横跨主厂房，两端支承在岩锚梁以上柱柱顶。

图 5.3－11　猴子岩水电站地下洞室主厂房吊顶

主厂房肋拱吊顶净跨 27.8m，拱梁内半径 20.0509m，肋拱拱顶高程 1727.75m，拱脚高程

1721.60m，纵向总长196.50m [（厂横）0－056.00m～（厂横）0+140.50m]，拱梁数量47榀。肋拱分上、下两层浇筑，即先浇筑拱梁，后浇筑肋梁和板。拱梁断面尺寸400mm×450mm（宽×高），两端与岩锚梁以上柱柱顶固端连接；其上部肋梁和拱板整体浇注，拱板厚65mm，肋梁为梯形结构，高190+65（拱板）mm。如图5.3－12所示。

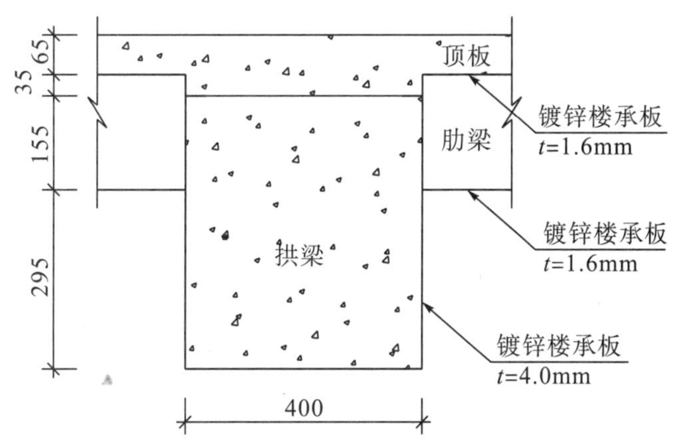

图5.3－12 拱梁横断面示意图

顶棚上部设置如下：排风孔，尺寸1010mm×1010mm（长×宽），共20个；送风孔，尺寸1010mm×1010mm（长×宽），共40个；两道密封隔墙；顶拱中心线、桩号厂（横）0－035.00m处设置有一天锚吊物孔，尺寸3000mm×1500mm（长×宽）。

2）施工平台

为解决吊顶混凝土施工与机电安装施工使用桥机的干扰问题，搭设专用吊顶混凝土施工平台（图5.3－13）。

图5.3－13 地下厂房吊顶混凝土施工平台

吊顶混凝土施工平台为移动式栈桥结构，与主厂房桥机使用同一轨道（轨顶EL.1716.60m）。平台设计承受最大荷载为10t（不考虑平台自重），沿厂房纵轴线方向宽度4.0m。平台顶部距离吊顶中线最高点3.6m（平台EL.1723.60m）。平台设置3t卷扬机1台，可从安装间底板（EL.1703.00m）将拱梁模板及镀锌楼承板吊装至施工平台上；平台上另配置垂直升降机2台，进行拱梁镀锌压型钢模板安装施工。

3）镀锌压型钢模板施工

(1) 拉杆。

每根拱梁设有8根拉杆对其进行固定，拉杆水平间距3m，由锚杆、连接杆、锚板三部分组成。拉杆施工大样如图5.3—14所示。

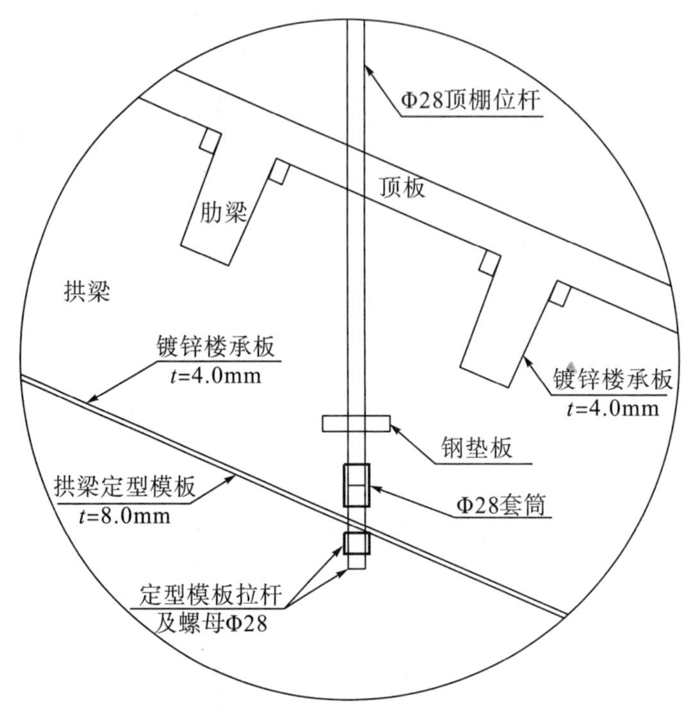

图 5.3—14 **拉杆施工大样图**

锚杆为普通砂浆锚杆，Φ28，$L=600$cm，外露100cm。随厂房顶拱开挖支护施工同步完成。

连接杆为Φ28钢筋，$L=260$cm，上部与锚杆焊接，下部与拱梁连接，端部设有一块110mm×110mm×25mm钢板进行锚固。

(2) 支撑。

①定型钢模板设计。

通过计算得出，拱梁4mm镀锌楼承板无法承受拱梁混凝土浇筑及其未达到设计强度时的荷载。拱梁混凝土浇筑前需对其进行加固处理。

厂房吊顶拱梁采用8mm钢板焊接成槽型的定型模板（图5.3－15），型钢截面尺寸选择430mm×448mm（宽×高），单榀拱梁净重2.97t，由8节型钢模板拼装而成：端头2节单节长度1.75m，重量165.66kg；中间4节单节长度4.294m，重量406.26kg；顶拱中部2节单节长度5.367m，重量507.78kg。在8根吊顶锚杆相对应的型钢模板底部开孔，将吊顶锚杆自由穿过，在拱梁模板外部使用双螺母拧紧。中间每隔1.5m加设角钢肋以保证其能稳定承载拱梁施工荷载。与上部镀锌钢模板的连接采用密口连接，使用异型钢板切割机下料，保证与上部模板的连接紧密，并加宽封边至50mm，防止浇筑混凝土漏浆。拱梁模板分段运至现场后，使用10.9级高强螺栓连接节点。定型模板拆除时，可以在不损伤内部镀锌装饰板的同时，完整拆卸支撑系统构件。

图5.3-15 拱梁外定型模板

②槽型定型钢模板安装。

拱梁定型钢模板分榀运输至安装间底板，采用吊顶施工平台设置3t卷扬机从安装间将拱梁模板及镀锌楼承板吊装至施工平台。施工平台上另配置2台2t垂直升降机。槽型定型钢模板由低至高安装，由上、下游往正顶拱方向逐块进行安装，安装前先人工在吊顶锚杆上安装葫芦，采用1t电动葫芦将定型模板吊至设计高程进行连接和对位。

安装间永久桥机占压的拱梁定型钢模板由于没有提升系统，故在吊顶锚杆焊接吊点，安装1t电动葫芦将定型钢模板拉至上部，再采用锚杆穿孔对位，螺栓固定。

为提高拱梁的整体稳定性，相邻两榀拱梁安装完成后，需在两拱梁模板之间加设[12型钢作为连接杆件，以保证拱梁模板单元稳定，[12型钢设置在每榀拱梁各段支撑模板对接处。

增加8榀外支撑模板后可进行连续施工，每4榀顶棚结构拱梁安装完成后可进行混凝土浇筑、等强；同时进行另外4榀顶棚拱梁结构安装，互不干扰，每榀拱梁安装仅需7天。

③定型钢模板拆除。

定型钢模板需待拱梁混凝土浇筑完毕，且混凝土强度达到100%后开始拆除。由一边向另一边逐段拆除，拆除前使用施工平台上垂直升降机在拱梁M5钢支腿上设置吊点，采用吊点和1t电动葫芦拉出定型钢模板至施工平台，再转运至下一个机组进行安装。

(3) 镀锌楼承板安装。

①4mm镀锌压型板安装。

拱梁镀锌压型钢模板在吊顶锚杆及拱梁8mm定型钢模板安装完成后开始安装，按照设计蓝图在工厂分节制作成型，单节尺寸为宽408mm、高455mm、长1250mm（744mm）。然后由进厂交通洞运入安装间，通过施工平台布置的3t卷扬机吊运至施工平台。最后人工协助垂直升降机进行定位安装。拱梁镀锌压型钢模板相邻两块模板之间采用焊接方式，焊接应满足相关规范要求。

②1.6mm镀锌压型钢模板安装。

1.6mm镀锌压型钢模板采用专业钢楼承板压型机按照设计蓝图尺寸进行加工，加工尺寸为宽500mm、高190mm。肋拱镀锌压型钢模板在拱梁钢筋安装前开始安装，由进厂交通洞运入安装间，通过施工平台布置的3t卷扬机吊运至施工平台，最后人工协助垂直升降机进行定位安装。

肋拱镀锌压型钢模板安装前需先安装定位M5钢支腿，M5钢支腿尺寸520mm×35mm×25mm（长×厚×宽），钢板焊接在4mm镀锌压型钢模板上固定，两端搭在8mm槽型钢模板上。1.6mm镀锌压型钢模板搭接在两榀拱梁的定位钢板上，镀锌压型钢模板与定位钢板之间采用钢铆钉进行连接。相邻镀锌压型钢模板之间采用自攻螺栓连接固定。

3）钢筋施工

钢筋在加工厂按下料单进行分批制作并编号，拱梁钢筋运至安装间后，先在安装间地面分段拼装钢筋笼，长度3～6m/节，钢筋笼吊装安装间部位可采用厂房吊顶施工平台的3t卷扬机直接吊运至施工平台，再利用垂直升降机运输至施工工作面，或采用25t吊车直接吊运至拱梁肩部。厂房机组段利用设在桩号（厂横）0－02m的运输系统将材料转运至顶拱后，人工搬运至各施工区域。

拱梁钢筋主要利用吊顶拉杆作为架立钢筋，吊顶拱梁钢筋和吊车梁以上排架柱预留的钢筋连接牢固。钢筋的安装按设计图纸进行。由于拱梁结构尺寸较小，不便于钢筋焊接，且钢筋焊接过程中易烧坏拱梁镀锌承载板，拱梁钢筋需在外侧焊接安装完成后再放入镀锌承载板内。结构面板钢筋宜采用绑扎连接，绑扎长度不小于35d。架设好的钢筋要有足够的支撑，以保证在混凝土浇筑过程中不发生位移变形。钢筋安装完成后应做到整体不摇荡、不变形。钢筋安装时，先安装拱梁钢筋，后安装肋板钢筋。

由于吊顶混凝土为轻型薄板梁结构，板钢筋的混凝土保护层厚度2cm、拱梁和肋板钢筋的混凝土保护层厚度3cm，钢筋的混凝土保护层厚度较小，且钢筋直径较小、安装跨度较大，为确保混凝土保护层厚度，绑扎钢筋施工在钢筋侧面设置混凝土垫块控制保护层厚度，垫块混凝土强度与结构混凝土相同。

4）模板施工

吊顶混凝土为圆弧结构，由于上、下游两侧坡度较陡，通过计算，顶拱厂纵9m范围内坡面较缓，坡度小于10%，不需设置顶面模板，其他区域均需设置外模。顶面模板采用竹胶板或P3015、P1015小钢模进行拼装，顶面模板每隔1.5m预留30cm卸料口一个，采用钢筋围檩与拱梁吊顶拉杆绑扎固定，密封墙以下部位的模板采用脚手架支撑在厂房顶拱开挖面上进行外支撑加固，防止模板浮动变形。

机组之间结构缝端模采用厚2cm沥青模板作为填缝材料，端头模板采用Φ32钢筋作为背担，然后用Φ12拉筋固定或者外支撑固定。

5）混凝土施工

（1）分区分块。

根据厂房各结构机组及安装间结构尺寸特点，结合施工可操作性，将吊顶混凝土按照拱梁厂缝机组段进行分区，具体分区分段布置如下：

按照主厂房机组之间结构缝分为5个施工区间，第一区为安装间，另沿1＃～4＃机组段边线分别为第二～五区，各区之间设置变形缝。

由于厂房顶拱吊顶混凝土为薄壁混凝土，且跨度大、坡度陡、混凝土浇筑仓面面积大，为便于施工，保证施工质量，在按照各机组段分区后，将各区按照拱梁环向布置间距，对顶棚肋板混凝土施工进行分仓，具体按照拱梁榀间距，3～4跨组合分为一仓，则安装间分4仓浇筑，各机组区段分2仓浇筑，共计分12仓，各仓之间混凝土进行凿毛处理不留施工缝。

单机组段吊顶混凝土浇筑采用“先拱梁后肋板”的施工程序，即先浇筑拱梁Ⅰ期混凝土，再浇筑肋梁、楼板Ⅱ期混凝土。Ⅰ、Ⅱ期混凝土缝面需进行凿毛处理。

（2）混凝土浇筑。

所有混凝土均采用布置在安装底板的HTC60泵机泵送入仓。

泵管不能直接放在压型钢模板上，要求放置在悬吊锚杆与架管形成的悬空平台上固定，以防止泵管在输送混凝土过程中破坏吊顶结构；再水平铺设泵管至两侧，设置软管分料至各浇筑面。浇筑由两侧低处往中心部位高处进行，两侧混凝土要均匀上料，以控制拱梁模板变形。

拱梁混凝土有顶模部位预留下料口，利用下料口进料和振捣。

由于肋梁和板混凝土较薄，为确保浇筑的混凝土板厚度均匀，每跨两侧设钢筋导轨，以控制高程和厚度，采用附着式振捣器作为肋板浇筑平整和振捣的设备。

顶拱无顶模部位，为防止振捣时混凝土下滑，混凝土的坍落度应尽可能小，泵送混凝土到仓位后，先人工沿仓面摊铺混凝土，然后用Φ25小振捣器振实拱梁及肋梁部位混凝土，最后用槽钢平整和振捣整个仓面。

5.3.1.10　集水井混凝土施工

1）工程概况

猴子岩水电站地下厂房检修、渗漏集水井布置在主厂房右侧，左、右起止边线桩号厂（横）0+140.50m～厂（横）0+128.50m，长度12m，上、下游桩号厂（纵）0－010.40m～厂（纵）0+015.40m，宽度25.80m。

检修集水井布置在下游侧，分为两个独立井，左、右井高度19.5m（EL.1656.50～1676.00m），其下部共布置2个1.0m×2.0m（宽×高）方孔连通；渗漏集水井布置在上游侧，分为两个独立井，左、右井高度21.5m（EL.1654.50～1676.00m），其下部布置2个1.0m×2.0m（宽×高）方孔连通。其中渗漏集水井右井与第三层排水廊道之间设置1.0m×1.0m的联通孔。集水井底板混凝土厚度均为1.5m，中隔墙砼厚度1.2m，与开挖面接触的边墙砼厚度1.05m，与4＃机组相交部位隔墙厚度1.2m。

集水井砼施工项目包括基础处理、排水管路安装、预埋件埋设（含零星钢结构安装）、钢筋安装、C25W8砼浇筑。其中预埋件（排水管路等）为机电埋件，现场施工时需请监理工程师协助做好机电标段的协调工作，争取达到平行作业，不影响施工进度。

2）施工重点与难点

（1）由于集水井高度高（h=21.5m），EL.1676.00m以上顶板浇筑时需搭设满堂脚手架支撑，支撑材料用量大，并且4＃机组段水泵房和蜗壳支墩设置在集水井顶板上，要求4＃机组段锥管Ⅰ期砼浇筑时集水井顶板必须浇筑完成，因此，集水井浇筑与4＃机组段浇筑基本同步进行，集水井混凝土浇筑工期较为紧张。鉴于此，建议将集水井顶部楼板调整为预制结构。

（2）入仓手段方面，投标方案中集水井在副厂房底板采用自卸＋溜槽或临时桥机＋吊罐的入仓方式，由于目前副厂房底板已进行了二次开挖，且下部结构未浇筑完成，无法形成副厂房底板的停车条件，也无法满足原投标方案的混凝土自卸条件。因此，集水井砼浇筑只能在1＃支洞内设置混凝土泵或集料斗，然后搭设溜槽进行混凝土入仓工作，施工成本大大增加。

3）砼施工分层

集水井顶板以下部位共分8层进行浇筑，其中集水井底板分为1层浇筑，浇筑高程1654.50～1656.00m、1656.50～1658.00m；边墙砼分6层浇筑，层高3m。各分层新老混凝土接触缝面做凿毛处理。

4）砼入仓方法

集水井砼采用泵送＋溜管、溜槽配合入仓。集水井EL.1660.00m及以下部位采用第①条入仓方式，集水井EL.1660.00m以上部位采用第②条入仓方式。入仓方式具体为：①混凝土罐车行走至4＃尾水扩散段内，通过溜槽自卸至布置在集水井左边墙与4＃机组相交部位的受料斗内，再经溜管、溜槽等进行集水井边墙、底板砼入仓，受料斗固定在集水井左边墙EL.1660.00m，受料斗与溜管、溜槽采用搭设施工排架作为支撑，排架间排距2m×2m，步距1.5m，采用Φ14拉筋与系统锚杆连接；②混凝土罐车行走至4＃公路隧道并倒车进入1＃支洞与厂房相交部位，通过溜槽自卸至布置在该处的受料斗内，再经溜管、溜槽等进行集水井边墙砼入仓。受料斗固定在 1＃支洞 EL. 1691. 50m，受料斗与溜管、溜槽等采用搭设施工排架作为支撑，排架间排距 1. 5m×1. 5m，步距 1. 5m，采用 Φ14 拉筋与副厂房端墙系统锚杆连接牢固。

溜管接主溜槽进入集水井后，搭设分溜槽延至仓号浇筑范围，集水井内布置双排架支撑溜槽，排架间距 2m，步距 1. 5m，第一排距模板面 0. 5m，第二排距第一排 1. 0m，排架搭设需牢固可靠，满足相关规范要求，立杆底部需设置垫板防护以免损坏底板成品砼。为了防止骨料分离，每隔 9～15m 需在溜管中部设置 1 个缓降器，溜槽端部距浇筑仓面顶部下料高度不得超过 1. 5m，具体入仓方式如图 5. 3－16 所示。

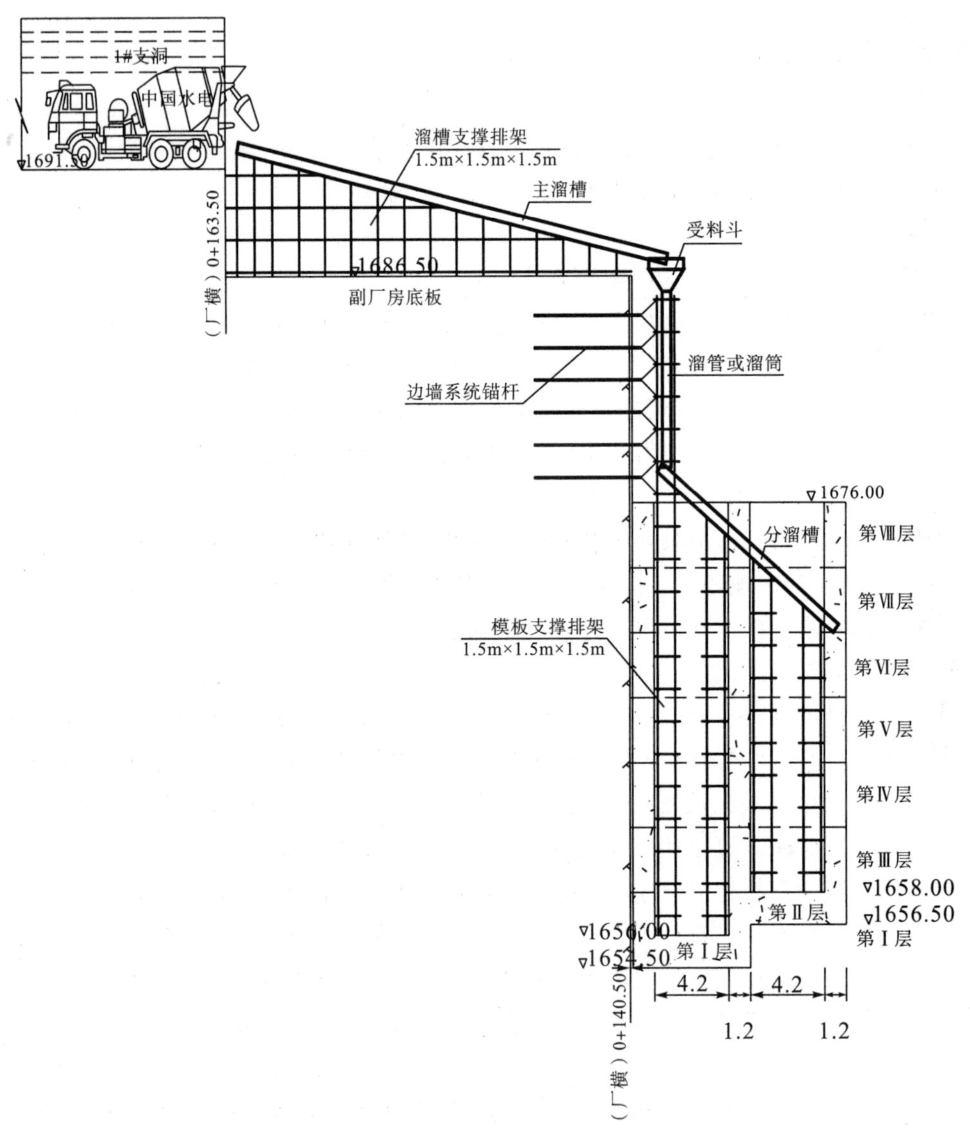

图 5. 3－16　集水井混凝土入仓示意图

5）施工方法

（1）工艺流程。

仓面清理→测量放线→垫层浇筑→架立筋施工→钢筋安装→预埋件施工→立模、校模→仓号验收→混凝土浇筑→整平及抹面→拆模、养护。

（2）仓面清理。

①人工清除仓内的杂物、浮皮、松动岩块及木屑，并将松渣搬运至仓外堆积，而后用渣车集中

转运至渣场。

②仓内用压力水冲洗干净，保持清洁、湿润并要排出积水。

③通知设计地质工程师进行地质编录，并进行基础面验收。

（3）测量放线。

测量人员根据设计蓝图及施工措施，准确放出桩号、分层高程、预埋件安装位置等，并用油漆在相应部位岩石上准确标识。

（4）钢筋制安。

砼浇筑前需按设计图纸及规范要求进行钢筋的安装。钢筋均在钢筋厂进行加工，加工时应将钢筋表面处理干净。各种钢筋的加工尺寸参见设计图纸中的钢筋表。钢筋的加工必须严格按照图纸尺寸并符合相关规范要求。

测量放线完成后，焊接架立钢筋，架立钢筋原则上利用系统锚杆和系统插筋，若系统锚杆不便使用，则另行施工随机锚杆，参数为Φ20，$L=1.0$m，入岩45cm。焊接操作严格按施工规范进行，焊接必须饱满无砂眼，焊接表面应均匀、平顺、无裂缝、夹渣、明显咬肉、凹陷、焊瘤和气孔等缺陷，必须保证焊接长度，不得损伤钢筋，每个部位钢筋焊接完后需清除焊渣。架设好的钢筋要有足够的支撑，以保证在混凝土浇筑过程中不发生位移变形。钢筋安装完成后应做到整体不摇荡、不变形。

（5）预埋件施工。

①预埋排水管。

检修、渗漏排水管等为机电标施工项目，可在仓面清理及钢筋制安过程中穿插施工，但需在模板安装前完成并验收合格，不占用直线工期。

②钢爬梯、钢平台预埋件。

根据结构布置图，集水井内布置有钢爬梯、安全护栏和钢平台，钢平台预埋件M－1、M－2及钢爬梯预埋钢筋可在集水井结构钢筋安装时同步进行埋设，利用结构钢筋进行固定。混凝土浇筑完成后及时进行钢爬梯和钢平台安装。

（6）模板施工。

集水井砼浇筑时，底板、边墙及连通孔模板采用普通钢模板进行组装，局部采用2cm木板拼缝。在仓面杂物清理、钢筋安装并验收合格后进行模板安装。立模前，模板表面涂脱模剂，重复使用的模板必须校正，严格按照测量放线架设模板。

底板及边墙模板主要采用Φ14钢筋内拉固定（中部隔墙采用Φ14钢筋对拉固定），拉筋间距60cm×75cm，采用Φ48架管作双背担，模板拉筋需与边墙系统锚杆牢固焊接。除采用拉筋固定模板外，集水井边墙砼浇筑时，可根据施工情况在渗漏集水井和检修集水井内采用Φ48钢管对边墙模板形成对撑加固。

连通孔内侧模板采用内部搭设满堂脚手架作为模板支撑，支撑脚手架间排距50cm×50cm，步距100cm。排水廊道的联通孔底模用Φ14钢筋进行支撑，内部采用满堂脚手架作内撑，脚手架间排距50cm×50cm，步距100cm。

模板安装完成后，应测量校模，如有偏差，不满足规范要求，应及时校正，模板安装要求紧密，如有模板间隙，小于1cm采用灰浆补缝，大于1cm采用细木条补缝。无问题后通知质检部门进行复检，待质检部门验收合格后，再通知监理工程师进行验收，在监理工程师同意之后方可进行砼的浇筑。

（7）仓位验收。

钢筋、模板等安装完成后，即进行清仓工作，将仓内杂物及其他废物清理干净。检查模板加固是否可靠，钢筋、埋件是否符合设计和规范要求。老砼面清理干净后，再进行适量洒水。

清仓工作完成后，由各作业队班组质检员自检验收，自检合格后报作业队质检员进行二检验收，二检合格后报请施工部质量组进行三检验收，最后经监理工程师验收合格后，由质量部签发砼准浇证，没有准浇证的仓面严禁浇筑砼。

(8) 混凝土浇筑。

砼采用砼罐车运至施工工作面，按照本措施“4)”入仓方法施工，人工平仓。边墙砼浇筑时各墙体需均匀对称下料，浇筑高差应小于50cm，防止模板整体变形。溜槽铺设角度控制在30°左右，下料口距砼顶面高度不大于1.5m。

砼浇筑采用薄层平铺法，铺料厚度控制为30～50cm，砼上升高度控制在50cm/h以内。混凝土浇筑前，先在基岩面及新老砼结合面铺设一层厚2～3cm的水泥砂浆，砂浆配合比与混凝土的浇筑强度相适应。

混凝土浇筑需防止模板整体变形，认真平仓，防止骨料分离。振捣采用Φ50插入式软轴振捣器，振捣标准以不显著下沉、不泛浆、周围无气泡冒出为止。注意层间结合，加强振捣，确保连续浇筑，防止漏振、欠振，以致出现冷缝。同时，振捣器在仓面应按一定顺序和间距逐点振捣，间距为振捣作业半径的一半，并应插入下层砼约5cm深，每点振捣时间以混凝土粗骨料不再显著下沉并开始泛浆为准（每点振捣时间宜为15～25s）。振捣器不得紧贴模板、钢筋、预埋件，保证钢筋和预埋件不产生位移，避免引起模板变形和爆模，必要时辅以人工捣固密实。

混凝土浇筑过程中，严禁向仓内加水，仓内泌水必须及时排除。浇筑过程中，模板工和钢筋工要加强巡视维护，异常情况及时处理。混凝土浇筑时必须保持连续性，如因故中断且超过允许间歇时间，则应做施工缝处理，混凝土浇筑允许间歇时间应根据实验室提供的试验成果确定。

(9) 整平及抹面。

底板砼浇筑完成后，先用平铲初步找平，待浇筑收仓后利用刮轨用刮尺平面再次找平，最后用抹铲进行局部收平。

砼抹面由专人负责，底板面用刮尺沿水流方向反复找平，用砼浆填平表面凹处，直到整个表面大致平整，完成后用直尺检查表面平整度，合格后用抹铲进行压浆抹面，直到表面无气孔、光洁和平滑结束。

抹面时应特别注意接口位置，消除错台，并使其平整。抹面前，应做充分的防水措施，严禁有渗水、滴水浸蚀混凝土面；抹面时，如发现混凝土表面已初凝，而缺陷未消除，应停止抹面，并及时通知有关部门，待混凝土终凝后，按缺陷处理规定进行修补。

(10) 拆模、养护。

拆除模板时，用钢刷等工具清除钢模上附着的砂浆，喷刷一层脱模剂，以备下次再用。拆模后，若发现砼有缺陷，严格按照混凝土缺陷处理措施进行处理，直至满足设计和规范要求。

模板拆除后，及时进行砼表面凿毛，后覆盖麻带等材料及人工洒水等进行砼表面保护，使其保持湿润状态，养护时间不少于28天。

5.3.1.11 岩锚梁清水混凝土浇筑

1) 概述

猴子岩地下主厂房岩锚吊车梁（以下简称“岩锚梁”）混凝土位于主厂房第Ⅱ层上下游边墙，全长393m［（厂横）0－056.0m～（厂横）0＋140.5m上下游］，高2.95m（EL.1713.80～1716.75m），岩锚梁底部距离厂房第Ⅱ层底板高程1710.00m为3.8m，分为标准段及进厂交通洞段，岩锚梁结构图如图5.3－17所示。

厂房岩锚梁结构由Ⅰ期混凝土、Ⅱ期混凝土、永久伸缩缝、施工缝键槽、排水沟、排水管、吊车梁轨道等组成。岩锚梁Ⅰ期混凝土为C25二级配常态混凝土，为保证岩锚梁轨道的安装精度，

Ⅱ期混凝土应尽量在变形稳定后进行浇筑，采用C30一级配混凝土。下游边墙（厂横）0－056.0m～（厂横）0－041.3m段为进厂交通洞与岩锚梁交叉段，Ⅰ期混凝土采用C25二级配常态混凝土，Ⅱ期混凝土采用C30一级配混凝土。

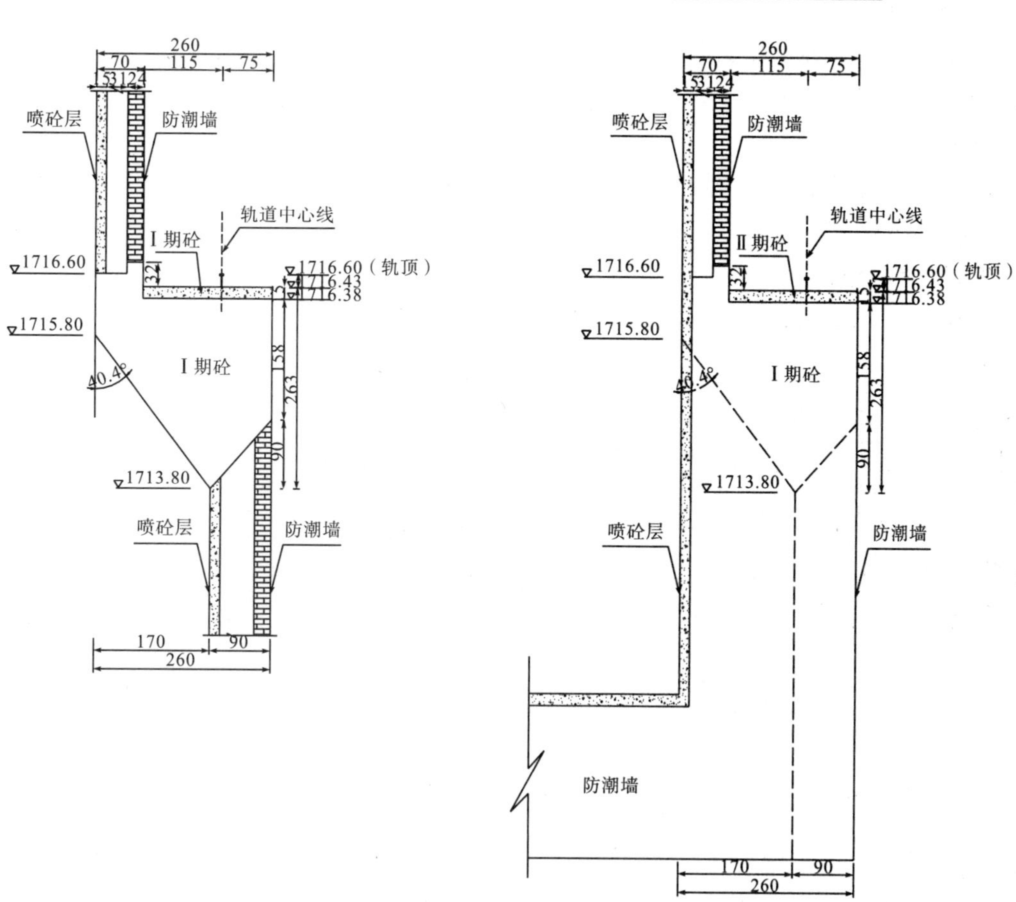

图5.3－17　岩锚梁结构图

2）混凝土施工设计要求

（1）岩壁吊车梁混凝土采用清水镜面混凝土，为降低水化热，混凝土中可掺入适量粉煤灰，粉煤灰采用Ⅰ级，掺量不大于25%，具体掺量应根据混凝土配合比试验确定；混凝土所用骨料应满足规程规范要求，混凝土坍落度应控制为12～13cm。

（2）岩壁吊车梁混凝土浇筑前应清楚岩面砂浆机粉尘，并用压力水清洗。

（3）混凝土浇筑时应尽量避开气温较高时段，尽量安排在早晚和夜间施工，尽量缩短运输时间，减小运输过程中太阳直射影响，并尽量对运输混凝土采取隔热遮阳措施。

（4）混凝土浇筑后砼冷却水进行混凝土内部散热，冷却水可采用天然河水，冷却水出口温度不大于40℃，通水冷却时间不小于15天。

（5）加强混凝土养护，保证混凝土表面湿润。

（6）加强混凝土浇筑完成后的混凝土表面防护，加强爆破振动监测。

3）岩锚梁浇筑工艺试验

为确保岩锚梁浇筑质量，在岩锚梁混凝土施工前进行岩锚梁浇筑工艺试验，以达到指导、改进后续岩锚梁施工的作用。

岩锚梁浇筑工艺试验的目的如下：

(1) 检查混凝土配合比、混凝土原材料的选择。

(2) 检查混凝土浇筑支撑系统的稳定情况。

(3) 检查模板的选择、安装、拆除等工艺及拆除后混凝土的表面效果。

(4) 检查混凝土内外温度、温差，采取相应的温控措施。

(5) 检查混凝土施工过程中各工序的衔接情况。

(6) 对施工方法、施工工艺进行检验和总结，对施工中存在的问题进行总结。

(7) 对混凝土的缺陷进行分析，并制定合理的处理方案。

4) 混凝土分块

根据设计图纸要求，主厂房岩锚梁上游边墙设置 4 道伸缩缝（厚 2cm），共分为 5 块；下游边墙设置 6 道伸缩缝（厚 2cm），共分为 7 块。施工缝考虑不大于 15m 设置一条，通过伸缩缝和施工缝将上游岩锚梁分为 18 块（自右端墙至左端墙分别编号为 S1、S2、…、S17、S18），将下游岩锚梁分为 17 块（右端墙至左端墙分别编号为 X1、X2、…、X15、X16，还包括 1 段进厂交通洞段）。具体分仓如图 5.3-18 所示。

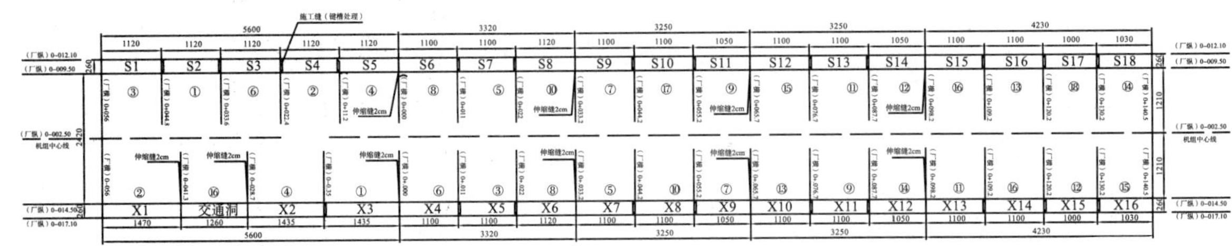

图 5.3-18 岩锚梁分仓平面布置图

5) 施工程序

岩锚梁混凝土施工程序如图 5.3-19 所示。

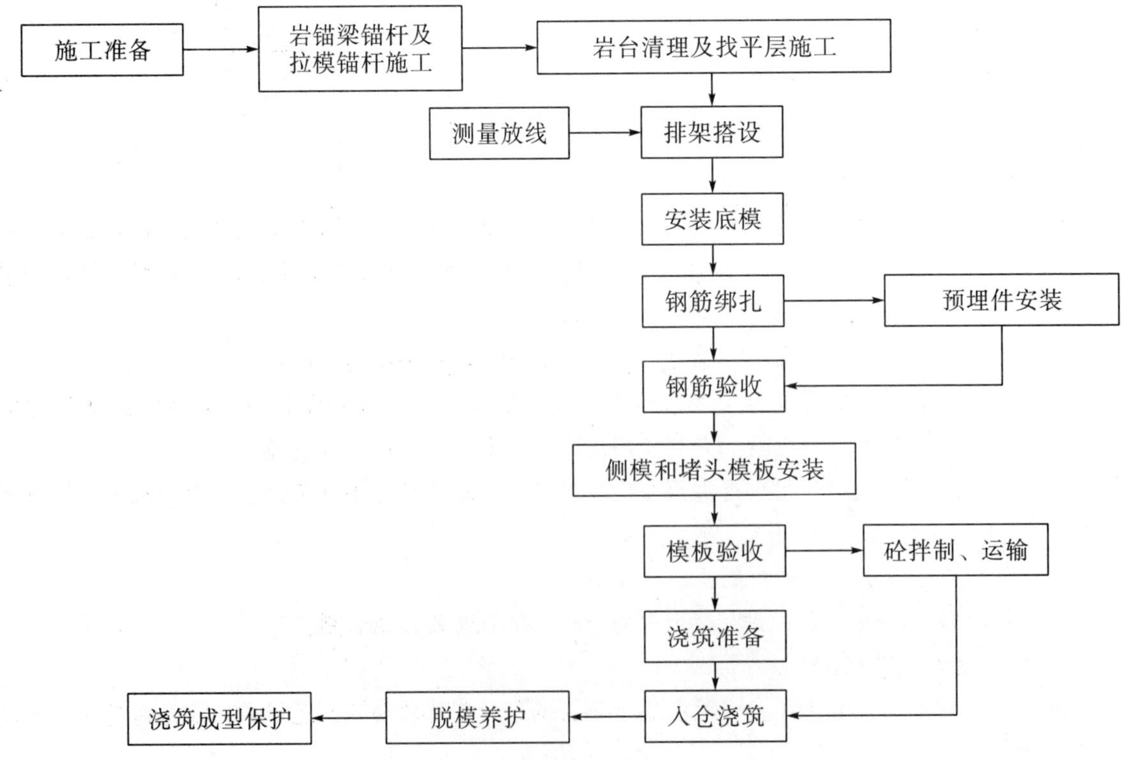

图 5.3-19 岩锚梁混凝土施工程序图

6）施工方法

（1）施工准备。

①主厂房第Ⅲ层结构边线预裂孔爆破完成：根据主厂房第Ⅱ层开挖顺序和岩锚梁混凝土浇筑顺序，在岩锚梁混凝土浇筑前必须对主厂房第Ⅲ层结构边线进行深孔预裂作业，以减小第Ⅲ层开挖爆破振动对岩锚梁混凝土的影响。

②先洞后墙：母线洞开挖全部进入厂房，减少后续开挖对岩锚梁变形的影响。

③刻槽和补缺：由于在岩锚梁开挖过程中，地质破碎带难以形成岩台，并对软弱夹层进行刻槽处理，因此，在岩锚梁锚杆施工前进行刻槽和补缺，具体方案根据设计要求确定。

④岩锚梁锚杆施工：岩锚梁每个截面含4根锚杆，其中2根为受拉锚杆，采用Φ36，$L=12$m，入岩9.5m（入岩1.5m范围缠沥青麻绳），间距80cm。另外2根为受压锚杆，采用Φ32，$L=8$m，入岩6.8m，间距80cm；Φ28，$L=7$m，入岩5.5m，间距160cm。

⑤场地基础处理：为了防止因地基引起承重排架沉降而导致岩锚梁混凝土变形，必须在承重架搭设之前完成上下游岩锚梁两侧支撑系统地基处理。先对主厂房第Ⅲ层顶面EL.1710.00m上下游进行反铲整平压实，再施工厚8～10cm C15砼基层进行找平，最后铺设3排［18槽钢（对应承重架部位）。

⑥施工缝凿毛清理：为保证混凝土之间的充分连接咬合以满足岩锚梁整体性要求，在进行新一仓混凝土施工前需对上一仓已浇筑完成的混凝土端头部位进行凿毛及清理工作。

⑦周边洞室爆破限制：在岩锚梁混凝土浇筑期间，进行周边洞室爆破振动控制，质点振动速度应满足相关要求。

⑧基面清理及验收：人工清除岩锚梁混凝土浇筑范围内的浮石、墙角石渣和堆积物等，对局部欠挖地段利用人工配合风镐进行处理，直至合格，用高压风水枪冲洗岩面，保证岩面清洁湿润、无欠挖、无松动岩石。

⑨测量放线：采用全站仪进行测量放线，将岩锚梁体型的控制点线标示在明显的固定位置，并在方便度量的地方放出高程点，确定钢筋绑扎、立模边线以及梁顶高程，做好标记。

（2）排架搭设。

①支撑体系。

岩锚梁支撑体系由排架和型钢三角架组成，如图5.3－20所示。

图5.3－20 岩锚梁支撑体系

排架采用Φ48×3.5mm钢管进行搭设，共布设五排钢管，靠边墙侧三排为承重排架，靠厂房中心线侧两排为施工排架，间排距分别为75cm×39cm、75cm×90cm，步距90cm。排架采用纵横向剪刀撑和Φ12拉筋与下拐点以下边墙系统锚杆焊接进行加固。

承重架立柱底部垫脚材料采用槽钢（[18），待垫脚槽钢安设完成后，再在其上进行承重架的搭设。承重架顶部支撑底模型钢三脚架则采用调节托撑+工字钢（Ⅰ18），在顶部安放型钢三脚架前，利用测量放线精确控制高程，调平工字钢，然后安装型钢三脚架。型钢三角架沿平行厂房中心线方向间距同为1.0m，采用Φ48架管与下部承重架相连，利用可调节托撑进行调平。

②排架施工。

排架采用Φ48×3.5mm钢管进行搭设，宽3.0m，高约6.5m，采用纵横向剪刀撑和Φ12拉筋与边墙系统锚杆焊接进行加固。先对基岩面进行清理和碾压夯实，浇筑C15找平层（宽1.5m），按照设计图纸对承重排架三排立杆进行铺设槽钢（[18）找平，用于施工平台搭设的两排立杆直接落在基层面上。然后搭设纵横向钢管，在三排承重钢管的顶端配置可调节托撑，托撑上通长放置工字钢（Ⅰ18）对型钢三角架进行调平；在施工排架的顶部EL.1715.60m搭设施工平台，宽1.2m，施工平台上铺设竹马道板，并用铅丝将竹马道板与钢管脚手架绑扎连接，以防竹马道板发生滑动。搭设排架的同时，在平行于洞轴线方向采用Φ48钢管搭设施工爬梯，并根据现场实际情况进行布设，且对EL.1715.60m以上排架和爬梯靠洞轴线侧挂绿色安全网，确保施工作业人员安全。

岩锚梁模板及支撑排架体系如图5.3－21所示。

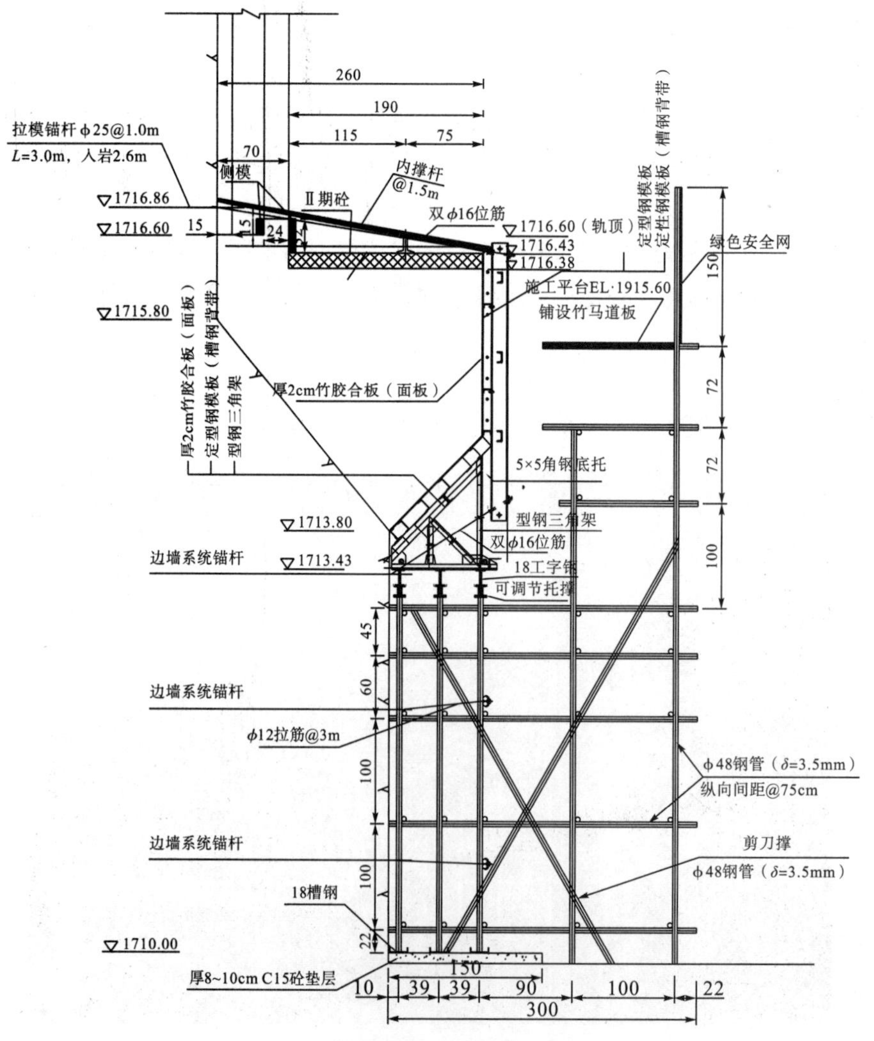

图5.3－21　岩锚梁模板及支撑排架体系断面图

（3）承重排架受力计算。

岩锚梁下主要为承重排架系统，侧面为施工操作架，本计算主要针对承重架的立杆稳定性与支撑工字钢的强度、挠度进行验算复核。

①搭设参数。

承重脚手架搭设高度为3.4m，立杆采用单立杆，搭设尺寸为：立杆最大纵距0.75m，立杆横距0.39m，横杆最大步距0.9m，距离墙0.1m；横杆与立杆连接方式为单扣件，连墙件为系统锚杆（Φ32，L=8.0m/Φ28，L=6.0m，外露0.1m），锚杆竖向间距1.2m，水平间距1.1～1.6m，系统锚杆与拉杆焊接；钢管类型为Φ48×3.5mm。

②受力分析。

承重排架的垂直荷载（自重和施工荷载）由小横杆、大横杆和立杆组成的构架承受，并通过立杆传给基础。

大、小横杆承受脚手板自重和施工荷载，并将荷载传给立杆，其受力情况分别相当于（或接近）三跨连续梁或简支梁，当荷载超出钢管的抗弯能力时，钢管会出现明显的弯曲变形，从而破坏横杆对立杆的约束状态，影响排架的使用安全。

③荷载确定。

钢筋混凝土容重：$\gamma = 27\text{kN/m}^3$。

Ⅰ．静荷载。

杆件的自重标准值：$P_1 = 0.038\text{kN/m}$。

模+型钢三脚架荷载设计值：$P_2 = 5.78\text{kN/m}$。

施工砼荷载：$P_3 = 27 \times \dfrac{(2.88 + 1.98) \times 1}{2} \approx 65.6(\text{kN/m})$。

Ⅱ．动荷载。

振动荷载+人群荷载标准值：$P_4 = 0.56\text{kN/m}$。

承重架承受的总荷载：$Q = P_1 + P_2 + P_3 + P_4 = 0.038 + 5.78 + 65.6 + 0.56 \approx 71.98(\text{kN/m})$。

④计算结果。

Ⅰ．立杆校核。

立杆的稳定性按下式计算：

$$\frac{N}{\varphi A} \leqslant f$$

式中　N——计算立杆段的轴向力设计值；

φ——轴心受压构件的稳定系数；

λ——长细比，$\lambda = L/i$，其中L为计算长度，i为截面回转半径，i=1.58cm；

A——立杆的截面面积，A=4.89cm^2；

f——钢材的抗弯强度设计值，Φ48钢管的f为205N/mm^2。

立杆段的轴向力设计值按下式计算：

$$N = 1.2N_{GK} + 1.4N_{QK}$$

式中　N_{GK}——脚手架结构自重标准值产生的轴向力；

N_{QK}——施工荷载标准值产生的轴向力总和。$1.2N_{QK} = 1.2P_1 \times 0.39 = 1.2 \times 0.038 \times 0.39 \approx 0.018(\text{kN})$；$1.4N_{GK} = 1.4(P_2 + P_3 + P_4) \times 0.39 = 1.4 \times (5.78 + 65.6 + 0.56) \times 0.39 \approx 39.3(\text{kN})$。则$N = 1.2N_{GK} + 1.4N_{QK} = 0.018 + 39.3 \approx 39.32(\text{kN})$。

立杆计算长度按下式计算：

$$L = k\mu h$$

式中 k——计算长度附加系数，取1.155；

μ——考虑脚手架整体稳定因素的单杆计算长度系数，取1.00；

h——立杆步距，取最大值层高0.9m。

则 $L = k\mu h = 1.155 \times 1.00 \times 0.9 \approx 1.04(\mathrm{m})$。因 $i = 1.58\mathrm{cm} = 0.0158\mathrm{m}$，则 $\lambda = \dfrac{L}{i} = \dfrac{1.04}{0.0158} \approx 65.8$。根据 λ 值，可查出 $\varphi = 0.655$。代入公式得

$$\frac{N}{\varphi A} = \frac{39.32}{0.655 \times 4.89} \approx 123(\mathrm{N/mm^2})$$

则

$$\frac{N}{\varphi A} \leqslant f = 205\mathrm{N/mm^2}$$

立杆的稳定性满足要求。

Ⅱ.工字钢验算。

工字钢（Ⅰ18）沿纵向通长布置在承重排架的调节顶托之上，按简支梁校核跨中弯矩和挠度是否满足要求。

强度校核：$Q = 66.9\mathrm{kN/m}$，$l = 0.75\mathrm{m}$，跨中弯矩 $M = \dfrac{Ql^2}{8} = \dfrac{66.9 \times 0.75^2}{8} \approx 4.7(\mathrm{kN \cdot m})$，则 $\sigma = \dfrac{M}{W} = \dfrac{4.7 \times 1000}{185.444 \times 10^{-6}} \approx 25.34(\mathrm{MPa}) < [f] = 160\mathrm{MPa}$（工字钢Ⅰ18$W = 185444\mathrm{mm^3}$），故强度满足要求。

挠度验算：

$$f = \frac{5Ql^4}{384EI}$$

式中，$Q = 66.9\mathrm{kN/m}$，$l = 0.75\mathrm{m}$，$E = 2 \times 10^{11}\mathrm{N/m^2}$，$I = 1169 \times 10^{-8}\mathrm{m^4}$。$f = 0.1\mathrm{mm} < \dfrac{l}{200} = 3.75\mathrm{mm}$，故挠度满足要求。

Ⅲ.横杆计算。

按照《扣件式钢管脚手架安全技术规范》（JGJ 130—2001）第5.2.4条规定，大横杆按照三跨连续梁进行强度和挠度计算，大横杆在小横杆的上面。

纵、横向水平杆的抗弯强度按下式计算：

$$\sigma = \frac{M}{W} \leqslant f$$

式中 M——弯矩设计值；

W——截面模量，Φ48钢管的 W 为 $5.08\mathrm{cm^3}$；

f——钢材的抗弯强度设计值，Φ48钢管的 f 为 $205\mathrm{N/mm^2}$

纵、横向水平杆弯矩设计值 $M = \dfrac{1}{12} \times 66.9 \times \left(\dfrac{0.75}{3}\right)^2 \approx 0.349(\mathrm{kN \cdot m})$，代入上式得

$$\sigma = \frac{M}{W} = \frac{0.349}{5.08} \approx 68.7(\mathrm{N/mm^2}) < f = 205\mathrm{N/mm^2}$$

则纵、横向水平杆的抗弯强度满足要求。

⑤ 操作平台允许承载力。

由 $\sigma=\frac{M}{W}=\frac{M}{5080}=205(\text{N/mm}^2)$，得 $M=5080\times205\approx1.04(\text{kN}\cdot\text{m})$。按照 $M=\frac{ql^2}{8}=\frac{q\times0.75^2}{8}=1.04(\text{kN}\cdot\text{m})$（其中 $l=0.75\text{m}$），得 $q\approx14.79\text{kN/m}$，即操作平台承载能力为 1509kg/m^2，按照不超过 800kg/m^2 控制。

（4）底模安装。

采用2m长定型钢模内贴厚20mm wisa模板，斜面模板安装前测量检查定型三角架，满足设计要求后，采用8t汽车吊将定型钢模吊装至定型三角架预定位置，用螺栓将模板连成整体。考虑到浇筑过程中称重排架下沉，斜面定型钢模在高程上与设计结构一致。斜面模板与基岩面超挖空隙处采用木条+砂浆进行拼补，定型钢模安装完成后内贴 wisa 模板，wisa 模板组合缝使用透明胶带黏结。

（5）钢筋安装。

钢筋在加工厂按下料单进行分批制作并编号，采用8t汽车吊吊运，双面焊接和绑扎连接，钢筋安装过程中预先将进人孔（下料孔）预留出来。保护层为在钢筋与模板之间垫置强度不低于结构设计强度的混凝土垫块，尺寸10cm×10cm×5cm（长×宽×厚）。制作混凝土垫块时，先预埋设铁丝，便于与结构钢筋扎紧固定。垫块应互相错开，分散布置。在各排钢筋之间，用短钢筋支撑以保证位置准确。安装钢筋时，先将排风排水钢管位置由测量放线并标示在岩台上，钢筋安装在此部位应尽量错开排风排水钢管位置。钢筋安装应规范合理的安装顺序，确保钢筋安装正常有序进行。

（6）预埋件安装。

①岩壁吊车梁内设有桥机轨道预埋插筋、排风排水管、车挡地脚螺栓、滑触线、接地扁铁、构造柱插筋等。在安装前先测量，精确定出点位，确定安装位置及高程。安装完成并验收合格后才能进行砼浇筑，砼浇筑过程中要注意对埋件进行保护。

②安装排风排水管时应将排水管固定牢固，其下端应牢牢顶在模板上（切割成斜口，与模板密贴），上下端进行封堵，待砼浇筑后，拆除封堵物，并在浇筑完成后及时用清水冲洗。

（7）侧模安装。

侧面模板采用定型钢模内贴厚20mm wisa模板，侧模与底模及侧模之间采用螺栓连接，然后内贴 wisa 模板，wisa 模板必须与钢模板密贴，相邻 wisa 模板之间的缝隙不得大于2mm，斜面wisa模板与立面 wisa 模板连接处预先加工成45°，以便充分咬合。

wisa 模板表面必须涂刷脱模剂（建议采用色拉油），严禁采用废机油代替。侧面模板采用“内撑外拉”的方式固定，拉杆与梁体下拐点及浇筑面以上的边墙系统锚杆焊接牢靠，与侧模背枋形成拉结，避免了梁体内部设置拉杆。

拐点处 wisa 模板接缝如图5.3-22所示。

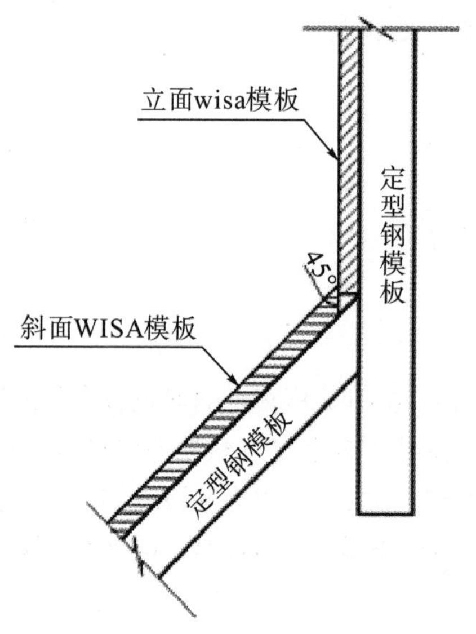

图 5.3－22　**拐点处** wisa **模板接缝图**

（8）堵头板安装。

堵头板采用“内撑外拉”的方式进行加固。堵头板用厚 2cm 木板拼装，后背 5×10cm@35cm 枋木，外面再背 Φ48×3.5mm @105cm 和 115cm 钢管扣件，采用 Φ12 拉筋固定，在岩锚梁岩台上施工局部插筋焊接拉筋。

混凝土分块跳仓施工时在施工缝处设置键槽，键槽模板采用内部钉木盒子的方法按照设计尺寸现场制作而成，安装时必须找准位置，并把过缝钢筋标识在键槽模板上，用电钻开孔，以便纵向筋穿过。键槽模板拉筋及插筋与堵头板固定形式一致。

（9）混凝土浇筑。

①混凝土浇筑前清理仓内杂物并冲洗干净，排除积水，检查钢筋、埋件是否符合设计和规范要求，砼浇筑时施工缝缝面及键槽槽面应凿毛处理并用水冲洗干净。

②为减少混凝土水化热可能造成混凝土因内部温度过高出现裂缝等不良后果，混凝土入仓采用汽车吊配吊罐作为主要入仓手段，从而有效降低混凝土水化热带来的负面效果，不建议采用泵送。

③混凝土采用平层法自下而上分层浇筑，浇筑层厚控制为 30～40cm，控制混凝土下料高度不大于 1.5m，防止混凝土出现离析现象。

④下料孔应尽量避开岩壁梁锚杆、结构钢筋及混凝土梁体内预埋件进行设置。

⑤混凝土浇筑必须保持连续性，对已开仓段必须一次性浇筑完成，不许出现冷缝。

⑥混凝土振捣采用插入式振捣器，两台振捣器一前一后交叉两次梅花形插入振捣，快插慢拔，振捣器插入混凝土的间距不超过振捣器有效半径的 1.5 倍，距模板的距离不小于振捣器有效半径的 1/2 倍，尽量避免触动钢筋和预埋件，必要时辅以人工捣固密实。

⑦单个位置的振捣时间以 15～30s 为宜，以混凝土不再下沉、不出现气泡并开始泛浆为止，严禁过振、欠振。

岩锚梁混凝土浇筑如图 5.3－23 所示。

图 5.3-23 岩锚梁混凝土浇筑

(10) 收仓抹面。

当混凝土浇筑结束后，及时组织人工进行收仓抹面（Ⅱ期混凝土浇筑部位不需抹面，要进行凿毛)。抹面时严格对吊车梁顶面高程进行控制，要求吊车梁顶平整光滑、高程准确，并注意预埋件应露出混凝土面。

(11) 温度控制及混凝土养护。

①砼浇筑收仓后 12～18h 开始进行流水养护。岩锚梁承重模板（底模）可在混凝土强度达到70%设计强度后拆除。具体拆模时间可根据砼试件的强度及温控情况进行调整。脱模后对岩锚梁采用土工布覆盖进行滴灌养护，养护时间不小于 28 天。

②通水冷却混凝土温度与水温之差以不超过 25℃为宜，管中水流速以 0.6m/s 为宜，水流方向应 24h 调换一次，每天降温不宜超过 1℃，通水时间一般为 15 天。

③混凝土内部温度观测在混凝土浇筑完成后开始，观测频率 1 次/2h；以后 2 天内，1 次/4h；5 天以后，1 次/12h。观测混凝土内部温度的同时应测试厂房洞室内环境温度。

(12) 成型混凝土保护。

为了防止岩壁梁成型混凝土不受下层开挖爆破飞石的撞击破坏，立面及斜面模板拆除后，设置竹马道板进行保护，竹马道板采用 10＃铅丝连成整体后与岩锚梁上下外露钢筋头进行连接，爆破后，对被砸坏的马道板进行及时修复，确保岩锚梁混凝土不被砸坏，如图 5.3-24 所示。

图 5.3-24 岩锚梁混凝土保护

5.3.2 尾水调压室

5.3.2.1 工程概况

尾水调压室位于主变室下游侧，采用阻抗式。尾水调压室长 158.5m（包括安装场 18m），净跨度 23.50～22.00m，室高 75.0m。中间预留厚 15.50m 的岩柱隔墙，在隔墙顶高程 1720.00m 以下，调压室分为 1＃、2＃两个，每两条尾水管连接段在下部交汇于一室，高程 1720.00m 以上，两室以宽顶堰形式连通。

1＃调压室连接 1＃、2＃机组及 1＃尾水隧洞，调压室长 66m；2＃调压室连接 3＃、4＃机组及2＃尾水隧洞，调压室长 59m。尾水调压室右端墙位置设尾水调压室安装场，安装场长 18.00m，宽 23.50m，底板顶高程 1732.00m，与尾水调压室交通洞相接。

尾水调压室阻抗板以下混凝土包括底板、流道、阻抗板、闸门槽一期及门槽二期混凝土，其中底板厚 2m（EL. 1666.50～1668.50m），流道高 14m（EL. 1668.50～1682.50m），边墙厚 1.50～6.27m，阻抗板厚 2m（EL. 1682.50～1684.50m）。

尾水调压室阻抗板以上混凝土包括底板、边墙、闸墩、门槽及门槽二期混凝土、排架混凝土，其中底板厚度分别为 1m（EL. 1683.50～1684.50m）、1m（中隔墩 EL. 1719.00～1720.00m）、0.3m（安装间 EL. 1731.70～1732.00m），边墙高 35.5m（EL. 1684.50～1720.00m），闸墩高 25.5m（EL. 1684.50～1710.00m），排架高 22m（EL. 1710.00～1732.00m）。

5.3.2.2 混凝土总体施工程序

1＃、2＃尾水调压室同时施工，施工顺序为从下到上，先底板混凝土施工，然后阻抗板以下边墙施工，再对阻抗板施工，最后尾水调压室边墙、闸墩及排架平起施工，直至混凝土施工完成。如图 5.3－25 所示。

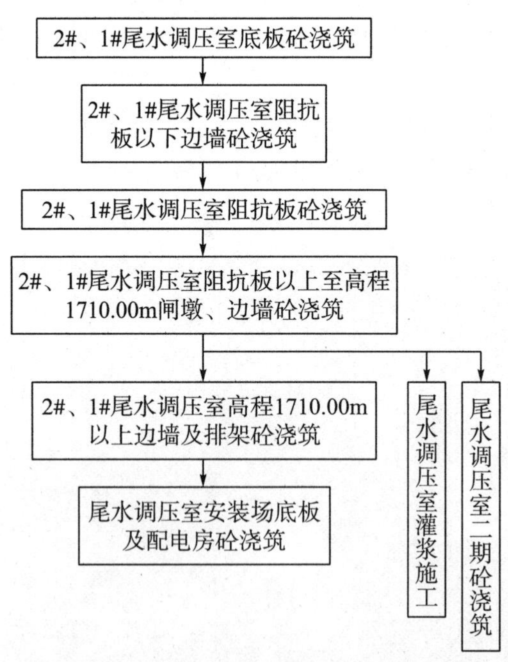

图 5.3－25 尾水调压室混凝土施工程序图

5.3.2.3　总体施工方法及措施

1）尾水调压室阻抗板以下混凝土施工

尾水调压室阻抗板以下混凝土包括底板、流道、阻抗板、闸门槽一期及门槽二期混凝土。

（1）施工顺序：底板混凝土→流道边墙混凝土→闸门槽、阻抗板→门槽二期混凝土（随闸门槽金属结构安装分段施工）。

（2）浇筑分层：尾水调压室底板厚2m，为确保底板整体性，分别将1＃、2＃尾水调压室底板分1仓浇筑；流道边墙高14m，分4层进行浇筑，其中第1～3层单层高度3m，第4层高度2m；阻抗板厚2m，为保证其整体性，拟将阻抗板分1仓浇筑。具体分层如图5.3－26所示。

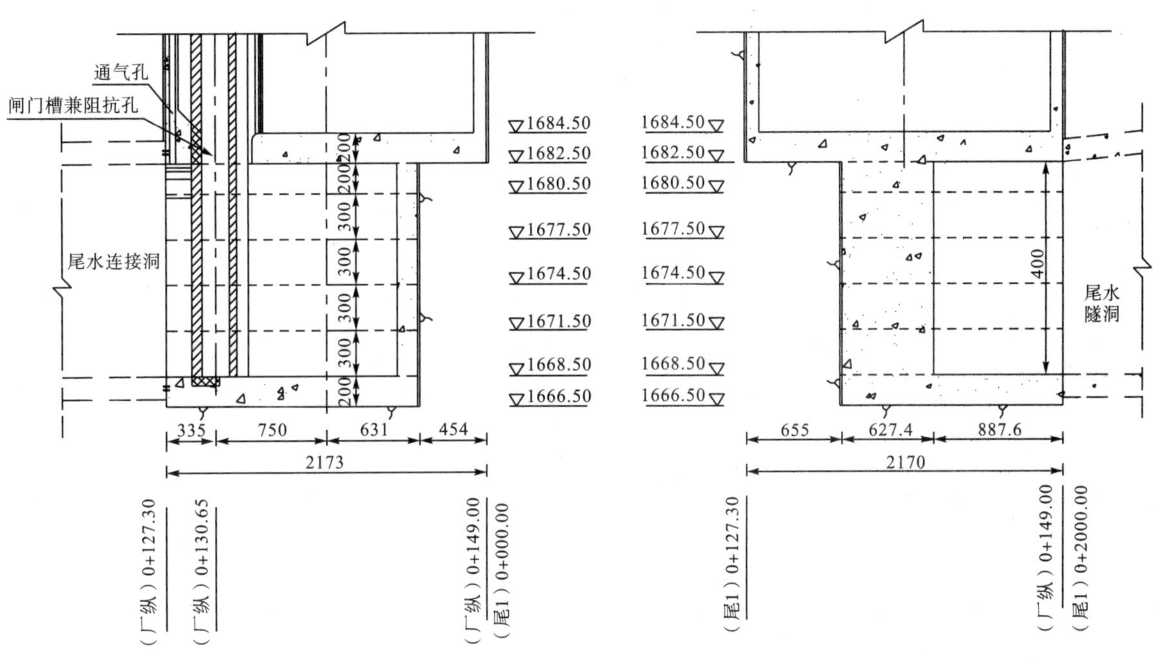

图5.3－26　尾水调压室阻抗板以下混凝土浇筑分层示意图

（3）浇筑分段：为提高阻抗板的整体性，底板、阻抗板等不再分块，一次性浇筑完成。

（4）混凝土运输及入仓：阻抗板以下混凝土自尾水隧洞下支洞及尾水连接洞支洞运至尾水调压室底部，采用泵送入仓，其中阻抗板混凝土自阻抗孔输送至仓面。

2）尾水调压室阻抗板以上混凝土施工

尾水调压室阻抗板以上混凝土包括底板、边墙、闸墩、门槽及门槽二期混凝土、排架混凝土。

（1）施工顺序：底板→边墙、闸墩、门槽→牛腿→检修平台→排架混凝土→门槽二期混凝土（穿插于金属结构安装分段施工）。

（2）浇筑分层：边墙、闸墩、门槽及排架等按3m分层浇筑，局部按照特殊结构分层，单个调压室排架整体浇筑上升；二期混凝土分层高度不大于3m，随闸门槽金属结构安装分段施工。

（3）浇筑分段：尾水调压室闸墩、排架按单个闸墩单元整体浇筑上升浇筑。

（4）混凝土运输及入仓：该部分边墙、闸墩及岩柱顶部混凝土由下部采用6.0m^3、9.0m^3混凝土罐车从2＃支洞运输至尾水调压室阻抗板，HBT60混凝土泵泵送入仓；该部分排架等混凝土由下部采用6.0m^3、9.0m^3混凝土罐车从2＃支洞运输至尾水调压室阻抗板，HBT60混凝土泵泵送入仓，从上部采用6.0m^3、9.0m^3混凝土罐车从尾调交通洞运输至安装场，HBT60混凝土泵泵送入仓。

3）尾水调压室边墙混凝土

边墙混凝土包括阻抗板以上闸墩以外的端墙、岩柱隔墙以及上下游边墙混凝土。

（1）施工顺序：根据施工进度安排，两个尾水调压室边墙混凝土同步施工，单个尾水调压室边墙混凝土分两序跳仓浇筑。

（2）浇筑分层：自下而上按 3m 分层浇筑。

（3）浇筑分块：边墙混凝土分块避开转角等结构受力不利的位置，分块长度一般不超过 15m。按照上述原则，1＃尾水调压室边墙混凝土分 9 块浇筑，2＃尾水调压室边墙混凝土分 8 块浇筑。

（4）模板规划：边墙采用普通组合钢模板浇筑，按两个尾水调压室同步施工配置模板。

（5）混凝土运输入仓：混凝土采用 6.0m^3、9.0m^3 混凝土罐车运至尾水调压室安装场或尾调中支洞或 2＃施工支洞，HBT60 混凝土泵泵送入仓。

5.3.2.4　底板混凝土施工

尾水调压室底板厚 2m，为确保底板整体性，分别将 1＃、2＃尾水调压室底板分 1 仓浇筑。

尾水调压室流道底板混凝土长 49.35m、宽 21.7m、厚 2m，单个底板浇筑方量约 1500m^3，为加快底板浇筑速度，分别在两条尾水连接洞处布设 1 台 HBT60 混凝土泵入仓同时进行混凝土浇筑，9m^3 混凝土罐车进行运输，Φ50、Φ100 振捣棒进行振捣。

受止水影响，尾水调压室与尾水连接洞之间的端墙模板采用 3m 木模板＋5cm×10cm 方木进行制作，Φ48 钢管配合 Φ14 拉杆进行固定；尾水调压室与尾水隧洞之间的端墙边墙模板采用组合钢模板进行拼装，顶拱模板采用 3m 木模板＋5cm×10cm 方木进行制作，Φ48 钢管配合 Φ14 拉杆进行固定。

5.3.2.5　流道混凝土施工

底板以上流道边墙高 14m、厚 1.50～6.27m，分 4 层进行浇筑，其中第 1～3 层高度 3m，第 4 层高度 2m，下面 3 层以门槽为界限每层分 3 块进行浇筑，最后 1 层门槽顶部与胸墙连接为整体，为确保整体性一次性浇筑。具体分块如图 5.3－27、图 5.3－28 所示（以 2＃尾水调压室为例）。

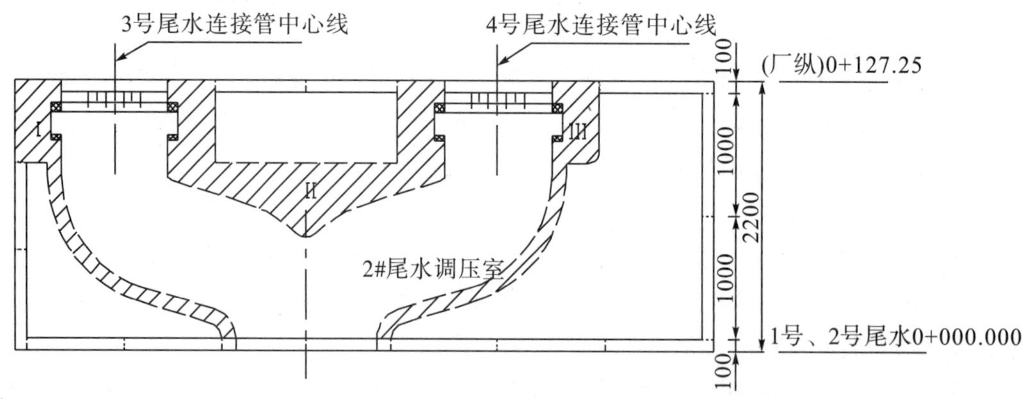

图 5.3－27　流道边墙第 1～3 层混凝土分块示意图（1＃尾水调压室参照执行）

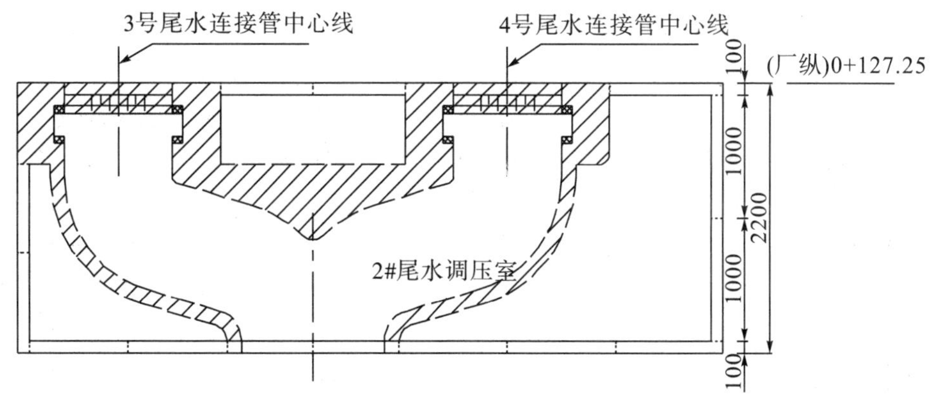

图5.3－29　流道边墙第4层混凝土平面示意图（1＃尾水调压室参照执行）

由于流道边墙全部为弯曲线，边墙模板采用P3015＋P1015模板进行拼装，局部采用2cm竹胶板进行现场加工制作。由于门槽二期混凝土处设有插筋，为便于施工，插筋部位采用5cm模板进行拼装，其他部位采用组合模板进行拼装，所有模板安装完成后，Φ14拉杆配合定型钢管进行固定。胸墙顶拱砼浇筑采用满堂脚手架承重，用普通钢模板（P3015、P2015）进行拼装。

第1～3层采用HBT60混凝土泵入仓进行混凝土浇筑，9m^{3}混凝土罐车进行运输，Φ50、Φ100振捣棒进行振捣。第4层单仓浇筑方量约600m^3，由于流道结构尺寸，浇筑过程中需反复移动泵管才能满足浇筑要求，为加快浇筑速度，采用2台泵机进行浇筑，同时为减少移动泵管的时间，拟在流道边墙浇筑过程中增加溜槽进行混凝土分流，溜槽分布间距约3m，底部采用1m×1m×1.5m满堂脚手架进行支撑。

5.3.2.6　阻抗板混凝土施工

尾水调压室阻抗板混凝土长49.85m、宽21.7m、厚2m，混凝土浇筑方量约2300m^3，为加快阻抗板混凝土浇筑速度，分别在2条尾水连接洞布设1台HBT60混凝土泵，通过门槽自上游开始向下游进行浇筑，在2＃支洞出口布设1台HBT60混凝土泵，自下游开始向上游进行浇筑。

阻抗板混凝土浇筑采用满堂脚手架承重，底板中间部分采用普通钢模板进行组合拼装，靠近流道边墙部分采用2cm竹胶板＋5cm×10cm方木进行现场制作。

5.3.2.7　边墙及闸墩混凝土施工

尾水调压室阻抗板以上部分边墙混凝土按3m一层（共12层），每层分6块交替上升浇筑；闸墩单个整体浇筑按3m一层（共8层），和边墙同步交替浇筑上升。边墙及闸墩模板均采用组合普通钢模板进行组合拼装，门槽二期混凝土处设有插筋，为便于施工，插筋部位采用5cm模板进行拼装。阻抗板以上边墙及闸墩混凝土分块示意图如图5.3－29所示。

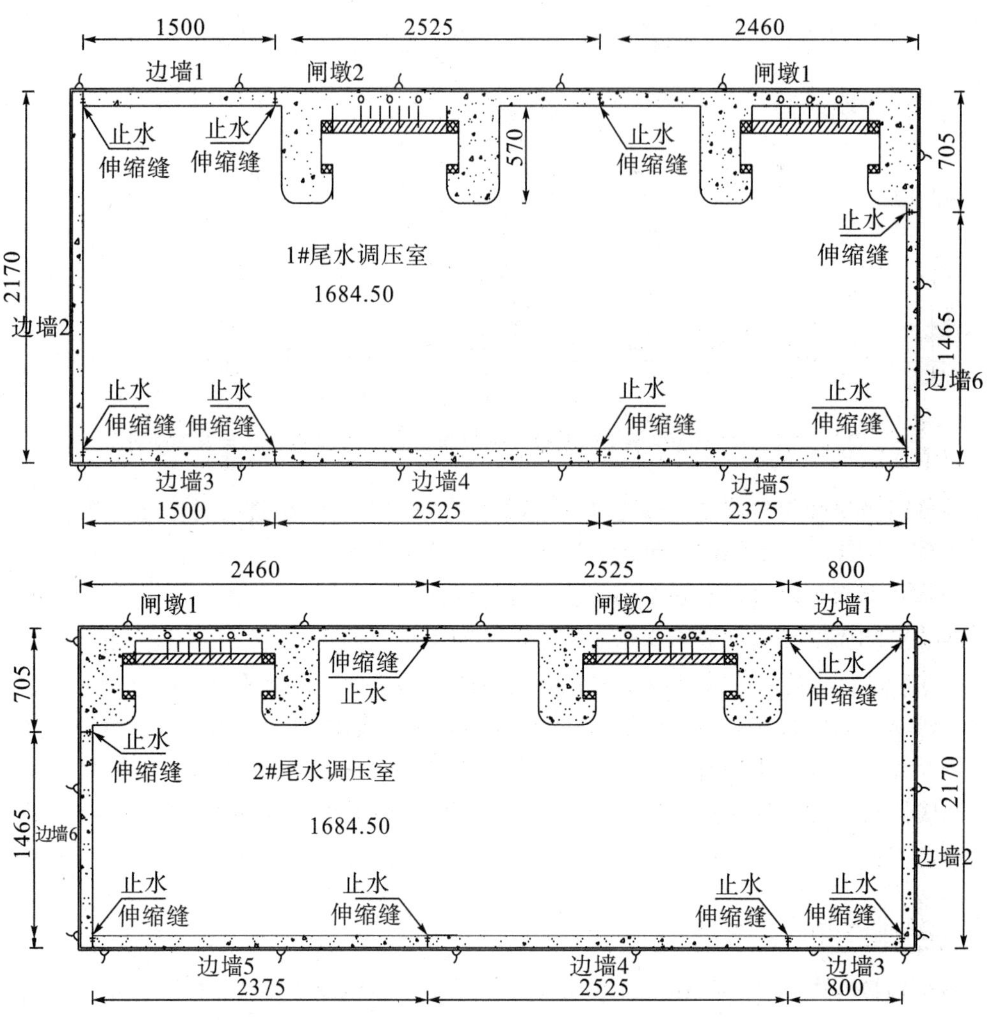

图 5.3－29　阻抗板以上边墙及闸墩混凝土分块示意图

混凝土采用 6.0m³、9.0m³ 混凝土罐车通过 2＃施工支洞及尾水调压室临时支洞运输至各尾水调压室抗阻抗板，HBT60 混凝土泵泵送入仓，用 Φ50、Φ100（闸墩）振捣棒进行振捣。

5.3.2.8　排架混凝土施工

尾水调压室排架施工高程 1710.00～1732.00m，高度较高，分布范围较广，为方便混凝土浇筑，将采用 HBT60 混凝土泵泵送入仓。排架模板采用普通钢模板组合拼装。

排架分 3 层（根据连梁及顶板高程进行分层）进行浇筑，具体分层如图 5.3－30 所示。

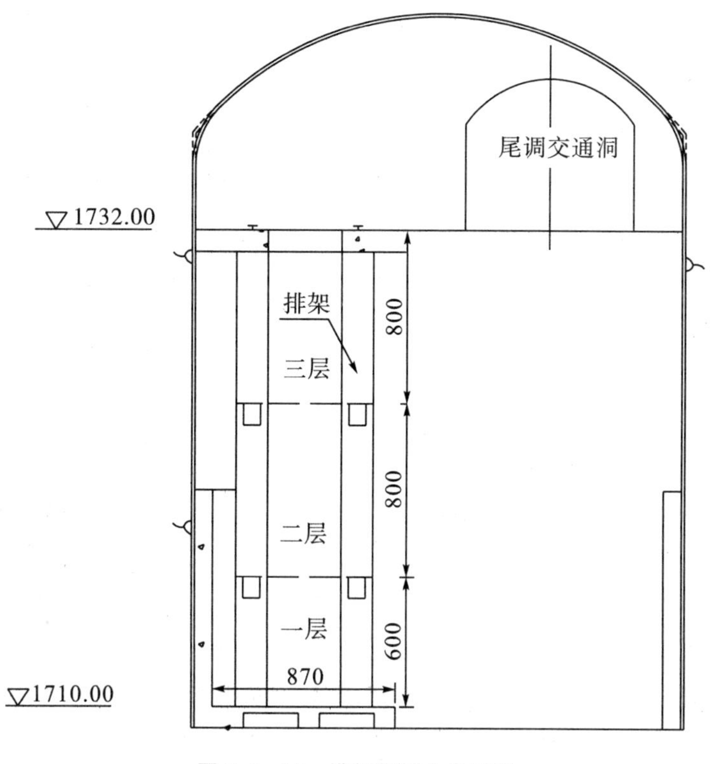

图 5.3－30 **排架混凝土分层图**

5.3.3 主变室

主变室主要为板梁柱砖混结构，分为控制区（第二副厂房）和主机间两个区域，控制区长21.5m，主机间长153m。控制区分为4层，分别为10kV开关柜室层、会议室层、电缆层、低压配电盘室层；主机间分为2层，下层有集油池、主变间、主变运输道和通风道，上层有电缆层、通风道和吊顶混凝土层。

5.3.3.1 混凝土总体施工程序

主变室混凝土在相应母线洞混凝土施工结束后，自下而上进行底板（含集油池）、板梁柱、楼梯及电缆层（含通风道）等混凝土施工，采用两套模板由中部2#、3#机组段分别向进厂交通洞、4#隧洞方向同时分块逐层施工。

5.3.3.2 事故油池混凝土施工

主变室事故油池位于主变室与4#公路隧道交叉口下游侧，长13.1m，桩号（厂横）0+124.1m～（厂横）0+137.2m，宽12m，桩号（厂纵）0+068.9m～（厂纵）0+080.9m，底板厚度60cm，边墙厚度90cm，其中厂横方向设置有两道梁及两根结构柱，厂纵方向设置有一道梁。柱截面尺寸80cm×80cm，梁截面尺寸60cm×100cm，在事故油池下游侧大桩号方向设置有一处进人孔(尺寸1.0m×1.0m)，并采用预埋钢板作为人行爬梯，油池顶部为厚30cm顶板，钢筋均为双层配筋。油池采用C25混凝土浇筑，墙及柱保护层厚度3.5cm，梁上部保护层厚度6cm，下部保护层厚度3.5cm，板保护层厚度2.5cm。

1）施工分层

事故油池共分为3层进行浇筑，分别为底板、边墙、梁柱及顶板、排水沟，其中底板和顶板单独进行浇筑，边墙分为2层进行浇筑，浇筑高程1694.34～1698.84m、1698.84～1702.65m，柱分层高程与边墙一致，或单独一次性浇筑，梁与楼板一起浇筑。各分层新老混凝土接触缝面做凿毛处理，具体分层如图5.3－31所示。

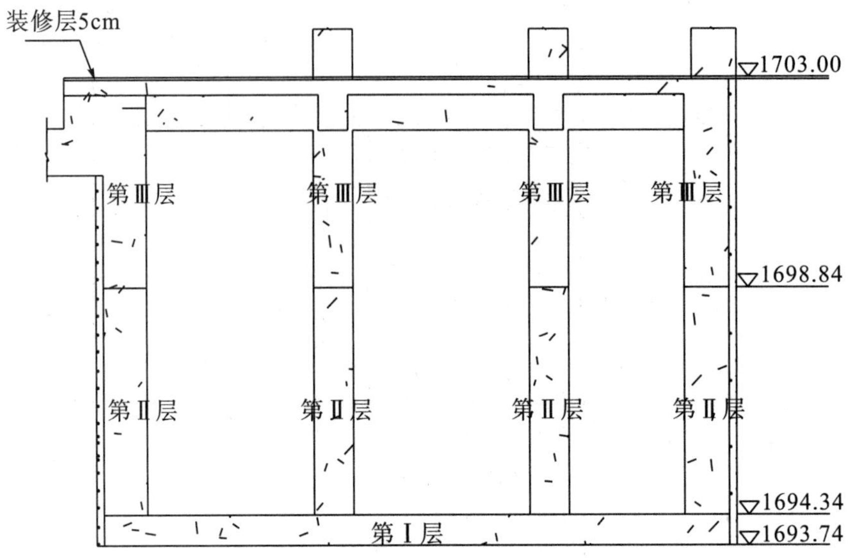

图 5.3－31　**主变室事故油池混凝土分层示意图**（1∶1000）

2）施工方法

事故油池混凝土施工中底板、边墙及顶板模板采用普通钢模板进行组装，局部采用厚2cm木板拼缝。

事故油池砼采用泵送+溜管、溜槽配合入仓。事故油池底板及第Ⅰ层边墙高程及其以下部位采用第①条入仓方式，事故油池第Ⅱ层及顶板以上部位采用第②条入仓方式。相关入仓方式具体为：①混凝土罐车行至主变室内，通过泵送将混凝土引送至底板或边墙相关部位，再增设溜筒或溜槽将混凝土引送至浇筑部位，浇筑边墙时，溜筒及溜槽采用搭设施工排架作为支撑，排架间距2m×2m，步距1.5m，排架采用Φ14拉筋与系统锚杆连接；②混凝土罐车行至主变室内，通过泵送将混凝土引送至顶板或边墙相关部位。

溜管接主溜槽进入事故油池后，搭设分溜槽延至仓号浇筑范围，事故油池内布置双排架支撑溜槽，排架间距2m，步距1.5m，第一排距模板面0.5m，第二排距第一排1.0m，排架搭设需牢固可靠，满足相关规范要求，立杆底部需设置垫板防护以免损坏底板成品砼。

5.3.3.3　底板混凝土施工

主变室EL.1703.00m以下地板分为3个部分：①主变室底板通道（上游侧），（厂横）0+005.7m～（厂横）0+137.2m，总长131.5m，（厂纵）0+062.1m～（厂纵）0+068.9m，宽6.8m，底板厚度1.0m；②主变室底板下游侧，（厂横）0+005.7m～（厂横）0+124.1m，（厂纵）0+068.9m～（厂纵）0+080.9m，宽12m，长118.4m，基础主要为主变器基础和集油坑、排油沟、排水沟等结构物，基础轨道部位分两期进行浇筑，基础顶面高程1703.00m，基础采用C25（二）混凝土浇筑；③第二副厂房筏板基础，长21.5m，（厂横）0+005.7m～0－015.8m，宽18.8m，（厂纵）0+062.1m～0+080.9m，筏板厚120cm。

1）主变室底板通道（上游侧）混凝土施工

主变室底板通道施工顺序：基岩面清理→垫层混凝土浇筑→地锚施工→一期混凝土钢筋模板安装→一期混凝土浇筑→二期钢筋及轨道安装→二期混凝土浇筑

主变室通道底板浇筑分两期进行，一期为底板及边墙水沟附属浇筑，二期为轨道浇筑。一期混凝土浇筑按照机组边线进行分仓：1#仓，（厂横）0+137.2m～0+97.2m；2#仓，（厂横）0+97.2m～0+64.7m；3#仓，（厂横）0+64.7m～0+32.2m；4#仓，（厂横）0+32.2m～0+05.7m，共计4仓。施工分缝部位采用厚2cm沥青木板填塞。为确保轨道整体结构使用性能，二期轨道浇筑施工应一次成型，不分仓。从（厂横）0+137.2m向平交段方向浇筑。

底板一期混凝土浇筑厚度95cm（混凝土顶面高程1702.95m），顶面为5cm装修层，二期混凝土为轨道混凝土，宽2.4m，浇筑厚度50cm。一、二期混凝土标号均为C25。底板浇筑模板采用小钢模板+木模板拼装，底板过缝钢筋位置采用木模板开孔，穿过模板采用普通钢模板。混凝土采用葛洲坝沙拌系统标拌制，$9m^3$混凝土罐车运至施工现场，HBT60混凝土泵泵送入仓，Φ70插入式振捣棒+振捣横梁振捣密实，人工收面，一期混凝土表面应做凿毛处理。

2）主变室底板下游侧混凝土施工

主变室底板下游侧施工顺序：基岩面清理→底板垫层浇筑→一期混凝土钢筋模板安装→一期混凝土浇筑→二期钢筋及轨道安装→二期混凝土浇筑

主变室底板浇筑分两期进行，一期为底板及边墙水沟附属浇筑，二期为轨道浇筑。一期混凝土浇筑按照机组边线进行分仓：1#仓，（厂横）0+124.1m～0+97.2m；2#仓，（厂横）0+97.2m～0+64.7m；3#仓，（厂横）0+64.7m～0+32.2m；4#仓，（厂横）0+32.2m～0+05.7m；5#仓，第二副厂厂房，（厂横）0+05.7m～0－15.8m，共计5仓。施工分缝部位采用2cm沥青木板填塞。为确保轨道整体结构使用性能，二期轨道浇筑施工应一次成型不分仓。从（厂横）0+124.1m向平交段方向依次浇筑。

底板一期混凝土浇筑厚度95cm（混凝土顶面高程1702.95m），顶面为5cm装修层，二期混凝土为轨道混凝土，浇筑厚度50cm。一、二期混凝土标号均为C25。底板浇筑模板采用小钢模板+木模板拼装，底板过缝钢筋位置采用木模板开孔，穿过模板采用普通钢模板。混凝土采用葛洲坝沙拌系统标拌制，$9m^3$混凝土罐车运至施工现场，HBT60混凝土泵泵送入仓，Φ70插入式振捣棒+振捣横梁振捣密实，人工收面，一期混凝土表面应做凿毛处理。

为确保施工质量及浇筑外观美观统一，考虑将集油坑按照布置部位分二序进行浇筑：第一序浇筑集油坑EL.1702.00m以下部分及下游侧排油沟，集油坑内轨道基础高出EL.1702.00m部分采用悬空模板；二序浇筑EL.1702.00m以上部分。轨道基础、水沟、排油沟模板采用小模板拼装，采用Φ50振捣棒插入式振捣。

3）第二副厂房筏板基础施工

第二副厂房筏板基础施工顺序：基岩面清理→底板垫层浇筑→混凝土钢筋模板安装→筏板混凝土浇筑→筏板底部回填混凝土浇筑。

第二副厂房底板垫层采用C15混凝土浇筑，垫层厚度10cm。第二副厂房底板分两次浇筑，第一次浇筑底板及暗梁，暗梁浇筑时立悬空模板，与底板混凝土同步浇筑，采用C30（二）混凝土浇筑，第二次筏板回填，采用C20（二）混凝土浇筑。筏板浇筑模板采用小钢模板+木模板拼装，混凝土采用$9m^3$混凝土罐车运至施工现场，HBT60混凝土泵泵送入仓，Φ70插入式振捣棒+振捣横梁振捣密实，人工收面。

5.3.3.4 主变室板梁柱及防火墙混凝土施工

主变室建筑面积$2679m^2$，基础顶面高程1703.00m，长142.5m，（厂横）0+005.7～0+148.2m，宽18.8m，（厂纵）0+062.1m～0+080.9m。主变室主体结构由柱、梁、防火墙、板、楼梯及附属结构组成，主体结构按照机组分为1#～4#机组4段，主变室为2层框架结构，上游半幅夹设电缆道一层。第一层顶面高程1716.50m，第二层无楼板，上下游边墙为梁柱结构，顶棚为吊顶结构。电缆道顶面高程1713.10m，电缆道宽度6m，楼体板厚35cm，防火墙厚50cm。柱、边柱、连系梁、楼梯、防火墙均为C25（二）混凝土。

1）总体浇筑方案

主变室浇筑按照楼层分两期进行，一期EL.1716.50m以下浇筑（主要为板梁柱及防火墙混凝土），一期混凝土分3层浇筑：第Ⅰ层EL.1703.00～1709.50m，第Ⅱ层EL.1709.50～1713.10m（电缆道楼板浇筑），第Ⅲ层EL.1713.10～1716.50m，施工分仓按照4＃机组～1＃机组倒序安排施工，浇筑按照机组边线进行分仓；二期为EL.1716.50m以上排架施工，施工分仓与第一期相同，按照机组边线分仓浇筑。主变室底板以上分层示意图如图5.3－32所示。

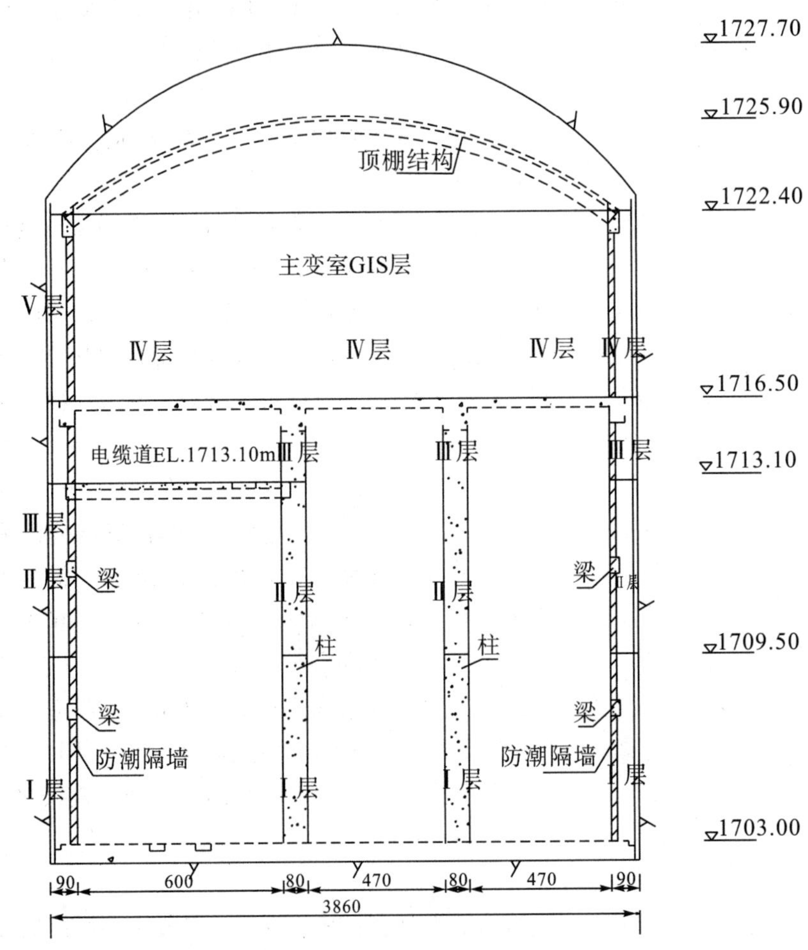

图5.3－32　主变室底板以上分层示意图

主变室板、梁、柱、墙混凝土标号均为C25（二）。板、梁、柱、防爆墙浇筑模板均采用钢模板＋木模板组合拼装，楼板支撑采用钢管满堂架支撑。混凝土采用9m^{3}混凝土罐车运至施工现场，HBT60混凝土泵泵送入仓，板、梁、柱及防爆墙采用Φ50插入式振捣棒振捣密实，板面采用人工收面，分层部位混凝土表面应做凿毛处理。混凝土浇筑完成后，及时对其覆盖土工布并洒水或覆盖保温被进行养护。

2）排架预留施工通道

根据厂房混凝土浇筑入仓通道实际需求，主变室为厂房混凝土入仓的主要通道，为了保证在主变室电缆层、GIS层板梁施工时不影响厂房混凝土施工，综合考虑主变室各机组段施工材料转运及机电设备所需运输空间后，在主变室各机组段上部板梁结构承重脚手架搭设时，分别在其下部上游轨道区范围内采用型钢材料搭设临时通道（5.6m×5.5m），预留厂房混凝土入仓通道及主变室各机组施工材料倒运通道，按4＃、3＃、2＃、1＃机组的顺序依次施工，具体方案如下：

预留通道采用型钢门架，门架中心桩号厂（纵）0+66m，门架断面4.8m×5.5m（宽×高），门架立柱采用Ⅰ20a工字钢，先在两侧立柱上部分别布置1根Ⅰ20a工字钢的纵梁，纵梁顶部按1m的间距均匀布置Ⅰ20a工字钢横梁，最后在横梁顶部满铺厚5cm木板（横梁和木板两端需分别延伸至上游开挖边墙和中间防爆墙的表面以满足上部脚手架的搭设空间要求），如图5.3-33所示。

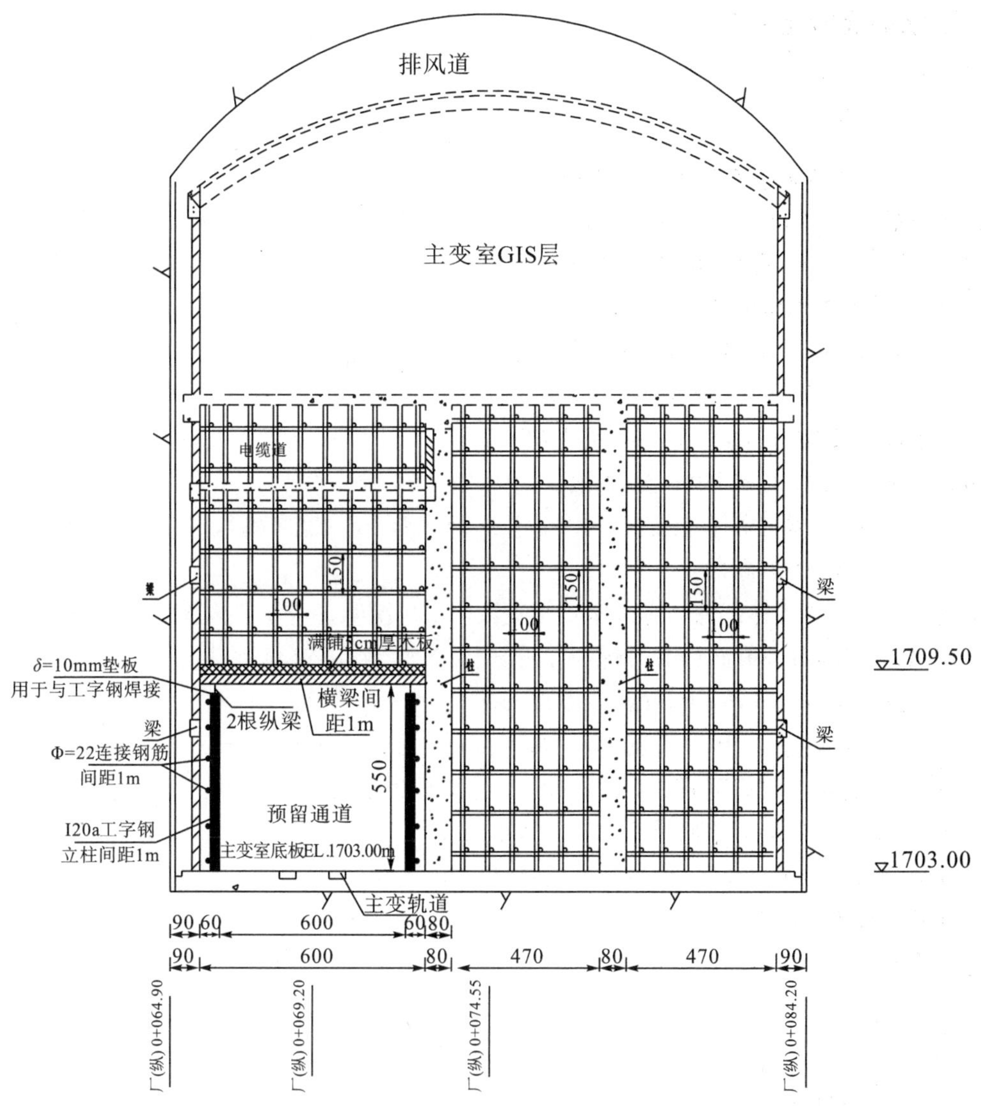

图5.3-33　主变室电缆层楼板浇筑预留通道示意图

5.3.3.5　吊顶混凝土施工

主变室吊顶混凝土施工方法参考“5.3.1.9 主厂房吊顶混凝土施工”。

5.4 进出口混凝土

5.4.1 进水塔混凝土施工

5.4.1.1 工程概况

电站进水口位于大渡河右岸磨子沟下游，采用岸塔式进口，4 台机组进水口呈“一”字形并排布置，进水口塔体尺寸 122.00m×28.10m×71.50m（长×宽×高）。进水口底板顶高程 1781.00m，塔顶高程 1847.50m，相邻进水塔之间设一条收缩缝，每个塔体结构独立。相邻进水口孔口中心线间距 30.00m，单个进水塔塔体宽度分别为 30.00m（中机组段）、31.00m（边机组段）。

进水塔上游侧为拦污栅段，每个机组段共设 5 孔拦污栅闸、4 个拦污栅中墩、2 个拦污栅边墩。墩头为圆弧形，半径 70cm，中墩圆弧之间为长 60cm 的直段；边墩在中间机组段为长 1.3m 的直段，在边机组段为长 2.3m 的直段，栅墩间净间距 3.60m，栅墩长度 4.55m、9.10m。每个机组段 2 个拦污栅边墩从 EL.1781.00m 至塔顶一直与塔体连接。每个机组段 4 个拦污栅中墩高程 1847.50m 以下 8 排纵撑与塔体连接，纵撑尺寸 1.2m×1.2m（宽×高），拦污栅之间以横撑连接，横撑尺寸 1m×1.2m（宽×高）。

进水塔中间为塔体主体部分，有进水口闸室段，采用喇叭型进口，内设检修闸门、检修闸门储门槽、储栅槽、工作闸门和通气孔。检修闸门孔口尺寸 10.4m×2.3m，工作闸门孔口尺寸 11.5m×4.2m；通气孔断面尺寸 5.0m×1.5m，兼做进人孔。

进水塔下游侧和左右两侧为回填砼，为满足塔体顶部配电房及水厂的布置要求，暂定 2＃、3＃、4＃塔体塔背混凝土回填至 EL.1837.50m，1＃塔体塔背混凝土回填至 EL.1823.00m；左右侧从 EL.1779.00m 顺边坡混凝土回填至 EL.1823.00m。

塔体砼标号为 C20W6F100，拦污栅框架塔体砼标号为 C25W6F100；塔体部位检修门储门槽、储栅槽二期砼标号为 C25W6F100；拦污栅框架、检修门槽及快速门槽二期砼标号为 C30W6F50；回填砼标号为 C15。

5.4.1.2 施工布置

1）施工道路的布置

进水口混凝土运输前期（2013 年 9 月前）线路：泥洛河坝砂拌系统→猴子岩大桥→原 S211 公路→2＃公路→6＃公路→进水塔 EL.1779.50m 平台。

进水口混凝土运输后期（2013 年 9 月后）线路：泥洛河坝砂拌系统→7＃公路→左岸 702＃公路→左岸 11＃公路→左岸 5＃公路→大坝上游围堰顶→右岸 8＃公路→右岸 2＃公路上游段→右岸 6＃公路→电站进水口 EL.1779.50m 平台。

2）供水与供电布置

（1）混凝土施工用水：采用 DN80 钢管在压力管道上平段支洞进口处与原系统水管相接。

（2）施工供电采用 6＃公路内设置的 800kVA 变压器，并用 185mm^2 低压铜芯电缆从变压器引接。

3）施工设备布置

根据进水口结构形式、工程量、施工安排和工期要求，在进水塔前布置一台 MQ900B 门机作为进水塔浇筑材料及砼吊运的主要设备。为保证入仓强度，增设 1 台 HBT60 混凝土泵辅助进行入仓。上部混凝土浇筑采用在S211－3＃支洞处搭设溜筒或溜槽入仓。

4）施工排污

在4＃机组塔体前沿设置集水坑，水泵抽排，排水管路采用DN80钢管，并汇入6＃公路排污管路内。

5）门机强度分析

猴子岩水电站进水口4个塔体共用1台门机，按照多年MQ900B门机类似进水塔混凝土浇筑施工经验，MQ900B门机每小时可以吊8～9钩，按每小时吊8钩，每天工作20h，月工作天数25天计算，月吊钩数为8×20×25=4000钩。根据工程经验，其中2/3用于吊装其他如钢筋模板等材料，即月吊钩数1333钩，按吊6m^3罐计算，1台MQ900B门机的月吊装混凝土能力约8000m^3。

根据类似进水塔混凝土浇筑经验，进水塔浇筑强度为平均每层工期15天，每月平均浇筑2层，因此，按照该强度，进水塔每月混凝土浇筑方量11263m^3。根据上述分析，1台门机不能满足浇筑强度，为了确保砼浇筑强度，进水口增设1台混凝土泵辅助入仓。

5.4.1.3　施工程序

进水塔总体施工程序为：塔体浇筑→拦污栅砼浇筑，回填砼根据现场实际情况安排在主体砼施工期间浇筑。进水塔4个机组段按照发电顺序，进水塔按照4＃→3＃→2＃→1＃的顺序施工，相邻塔体之间浇筑高度需错开1～2层，以确保模板安装。

塔体优先浇筑，塔体与拦污栅边墩、纵横撑连接部位设置施工缝，钢筋穿过模板，浇筑完成后进行凿毛处理；塔体与纵撑连接部位预埋梁窝，确保结构受力部分连接；塔体与回填砼之间的缝面处理形式以后续设计要求为准。

为满足门机施工需求，采用栅栏墩与塔体分开浇筑的施工方式，拦污栅在完成第十层纵撑浇筑后暂停浇筑，待塔体浇筑完成后继续向上浇筑，以免影响门机吊装施工。混凝土浇筑分为8个区，即每个进水塔分为2个区，塔体为1区，拦污栅为2区。其中塔体底板分为3层，塔体分为23层，拦污栅分为27层。具体如图5.4－1、图5.4－2所示。

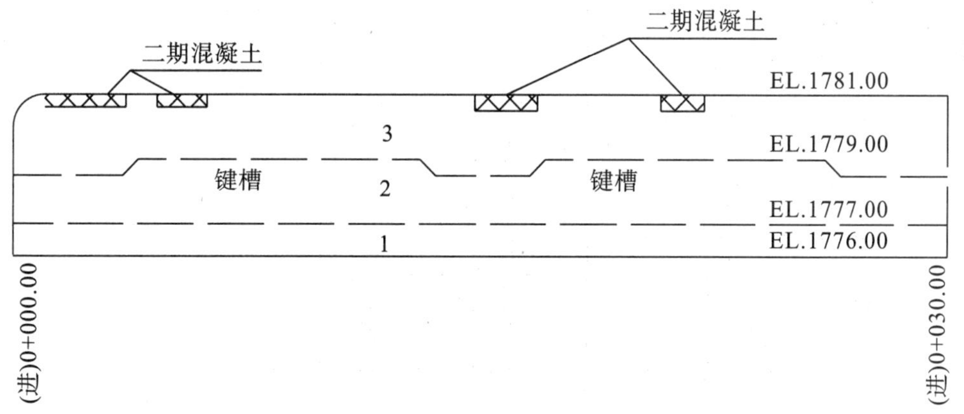

图5.4－1　进水口底板分层示意图

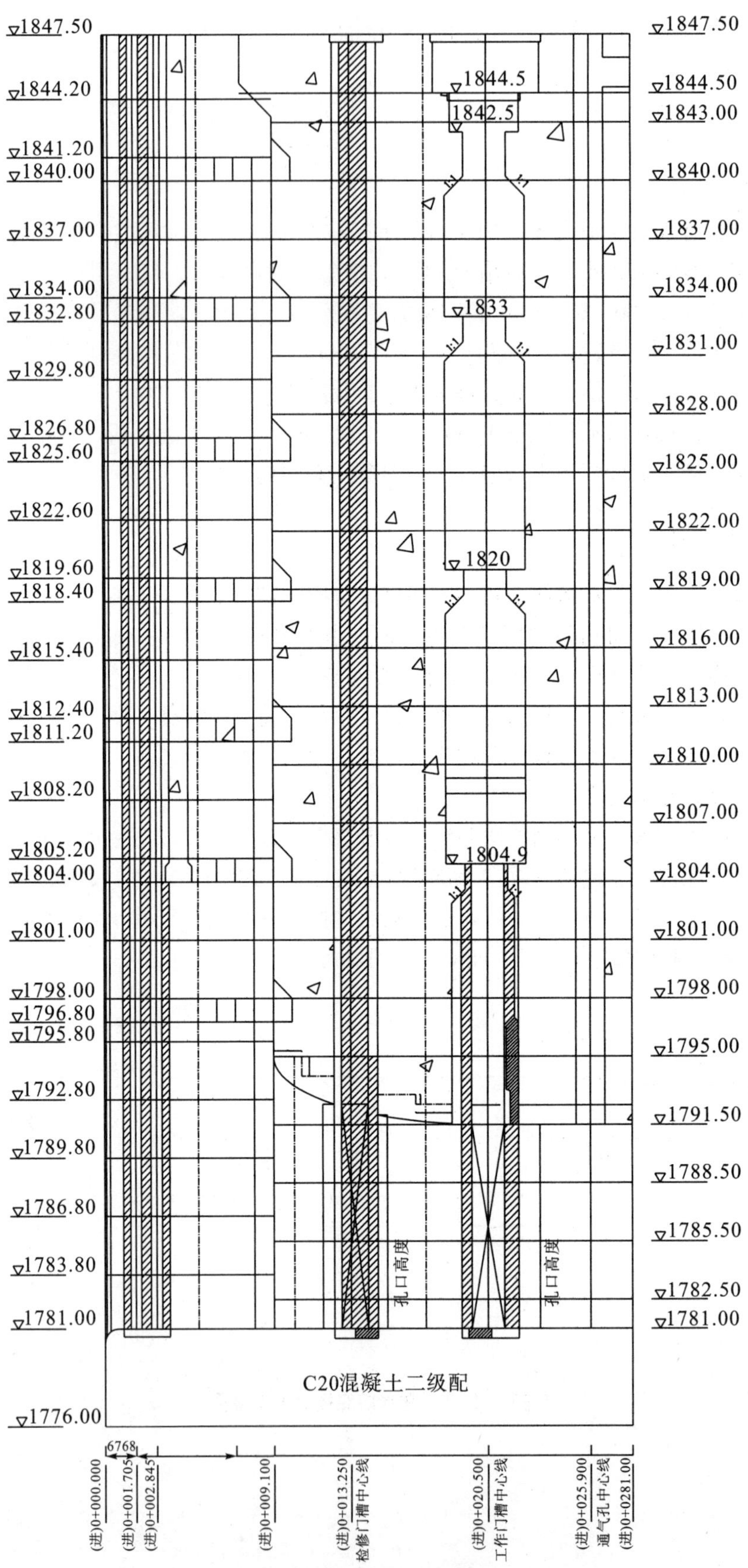

图 5.4-2　进水塔混凝土浇筑分层示意图

5.4.1.4 入仓方案

进水塔混凝土浇筑方量大、仓面大，混凝土的运输和入仓是关键。

混凝土运输采用20t自卸汽车和混凝土罐车运输，入仓采用1台MQ900B门机吊3.0m³或6.0m³罐和2台混凝土泵泵送入仓。采用自卸汽车运输时，混凝土坍落度控制为7～9cm。根据进水塔的浇筑情况，回填砼部分采用溜管入仓，在溜管顶部设置下料斗，溜管采用直径300mm的钢管，同时由于塔体高度较高，设置缓冲装置（MY－BOX）以减少混凝土的骨料分离。

塔体浇筑单仓入仓强度分析：进水塔最大分层高度3m，最大浇筑仓面尺寸31m×19m，最大仓号面积589m²（未减去门槽部分的孔洞）。仓面采取台阶法施工，铺料厚度50cm，宽度2.5m，人工平仓。

进水塔底板浇筑分层示意图如图5.4－3所示。

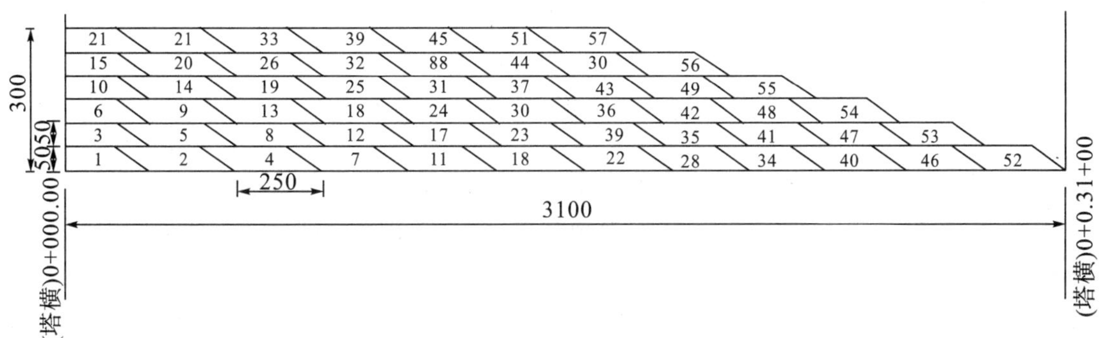

图5.4－3 进水塔底板浇筑分层示意图

按照台阶法浇筑最大极限状况计算，当浇筑第27块台阶混凝土覆盖第20块时，间隔时间最长，共需浇筑7块（第20～第27块）台阶混凝土，7块台阶浇筑混凝土方量2.5m×0.5m×19.0m×7＝166.25m³。按照每小时入仓强度48m³计算，第27块台阶覆盖第20块台阶表面间隔浇筑时间：166.25m³÷48m³/h≈3.46h＜6h，即第20块台阶混凝土未初凝，满足施工要求。混凝土浇筑过程中，根据现场仓号情况在混凝土初凝前及时进行覆盖，确保混凝土质量。

5.4.1.5 进水塔各部位浇筑主要施工方法

1）底板

混凝土以20t自卸汽车为主，混凝土罐车为辅，通过6＃公路隧道运输至进水口引水渠平台，以210长臂反铲入仓为主，MQ900B门机吊6m³砼卧罐为辅入仓，分台阶浇筑。

2）塔体砼

塔体砼钢筋主要采用MQ900B门机吊装，MQ900B门机负责悬臂模板的提升，混凝土入仓主要采用MQ900B门机吊6.0m³/罐（1台混凝土泵泵送）入仓。

塔体砼大部分采用悬臂大模板，由于塔体与拦污栅边墩、纵横撑连接部位钢筋需穿过模板，采用普通钢模板+木模板的组合方式，塔体与纵撑连接部位采用预埋木盒子，纵撑部位预留1.0m×1.2m×2.2m（深×宽×高）的梁窝，梁窝顶部均设置45°的斜口，确保后续浇筑密实，预留梁窝部位均需进行凿毛处理。

悬臂大模板采用多卡模板，单套模板尺寸3.0m×3.3m，各模板单元之间通过螺栓连接。多卡模板由平面钢模板、模板支架、爬升锥、高强螺栓、上中下工作平台、预埋锚筋及预埋件组成。进水塔塔－①层施工时，先用普通钢模板进行立模浇筑，并预埋定位锥、锚筋及螺栓，准备好下一层悬挂锚固点。塔－①层浇筑完成后，拆除模板，将大模板悬挂于锚固点。以后各层混凝土浇筑按以上程序操作，依次上升至设计高程。安装悬臂大模板时，需按照仓号配板图将组装好的模板采用MQ900B门机提升至混凝土面上，并使用水平仪和铅垂线保证模板水平、垂直。模板悬挂好之后，沿整个仓号拉一条直线，用轴杆调节模板的垂直度，用高度调节件进行竖向调节，调节调节盒，使模板紧贴混凝土面。普通组合钢模板包括P3015、P1015、P6015等平面模板和阴阳角模板，模板之间采用标准“U”形卡连接。模板支撑采用Φ48钢管、Φ14拉筋固定，模板下部设置Φ28支撑钢筋。局部补缝采用厚2cm木模板，支撑结构和普通钢模板一致。

塔体砼浇筑仓面较大，混凝土方量多，采用台阶法浇筑，台阶宽度2.5m，高度50.0cm，确保浇筑不初凝。

3）拦污栅栅墩砼

拦污栅由中墩和边墩组成，墩头为圆弧形，半径70cm，中墩圆弧之间为长60cm的直段；边墩在中间机组段为长1.3m的直段，在边机组段为长2.3m的直段。

拦污栅钢筋主要采用MQ900B门机吊装，混凝土入仓主要采用MQ900B门机吊3.0m^{3}罐入仓。

拦污栅墩头部位采用R=70cm的定型圆弧模板拼装，其余直边部位采用普通钢模板+木模板的组合方式，二期砼插筋部位采用木模板。由于拦污栅墩结构较为复杂，钢模安装时按照设计边线精确定位，安装完毕后，由专业测量人员校核模板，确认准确无误后方可进行混凝土浇筑。

拦污栅栅墩从起始仓号起，均需在合适位置预埋定位锥和高强螺栓等，准备好下一层模板悬挂的锚固点，同时需在本次仓号砼顶部预埋Φ25，L=1.0m，外露50cm的插筋。模板悬挂好后，底部利用定位锥支撑，模板外侧采用Φ48双钢管作水平向及竖向背担，内部设置Φ14拉筋牢固焊接在上一层底板预埋插筋上，同时在紧贴模板内侧拉筋处横向焊接一根Φ16钢筋料头以支撑模板。

为了满足拦污栅栅墩施工平台的要求，需采用Φ48架管在拦污栅设计轮廓线四周搭设双层施工排架，施工排架间排距1.5m×1.5m，步距1.8m，排架搭设至一定高度后需按规范要求设置剪刀撑，排架搭设高度随拦污栅浇筑高程同步上升。

4）拦污栅纵横撑砼

拦污栅和塔体之间采用胸墙和纵撑连接，拦污栅栅墩之间设置有横撑连接，纵撑断面尺寸1.2m×1.2m，横撑断面尺寸1.2m×1.0m。

拦污栅纵横撑浇筑与拦污栅浇筑同步进行，拦污栅与塔体连接部位在塔体先浇筑段上预留梁窝，施工前对梁窝进行清理和凿毛处理。纵横撑砼浇筑在底部预埋工字钢支撑模板，承重排架间排距75cm×75cm，步距90cm。

5）胸墙砼

进水塔胸墙分为两部分：喇叭口部位的胸墙，迎水面EL.1804.00m及以上部位的胸墙。

喇叭口部位的胸墙在塔体第5层时浇筑，采用普通模板，局部采用厚2cm木模板拼缝；下部采用定制定型拱架，定型拱架底部再搭设满堂脚手架支撑，承重排架间排距75cm×75cm，步距90cm。

迎水面EL.1804.00m及以上部位的胸墙主要采用在EL.1803.80m（纵撑底部）横向铺设Ⅰ20工字钢，间距75cm，然后搭设满堂脚手架支撑，最后安装模板，承重排架间排距75cm×75cm，步距90cm。

6）检修门槽、工作门槽及通气孔

检修门槽、工作门槽、通气孔、储门槽、储栅槽部位采用普通小钢模+木模板的组合方式，二期砼插筋部位采用木模板。钢模板外侧采用Φ48双钢管作水平向及竖向背担，内部设置Φ14拉筋牢固焊接在上一层底板预埋的Φ25，L=1.0m，外露50cm插筋上，同时在紧贴模板内侧拉筋处横向焊接一根Φ16钢筋料头以支撑模板。

7）门槽、栅槽二期砼

进水塔二期混凝土施工主要包括检修闸门槽、快速闸门槽、拦污栅槽、储门槽、储栅槽二期砼等，浇筑高度大，入仓困难，根据进水塔分段施工的特点，二期砼浇筑在进水塔混凝土浇筑完成后随安装一起进行。

由于二期混凝土工作面多、凿毛工程量大，采用常规模板进行混凝土浇筑施工很难满足工期需要，为了保证施工进度，避免水平施工缝，确保砼表面平整度和外观质量好，减少缺陷处理工作量，采用整体吊装模板进行浇筑施工，同时进行二期混凝土施工，根据需要配置卷扬机进行混凝土的吊装施工。

8）回填砼

回填混凝土运输采用20t自卸汽车，入仓采用MQ900B门机吊罐入仓，后续根据进水塔浇筑上升情况部分采用溜槽入仓。

9）其他混凝土

配电房混凝土、进水塔上部板梁混凝土及路面混凝土浇筑视现场实际情况采用门机吊罐入仓或泵送入仓，模板采用普通钢模板拼装，局部采用厚2cm木模板拼缝。

5.4.1.6　混凝土浇筑工艺及方法

1）施工工艺流程

（1）底板混凝土施工。

底板清理→垫层施工→钢筋安装→预埋件安装→模板安装→混凝土浇筑→过水面混凝土施工→混凝土养护。

（2）塔体混凝土施工，如图5.4－4所示。

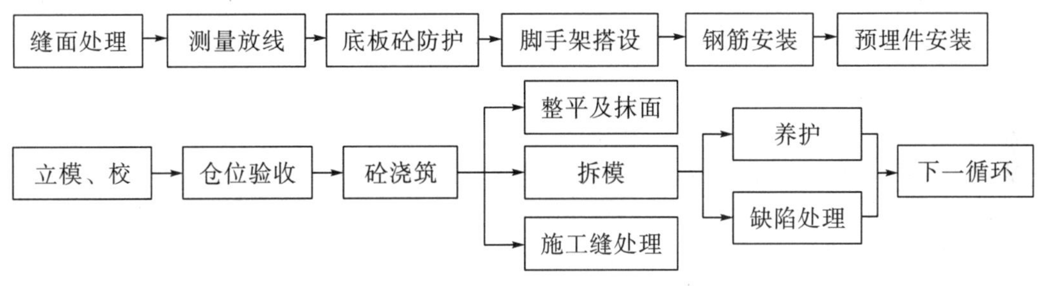

图5.4－4　塔体混凝土施工图

2）底板清理

混凝土浇筑前，先清除岩基上的杂物、泥土及松动岩石，并用压力水将松散物料及污染体冲洗干净，保持清洁、湿润。

3）垫层施工

由于底板岩体破碎，需清除松动岩石，存在超挖及超填的问题。采用与底板混凝土同一标号的C20混凝土进行铺设，铁锹摊铺混凝土，用水平控制桩控制标高程1776.00m，虚铺厚度略高于找平桩，然后用平板振捣器振捣，混凝土振捣密实后，以木桩上水平控制点为标志，带线检查平整度，高出的地方铲平，凹的地方补平。混凝土先用水平刮杠刮平，然后表面用木抹子槎平。

4）缝面处理

（1）仓号清理。

①人工细部清渣工作，并将杂物搬运至仓外堆积。

②用清水将砼基面冲洗干净，增加临时排水设备将积水集中引排至系统排污坑。

③通知监理工程师进行基础面验收。

(2) 缝面处理。

根据设计蓝图结构要求，各机组段塔体之间、检修门槽储门槽周边及进水塔与压力管道上平段接缝处均需设置结构缝，需按照设计蓝图安装沥青木板。

5) 预埋件安装

进水口预埋件施工包括接地扁铁安装、止水安装、悬臂钢模板预埋件、拦污栅槽及门槽插筋、启闭机基础及门槽一期埋件、爬梯预埋件、锁定梁及其他机电埋件。

(1) 接地扁铁安装。

接地扁铁安装与钢筋安装时同步进行。

(2) 止水安装。

橡胶止水采用强力胶水黏结，必要时加钢夹板，保证止水连接牢靠；铜片止水采用搭接形式及氧铜焊，焊接接头需符合规范要求。止水安装时严格按照设计位置放置，不得打孔、钉锚，采取可靠的固定措施，确保浇筑混凝土时不产生过大位移。安装好的止水应妥善保护，防止变形和撕裂。浇筑混凝土时要有专人负责维护，充分振捣止水周边混凝土，如果有粗细骨料分离现象，处理好后再进行振捣，以确保止水与混凝土紧密结合。

(3) 悬臂钢模板预埋件。

进水塔塔体及拦污栅一期砼浇筑主要采用全悬臂钢模板施工，该模板系统需在上一层浇筑时预埋模板定位锥、高强螺栓、锚筋及密封壳等。每套模板每浇筑一层需消耗 2 个密封壳、2 根锚筋及 2 个预埋件。模板组装成套后，锚固部分的埋置位置将控制混凝土浇筑层高，同时该部位也是重要的受力部件。

(4) 拦污栅槽及门槽插筋。

根据设计蓝图，进水塔拦污栅槽、检修门槽以及工作门槽一、二期砼交界部位均布置插筋，插筋需在钢筋安装时按设计位置同步进行埋设，利用结构钢筋进行固定，插筋部位模板采用“塞木条”的方法处理。

(5) 启闭机基础及门槽一期埋件。

进水塔一期砼浇筑时需按设计蓝图及相关规范要求安装启闭机基础及门槽一期埋件，如启闭机控制柜至启闭机的电缆埋管、启闭机基础埋件及埋在一期混凝土中的锚栓或锚板等，其型式、规格与要求严格按图纸规定执行。埋件运至现场后随钢筋吊入仓号，根据现场实际情况结合蓝图统筹安排，选择合适的时机组织施工队伍进行施工。埋件安装前需测量，进行精确放样，施工过程中严格按照设计蓝图及相关规范执行，施工结束后及时通知机电监理进行检查、核对、验收，并按照相关规范要求进行试验，符合要求后，方能进行混凝土浇筑。

(6) 爬梯预埋件。

根据设计蓝图，进水塔通气孔、检修闸门储门槽及工作闸门槽上部布置有爬梯，其预埋件可在进水塔相应部位结构钢筋安装时同步进行埋设，利用结构钢筋进行固定，待混凝土浇筑完成后再进行爬梯安装。

(7) 锁定梁及其他机电埋件。

进水塔塔体内金属结构预埋件较多，包括锁定梁埋件、门机轨道埋件、闸门启闭机埋件及门槽预埋件等，除启闭机基础一期埋件、闸门及拦污栅门槽一期埋件外，其余均为机电标施工项目，我部负责配合机电标安装，在工作面具备施工条件后，及时以书面形式通知机电标进场施工，待机电标安装完毕并验收合格后再浇筑混凝土。机电埋件可在仓面清理及钢筋制安过程中穿插施工，但需在模板安装前完成并验收合格，不占用直线工期。

（8）其他注意事项。

在模板施工、钢筋安装和预埋件埋设过程中，各工序之间加强协调和配合，避免不必要的返工和材料损坏。预埋件安装经过项目部三检验收和监理工程师验收合格后，方能进行仓号验收。混凝土浇筑过程中，将预埋件周围混凝土中颗粒较大的骨料剔除，并用人工或小功率振捣器小心振捣，不得碰撞预埋件。要根据设计要求预埋，精度符合有关规范要求，并与结构钢筋焊接牢固，若埋件为预埋钢板，钢板需紧贴模板，并在钢模上用红油漆标识埋件位置。每次预埋完成后，对照埋件图仔细检查，特别注意防止底止水座、门楣等细部的埋件，杜绝漏埋现象的发生。

6）钢筋制安

钢筋均在钢筋厂进行加工，加工时应将钢筋表面处理干净，采用平板车运至施工现场后，由MQ900B门机吊运至工作面，卸下后由人工搬运至安装位置。运输过程中采取必要的措施，避免钢筋混乱和变形，对已变形的钢筋必须进行处理。各种钢筋的加工尺寸见图纸中的钢筋表。钢筋的加工必须严格按照图纸尺寸并符合相关规范要求。

测量放线完成后，焊接架立钢筋，架立钢筋利用系统锚杆。钢筋的安装按设计图纸进行，钢筋宜采用焊接或机械连接接头，采用机械连接接头时必须满足《钢筋机械连接通用技术规程》（JGJ 107—2003）。焊接操作严格按施工规范进行，焊接必须饱满无砂眼，焊接表面应均匀，平顺，无裂缝、夹渣、明显咬肉、凹陷、焊瘤和气孔等缺陷，必须保证焊接长度，不得损伤钢筋，每一部位钢筋焊接完后需清除焊渣。架设好的钢筋要有足够的支撑，以保证在混凝土浇筑过程中不发生位移变形。钢筋安装完成后应做到整体不摇荡、不变形。

7）模板安装

进水塔塔体主要选用悬臂模板（多卡模板），单块模板尺寸3.3m×3.0m，局部采用轻型悬臂模板和小钢模组拼，厚2cm木模板拼缝。

塔体进水喇叭口圆弧段选用组合钢模板+木模板拼装，直线段采用普通钢模板，模板支撑架为脚手架。

检修闸门井、快速闸门井主要选用小钢模和木模板，其中二期砼插筋的部位采用木模板。塔体工作闸门井有牛腿结构，模板选用小钢模和阴阳角模，模板支撑体系根据牛腿体形确定，可在闸墩上预埋工字钢和模板，焊接成三角支撑架，在支撑架上搭设钢管架固定模板。

离工作闸门井下游置有一个通气孔，通气孔采用小钢模组拼，所有模板安装完后，测量必须校模，模板精度需符合有关规范要求。

模板在使用前要进行质量检测，看其几何尺寸、平整度是否符合设计及规范要求，只有合格的模板才能使用。模板严禁与硬物碰撞、撬棍敲打、任意抛掷以及钢筋在板面拖拉。为了保证混凝土外观体形和便于拆模，所有模板均需涂刷脱模剂，每次涂刷之前均需把模板清理干净。涂刷时，严禁污染钢筋。脱模剂选用油类脱模剂。

8）脚手架搭设

进水塔底板砼施工至高程1781.00m后，为安装喇叭口、纵横撑的模板，需搭设满堂承重脚手架。脚手架搭设在底板砼上，为避免脚手架搭设造成底板破坏，要求在每根立杆下部加设垫板防护。脚手架要有足够的强度、刚度和稳定性，保证施工期间在规定的荷载作用下不变形、不倾斜、不摇晃、不失稳。脚手架应满足搭设简单、搬移方便、尽量节约材料并能多次周转使用的要求。

根据喇叭口流道边墙、顶板及上部胸墙高度较高、浇筑厚度偏厚等特点，脚手架搭设参数为：间距75cm，排距75cm，步高90cm。拉筋布置间排距75cm×75cm。承重架需设置剪刀撑，宽度取3～5倍立杆间距，斜撑与水平向的夹角取45°～60°。排架的具体搭设见《电站进水口脚手架搭设专项方案》。

9）仓号验收

钢筋、模板等准备工作完成后，即进行清仓工作，将仓内杂物及其他废物清理干净。检查模板加固是否可靠，钢筋、埋件是否符合设计和规范要求。老砼面清理干净后，进行适量洒水。

清仓工作完成后，由各作业队班组质检员自检验收，自检合格后报作业队质检员进行二检验收，二检验收合格后报请质量部进行三检，最后经监理工程师验收合格后由监理工程师签发砼开仓证，没有开仓证的仓面严禁浇筑砼。

10）混凝土浇筑

将砂拌系统拌制的砼由混凝土运输车运至施工现场，砼的运输应考虑砼浇筑能力及仓面具体情况，满足砼浇筑间歇时间要求。砼应连续、均衡地从拌和楼运至浇筑仓面，在运输途中不允许有骨料分离、漏浆、严重泌水、干燥及过多降低坍落度等现象发生。因故停歇过久，混凝土已初凝或已失去塑性时，应做废料处理。在任何情况下，严禁在砼运输中加水后运入仓内。砼的坍落度为7～9cm，且要求流动性好。

砼采用自卸车或混凝土罐车运至进水塔工作面，砼浇筑采取1台MQ900B 10t、30t门机吊3.0m^3、6.0m^3罐的入仓方式。

为减少拦污栅段与塔体段的不均匀沉降，浇筑进水塔时，应先浇筑塔体段一定时间后，再浇筑拦污栅段。

进水塔塔体及拦污栅砼均采用通仓分层浇筑，不留竖向施工缝，塔体主要由喇叭口、胸墙、闸门井等组成，考虑到进水塔砼浇筑仓面面积较大、浇筑厚度较厚，塔体砼采用台阶法浇筑，从快速闸门井向胸墙逐步推进，每次下料厚度不超过50cm，分层振捣密实；而拦污栅、纵横撑及隔板的体形相对比较复杂、仓面较小，可采用薄层平铺法施工，分层高度30～50cm。砼浇筑过程中，必须安排人员专职观察模板、支撑架的变形状况，并设置信号灯与浇筑人员联系。若发现异常情况，必须立即停料处理。仓面采取台阶法施工，铺料厚度50cm，宽度2.5m，人工平仓，塔体砼浇筑采用Φ100、Φ70插入式振捣器振捣，拦污栅、纵横撑及塔体局部特殊部位采用Φ50振捣器振捣。

工作门槽部位有牛腿。由于牛腿钢筋较密，应作为浇筑质量控制的重点。浇筑时应严格控制下料层厚，并用Φ50、Φ30振动棒振捣，局部辅以人工振捣，避免漏振。

混凝土浇筑前，先在基岩面及新老砼结合面铺设一层厚2～3cm的水泥砂浆，砂浆配合比与混凝土的浇筑强度相适应。预留施工缝时，在新混凝土浇筑之前对接缝面进行人工凿毛处理，以保证新老混凝土接合良好。

混凝土浇筑需认真平仓，防止骨料分离。振捣标准为以不显著下沉、不泛浆、周围无气泡冒出为止。注意层间结合，加强振捣，确保连续浇筑，防止漏振、欠振以致出现冷缝。振捣器在仓面应按一定顺序和间距逐点振捣，间距为振捣作业半径的一半，并应插入下层砼约5cm，每点振捣时间以混凝土粗骨料不再显著下沉并开始泛浆为准（每点振捣时间宜为15～25s）。振捣器不得紧贴模板、钢筋、预埋件，保证钢筋和预埋件不产生位移，避免引起模板变形和爆模，必要时辅以人工捣固密实。

混凝土浇筑过程中，严禁向仓内加水，仓内泌水必须及时排除。模板工和钢筋工要加强巡视维护，异常情况及时处理。混凝土浇筑时必须保持连续性，如因故中断且超过允许间歇时间，应做施工缝处理，混凝土浇筑允许间歇时间应根据实验室提供的试验成果而定，两相邻块浇筑间歇时间不得小于72h。

在塔体浇筑过程中，会因某种原因暂停浇筑，使间隔时间超过混凝土初凝时间，应按施工缝处理。现场判断初凝的标准为：用振捣器振捣30s，周围10cm范围能泛浆且不留孔洞，为未初凝，可以继续浇筑，否则需停仓处理并经监理工程师验收合格后方可开盘。

在塔体浇筑过程中，必须保护好各种预埋件，严禁浇筑人员踩踏预埋件。若发现有未加固好的预埋件，需及时处理。

施工缝面主要采用冲毛机冲毛，局部人工凿毛。冲毛时应清除混凝土表面乳皮，使粗砂或石子外露。冲毛时间应由施工气温决定。浇筑之前，施工缝面应用压力水冲洗干净，无松渣污物。

11）拆模、养护

砼浇筑结束12h后，人工洒水养护使其保持湿润状态，养护时间不小于28天。边墙砼等强3天后拆除模板，流道底模和喇叭口胸墙顶部模板等的拆除应根据规范要求。拆除模板时，用钢刷等工具清除钢模上附着的砂浆，喷刷一层脱模剂，以备下次再用。拆模后若发现砼有缺陷，严格按照《混凝土质量缺陷防治专项措施》处理，直至满足设计和规范要求。

12）低温季节施工

当混凝土龄期低于28天遇气温骤降时，需要进行表面保护，采用厚1cm的聚苯乙烯泡沫材料进行全面保护，并对棱角部位采取加强措施；当日平均气温连续3天低于3℃时，对龄期未满28天的混凝土采取与气温骤降同样的保护。

进水塔底板混凝土浇筑期间处于秋季，昼夜温差较大，且普硅混凝土中的水泥的水化热温升较高，为防止底板混凝土因温差大和干缩而产生裂缝，在底板预埋冷却水管进行养护（图5.4—5）。

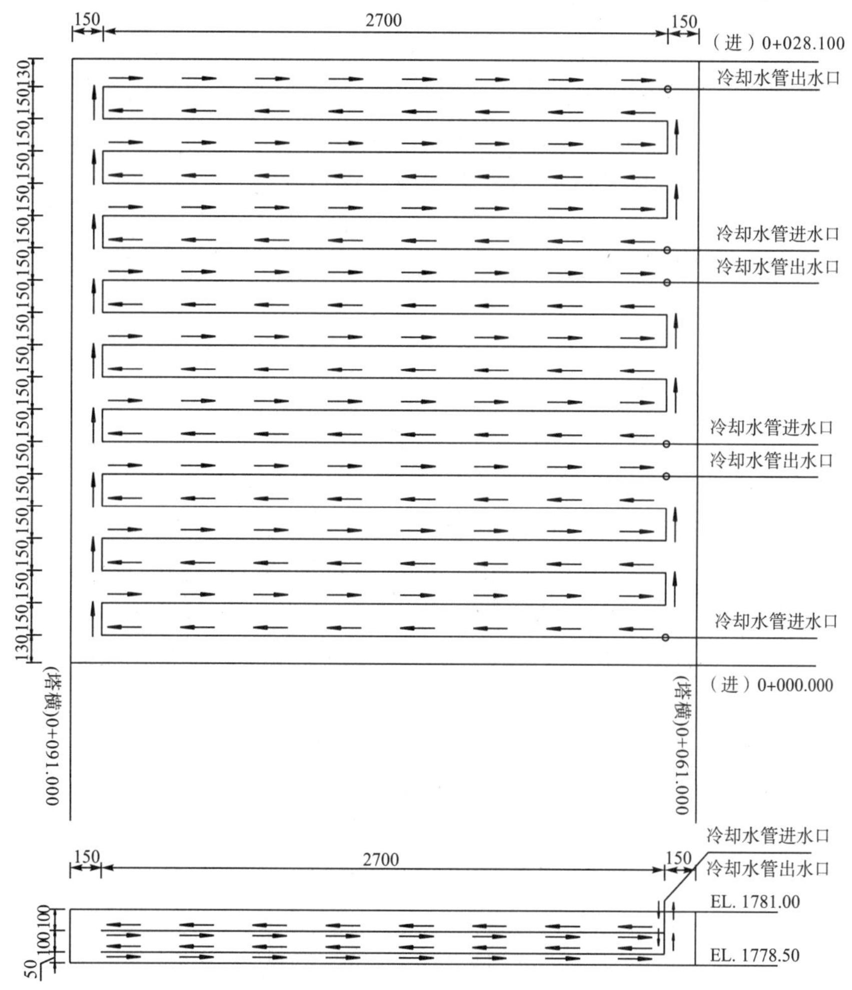

图5.4—5　进水塔底板冷却水管布置示意图

（1）冷却水管及温度计安装。

根据测量放出的控制点安装冷却水管，为防止在混凝土浇筑过程中发生偏移，冷却水管需用细铁丝绑扎在结构钢筋上，对于拐点处无结构钢筋的地方，需用钻机钻孔，安装Φ22插筋，并进行加固；温度计埋设于上一层裂缝以上 30cm，并固定于结构钢筋上。

（2）压水试验。

冷却水管安装完成后，应立即压水检查冷却水管在安装过程中是否有划伤或堵塞现象。若有堵塞，应对其进行恢复；若有划伤，应用防水胶带进行修复或更换。

（3）通水冷却。

当冷却水管埋入混凝土时即可通水冷却，通水冷却主要用于控制砼的最高温度、基础温差和内外温差在设计允许范围内，将砼冷却到要求温度。为了防止水管冷却时水温与混凝土温度温差过大、冷却速度过快和冷却幅度太大而产生裂缝，要对冷却水温、冷却速度、允许冷却时间进行适当控制。根据《水工混凝土施工规范》（DL/T 5144），混凝土温度与水温之差以不超过 25℃为宜，管中水流速以 0.6m/s 为宜，水流方向应 24h 调换一次，使混凝土能均匀冷却，每天降温不宜超过 1℃，通水时间一般为 15 天。因此，冷却水的通水温度应根据混凝土内埋设的温度计测量的数据适时进行变更，为充分掌握混凝土冷却温度情况，混凝土内应按照设计要求埋设两支温度计。

（4）温度测量。

在混凝土施工过程中，每 4h 测量一次混凝土冷却水的温度和气温，并做好记录。

13）成品保护

为防止混凝土可能发生的损坏及污染，采取以下保护措施：

（1）进水塔底板浇筑完成后，在混凝土表面铺设土工布，同时加强上部混凝土浇筑施工的控制，避免水泥浆液及混凝土随意散落底板。

（2）由于塔体上部的施工不可避免地在底板堆放模板及钢筋，材料堆放时，应在底部放置方木。

（3）上部塔体模板吊装、混凝土浇筑等重物起吊时，应轻起轻落，安排专人指挥，防止撞击已浇筑混凝土而造成损坏。

（4）塔体模板应在混凝土强度满足要求时拆除，防止强度过低而对混凝土造成损坏。

5.4.1.7 二期混凝土施工

1）总体施工方案

进水塔二期混凝土由于断面小、高度高、单次浇筑混凝土方量较少的特点，检修闸门槽、储门槽及储栅槽采用自制吊篮作为施工平台，工作门槽采用 Φ48 架管搭设施工平台。模板采用组合钢模板拼装立模，单次立模浇筑高度 3.0m，采用 Φ14 拉杆及后背 Φ48 架管固定。门楣以下混凝土在 EL.1779.50m 引渠平台上布置泵机配合溜管入仓，门楣以上混凝土在塔顶 EL.1847.50m 平台安设 DN100 橡胶溜管配合溜槽入仓的方式进行浇筑施工。用 Φ50 振捣棒振捣密实，人工进行抹面整平，混凝土浇筑完成后 12h 进行洒水养护。

2）施工工艺及方法

（1）施工工艺。

排架搭设（自制吊篮）→立模、校模→仓面清理、验收→混凝土浇筑→拆模养护→下一循环（直至完成单个部位二期砼）→排架拆除。

（2）排架搭设（自制吊篮）。

施工排架采用 Φ48 架管搭设，立杆间排距 1.0m×1.0m，步距 1.5m，每隔 20m 脚手架与门槽插筋横向连接。脚手架搭投至 6m 时必须架设剪力撑，以稳定整个架体。剪力撑斜撑与地面的夹角宜为 45°～60°。作业平台采用马道板铺设，并用铅丝与脚手架绑扎连接，以防马道板发生滑动，排架外侧悬空侧需挂绿色安全网，以保证施工作业人员安全。

自制吊篮采用 Φ48 架管加工，长和宽根据门槽尺寸进行调整，高度 1.0m，吊篮设计最大重量

280kg，底部满铺厚2cm木板，四周设绿色安全网。在塔顶EL.1847.50m平台布置一台3t卷扬机作为吊篮提升的动力设备。

(3) 立模、校模。

模板主要采用组合钢模板及木模板进行拼装，模板在使用前要进行质量检测，看其几何尺寸、平整度是否符合设计及规范要求，只有合格的模板才能使用。模板严禁与硬物碰撞、撬棍敲打、任意抛掷以及钢筋在板面拖拉。模板使用前必须涂刷脱模剂，要求组装紧密，拼缝之间不允许有错台。模板之间的拼缝利用双面胶补缝，模板组装后要求板面平顺光滑，以保证成型混凝土的表面质量。

钢模板及木模板的固定主要采用模板后背Φ48架管围檩及Φ14拉筋进行固定，拉杆布置间距75cm×75cm。

模板安装完成后，应进行测量校模，如有偏差不满足规范要求，应及时校正。模板的安装要求紧密，如有模板间隙，小于1cm，可采用灰浆补缝，大于1cm，则采用细木条补缝。若无问题，通知质检部门进行复检，待质检部门验收合格后通知监理工程师进行验收，监理工程师同意之后方可进行砼的浇筑。

(4) 仓面清理、验收。

模板安装完成后，即进行清仓工作，将仓内杂物及其他废物清理干净。检查模板加固是否可靠，是否符合设计和规范要求。老砼面清理干净后进行适量洒水。

清仓工作完成后，由各作业队班组质检员自检验收，自检合格后报作业队质检员进行二检验收，二检验收合格后报请施工部质量组进行三检，最后经监理工程师验收合格后由质量部签发砼准浇证，没有准浇证的仓面严禁浇筑砼。

(5) 混凝土浇筑。

混凝土采用9m^{3}混凝土罐车运至现场，门楣以下混凝土在EL.1779.50m引渠平台上布置泵机配合溜管入仓，门楣以上混凝土在塔顶EL.1847.50m平台安设DN100橡胶溜管配合溜槽入仓。DN100溜管采用ϕ8.3钢绳或尼龙绳辅以加固，防止自重过大造成管道断裂。管道顶端安设入料漏斗，两段溜管之间采用法兰连接（图5.4−6）。

图5.4−6 溜管安设示意图

模板固定完成并经监理验仓合格后方可开始混凝土浇筑。单次浇筑高度不宜大于3m，浇筑速度不大于1m/h。混凝土浇筑前，先在基岩面及新老混凝土接合面铺设一层厚2～3cm的水泥砂浆，砂浆强度与混凝土强度相适应。仓内采用平铺法浇筑。浇筑时，仓内人工使用Φ50插入式软轴振捣器振捣密实，振捣标准为以不显著下沉、不泛浆、周围无气泡冒出为止。振捣时应注意层间结合，加强振捣，确保连续浇筑，防止漏振、欠振以致出现冷缝。振捣器在仓面应按一定顺序和间距逐点振捣，间距为振捣作业半径的一半，并应插入下层混凝土约5cm，每点振捣时间以混凝土粗骨料不再显著下沉并开始泛浆为准（每点振捣时间宜为15～25s）。振捣器不得紧贴模板、预埋件，避免引起模板变形和爆模，必要时辅以人工捣固密实。

在混凝土浇筑过程中做好混凝土施工记录，整个施工过程安排专人值班，处理施工过程中的异常情况。在混凝土施工过程中，工区及作业队配合质检员进行各道工序的施工检查，施工中严格按照有关技术规范和质量要求精心组织，确保混凝土施工质量。

（6）混凝土抹面。

混凝土抹面采用人工铁抹子抹面，抹面时应特别注意接口位置，消除错台，并使其平整。抹面前，应做充分的防水措施，严禁有渗水、滴水浸蚀混凝土面；抹面时，若发现混凝土表面已初凝而缺陷未消除，应停止抹面，并及时通知有关部门，待混凝土终凝后，按缺陷处理规定进行修补。

（7）混凝土养护。

模板拆除时，应保证下部已浇筑混凝土棱角不被破坏。拆除后，模板表面应喷刷脱模剂，以备下一循环使用。模板拆除后若发现混凝土缺陷，应严格按照混凝土缺陷修补技术要求进行处理，满足设计和规范要求。

钢模拆除后，及时进行砼表面抹面整平、人工洒水等，进行砼表面保护，使其保持湿润状态，养护时间不少于28天。

当寒潮或日均气温低于0℃时，对新浇混凝土部位、已拆模部位采取保温被覆盖保温措施，严格控制混凝土暴露时间。仓面覆盖保温被部位的混凝土养护采用洒水养护，始终保持混凝土表面湿润。

（8）排架拆除。

①拆除脚手架应设置警戒，张挂醒目的警戒标志，禁止非操作人员和地面施工人员通行，并有专人负责警戒。

②长立杆、斜杆的拆除应由两人配合进行，不宜单独作业，下班时应检查是否牢固，必要时应加设临时固定支撑，防止意外。

③拆除外架前，应将通道口上存留的材料杂物清除，按自上而下先装后拆，后装先拆。

④拆除顺序：安全网→踢脚杆→防护栏杆→脚手板→剪刀撑→小横杆→大横杆→立杆，自上而下拆除，一步一清，不得采用踏步式拆除，不准上下同时作业。

⑤拆卸的架管与扣件应分类堆放，严禁高空抛掷。

⑥吊下的架管与扣件运到地面时应及时按品种规格堆放整理。

5.4.2 尾水出口混凝土施工

5.4.2.1 工程概况

尾水出口闸室位于大渡河右岸下游围堰内侧，两条尾水隧洞共计布置尾水出口闸室2座。两座尾水闸室独立布置，其中心间距45m，水平间距10.95m，闸室主体结构尺寸15m×20m×35m（长×宽×高），设工作闸门一道，两座闸室形体尺寸相同，闸室底板起始高程1674.00m，塔顶高程1712.00m，底板厚3m，底板及边墙一期混凝土均采用C25W6F100混凝土，二期混凝土采用C30混凝土，工作桥采用C35混凝土。

5.4.2.2 施工布置

1）施工道路的布置

混凝土运输线路：泥洛河坝砂拌系统→猴子岩大桥→原S211公路→下游围岩→大坝基坑改线道路→工作面。

材料运输线路：大牛场营地→8#公路→上游围堰→5#公路→非常泄洪洞公路→11#公路→702#公路→7#公路→猴子岩大桥→2#公路→至尾水隧洞出口闸室EL.1677.00m平台。钢筋在大牛场加工，20t平板车运输至尾水出口工作面。

2）供水、供电及照明布置

（1）混凝土施工用水：采用DN80钢管在4#公路出口与原系统水管相接，沿尾水出口EL.1712.00m马道平台布置，分DN60PE管引入施工工作面。

（2）施工供电采用设置在下游围堰外侧的800kVA变压器，并用125mm^{2}低压铜芯电缆从变压器引接至工作面。

（3）由于工期紧，计划尾水出口闸室、贴坡混凝土、尾水渠同时施工，施工工作面大，需做好场内照明布置，拟计划在塔机上安装海洋王大面照明灯2盏，在EL.1712.00m边坡布置海洋照明灯2盏，各工作面根据实际情况增加草地灯。

3）施工设备布置

根据尾水出口结构形式、工程量、施工安排和工期要求，拟计划在1#、2#尾水出口闸室之间布置一台C7030塔机作为尾闸室施工材料的主要设备。为保证入仓强度，混凝土浇筑布置2台HBT60混凝土泵和1台臂架泵车（臂长47m）进行入仓。1#、2#尾水出口闸室上部混凝土浇筑在EL.1712.00m马道平台处搭设溜筒或溜槽入仓。

5.4.2.3 施工程序

尾水出口闸室总体施工程序为：①闸室底板浇筑→②尾水出口闸室混凝土浇筑→③工作桥预制、吊装→④启闭机排架混凝土浇筑→⑤尾水出口闸室外侧尾水渠道浇筑。回填砼根据现场实际情况安排在主体砼施工期间穿插浇筑。由于工期紧，闸室整体资源设备均配置2套，2个尾水出口闸室安排同时施工。

尾水出口闸室EL.1712.00m以下边墙采用多卡模板拼装，分层浇筑，尾水闸室共分13层浇筑，分层高度3m，部分特殊部分分层根据结构变化进行调整，启闭机排架施工根据后期实际结构布置图后另行上报方案，出口段按照施工部位分4区进行施工，第一区：1#尾水出口闸室；第二区：2#尾水出口闸室；第三区：1#尾水闸室下游边坡；第四区：2#尾水闸室上游边坡及1#、2#闸室之间边坡；第五区：1#尾水出口闸室外侧尾水渠；第六区：2#尾水出口闸室外侧尾水渠。各区域施工安排如下：

（1）第一区、第二区1#、2#尾水出口闸室同时施工。

（2）第三区、第四区边坡根据尾水出口闸室施工进度穿插同步进行施工。

（3）第五区、第六区尾水渠根据后期图纸再行确定分块施工方法。

5.4.2.4 入仓方案

尾水出口闸室混凝土浇筑方量较大、仓面大，混凝土的运输和入仓是浇筑的关键。混凝土采用10台9m^{3}混凝土罐车运输，采用2台混凝土泵入仓，一台臂架车泵（臂长47m）泵送入仓。根据尾水出口闸室的浇筑情况，边墙贴坡混凝土、回填混凝土部分和二期砼浇筑采用溜管入仓，在溜管顶部设置下料斗，溜管采用直径300mm的钢管，由于闸室高度较高，设置缓冲装置（MY－BOX）

以减少混凝土骨料分离。

闸室浇筑单仓入仓强度分析：最大浇筑仓面尺寸 15m×20m，最大仓号面积 300m²（未减去门槽孔洞），按照 10 天/层，分层高度 3m，采用悬臂大模板浇筑，月浇筑高度 9m。仓面采取台阶法施工，铺料厚度 50cm，宽度 2.5m，人工平仓。

5.4.2.5 主要施工方法

1）闸室底板混凝土

尾水隧洞出口闸室底板 20m×15m×3m（长×块×高），采用 C25W6F100 混凝土进行浇筑。混凝土由砂拌系统统一拌制，9m³ 混凝土罐车运输，HBT60 混凝土泵入仓，混凝土入仓后进行人工整平，Φ100、Φ50 插入式振捣棒振捣。

2）出口闸室混凝土

出口闸室钢筋模板等材料主要采用 C7030 塔机吊装，16t 汽车吊配合 20t 平板车负责半成品材料运输，主要采用 2 台 HBT60 混凝土泵和 1 台臂架泵车泵送入仓，局部泵送需采用溜管等辅助入仓方式。

闸室浇筑至 EL.1705.00m 检修平台后，拆除大模板，EL.1705.00～1712.00m 非标准段采用悬臂模板+小钢模拼装分层浇筑，分层高度根据闸室结构形体进行调整。

闸室上部启闭机排架施工方案另行上报。

3）闸门洞顶混凝土

闸门洞顶高程 1693.00m，距离底板高度 16m，闸门洞跨度 12m，闸门洞顶圆弧段混凝土采用满堂架支撑，1015、3015、6015 小模板拼装浇筑。

4）尾水渠混凝土及塔后回填混凝土

回填混凝土采用 9m³ 混凝土罐车运输，HBT60 混凝土泵入仓，后续根据闸室浇筑上升情况，部分采用溜槽入仓。尾水渠混凝土采用 9m³ 混凝土罐车运输，臂架泵车泵送入仓，混凝土过流面由收面机收面。

5）其他混凝土

闸室上部板梁及路面混凝土浇筑视现场实际情况采用塔机吊罐入仓或泵送入仓，模板采用普通钢模板拼装，局部采用厚 2cm 木模板拼缝。贴坡混凝土采用多卡模板拼装，局部采用普通钢模板拼装，分层浇筑，分层高度根据实际情况进行调整，采用混凝土泵车泵送入仓。

5.4.2.6 混凝土浇筑工艺及方法

1）施工工艺流程

（1）底板混凝土。

施工准备→仓面清理→测量放线→钢筋制安→预埋件制安→模板制安→混凝土浇筑→拆模、养护→固结灌浆。

（2）闸室混凝土，如图 5.4－7 所示。

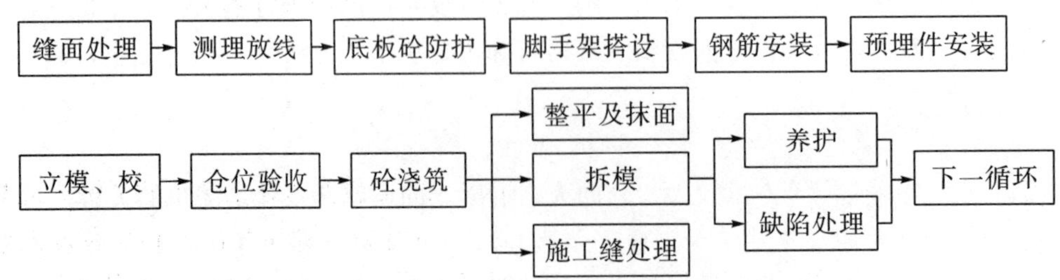

图 5.4－7　闸室混凝土施工工艺流程

2）施工准备

（1）编制施工方案，对现场管理人员和作业人员进行技术交底。

（2）混凝土施工前对各种原材料进行检验，各项技术指标应符合规定。

（3）检查施工所需机械设备，确保施工期间能够正常运行。

（4）完成风、水、电安装以及排污系统安装。

3）仓面清理

（1）人工配合挖机清除仓内的杂物、浮皮、松动岩块及木屑，并将松渣搬运至仓外堆积，再用渣车集中转运至渣场。

（2）仓内用压力水冲洗干净，保持清洁、湿润，并排出积水。

（3）通知设计地质工程师进行地质编录，并进行基础面验收。

4）测量放线

测量人员根据设计蓝图及施工措施准确放出结构轮廓、桩号、分层高程、预埋件安装位置等，并用油漆在相应部位岩石上准确标识。

5）缝面处理

（1）仓号清理。

①人工细部清渣，并将杂物搬运至仓外堆积。

②用清水将砼基面冲洗干净，增加临时排水设备，将积水集中引排至系统排污坑。

③通知监理工程师进行基础面验收。

（2）缝面处理。

根据设计蓝图结构要求，在闸室与回填之间、闸室与尾水隧洞相接部位均需设置结构缝，要按照设计蓝图安装沥青木板进行填缝。

6）预埋件安装

出口闸室预埋件施工包括接地扁铁安装、止水安装、闸门轨道预埋件、门槽插筋、启闭机基础及门槽一期埋件、爬梯预埋件、预制梁支座及其他机电埋件。

（1）接地扁铁安装。

接地扁铁安装与钢筋安装同步进行。

（2）止水安装。

橡胶止水采用强力胶水黏结，必要时加钢夹板，保证止水连接牢靠；铜片止水采用搭接型式及氧铜焊，焊接接头需符合规范要求。止水安装时，严格按照设计位置放置，不得打孔、钉锚，并采取可靠的固定措施，确保浇筑混凝土不产生过大位移。安装好的止水应妥善保护，防止变形和撕裂。浇筑混凝土时要有专人负责维护，充分振捣止水周边混凝土，如果有粗细骨料分离现象，处理好后再进行振捣，以确保止水与混凝土紧密结合。

（3）门槽插筋预埋。

根据设计蓝图，门槽一二期砼交界部位均布置有插筋，插筋采用Φ25，$L=1.0$m，伸入一期砼80cm。

（4）启闭机基础。

出口闸室浇筑时需按设计蓝图及相关规范要求安装启闭机基础一期埋件、启闭机基础埋件及埋在一期混凝土中的锚栓或锚板等，其型式、规格与要求严格按图纸规定执行。埋件运至现场后随钢筋吊入仓号，根据现场实际情况结合蓝图统筹安排，选择合适的时机组织施工队伍进行施工。埋件安装前需测量，进行精确放样，施工过程中严格按照设计蓝图及相关规范执行，施工结束后及时通知机电监理进行检查、核对、验收，并按照相关规范要求试验，符合要求后方能进行混凝土浇筑。

（5）爬梯预埋件。

根据设计蓝图，检修平台与闸室顶部布置有爬梯，其预埋件可在闸室相应部位结构钢筋安装时同步进行埋设，利用结构钢筋进行固定，待混凝土浇筑完成后再进行爬梯安装。

（6）其他注意事项。

模板施工、钢筋安装和预埋件埋设过程中，各工序之间加强协调和配合，避免不必要的返工和材料损坏。预埋件安装经过项目部三检验收和监理工程师验收合格后，方能进行仓号验收。混凝土浇筑过程中，将预埋件周围混凝土中颗粒较大的骨料剔除，并用人工或小功率振捣器小心振捣，不得碰撞预埋件。要根据设计要求预埋，精度符合有关规范要求，与结构钢筋焊接牢固，若埋件为预埋钢板，钢板需紧贴模板，并在钢模上用红油漆标识埋件位置。每次预埋完成后，对照埋件图仔细检查，防止某些细部埋件漏埋。

7）通气管安装。

出口闸室通气管为DN1420钢管，为施工方便，通气钢管采用分段安装，分段长度3.5m，根据混凝土施工进度逐层焊接安装。

8）钢筋制安

钢筋均在钢筋厂进行加工，加工时应将钢筋表面处理干净，采用20t平板车运至施工现场后，由C7030塔机配合16t仓面吊运至工作面，卸下后由人工搬运至安装位置。运输过程中采取必要的措施避免钢筋混乱和变形，对已变形的钢筋必须进行处理。各种钢筋的加工尺寸参见图纸中的钢筋表。钢筋的加工必须严格按照图纸尺寸并符合有关规范要求。

测量放线完成后，焊接架立钢筋，架立钢筋利用系统锚杆。钢筋的安装按设计图纸进行，钢筋宜采用焊接或机械连接接头。采用机械连接接头时，必须满足《钢筋机械连接通用技术规程》（JGJ 107—2003）。焊接操作严格按施工规范进行，焊接必须饱满无砂眼，焊接表面应均匀，平顺，无裂缝、夹渣、明显咬肉、凹陷、焊瘤和气孔等缺陷，必须保证焊接长度，不得损伤钢筋，每一部位钢筋焊接完后需清除焊渣。架设好的钢筋要有足够的支撑，以保证在混凝土浇筑过程中不发生位移变形。钢筋安装完成后应做到整体不摇荡、不变形。

9）模板制安

尾水出口闸室主要选用悬臂大模板，悬臂模板尺寸3.0×3.3m，EL.1705.00m以上由于结构变化较大，主要采用组合钢模板拼装，局部可采用大模板以厚5cm木模板拼缝。

闸室流道顶拱圆弧段选用组合钢模板+木模板拼装，模板支撑架为脚手架。尾水出口闸室闸门内侧有一个直径140cm的通气孔，通气孔为DN1420钢管，通气孔钢管安装随混凝土施工高度逐层焊接。

模板在使用前要进行质量检测，看其几何尺寸、平整度是否符合设计及规范要求，只有合格的模板才能使用。模板严禁与硬物碰撞、撬棍敲打、任意抛掷以及钢筋在板面拖拉。为了保证混凝土外观体形和便于拆模，所有模板均需涂刷脱模剂，每次涂刷之前均需把模板清理干净。涂刷时，严禁污染钢筋。脱模剂选用油类脱模剂。

10）脚手架搭设

脚手架方案另行上报专项方案。

11）仓位验收

钢筋、模板等准备工作完成后，即将仓内杂物及其他废物清理干净。检查模板加固是否可靠，钢筋、埋件是否符合设计和规范要求。老砼面清理干净后进行适量洒水。

清仓工作完成后，由各作业队班组质检员自检验收，自检合格报作业队质检员进行二检验收，二检验收合格后报请质量部进行三检，最后经监理工程师验收合格后由质量部签发砼准浇证，没有准浇证的仓面严禁浇筑砼。

12）混凝土浇筑

闸室各部位混凝土采用 $9m^3$ 混凝土罐车运至施工现场，混凝土的运输应考虑砼浇筑能力及仓面具体情况，满足混凝土浇筑间歇时间要求。混凝土应连续、均衡地从拌和楼运至浇筑仓面，在运输途中不允许有骨料分离、漏浆、严重泌水、干燥及过多降低坍落度等现象发生。因故停歇过久，混凝土已初凝或已失去塑性时，应做废料处理。在任何情况下，严禁在砼运输中加水后运入仓内。泵送混凝土的坍落度为15～17cm，且要求流动性好。

混凝土采用混凝土罐车运至工作面，砼浇筑由1台臂架泵车（臂长47m）和2台HBT60混凝土泵泵送入仓。

闸室整体采用通仓分层浇筑，不留竖向施工缝。闸室整体主要由流道圆弧段、闸门槽、通气孔组成，考虑到闸室浇筑仓面面积较大、浇筑厚度较厚，闸室整体采用台阶法浇筑，快速从内侧通气孔向外侧逐步推进，每次下料厚度不超过50cm，分层振捣密实；仓面采取台阶法施工，铺料厚度50cm，宽度2.5m，人工平仓，采用Φ100、Φ70插入式振捣器振捣。

闸室设有两层工作桥，工作桥下方设有牛腿。由于牛腿钢筋较密，应作为浇筑质量控制的重点。浇筑时，应严格控制下料层厚，用Φ50、Φ30振动棒振捣，局部辅以人工振捣，避免漏振。

混凝土浇筑前，先在基岩面及新老砼结合面铺设一层厚2～3cm的水泥砂浆，砂浆配合比与混凝土的浇筑强度相适应。预留施工缝时，在新混凝土浇筑之前对接缝面进行人工凿毛处理，以保证新老混凝土接合良好。

混凝土浇筑需认真平仓，防止骨料分离。振捣标准为以不显著下沉、不泛浆、周围无气泡冒出为止。注意层间结合，加强振捣，确保连续浇筑，防止漏振、欠振以致出现冷缝。振捣器在仓面应按一定顺序和间距逐点振捣，间距为振捣作业半径的一半，并应插入下层砼约5cm，每点振捣时间以混凝土粗骨料不再显著下沉并开始泛浆为准（每点振捣时间宜为15～25s）。振捣器不得紧贴模板、钢筋、预埋件，保证钢筋和预埋件不产生位移，避免引起模板变形和爆模，必要时辅以人工捣固密实。

混凝土浇筑过程中，仓内泌水必须及时排除。模板工和钢筋工要加强巡视维护，异常情况及时处理。混凝土浇筑时必须保持连续性，如因故中断且超过允许间歇时间，应做施工缝处理，混凝土浇筑允许间歇时间应根据实验室提供的试验成果而定，两相邻块浇筑间歇时间不得小于72h。

在闸室浇筑过程中，会因某种原因暂停浇筑，使间隔时间超过混凝土初凝时间，应按施工缝处理。现场判断初凝的标准为：用振捣器振捣30s，周围10cm范围能泛浆且不留孔洞，为未初凝，可以继续浇筑，否则需停仓处理并经监理工程师验收合格后方可开盘。

在闸室浇筑过程中，必须保护好各种预埋件，严禁浇筑人员踩踏预埋件。若发现有未加固好的预埋件，需及时处理。

施工缝面主要采用冲毛机冲毛，局部人工凿毛。冲毛时应清除混凝土表面乳皮，使粗砂或石子外露。冲毛时间应由施工气温决定。浇筑之前，施工缝面应用压力水冲洗干净，无松渣污物。

13）拆模、养护

砼浇筑结束12h后，人工洒水养护使其保持湿润状态，养护时间不小于28天。边墙砼等强3天后拆除模板，流道底模和喇叭口胸墙顶部模板等的拆除应根据规范要求，待砼强度达到设计强度100%时即等强28天后方可拆除。拆除模板时，用钢刷等工具清除钢模上附着的砂浆，喷刷一层脱模剂，以备下次再用。拆模后若发现砼有缺陷，严格按照《混凝土质量缺陷防治专项措施》处理，直至满足设计和规范要求。

5.4.2.7 检修平台施工

1）工程概况

根据设计图纸，在每条尾水隧洞出口均分布有1座尾水隧洞出口闸室，两座尾水隧洞出口闸室结构尺寸一致，闸室底板高程1677.00m，闸室顶部高程1712.00m，结构尺寸20m×15m×35m，并在EL.1705.00m、EL.1712.00m设置有检修平台。

检修平台由T型梁+面板混凝土组成，其中EL.1705.00m检修平台底部由4榀T型梁组成，顶部铺设厚5.3cm混凝土面层；EL.1712.00m检修平台底部由3榀T型梁组成，顶部铺设厚5.3cm混凝土面层。T型梁底部设有250mm×200mm×42mm的GJZ板式橡胶支座和400mm×400mm×105mm的混凝土支座。

所有混凝土面层、T型梁及支座混凝土的强度等级为C30，一级配，抗冻等级F100。

2）总体施工方案

首先完成EL.1705.00m检修平台的承重排架搭设及施工平台搭设，然后完成混凝土支座浇筑及橡胶支座安装，再完成T型梁浇筑，最后完成面层混凝土浇筑。待EL.1705.00m检修平台混凝土达到一定强度后对EL.1712.00m检修平台进行施工。检修平台混凝土由砂拌系统供应，混凝土运输车运输，EL.1705.00m检修平台混凝土由溜桶进行入仓浇筑，EL.1712.00m检修平台混凝土由车载混凝土泵进行入仓浇筑，待混凝土达到一定强度后覆盖土工布并洒水养护，待T型梁混凝土强度达到100%后再拆除模板及排架。

3）施工工艺及方法

（1）施工工艺。

施工准备→排架搭设→混凝土支座浇筑→橡胶支座安装→T型梁浇筑→面层混凝土浇筑。

（2）施工准备。

①完成施工方案编制，经监理工程师审批后对现场管理人员及施工人员进行技术交底。

②完成钢筋、混凝土、钢管等所有原材料的检测，确保所有原材料均符合设计、规范要求。

③完成机械设备的准备及试运行，确保施工期间能够正常运行。

4）排架施工。

根据设计图纸，尾水隧洞出口闸室底板高程1677.00m，EL.1705.00m检修平台T型梁底部高程1703.647m，需搭设承重排架进行施工，高度26.647m，间距0.6m×0.6m×1.2m（长×宽×高）。待EL.1705.00检修平台面层完成浇筑且达到一定强度后，再进行EL.1712.00m检修平台承重排架搭设，排架搭设起始高程1705.00m，终止高程1710.647m，高度5.647m，间距0.6m×0.6m×1.2m（长×宽×高）。

根据《脚手架施工技术规范》第6.7条“斜道”相关要求，为便于施工人员上下排架施工，需在排架外侧搭设“之”字形施工爬梯。

根据《脚手架施工技术规范》第9条“安全管理”相关要求，为确保排架施工安全，所有排架施工平台需满铺5cm脚手板，并采用双层安全网进行兜底，由于排架搭设较高，每隔10cm布设一层安全网。排架外侧随搭设高度满铺密目网。

排架施工工艺及要求见《尾水隧洞出口混凝土施工排架专项措施》（2015-FA-037）。

5）混凝土支座施工

（1）施工工艺。

混凝土凿毛→植筋→钢筋安装→模板安装→混凝土浇筑→拆模养护。

（2）混凝土凿毛。

根据设计图纸，混凝土支座与闸室牛腿为不同标高的混凝土，需分开进行浇筑，混凝土支座浇筑前需对其基面进行凿毛处理，同时，为避免植筋钻孔破坏牛腿结构的钢筋，需对植筋部位凿出钢筋后再进行植筋钻孔。

首先利用卷尺及全站仪完成混凝土支座结构放线，并利用墨斗弹出结构外形，然后人工持小型砂轮切割机沿混凝土支座结构线进行隔缝，缝深10mm，最后人工持风镐对混凝土支座与牛腿接触部位进行凿毛。

（3）植筋。

①弹线定位。

根据“尾水隧洞出口闸室检修平台交通桥钢筋图”中⑦号钢筋的配筋位置对植筋位置进行放线，并用记号笔做出标记，对与牛腿结构钢筋位置有冲突的植筋，对其钻孔位置稍做调整。

②钻孔。

根据“尾水隧洞出口闸室检修平台交通桥钢筋图”，⑦号钢筋为C12钢筋，根据《混凝土结构加固设计规范》第15章“植筋技术”的相关要求，C12钢筋植筋至少需采用Φ16钻孔直径。

植筋用冲击钻钻孔，钻孔直径Φ16，钻孔深度12cm，钻孔过程中钻头始终与基面保持垂直。

根据《混凝土结构后锚固技术规程》（JGJ 145—2013）第9.5条“植筋施工”的相关要求，植筋钻孔直径允许偏差0～1.5mm，钻孔深度、垂直度和位置允许偏差应满足表5.4－1。

表5.4－1　植筋钻孔深度、垂直度和位置允许偏差

序号	植筋部位	允许偏差		
		钻孔深度/mm	垂直度/%	位置/mm
1	基础	0，＋20	±5	±10
2	上部构件	0，＋10	±3	±5
3	连接节点	0，＋5	±1	±3

③洗孔。

洗孔是植筋中最重要的一个环节，因为钻孔完成后内部会有很多灰粉、灰渣，直接影响植筋的质量，所以一定要把孔内杂物清理干净。

首先将毛刷套上加长棒，伸至孔底，来回反复抽动，把灰尘、碎渣带出，然后用压缩空气吹出孔内浮尘，吹完后用脱脂棉蘸酒精或丙酮擦洗孔内壁，钻孔清洗完后要请监理等有关单位验收，合格后方可注胶。

洗孔不能用水擦洗，用水擦洗的孔内不会很快干燥。

④注胶。

取一组强力植筋胶装进套筒内，安置到专用手动注射器上，慢慢扣动扳机，排出铂包口处较稀的胶液废弃不用，然后将螺旋混合嘴伸入孔底，若长度不够，可用塑料管加长，扣动扳机，为确保排出孔内空气，需扣动扳机一次再后退一下，使钢筋植入后孔内胶液饱满，防止胶液外流浪费，当孔内注胶达到80%即可，孔内注满胶后应立即植筋。

植筋前，用钢丝刷对钢筋植入部分反复刷洗，清除锈污，再用酒精或丙酮清洗。钻孔内注完胶后，把经除锈处理过的钢筋立即放入孔口，然后慢慢单向旋入，不可中途逆向反转，直至钢筋伸入孔底。

⑤固化养护。

钢筋植入后，在强力植筋胶完全固化前不能振动钢筋，强力植筋胶在常温下就可完成固化，50h后便可进行下一道工序施工。

（4）钢筋制安。

①钢筋加工。

钢筋由钢筋加工厂统一制作，材料进场后按照规范要求的批次和种类取样送检。根据钢筋设计图纸绘制钢筋大样图，编制钢筋下料表，明确每个施工段落的钢筋形式、规格、数量、尺寸，加工时，严格按照大样图和下料表进行加工。半成品加工好后，进行挂牌标识并分类存放，施工时运输至施工工作面。

②钢筋安装。

钢筋安装按照“先下后上，先弯后直，先内层后外层，层次清晰，相互配合”的原则进行。钢筋安装的位置、间距、保护层及各部分钢筋的尺寸严格按施工详图和有关设计文件进行。为保证保护层的厚度，钢筋和模板之间设置强度不低于砼设计强度的预埋有铁丝的砼垫块，并与钢筋扎紧。安装后的钢筋加固牢靠，且在砼浇筑过程中安排专人看护、经常检查，防止钢筋移位和变形。

（5）模板安装。

由于混凝土支座结构尺寸较小，我部将采用 2cm 竹胶板＋5cm×5cm 方木进行混凝土支座模板的制安。

（6）混凝土浇筑。

混凝土由砂拌系统供应，由混凝土罐车运输，由于混凝土支座结构尺寸较小，混凝土方量较少，我部将采用人工＋手提桶的方式入仓。混凝土运输至尾水隧洞出口 EL. 1712.00m 马道后，自卸至手提桶内，人工通过绳索将其倒运至施工工作面进行入仓，采用 Φ30 手提式振捣棒进行振捣。

（7）拆模、养护。

支座混凝土达到初凝后对其覆盖土工布，并进行洒水养护，待混凝土达到一定强度后进行模板拆除。

（8）橡胶支座安装。

根据设计图纸，检修平台交通桥 T 型梁底部设有 GJZ 板式橡胶支座，待混凝土支座浇筑完成并达到一定强度后，对其顶面进行打磨找平，并对橡胶支座安装位置进行放线，最后按照设计位置安装 GJZ 板式橡胶支座。

6）T 型交通桥施工

（1）施工工艺。

钢筋制安→预埋件制安→模板制安→混凝土浇筑→拆模养护。

（2）钢筋制安。

具体施工要求见 5.4.2.6。

（3）预埋件制安。

根据设计图纸，T 型桥端头位置底部设有 400mm×400mm×20mm 钢板，并在 T 型梁端头部位设 Φ32 吊钩，钢板及吊钩由钢筋加工厂统一制作，并在 T 型梁钢筋安装过程中穿插安装。

（4）模板制安。

根据设计图纸，T 型梁长 1196cm，底部宽 40cm，上部宽 145cm，高 130cm，顶部两侧设有梯形翼板，端头部位有 88cm 位于闸室牛腿上方，并在 T 型梁与 T 型梁、T 型梁与闸室边墙之间设 2cm 空隙。

由于 T 型梁为不规则体，且工作空间较为狭窄，我部将对 T 型梁底部采用钢模板进行拼装，中牛腿上方采用 2cm 竹胶板＋方木进行模板制安；腹板、翼板采用 2cm 竹胶板＋5cm×10cm 方木进行模板制安；T 型梁与 T 型梁之间的 2cm 空隙、T 型梁与闸室边墙的 2cm 空隙采用 2cm 沥青杉板进行填塞。

（5）混凝土浇筑。

混凝土由砂拌系统供应，混凝土罐车运输，其中 EL.1705.00m 检修平台采用溜桶入仓浇筑，EL.1712.00m 检修平台采用混凝土车载泵入仓浇筑。

浇筑过程中，控制混凝土浇筑层厚及上升速度，每层混凝土厚度 30～40cm，上升速度 30～40cm/h。混凝土必须内实外光，采用小型振捣器捣实，振捣时应将振捣器插入下层混凝土 5cm 内，不得漏振和欠振，尽量避免过振，每一位置的振捣时间以混凝土不再显著下沉、不出现气泡并开始泛浆为准，控制浇筑强度，确保连续浇筑，杜绝出现冷缝。浇筑过程中应设专人巡视维护，防止浇筑过程出现漏浆、跑模等。一旦有异常，立刻停止振捣，并立即通知现场技术人员及时处理，处理好后方可继续浇筑。

（6）拆模养护。

T 型梁混凝土表面达到初凝后需及时覆盖土工布并进行洒水养护，养护时间 28 天，由于 T 型梁跨度较大，需等混凝土强度达到 100%后方可拆除模板、排架。

7）面层混凝土施工

（1）施工工艺。

基面凿毛→钢筋制安→模板制安→混凝土浇筑→拆模养护。

（2）基面凿毛。

为确保混凝土面层与 T 型梁更好地结合，需对 T 型梁顶部进行凿毛，当 T 型梁达到一定强度后，采用风镐对其顶部进行凿毛，并采用高压水冲洗干净。

（3）钢筋制安（同前）。

（4）模板制安。

由于混凝土仅厚 5.3cm，不便于钢模板的制安，我部采用 2cm 竹胶板+5cm×5cm 方木进行面层混凝土模板制安。

（5）混凝土浇筑。

混凝土由砂拌系统供应，混凝土罐车运输，其中 EL.1705.00m 检修平台采用溜桶入仓浇筑，EL.1712.00m 检修平台采用混凝土车载泵入仓浇筑。

由于面层混凝土仅厚 5.3cm，我部采用平板振捣器进行振捣，不得漏振和欠振，尽量避免过振，每一位置的振捣时间以混凝土不再显著下沉、不出现气泡并开始泛浆为准。控制浇筑强度，确保连续浇筑，杜绝出现冷缝。浇筑过程中应设专人巡视维护，防止浇筑过程出现漏浆、跑模等。一旦有异常，立刻停止振捣，并立即通知现场技术人员及时处理，处理好后方可继续浇筑。

（6）拆模养护。

由于面层混凝土较薄，待混凝土达到初凝后即可对其覆盖土工布，并进行洒水养护，待混凝土达到一定强度后拆除模板。

5.4.2.8　启闭机排架施工

1）工程概况

尾水出口闸室位于大渡河右岸下游围堰内侧，两条尾水隧洞共布置尾水出口闸室两座，两座尾水闸室独立布置，两座闸室中心间距 45m，闸室主体结构尺寸 20m×15m×35m（长×宽×高），设工作闸门一道，两座闸室形体尺寸相同，1#、2#尾水出口闸室启闭机排架柱均布置于塔顶 EL.1712.00m。

根据施工蓝图，启闭机排架顶部高程 1725.00m，启闭机排架结构尺寸 11.25m×18.00m×13.00m（长×宽×高），1#、2#尾水出口闸室启闭机排架结构尺寸相同，启闭机排架主要由柱、梁、楼板构成，框架柱结构尺寸 2.00m×1.50m（长×宽），启闭机排架 EL.1718.50（连系梁顶部高程）设置一道连系梁，尺寸 0.60m×1.20m（宽×高），启闭机排架顶部为梁、板结构，其中，KL－1（共计 2 榀，梁的两端加腋高度 1.0m）：1.20m×2.00m（宽×高），KL－2（共计 2 榀）：0.60m×1.20m（宽×高），KL－3（共计 4 榀）：0.60m×1.20m（宽×高），KL－4（共计 4 榀）：0.50m×0.90m（宽×高），KL－5（共计 2 榀）：0.60m×1.20m（宽×高），KL－6（共计 2 榀）：0.60m×1.20m（宽×高），顶部楼板厚度 0.20m，启闭机排架顶部楼板设置有启闭机吊物孔等建筑物，启闭机排架混凝土强度等级为 C30，抗冻等级为 F100。

2）总体施工方案

尾水出口闸室启闭机排架柱由下到上共分 2 层进行浇筑施工：第 1 层柱子及连系梁→第 2 层柱子、顶部板、梁结构混凝土施工，具体如图 5.4－8 所示。

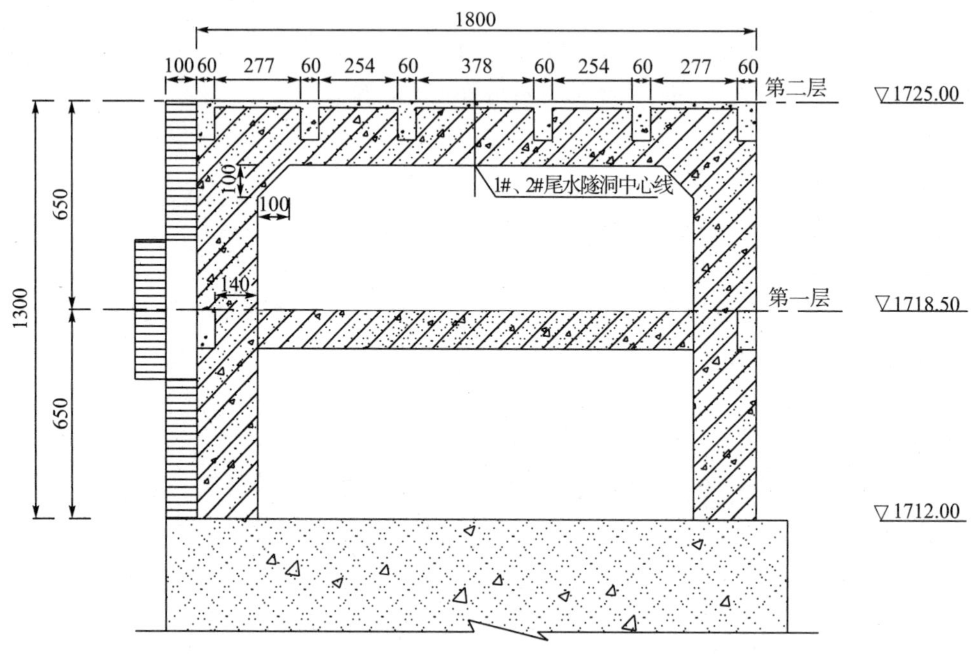

图 5.4－8　启闭机排架分层示意图

启闭机排架板、梁、柱模板主要采用木模板现场拼装。支承体系主要采用排架+拉杆进行内拉外撑，框架柱采用调节丝杆外撑及对穿拉杆内拉；梁板结构主要采用承重排架支承，纵向横杆上铺设方木，梁、板底模主要通过横杆或可调托撑调平进行整体控制。

统一采用葛洲坝砂拌系统供应商品混凝土，用 12m³ 混凝土罐车运输至施工现场，采用 HTB60 混凝土泵配合溜筒入仓，用 Φ50、Φ70 插入式振捣棒振捣密实。

启闭机排架柱分层情况为：第一层，EL.1712.00～1718.50m；第二层，EL.1718.50～1725.00m。

3）施工工艺及方法

（1）施工工艺流程，如图 5.4－9 所示。

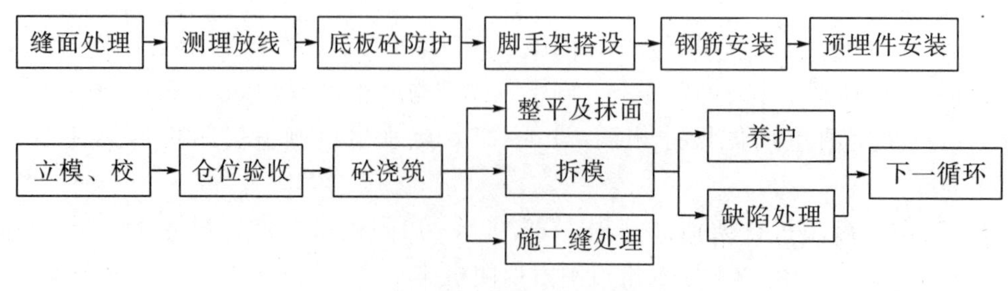

图 5.4－9　施工工艺流程

（2）施工准备。

施工前先准备设备资源的进场及现场布置，完成塔顶、门槽部位临边防护工作。各层混凝土浇筑前，采用高压冲毛机对前次浇筑施工缝缝面进行冲毛处理或人工进行凿毛处理，保证施工缝面无乳皮、成毛面、微露粗砂，确保仓面清洁无杂物。

（3）测量放线。

安装钢筋前由测量人员在现场对梁、柱等结构线进行放样，主要包括立模点和校模点放样。现场技术人员对点位进行标识并保护好点位，特别是柱子的校模点要做好长期保护工作，以便在施工中校核柱子的垂直度。

（4）承重排架搭设。

启闭机排架柱采用Φ48×3.5mm的架管搭设满堂脚手架作为施工排架。楼板下承重排架立杆纵、横排距标准为0.8m，步距1.0m。梁下设两道立杆，排距0.8m，局部地方进行微调，步距1.0m。排架纵横向均设置剪刀撑，间距4m，排距4m，与水平夹角45°～60°。门槽上部增设两道斜撑，以增加承重力。作业平台采用竹串片马道板铺设，并用铅丝与脚手架绑扎连接，以防马道板发生滑动，排架外侧悬空侧需挂绿色安全网，以保证施工作业人员安全。排架搭设另见专项措施。

（5）钢筋制安。

钢筋均在A营地钢筋厂加工，加工时先将钢筋表面处理干净，采用20t平板车将加工好的钢筋运至施工现场，由C7030塔机配合25t汽车吊运至工作面，卸下后人工搬运至安装位置。运输过程中采取必要的措施，避免钢筋混乱和变形，对已变形的钢筋必须进行处理。各种钢筋的加工尺寸见图纸中的钢筋表。钢筋的加工必须严格按照图纸尺寸并符合有关的规范要求。

测量放线完成后，钢筋的安装按设计图纸进行，钢筋宜采用焊接或机械连接搭接，采用机械连接接头时必须满足《钢筋机械连接通用技术规程》（JGJ 107—2003）。焊接操作严格按施工规范进行，焊接必须饱满无砂眼，焊接表面应均匀，平顺，无裂缝、夹渣、明显咬肉、凹陷、焊瘤和气孔等缺陷，必须保证焊接长度，不得损伤钢筋，钢筋焊接完成后需清除焊渣。架设好的钢筋要有足够的支撑，以保证在混凝土浇筑过程中钢筋不发生位移变形。钢筋安装完成后应做到整体不摇荡、不变形。

（6）模板制安。

排架柱模板主要采用木模板现场拼装。梁与柱均采用对穿拉杆、竖向及水平向围檩加固，以调节丝杆作为外撑，排架梁、板采用满堂脚手架承重。如图5.4—10所示。

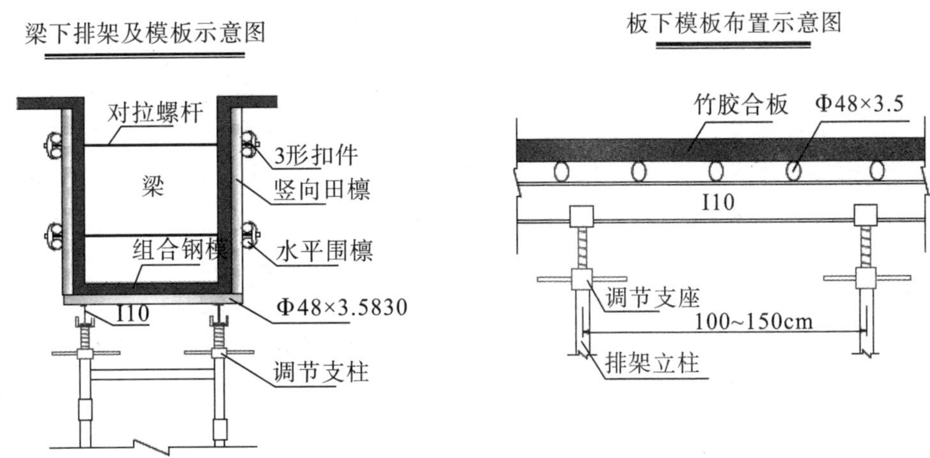

图5.4—10 **模板制安**

模板在使用前要进行质量检测，看其几何尺寸、平整度是否符合设计及规范要求，只有合格的模板才能使用。模板严禁与硬物碰撞、撬棍敲打、任意抛掷和钢筋在板面拖拉。模板使用前必须清理干净，模板要求组装紧密，拼缝之间不允许有错台，模板之间接缝处采用胶带进行补缝，模板组装后要求整个板面平顺光滑，以保证成型混凝土的表面质量。

（7）预埋件安装。

启闭机排架柱预埋件施工包括钢梯预埋板、启闭机预埋锚板及接地照明管线等安装。

①接地安装。

接地网采用50mm×6mm镀锌扁钢焊接而形成，铺设要求按照“尾水出口闸室接地布置图”进行施工。

②锚板施工。

锚板在A营地加工完成后采用20t平板汽车运至施工现场，根据设计图纸所示位置，与梁柱内钢筋焊接固定。

③管线安装。

启闭机排架柱内管线主要布置于顶部楼板及柱子内，主要有照明管路及水煤气管路。管线安装时应与板内钢筋进行焊接固定，防止浇筑混凝土时管道发生偏移。管道端头处采用棉纱堵塞，待混凝土浇筑完成后拆除。

（8）仓位验收。

待钢筋、模板等准备工作完成后，即进行清仓工作，将仓内杂物及其他废物清理干净。检查模板加固是否可靠，钢筋、埋件是否符合设计和规范要求。混凝土缝面清理干净后，对新老混凝土接合面进行适量洒水保持湿润。

仓面清理工作完成后，由各作业队班组质检员自检验收，自检合格报作业队质检员进行二检验收，二检合格后报请质量部进行三检，最后经监理工程师验收合格后由质量部签发混凝土开仓证，没有混凝土开仓证的仓面严禁浇筑混凝土。

（9）混凝土浇筑。

启闭机排架柱为一级配泵送混凝土，混凝土强度等级为C30，抗冻等级为F100。楼板及梁的钢筋保护层厚度3cm，柱子钢筋保护层厚度3.5cm。

混凝土在砂拌系统拌和楼拌制，用12m^3混凝土搅拌运输车运至施工现场，采用HBT60混凝土泵入仓。混凝土仓号高度1.5m以上的，需接溜筒入仓，保证混凝土自由落差小于1.5m。混凝土浇筑前，先在新老混凝土接合面铺设一层厚2～3cm的水泥砂浆，砂浆强度与混凝土强度相适应。

楼板及梁采用平铺法浇筑，柱子混凝土自下而上分层浇筑，坯层厚度50cm；梁与柱或板相交层按照从排架一侧向另一侧、先柱后梁板的顺序进行浇筑。浇筑时仓内人工使用Φ50插入式软轴振捣器振捣密实，振捣标准为以不显著下沉、不泛浆、周围无气泡冒出为止。振捣时应注意层间结合，加强振捣，确保连续浇筑，防止漏振、欠振而出现冷缝。振捣器在仓面应按一定顺序和间距逐点振捣，间距为振捣作业半径的一半，并应插入下层混凝土约5cm，每点振捣时间以混凝土粗骨料不再显著下沉并开始泛浆为准（每点振捣时间宜为15～25s）。振捣器不得紧贴模板、钢筋、预埋件，保证钢筋和预埋件不产生位移，避免引起模板变形和爆模，必要时辅以人工捣固密实。

在混凝土浇筑过程中做好混凝土施工记录，整个施工过程安排专人值班，处理施工过程中的异常情况。在混凝土施工过程中，工区及作业队配合质检员进行各道工序的施工检查，严格按照有关施工技术规范和质量要求精心组织施工，确保混凝土施工质量。

（10）拆模、养护。

混凝土拆模时间符合下列规定：

①拆模时间根据混凝土性能和洞室气温、跨度因素确定，具体拆模时间根据实际情况定。

②拆模时应避免混凝土的表面和棱角部位被破坏。

③混凝土拆模后，应检查其外观质量，有混凝土裂缝、蜂窝、麻面、错台和跑模等质量问题应及时检查，并按照相关规范要求处理。

④混凝土缺陷修补后应立即进行养护。衬砌混凝土养护要求如下：

Ⅰ. 在模板拆除后应立即进行养护，冬季施工时应做好保温工作。

Ⅱ. 混凝土应连续养护，养护期内应始终使混凝土面保持湿润。

Ⅲ. 养护时间不得少于 28 天，有特殊要求的部位宜适当延长养护时间。

Ⅳ. 养护应有专人负责，并做好养护记录。

5.5　混凝土缺陷处理

5.5.1　概述

混凝土浇筑过程中，由于受混凝土成型材料、工器具、人员、管理及施工需要等多方面因素的影响，可能使混凝土局部存在质量缺陷。为了保证混凝土施工质量，必须加强施工组织管理和强化过程质量控制，尽量杜绝或减少混凝土浇筑外观质量缺陷。同时，针对可能产生的混凝土常见质量缺陷，编制缺陷处理措施以指导现场修补施工，对特殊、重大的质量缺陷专项上报。

5.5.2　混凝土常见质量缺陷

混凝土常见质量缺陷种类主要包括麻面、露筋、蜂窝、气泡密集区、孔洞、坑槽、裂缝、渗漏、错台、挂帘、外露钢筋头及管件头处理等。

1）麻面

麻面是混凝土表面局部缺浆粗糙或有小凹坑、气泡的现象。产生的主要原因是：①模板表面不光滑，有硬水泥浆垢未清除干净；②脱模剂涂抹不均；③模板补缝不严密而轻微漏浆；④异型修补木模干燥吸水及表面不平；⑤斜面模板混凝土振捣不充分，气泡未排出。

2）露筋

露筋是混凝土表面有钢筋露出。产生的主要原因是：①钢筋保护层垫块移位或漏放；②振捣棒或料罐等设备碰撞钢筋，使钢筋移位；③骨料粒径偏大，振捣不充分，混凝土于钢筋处架空造成钢筋与模板间无混凝土。

3）蜂窝

蜂窝是混凝土结构中局部疏松，骨料集中而无砂浆，骨料间形成蜂窝状的孔穴。产生的主要原因是：①混凝土拌和不均，骨料与砂浆分离；②卸料高度偏大，料堆周边骨料集中而少砂浆，未做好平仓；③模板破损、漏浆严重；④振捣不充分，未达到返浆的程度。

4）孔洞、坑槽

空洞是混凝土结构中空，局部没有混凝土。产生的主要原因是：①振捣不充分或未振捣而使混凝土架空，特别是在仓面的边角和拉模筋、架立筋较多的部位容易发生；②混凝土中包有水或泥土；③因施工需要而预留的孔洞，如模板拉筋锥套孔等。

5）裂缝

裂缝分为干缩裂缝、温度裂缝和应力裂缝。产生的主要原因是：①混凝土温控措施不力；②混凝土冷却和养护不善；③外力作用于混凝土结构，如所浇混凝土过早承荷或受到爆破振动，混凝土结构基础不均匀沉陷等。处理裂缝前一定要正确分析判断裂缝成因，确定是死缝还是活缝，以便确定进行裂缝处理的最佳时间。

6）渗漏

因浇筑工艺控制不严或其他原因改变了混凝土均匀性及破坏了防排水设施，在压力水作用下，容易形成漏水通路，破坏结构的完整性，严重影响外观质量和结构耐久性，在渗水的长期冲蚀下形成 $Ca(OH)_2$ 并析出。

7）错台、挂帘

混凝土错台是由浇筑过程中模板位移变形及模板与老混凝土面结缝不闭合等原因造成的。挂帘是由于模板漏浆至老砼面且浆液凝固。

8）外露钢筋头及管件头

外露钢筋头一般由施工工艺造成（如不使用拉筋锥套）。管件头外露一般因施工需要而临时预埋，后期需要拆除。

5.5.3　缺陷修补部位分类

根据猴子岩水电站引水发电系统结构的特性，根据不同部位，将缺陷修补分为三类。

A类（清水砼区）：进水塔 EL. 1802. 00m 以上、主副厂房、主变室、尾水调压室、尾水闸室 EL. 1712. 00m 以上。

B类（过流面）：进水塔胸墙以下、压力管道、尾水扩散段及连接管、尾水隧洞等过流面。

C类（一般永久外露面）：进水塔 EL. 1802. 00m 以下、母线洞、出线洞及尾调交通洞等。

5.5.4　混凝土缺陷处理程序及方法

1）缺陷处理原则

混凝土是有外观要求的非过流永久暴露面，其表面缺陷对建筑物安全运行影响不大，处理原则以注重外观、保持原色且尽量不损伤混凝土面为宜。

过流面混凝土缺陷的处理需满足安全运行、合同技术条款、建筑物外观要求及保持混凝土原色且尽量不损伤混凝土面。

混凝土表面缺陷处理应满足行业标准、水工混凝土施工规范及合同和设计文件要求。

2）缺陷的检查发现

在每仓混凝土拆模以后，施工队伍的负责人及时通知质检人员与监理人员共同对混凝土外观进行检查，填写混凝土缺陷检查记录，分析缺陷产生的原因，提出处理要求及避免措施，避免类似缺陷再次发生，然后按照报监理部的处理方案，对混凝土表面缺陷进行处理。坚决杜绝在未经检查的情况下私自处理混凝土表面缺陷。

麻面、露筋和表面可见的蜂窝与孔洞可在拆模后直接目检发现。裂缝也可目检发现，其在检查发现后应在不同时段增加观测频次，以确定其发展情况。

3）工艺试验

根据缺陷类型、缺陷部位选择处理方案，并选择某一典型部位进行工艺试验，以确保修补后的色泽能与原混凝土基本一致，使处理效果满足要求。

4）缺陷处理方案

（1）麻面、蜂窝及气泡密集区缺陷。

①A 区：缺陷深度＜5mm，只做打磨处理，磨除厚度不小于 5mm，磨平后表面再涂一层环氧基液。缺陷深度≥5mm，凿除平面形状为四边形或多边形，其内角宜为 70°～250°；麻面砼凿除深度为最深凹部位，凿除厚度不小于 5mm，平面边缘凿成直角，顶角 90°～100°。

修补材料：顶平面、侧面采用专用修补砂浆；厚度≥25mm 的底平面采用预缩砂浆，厚度＜

25mm 的底平面采用专用修补砂浆。

②B 区：缺陷深度＜10mm，打磨或凿除缺陷后清洗并涂刷界面剂，采用环氧砂浆修补，并调整颜色与砼颜色相近。缺陷深度≥10mm，凿除深度不小于 25mm，清洗并涂刷界面剂，填补材料选用预缩砂浆，表面再涂一层环氧基液；无外观要求的外露面，凿至密实砼面，填环氧砂浆。

③C 区：缺陷深度＜10mm，不做处理。10mm≤缺陷深度＜25mm，凿至砼密实处，采用专用砂浆修补。缺陷深度≥25mm，周边用砂轮切割成规则形状，凿至砼密实面，采用预缩砂浆修补。

（2）孔洞、坑槽、露筋。

对孔洞、坑槽、露筋缺陷修补，首先清除缺陷直至密实的混凝土（若在此过程中露筋，继续凿至钢筋以内 50mm），保证表面没有尖角，然后将表面清洗干净，保持湿润而不能积水，最后根据缺陷深度按照以下类别处理：深度≤100mm，分层填预缩砂浆。深度＞100mm，浇小一级配砼（修补部位砼标号低于 C30 时，采用 C30 修补；修补部位砼标号高于或等于 C30 时，采用比母体砼高一标号砼修补。修补砼必须与老混凝土结合良好并保证密实，对结构外表面的突出部分应凿掉和磨平。修补部位外观颜色需尽量与母体砼颜色协调一致。

对于因施工需要而预留的组合小钢模拉筋锥套孔、悬臂大模板定位锥孔，应取出后刷洗处理内部，涂刷界面剂，分层填补预缩砂浆。

以上处理方法适用于孔洞、坑槽、露筋质量缺陷及其他因施工需要而预留的孔洞、坑槽。

（3）裂缝。

对较浅的表面裂缝不做灌浆处理，只需沿缝刻深约 5cm、宽约 10cm 的梯形槽，然后回填水泥砂浆。

对于宽度超过 1mm、深度超过 50cm 的裂缝，需进行灌浆处理。根据裂缝宽度、深度、长度、方向、所在部位、高程、数量、缝面是否渗水、有无溶出物、与其他缺陷的相互关系等，可选用水泥灌浆或化学灌浆，此类裂缝处理将根据实际情况上报专项措施。

（4）错台、挂帘。

A 区：采用凿除及砂轮打磨，使其与周边砼平顺衔接，顺水流向坡度不大于 1∶30，垂直流向坡度不大于 1∶10。

B 区：采用凿除及砂轮打磨，使其与周边砼保持平顺连接，顺接坡度不小于 1∶10。

C 区：采用凿除及砂轮打磨，使其与周边砼平顺衔接，坡度可磨至 1∶1。

（5）外露钢筋头及管件头。

对于过水面外露的钢筋头及管件头，用砂轮沿砼表面切掉，采用钻孔、掏孔，凿深 25mm 后割除漏出的钢筋头及管件头。将孔内残渣清除并清洗干净后填预缩砂浆夯实抹平。对于非过水面，用砂轮沿砼表面将钢筋头、管件头切除并与周边砼磨平，然后涂刷 2～3 遍与砼颜色相近的防锈材料。

（6）单个气泡。

对于过流面，气泡外露直径＞5mm，凿除孔周乳皮，清洗，吸干水分后用环氧胶泥修补。气泡外露直径≤5mm，不处理。对于非过流面，气泡外露直径＜10mm，不处理；气泡外露直径≥10mm，用高一标号的水泥细砂浆填补。

（7）渗漏水。

根据渗漏水部位、形式不一样，对渗漏水处理采用的施工方法和材料也不一样，其将根据实际情况上报专项措施。

5）缺陷处理材料及施工工艺

砼修补前，由试验室提供所需预缩砂浆、环氧砂浆、环氧胶泥、专用修补砂浆的配合比，报监理审批同意后组织实施。

（1）预缩砂浆。

①预缩砂浆适用于厚度>25mm的修补，特殊情况除外。

②根据业主、设计、监理对砼缺陷修补的要求，确保填补料的颜色及各技术指标满足相关要求，为保证配料的准确性，用于缺陷修补的预缩砂浆由试验室统一配制，使用前上报配合比试验成果报告。

③从试验室领回的预缩砂浆生料现场拌制，严格控制用水量，拌成的砂浆以手握成团、手上有湿痕而无水膜为宜。

④拌制好的砂浆应用塑料布遮盖存放，0.5～1.0h后使用，并控制工作时间，夏季2h内、冬季4h内使用完毕。

⑤修补部位的老砼面必须凿毛洗净，修补面应湿润，但不能形成水膜或残存积水。

⑥填充预缩砂浆前，先在基面上涂一层厚约1mm、水灰比0.4的水泥浆，做到随刷随填，基面刷水泥浆后控制在20min内填补完，填补按分层铺料捣实、逐层填补的程序进行，每层铺料厚20～30mm，用木槌拍打捣实至表面出现少量砂浆，层间用钢丝刷刷毛，逐层连续作业，直至填补工作完成，修补外露面要压实抹光。

⑦对位于顶部的缺陷，应特别注意捣实，修补完成后，最好采用小木板加以支撑，以确保砂浆不会因自重而下垂。

⑧填补完成后，保温保湿养护7天。

⑨填补完成3天后，进行常规检查，用小铁锤轻击，若声音沙哑或有“咚咚”声，要凿除重补。

（2）环氧砂浆。

环氧砂浆适用于高速水流区及过流断面的缺陷处理，材料使用前向监理部报送相关质量材料，获得批准后使用。

①采用环氧砂浆修补的厚度不小于5mm。

②修补前，基面若有积水，应采用压缩风吹干，保持基面清洁、干燥，然后对修补面刷一层环氧基液，当用手触摸时有显著拉丝现象时（约30min）再填补环氧砂浆。

③当修补面为立面或顶面时，要特别注意与砼面的结合质量，防止脱空下坠。若出现脱空，必须彻底切割凿除重新修补。

④当修补厚度超过20mm时，应分层嵌补，层厚控制为10mm，一次修补面积不大于1.5m×3.0m。

⑤环氧砂浆修补完成后，夏天遮阳防晒，冬天加温保温，养护温度控制为（20±5)℃，养护期5~7天，养护期内不应受水浸泡或其他冲击。

⑥填补完成3天后，进行常规检查，用小铁锤轻击，若声音沙哑或有“咚咚”声，要凿除重补。

（3）环氧胶泥。

环氧胶泥使用前向监理部报送相关质量材料，获得批准后使用。

施工时将砼表面松散表皮磨除，直至密实砼面，表面磨光磨平。用钢丝刷、钢钻清除基面松动颗粒，用高压水反复冲洗基面。冲洗干净后，用碘钨灯充分烘干基面。修补基面应清洁干燥。

用环氧胶泥把砼基面上的孔洞填补密实，固化后进行胶泥涂刮，分两次或多次进行，通过来回刮和挤压将修补气泡排出，以保证孔内充填密实，胶泥与混凝土面黏结牢靠。修补面应光洁平整，表面不能有刮痕。

环氧胶泥修补完后，进行保温养护，养护温度控制为（20±5)℃，养护期5～7天，养护期内不得受水浸泡和外力冲击。

（4）专用修补砂浆。

专用修补砂浆由试验室提供配合比，其砂浆的配置应采用相同品种、相同强度等级的水泥进行拌制，并尽可能保证与已浇砼无色差或颜色相似，其砂浆强度不得低于M30。

（5）小一级配砼。

①修补部位的砼标号低于C30，均采用C30W6F50的小一级配砼作修补材料；修补部位的砼标号等于或大于C30，需采用比修补部位砼高一标号的小一级配砼作修补材料。

②小一级配砼采用现场人工拌制，拌制现场应打扫干净，铺一层铁皮，最大一次拌和量不超过0.1m^3。严格按配合比要求称量各种材料。充分拌和均匀，尽量减少用水量，以手能捏成团、手上有湿痕而无水膜为准。拌和均匀后，归堆存放预缩30min左右。

③修补前，清除基面松动颗粒，用清水反复冲洗干净，用棉纱蘸干积水，基面润湿但无积水。

④用小一级配砼填补的厚度不小于100mm。修补前，先在基面上涂刷一道水灰比不大于0.4的浓水泥浆作黏结剂，然后分层填补砼，每层填补厚度30～40mm，并用木槌捣实，直至泛浆，各层修补面用钢丝刷刷毛，以利接合。填平后进行收浆抹面，抹面时，应与周边成型砼平滑连接，用力挤压使其与周边砼连接缝严密。

⑤砼修补完8～12h后，用草袋覆盖养护，经常保持湿润，使其处于潮湿状态养护14天。

⑥修补完成7天后，进行常规检查，用小铁锤轻击，若声音沙哑或有“咚咚”声，要凿除重补。

5.5.5　缺陷修复的过程监控及验收

缺陷修复是混凝土质量控制的一个重要环节，每次缺陷修复必须由施工方向监理工程师提交“施工质量缺陷处理方案报审表”，只有每一道工序得到施工方的签字确认和监理工程师签字认可后才能进行下一道工序的工作，直至修复结果使工程师满意，并由双方签字验收。

1）缺陷检查

发现缺陷后，施工方和监理工程师到现场对缺陷进行共同检查，查明缺陷状况，分析缺陷产生的原因，由施工方填写“施工质量缺陷处理方案报审表”的“缺陷描述和缺陷原因”项后提交监理工程师，由监理工程师确认后签字认可。

2）修复检查和批准

施工方将缺陷部分的清除和清洗工作完成后，邀请监理工程师检查，待认可其准备工作和批准修补后，施工方开始实施修复工作。

3）修复过程

修复的整个过程由专职质检员做现场监督和检查，对违规的操作及时进行纠正，邀请监理工程师旁站。

4）修复的验收

修复完成并得到足够时间的养护后，由施工方和监理工程师共同检查，重点检查修复部分与老混凝土之间是否出现裂纹、表面是否平整。若符合要求，则由监理工程师签字验收，并对处理结果做出评价。

5.5.6　修补质量保证措施

（1）出现缺陷后，由质量缺陷处理领导小组现场勘察，未经领导小组和监理工程师同意不得私自进行修补施工。

（2）缺陷处理过程由各工区负责，由专职质检员跟踪检查各个工序，包括缺陷处理准备、处理过程、养护和检查验收，未经专职质检员同意不得进入下一道工序施工。

（3）对修补所用的水泥、丙乳、天然砂进行质量检测或合格证明资料审核，修补材料的配合比由试验室提供并跟踪检查，取样进行力学性能试验，杜绝修补材料不符合要求。

（4）缺陷处理完成后加强养护工作，待一定龄期后，通知监理工程师检查验收，签发“施工质量缺陷处理效果评价表”。

5.5.7 安全保证措施

（1）高处作业必须佩戴安全带，特别项目必须进行专项安全技术交底。

（2）使用角磨机必须认真检查各部位螺钉有无松动、砂轮片有无裂纹、金属外壳和电源线有无漏电之处、插头与插座有无破损。若有上述问题，必须修好后方可使用。

（3）工作中，要戴上防尘口罩。工作者不准正对砂轮，必须站在侧面。砂轮机要拿稳，并缓慢接触工件，不准撞击和猛压。要使用砂轮正面，禁止使用砂轮侧面。

（4）化学材料不能在无人看管的情况下置留于工地，带进工地的化学材料量以满足施工用量为宜。

（5）化学材料施工人员应穿戴工作服、防护手套、护目镜、口罩及胶鞋，以确保眼睛和皮肤不受化学材料伤害。

（6）应尽量减少浆液对施工场地的污染，如有发生应及时处理。

（7）应及时做好现场施工淤泥的清运，集中统一放管，集中清理，为文明施工创造良好环境。

5.5.8 混凝土裂缝处理

1）混凝土常见裂缝及危害

（1）干缩裂缝。

干缩裂缝多出现在混凝土养护结束后的一段时间或混凝土浇筑完毕后的一周左右，主要是混凝土内外水分蒸发程度不同而导致变形不同：混凝土受外部条件的影响，表面水分损失过快，变形较大，内部湿度变化较小，变形较小，较大的表面干缩变形受到混凝土内部约束，产生较大拉应力而产生裂缝。水泥浆中的水分蒸发会产生干缩，这种收缩是不可逆的。相对湿度越低，水泥浆体干缩越大，干缩裂缝越易产生。干缩裂缝多为表面性平行线状或网状浅细裂缝，宽度多为0.05～0.20mm，大体积混凝土中平面部位多见，较薄的梁板中多沿其短向分布。干缩裂缝通常会影响混凝土的抗渗性，引起钢筋的锈蚀，影响混凝土的耐久性，在水压力作用下会产生水力劈裂，影响混凝土的承载力等。混凝土干缩裂缝主要与混凝土的水灰比、水泥成分、水泥用量、集料的性质和用量、外加剂的用量等有关。

（2）塑性收缩裂缝。

塑性收缩是指混凝土在凝结之前，表面因失水较快而产生的收缩。塑性收缩裂缝一般在干热或大风天气出现，裂缝多呈中间宽、两端细，长短不一，互不连贯的状态。较短的裂缝一般长20～30cm，较长的裂缝可达2～3m，宽1～5mm。其产生的主要原因为：混凝土在终凝前几乎没有强度或强度很小（或混凝土刚刚终凝，强度很小）时，受高温或较大风力的影响，其表面失水过快，造成毛细管中产生较大负压，使混凝土体积急剧收缩，而此时混凝土的强度无法抵抗其本身的收缩，因此产生龟裂。影响混凝土塑性收缩裂缝的主要因素有水灰比、混凝土的凝结时间、环境温度、风速、相对湿度等。

（3）沉陷裂缝。

沉陷裂缝是由于结构地基土质不匀、松软，回填土不实或浸水而造成不均匀沉降；或者由于模板刚度不足、模板支撑间距过大或支撑底部松动等，特别在冬季，模板支撑在冻土上，冻土化冻后产生不均匀沉降，使混凝土结构产生裂缝。沉陷裂缝多为深进或贯穿性裂缝，走向与沉陷情况有关，一般沿与地面垂直或呈30°～45°发展，较大的沉陷裂缝往往有一定错位，裂缝宽度往往与沉降量成正比，裂缝宽度受温度变化的影响较小。地基变形稳定后，沉陷裂缝也基本趋于稳定。

（4）温度裂缝。

温度裂缝多发生在大体积混凝土表面或温差变化较大地区的混凝土结构中。混凝土浇筑后，在硬化过程中，水泥水化产生大量的水化热，当水泥用量为350～550kg/m^3时，每立方米混凝土将释放17500～27500kJ的热量，使混凝土内部温度升高70℃左右甚至更高。由于混凝土的体积较大，大量的水化热聚积在内部而不易散发，导致内部温度急剧上升，而混凝土表面散热较快，这样就形成了较大的内外温差，造成内部与外部热胀冷缩的程度不同，使混凝土表面产生一定的拉应力。实践证明，当混凝土本身温差达到25℃～26℃时，会产生约10MPa的拉应力。当拉应力超过混凝土的抗拉强度极限时，其表面就会产生裂缝，这种裂缝多发生在混凝土施工中后期。混凝土施工中，当温差变化较大或受到寒潮侵袭等，混凝土表面温度会急剧下降，从而产生收缩，表面收缩的混凝土受内部约束而产生很大的拉应力，从而形成裂缝，这种裂缝通常只在混凝土表面较浅的范围内产生。温度裂缝的走向通常没有规律，大面积结构裂缝常纵横交错；梁板类长度尺寸较大的结构，裂缝多平行于短边；深入和贯穿性温度裂缝一般与短边方向平行或接近平行，裂缝沿着长边分段出现，中间较密。裂缝宽度大小不一，受温度变化影响较为明显，冬季较宽，夏季较窄。高温膨胀引起的混凝土温度裂缝通常中间粗、两端细，而冷缩裂缝的粗细变化不太明显。温度裂缝的出现会引起钢筋的锈蚀、混凝土的碳化，降低混凝土的抗冻融、抗疲劳及抗渗能力等。

（5）化学反应引起的裂缝。

碱骨料反应裂缝和钢筋锈蚀引起的裂缝是钢筋混凝土结构中最常见的由化学反应引起的裂缝。混凝土拌和后会产生一些碱性离子，这些离子与某些活性骨料产生化学反应，吸收周围环境中的水而体积增大，造成混凝土疏松、膨胀开裂，这种裂缝一般出现在混凝土结构使用期间，一旦出现，很难补救，因此，应在施工中采取有效措施进行预防。主要的预防措施为：①选用碱活性小的砂石骨料；②选用低碱水泥和低碱或无碱的外加剂；③选用合适的掺和料抑制碱骨料反应。由于混凝土浇筑、振捣不良或钢筋保护层较薄，有害物质易进入混凝土使钢筋产生锈蚀，锈蚀的钢筋体积膨胀，导致混凝土胀裂，这种类型的裂缝多为纵向裂缝，沿钢筋的位置出现。

2）混凝土裂缝处理技术要求

根据《引水发电系统工程施工招标文件》技术条款第9.4.20条及《引水尾水系统混凝土缺陷处理技术要求》的设计要求，对已浇筑完成的混凝土存在的裂缝进行处理。

3）裂缝处理主要材料

（1）环氧砂浆。

环氧砂浆采用ECH新型环氧砂浆，为A、B两种组分，主要力学性能优良，与混凝土黏结牢固，不易在黏结面开裂，ECH新型环氧砂浆配比为A∶B=8∶1或16∶1。环氧砂浆的主要性能指标见表5.5－1。

表5.5－1　环氧砂浆的主要性能指标

主要技术性能	检测指标	备注
抗压强度	80.0MPa	—
抗拉强度	10.0MPa	—
与砼黏结抗拉强度	>5.0MPa	“>”表示破坏在C50砼本体
抗冲磨强度	2.79h·cm^2/g	冲磨速度为40m/s
不透水系数	19.6MPa·h	不透水

续表5.5－1

主要技术性能		检测指标	备注
抗压弹性模量		2150MPa	—
线性热膨胀系数		9.2×10^{-6}/℃	—
碳化深度		0.86mm	相当于自然界空气中50年
抗冲击性		2.1kJ/m^2	—
吸水率		0.18%	—
老化性能		优良	相当于自然界空气中20年
耐化学腐蚀性	30% NaOH	耐	—
	50% H_2SO_4	耐	—
	10%盐水	耐	—
毒性物质含量	苯	合格	按室内装修材料测试方法检测
	甲苯+二甲苯	合格	
	总挥发物	合格	

（2）环氧胶泥。

环氧胶泥采用ECH环氧胶泥，是由改性环氧树脂及其填料制成的双组分胶泥，具有在室温下固化、高强度、抗气蚀、抗冲刷性、耐磨损、抗冻性好等特点，尤其是具有在有水的新老混凝土表面良好的黏结强度，可用于水电站、公路、隧道等工程的混凝土缺陷修补，特别适用于混凝土高速过流区面做抗冲刷层。ECH环氧胶泥在三峡、溪洛渡、乌江渡、柘溪、双牌等水电站的溢流面、引水发电流道、引水隧洞、地下厂房的混凝土缺陷修补工程中应用，深受好评，得到了有关专家的肯定。ECH环氧胶泥配比为A∶B=4∶1。环氧胶泥的主要性能指标见表5.5－2。

表5.5－2　环氧胶泥的主要性能指标

试验项目	单位	技术要求	检验结果
抗压强度	MPa	≥60	72.9
拉伸抗剪强度	MPa	≥8.0	8.3
抗拉强度	MPa	≥10	12.8
黏结强度（干黏结）	MPa	≥4.0	4.8
黏结强度（湿黏结）	MPa	≥3.0	3.8
抗渗压力	MPa	≥1.2	1.26
渗透压力比	—	≥400%	>400%

（3）化学灌浆材料。

化学灌浆材料选择LVE低黏度亲水性改性环氧树脂灌浆材料，它具有强度高、黏结性强、收缩小、稠度低、可灌性大等特点，可提高对细小裂缝的渗入能力，对有渗水的裂缝表面具有良好的黏结性能，适用于大坝、引水隧洞、溢流面、厂房等混凝土裂缝的补强化学灌浆处理。其主要性能指标见表5.5－3。

表 5.5-3 LVE 低黏度亲水性改性环氧灌浆材料的主要性能指标

试验项目	单位	技术要求	检验结果
比重，20℃	g/ml	≥1	1.02
初始黏度，20℃	MPa·s	≤30	25
可操作时间，35℃	h	可调	2
胶砂体的抗压强度	MPa	≥60	60
胶砂体的抗拉强度	MPa	≥15	15.6
胶砂体透水压力比	%	≥300	350
胶砂体的黏结强度	MPa	干≥5，湿≥3	6.6，3.8

注：渗透能力为自然状态下，可渗入缝内 3mm 左右。

（4）埋管、回填、封堵材料。

埋管、回填、封堵材料选用堵漏灵，它具有快速凝固、早期强度高、收缩率小、黏结力强、能带水作业等特点，能保证灌浆时浆液不外漏，能充分承受灌浆压力，达到灌浆效果。其主要性能指标见表 5.5-4。

表 5.5-4 堵漏灵的主要性能指标

试验项目		单位	技术要求	检验结果
凝结时间	初凝	min	≤5	4
	终凝	min	≤10	9
抗压强度（3 天）		MPa	≥15	29.5
抗折强度（3 天）		MPa	≥4.0	11.3
试件抗渗压力（7 天）		MPa	≥1.5	1.57
黏结强度（7 天）		MPa	≥0.6	0.62

4）施工工艺

（1）宽度<0.20mm 表面处理法。

①施工工艺。

裂缝检查及性状描述→表面清理→清洗→打磨→基面清洗→涂刷界面处理剂→刮涂 ECH 环氧胶泥→效果检查。

②施工方法及工艺控制。

Ⅰ. 裂缝检查及性状描述：处理裂缝前，必须现场绘制裂缝产状图，项目包括裂缝宽度、长度、走向、所在部位（包括高程）、数量、缝面是否渗水及有无溶出物等，用裂缝宽度测量仪测量裂缝宽度，并登记测量结果，再根据所得数据对裂缝进行编号、分类和统计。

Ⅱ. 表面清理：以缝为中线，用角磨机打磨，打磨宽度 10cm，找出缝隙的具体位置。

Ⅲ. 清洗：用冲毛机沿裂缝走向向两边冲洗（沿直缝从上往下冲洗），以保证槽内、缝面无粉尘和其他杂物。

Ⅳ. 打磨：缝面打磨，宽度 10cm，深度 2mm，避免在高速水流冲刷下开口掀起，收边处混凝土打磨成倒三角形。

Ⅴ. 基面清洗：打磨完成后，用压力水冲洗基面，并辅以钢丝刷刷洗，确保基面无泥垢、油污及其他有害物质。

Ⅵ.无水酒精清理基面：待基面干燥后，涂刷无水酒精，清除杂质，保证无漏涂现象。

Ⅶ.刮涂 ECH 环氧胶泥，分两遍进行，待表干后直接刮涂第一层 ECH 环氧胶泥，4h 后刮涂第二遍，刮涂要均匀，应一次成型，不要来回刮涂，防止出现小包，刮涂总厚度 2mm，确保 ECH 环氧胶泥涂层与周边混凝土搭接可靠，搭接边处平滑过渡，颜色与原混凝土相似度较高。

（2）0.20≤宽度≤0.40 灌浆法。

①施工工艺。

打磨查缝→冲洗→性状描述→钻孔→清洗→埋管→封缝→灌前通风检测→化学灌浆→灌后处理→（灌后）压水检查。

②施工方法及工艺控制。

Ⅰ.打磨查缝：用角磨机打磨砼面，找出缝隙的走向及分布情况。

Ⅱ.冲洗：打磨之后，用冲毛机沿裂缝走向向两边冲洗。冲洗压力不低于 4MPa；冲洗角度相对于缝的表面走向成 45°，保证缝口冲洗干净、敞开、无杂物，裂缝两边无粉尘和其他有损封缝和贴嘴的污物。

Ⅲ.性状描述：根据现场实际情况，对裂缝走向、宽度、位置进行描述，并进行裂缝长度的统计。

Ⅳ.钻孔：沿裂缝两侧布置 42mm 斜孔或骑缝钻孔，孔距 30cm，孔深 8cm，各斜孔与缝面交于不同深度，并保证不打断钢筋，如图 5.5－1 所示。

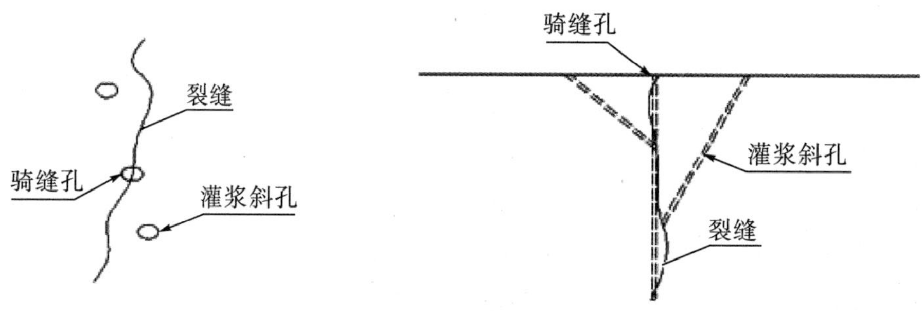

图 5.5－1　**钻孔**

Ⅴ.清洗：用高压水将孔清洗干净，保证不留任何杂质。

Ⅵ.埋管：将高压注浆管用堵漏灵及 ECH 环氧胶泥植入孔中，要保证不能堵塞注浆管。

Ⅶ.封缝：埋管后一段时间（2～3h，用手触碰不动即可）后，用 ECH 环氧胶泥封缝，厚度 5mm，宽度 120mm，成龟背状。

Ⅷ.灌前通风检测：封缝完成 6h 后即可进行通风检测，检查孔嘴与缝隙是否畅通、缝面封堵是否密实、有无支缝外漏现象等。具体操作方法：压风压力 0.2MPa，通风检测前关闭整条缝的所有注浆管，只留 1＃、2＃注浆管；将 1＃注浆管接入输风管，将 2＃注浆管插入水中，观察有无气泡冒出，如有为通，否则为不通；检测完 1＃、2＃注浆管后，关闭2＃注浆管，打开 3＃注浆管，插入水中进行检测。依此类推，直至全缝检测完毕。

在通风检测过程中，将肥皂水抹在封缝材料两侧，观察有无气泡冒出，如有，必须用粉笔做好标记，进行补缝，待补缝材料有足够强度后（4h）方可灌浆。

Ⅸ.化学灌浆。

ⅰ.灌前准备：根据裂缝长度和宽度将灌浆所需工具、量具、材料、设备准备到位。

ⅱ.灌浆材料：LVE 低黏度亲水性改性环氧灌浆材料，浆液配比为原液：固化剂＝4：1，可根据现场进浆情况及温度的变化进行调节。

ⅲ. 灌浆设备：FS－A41 全自动灌浆机。

ⅳ. 灌浆压力：0.2～0.4MPa。

ⅴ. 灌浆方式：赶灌式，多孔连灌，垂直缝从下往上，水平缝由一端向另一端依序灌注。

ⅵ. 灌浆具体操作方法：安装灌浆设备，连接输浆管，在主管上安装三根灌浆分管，配好浆液，开启灌浆机，排除设备及输浆管内的空气，关闭两根灌浆管，将剩下没关闭的一根灌浆管接入1＃孔开始灌浆，待1＃孔灌注3min后，打开第二根灌浆管接入2＃孔，待2＃孔灌注3min后，打开第三根灌浆管接入3＃孔，待3＃孔灌注3min后，关闭1＃孔，将1＃注浆管接入4＃孔。依此类推，在规定灌浆时间内，连续出现两个灌浆孔串浆时，可提前转注邻近一孔。对于单一的缝，当最后一孔在0.4MPa压力下吸浆量小于0.02L/min或不进浆时稳压30min，即可结束灌浆。

Ⅹ. 灌后处理：待浆液固化后（3～7h）凿除注浆管及封缝材料，用角磨机将灌浆时遗留在基面的浆液清理干净，并打磨平整，用压力水清洗干净，待干。

Ⅺ. 质量检查及验收：灌浆结束7天后可进行质量检查。采取压水检查法。

ⅰ. 压水检查：采用冲击钻造孔（检查孔直径18mm，深250～350mm）后，利用单点法压水试验，压水检查压力0.3MPa。压水检查的结束标准为：在稳定压力下，每3～5min测读一次注入量，连续四次读数中最大值与最小值之差小于最终值的10%，或最大值与最小值之差小于1mL/min时，本孔段压水结束，取最终值为计算值，测记漏量，计算透水率。

ⅱ. 压水检查的合格标准：透水率≤0.1Lu。

（3）宽度＞0.40 充填法一、灌浆法。

①施工工艺。

裂缝检查及性状描述→表面清理→凿宽10cm×深5cm的"U"形槽→布孔、钻孔→冲洗→埋管、封缝→灌前通风检测→化学灌浆→灌后处理→效果检查。

②施工方法及工艺控制。

Ⅰ. 裂缝检查及性状描述：处理裂缝前，必须现场绘制裂缝产状图，项目包括裂缝宽度、深度、长度、走向、所在部位（包括高程）、数量、缝面是否渗水及有无溶出物等，用裂缝宽度测量仪测量裂缝宽度，并登记测量结果，再根据所得数据对裂缝进行编号、分类和统计。

Ⅱ. 表面清理：采用手持打磨机沿裂缝进行打磨，打磨宽度为裂缝两侧各10cm，打磨厚度约1mm；打磨完成后，用清水、风枪进行洗缝，吹干净裂缝中的杂物，保证缝口张开，无杂物、粉尘和其他影响封缝黏结的污物。

Ⅲ. 用电镐沿缝表面骑缝凿"U"形槽，"U"形槽凿至裂缝两末端各外延50cm。"U"形槽深度5cm、宽度10cm，缝隙应处于"U"形槽的底部中间位置。凿槽的过程中均不得损伤结构钢筋。

Ⅳ. 布孔、钻孔：灌浆孔位采取骑缝布置，孔距30cm，裂缝交叉和端点都布孔，且不受孔距限制。钻孔采用骑缝钻孔，用手持式取芯钻造孔，孔径32mm，孔深3～5cm。

裂缝灌浆孔布置如图5.5－2所示。

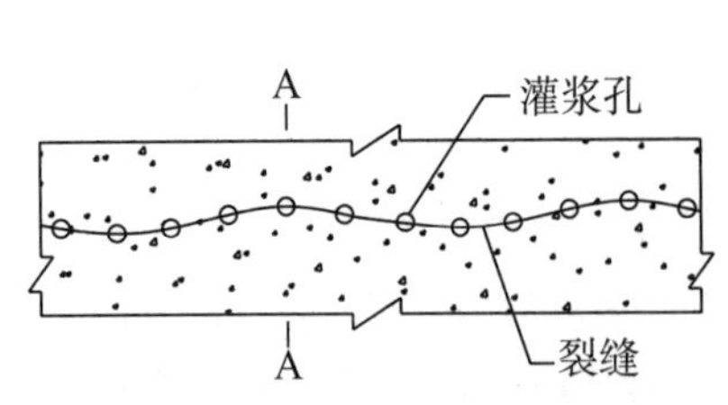

说明：灌浆孔沿裂缝布置，当裂缝宽度小于0.4mm时，间距0.3m；当裂缝宽度大于或等于0.4mm时，间距0.5m。

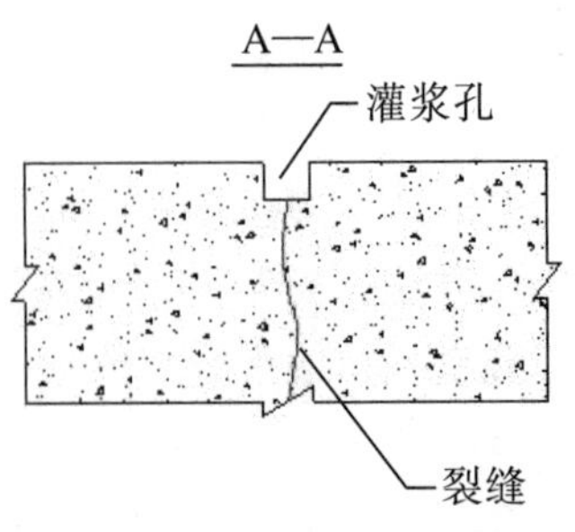

说明：钻孔孔径为32mm，孔深为50mm。

图 5.5—2　裂缝灌浆孔布置示意图

Ⅴ．清洗：用冲毛机沿裂缝走向向两边冲洗（沿直缝从上往下冲洗），以保证灌浆孔内清洁、缝面无粉尘和其他杂物并露出清晰的混凝土（裂缝）面。

Ⅵ．埋管、封缝：将专用灌浆管放入孔内，用堵漏灵砂浆压封；回填环氧砂浆进行缝面封闭，回填时要压紧、压实，使表面平整，对裂缝进行封闭，如图 5.5—3 所示。

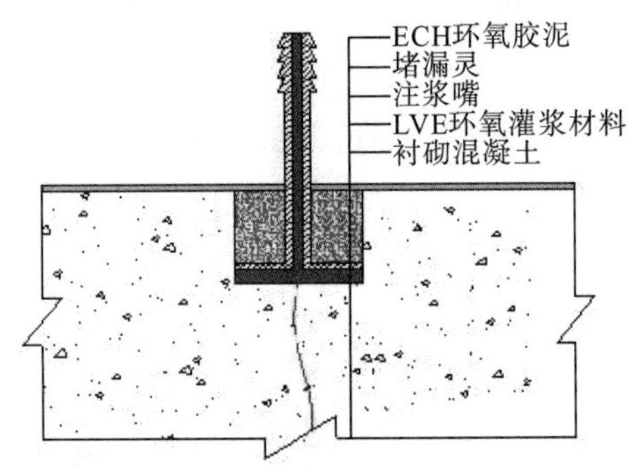

图 5.5—3　安装注浆嘴及封缝示意图

注：采用堵漏灵固定注浆嘴，完成后将基面打磨清洗干净，再沿裂缝两侧各 10cm 批刮厚 2～3mm 的 ECH 环氧胶泥。

Ⅶ．灌前通风检测：封缝完成 2 天后即可进行通风检测，检查孔嘴与缝隙是否畅通、缝面封堵是否密实、有无支缝外漏现象等。具体操作方法：压风压力 0.1～0.2MPa，通风检测前关闭整条缝的所有注浆管，只留 1＃、2＃注浆管；将 1＃注浆管接入输风管，将 2＃注浆管插入水中，观察有无气泡冒出，如有为通，否则为不通；检测完 1＃、2＃注浆管后，关闭 2＃注浆管，打开 3＃注浆管，插入水中进行检测。依此类推，直至全缝检测完毕。

在通风检测过程中，将肥皂水抹在封缝材料两侧，观察有无气泡冒出，如有，必须用粉笔做好标记，进行补缝，待补缝材料有足够强度后（4h）方可灌浆。

Ⅷ．化学灌浆。

ⅰ．灌前准备：根据裂缝长度和宽度将灌浆所需工具、材料、设备准备到位。

ⅱ．灌浆材料：LVE 低黏度亲水性改性环氧树脂灌浆材料。

ⅲ．灌浆设备：FS—A41 全自动灌浆机。

ⅳ．灌浆压力：0.2～0.6MPa，或视裂缝深度、宽度和受灌面积酌情降低。

ⅴ．配制浆液：浆液配制由专人进行，遵循“少配、勤配”的原则。现场技术人员应根据被灌孔的孔容、进浆量、灌浆压力、灌注时间以及互串孔数量等综合因素，适时调整配制，B 液应以慢速、自落呈线状加入 A 液，边加边搅拌，搅拌均匀即可。搅拌时间不得过长，一般以固化剂加完后再搅拌 3min 为宜。每次配浆量要与进浆速度对应，否则容易造成配制浆液停放时间长、黏度增大、灌注困难，影响灌浆质量。

配制浆液和灌浆的过程中，现场技术人员随时对浆液温度、气温进行监控，并详细记录。

ⅵ. 灌浆具体操作方法：化学灌浆应根据各条裂缝的产状、贴嘴和灌浆孔布置、灌浆管之间的通畅性，确定灌浆顺序。一般先灌相互串通的进浆孔，待灌浆结束后再对不互串的通畅孔进行单孔化学灌浆，最后对不通畅孔进行封孔灌浆。灌浆时应使浆液由一端向另一端连续推进，进浆另一端的灌浆管管口阀门均打开，作排气使用。

ⅶ. 互通孔灌浆方法：互通孔化学灌浆采用自下而上、由深孔到浅孔、从一端向另一端推进的方式进行。在深孔全部并联灌浆之前，浅孔排气管应处于关闭状态。

灌浆过程中，当相邻的进浆管返浆，或进浆管达到设计进浆压力、吸浆量小于0.004L/min，且已灌注30min以上时，将相邻进浆管并联灌浆，对各进浆管依次并联。灌浆过程中，当排气管返浆而底部进浆管尚未并联灌浆时，将相邻进浆管并联灌浆。

深孔进浆管全部并联灌浆后，打开排气管排气，当排气管返浆后关闭管口，使相邻排气管排气返浆，依次循环使各排气管排出纯浆后，在设计排气管口压力下继续灌注。当排气管达到设计灌浆压力、吸浆量小于0.004L/min，且已灌注30min以上时，保持设计压力再屏浆2h后结束灌浆。

ⅷ. 单孔灌浆方法：对不互串通畅孔采用单孔灌浆。当灌浆孔填满并达到设计灌浆压力时，若浆液注入量小于0.004L/min且已灌注30min以上，则保存设计压力再屏浆2h后结束灌浆。

ⅸ. 灌后处理：灌浆结束24h后清除封缝材料及注浆嘴，沿裂缝两侧10cm均匀涂刷一道环氧基液，再用ECH环氧胶泥抹平收光。表面灌后处理如图5.5−4所示。

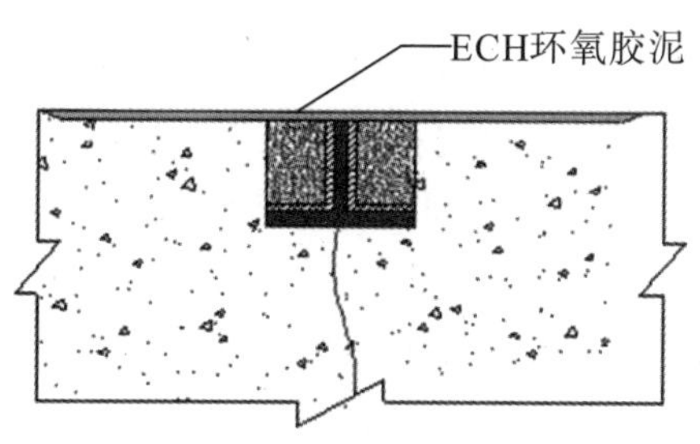

图5.5−4　表面灌后处理示意图

注：铲除灌浆嘴后将基面打磨清洗干净，再沿裂缝两侧各10cm批刮厚1～3mm的ECH环氧胶泥。

Ⅸ. 化学灌浆特殊情况处理。

ⅰ. 灌浆中断：灌浆工作应连续进行，因故中断应尽快恢复灌浆，恢复灌浆时，若间隔时间较长，宜采用新鲜浆液进行灌注。若有其他灌浆中断的特殊情况，应及时报告监理。

ⅱ. 外漏情况处理：化学灌浆外漏时，暂停灌浆，对渗漏部位外部及时进行清理，采用速凝材料封堵，停止渗漏后逐级升压至灌浆结束。

ⅲ. 注入量过大：灌浆过程中，当出现灌浆量较大、与缝容明显不匹配且无结束迹象时，可采取以下措施：降低灌浆压力，限制灌浆流量；间歇性灌注；隔孔灌浆；待凝2h后再灌浆；调整浆液配合比，缩短浆液凝固时间。

Ⅹ. 质量检查及验收。

灌浆结束7天后采取钻孔取芯或压水的方法进行灌浆质量检查及验收。

ⅰ. 钻孔取芯检查：由监理工程师现场随机指定取芯的缝号及孔号，采用取芯钻孔机钻孔取芯，芯样直径和取芯深度由监理工程师确定。

ⅱ. 压水检查：由监理工程师现场布检查孔，冲击钻造孔（检查孔直径18mm，深250～350mm）后，采用单点法压水。压水检查压力0.15MPa。

压水检查的结束标准：在稳定压力下，每3～5min测读一次注入量，连续四次读数中最大值与最小值之差小于最终值的10%，或最大值与最小值之差小于1mL/min时，本孔段压水结束，取最终值为计算值，测记漏量，计算透水率。

压水检查的合格标准：透水率≤0.1Lu。

6）其他特殊情况

（1）对于施工缝、结构缝、变形缝，以及其他部位若存在渗水、漏水及沁水现象，均应采取裂缝处理措施。

（2）当裂缝每延米灌浆量超过3kg时视为超灌，当裂缝出现超灌现象时，应立即停止灌浆作业，分析原因，并采用间歇跳管注浆法注浆。

（3）化学灌浆应连续进行，因故中断应尽快恢复，必要时进行补灌。

（4）化学灌浆过程中，当灌浆压力达到设计值，而注浆量和注入率仍小于预计值且缝面增开度或抬动值未超过设计规定时，应稳压30min。

（5）化学灌浆过程中发生冒浆、外漏时，应采取措施堵漏，并根据具体情况采用低压、限流和调整配合比等措施进行处理。若效果不明显，应停止灌浆，待浆液胶凝后重新堵漏复灌。

7）质量检查

（1）检查孔布置原则。

①检查孔应布置在贯穿性裂缝、深层裂缝和对结构整体性影响较大的裂缝。

②结合施工记录、灌浆成果资料分析确定的部位。

（2）检查孔布置数量。

①对于结构整体性有影响的裂缝，每条裂缝至少布置1个检查孔。

②其他裂缝每100m布置不少于3个检查孔；当处理总长度小于100m时，也布置3个检查孔。

③对于施工缝、变形缝、结构缝及超灌裂缝，每条裂缝至少布置1个检查孔。

（3）压水检查。

检查孔采用单点法压水试验，压水压力0.3MPa。压水检查的结束标准：在稳定压力下，每3～5min测读一次注入量，连续四次读数中最大值与最小值之差小于最终值的10%，或最大值与最小值之差小于1mL/min时，本孔段压水结束，取最终值为计算值，测记漏量，计算透水率。当透水率≤0.1Lu时，表明该裂缝处理合格。

第 6 章　基础处理

6.1　回填灌浆

隧洞混凝土衬砌段的灌浆，应按先回填灌浆后固结灌浆的顺序进行。回填灌浆应在衬砌混凝土达到 70%设计强度后进行。

6.1.1　施工工艺流程

顶拱回填灌浆施工工艺流程如图 6.1−1 所示。

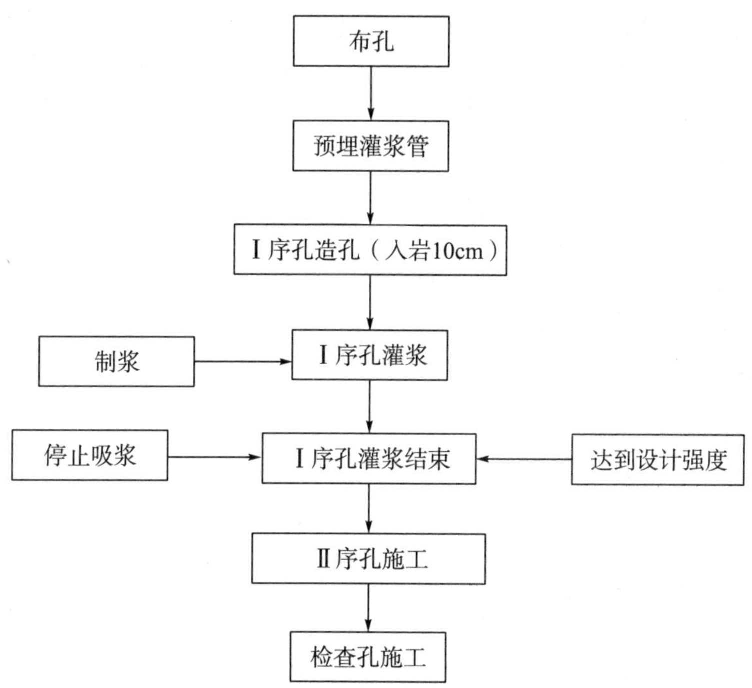

图 6.1−1　**顶拱回填灌浆施工工艺流程**

6.1.2　灌浆管路预埋

回填（固结）灌浆管路预埋严格按照设计图纸进行，首先由技术人员根据设计图纸将每一环回填灌浆孔进行放点，再采用钢卷尺对每一回填灌浆孔进行精确定位。回填灌浆预埋管采用 Φ80 PVC 管，单根预埋管长度 120～150cm。预埋管埋设角度必须符合施工图纸要求。预埋管埋设完毕后，必须在模板内侧刷油漆，以方便拆模后准确找到回填（固结）灌浆孔位。

6.1.3 钻孔

（1）回填灌浆采用YT－28手风钻机直接在预埋管内钻孔，孔径不宜小于38mm，孔位、深度、孔径、钻孔顺序和孔斜等应按施工图纸要求和监理工程师指示执行。

（2）回填灌浆钻孔深入岩石10cm或按监理工程师指示的深度进行，并测记混凝土厚度和空腔尺寸。

（3）灌浆孔钻进过程中，如遇涌水、漏水等特殊情况，应及时通知监理工程师，按监理工程师的指示进行处理。

6.1.4 施工工艺

（1）回填灌浆应在衬砌混凝土达到70％设计强度后进行。

（2）对于隧洞内混凝土堵头段以及有围岩塌陷、超挖较大等部位的回填灌浆，应在浇筑混凝土时预埋灌浆管和排气管路，通过管理进行灌浆，且数量不应少于2个。

（3）应分区段分序加密进行灌浆，分序数量和分序方法应根据地质情况和工程要求确定，每个区段的长度不宜大于3个衬砌段，区段的端部应在混凝土施工时封堵严密。

（4）采用纯压式灌浆法，分为两个次序进行，自较低高一端向较高一端推进。同一区段内的同一次序孔可全部或部分钻孔后再进行灌浆，也可单孔分序钻进和灌浆。

（5）在钢筋混凝土衬砌中，灌浆压力可为0.3～0.5MPa；Ⅰ序孔可灌注水灰比0.6（或0.5）∶1的水泥浆，Ⅱ序孔可灌注水灰比1∶1和0.6（0.5）∶1的水泥浆。空隙大的部位应灌注水泥砂浆或回填高流态混凝土，使用水泥砂浆时，掺砂量不宜大于水泥重量的200％。

（6）结束条件：在规定压力下灌浆孔停止吸浆后，继续灌注10min，即可结束灌浆。

（7）灌浆应连续进行，因故中止灌浆的灌浆孔，应扫孔至原孔深后再进行复灌，若此时灌浆孔不吸浆，则应重新就近钻孔进行灌浆。

（8）灌浆孔完成灌浆后，应使用干硬性水泥砂浆将全孔封填密实，孔口压抹齐平，割除露出衬砌混凝土表面的预埋管。

6.2 固结灌浆

固结灌浆应在该部位的回填灌浆结束7天后进行。固结灌浆可采用自上而下、孔口封闭、孔内循环式灌浆法施工，按环间分序、环内加密的原则进行。一般为二序，Ⅳ、Ⅴ类围岩宜划分为三序。

固结灌浆施工顺序为：抬动观测孔施工→抬动观测装置安装→灌前检查孔施工→灌前检查孔灌浆→Ⅰ序环固结灌浆（Ⅰ序孔→Ⅱ序孔）→Ⅱ序环固结灌浆（Ⅰ序孔→Ⅱ序孔）→灌后检查孔施工。

6.2.1 施工工艺流程

固结灌浆施工工艺流程如图6.2－1所示。

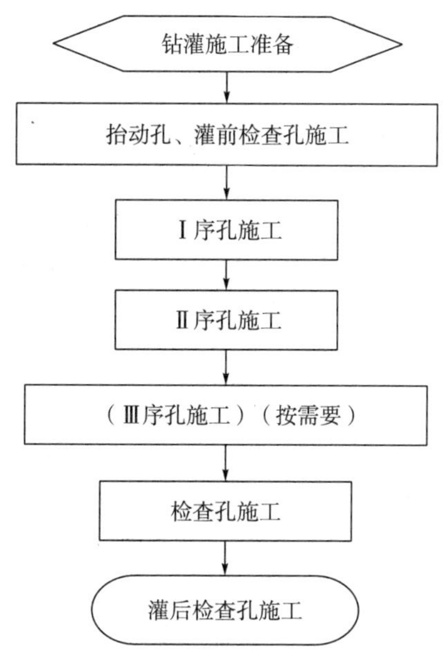

图 6.2－1　**固结灌浆施工工艺流程**

6.2.2　抬动观测孔施工及抬动观测

1）抬动观测孔施工

抬动观测孔在固结灌浆试验区沿洞轴线布置，若试验区未发生抬动变形，其他部位不再设置抬动观测装置。抬动孔选用地质钻机配 Φ90 钻头造孔，孔深根据各单元固结灌浆孔深定，为垂直非取芯孔。底部用水泥砂浆回填 0.5m，然后再下入内管。内管直径 20mm，外管直径 50mm；外管露出混凝土面 0.1m，内管露出混凝土面 0.2m。抬动观测装置安装完成后，采用保护钢罩进行保护。抬动观测装置在灌浆施工前安装完毕，如图 6.2－2 所示。

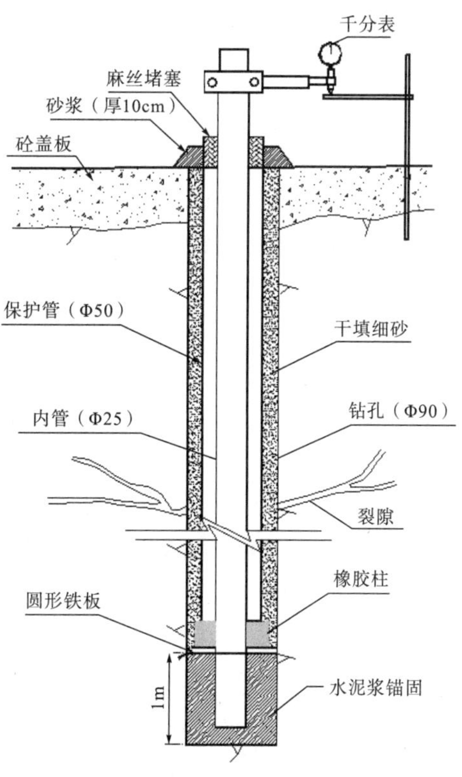

图 6.2－2　**抬动观测装置安装示意图**

2）抬动观测

（1）在钻孔冲洗、压水检验、灌浆过程中，均应监测被灌岩体的抬动情况。每隔 10min 测记一次千分表读数，并将观测成果报监理工程师审查。抬动变形允许值为 100μm。

（2）在灌浆过程中，安排专人严密监测抬动观测装置千分表的变化情况。

（3）在裂隙冲洗、压水检验及灌浆过程中，当基岩变形值接近 100μm（混凝土变形值接近 100μm）或变形值上升速度较快时，应及时报告各工序操作人员采取降低压力措施，防止发生抬动破坏。若施工中发现超过规定允许值，应降低压力、注入率直至停止施工，报告监理工程师，并按监理工程师指示采取处理措施。

（4）在灌浆过程中安排专人严密监测抬动观测装置千分表的变化情况，当抬动值＜50μm 时，灌浆升压过程按灌浆压力与注入率协调控制；当 50μm≤抬动值＜100μm 时，灌浆升压过程严格控制注入率小于 10L/min，如果抬动值不再上升，逐级升压，否则停止升压；当抬动值≥100μm 时，停止灌浆，待凝 8h 后扫孔复灌。

（5）抬动观测过程中，应严格防止碰撞，保证装置在正常工作状态下进行观测，确保测试精度。

6.2.3 钻孔

（1）为加快固结灌浆施工进度，减小固结灌浆对压力管道混凝土浇筑的影响，以 Dm－30 钻机为主进行钻孔。

（2）所有灌浆孔均在预埋管进行施工。为防止钻机在施工过程中发生位置变化，保证孔位、孔向及倾角满足设计要求，在调整好孔位、孔向及钻孔角度后，所有钻机应固定，由技术质检人员验收合格后报监理工程师批准方能开钻，单孔未达到设计要求的施工钻机未经同意不得移动。施工过程中，未经同意不得随意调整钻机的钻孔角度。

（3）钻机安装应平整稳固，钻孔时必须保证孔向准确，开孔段应采用慢速低压钻进，保证孔斜符合设计要求。钻孔角度误差不应大于 5°，需采取以下措施：

①以灌浆混凝土面作为基础线。

②找出钻机的中心线，使用水平尺让钻机中心线与混凝面垂直。

③用方木将钻机垫平整，使用水平尺校正钻机，把钻机调水平，必要时增加锚固插筋保证钻机机座稳固，用罗盘校正钻机顶角，保证钻孔角度准确。

④钻进软硬互交地层时，采用低钻速、低压力钻进。

⑤使用较长或粗径钻具有利于控制孔斜，必要时增加钻杆扶正器保证孔斜。

6.2.4 施工工艺

1）灌浆方法

灌浆采用孔口卡塞孔内循环灌浆的方法，射浆管距孔底不大于 0.5m。灌浆塞阻塞在灌浆段段顶 0.5m 处。当灌浆孔的灌浆段短于 6m 时，可采用全孔一次灌浆；长于 6m 时，采用分段灌浆。当地质条件不良或有特殊要求时，采用自上而下（由浅入深）分段灌浆。

仰孔固结灌浆时，浆液需满足“低进、高出”的原则。

2）裂隙冲洗

灌浆孔（段）钻进结束后，应使用水或压缩空气冲净孔内岩粉、渣屑。

固结灌浆裂隙冲洗压力为灌浆压力的 80%，且不大于 1MPa。冲洗时间至回水清净时止，并不大于 20min。对回水达不到清净要求的孔段，应继续进行冲洗，孔内残存的沉积物厚度不得超过 20cm。

3）压水试验

压水试验可结合裂隙冲洗进行简易压水，可在各序孔中选取不少于5%的灌浆孔在灌浆前进行。

（1）简易压水试验。

简易压水试验压力为该段灌浆压力的80%，若超过1MPa，采用1MPa；压水时间20min，每5min测读一次压水压力和流量，取最终读数进行计算，其结果以透水率q表示，单位为Lu。

（2）单点法压水试验。

灌后检查孔采用单点法压水试验。压水试验孔口阻塞进行，灌后检查孔压水试验压力均为1MPa。各级压水压力下，压入流量的稳定标准为：在稳定压力下每隔5min测读一次压入流量，连续四次读数中最大值与最小值之差小于最终值的10%，或最大值与最小值之差小于1L/min时，即可结束压水，以最高压力阶段压力值及相应流量计算透水率。

4）浆液制备

（1）制浆材料必须称重，水泥等固相材料宜采用重量称量法，水采用体积法。称量误差应小于5%。

（2）纯水泥浆的搅拌时间：使用普通搅拌机时，应不少于3min；使用高速搅拌机时，应不少于30s。浆液在使用前应过筛，从制备至用完的时间不应大于4h，否则不能再用，并弃置指定地点。

（3）拌制细水泥浆液和稳定浆液，应加入减水剂，采用高速搅拌机。搅拌时间应通过实验确定。细水泥浆从制备至用完的时间应小于2h。

（4）集中制浆站制备0.5∶1的纯水泥浆液。输送浆液的管道流速1.4～2.0m/s。各灌浆地点应测定浆液密度（0.5∶1的浆液，密度不应小于1.802），并根据需要调制使用。制浆站的制浆能力应满足灌浆高峰期所有机组用浆需要。

（5）浆液温度应保持为5℃～40℃，超过此标准应按监理工程师的指示弃置。寒冷季节施工时，应做好灌浆机房和灌浆管路的防寒工作；炎热季节施工时，应采取防热、防晒措施。

5）固结灌浆施工参数

（1）灌浆水灰比。

固结灌浆按四级水灰比进行灌注，即2∶1、1∶1、0.8∶1、0.5∶1（重量比）。

（2）灌浆压力。

猴子岩地下洞室工程固结灌浆压力为1～2MPa。

（3）浆液变化原则。

①灌浆施工按既定的水灰比施灌，浆液应由稀到浓逐级变换。当灌浆压力保持不变而注入率持续减小，或注入率保持不变而灌浆压力持续升高时，不得改变水灰比。

②当某级浆液注入量已经达到300L以上，或灌浆时间已达30min，而灌浆压力和注入率均无改变或改变不显著时，应改为浓一级水灰比浆液灌注。

③当注入率大于30L/min时，可根据具体情况越级变浓。浆液越级变浓后，若发现压力突然增大或注入率突然减小，应立即换回原浓度的浆液继续灌注。

6）灌浆结束标准

根据灌浆施工技术要求，压力管道各孔段固结灌浆结束标准如下：

（1）在灌浆段设计压力下，当灌浆段注入率不大于1L/min，持续灌注30min时，灌浆即可结束。

（2）若长期达不到结束标准，应报请监理工程师共同研究处理措施。

7）封孔

封孔可采用导管注浆法或全孔灌浆法。灌浆孔完成灌浆后，应排除钻孔内积水和污物，使用干硬性水泥砂浆将全孔封填密实，孔口压抹齐平，割除露出衬砌混凝土表面的预埋。

全部孔段灌浆结束后，先利用0.5：1的水泥浆置换孔内稀浆，然后将铁打塞安装在孔口进行纯压式封孔灌浆。封孔压力使用最大灌浆压力，封孔持续时间不小于30min。

上仰孔封孔时，需下设射浆管，且满足“低进、高出”的原则，将铁打塞卡在孔口进行封孔灌浆，封孔灌浆参数同上。

封孔完毕后，灌浆孔上部的空腔用人工回填砂浆（0.5：1：1）封实。

8）特殊情况处理

（1）灌浆过程中，当冒浆、漏浆量较大时，应根据具体情况采用嵌缝、表面封堵、低压、浓浆、限流、限量、间歇、待凝等方法进行处理。

（2）当灌浆过程中发生串浆时，若串浆孔具备灌浆条件，可一泵一孔同时灌浆；否则，应阻塞串浆孔，待灌浆孔灌浆结束后，再对串浆孔进行扫孔、冲洗，最后继续钻进或灌浆。

（3）灌浆必须连续进行，若因故中断，应按以下原则进行处理：

①应尽快恢复灌浆，否则立即冲洗钻孔后再恢复灌浆。若无法冲洗或冲洗无效，则应进行扫孔，再恢复灌浆。

②恢复灌浆时，应使用开灌比级的水泥浆进行灌注，若注入率与中断前相近，即可采用中断前比级的水泥浆继续灌注；若注入率较中断前减小较多，应逐级加浓浆液继续灌注；若注入率较中断前减小很多，且在短时间内停止吸浆，则应采取补救措施。

（4）孔口有涌水的灌浆孔段，应在灌浆前测记涌水压力和涌水量，根据涌水情况选用综合处理措施，并报监理工程师批准。

（5）当灌浆段注入量大而难以结束时，选用处理措施并报监理工程师批准。

（6）灌浆过程中，若回浆变浓，可换相同水灰比的新浆灌注，若效果不明显，则继续灌注30min后结束。

（7）灌浆孔段遇特殊情况，无论采取何种处理措施，复灌前都应进行扫孔，复灌后应达到规定的结束条件。

（8）灌浆过程中，若观测到较大变形现象，应立即降低灌浆压力，在不抬动的条件下进行灌注；若经过降压、加浓浆液和较长时间灌注后仍无法实现升压的目的，则在不抬动的条件下灌至不吸浆后待凝，检查确定发生变形部位周围无安全隐患和其他特殊情况，待凝24h后扫孔复灌，若有特殊情况，上报监理、设计、业主研究解决方案。

6.2.5 灌前检查孔及灌后检查孔施工

选择总孔数的5%作为灌前检查孔，且为Ⅰ序孔。灌后检查孔在该部位（单元）灌浆结束后，由监理工程师根据灌浆成果资料分析确定孔位。采用回转式地质钻机进行钻孔，孔径76mm，对每孔进行压水试验。

1）钻孔

灌前、灌后检查孔均采用地质钻机配Φ76金刚石钻头进行钻孔取芯。

2）压水试验

（1）灌前检查孔压水试验采用简易压水孔口卡塞进行。分段原则和段长与灌浆孔相同。

（2）灌后检查孔压水试验采用单点法孔口卡塞进行。分段原则和段长与灌浆孔相同。

单点法压水试验稳定标准：在稳定压力下，每5min测读一次流量，连续四次读数中最大值与最小值之差小于最终值的10%，或最大值与最小值之差小于1L/min时，即可结束压水，以最高压力阶段压力值及相应流量计算透水率。

若压水压力达不到该段设计压水压力，在稳定压力下压水20min，达到压水试验稳定标准即可结束。

3）物探检测

岩体波速和钻孔全景图像检测在该部位灌浆结束14天后进行，孔位布置均按施工图纸规定和监理工程师的指示执行。固结灌浆前后物探检测数量为（钻孔与灌浆孔数比例）：单孔声波5%、钻孔全景图像2%。一个单元工程内，灌浆前后至少各布置2个检查孔，检查结束后进行灌浆和封孔。

4）灌浆

灌前、灌后检查孔，采用分段钻孔、压水，直至孔深达到设计要求，再进行全孔物探检测，最后按全孔一次卡塞循环灌浆法进行灌浆，灌浆参数与灌浆孔相同，灌浆塞阻塞在待灌段段顶以上0.5m处，灌前不再进行裂隙冲洗和压水试验。

5）灌后检查孔布置要求

灌后检查孔钻孔应在固结灌浆结束3天后进行，利用混凝土浇筑间歇期施工。灌后检查孔位置应根据监理工程师的指示选择，一般为：①岩石破碎、断层、孔隙发育、强岩溶等地质条件复杂的部位；②灌浆范围的边缘及各种洞室附近；③注入量大的孔段附近；④钻孔偏斜过大、灌浆过程不正常等经分析资料认为对灌浆质量有影响的部位；⑤灌浆情况不正常以及分析认为灌浆质量有问题的部位。

6.3　帷幕灌浆

6.3.1　施工顺序及施工工艺流程

帷幕灌浆施工顺序为：施工准备→孔位放样→抬动观测孔施工→先导孔施工（压水试验）→第1排（Ⅰ序孔→Ⅱ序孔→Ⅲ序孔）→第3排（Ⅰ序孔→Ⅱ序孔→Ⅲ序孔）→第2排（Ⅰ序孔→Ⅱ序孔→Ⅲ序孔）→灌后检查孔压水试验→检查孔物探测试→质量验收。帷幕灌浆采用孔内阻塞循环式灌浆。帷幕灌浆施工工艺流程如图6.3-1所示。

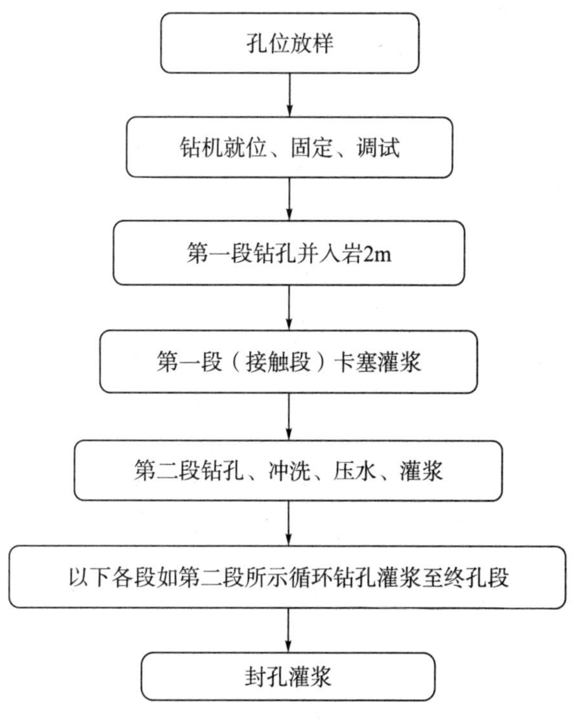

图6.3-1　帷幕灌浆施工工艺流程

6.3.2 施工准备

帷幕灌浆施工前，应先完成帷幕灌浆所需临建设施的修建工作，由技术部门针对帷幕灌浆相关技术要求向作业队伍交底，确保每一位作业人员掌握帷幕灌浆相关参数及质量控制要点。

6.3.3 孔位放样

根据防渗帷幕段衬砌钢筋布置图，补强帷幕灌浆孔直接在混凝土面钻孔施工。严格按照帷幕灌浆孔位布置图进行孔位放样，用红色油漆标明桩号，每间隔2个帷幕孔标识孔号。所有灌浆孔开孔孔位与设计孔位的偏差不得大于10cm，因故变更孔位应征得监理工程师同意，并记录实际孔位。

6.3.4 钻机定位

为防止钻机在施工过程中发生位置变化，保证孔位、孔向及钻孔角度满足设计要求，所有钻机应调整好孔位、孔向及钻孔角度，并经技术质检人员验收合格后方能开钻。

6.3.5 抬动观测孔施工

抬动观测孔帷幕轴线布置，在灌浆试验区布置，若试验区未发生抬动变形，其他部位不再设置抬动监测装置。布置方式与固结灌浆一致。

6.3.6 先导孔施工

先导孔施工直接利用Ⅰ序孔，每个单元先导孔按总孔数的5%布置，布孔位置见帷幕灌浆施工孔位布置图。先导孔采用地质钻机进行钻孔施工，不取芯，钻孔孔径76mm，自上而下分段钻进，同时进行分段简易压水试验及灌浆。压水试验压力为灌浆压力的80%，且不大于1MPa。

6.3.7 灌浆孔钻孔

（1）钻孔工艺：采用地质钻机配金刚石钻头造孔。钻孔孔深应达到设计图纸、文件规定的深度，钻孔实际孔深与设计深度偏差不得大于20cm。

（2）钻孔次序必须与灌浆次序一致，不允许一次成孔和任意开孔。孔口段可以先按序完成钻孔、压水及灌浆。

（3）钻孔分段：钻孔分段长度与灌浆分段长度一致，每段段长偏差不得超过0.2m，且在下一段应消除差值，终孔段可不受上述段长限制，但最长不得大于6m。地质缺陷部位经监理工程师批准可适当缩短。

钻孔时，应对孔内各种情况进行详细记录（如砼厚度、钢筋、涌水、漏水、断层、破碎影响带、塌孔掉块等），并及时通知监理工程师。钻孔穿越松软地层或遇塌孔掉块时，应酌情减小灌浆段长，以不塌孔为原则。若发现集中漏水，立即停钻，查明漏水部位原因并处理后再钻进。

（4）终孔验收及保护。钻孔达到设计深度后，将孔冲洗干净，“三检”验收合格后报请现场监理工程师验收，合格后方可进行下一道工序的作业。

所有灌浆孔均应妥善保护，防止流进污水或落入其他异物。

（5）钻孔孔斜。帷幕灌浆孔应进行孔斜测量。垂直或顶角小于5°的帷幕灌浆孔，孔底偏差不应大于0.25m。若钻孔偏斜率超过规定，应及时纠偏或采取补救措施。帷幕灌浆孔孔底允许偏差见表6.3-2。

表 6.3−2　帷幕灌浆孔孔底允许偏差

孔深/m	20	30	40	50	60
允许偏差/m	0.25	0.5	0.8	1.15	1.5
偏斜率/%	1.3	1.7	2.0	2.3	2.5

注：根据《水工建筑物水泥灌浆施工技术规范》(DL/T 5148)。

(6) 钻孔孔斜控制。应采取可靠的防斜措施保证孔深20m以内的孔斜、孔向准确，孔斜应控制在允许范围内，当钻孔偏斜率超过规定时，应及时纠偏或采取经监理工程师批准的其他补救措施；纠偏无效时，应按监理工程师的指示报废原孔，重新钻孔。为保证钻孔孔向、孔斜符合设计要求，在钻孔施工中应做好以下几项工作：

①开钻前采用地质罗盘反复校正钻孔孔向及钻孔角度，确保钻孔角度满足要求。校正好钻孔角度后将钻机固定，防止其在施工平台上发生位移。开孔时，应选用铅直的主动钻杆，不得使用立轴间隙过大的钻机。

②粗径钻具应随钻孔延伸而加长。钻孔时，应校正钻机，使立轴中心对准孔位。

③钻进过程中，不应轻易换径。换径时应使用变径导向钻具或采用其他导正定位措施。

④采用孔底加压等措施增加钻具的稳定性。

⑤钻进溶洞地层，软弱互层、应采用低转速、轻钻压。

6.3.8　压水试验

1）钻孔冲洗

每段钻孔结束后，立即用大流量水流从孔底向孔外进行冲洗，将孔内沉淀物冲出，直至回水清净，时间不大于20min。测量、记录冲洗后的钻孔孔深。钻孔冲洗后孔底沉积厚度不得超过20cm。

2）裂隙冲洗

裂隙冲洗主要是冲洗裂隙或空洞充填的松软的风化泥质物，裂隙冲洗在回水清净后10min结束，对回水达不到清净要求的孔段，应继续冲洗，孔内残存的沉积物厚度不得超过20cm。冲洗水压采用80%的灌浆压力，若压力超过1MPa，则采用1MPa。当邻近有正在灌浆的孔或邻近灌浆孔结束不足24h时，不得进行裂隙冲洗。裂隙冲洗结束后，应立即进行灌浆作业，若因故中断时间间隔超过24h，应在灌浆前重新进行裂隙冲洗。

3）压水试验

各灌浆孔段（检查孔采用单点法压水试验除外）进行简易压水试验，压水试验结合裂隙冲洗进行，压水压力为灌浆压力的80%，但不大于1MPa，压水时间30min（含裂隙冲洗时间），每5min测读一次压水流量，取最终值作为计算值，其结果以透水率表示。

4）透水率计算

对于常规灌浆孔，将压水流量、压力及试段长度代入以下公式，可求出该段透水率。

$$q=\frac{Q}{L\times P}$$

式中　q——透水率，Lu；

Q——压水流量，L/min；

L——试段长度，m；

P——作用于试段的表压力，MPa。

6.3.9 灌浆施工

6.3.9.1 灌浆方法

所有灌浆孔均采用孔内阻塞法灌浆，采用自上而下、孔内循环的施工方法。各灌浆孔段均应按要求进行灌浆。灌浆时，射浆管距离孔底不大于0.5m。

6.3.9.2 灌浆分段及灌浆压力

帷幕灌浆分段及灌浆压力参数见表6.3－3。

表6.3－3 帷幕灌浆分段及灌浆压力参数表

部位	孔深/m	压力/MPa		
		Ⅰ序孔	Ⅱ序孔	Ⅲ序孔
帷幕灌浆	0.0～2.0	0.5～0.7	0.7～1.0	1.0～1.2
	2.0～8.0	0.7～1.0	1.0～1.2	1.2～1.5
	8.0～12.0	1.0～1.5	1.5～2.0	2.0～2.5
	12.0～20.4	1.5～2.0	2.0～2.5	2.5～3.0

注：根据现场实际孔深分段。

6.3.9.3 灌浆水灰比及浆液变换

1）灌浆水灰比

补强帷幕灌浆采用三级水灰比：2∶1、1∶1、0.6∶1。

2）浆液变换

（1）当灌浆压力保持不变而注入率持续减小，或注入率不变而灌浆压力持续升高时，不得改变水灰比。

（2）当某级浆液注入量已达300L以上，或灌注时间已达到30min，而灌浆压力和注入率均无显著改变时，应换浓一级水灰比浆液灌注。

（3）当注入率大于30L/min时，根据施工具体情况，可越级变浓。

（4）灌浆过程中，若灌浆压力或注入率突然改变较大，应立即查明原因，并及时向现场监理工程师汇报，经现场监理工程师批准后采取相应的处理措施。

6.3.9.4 灌浆结束标准及封孔

1）结束标准

（1）采用自上而下分段灌浆法时，灌浆段应在最大设计压力下，当注入率不大于1L/min后继续灌注30min，即可结束。

（2）若最后连续3次注入率读数均大于1L/min，则不能结束灌浆。若长期达不到结束标准，应报请监理工程师共同研究处理措施。

2）封孔

全孔灌浆结束后，应及时报请监理工程师验收，合格的灌浆孔才能进行封孔。

封孔应采用全孔灌浆封孔法。封孔时，即全孔灌浆结束后，以0.5∶1的浓浆置换孔内稀浆，进行纯压式灌浆封孔，封孔压力使用孔口段最大灌浆压力，封孔持续时间不小于30min。孔口部位采用更浓的水泥浆或砂浆人工封填密实。

6.3.10　灌浆记录

在施工过程中，必须如实、准确地做好各项原始记录。对施工中出现的事故、揭露的地质问题及影响、损坏监测设施的正常工作状况等特殊情况，均应详细记录并及时通知监理、设计等单位共同协商解决。

使用灌浆自动记录仪进行帷幕灌浆的全程记录，若记录仪出现异常情况，可以手工记录作为补充。现场记录与资料整理应及时、准确、真实、齐全、整洁，以便后序工作的顺利进行，并为验收工作做好准备。单元工程结束后，应及时进行质量检查和验收。

6.3.11　特殊情况处理

（1）灌浆过程中，当冒浆、漏浆量较大时，应根据具体情况采用嵌缝、表面封堵、低压、浓浆、限流、限量、间歇、待凝等方法进行处理。

（2）当灌浆过程中发生串浆时，若串浆孔具备灌浆条件，可一泵一孔同时灌浆；否则，应阻塞串浆孔，待灌浆孔灌浆结束后，再对串浆孔进行扫孔、冲洗，最后继续钻进或灌浆。

（3）灌浆必须连续进行，若因故中断，应按以下原则进行处理：

①应尽快恢复灌浆，否则立即冲洗钻孔后再恢复灌浆。若无法冲洗或冲洗无效，则应进行扫孔，再恢复灌浆。

②恢复灌浆时，应使用开灌比级的水泥浆进行灌注，若注入率与中断前相近，即可采用中断前比级的水泥浆继续灌注；若注入率较中断前减小较多，应逐级加浓浆液继续灌注；若注入率较中断前减小很多，且在短时间内停止吸浆，则应采取补救措施。

（4）孔口有涌水的灌浆孔段，应在灌浆前测记涌水压力和涌水量，根据涌水情况，可选用综合处理措施，并报监理工程师批准。

（5）当灌浆段注入量大而难以结束时，选用处理措施并报监理工程师批准。

（6）灌浆过程中，若回浆变浓，可换相同水灰比的新浆灌注，若效果不明显，则继续灌注30min 后结束。

（7）灌浆孔段遇特殊情况，无论采取何种处理措施，复灌前都应进行扫孔，复灌后应达到规定的结束条件。

（8）灌浆过程中，若观测到较大变形现象，应立即降低灌浆压力，在不抬动的条件下进行灌注；若经过降压、加浓浆液和较长时间灌注后仍无法实现升压的目的，则在不抬动的条件下灌至不吸浆后待凝，检查确定发生变形部位周围无安全隐患和其他特殊情况，待凝 24h 后扫孔复灌，若有特殊情况，上报监理、设计、业主研究解决方案。

6.3.12　质量检查

帷幕灌浆工程的质量检查应以检查孔压水试验成果为主，结合钻孔取芯资料、灌浆记录和测试成果等进行综合评定。

检查孔的数量不应少于灌浆孔总数的 10%，一个单元工程内至少应布置 1 个检查孔。帷幕灌浆检查孔物探检测数量为（钻孔与灌浆孔数比例）：单孔声波 2%、钻孔全景图像 4%。

帷幕灌浆检查孔压水试验应在该部位灌浆结束 14 天后进行，检查孔的数量可为补强帷幕灌浆孔总数的 3%～5%。压水试验采用单点法，透水率的合格率不小于 90%，不合格试段的透水率不超过设计规定的 150%，且不集中，灌浆质量可认为合格。检查结束后，应按要求进行封堵。防渗帷幕透水率要求与主帷幕相同。帷幕灌浆后应达到的标准为防渗帷幕深度总体控制为岩体透水率小于 1Lu。

帷幕灌浆检查孔应在下列部位布置：①帷幕中心线；②注入率大的孔段附件；③钻孔偏斜过大、灌浆情况不正常以及经分析认为对补强帷幕灌浆质量有影响的部位。

帷幕灌浆结束 14 天后，根据监理工程师提供的检查孔布置图，组织施工人员进行检查孔压水试验。

检查孔应进行压水试验和采集岩芯。岩芯应进行标记，并根据需要确定是否保留。检查孔压水试验结束后，应继续按灌浆作业程序进行灌浆和封孔。

1）钻孔

采用地质钻配 Φ76 金刚石钻头自上而下分段钻孔并取芯，同时进行分段压水试验。取芯按要求施工。钻孔冲洗、裂隙冲洗、孔斜及分段按一般灌浆孔要求执行。

2）压水试验

灌后检查孔均应进行单点法压水试验。压水试验压力均为灌浆压力的 80%，并不大于 1MPa。各级压水压力下，压入流量的稳定标准为：在稳定压力下每隔 5min 测读一次压入流量，连续四次读数中最大值与最小值之差小于最终值的 10%，或最大值与最小值之差小于 1L/min 时，即可结束压水，以最高压力阶段压力值及相应流量计算透水率。

单孔孔深达到设计要求，且压水试验全部完成，由现场技术质检人员通知物探检测单位进行灌后检查孔声波检测及钻孔全景图测试。

6.4 接触灌浆

6.4.1 钢衬接触灌浆灌前准备

（1）灌浆前，使用洁净的压缩空气检查缝隙串通情况，吹除空隙内的污物和积水。风压小于灌浆压力。

（2）钢衬接触灌浆时，先安装电感千分表，进行变形监测。

（3）现场锤击检查确定，检查脱空区，并绘出脱空区展示图。

（4）面积大于 $0.5m^2$ 的脱空区宜进行灌浆，每一个独立的脱空区布置灌浆孔不应少于 2 个，最低和最高处都应布孔。

6.4.2 钢衬接触灌浆施工

（1）接触灌浆在回填灌浆结束后进行，接触灌浆在衬砌混凝土浇筑结束 60 天后进行。

（2）若没有预留接触灌浆孔，在钢材上需要新开孔时采用磁座电钻，钻孔直径 16mm，开孔后用手工攻丝，丝扣规格与灌浆塞规格配合。应测记每孔压力钢管与混凝土之间的间隙尺寸。

（3）接触灌浆孔也可采用预埋专用灌浆管的无钻孔方式进行，孔内有丝扣，在此处压力钢管外侧衬焊加强钢板。

（4）钻孔后，采用塞尺测量钢衬与混凝土之间的缝隙大小。

①接触灌浆采用循环式灌浆法，先从低处一孔或数孔进浆，上方的孔作为排气排水孔，在灌浆过程中敲击振动钢衬，待上方孔排出浆液且与进浆浓度接近时，依次将孔口阀门关闭。记录各孔排出的浆量和浓度。

②钢衬接触灌浆的特点是耗量小，采用现场配制灌浆。

③钢衬接触灌浆浆液的水灰比（重量比）为 0.8∶1 或 0.6∶1（或 0.5），浆液中宜加入减

水剂。

④灌浆压力以控制压力钢管变形不超过设计规定值为准，根据钢管的壁厚、脱空面积和脱空程度等实际情况，灌浆压力不宜大于0.1MPa。

⑤钢衬接触灌浆结束标准及封孔：在规定压力下，灌浆孔停止吸浆，继续灌注5min，可结束灌浆。灌浆工作完成后必须及时排除孔内积水和污物，按照设计图要求采用与钢管同一材质的堵头进行焊接封孔，孔口用砂轮磨平。

第7章　压力钢管安装

7.1　工程概况

猴子岩水电站共设4条引水压力管道，平行布置，压力钢管结构相同，中心高程1686.00m。管体由Φ10.5m主管段1、Φ10.5/7.75m锥管段、Φ7.75m主管段2组成，材质为600MPa高强钢、Q345R阻水环、Q345R加劲环，板厚38～50mm。

根据制造厂提供的压力钢管制造分节表，单台机压力钢管共27节，除与蜗壳连接段为凑合节瓦片供货外，其他管节已由制造单位制造组圆，现场仅进行压力钢管管体安装及环缝焊接、部分附件安装以及内支撑拆除等工作。管体最大外形尺寸为进水口第一节，Φ11376×2000mm，最大单节重量约30t（不含内支撑）。如图7.1－1所示。

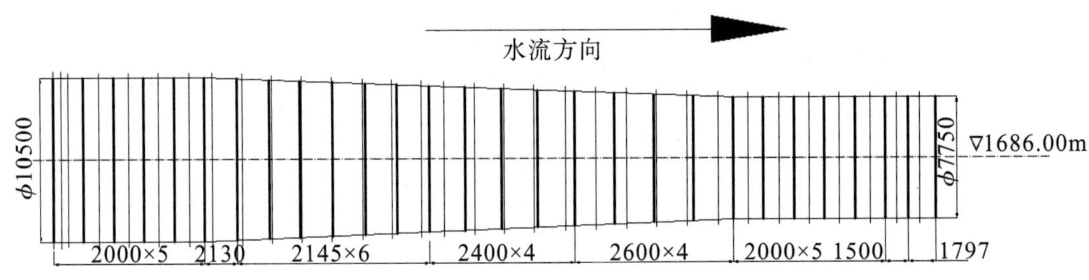

图7.1－1　1＃～4＃机压力钢管轴视图

7.2　施工准备

7.2.1　技术准备

认真学习相关施工图纸、技术文件，施工作业前，所有参与人员应熟悉相关图纸、资料、措施等，应对班组进行详细的技术和安全交底，使每位作业人员了解整个施工过程的质量、安全要求。

7.2.2　施工人员及设备准备

参加压力钢管安装的施工人员主要为铆工、焊工、起重工、电气维护工、测量人员、探伤检验人员等，都必须持证上岗。

安装所用钢卷尺和测量仪器不低于规范要求的精度，并经计量检定机构检定。安装压力钢管使用的转运台车、电焊机、千斤顶、压缝器、拉紧器、卷扬机、倒链、钢丝绳、安全帽、安全带、防护用品等设备和器具必须符合相关安全要求。所有用于压力钢管安装的施工材料必须有相应的质量合格证书，需要检验的必须进行抽样检验。

7.2.3　施工现场准备

在准备工作前应会同监理、土建单位对施工支洞和主洞进行全面检查，主要检查洞截面尺寸，洞内安全情况。钢管的安装运输需要一定空间，对于欠挖或在安装运输条件不满足的，应进行处理；对于洞内存在安全隐患的，应及时处理，消除安全隐患。

7.2.4　天锚、地锚及卷扬机布置

根据现场实际情况，在需要卸车的压力管道下平段支洞与1#引水支洞交叉处设置40t天锚3组；在上游设置1组地锚，布置1台5t卷扬机，下游布设2组地锚，分别布置1台5t和10t卷扬机，用于钢管运输牵引，采用2台5t卷扬机配合30t滑车组进行卸车和翻身吊装。卷扬机的固定是在其四周打2～4组地锚，然后用型材焊接固定。每组地锚要求使用3根直径25mm的钢筋布置成“八”字形，每根深3.5m以上，注意插筋方向与卷扬机的受力方向，如图7.2-1、图7.2-2所示。

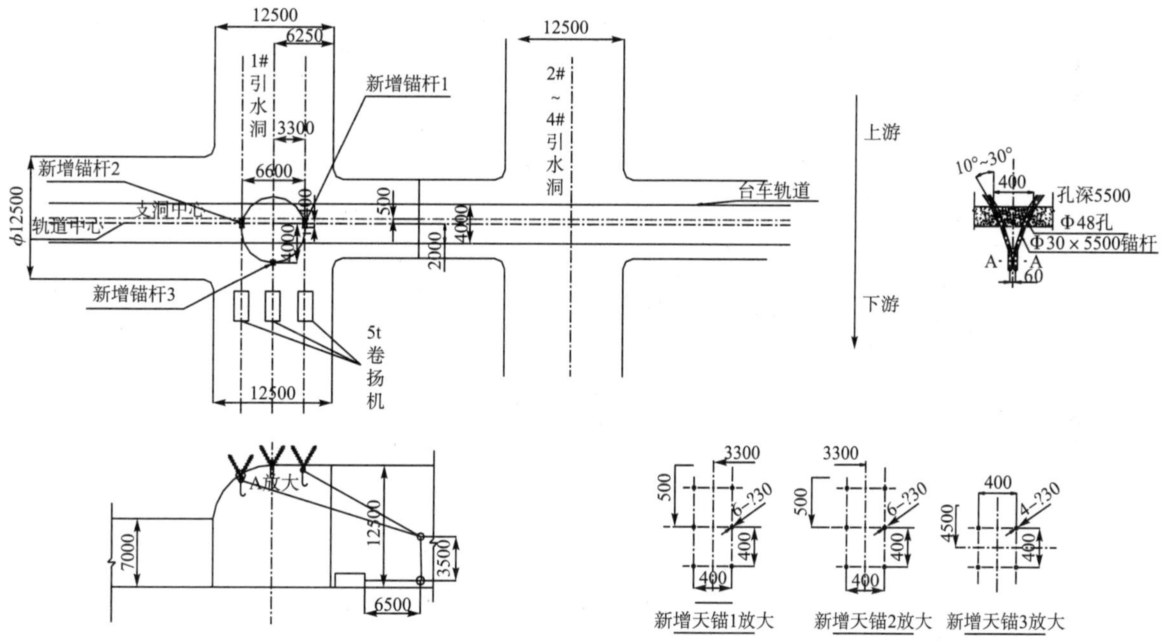

图7.2-1　天锚、卷扬机布置示意图

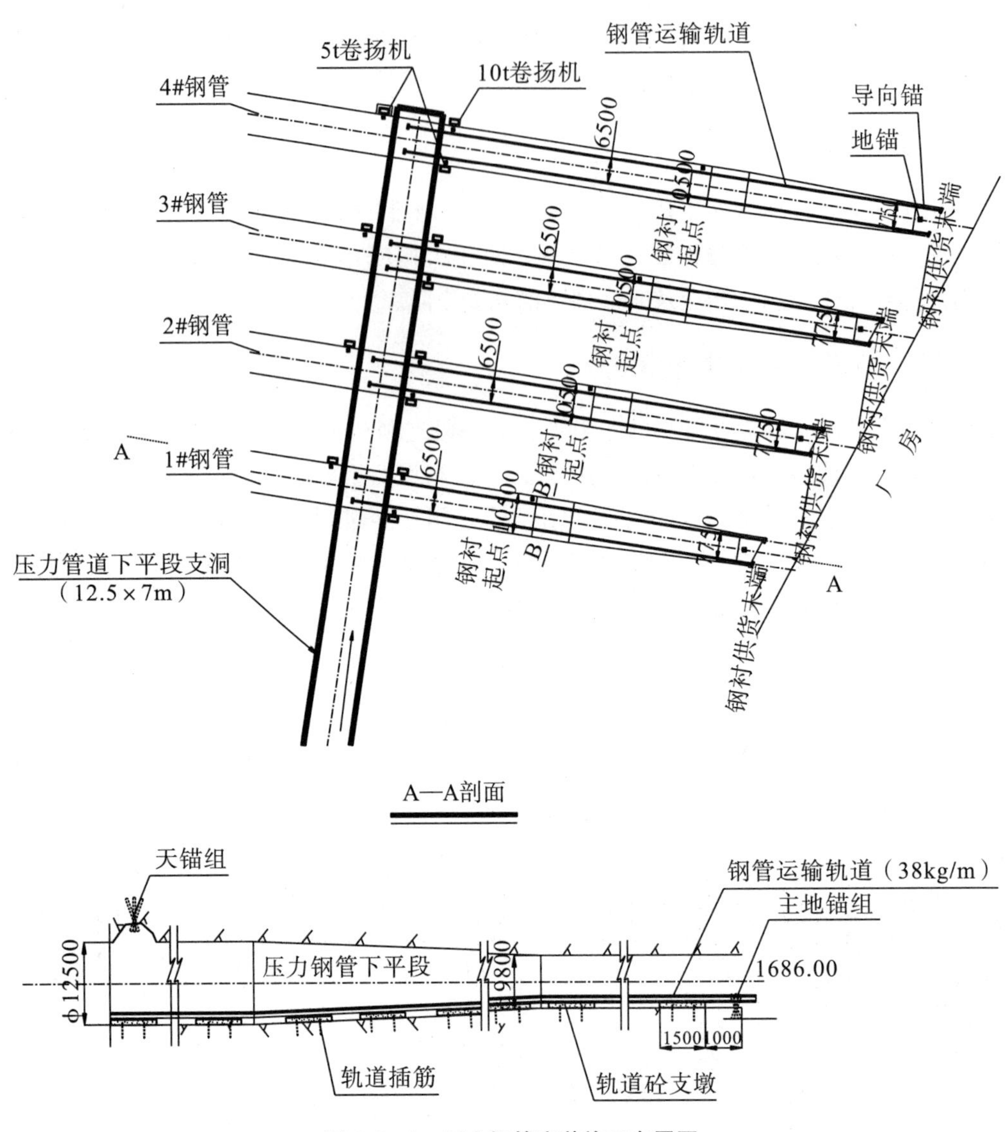

图 7.2-2　压力钢管安装施工布置图

1）卷扬机校核

按最大单节重量 24t 计算，5t 卷扬机配合 30t 滑轮组（6 门），则每台卷扬机实际承重为 24÷2÷6=2(t) <5t，满足《起重机械安全规程》(GB 6067.1—2010) 的规定，起升机构满足“按照规定使用方式应能够稳定地起升和下降的额定载荷”的要求。

2）钢丝绳校核

钢丝绳采用 2 根 6 股吊装，空间夹角 60°，考虑动载系数 1.1。每根钢丝绳受力：$Q\times1.1\div[6\times\cos(60°/2)]\approx2.541$(t)，约为 24.896kN。钢丝绳选用 Φ17.5，按抗拉强度 1670MPa 计算，查表得最小破断拉力 194kN，安全系数为 7.79（194÷24.896），大于 GB 3811—2008 中“纤维芯钢丝绳按 M5 级别进行选取，安全系数为 4.5”的要求。

3）天锚校核

天锚主要采用 2 组 4 根 Φ30 Q235 圆钢组合，埋深不小于 5.5m，最大吊装重物 24t，考虑动载荷系数 1.1，则单组天锚受力：24×1.1÷2=13.2(t)，约为 129.36kN。

Φ30 Q235 圆钢抗拉强度 410～490MPa，取最小值 410MPa，则单根圆钢抗拉强度为 $\cos30°\times P_i\times15^2\times410\approx250.984$(kN)；每组圆钢抗拉强度为 250.984×4=1003.936kN；每组圆钢安全系数为 7.76(1003.936÷129.36)，满足安全要求。

在使用天锚前，每组吊点按 12×1.25=15(t) 做负荷试验，确保吊装的使用安全。

4）地锚校核

主地锚主要采用3根Φ28螺纹钢组合，埋入岩石深度要求不小于1m，其最大剪应力为 $\tau=\frac{12\times9.8\times10^3}{3\times\pi\times14^2}\approx63.694(\mathrm{MPa}),[\tau]=110\mathrm{MPa}$ ，满足要求。

5）卸扣选择

钢管翻身的连接钢丝绳的卸扣选用16t弓形卸扣，必须附产品合格证。钢管卸车、翻身及吊装前应认真检查所用吊具、吊索，保证安全可靠。

6）钢管洞内运输安全措施

为防止钢管洞内运输的倾翻，下平段钢管的运输采用两种方式：一是单节运输，在上下游加装辅助防倾翻支架安全支撑，确保运输安全；二是两节运输，不需要加装安全支撑。压力钢管运输示意图如图 7.2−3 所示。

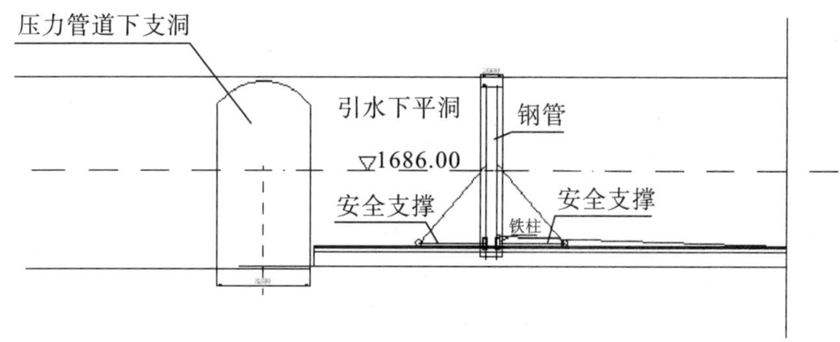

图 7.2−3　压力钢管运输示意图

7）卷扬机及滑轮组选择

根据压力钢管的安装方案，钢管洞内运输最大重量24t。将钢管上焊接的滑移铁鞋卡上轨道，并在轨道上涂抹黄油润滑后，滑移铁鞋与轨道间的最大静摩擦力 $F=0.1\times2.5\times24=6(\mathrm{t})$（摩擦系数取0.1，最大启动系数取2.5）。牵引钢管时，在管口上游侧的左右铁鞋相邻处设置两个拖点，均使用3t卷扬机、拖运主钢丝绳选两股Φ17.5与1套20t滑轮组（主要是为了降低拖运速度）。

若按两节运输，则最大静摩擦力为 6×2=12(t)。

8）滑轮组及牵引卷扬机校核

拖运滑轮组选用一组20t滑轮组，其倍率为6。

主牵引卷扬机选择5t卷扬机，实际最大拉力（考虑机械效率为85%）$F=6\div6\div85\%\approx1.17(\mathrm{t})<5\mathrm{t}$，满足需求。

若按两节运输，则实际最大拉力为 1.17×2=2.34(t)<5t，满足要求。

9）钢丝绳校核

钢丝绳选用Φ17.5，按抗拉强度1670MPa计算，查表得最小破断拉力194kN，安全系数为 2×194÷(1.17×9.8)≈33.84，大于GB 3811—2008中“纤维芯钢丝绳按M5级别进行选取，安全系数为4.5”的要求。

若按2节运输，则安全系数为 2×194÷(2.34×9.8)=16.9>6，满足要求。

10）其他转运安全措施

压力钢管在转运台车上的运输过程中，单节钢管必须与台车牢固绑扎，确保钢管运输安全，运输速度应平稳缓慢。

压力钢管从转运台车移到施工支洞交叉口到主洞轨道上时，施工支洞内的轨道必须与钢管运输铁鞋紧密接触后才能进行主洞内钢管的运输。运输过程中，必须采用挂线等方式随时监控钢管的运行状态。对于需要双节相连（两节钢管）的运输，两节钢管之间必须用连接板等在环缝处焊接加固，焊接长度单侧不小于150mm，焊角不小于10mm，钢管圆周均布8块以上。

两节压力钢管临时支撑必须焊接牢固，焊接长度大于200mm，焊角不小于8mm，采用双面焊接。

7.2.5 轨道布置

为使钢管顺利地滑移就位，应根据现场位置及压力钢管安装高程布置38kg/m的轨道，轨道基础采用连续砼支墩。安装前，检查砼支墩高程、里程，均满足要求后进行轨道安装。轨道安装应重点控制高程及直线度、跨距等。

7.2.6 转运台车布置

为使压力钢管顺利运输至各安装支洞，在压力钢管下平洞1＃机支洞与4＃机支洞之间布设台车轨道及转运台车，以便将压力钢管运输至安装支洞洞口处进行安装，如图7.2-4所示。

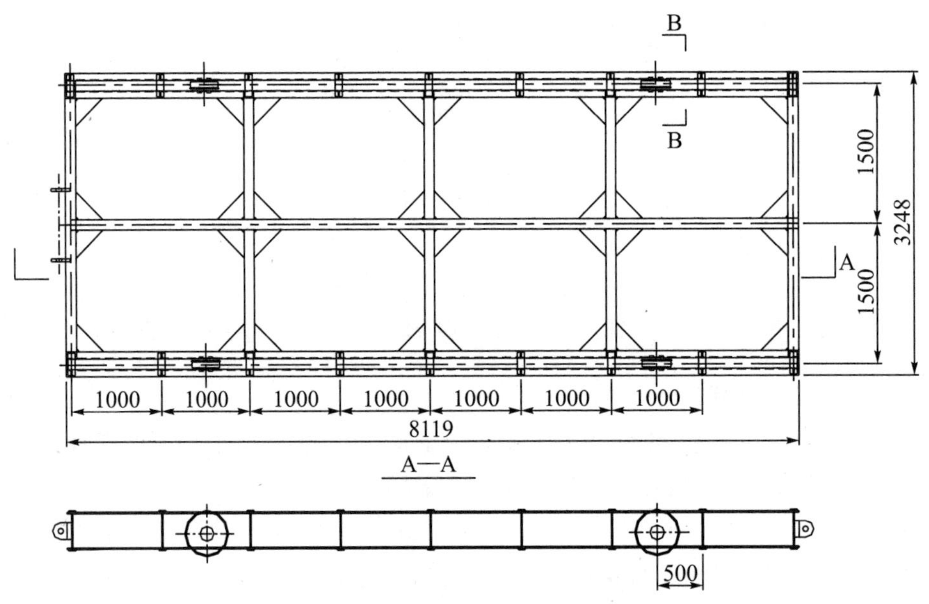

图7.2-4 压力钢管安装转运台车结构图

7.2.7 测量控制点设置

为施工及检查钢管的安装中心、高程和里程，每节管或管段的上游管口下中心和左、右中心部位均应设置控制点，左、右中心处为高程控制点，下中心设置中心、里程结合控制点。控制点应做好标记并注意保护。主要测量控制点见表7.2-1。

表7.2-1 主要测量控制点

机组号	定位节（与蜗壳相接的管节）		其他管节	
	起始桩号/m	中心高程/m	终止桩号/m	中心高程/m
1＃	（管1）0+632.075	1686.00	（管1）0+575.575	1686.00
2＃	（管2）0+599.602	1686.00	（管2）0+543.102	1686.00
3＃	（管3）0+567.387	1686.00	（管3）0+510.887	1686.00
4＃	（管4）0+535.099	1686.00	（管4）0+478.599	1686.00

7.3　压力钢管安装方案

压力钢管在制造厂内按安装方向装车后整节运输至支洞，利用天锚、滑子等进行卸车、翻身。1＃机压力钢管利用卷扬机拖拽至安装位置，调整、加固、检查验收后，其他管节依次进行安装。2＃～4＃机组压力钢管卸车、翻身后放置在转运台车上运至各支洞，使用卷扬机拖拽至安装位置，调整、加固、检查验收。

7.3.1　压力钢管运输

压力钢管最大装车吊装单元为进水口第一节，单重约30t（不含内支撑），使用制造厂内龙门吊进行装车。

压力钢管整节运输采用40t平板拖车进行，在制造厂内装车后，用钢丝绳、手拉葫芦等进行封车。压力钢管运输前，对所有运输线路进行实地考察。运输过程中派专车在前方开道，严格控制拖车的行驶速度，保证运输安全。

运输路线：制造厂→S211省道→4＃公路隧洞→尾水隧洞→压力钢管下平段。

7.3.2　压力钢管安装

1）安装顺序

根据工程的总体工期要求和安装面的提交时间，猴子岩水电站压力钢管安装顺序为：首先安装4＃、3＃洞的压力钢管，然后安装2＃、1＃洞的压力钢管。

每条压力钢管将26＃节即与蜗壳末端连接前2节设置为定位节，依次向上游进行安装、调整，最后进行28＃节即与蜗壳末端连接节安装，即26＃—25＃—24＃—…—1＃—27＃—28＃。

运输顺序：由于26＃节为定位节，且安装自下游向上游进行，最后进行1＃节安装，因此运输顺序与安装顺序相同。

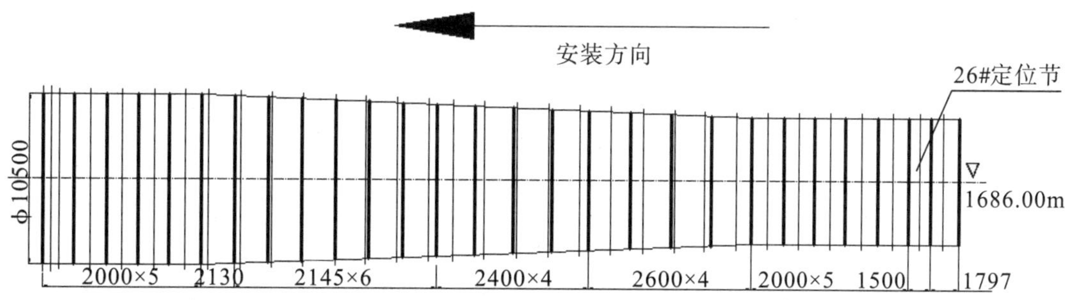

图7.3－1　压力钢管安装示意图

2）安装施工程序

压力钢管安装施工程序如图7.3－2所示。

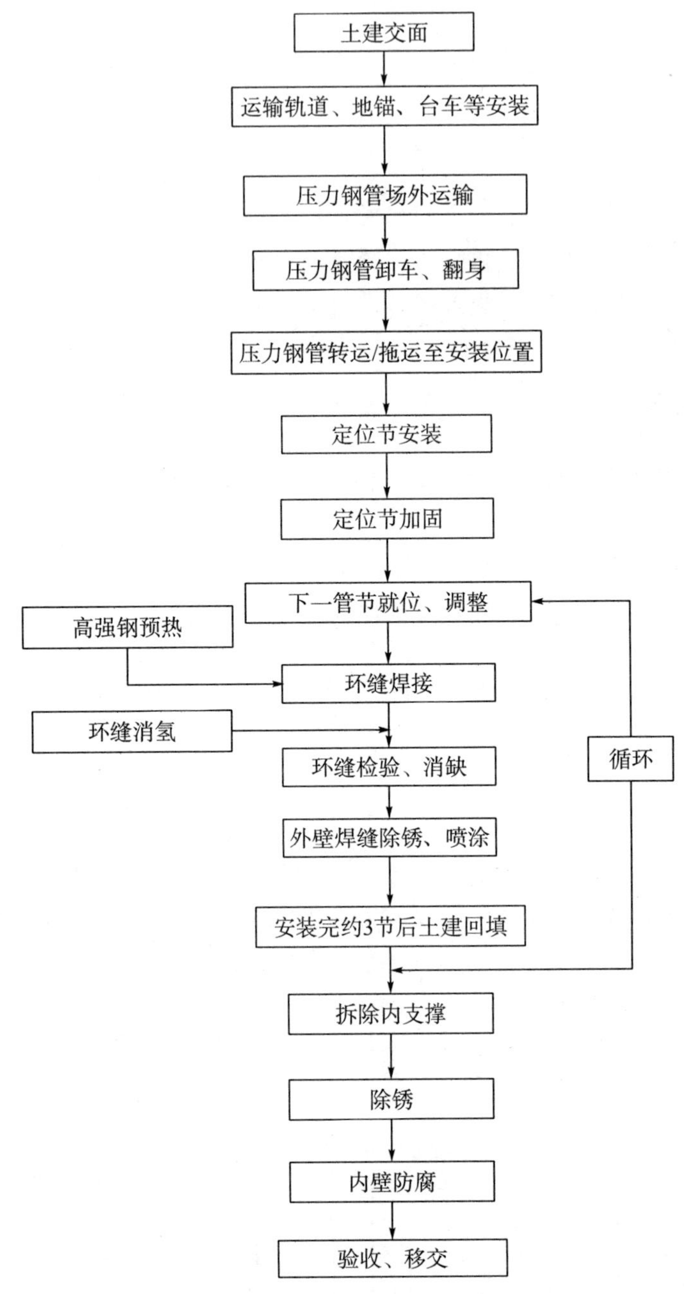

图 7.3－2　压力钢管安装施工程序

3）测量控制点布置

除定位节外，还应在压力钢管的起点、终点设置测量控制点，即钢管安装中心、里程点和高程控制点，以及钢管左、右中心在隧洞底板上的投影点，并做好标记，注意保护。钢管安装中心、投影点和里程点设在隧洞底板上，高程控制点设在两侧洞壁上。测量控制点均放在打入岩石的膨胀螺栓上，并加红油漆标示和做好记录。

4）安装调整

压力钢管安装按《水电水利工程压力钢管制造安装及验收规范》（DL/T 5017—2007）和《猴子岩水电站压力钢管制造及安装技术要求》进行调整、控制，即始装节管口的里程偏差不超过±5mm；弯管起点的里程偏差不超过±10mm；始装节两端管口的垂直度偏差不超过±3mm；钢管安装后管口圆度偏差不大于 $5D‰$，且不大于 40mm。压力钢管安装尺寸极限偏差见表 7.3－1。

表7.3-1 压力钢管安装尺寸极限偏差

<table>
<tr><td rowspan="2">项目</td><td colspan="3">极限偏差/mm</td><td rowspan="2">检测工具</td></tr>
<tr><td>始装节</td><td>与蜗壳连接的管节</td><td>其他部位管节</td></tr>
<tr><td rowspan="2">管口中心</td><td rowspan="2">5</td><td rowspan="2">12</td><td>5<D≤8，25</td><td rowspan="2">全站仪</td></tr>
<tr><td>D>8，30</td></tr>
<tr><td>管口里程</td><td>±5</td><td>—</td><td>—</td><td>全站仪</td></tr>
<tr><td>垂直度（直管）</td><td>±3</td><td>—</td><td>—</td><td>粉线、吊坠、钢直尺</td></tr>
<tr><td>钢管圆度</td><td colspan="3">≤5D/1000 且≤40mm，至少测两对直径</td><td>钢盘尺</td></tr>
<tr><td>环缝对口错位</td><td colspan="3">10%δ（δ 为板厚）</td><td>检验尺</td></tr>
</table>

5）定位节安装

定位节压力钢管运输就位后，利用导链、拉紧器、千斤顶等工具将管节中心、高程调整至安装位置，压力钢管的中心、高程、里程调整合格后加固，用角钢或槽钢在加劲环上焊接后与隧洞内埋设的锚筋相连加固，不能伤及母材，定位节上、下游管口均做加固。

6）其他直管、锥管安装调整

定位节安装完毕并经监理工程师验收合格后，进行其他管节的安装。安装前，先复测前一节管口的中心、里程以及垂直度，复测合格后，将待安装的管节运输至安装位置，利用拉紧器、压缝器、楔子板等调整压缝，主要控制焊缝间隙的均匀性及管壁错牙情况，均满足规范及标准要求后进行定位焊接。

7）压力钢管加固

钢管安装调整完且检验合格后，进行四周的加固。压力钢管加固断面示意图如图7.3-4所示。

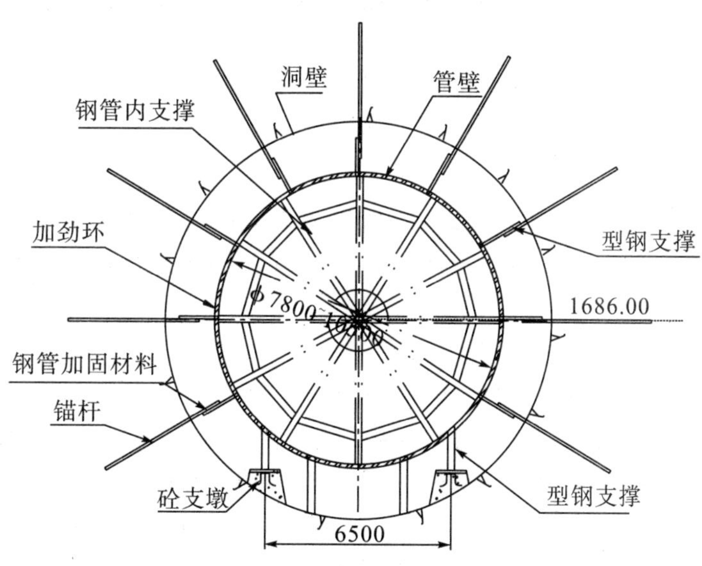

图7.3-4 钢管加固断面示意图

用型钢分别对单个管节进行加固。顺压力钢管安装轴线方向，每间隔1.6～2.0m加固1圈，间隔距离可与加固圈间距一致。加固材料不能焊在管壁上，只能焊在加劲环或阻水环上。加固型钢固定前，应去掉洞壁的松动岩石，并将型钢与洞壁顶紧。加固型钢的焊接由双数个焊工采用对称搭结焊的方式进行作业，防止钢管发生位移变形。钢管加固完成后，还应复核该管节安装的控制数据，确保满足规范要求。

7.3.3 焊接

1）焊接准备

进行压力钢管环缝焊接的焊工必须持有与本标段压力钢管焊接材料种类、焊接方法与焊接位置相适应的合格证上岗，若持有合格证的焊工中断焊接工作6个月以上，应重新进行考试。所有焊接压力钢管的焊工必须经劳动局和电力部焊工委员会考试并持有焊工合格证。

焊接材料按要求进行烘焙，烘焙温度符合规范规定，焊条放在保温筒内随用随取。焊条的重复烘焙次数不超过两次。

当风速大于8m/s，环境温度低于-5℃，相对湿度大于90%时，应采取有效措施（加保温棚）后进行施工。

焊前将坡口两侧各50～100mm范围内的氧化铁、铁锈、油污及其他杂物清理干净，每一焊道焊完且将焊渣清除干净后再施工。

施工前按照监理工程师批准的焊接工艺评定成果编制焊接工艺。内容包括：焊接位置和焊缝设计；焊接材料的型号、性能；熔敷金属的主要成分，烘焙和保温措施；焊接顺序；焊接层数和道数；电力特性；定位焊要求和控制变形措施；预热措施；消应措施；生产性焊接工艺试验；质量检验的方法和标准；焊接工作环境要求。

钢管环缝焊接前，需经监理工程师对钢管安装、压缝等进行检验，合格并收到监理工程师下发的开焊令后才可施焊。

2）焊缝类别

焊缝按受力性质、工况和重要性分为三类。

一类焊缝：钢管管壁纵缝、厂房内明管（不埋于混凝土内的钢管）环缝、凑合节合拢环缝；岔管管壁纵、环缝，岔管分岔处加强板的对接焊缝，加强构件与管壁相接处的组合焊缝等。

二类焊缝：不属于一类焊缝的钢管管壁环缝，加劲环、阻水环、止推环对接焊缝，泄水孔（洞）钢衬和冲沙孔钢衬的纵、横（环）缝。

三类焊缝：不属于一类、二类焊缝的其他焊缝。

本工程压力钢管安装环缝为二类焊缝。

3）焊缝预热

预热温度80℃～120℃，采用履带式远红外加热装置加热，范围为环缝中心线两侧100mm。采用红外线数字测温仪测温，从被加热的反面距焊接位置50mm处进行，测温间距不大于2m，且不少于3对。

4）焊接工艺

压力钢管安装环缝焊接采用手工焊，由4～8名合格焊工按“分段倒退、对称施焊”的原则进行。正式施焊时，当预热温度满足要求后，首先焊接大坡口侧的50%（钢管内侧），然后转至钢管外侧背缝进行碳弧气刨清根、打磨（高强钢需在清根前预热，并在清根后将渗碳层打磨干净，再进行磁粉探伤或渗透探伤），焊接66%（仅剩余盖面焊道），再转向正缝焊接完成33%焊缝，接着转向背缝焊接盖面焊道，最后转向正缝完成盖面焊道。除封底和盖面焊道外，中间焊道每层厚度控制在手工焊4～5mm。

环缝焊接（图样有规定除外）应逐条焊接，不得跳越，不得强行组装。所有焊缝尽量保证一次性连续施焊完毕，严格按照“焊接工艺规程”的要求进行。

焊接过程中，为减少变形和收缩应力，在施焊前选定合适的焊接顺序，一个构件上，一般从相对部件比较固定的部位开始焊接，向活动自由度较大、估计收缩较少、约束尽可能少的焊点进行。当施焊任一受约束的焊口时，焊接不得终止，或焊到被批准的最低预热和层间温度的焊缝时停止，以确保焊缝不产生裂纹。

多层多道焊接头的显微组织较细，热影响区窄，接头的延性和韧性都比较好。针对易淬火钢，后焊道对前焊道起退火作用，可改善接头的组织和性能。钢管焊缝焊接时，注意需多人同时施焊，且尽量保证一样的焊接速度。针对焊条电弧焊，每名焊工应采用分段倒退的施焊方法，分段长度以300～500mm为宜。多层焊的层间接头应错开25mm以上。

各种焊接材料应按相关规定进行烘焙和保管。焊接时，应将焊条放置在专用保温筒内，随用随取。

异种钢材焊接时，原则上应在车间内进行，应根据强度低的一侧钢板选择焊接材料，根据强度高的一侧钢板选择焊接工艺。

为尽量减少变形和收缩应力，在施焊前选定定位焊焊点，焊接应从构件受周围约束较大的部位开始，向约束较小的部位推进。

施焊时，同一条焊缝的多名焊工应尽量保持速度一致。每条焊缝应一次连续焊完，若因故中断焊接，应采取防裂措施，重新焊接前，需将表面清理干净，确认无裂纹后，方可按原工艺继续施焊。

焊接和拆除工卡具、吊耳、内支撑、外支撑、引弧板、熄弧板等临时构件时，对需要预热的焊接钢板要按规定执行，焊接工卡具等构件时，严禁在母材上引弧和熄弧。拆除工卡具、吊耳等构件时，应距离根部约30mm进行气割，不得伤及母材，割除后将残留焊疤打磨修整至与母材表面齐平，并进行表面检查探伤。

焊接完毕后，焊工应敲除药皮等，并进行自检。焊接过程中应做好防水和防风措施。

5）定位焊

定位焊位置距焊缝端部30mm以上，长度50mm以上，间距400～800mm，厚度不宜超过正式焊缝高度的1/2，最厚不宜超过8mm。施焊前，认真检查定位焊质量，若有裂纹、气孔、夹渣等缺陷，应及时清除干净后再施焊。

6）焊接线能量控制

焊接线能量对钢管焊接部位的冲击韧性有很大影响，会直接影响钢管的运行质量。焊接线能量是焊接过程中控制的重要参数，是每个焊接技术人员和焊工应该充分注意的问题，不容忽视。

根据焊接前的焊接工艺试验确定焊接线能量范围，一般20～45kJ。依据焊接工艺试验对焊条规格、焊接规范、焊接速度、每根焊条焊接焊缝的长度范围做出相应规定，用于指导焊接生产。

在焊接过程中，通过控制焊接速度、电流以及焊条摆动幅度来控制线能量，焊条摆动幅度不大于2～3倍焊条直径。焊条直径与焊接电流选择见表7.3－2。

表7.3－2　焊条直径与焊接电流选择

焊条直径/mm	焊接电流/A	电弧电压/V	焊接速度/(cm/根)	线能量/(kJ/cm)
3.2	90～130	22～28	8.0～12.0	20～45
4.0	130～170	22～28	8.0～12.0	20～45

7）层间温度控制

控制层间温度是获得优良焊缝金属的必要条件。层间温度偏高，焊缝强度下降，晶粒粗大，低温冲击韧性下降，影响钢管的整体质量。层间温度过低，不易熔化，导致焊缝熔合不好，影响焊缝质量，对钢管的整体质量也会产生影响。层间温度最高不应高于200℃。所有焊缝应尽量保证一次性连续施焊完毕，若因不可避免的因素确需中断焊接，应有必要的防裂措施，重新焊接前必须再次预热，预热温度不得低于前次预热的温度。

8）焊后处理

经无损检测发现的焊缝内部不合格缺陷应用碳弧气刨机将缺陷清除，并用砂轮修磨成便于焊接的凹槽，焊补前要认真检查，若缺陷为裂纹，则用磁粉探伤，确认裂纹已经消除后方可焊补。

当管壁材料焊接需要预热、后热的焊缝需要焊补时，应按主缝规定进行预热，焊补后按规定进行后热。

根据检测结果确定焊缝缺陷的部位和性质，制定缺陷返修措施，返修后的焊缝按规定进行复验，同一部位的返修次数不宜超过两次，若超过两次，需制定可行的技术措施并报监理工程师批准。

9）焊缝检验

（1）外观检验。

所有焊缝均应进行外观检查，外观质量应符合表 7.3－3 的规定。

表 7.3－3　焊缝外观质量标准表　　单位：mm

<table>
<tr><th rowspan="3">序号</th><th rowspan="3" colspan="2">项目</th><th colspan="3">焊缝类别</th></tr>
<tr><th>一类</th><th>二类</th><th>三类</th></tr>
<tr><th colspan="3">允许缺陷尺寸</th></tr>
<tr><td>1</td><td colspan="2">裂纹</td><td colspan="3">不允许</td></tr>
<tr><td>2</td><td colspan="2">表面夹渣</td><td colspan="2">不允许</td><td>深不大于 0.1δ，长不大于 0.3δ 且不大于 10</td></tr>
<tr><td>3</td><td colspan="2">咬边</td><td colspan="2">深不超过 0.5，连续长度不超过 100，两侧咬边累计长度不大于 10%全长焊缝</td><td>深不大于 1，长度不限</td></tr>
<tr><td>4</td><td colspan="2">未焊满</td><td colspan="2">不允许</td><td>不超过 0.2＋0.02δ，且不超过 1，每 100 焊缝长度内缺陷总长度不大于 25</td></tr>
<tr><td>5</td><td colspan="2">表面气孔</td><td colspan="2">不允许</td><td>每 50m 长的焊缝内允许有直径为 0.3δ，且不大于 2 的气孔 2 个，孔间距不小于 6 倍直径</td></tr>
<tr><td rowspan="2">6</td><td rowspan="2">焊缝余高 Δh</td><td>手工焊</td><td colspan="2">$12<\delta<25$，$\Delta h=0\sim2.5$
$25<\delta\leqslant50$，$\Delta h=0\sim3$</td><td>—</td></tr>
<tr><td>埋弧焊</td><td colspan="2">0～4</td><td>—</td></tr>
<tr><td rowspan="2">7</td><td rowspan="2">对接接头焊接宽度</td><td>手工焊</td><td colspan="2">盖过每边坡口宽度 1～2.5，且平缓过渡</td><td>—</td></tr>
<tr><td>埋弧焊</td><td colspan="2">盖过每边坡口宽度 2～7，且平缓过渡</td><td>—</td></tr>
<tr><td>8</td><td colspan="2">飞溅</td><td colspan="3">清除干净</td></tr>
<tr><td>9</td><td colspan="2">焊瘤</td><td colspan="3">不允许</td></tr>
<tr><td>10</td><td colspan="2">角焊缝厚度不足（按设计焊缝厚度计算）</td><td>不允许</td><td>不超过 0.3＋0.05δ，且不超过 1，每 100 焊缝长度内缺陷总长度不大于 25</td><td>不超过 0.3＋0.05δ，且不超过 2，每 100 焊缝长度内缺陷总长度不大于 25</td></tr>
<tr><td rowspan="2">11</td><td rowspan="2">角焊缝焊脚 K</td><td>手工焊</td><td colspan="3">$K<12^{+2}$　　$K>12^{+3}$</td></tr>
<tr><td>埋弧焊</td><td colspan="3">$K<12^{+3}$　　$K>12^{+4}$</td></tr>
</table>

（2）内部探伤检查。

无损检测人员应持有电力、水利行业、质量技术监督部门及无损检测学会等单位签发的与其工作相适应的技术资格证书。评定焊缝质量工作应由Ⅱ级或Ⅱ级以上的无损检测人员担任。

焊缝内部缺陷探伤检查可选用射线探伤或超声波探伤。表面裂纹检查可选用渗透或磁粉探伤。

焊缝无损探伤长度占焊缝全长的百分比应不低于表 7.3－4 中的规定。

表 7.3－4　焊缝无损探伤抽查率

无损探伤方法		射线探伤/%		超声波探伤/%	
焊缝类别		一类	二类	一类	二类
钢种	碳素钢和低合金钢	25	10	100	50

注：1. 钢管的一类焊缝，当用超声波探伤时，根据需要可使用射线探伤复验，复验探伤长度高强钢为 10%，其余为 5%；二类焊缝只在超声波探伤有可疑波形、不能准确判断时，才用射线探伤复验。

2. 局部探伤部位应包括全部丁字焊缝及每个焊工所焊焊缝的一部分。

无损探伤应在焊接完成 24h 以后进行。射线探伤按《钢熔化焊对接接头射线照相和质量分级》（GB 3323）标准评定，一类焊缝Ⅱ级合格，二类焊缝Ⅲ级合格；超声波探伤按《钢焊缝手工超声波探伤方法和探伤结果分级》（GB 11345）标准评定，一类焊缝 BⅠ级合格，二类焊缝 BⅡ级合格。

焊缝局部探伤时，若发现有不允许缺陷，应在缺陷方向或可疑部位做补充探伤。若经补充探伤仍发现存在不允许缺陷，则应对该焊工在焊缝上所施焊的焊接部位或整条焊缝进行探伤。

无损探伤的检验结果需在检验完毕后报送监理工程师。

7.4　压力钢管外支撑安装

压力钢管出厂时仅第 26 节（即与蜗壳相连管节）有内支撑，其他管节未设置内支撑，由于管节直径较大，钢管制造验收完成后，经装车、运输、翻身等一系列工序，压力钢管圆度超出规范要求，为保证钢管安装质量，防止回填浇筑时对钢管造成圆度影响，需要增加以下两项措施：

（1）内部采用调圆台车对钢管进行调圆，以千斤顶和手拉葫芦辅助调圆；外部用型钢制作调圆用支撑，采用 30t 千斤顶进行调圆。

（2）调圆后，在钢管外侧增加外支撑，与外侧锚筋焊接加固，并与岩石和管壁顶紧。

钢管圆度合格后，新增外支撑主要采用［20a 槽钢和 30mm 钢板，在大牛营地内使用 25t 汽车吊及 8t 平板车装车后运输至支洞，现场使用 25t 汽车吊卸车在各安装支洞洞口，人工转运至安装部位，现场制作和安装、焊接。

7.4.1　安装

新增外支撑每道采用 16 点支撑。单台机根据安装、调整、验收合格后的压力钢管位置，确定每节管体所需外支撑长度，用氧气乙炔等下料、切割，利用手拉葫芦等将外支撑吊装至安装部位，一端与洞壁连接，另一端与管体加劲环或阻水环连接，调整、加固、检查验收。

若单节钢管管体有两圈加劲环，则外支撑直接安装在加劲环环板上；若管体仅有一圈加劲环，则将其中一道外支撑直接安装在加劲环环板上，另一道安装在钢管管体上，并使用与母材相同的垫板（δ=30mm，规格：300mm×300mm）作为过渡板点焊在管体外壁，点焊时需对焊接部位进行预热。外支撑型钢安装前，应去掉洞壁的松动岩石，并将型钢与洞壁顶紧。加固型钢的焊接由偶数个焊工以对称搭结焊的方式进行，防止钢管发生位移变形。

新增外支撑安装加固完成后，还应复核该管节安装的控制数据，确保满足规范要求。压力钢管新增外支撑安装加固断面示意图如图 7.4－1 所示。

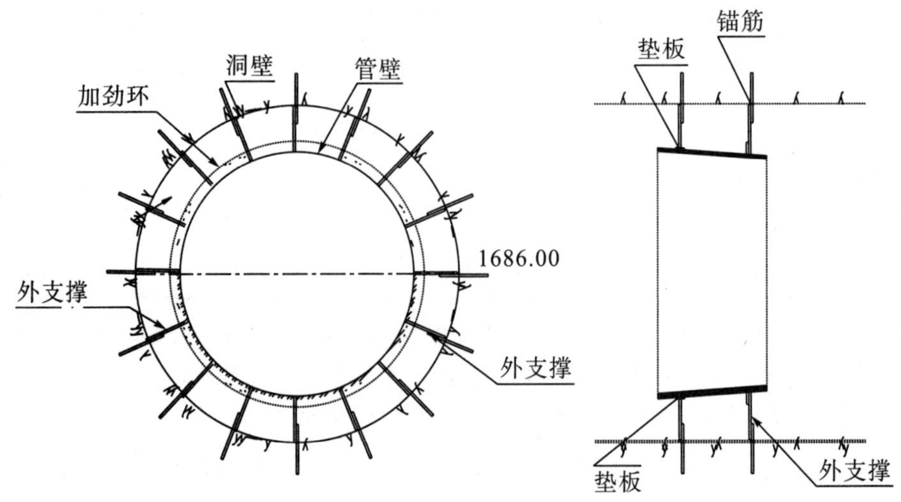

图 7.4－1　压力钢管新增外支撑安装加固断面示意图

7.4.2　焊接

进行压力钢管新增外支撑焊接的焊工必须持有与焊接材料种类、焊接方法与焊接位置相适应的合格证上岗，若持有合格证的焊工中断焊接工作 6 个月以上，应重新进行考试。所有焊接压力钢管的焊工必须经劳动局和电力部焊工委员会考试并持有焊工合格证。

当风速大于 8m/s，环境温度低于－5℃，相对湿度大于 90％时，应采取有效措施（加保温棚）后进行施工。焊接完毕后，焊工应敲除药皮等，并进行自检。焊接过程中，做好防水和防风措施。与钢管外壁过渡板焊接时，必须按照压力钢管正式施焊工艺进行操作。

7.4.3　验收

压力钢管新增外支撑安装加固完成后，复核压力钢管安装形状、尺寸，确认无误后经监理工程师验收。

7.5　钢管新增磁粉检测

7.5.1　施工准备

1）技术准备

认真学习相关施工图纸、技术文件，施工作业前，所有参与人员应熟悉相关图纸、资料、措施等，应对班组进行详细的技术和安全交底，使每位作业人员了解整个施工过程的质量、安全要求。

2）施工人员及设备准备

参加钢管探伤检测的人员必须持证上岗。钢管探伤检测使用的砂轮机、磁轭探伤仪、安全帽、安全带、防护用品等设备和器具必须符合相关安全要求。所有用于施工的材料（架管、扣件等）必须有相应的质量合格证书，需要检验的必须进行抽样检验。

7.5.2　检测方案

压力钢管磁粉表面检测位置采用随机抽查的方式进行，先在钢管内外部搭设施工平台，内部主要搭设移动式操作平台，外部搭设固定架子平台，然后用砂轮机对焊缝表面进行打磨，满足检测要求后，采用CJE－12/220微型磁轭探伤仪对焊缝表面进行检测。

1）施工流程

架子搭设→表面打磨→磁粉检测→架子拆除或移动→下一个检测施工循环。

2）架子搭设

在钢管内部搭设移动式操作平台，每条焊缝检测完成后，采用人工配合手拉葫芦进行拖运；在钢管外部搭投固定架子平台，检测3～4条缝后重新安拆一次，完成后及时拆除和重新搭设。

3）表面打磨

按规范要求，被检工件的表面粗糙度 Ra 为12.5μm，其表面不得有油脂或其他黏附磁粉的物质。故检测每个部位以前，先用破布清除表面的油脂及灰尘，然后采用砂轮片配合磨光机打磨，合格后再进行磁粉检测。

4）磁粉检测

（1）磁粉检测准备。

①探伤设备的选择。

根据现场实际情况，压力钢管磁粉检测选取CJE－12/220微型磁轭探伤仪。

②探伤时机。

焊缝的磁粉检测应安排在焊接工序完成之后进行，对于有延迟裂纹倾向的材料，磁粉检测应安排在焊后72h进行。

③探伤灵敏度。

探伤灵敏度一般选择中档，即选用A1－30/100型灵敏度试片。

（2）磁粉检测程序。

①采用磁轭磁化工件时，磁化电流的大小和有效磁化区应用灵敏度试片来校验。

②磁轭的磁极间距应控制为75～200mm，检测的有效区域为两极连线两侧各50mm的范围内，磁化区域每次应有15mm的重叠。

③采用连续法探伤，磁悬液的施加必须在磁化过程中完成，即停止施加磁粉或磁悬液后再停止磁化，以免使已形成的磁痕被流动的悬浮液破坏，造成漏检。

（3）缺陷判定。

①除能确认磁痕是由与工件材料局部磁性不均或操作不当造成的外，其他一切磁痕显示均作为缺陷磁痕处理。

②为辨别细小缺陷磁痕，应用2～10倍放大镜进行观察。

③所有磁痕的尺寸、数量和产生的部位均应记录，并画图标示清楚。

（4）复检。

当出现下列情况之一时，需进行复检：

①检测结束时，用灵敏度试片检测灵敏度不符合要求。

②发现检测过程中操作方法有误。

③供需双方有争议或认为有其他需要时。

④经返修后的部位。

（5）质量等级评定。

①下列缺陷不允许存在：

Ⅰ．任何裂纹和白点。

Ⅱ．任何大于1.5mm的线性缺陷显示。

Ⅲ．单个尺寸大于或等于4mm的圆形缺陷显示。

②缺陷显示累计长度的等级评定按表 7.5－1 进行。

表 7.5－1　焊接接头的磁粉检测质量等级

等级	线性缺陷磁痕	圆形缺陷磁痕（评定框尺寸 35mm×100mm）
Ⅰ	不允许	d≤1.5，且在评定框内不大于 1 个
Ⅱ	不允许	d≤3.0，且在评定框内不大于 2 个
Ⅲ	L≤3.0	d≤4.5，且在评定框内不大于 4 个
Ⅳ	大于Ⅲ级	

注：L 表示线性缺陷磁痕长度，mm；d 表示圆形缺陷磁痕长径，mm。

（6）质量验收。

磁粉检测完成后，按规范填写验收表格，全部完成后申请监理工程师验收。

7.6　压力钢管阻水环与管体现场对装、焊接

按照招投标文件、合同条款、设计图纸等相关资料，压力钢管阻水环应安装焊接在压力钢管上作为整节交货。《猴子岩水电站压力钢管运输专题会会议纪要》第 150 期明确，压力钢管阻水环以瓦片形式移交，交货形式发生改变，现场需对压力钢管阻水环与压力钢管管体进行对接、安装及焊接。

7.6.1　施工准备

1）技术准备

认真学习相关施工图纸、技术文件，施工作业前，所有参与人员应熟悉相关图纸、资料、措施等，应对班组进行详细的技术和安全交底，使每位作业人员了解整个施工过程的质量、安全要求。

2）施工人员及设备准备

参加阻水环现场与管体对装、焊接的人员主要为铆工、焊工、起重工、电气维护工等，都必须持证上岗。

阻水环与管体现场对装、焊接使用的电焊机、千斤顶、倒链、钢丝绳、安全帽、安全带、防护用品等设备和器具必须符合相关安全要求。所有用于阻水环与管体现场对装、焊接的施工材料必须有相应的质量合格证书，需要检验的必须进行抽样检验。

7.6.2　阻水环与管体现场对装、焊接方案

压力钢管阻水环在压力钢管制造厂使用门式起重机分段装车后，用 8t 平板车装车后运输至支洞，利用 8t 汽车吊卸车，人工搬运至每台机组上游侧第一节钢管安装部位，现场搭设脚手架，人工配合手拉葫芦等将阻水环拖运至安装部位，按图进行安装、定位。由于压力钢管未安装阻水环，出厂后现场存放时间较长，加上因自重等造成圆度超标，因此，现场需要对管节进行调圆，将阻水环与管节配合进行弧度处理，当与管体外壁匹配后经监理工程师验收，再进行焊接。焊接完成后，进行超声波探伤和防腐。

1）卸车及搬运

阻水环用 8t 平板车装车后运输至支洞，利用 8t 汽车吊卸车，人工搬运至每台机组上游侧第一节钢管安装部位，现场搭设脚手架，人工配合手拉葫芦等将阻水环拖运至安装部位。

2）架子搭设

在钢管内部搭设调圆和防腐用排架，外部搭设吊装和施工简易架。

3）钢管调圆

由于管节未安装阻水环，圆度差异较大，因此，需用千斤顶和手拉葫芦对管节进行调圆。合格后，外侧采用型钢进行加固，再进行阻水环与管体现场对装、焊接工作。

4）阻水环与管体现场对装

阻水环与管体现场对装时，根据单片阻水环长度合理布置，接头部位与压力钢管纵缝位置错开200mm以上，使用手拉葫芦等将阻水环分段吊装至安装部位，调整与钢管管壁位置，对因钢管圆度导致变形等部位，应进行弧度处理，当与外管壁相匹配后进行点焊。调整垂直度、直线度等，满足规范要求后安装加强肋板。

由于现场空间的限制，仅能安装靠近下游侧的一组阻水环，应在焊接完成后进行上游侧的另一组阻水环安装。

5）阻水环与管体现场焊接

参加阻水环与管体现场焊接的焊工必须持有与焊接材料种类、焊接方法与焊接位置相适应的合格证上岗，若持有合格证的焊工中断焊接工作6个月以上，应重新进行考试。所有焊工必须经劳动局和电力部焊工委员会考试并持有焊工合格证。

当风速大于8m/s，环境温度低于−5℃，相对湿度大于90%时，应采取有效措施（加保温棚）后再进行施工。焊接完毕后，焊工应敲除药皮等，并进行自检。焊接过程中，做好防水和防风措施。

阻水环与钢管管壁（高强钢）的焊缝是角焊缝，属于三类焊缝，阻水环之间的对接缝属于二类焊缝，两种焊缝均需要按高强钢焊接工艺进行预热、过程保温及焊接工作。

6）阻水环与管体现场焊接的探伤

按照规范要求，阻水环与钢管管壁的焊缝属于三类焊缝，焊后需进行外观检查；阻水环之间的对接缝属于二类焊缝，焊后需对阻水环对接接头进行超声波探伤检查。

7）阻水环管壁内部防腐

由于阻水环与管体现场对装、焊接时需预热和保温，会对管壁内部防腐涂层造成破坏，超声波探伤合格后，应对阻水环对应的管壁内部防腐涂层损伤部位进行清理、打磨、补漆。

8）验收

压力钢管阻水环与管体现场对装、焊接完成后，复核压力钢管安装形状、尺寸，确认无误后经监理工程师验收。

7.7　移交、回填

每安装焊接完成压力钢管约12m并检验合格后，交土建施工单位进行混凝土浇筑。

7.7.1　尾工、防腐

压力钢管安装完成后，清除管内所有杂物，将灌浆孔堵焊，将焊疤、凸点等用砂轮机磨平，焊接应保证焊接质量和焊接外观成型，上述部位及焊缝两侧除锈后补刷油漆。

压力钢管内壁处理后，除锈等级应达到《涂覆涂料前钢材表面处理　表面清洁度的目视评定》（GB/T 8923—2008）规定的Sa 2.5级，表面粗糙度应达到40~70μm。

压力钢管涂装后，涂层表面应光滑、颜色均匀一致，无皱皮、起泡、流挂等缺欠，涂层厚度应基本一致，不起粉状。内部漆膜厚度采用涂层测厚仪检查，附着力采用划格法或拉开法进行检查，其质量要求应满足《水工金属结构防腐蚀规范》（SL 105—2007）第 4.4.2～4.4.4 条的规定。

7.7.2 安装验收

压力钢管防腐处理完成，经监理和业主单位进行联合验收。

第8章　关键技术

8.1　高地应力地下洞室群变形机理

根据理论和监测分析，建立开挖与围岩松弛特征的相关关系，揭示了高地应力地下洞室群以应力驱动型为主的围岩卸荷损伤机制、阶跃式开挖卸荷回弹变形特征，提出了主动调控应力调整速率和峰值的高地应力地下洞室群变形分析方法。

8.1.1　地下洞室群地质条件

坝址区位于色龙沟口至折骆沟口河段，全长3.8km，河道略呈“S”形流向，坝址河谷狭窄，河谷形态为较对称的“V”形河谷。枯水期河水位1694～1697m，河面宽60～65m，正常蓄水位1842m时相应河面宽265～380m。河谷两岸地形陡峻，临河坡高大于800m，左岸高程1900.00m以下地形坡度一般60°～65°，以上变缓为30°～40°，右岸高程2000.00m以下地形坡度一般55°～60°，以上为40°～50°。坝前右岸发育磨子沟。引水发电系统位于右岸。针对猴子岩地下厂房复杂的地质条件，在开挖施工过程中对揭露的工程地质情况进行详细的编录和分析。

地下厂房系统地表地形坡度45°～60°，坡面基岩裸露，植被不发育。厂房水平埋深280～510m，垂直埋深400～660m，地下厂房区出露基岩主要为泥盆系下统（D_1^1）第⑨层中厚层～厚层～巨厚层状，局部夹薄层状白云质灰岩、变质灰岩，岩层产状N50°～70°E/NW∠25°～50°。据勘探揭示，地表岩体风化卸荷较弱，强卸荷、弱风化上段水平深度2m，弱卸荷、弱风化下段水平深度52～58m，以里为微风化～新鲜岩体。

地下厂区无区域断裂通过，据勘探平洞揭示，主机间上游发育一条规模较大的断层F_{1-1}，其他结构面为次级小断层、挤压破碎带和节理裂隙，厂房部位岩体完整性总体为较完整～完整。①断层F_{1-1}（Ⅲ级结构面）：出露于SPD1－1平硐241m，产状N60°E/NW∠85°，主要由碎粒岩、碎粉岩组成，主错带宽1.0～1.5m，碎粉岩带宽30cm，断层影响带宽约20m，断层处洞壁垮塌，地下水沿断层股状流出。②次级小断层及挤压破碎带：据SPD1、SPD1－1、SPD1－2、SPD1－3、SPD1－4、SPD9平洞揭示，对地下厂房区有影响的次级小断层发育23条，挤压破碎带发育42条。挤压破碎带多为层间挤压带，以层面产状为主，带内多充填片状岩，挤压紧密，带宽以0.01～0.10m为主，部分厚度较大，最厚（g_{1-10}）达3.0m。经统计，次级小断层走向以NWW向为主，NNE向、NEE向次之，倾角多为中陡倾角，小断层的主错带多充填碎粒岩、碎粉岩，带宽以0.01～0.05m为主，最厚（f_{1-5}）0.30m。③节理裂隙：对地下厂区编录的877条节理裂隙进行了实测统计，结果显示裂隙的优势方向共有六组：J1（层面裂隙）：N50°～70°E/NW∠25°～60°；J2：N10°～30°E/SE∠30°～50°；J3：N10°～40°W/NE∠50°～80°；J4：EW/S∠30°～50°；J5：EW/S（N）∠75°～80°，J6：N10°～40°W/S W∠30°～60°。其中层面裂隙J1组最为发育，J2～J5次之，J6局部发育，多为刚性结构面，闭合、起伏，同一部位一般只发育2～3组，间距较大，裂面新鲜，多起伏粗糙，闭合无充填。

地下厂区属于高地应力区，最大主应力 σ_1 均大于 15MPa，一般为 20～30MPa，部分应力集中区超过 30MPa，最大达 36.43MPa；σ_2 一般为 10～20MPa；σ_3 一般为 5～10MPa。深切河谷型地形在水平埋深 100～350m，处于应力增高区，而主厂房的大部分刚好布置在这个部位，因此受到地应力的影响较为显著，在高地应力及软弱结构面的共同作用下，导致地下厂房的围岩破裂，大变形表现得格外突出，围岩稳定性较差。

8.1.2　地下洞室群地应力特征

猴子岩水电站地处青藏高原向四川盆地过渡的斜坡地带，谷坡高陡，相对高差 1500～2500m，构造应力与高自重应力叠加造成天然状态下地应力量值高，最大主应力 σ_1 均大于 15MPa，一般为 20～30MPa，最大达 36.43MPa；σ_2 一般为 10～20MPa；σ_3 一般为 5～10MPa。深切河谷地形在水平埋深 100～350m，处于应力增高区，而主厂房的大部分刚好位于这个部位，因此受到地应力的影响较为显著，在高地应力及软弱结构面的共同作用下，导致地下厂房的围岩破裂，大变形表现得格外突出，围岩稳定性较差。

8.1.2.1　三维有限元计算

从猴子岩水电站枢纽工程区域的地应力场三维有限元计算模型如图 8.1－1 所示，由其计算结果可以看出以下几点：

（1）猴子岩水电站枢纽工程区域内的地应力处于高应力水平，竖直方向的地应力受到河谷深切的影响非常明显。

（2）计算区域的最大主应力约－45MPa，最小主应力约 1MPa，最大主应力为压应力，斜坡顶部为拉应力。

（3）地应力场计算结果表明，水平方向的构造应力比较明显，其中指向河谷方向的地应力最大约 40MPa，应力系数约 1.5；顺河谷方向的构造应力较小，地应力略小于岩体的自重应力。

（4）从地应力场计算结果还可以看出，在工程区域河谷位置应力集中比较明显，较其他区域的应力水平要大很多。

从地应力场反分析结果可以看出，由于受到深切“V”形河谷切割作用的影响，边坡内部的地应力场水平较高，处于中—高应力水平，洞室开挖过程中，洞室围岩受到地应力的分布形式影响非常大。

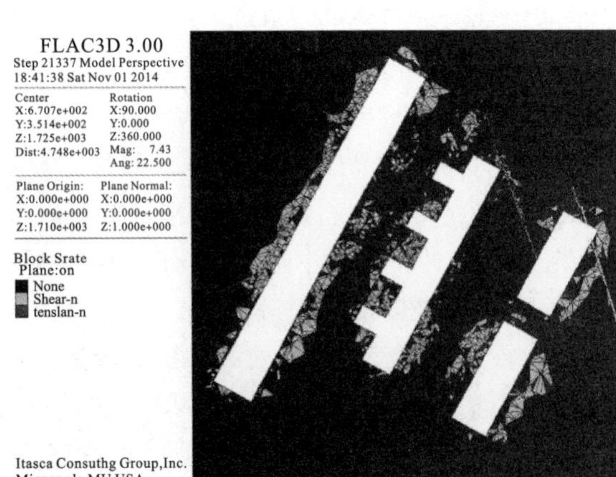

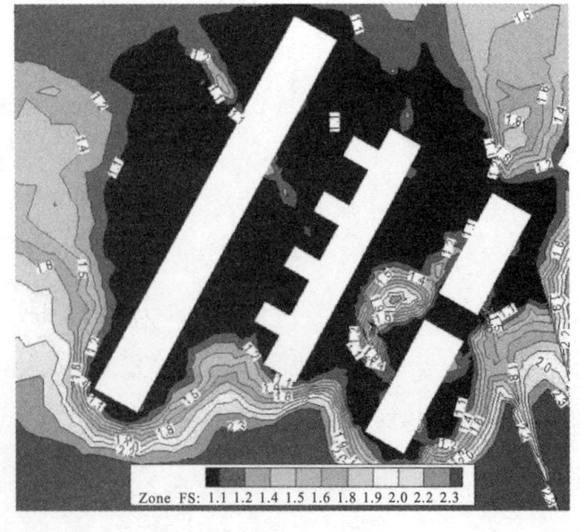

图 8.1－1　计算模型

前期勘探过程中的钻孔岩芯饼裂和平硐硐壁片帮、弯折内鼓现象普遍。开挖过程中围岩也表现出强烈的拉张破坏（图 8.1－2）。

图 8.1－2　主厂房上游边墙围岩拉张破坏现象

高地应力对厂房洞室围岩的破坏作用强烈，破坏形式有劈裂剥落、内鼓弯折、卸荷开裂、拉张—张剪破坏等，致使局部洞段成型较差，岩体卸荷松弛，影响围岩稳定。

8.1.2.2　地应力场特征分析

对前期和技施阶段地应力特征进行分析，其中 SPD1 平洞 4 支洞 0+236m 处测值最高，且测点位于主厂房内，σ_1 为 36.43MPa，σ_2 为 29.80MPa，σ_3 为 22.32MPa，该点处实测地应力值的水平面投影方位角与厂方轴线（N61°W）、岩层走向的关系如图 8.1－3 所示。

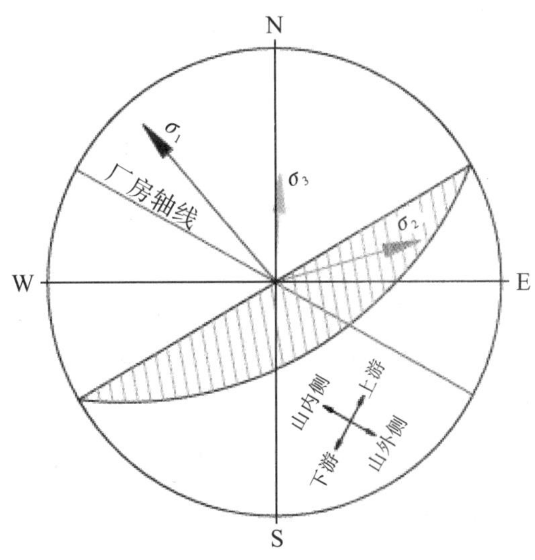

图 8.1－3　实测地应力值的水平面投影方位角与厂方轴线、岩层走向关系图

从主应力的方向分析：最大主应力 σ_1 的方向与厂房轴线小角度相交，且与岩层走向大角度相交，略偏向上游，对洞室的稳定有利；中主应力 σ_2 的方向与厂房轴线大角度相交，且与岩层走向小角度相交，偏向上游，对洞室的稳定不利；最小主应力 σ_3 的方向与厂房轴线大角度相交，偏向上游，对洞室的稳定不利。

从主应力的大小分析：σ_1 为 36.43MPa，σ_2 为 29.80MPa，σ_3 为 22.32MPa，测值均较大，其中 $20\text{MPa}<\sigma_m<40\text{MPa}$；结合地下厂区地应力实测结果和岩体强度分析，猴子岩水电站地下厂房岩石强度应力比（R_b/σ_m）为 2～4，可以判定为高地应力区。

原始处于高围压状态下的岩体，σ_1、σ_2 与 σ_3 均偏大，洞室开挖解除 σ_2、σ_3 后，将产生拉张应力，并使得剪应力增大，从而造成围岩强烈劈裂破坏，对洞室的稳定性是不利的。

8.1.3 岩体结构特征和变形破坏机制

8.1.3.1 围岩卸荷损伤变形破坏机制分析

地下洞室群围岩变形破坏是一个十分复杂的二次应力应变场自适应调整过程，是岩体工程地质特性、洞室规模和结构、开挖时序与爆破控制、支护强度和时机等众多因素共同作用的结果。高地应力条件下，大型地下洞室群围岩变形破坏受地应力、岩体结构等影响，不同的地质环境条件孕育了不同的围岩失稳模式。从控制因素及主要发生的工程部位对破坏模式进行归纳，将破坏模式分为岩体结构控制重力驱动型、应力驱动型、岩体结构—应力复合驱动型。浅埋、中低应力环境下的围岩破坏以重力驱动型为主；而在高地应力环境下，以应力驱动型为主，重力驱动型破坏是次要的。

应力驱动型破坏模式是指在高地应力条件下，因开挖造成围岩应力重分布，在二次应力作用下，围岩起裂，产生新的裂缝，新生裂缝扩展、贯通，致使围岩损伤而不一定产生滑移的岩石破坏。该破坏模式的具体表现主要有张开碎裂、剥离、板裂、岩爆、剪切破坏等，从力学机制上可归纳为拉张破裂（T）、张剪破裂（TS）、剪切潜在破裂（S）三种模式（图 8.1−4）。

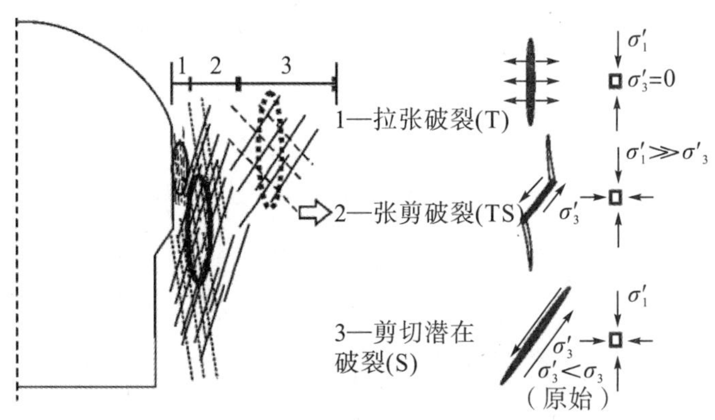

图 8.1−4 应力驱动型破坏模式及其力学机制

猴子岩水电站高地应力地下洞室群工程围岩破坏以应力驱动型为主，对拉张破裂（T）、张剪破裂（TS）、剪切潜在破裂（S）说明如下：

（1）拉张破裂（T）。具体表现为围岩呈洋葱式剥离、剥落、劈裂、片帮或张开碎裂，裂缝张开，越靠近洞壁，隙宽越大，裂面高角度倾向洞内，倾角大多大于 75°。拉张破裂主要出现在拉应力集中的部位或围压基本为 0，岩体受力状态近似于单轴压缩状态的部位。此破坏模式在地下洞室极为发育，随处可见，典型照片如图 8.1−5（a）所示。需要说明的是，岩爆也属于拉张破裂模式的一种。

（2）张剪破裂（TS）。具体表现为围岩呈片状、板状、厚板状平行排列，端部以 Griffith 裂纹拉张扩展，裂缝张开，隙宽向里减小，裂面高角度倾向洞内，但倾角小于拉张破裂倾角，一般为 48°～70°。张剪破裂主要出现在侧向围压较小的部位，岩体受力状态处于三轴压缩状态～似单轴压缩状态。此破坏模式在地下洞室壁面附近极为发育，典型照片如图 9.1−5（b）所示。

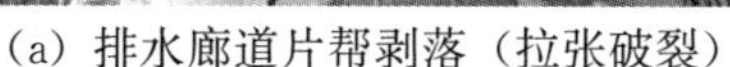

(a) 排水廊道片帮剥落（拉张破裂）

(b) 尾水调压室边墙张剪破裂

图 8.1-5　猴子岩水电工程中典型的应力驱动型破坏现象

(3) 剪切潜在破裂（S）。具体表现为围岩产生新的剪切裂缝，裂面平整，隙宽闭合~微张，裂面呈高角度倾向洞内，倾角一般为 45°~65°。剪切潜在破裂主要出现在侧向围压尚未恢复到原始应力量级的部位，岩体受力状态处于三轴压缩状态。此破坏模式在钻孔电视中可以见到，此处声波波速会跳跃性地降低。三轴压缩状态~似单轴压缩状态。此破坏模式在地下洞室壁面附近极为发育。

猴子岩在主厂房出现的张开碎裂、剥离、岩爆和剪切破坏及主厂房岩锚梁以上边墙、尾水调压室拱肩出现的喷混凝土开裂鼓出、岩体开裂等现象也表明其为以应力驱动型为主的破坏。结合地下厂区地应力实测结果和岩体强度分析，岩石强度应力比为 2~4，可判定猴子岩地下厂房区为高—极高地应力区。猴子岩地下洞室开挖后，围岩的变形破坏实质是一个复杂的二次应力调整过程，传统的应力莫尔圆更能说明猴子岩水电站地下厂房高边墙在高中间主应力条件下容易受损、破裂。洞室开挖后，σ_1 到 σ_1' 增幅更大，σ_1' 达到 100~150MPa，σ_3 到 σ_3' 减小，应力莫尔圆更加向强度曲线趋近，破坏接近度 $d_{2\min}<d_{1\min}<d_{0\min}$。若地下洞室轴线与 σ_1 方向完全一致（图 8.1-6），则在洞室边墙壁面附近，岩石的最大主应力值虽约等于 σ_2，但由于猴子岩的地应力是 $\sigma_2\approx\sigma_1$，所以在单轴应力状态下的围岩也更容易破坏。猴子岩地下厂房布置遵循“洞室轴线与地应力最大主应力水平投影方向尽量小夹角”的原则，但由于中间主应力方向与主厂房高边墙近乎垂直相交，所以在洞室开挖后沿中间主应力方向卸载，并使剪应力增大，这就使高边墙围岩在高中间主应力下产生临空向的剪切变形，当其超过围岩的抗变形能力时，围岩受损、破裂。因此，高地应力条件下猴子岩地下厂房难以在中间主应力也较高的情况下通过调整洞室轴线来规避高边墙的不利影响。

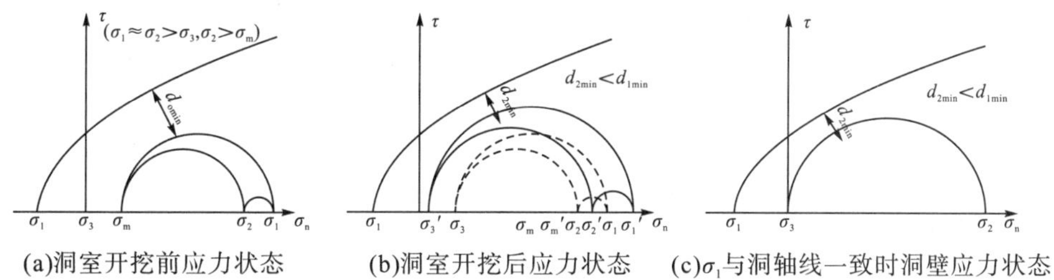

图 8.1-6　猴子岩高地应力条件下应力莫尔圆

由表 8.1-1、图 8.1-7~图 8.1-9 分析可知，岩体劈裂、片帮剥落和卸荷回弹是高地应力区硬岩大型地下厂房洞室群围岩破坏的主要类型，其形成机制主要体现为应力驱动型破坏机制。

表 8.1-1　基于岩石强度应力比的初始地应力不同分级标准

依据	岩石强度应力比			
	极高地应力	高地应力	中等地应力	低地应力
《水力发电工程地质勘察规范》(GB 50287—2006)	<2	2~4	4~7	>7
修正的分级标准	<3	3~6	6~10	>10

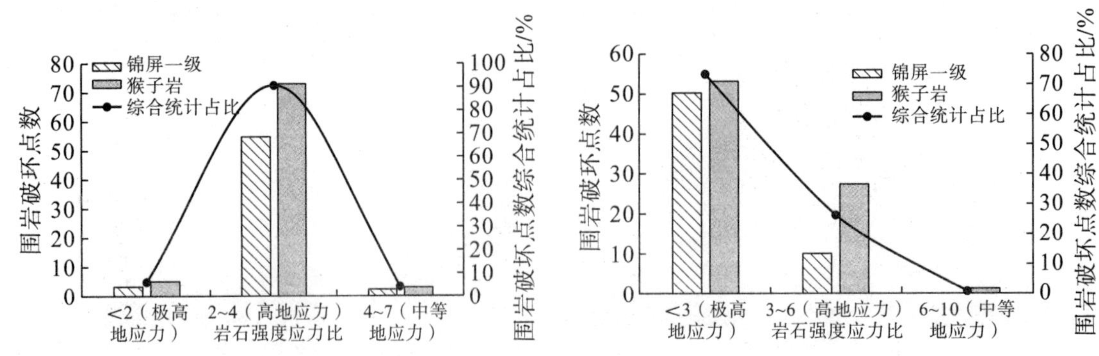

图 8.1−7　两种分级标准下围岩破坏数量统计分布特征

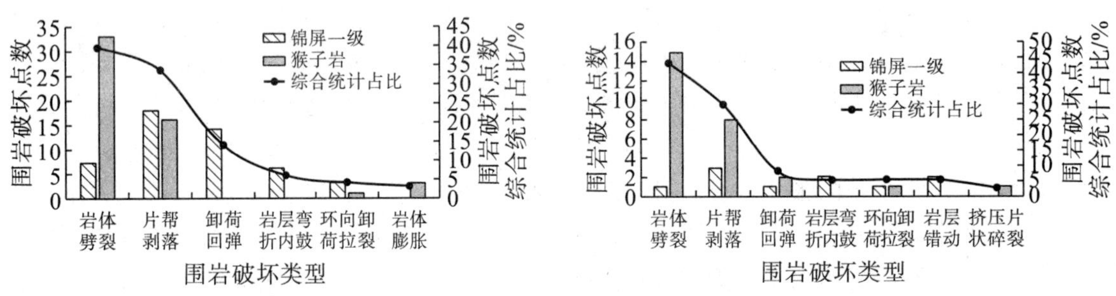

图 8.1−8　基于岩石强度应力比修正的分级标准的围岩破坏类型和数量统计分布特征

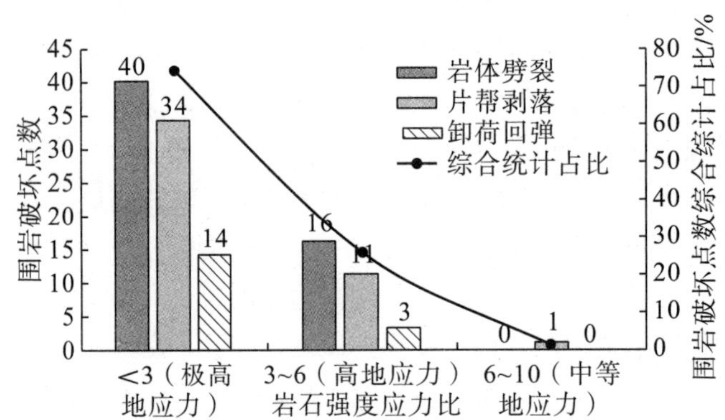

图 8.1−9　围岩破坏类型统计分布随岩石强度应力比的变化规律

8.1.3.2　围岩卸荷损伤变形破坏模式

为指导工程设计和施工，结合破坏主要发生的工程部位，对围岩破坏模式进行归类，在此基础上查明相应的破坏机制，进而提出针对性的调控对策，比单纯从破坏机制方面分类更具有工程意义。依照此思路，将工程部位分为顶拱、拱肩、边墙、洞室交叉区、岩柱区，分别对各部位可能发生的破坏模式进行分类，并提出相应的调控措施。

按工程部位将地下洞室划分为顶拱（A）、拱肩（B）、边墙（C）、洞室交叉区（D）、岩柱区（E），表 8.1−2 列出了相应工程部位可能发生的 16 种基本破坏模式，从破坏机制出发制定了具有针对性的围岩调控措施。需要说明的是，岩爆、岩溶、突水等特殊地质现象在表中没有列出，以上特殊现象由于机制、地质条件的复杂性，需做专门研究。表 8.1−2 中列出的破坏模式只是围岩的基本破坏模式，实际工程中，围岩破坏模式可能是这些基本模式或基本模式的组合，制定调控措施时需结合具体情况确定。

表8.1—2　相应工程部位可能发生的基本破坏模式

工程部位		破坏模式	破坏模式示意	破坏机制	调控对策	调控对策示意图
顶拱（A）	A1	"人"字形块体、沿缓倾角结构面塌落或破碎带塌方	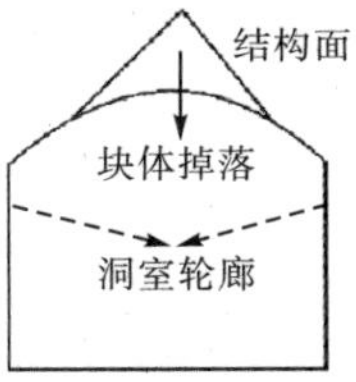 结构面 块体掉落 洞室轮廓	重力或应力作用下松动塌落或滑落	查明结构面发育的情况下，利用导洞提前支护，对揭露的块体边界及时锁口	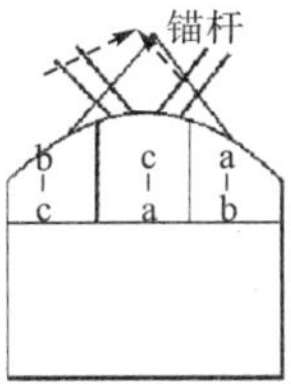 锚杆 b c a c a b
	A2	层面与随机结构面切割组合形成不稳定块体	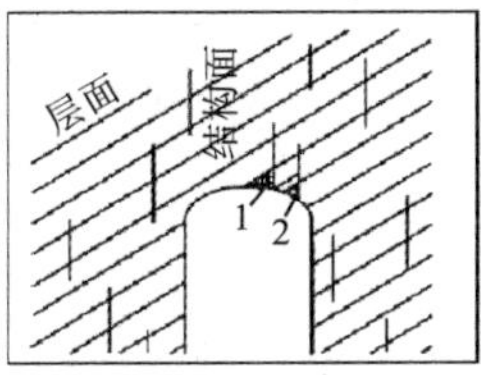 层面 随机结构面 1 2	重力或应力作用下松动塌落或滑落	短进尺、强支护，先随机支护，再系统支护，且系统支护不迟于2个开挖进尺	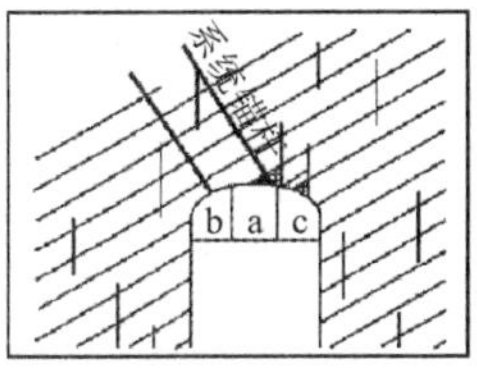 系统锚杆 b a c
	A3	软弱带破坏	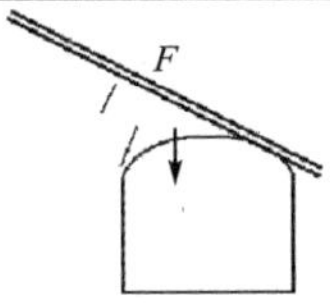 F	围岩应力超过围岩屈服强度向洞内变形，在重力或地应力作用下松动塌落或滑落	优化开挖顺序，采用中导洞先行的方式，系统锚杆或锚索加固软弱带。必要时对a、c部分进行注浆固结	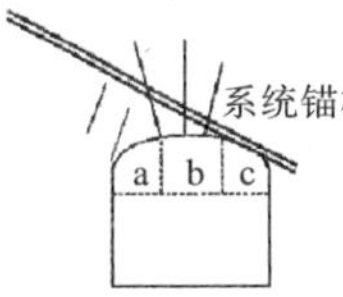 系统锚杆 a b c
拱肩（B）	B1	层状岩体弯折破坏	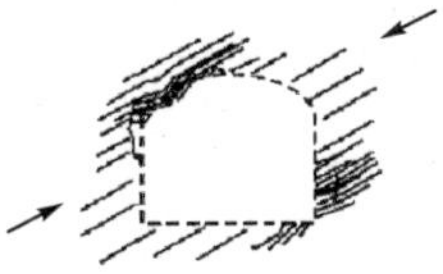	压应力集中导致拱座部位岩体发生弯曲折断	合理安排开挖顺序，地应力量级较高时，先进行短锚杆支护，地应力释放后进行系统支护	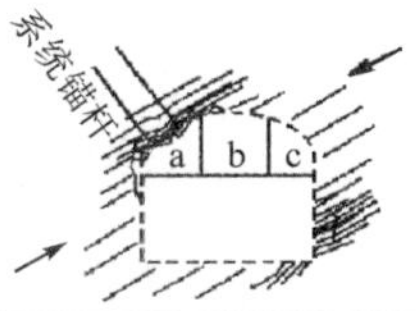 系统锚杆 a b c
	B2	多组结构面切割的镶嵌~碎裂结构岩体挤压塌落、松动塌落	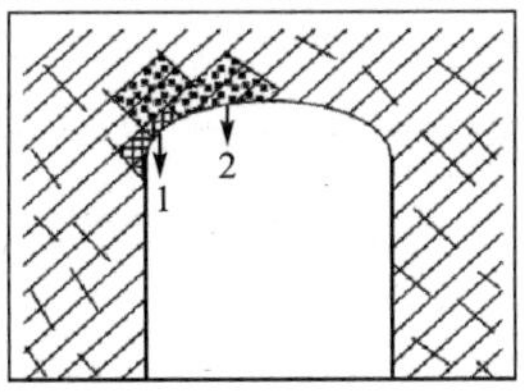 1 2	镶嵌或碎裂岩体受挤压发生内挤塌落、松动塌落	合理安排开挖顺序，顺层向拱角部位加强支护，支护量为另一侧的2倍	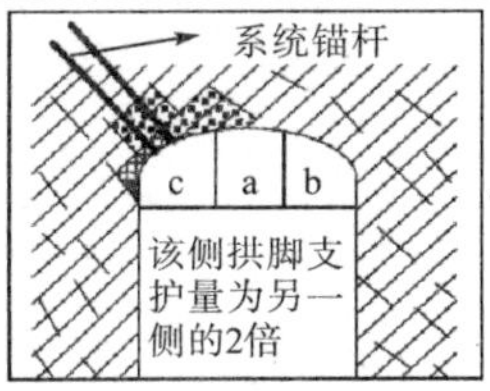 系统锚杆 c a b 该侧拱脚支护量为另一侧的2倍
	B3	确定性软弱结构面与其他结构面组合形成不稳定块体	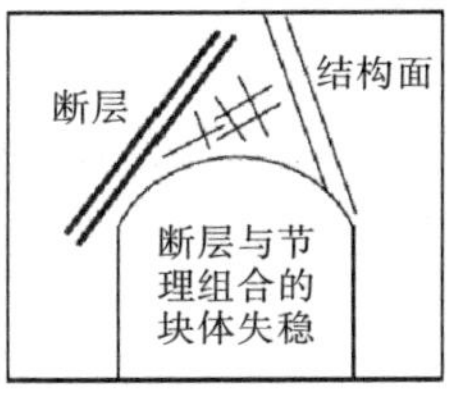 断层 结构面 断层与节理组合的块体失稳	软弱带与其他结构面组合形成不稳定块体，或塑性挤出引起围岩剪切变形	锚杆跟进支护，岩体较为破碎时可超前灌浆后再开挖，必要时采用锚索加强支护	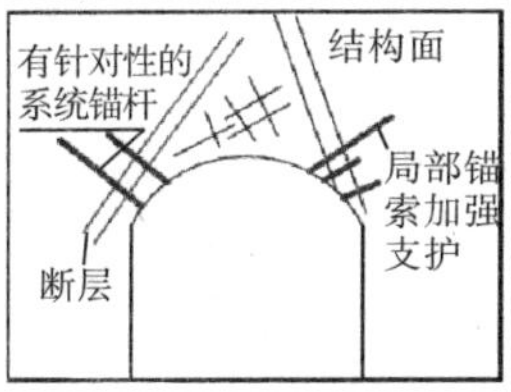 有针对性的系统锚杆 结构面 局部锚索加强支护 断层
边墙（C）	C1	结构面组合形成不稳定块体或结构面滑移	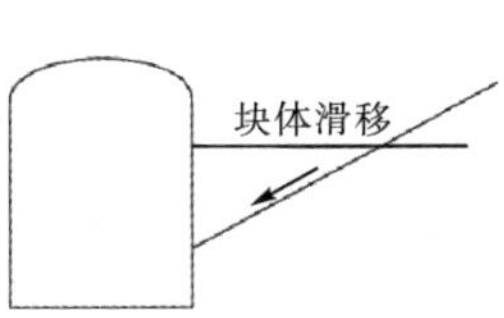 块体滑移	重力作用及地应力、地下水、爆破等影响下的松动塌落或结构面滑移	分步开挖，避免一次将滑移边界揭露，及时支护，规模小时喷锚支护，必要时锚索加固	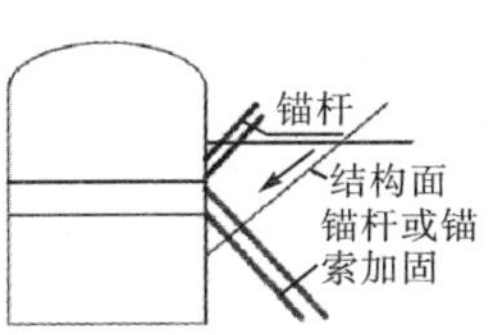 锚杆 结构面锚杆或锚索加固
	C2	多组结构面切割的镶嵌~碎裂结构岩体松动塌落	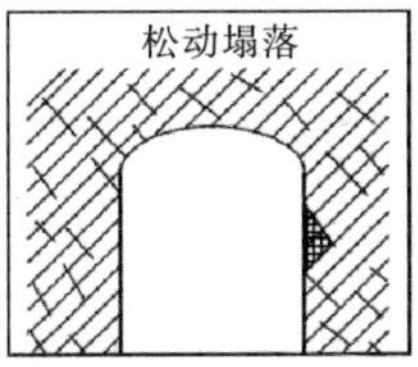 松动塌落	重力或地应力作用下的松动塌落	分层开挖，及时支护；系统锚杆与随机支护相结合，局部加强支护，必要时预固结并封闭围岩	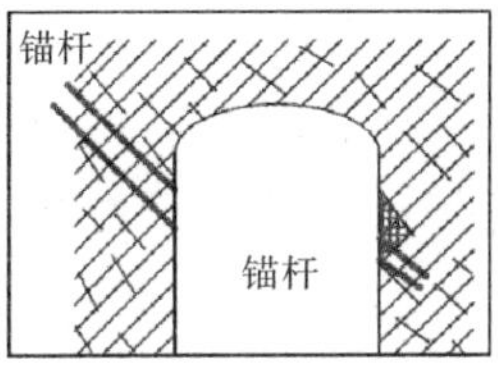 锚杆 锚杆

续表 8.1－2

	C3	软弱带塑性挤出	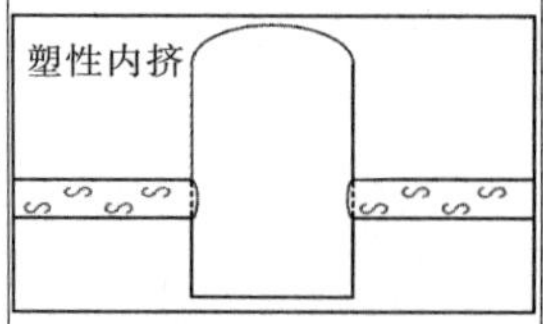 塑性内挤	软弱岩带的塑性挤出	支护型式多，与所处部位相关，岩锚梁部位采用置换的方式，边墙中部采用混凝土塞加锚索	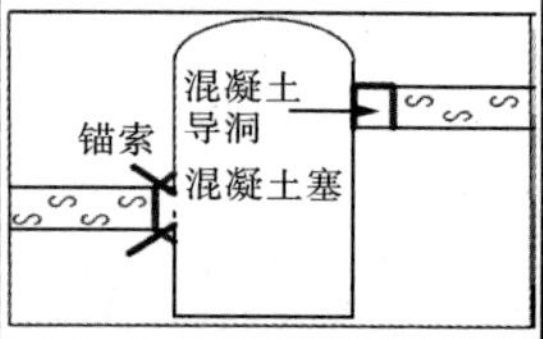 锚索 混凝土导洞 混凝土塞
	C4	弯折破坏或劈裂剥落、卸荷开裂	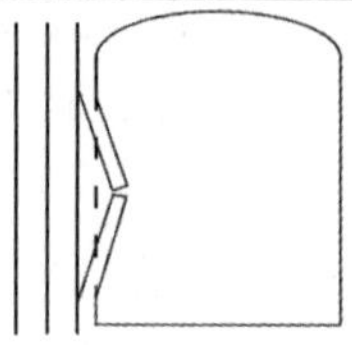	压应力集中或卸荷导致	分层开挖，控制层高。及时支护，长短锚杆结合进行支护，必要时锚索加强支护	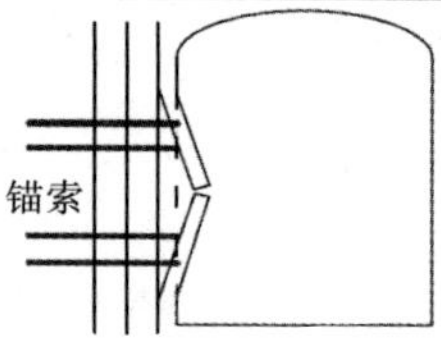 锚索
洞室交叉区（D）	D1	结构面组合形成的块体失稳	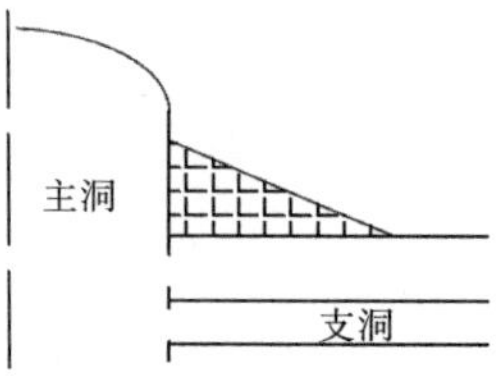 主洞 支洞	重力或地应力作用下松动塌落	先开挖支洞，提前加固块体，后逐步（分层）开挖，主洞开挖时控制爆破，不能一次性揭露块体	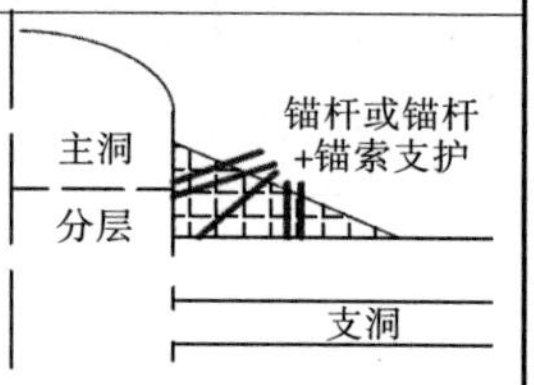 主洞 分层 锚杆或锚杆+锚索支护 支洞
	D2	镶嵌~碎裂岩体松脱塌落	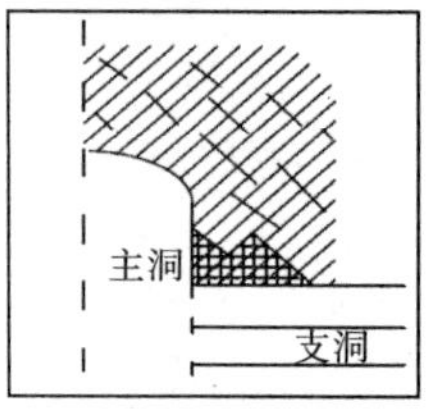 主洞 支洞	重力或地应力作用下松动塌落	先开挖支洞，加固块体后进行钢拱架支护和灌浆处理。主动开挖时不能一次性揭露块体	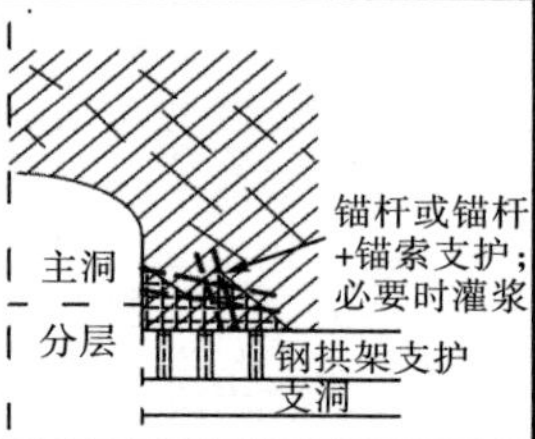 主洞 分层 锚杆或锚杆+锚索支护；必要时灌浆 钢拱架支护 支洞
	D3	软弱带塑性挤出或组合块体失稳	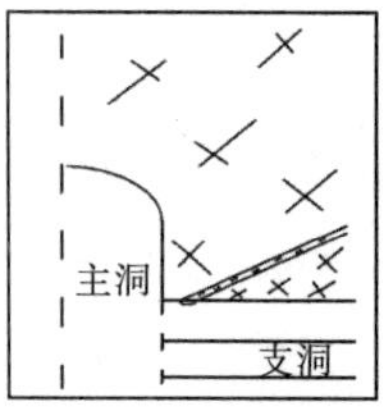 主洞 支洞	软弱带的塑性挤出引起剪切变形或组合块体失稳	控制爆破，及时支护，针对性地对软弱带加固或提前采用钢拱架支护	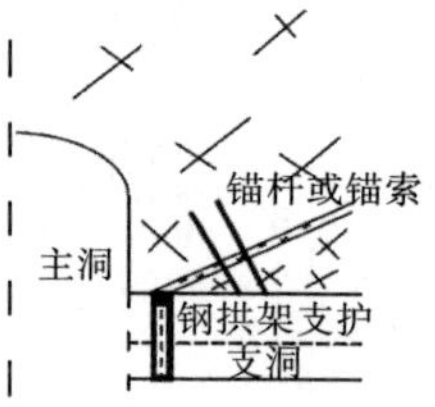 锚杆或锚索 主洞 钢拱架支护 支洞
岩柱区（E）	E1	特定软弱结构面和软弱岩带塑性挤出	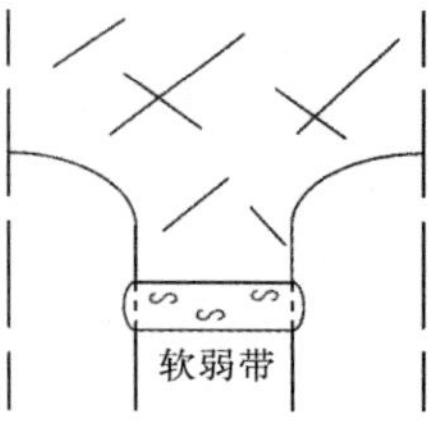 软弱带	软弱岩带塑性挤出，引起围岩剪切变形	两侧先行置换，根据岩柱厚度采用锚杆或锚索进行支护	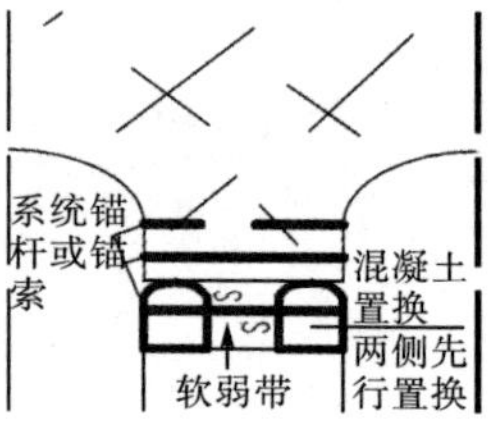 系统锚杆或锚索 混凝土置换 两侧先行置换 软弱带
	E2	镶嵌~碎裂岩体松动塌落	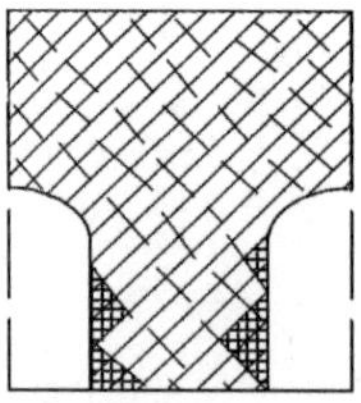	重力或地应力作用下松动塌落	分层开挖，及时支护。采用系统锚杆和对穿锚索进行支护	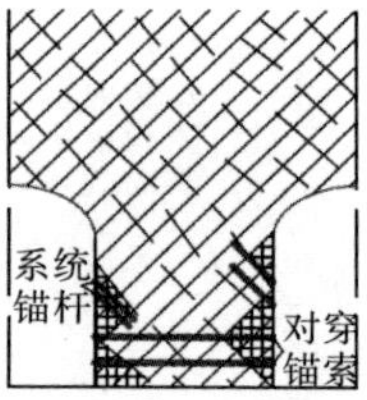 系统锚杆 对穿锚索
	E3	层面与隔墙平行或斜交的层状岩体弯折内鼓	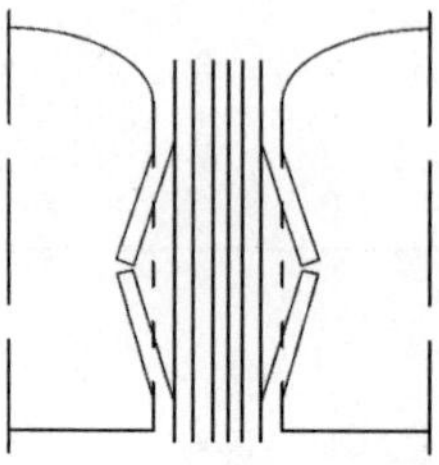	压应力集中导致岩体弯曲折断	分台阶开挖，控制开挖台阶高度，采用系统锚杆和对穿锚索支护。将薄层状岩体锚固，必要时固结灌浆，增强总体刚度	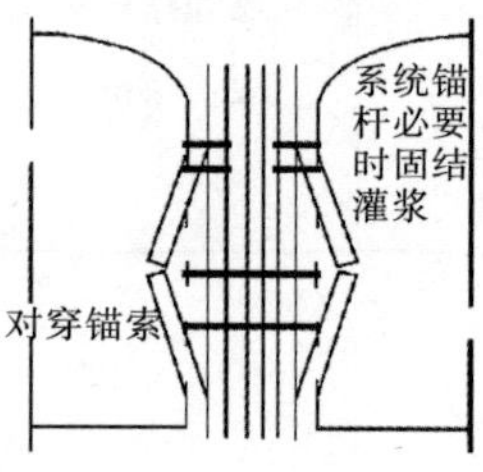 系统锚杆必要时固结灌浆 对穿锚索

8.1.4　洞室围岩变形破坏调控方案

将猴子岩水电站高第二主应力条件下地下厂房洞室群地质、监测及检测资料，与国内一些条件相似的已建工程进行对比分析，其围岩变形、破坏现象有相似之处，但也有特殊性，在国内其他已建和在建工程中极为少见，围岩破坏特性的特殊性决定了支护的差异，特别是施工过程中，对于高地应力带来的围岩破坏和变形问题，需采取具有针对性的措施，可以从调控地应力释放的速率和量值上开展工作。

1）合理有效的开挖支护程序和策略

高地应力地下厂房洞室群第二主应力相对较高，且与洞室走向呈大角度相交，在洞室开挖后，围岩原始高地应力释放将尤为剧烈，由此很可能产生岩爆和洞室变形破坏等工程问题，要解决该问题，必须对地应力的释放过程进行调控，从开挖和支护程序上有效控制地应力释放速率和量值，浅层、深层支护的时机掌握也非常重要。

2）及时充分发挥浅层支护的作用

洞室开挖卸荷后，围岩释放的巨大能量单靠支护结构承担是不可能的，要保证围岩的稳定必须依靠围岩的自承能力。浅层支护的作用就是在洞室开挖后，通过锚杆（锚筋束）等支护措施维护洞室浅层岩体的完整性，提高其承载能力，形成承载拱圈，阻碍应力驼峰区往深度发展，提高岩体的自承能力。浅层支护的锚固深度最好位于围岩破坏区范围以外，否则，不仅不能充分发挥浅层支护的作用，还会加重深层支护的负担。

在高地应力条件下，开挖初期围岩应力释放速度非常快，势必导致剧烈的损伤破坏，从控制应力释放速率和浅层损伤角度出发，可以考虑采取合理的施工方式保证浅层岩体的快速支护和加固。

3）高边墙等适时采用深层支护

高第二主应力条件下，边墙的稳定性问题比较突出，猴子岩水电站地下厂房洞室群边墙的变形、应力监测值及变化速率均偏大较多，且变形深度大，部分区域已超过锚杆的作用范围，只靠浅层支护已不能保证围岩的稳定，采用适当的锚索等深层支护措施是必要的。这种环境下的深层支护必须有足够的强度才能提供围岩稳定必需的围压，由于深层支护工程量大、施工速度慢，必须采取措施加快深层支护施工速度，以保证洞室开挖后高边墙变形稳定。

8.2　高地应力地下洞室群岩爆控制技术

提出“深层预裂、薄层开挖、随层支护”的施工方法，提前释放部分地应力，并限制围岩结构的变形破坏；提出快速加固策略，形成超前锚杆＋快速随、机支护＋系统支护的岩爆主动防治措施，降低了岩爆危害和突变变形风险。

8.2.1　高地应力地下厂房“深层预裂、薄层开挖、随层支护”施工

在高地应力区地下洞室中下部的开挖施工中，由于爆破开挖后，岩体快速形成临空面，围岩应力场的边界条件发生急剧变化，打破了原有的平衡，致使围岩应力发生快速调整，导致围岩的瞬时应力变化值较大，局部应力集中，岩体快速出现破坏，常表现为岩爆、板裂片帮等现象，给施工人员及设备的安全带来极大风险，并影响洞室的成型质量。

针对上述问题，提出高地应力区域地下洞室中下部“深层预裂、薄层开挖、随层支护”的施工方法，利用该方法，提前释放部分地应力，并利用未开挖岩体的保护限制围岩结构的变形破坏，使围岩预先进行阶段性的、有限的应力调整，解决因围岩应力峰值过大而产生岩爆和剧烈松弛破坏等问题。

8.2.1.1 “深层预裂、薄层开挖、随层支护”施工主要方案

（1）完成洞室顶层开挖后，自上向下分层进行洞室中下部开挖。

（2）开挖前，沿洞室边墙结构线进行深孔预裂爆破，形成一道深层爆破预裂缝，其深度是分层梯段爆破层厚的3～5倍。

（3）在深层爆破预裂缝形成1周后，对预裂缝深度范围岩体分3～5层进行薄层梯段爆破开挖，并在每层开挖后及时尽快完成喷锚支护，控制边墙变形，同时进行下一层爆破开挖准备，直至完成预裂缝深度范围岩体开挖施工。

（4）进行下一道深层爆破预裂缝爆破施工，分层开挖，直至开挖至地下洞室底部设计高程。

（5）深孔预裂爆破沿洞室边墙结构线向下垂直布置，纵向沿洞室长度方向边墙结构线间隔布置，预裂爆破孔深12～20m，孔距0.8m。

当采用该方法进行高地应力地下厂房开挖时，预先在洞室边墙结构线进行深孔预裂爆破，形成一道深层爆破预裂缝，一方面通过预裂缝提前释放部分地应力，另一方面对洞室内中下部拟挖岩体延迟开挖，使暂时预留的岩体对围岩结构面仍保持一定程度的抗力，以限制岩体结构边界的水平位移，使围岩在未开挖的岩体支撑下进行应力调整，围岩应力在第一次释放时，其应力峰值被削弱，降低岩爆、板裂片帮等现象的发生概率。预先形成裂缝的时间越早、深度较深，对降低岩爆、板裂片帮破坏的发生概率越有效。预裂缝的深度按洞室中下部岩体薄层梯段爆破开挖厚度的3～5倍设置，即施行一次深层爆破预裂缝，洞室中部岩体可进行3～5层的薄层梯段爆破。

在深层爆破预裂缝形成1周后，按照“平面多工序，立体多层次”的施工原则，对地下洞室中下部岩体分段分层进行薄层梯段爆破，以便尽快支护，控制边墙变形。该方法使原支撑岩体随层逐步爆除，围岩应力进行二次释放，避免了围岩应力一次性释放使应力峰值过大而带来的危害。

在上层梯段爆破后，进行随层喷锚支护，并进行下层爆破作业准备工作。按此程序直到开挖至预裂缝的深度后，再进行洞室边墙结构线下一道深层爆破预裂缝的施工，在预裂缝形成1周后，再进行洞室中下部岩体的薄层梯段爆破开挖，直到施工至设计开挖高程。

深层预裂、薄层开挖如图8.2－1、图8.2－2所示。

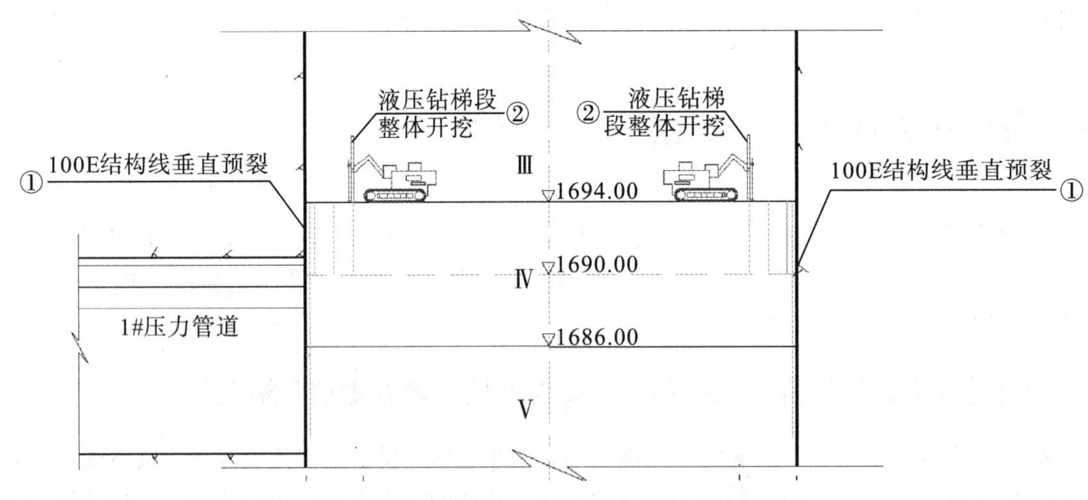

图8.2－1 深层预裂（3～5倍梯段开挖深度）

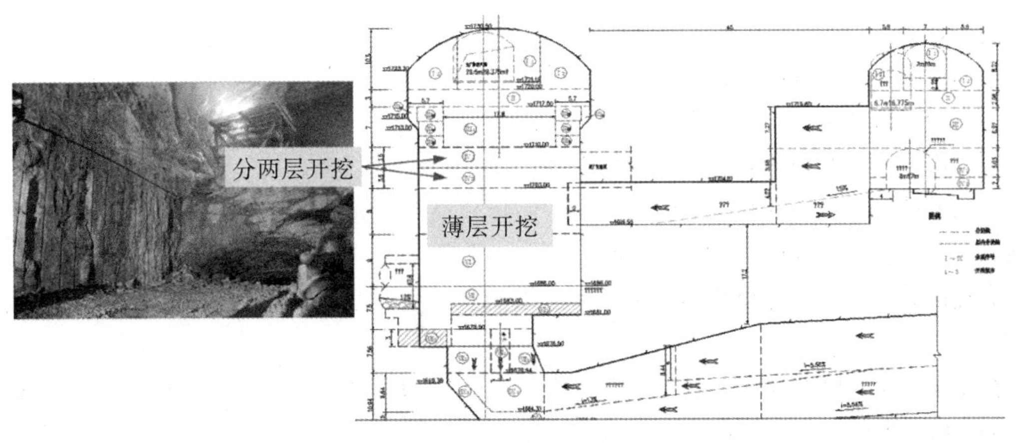

图 8.2-2　薄层开挖

8.2.1.2　施工工艺流程及操作要点

1）施工工艺流程

高地应力地下厂房“深层预裂、薄层开挖、随层支护”施工工艺流程如图 8.2-3 所示。

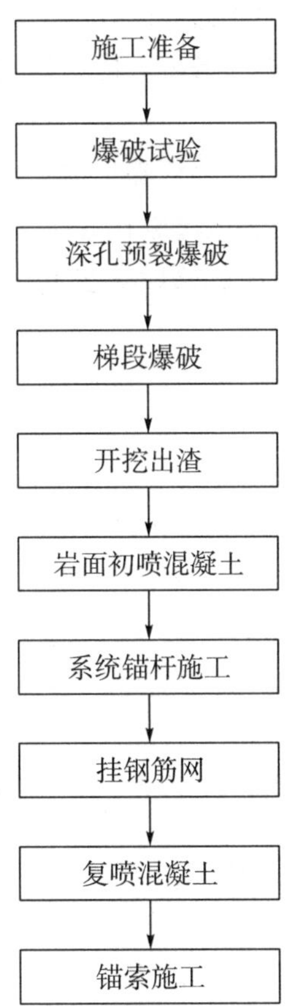

图 8.2-3　高地应力地下厂房“深层预裂、薄层开挖、随层支护”施工工艺流程

2）施工准备

（1）根据地下厂房的通道分布情况，选定各层人员、设备及渣料运输通道。

（2）根据地下厂房的锚索分布情况及锚索施工工艺，确定厂房的开挖分层厚度及分层高程，一般开挖分层高度为锚索的排距，分层高程比锚索高程低 0.8～1.5m。

（3）根据开挖分层高度确定预裂深度，一般预裂深度为 2～3 层开挖高度。

3）爆破试验

爆破试验分为预裂爆破试验和梯段爆破试验。

（1）预裂爆破试验。

预裂爆破试验主要确定的参数为预裂孔的孔距、孔深和线装药密度。

预裂孔的孔距一般为0.6～1.0m，在厂房中部（梯段开挖范围内）进行预裂爆破试验，选定三种不同孔距的孔位（0.6m、0.8m、1.0m）。

预裂孔的孔深一般超过开挖厚度约50cm，若地质情况较差（岩体松弛、裂隙发育），孔深可以与开挖厚度一致。

根据施工经验，借鉴同类水电站施工参数，预裂孔的线装药密度一般为500～1000g/m，选定三种不同的线装密度（500g/m、800g/m、1000g/m）。

对不同孔距、孔深及线装药密度进行排列组合进行试验，选定最适合地下厂房条件的预裂爆破参数。

猴子岩水电站高地应力地下厂房开挖的最优预裂爆破参数为：孔距0.8m，孔深12～20m，线装药密度1000g/m。

（2）梯段爆破试验。

梯段爆破试验主要确定的参数为梯段爆破孔的孔距、孔深和装药量。

根据出渣、装渣设备的性能及渣料粒径等要求确定梯段爆破孔的孔距，梯段爆破孔的孔距通常为1.8～2.2m。

综合考虑液压钻机的钻孔性能、多臂钻锚杆施工高度、锚索的排距等，确定分层开挖高度和梯段爆破孔的孔深。通常开挖高度4.0m，梯段爆破孔的孔深一般超过开挖高度约50cm。

根据爆破振动控制速度、抵抗线等计算梯段爆破孔的装药量。梯段爆破平面图如图8.2－4所示。

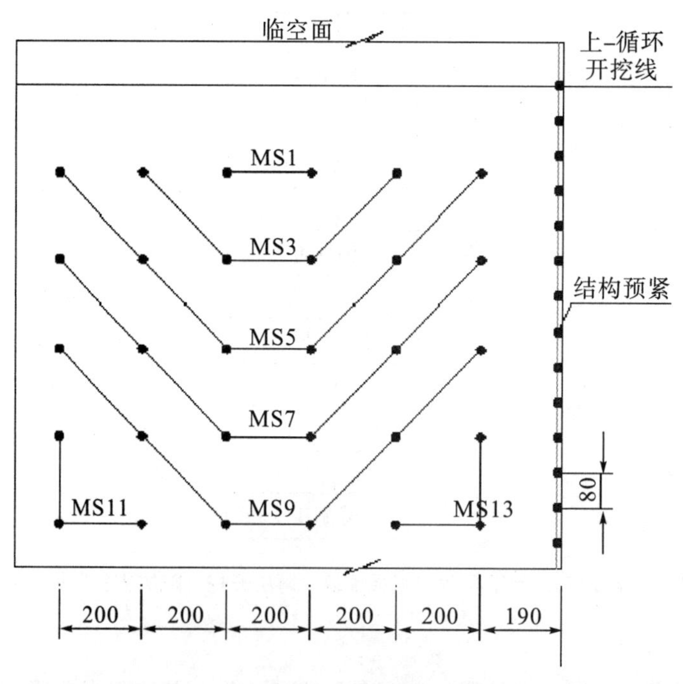

图8.2－4　梯段爆破平面图

4）深孔预裂爆破

（1）通过测量进行爆破孔孔位放样，施工测量采用全站仪。测量作业由专业人员认真进行，每个循环结束后必须进行测量检查，并准确施放出下一循环开挖轮廓线，确保测量控制工序质量。全站仪必须经鉴定后方可使用，施工过程中定期对控制点进行复测工作，确保测量准确无误。

（2）预裂孔采用100E潜孔钻机（反向钻机）进行造孔，主爆孔采用100B潜孔钻机或液压钻机进行造孔，预裂孔开孔部位上部1.5m范围内（钻机位置）需提前进行技术性超挖10cm，以便钻机充分就位，减少超欠挖现象的发生。

（3）由熟练的钻工严格按选定的爆破参数和设计图进行布孔和钻孔作业，每排炮由值班技术员按“平、直、齐”的要求检查。

（4）装药是控制开挖质量的最后环节，要确保装药质量达到爆破参数要求的标准，严格遵守安全爆破操作规程。装药前对各种钻孔认真进行清理验收，以保证设计孔深。预裂孔采用不耦合装药，为使药卷位于炮孔的中心线上，除采用竹片间隔绑药外，还在竹片上间隔设置定位装置，以达到爆破效果。

（5）装药结束后，由值班技术员和专业炮工进行认真全面的检查，连成起爆网络。爆破前，将工作面设备、材料撤至安全位置。最后由炮工和值班技术员复核检查，确认无误后撤离人员和设备，炮工负责引爆。

5）梯段爆破

同深孔预裂爆破。

6）开挖出渣

（1）爆破后起动强力轴流通风机进行通风，在开挖面爆破渣堆进行人工洒水降尘。

（2）起爆后15min，炮工应检查爆破情况，若发现或怀疑有瞎炮，应立即报告，并在其附近设立标志，派人看守，直至瞎炮处理完毕。作业队派有经验的施工安全员对开挖面进行检查，若发现有松动岩块，应人工清撬处理。出渣结束时，用反铲清理工作面，再次进行安全处理，将松动岩块全部清理干净。

（3）开挖采用装载机、液压反铲挖装配自卸汽车经施工道路运输至渣场。出渣后用反铲对掌子面进行安全处理，并将底板松渣清理干净，平整工作面，使之满足下一循环的作业要求，底部清理的多余松渣用反铲装车运至渣场。

7）岩面初喷混凝土

由于地应力高，岩体松弛卸荷较快，在开挖完成并出露边墙时，首先进行欠挖的排查及处理，然后通知设计、监理及业主进行开挖面的验收，立即喷护厚5cm的混凝土封闭岩面。

8）系统锚杆施工

初喷混凝土施工完成后，及时进行系统锚杆或随机锚杆的施工。对于岩石节理裂隙发育的不利边墙稳定的岩面，采用随机支护进行必要的安全处理，支护原则为随机支护紧跟开挖面，滞后15～20m实施系统浅层支护。

9）挂钢筋网

锚杆实施完成后进行钢筋网的安装，钢筋网应与锚杆可靠连接并形成整体，提高支护的有效性和整体性。

10）复喷混凝土

待钢筋网安装完成后复喷混凝土，复喷混凝土需将钢筋网全部覆盖且不得小于设计厚度。

11）锚索施工

在开挖支护过程中，锚索支护系统跟进。

8.2.2 快速加固策略

8.2.2.1 顶拱及边顶加固

围岩大变形是猴子岩地下硐室开挖过程中较突出的现象，对工程安全造成巨大威胁。工程上采用停工释放围岩应力、潜在失稳块体和岩柱锚索支护、断层固结灌浆等变形控制措施。

针对顶拱局部地区、拱肩以及下游边墙变形时空特点进行了支护方案的进一步调整。对于顶拱有断层、挤压破碎带通过形成的块体，采用锚索将潜在滑块锚固，防止变形破坏进一步扩大，并结合系统支护使顶拱围岩自成整体；对于拱肩，采用对穿锚索对岩柱进行约束，防止变形进一步扩大，并提高围岩承载能力；对于下游边墙处，采用加密锚索和提高锚索锚固力的方式，防止变形进一步扩大和张拉板裂的发生。

为加快锚索施工进度，减少围岩变形破坏的时间，在边墙结构面开挖完成后立即采用履带式锚索钻机进行钻孔，并用自制升降平台进行锚索安装、注浆、张拉等，减少常规施工需搭设固定式操作平台的时间。为以最快速度完成锚索的锚固，所有锚索均采用钢垫板锚墩，节约混凝土锚墩强度等强的时间。

8.2.2.2 母线洞等交叉洞加强支护和提前衬砌

在母线洞小断面开挖支护完成后，为确保交叉口部位安全稳定，对母线洞、压力管道及尾水连接洞与厂房交叉部位采取加强支护措施。在交叉部位 10m 范围设置Ⅰ20a 型钢钢架支撑加强支护，间距 0.5m，采用喷混凝土全封闭，喷混凝土厚度 27cm，如图 8.2—5 所示。

图 8.2—5 厂房下层下挖前完成母线洞衬砌

在母线洞开挖完成后，考虑到下游边墙多组断层、破碎带切割形成潜在不稳定块体，同时厂房区域地应力较高，为控制洞室群围岩稳定，特别是下游边墙的变形，在厂房下部层面下挖前提前完成母线洞的衬砌，以保证挖空率较高的厂房与主变室中隔墙的稳定。后期通过观察母线洞衬砌，发现衬砌表面出现了若干环向裂缝（图 8.2—6），说明由于岩体变形，提前施工的母线洞衬砌承受了相当大的围岩应力，这也反映出母线洞提前衬砌对于控制厂房边墙变形的作用是积极的。

图 8.2—6 母线洞衬砌后期出现的裂缝典型照片

8.2.2.3　锚索加速施工措施

为加快锚索施工进度，减少围岩变形破坏的时间，在边墙结构面开挖完成后立即采用履带式锚索钻机进行钻孔，并用自制升降平台进行锚索安装、注浆、张拉等，减少常规施工需搭设固定式操作平台的时间。为以最快速度完成锚索的锚固，所有锚索均采用钢垫板锚墩，节约混凝土锚墩强度等强的时间。

8.2.3　“超前锚杆+快速随机支护+系统支护”的岩爆防治措施

1）超前锚杆

当开挖至掌子面出现岩爆现象时，分析岩爆发生形态和地质条件，确定在顶拱部位增设超前锚杆，以保证施工安全。超前锚杆参数：Φ28，$L=6$m，外倾角30°，环向间距1m，纵向间距4m。

2）快速随机支护

对开挖过程中出现多次岩爆、岩爆现象突出、多处发生较大面积的塌方的部位，结合施工期地应力测试成果，综合分析岩爆发生部位和形态等，确定在前期超前锚杆支护设计的基础上，提出“超前锚杆+快速随机支护”的岩爆防治策略，具体措施如下：

（1）超前锚杆采用Φ32，$L=9.0$m@50cm，仰角10°，搭接4.0m，即开挖两个循环（5m）施作环超前锚杆。

（2）随机锚杆采用Φ32，$L=8.0$m，一般为内插系统锚杆布置，局部加强。

（3）对局部塌方或岩爆现象严重的部位，采取增加喷层厚度或多次喷射混凝土的方式进行加强支护，一般为25cm，空腔采用混凝土级配衬砌混凝土回填。

3）高地应力、低岩体强度部位加强支护

在尾水连接洞开挖支护完成后，尾水调压室中间部位开挖时，尾水连接洞与尾水调压室上游边墙的交叉口部位出现小规模掉块。经过分析认为，主要是在高地应力条件下，此部位的岩体强度较低，使得岩体局部发生破坏。针对上述问题，提出如下加强支护措施：

（1）在交叉部位10m范围设置Ⅰ20a型钢钢架支撑加强支护，间距0.5m，单处设置21榀，共84榀。

（2）相邻拱架之间采用Ⅰ16工字钢焊接，间距50cm，底部设置垫槽钢。

（3）拱架采用8根Φ25，$L=4.5$m（HRB400）锚杆锁角及固定，锚杆与钢架牢固焊接。

（4）钢架采用喷混凝土全封闭，喷混凝土厚度27cm。

8.3　高地应力地下洞室群开挖变形控制技术

采取砂浆锚杆与自钻式锚杆交替布置、下层超前和利用自钻式锚杆预固灌，以及预应力锚杆一次注浆成型等工艺措施，有效解决了高边墙大变形难题。

8.3.1　砂浆锚杆与自钻式锚杆交替布置

猴子岩水电站地下厂房受高地应力影响，边墙松弛、坍塌现象严重。边墙砂浆锚杆施工过程中，岩石破碎区受松弛、坍塌等不良地质的影响，锚杆孔钻孔后塌孔现象严重，影响锚杆施工进度，锚杆注浆后，浆液会出现沿裂隙漏浆、跑浆现象，注浆饱和度得不到保障，且边墙结构面会有较长时间的应力调整及松弛破坏，不利于围岩稳定及施工期安全。

针对上述问题，提出砂浆锚杆与自钻式锚杆交替布置的支护形式和施工方法。边墙开挖成形后，及时对边墙破碎带进行锚杆支护，采用水泥浆或砂浆锚杆与自钻式中空锚杆交替布置支护，水泥浆或砂浆锚杆与中空锚杆在岩平面间隔交替布置，各相邻锚杆在岩平面上呈正方形排列。自钻式中空锚杆具有造孔功能，将造孔、注浆和锚固结合为一体，如图 8.3－1 所示。

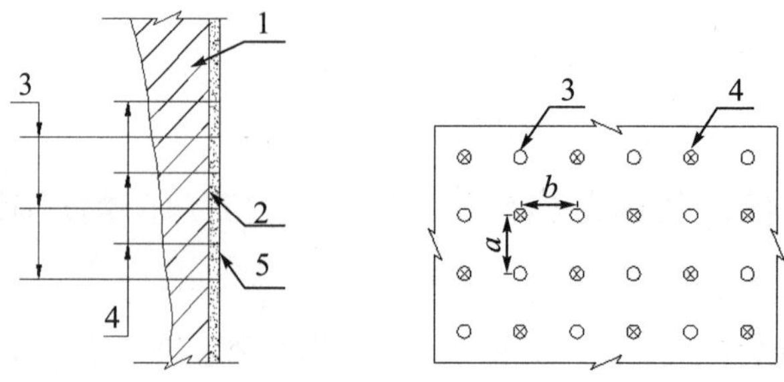

1—边墙破碎带；2—边墙；3—水泥浆或砂浆锚杆；4—自钻式中空锚杆；5—喷混凝土；

a—锚杆间距；b—锚杆排距

图 8.3－1　砂浆锚杆与自钻式锚杆交替布置示意图

边墙开挖后立即采用喷浆机对基岩面喷射厚度不小于 10cm 的混凝土。采用全站仪对各锚杆的位置进行放样，并对不同类型的锚杆分别做出标记。首先施工自钻式中空锚杆，再施工水泥浆或砂浆锚杆。采用钻孔设备在已标记好的位置进行自钻式中空锚杆施工，将其钻至设计深度后，用压力水或压缩空气冲净孔内的岩粉、泥渣，并用压力水对灌浆孔进行空隙冲洗，利用注浆设备对自钻式中空锚杆进行水泥浆注浆，完成周边岩体的注浆固结。

自钻式中空锚杆固结灌浆采用注浆压力不低于 2.0MPa 的注浆机进行单孔循环式灌浆，且全孔一次灌浆，灌浆压力 0.5～2.0MPa；灌浆所用水泥强度等级不低于 42.5，浆液的水灰比控制为 0.45～0.80。

在自钻式中空锚杆水泥浆注浆终凝后进行水泥浆或砂浆锚杆施工，采用多臂钻进行钻孔，机械设备配合人工进行安装，由注浆机进行注浆。

采用上述支护布置和施工方法可达到如下目的：

（1）实现锚杆钻孔、安装的同步施工，避免因塌孔造成的二次凿孔。

（2）及时完成高地应力条件下松动破碎地带的锚固。

（3）利用自钻式中空锚杆对松动破碎地带固结灌浆，避免固结灌浆单独或再钻孔施工。

（4）通过固结灌浆提高岩体的整体性和抗变形能力，增大水泥浆或砂浆锚杆的注浆密实度及锚固力。

8.3.2　预应力锚杆一次注浆成型技术

大型地下洞室的开挖支护中，支护锚固施工使用自由段无套管的预应力锚杆时，现有技术方法通常采用二次注浆工艺。第一次注浆时，必须保证锚固段长度内注浆灌满，但浆液不得流入自由段，预应力锚杆张拉锚固后，再对自由段进行第二次灌浆。根据《锚杆喷射混凝土支护技术规范》（GB 50086—2001）的要求，预应力锚杆张拉锁定后 48h 内需对预应力进行检查，若发现预应力损失大于锚杆拉力设计值的 10%，应进行补偿张拉，待检查合格后进行自由段灌浆。因此，若采用二次注浆施工，整个预应力锚杆施工期约 7 天＋48h，即 9 天，无法满足高地应力地下洞室快速系统支护的要求。采用二次注浆施工工艺时，自由段、锚固段均需埋设注浆管及回浆管，并在锚固段与自由段之间设置止水环，且所有材料均不可重复利用。

针对上述问题，对猴子岩水电站高地应力地下发电系统开挖施工提出了预应力锚杆一次注浆成型技术。

8.3.2.1　一次注浆成型施工工艺

预应力锚杆一次注浆成型施工工艺流程及示意图如图 8.3−2、图 8.3−3 所示。

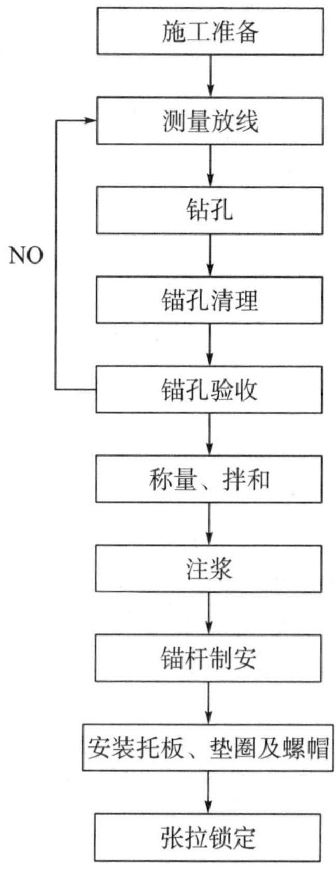

图 8.3−2　一次注浆成型施工工艺流程

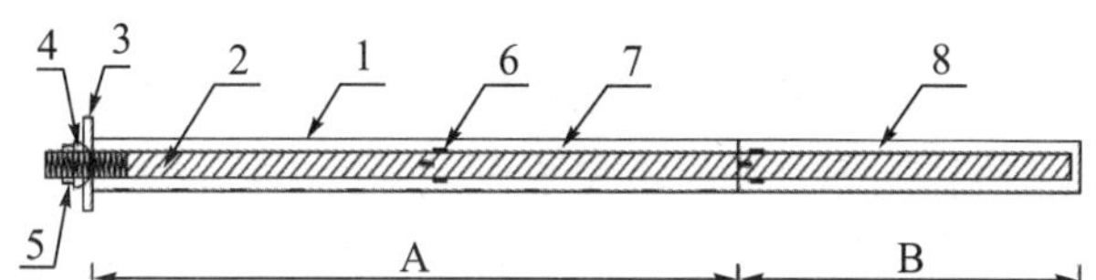

1—锚孔；2—锚杆；3—锚孔垫板；4—半球形垫圈；5—螺母；6—对中支架；7—缓凝砂浆；8—速凝锚固剂；A—自由段；B—锚固段

图 8.3−3　预应力锚杆一次注浆成型示意图

8.3.2.2　施工方法

1）施工准备

(1) 经试验测定速凝锚固剂初凝时间、终凝时间、5h 后抗压强度、28 天龄期抗压强度，以及缓凝砂浆初凝时间、终凝时间、7 天龄期抗压强度、28 天龄期抗压强度。

(2) 采用水泥砂浆对预应力锚杆孔口进行找平，确证保后期锚杆垫板安装及张拉受力要求。

2）测量放线

开挖基岩面验收合格后，采用全站仪对锚杆孔位进行定位，并用红油漆做好标记。

3）钻孔

采用多臂钻钻锚孔，控制孔位偏差小于 200mm，孔深不小于杆体有效长度，并不大于锚杆有效长度 200mm，地质罗盘控制钻孔角度偏差小于 3°。

4）锚孔清理

钻孔完成后，用高压水枪冲洗，直至不再有浊水流出后结束冲洗，再用高压风枪将水吹出孔外。

5）锚孔验收

锚孔清理完毕后进行孔位编号，对各孔的孔位、孔径、孔向、孔深、孔洁净度做好记录，经验收合格后用干净的水泥纸或其他保护物将锚孔保护好。

6）称量、拌和

现场施工中严格按照已确定的速凝锚固剂、缓凝砂浆配合比进行称量、拌和。所有速凝锚固剂、缓凝砂浆需采用专用搅浆设备单独定量进行拌和。

7）注浆

（1）注浆前需对注浆机进行试运行，并用水润滑管道。

（2）注浆管插入孔内部分宜采用硬质PE管，并在出浆口位置加粗至孔径大小，便于在浆液压力下往外推送注浆管。

（3）通过计算，确定速凝锚固剂和缓凝砂浆的填充长度，并在注浆管上做好刻度标尺，便于控制注浆量。

$$\text{速凝锚固剂注浆体积：}V_1=(\pi D^2/4-\pi d^2/4)\times A$$

$$\text{速凝锚固剂注浆长度：}L_1=V_1/(\pi D^2/4)$$

$$\text{缓凝砂浆注浆体积：}V_2=(\pi D^2/4-\pi d^2/4)\times B$$

$$\text{缓凝砂浆注浆长度：}L_2=V_2/(\pi D^2/4)$$

式中 D——锚杆孔钻孔直径；

d——预应力锚杆直径；

A——锚固段长度；

B——自由段长度。

（4）注浆管插入锚杆孔底后回抽5cm。

（5）注浆分两段进行，注完速凝锚固剂后立即注缓凝砂浆，采用一台注浆机一次性连续注浆。

（6）首先将拌制好的速凝锚固剂全部放入注浆机注浆孔口，使速凝锚固剂完全遮盖注浆孔口，防止空气进入，待速凝锚固剂全部进入注浆管后，立即将事先拌制的缓凝砂浆放入注浆槽中开始注浆，使缓凝砂浆将速凝锚固剂全部压入孔内。注浆时，利用注浆压力将注浆管缓慢推出，待推至事先于注浆管上做好的标记时停止注浆。

8）锚杆制安

（1）预应力锚杆由钢筋厂统一加工制作，加工钢筋丝头的操作工人应经专业人员培训合格后才能上岗。丝口加工应符合下列规定：

①钢筋端部应切平或镦平后加再工螺纹。

②墩粗头不得有与钢筋轴线垂直的横向裂纹。

③钢筋丝头长度为预应力锚杆外露长度。

④锚杆安插前，为防止丝口损坏或污染造成螺帽无法正常安装，应对丝口缠绕胶带进行防护。

（2）加工好的锚杆由平板车运输至施工现场。

（3）缓凝砂浆注装完成后，在速凝锚固剂初凝前完成锚杆安插，利用机械配合人工进行。安插锚杆前，工人需了解每一个孔的孔向，以便一次性顺利插入。锚杆缓慢、匀速地安插，完成之后，用事先准备的锚固卷封堵锚孔，防止浆液流出。

（4）注浆完成后，记录注浆完成时间，以便于控制张拉时间。

9）安装托板、垫圈及螺帽

锚杆安插完成后，开始安装锚杆托板、垫圈及螺帽，调整托板位置使其和锚杆轴线垂直。当岩面采用垫圈也难以调平螺母和托板平行时，用榔头对局部岩面进行清理。

10）张拉锁定

（1）在速凝锚固剂终凝后、缓凝砂浆初凝前进行锚杆张拉。通过相关试验数据确定具体张拉时间。

（2）预应力筋正式张拉前，应取 20%的设计荷载，预张拉 1～2 次，使其各部位接触紧密。预应力筋正式张拉时，应张拉至设计荷载的 105%～110%，再按规定值进行锁定。预应力筋锁定后 48h 内，若发现预应力损失大于锚杆拉力设计值的 10%，应进行补偿张拉。

（3）张拉过程中应做好相应记录。

采用一次注浆成型方法，使预应力锚杆施工更快捷、方便，能够大大加快施工进度：只需在锚杆安装后 5～8h 就可完成锚杆张拉，即可发挥预应力锚杆对围岩的加固效应。本方法完成全部预应力锚杆注浆成型施工通常需要 54h 左右。

8.3.3　岩锚梁岩台预加固和成型质量控制技术

主厂房Ⅱ层下游边墙岩锚梁部位（厂横）0+100m～（厂横）0+150m，岩体松散破碎，完整性及稳定性较差。为保证高地应力条件下破碎岩体岩台成型，确定在岩锚梁保护层岩体开挖前对该段围岩进行固结灌浆。灌浆孔间排距 2.5m，深入设计开挖线 5m；采用循环法全孔一次灌浆，灌浆段长 5m，保护层岩体内孔段不灌浆；灌浆压力 2.0MPa，采用逐级升压方法，起始压力 0.3MPa，每段增加 0.3～0.5MPa；灌浆前用压力水对灌浆孔进行裂隙冲洗，直至回水清净为止，冲洗压力不大于 0.3MPa。岩锚梁岩台预固结灌浆孔布置如图 8.3－4 所示。

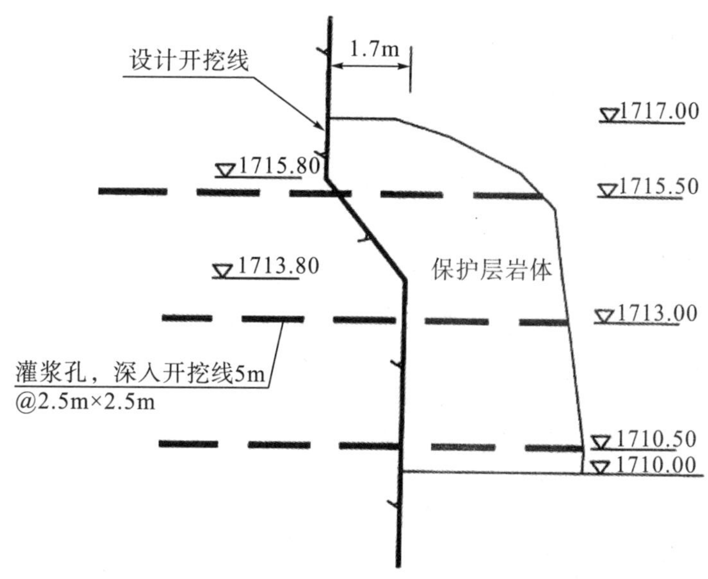

图 8.3－4　岩锚梁岩台预固结灌浆孔布置示意图

岩锚梁岩台开挖过程中，根据厂房岩锚梁部位的地质条件及施工情况，为提高岩台成型率，在岩锚梁下拐点 30cm 处以锚杆（Φ22@0.5m，L＝3m）进行锁口，同时在岩锚梁下拐点至高程 1710.00m 范围内边墙设置预应力锚杆（Φ32@1m×1m，L＝9m），控制由于岩台下部墙体开挖引起的松弛和破坏，如图 8.3－5 所示。

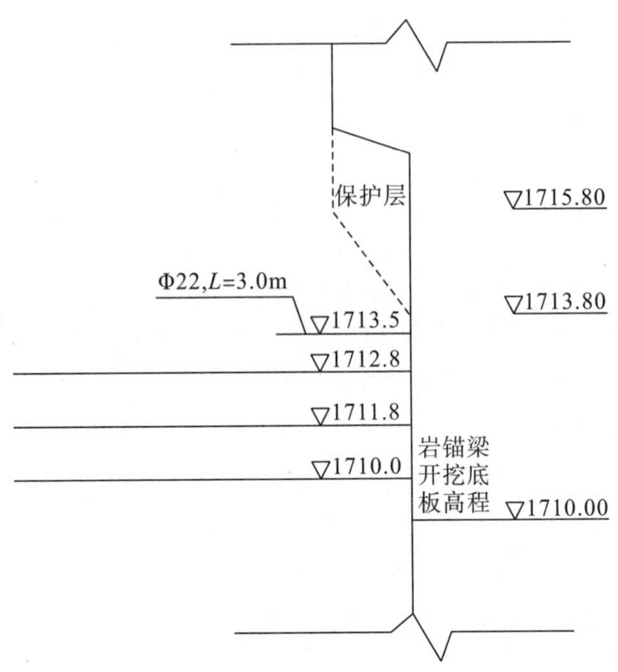

图 8.3−5　岩锚梁岩台下拐点部位锁口及预应力锚杆加固示意图

利用常规测试和微振监测技术开展高边墙围岩损伤区原位试验，揭示围岩变形破坏特征，探讨开挖损伤区的形成和演化机制，发现地下厂房围岩损伤区规律，从开挖施工程序和参数、围岩支护加固参数和时机两个方面着手，较好地控制围岩损伤范围。

8.4　45°斜井开挖施工技术

8.4.1　斜井开挖与导孔偏斜中心点轨迹力学分析

8.4.1.1　当前反井钻机的局限

对于猴子岩水电站出线洞斜井，如果确定需要采用反井钻机进行开挖，其设备将受到很多因素影响。

(1) 出线洞斜井段全长 203.6m，井挖工程量巨大，坡度 45°，不能采用平洞开挖方式，目前国内外还未曾有 45°斜井采用反井钻机施工的先例，施工过程中开挖支护难度较大，设备功效大大降低。

(2) 由于斜井开挖倾角越小，钻机本身会产生与竖向或大倾角时的钻孔有较大差异的竖向分力，使钻机出现额外的向下的作用力，客观上导致钻孔除沿轴向钻进外还向下发展，从而造成偏离，甚至形成曲线，使后续岩石溜渣困难。

8.4.1.2　影响反井钻机导孔偏斜的因素

根据钻具力学的相关理论，反井钻机钻杆在导孔内部的状态是非垂直且与井壁有接触点的非直线状态。总的来说，反井钻机导孔偏斜主要是由反井钻机钻具特性、地质地层条件、现场及人为因素三个方面决定的。

1）反井钻机钻具特性导孔偏斜的影响

根据镶齿三牙轮钻头的特性，导孔过程中，孔底平面总是和牙轮钻头的法线正交，瞬时井眼的中心线与钻头的法线重合，导孔偏斜就是钻头中心点轨迹的偏斜。很显然，只要控制这条轨迹，就能减小导孔偏斜。

（1）当钻具在导孔中为静力状态时（无钻压、无扭矩，称为静力状态），钻头不会受到横向力的影响而产生横向位移。如图 8.4−1 所示，这种条件下钻杆和导孔井壁会有一个切点 A，A 点与井底之间的距离为 L，根据几何关系，L 段的井斜角变化量 β，约等于 2 倍钻头的偏角 θ，这时导孔曲率为 $\Delta\beta$。

$$\Delta\beta = \frac{2\theta}{L} \qquad (8.4.1.2-1)$$

式中　β——井斜角变化量；

θ——钻头的偏角；

$\Delta\beta$——导孔曲率。

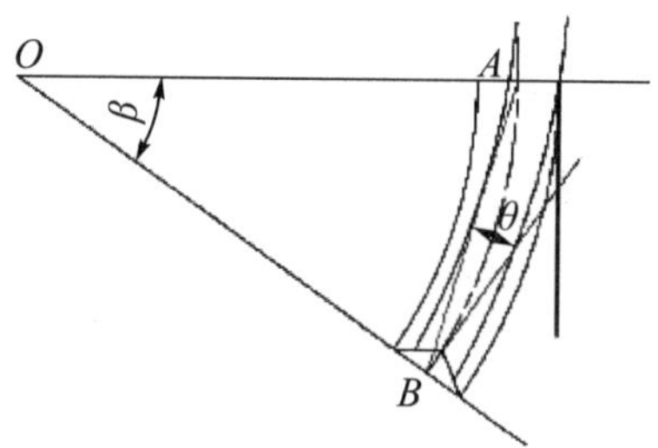

图 8.4−1　钻具静力状态示意图

（2）正常的导孔钻进中，在钻压的作用下，钻头在沿着钻压方向钻进的同时会在其侧向产生一个侧向切削作用，这就是钻头的各向异性。根据镶齿三牙轮钻头的破岩机理，大部分三牙轮钻头的旋转中心与几何中心不是重合的，导致导孔破岩过程中三牙轮钻头对于井壁还有部分扩刷作用，油气工程中常用钻头切削指数和切削异性指数进行评价。为了便于描述，如图 8.4−2 所示，引入钻头切削位移比 B 的概念，即在钻压一定的条件下，钻头单位轴向位移的侧向位移量为钻头轴向钻速 V_{ZZ} 与侧向钻速 V_{ZC} 之比。

$$B = \frac{\Delta S}{\Delta H} \qquad (8.4.1.2-2)$$

式中　ΔS——钻头侧向位移量，m；

ΔH——钻头轴向位移量，m；

B—钻头切削位移比。

于是，钻头产生了一个附加的偏斜角 $\theta_{侧}$：

$$\theta_{侧} = \arctan\theta \qquad (8.4.1.2-3)$$

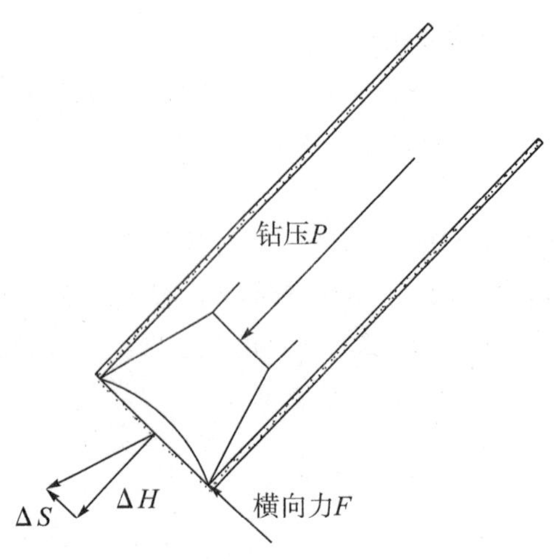

图 8.4-2　导孔开挖钻头钻进示意图

（3）反井钻机施工中，要保证导孔偏斜的精确度，大多依赖于稳定钻杆。理想条件下，稳定钻杆是填满整个导孔，但在实际施工中，稳定钻杆与孔壁之间存在间隙 ε，也会对钻头偏角和井眼曲率产生影响。

$$\theta_{\varepsilon} = \arctan\frac{\varepsilon}{L} \tag{8.4.1.2-4}$$

式中　θ_{ε} ——稳定钻杆间隙产生的偏斜角；

ε ——稳定钻杆与井壁间隙。

显然，当 $\varepsilon \to 0$ 时，能达到最好的稳斜效果，但在钻进过程中，由于钻头的磨损，其导孔直径会变小，为实现钻进的延续和经济性，ε 是不能被消除的。综上所述，可以得出钻具对于反井钻机导孔偏斜的影响主要是由钻具自身弯曲、钻头各向异性以及稳定钻杆尺寸三个因素引起的。

$$\Delta\theta = \theta_{侧} + \Delta\beta + \theta_{\varepsilon} \tag{8.4.1.2-5}$$

2）地质地层条件对导孔偏斜的影响

地质地层条件是导致导孔偏斜的最主要因素，也是最难预测与控制的因素。地质地层本身就是难以确定的复杂非均质材料，而钻头与地层的相互作用更是十分复杂。研究地质地层条件对反井导孔偏斜的影响时，为了简化计算，忽略了结构面的因素。

（1）平行地层。

假设地层是倾斜的，且各个地层之间是平行的。这种情况下，导孔偏斜主要是由地层的各向异性引起的。众所周知，地层是不同于经典材料力学中的假设的介质，而是一种不均匀、非连续、各向异性材料，其不均匀性和非连续性根据具体情况而非常复杂。

（2）层状倾斜地层。

钻头经过倾斜地层时，不仅会由于本身的各向异性产生偏转，而且经过倾斜地层交界面时也会产生偏斜，导致钻杆中的应力分布不均，容易使钻杆钻进方向产生误差，钻头会向相对刚度较低的一侧发生倾斜。钻头正常钻进倾斜平行底层时，不同岩层之间的可钻性是不同的。这里可以把相邻的岩层普氏系数大的一层称为硬岩，普氏系数较小的岩层称为软岩。在钻压恒定的条件下，三牙轮钻头可以近似看作刚体，钻头底部在任何条件下都是直线（孔底与钻头紧贴）。在中硬岩中，钻进速度与钻压成正比。

3）现场及人为因素

在反井钻机导孔的施工中，现场及人为因素对反井钻机导孔偏斜的影响是巨大的，主要有以下几个方面：

（1）现场钻孔参数。根据现场实际地质地层情况，钻进过程中实施不同的主、副泵工作压力、钻机转速、钻压、洗井液压力等参数控制。这些参数的选择和操作若不合适，会对导孔偏斜产生影响。

（2）钻机司机操作。有经验的反井钻机司机可根据洗井液返渣情况、钻进速度、钻机的声音以及操作状态来判断孔内的施工情况，并及时调整钻进速度、钻压、洗井液流量及压力等参数，从而降低发生偏斜的可能性。

（3）钻具材料的加工与选用。要选用适合地层的钻头。在钻具以及钻机的加工中可能出现各种误差（同轴度、偏心度等），螺纹连接后应保证钻杆的同轴度小于 0.1mm，端面与轴线的垂直度小于 0.50mm。

（4）其他方面。钻机定位不牢、钻进过程中因承受推拉力和扭矩，使钻机机身摇动，造成导孔位移而产生偏斜；开孔控制不当造成导孔偏斜；洗井液返渣不畅也易造成向上的偏斜。

现场及人为因素对反井钻机导孔偏斜的影响很难定量描述，但在合理安排、精确施工组织下，其对导孔偏斜的影响系数 k 在一定范围内是可控的。现场施工经验表明，$k \in (1.1, 1.3)$。

由以上分析可知，反井钻机导孔偏斜是有规律的，其是由钻具特性、地质地层条件和现场及人为因素共同决定的，其简略表达式为

$$\theta = k(\Delta\theta_{钻} + \Delta\theta_{岩}) \tag{8.4.1.2-6}$$

由式（8.4.1.2−6）可以看出，针对不同的地质地层条件及其导孔偏斜规律，优化钻具及其组合，设置合理的钻进参数，精心组织施工，减少安装误差和人为事故，可以有效地减小反井钻机导孔偏斜，提高反井钻机导孔的精确度。

8.4.1.3　钻头偏移距离及钻进轨迹分析

1）假设钻杆是悬臂梁模型

钻头向前钻孔时，随着钻杆长度的增加，钻头会越来越偏离预定钻孔轨迹。钻杆钻进过程中，其可以看作一个悬臂梁进行计算，考察钻进长度达到多少时钻杆会贴壁，由前述可知，钻杆贴壁后会严重影响钻杆的钻进轨迹，使其偏离设计钻心位置。

将图 8.4−3 中钻杆所受到的力转换为与钻杆方向垂直的等效力 F，其余方向上的力可以分解到与钻杆平行的方向上，进行钻杆偏移量分析时不考虑，其受力简图如图 8.4−4 所示。

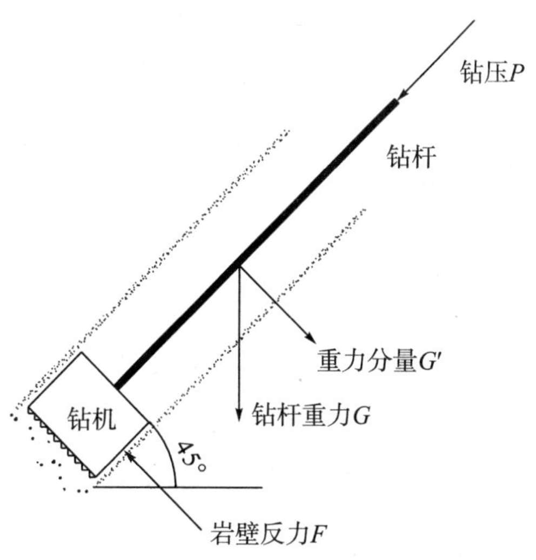

图 8.4−3　钻杆悬臂梁模型受力示意图

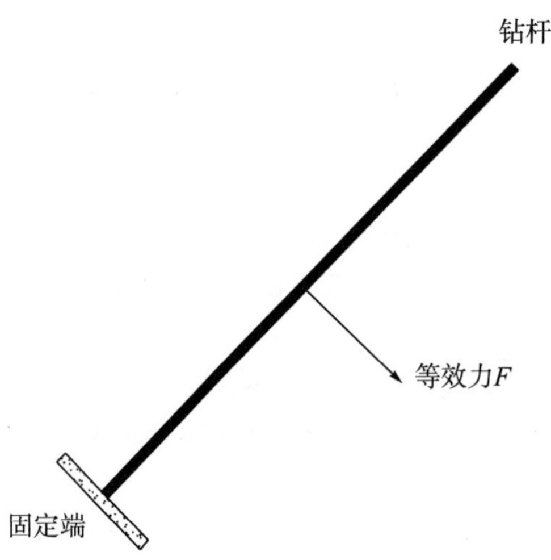

图 8.4－4　**钻杆悬臂梁模型受力简图**

参考材料力学中的悬臂梁求扰度的原理，可以计算钻头的偏移量 f ，当 $f > \varepsilon$ 时，说明钻头部分已经贴壁，则需要及时调整钻杆的参数或修正钻杆的钻进方向。

$$f = \frac{5F\,l^3}{48EI} \quad (8.4.1.3-1)$$

式中　f ——钻杆在重力作用下的扰度；

F ——重力在垂直于钻杆方向的分量；

l ——钻杆长度；

E ——钻杆的弹性模量；

I ——钻杆的惯性矩。

$$\varepsilon \geqslant f \quad (8.4.1.3-2)$$

式中　ε ——钻杆偏移临界值。

当 $f = \varepsilon$ 时，可以求出钻杆长度，当施工中钻杆长度已经达到临界长度时，可以更换刚度更大的钻杆进行钻进作业，或调整钻头的钻进方向。

实际施工中，取 $f = 80\text{mm}$ ，刚度 $EI = 83.8\text{N/m}$ ，钻杆直径 216mm，计算得 $l = 27.8\text{m}$，即当钻杆长度达到 27.8m 时，钻杆将会贴壁，这时需要增加钻杆的刚度。

另外，可以假设钻头完成钻孔长度时，不会产生贴壁现象，则可计算出钻杆所需最小刚度。

$$EI = \frac{5F\,l^3}{48f} \quad (8.4.1.3-3)$$

实际施工中，取 $l = 200\text{m}$ ，钢筋密度 $\rho = 7.85 \times 10^3\text{kg/m}^3$ ，$f = 80\text{mm}$ ，若要使钻头不偏离轨迹，刚度至少需要达到 $5.287 \times 10^8\text{kN/m}$ ，钻杆直径达到 27m。通过计算可知，仅仅增加钻杆直径是无法达到要求的，可以选用刚度更大的材料来制作钻杆。

2）假设钻杆是简支梁模型

钻头向前钻孔时，随着钻杆长度的增加，钻头会越来越偏离预定钻孔轨迹。钻杆钻进过程中，可以增加一个钢支撑，将钻杆看作一个简支梁进行计算，考察钻进长度达到多少时钻杆会贴壁。钻杆简支梁模型受力示意图与受力简图如图 8.4－5、图 8.4－6 所示。

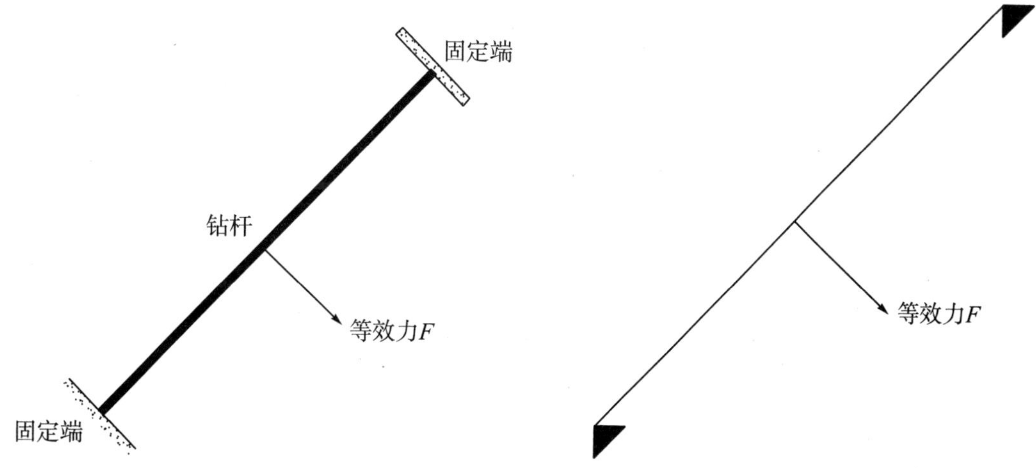

图 8.4-5　钻杆简支梁模型受力示意图　　图 8.4-6　钻杆简支梁模型受力简图

参考材料力学中的简支梁求扰度的原理，可以计算钻杆的最大偏移量 f，当 $f > \varepsilon$ 时，说明钻头部分已经贴壁，则需要及时调整钻杆的参数或修正钻杆的钻进方向。

$$f = \frac{F l^3}{48EI} \tag{8.4.1.3-4}$$

当 $f = \varepsilon = 80\text{mm}$ 时，可以求出钻杆长度，即当钻杆长度为 30.5m 时就会出现贴壁现象，当施工中钻杆长度已经达到临界长度时，可以更换刚度更大的钻杆进行钻进作业，或调整钻头的钻进方向。

另外，可以假设钻头完成钻孔长度时，不会产生贴壁现象，则可计算出钻杆所需最小刚度。

$$EI = \frac{F l^3}{48f} \tag{8.4.1.3-5}$$

根据式（8.4.1.2-6）可以算出临界刚度为 $1.0574 \times 10^7 \text{kN/m}$，若其他条件不变，仅通过增加钻杆直径来增大钻杆刚度，则钻杆直径需为 5.66m。通过计算可知，仅仅增加钻杆直径无法达到要求，可以选用刚度更大的材料来制作钻杆。

3）考虑钻压及重力共同作用的压杆模型

钻杆在钻压的作用下会形成材料力学中的压杆模型，而钻杆在重力作用下相当于给钻杆一个轻微的扰动，因此，钻杆在钻压作用下将会产生较大的弯曲变形。钻杆钻进受力示意图及受力变形示意图如图 8.4-7、图 8.4-8 所示。

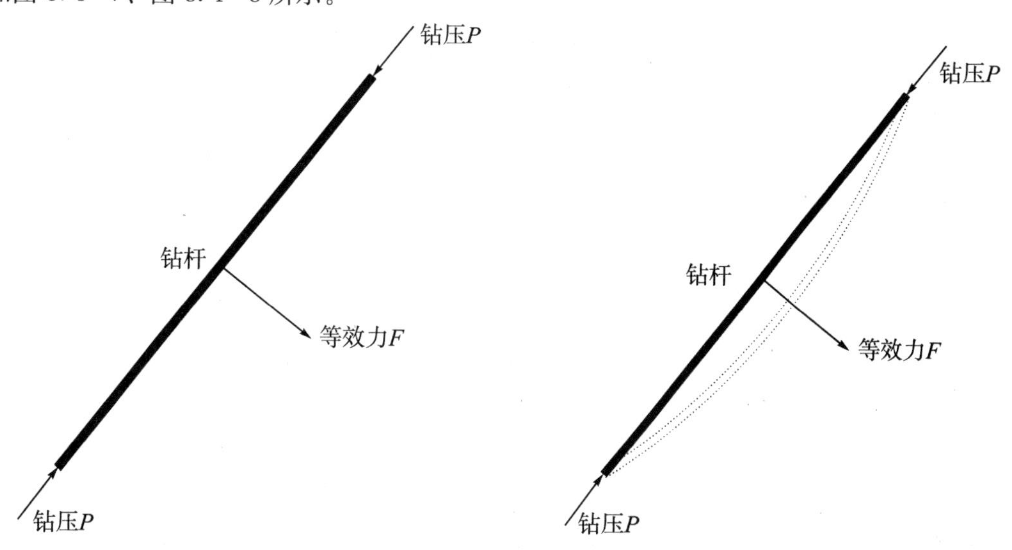

图 8.4-7　钻杆钻进受力示意图　　图 8.4-8　钻杆受力变形示意图

在忽略重力作用的情况下，通过材料力学中的压杆模型可计算得到钻杆的最大变形量：

$$f = A\sin\sqrt{\frac{P}{EI}} \cdot \frac{l}{2} \tag{8.4.1.3-6}$$

式中 A——钻杆的初始微弯程度，m；

P——钻压，kPa。

以应用较多的 LM－200 型反井钻机为例，其主要技术参数见表 8.4－1。

表 8.4－1　LM－200 型反井钻机主要技术参数

导孔直径/mm	扩孔直径/m	深度/m	转速/(r/min)	扭矩/(kN·m)	推力/拉力/kN	总功率/kW	外形尺寸/m
216	1.4～2.0	200	0～20	40	350/850	82.5	3.2×1.7×3.4

根据表 8.4－1，取钻压 350kN，钻杆直径 0.216m，$A = 0.001$m，$l = 200$m。由式（8.4.1.3－6）计算得钻杆的发生的最大变形量 $f = 0.00099$m。通过计算可知，钻压对钻杆弯曲变形的影响并不大，钻杆发生弯曲变形的主要影响因素是钻杆自重。

4）加速度模型

考虑围岩的坚硬程度、钻杆自重、破岩工具承受的钻压、井眼曲率造成的钻杆初弯曲、钻杆质量偏心、钻杆结构及尺寸、钻杆轴向压力大小和钻头处节点施加的动力荷载和扭矩等。

通过改变转速、钻压幅值及分布力来模拟转速、钻压和井眼曲率对钻柱运动状态、

应力、轴向力及扭矩的影响。研究钻杆运动状态时，将横向振动位移超过环空间隙的结点约束到井壁。井口扭矩计算时考虑井底动扭矩和钻柱与井壁产生的摩阻扭矩。

钻杆是限制在井眼里面的变截面、变刚度旋转长轴，其与井壁的间隙也因为井眼的不规则和钻具外径的变化而变化。钻杆的力学问题其实是一包括几何非线性、接触非线性在内的动力学问题。钻杆系统的加速度控制方程为

$$M\ddot{a} + C\dot{a} + Ka = F \tag{8.4.1.3-7}$$

式中 $\ddot{a}$、$\dot{a}$、a——广义加速度、速度、位移；

F——外矢量；

M、K——质矩阵、刚度矩阵；

C——阻尼矩阵，采用瑞利阻尼的形式。

对于实际的钻井工程问题，直接确定钻杆阻尼参数十分困难。由于阻尼随着钻柱的频率变化，所以一般不采用单元阻尼矩阵组装成整体阻尼矩阵的方法。阻尼矩阵分为两部分，即

$$C = C_D + C_N \tag{8.4.1.3-8}$$

式中 C_N——陀螺阻尼；

C_D——Rayleigh 阻尼，表示形式为

$$C_D = \alpha_D M + \beta_D K_L \tag{8.4.1.3-9}$$

式中 K_L——线性刚度矩阵；

α_D、β_D——常数。

（1）钻具自重和钻压。

斜井施工时，钻具施加的轴向压力和钻具重力将对孔斜的控制产生综合影响。若导孔方向已产生上倾（倾角为 α），设计孔斜为 β，轴向力产生的垂直孔轴线的分力为 $F\times\sin\alpha$，重力产生的垂直孔轴线的分力为 $G\times\sin\beta$，作用于造斜的合力为 $F\times\sin\alpha - G\times\sin\beta$，重力会部分抵消因轴向压力产

生的偏斜（图8.4－9）。

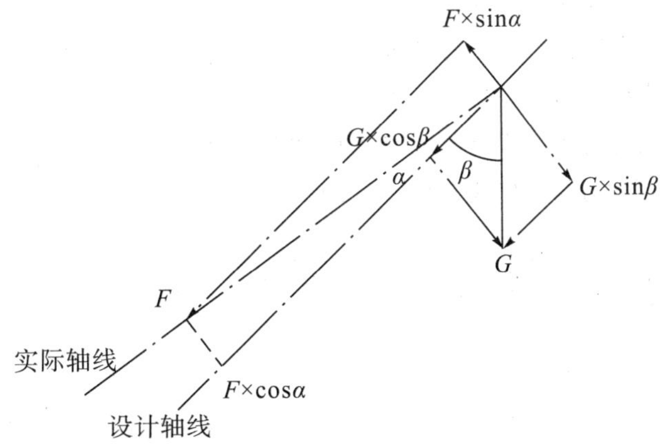

图8.4－9　**钻孔方向上倾时受力分析**

若导孔方向已产生下倾（倾角为 α），设计孔斜为 β，则因轴向力产生的垂直孔轴线的分力（$F\times\sin\alpha$）和因重力产生的垂直孔轴线的分力（$G\times\sin\beta$）将会叠加，产生的垂直于孔轴线方向的分力（$F\times\sin\alpha-G\times\sin\beta$），由牛顿第二定律 $F=ma$ 知，钻具自重和钻压越大，加速度越大（图8.4－10）。

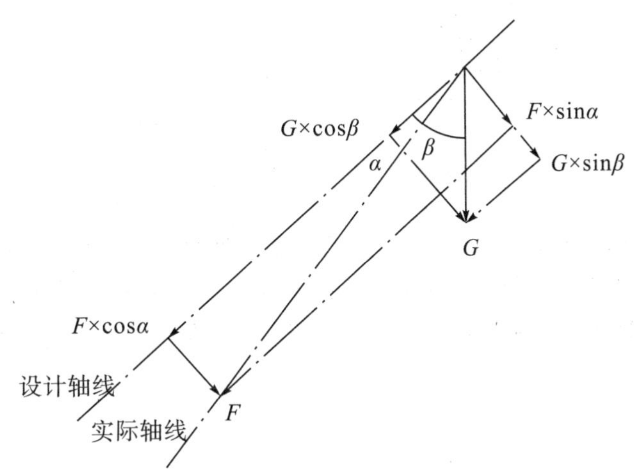

图8.4－10　**钻孔方向下倾时受力分析**

另外，加速度还与钻头的侧向切削力和钻杆刚度有关：侧向切削力越大，加速度越大；钻杆刚度越大，加速度越小。

（2）岩层特性。

在无节理或断层的坚硬而均质岩层中钻凿导孔时，因岩层反作用造成的导孔偏斜较少发生，即使发生，其偏移量也极小。但岩石硬度的变化、裂隙的发育，以及断层、破碎带的出现均会引起加速度的变化。钻头钻进的方向在很大程度上取决于钻头与硬度变化的岩石表面相遇时的角度。不同岩层的摩擦系数 μ 不一样，会导致钻杆加速度也不一样。

（3）施工工艺。

①钻机定位不稳造成导孔偏斜。在施工前，钻机一定要牢牢地固定在混凝土基座上，以承受因钻进产生的推拉力和扭矩，扭矩越大，加速度越大。

②钻机压力和钻进速度控制不当造成导孔偏斜。当钻机轴向压力过小、钻进速度控制过慢时，受钻具自重影响，导孔方向可能出现向下的偏斜；而一旦出现向下的偏斜，在钻具自重和施钻压力

的共同作用下，会使向下的偏斜加大。若钻机轴向压力过大，钻进速度过快，孔底积渣冲洗排放不净，将沉积在孔底下部，致使钻头抬高，出现向上的偏斜。

③钻进时，当压力水在钻杆水孔、牙轮喷嘴、钻杆与导孔岩壁间环形空间等处不再流动或循环时，将出现不返岩渣或堵钻，造成孔位向上偏斜。

综上所述，影响加速度的主控因素有钻具自重和施钻压力、岩层特性、钻杆刚度和施工工艺，任何一种或几种因素综合作用都有可能造成导孔偏斜。

5）钻杆轨迹模型

假设钻头以与水平面成 α 的方向匀速钻进，速度为 v，建立如图 8.4－11 所示的直角坐标系。

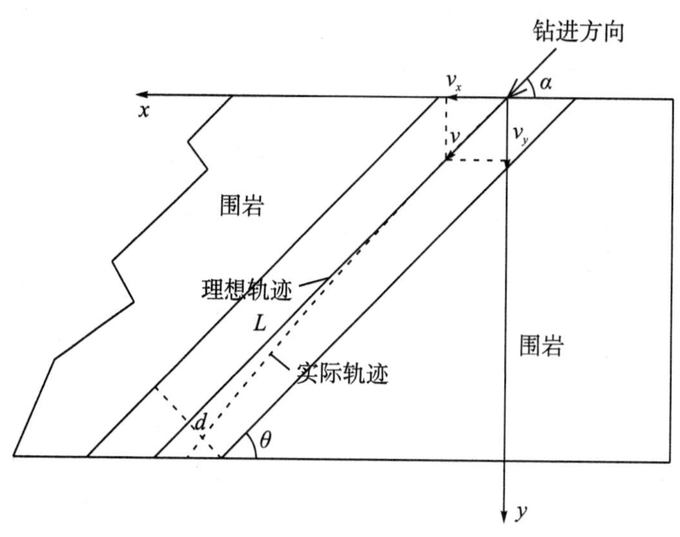

图 8.4－11　**钻杆轨迹模型**

依图 8.4－11，可把钻杆的实际钻进看作 x 方向的匀速直线运动和 y 方向的加速运动的合运动来处理。y 方向产生的加速度，和主要受钻杆及钻头重力、地质条件和钻杆刚度的影响。设 y 方向等效加速度为 a，根据现场实际钻杆轨迹和极小的偏移量表明，等效加速度也应该很小，则

x 方向的速度为

$$v_x = v_{\cos\alpha} \tag{8.4.1.3-10}$$

y 方向的速度为

$$v_y = v_{\sin\alpha} \tag{8.4.1.3-11}$$

x 方向的位移为

$$x = v_{\cos\alpha} \cdot t \tag{8.4.1.3-12}$$

y 方向的位移为

$$y = v_{\sin\alpha} \cdot t + \frac{1}{2}at^2 \tag{8.4.1.3-13}$$

把式（8.4.1.3－9）代入式（8.4.1.3－10）中可得钻杆钻进的实际轨迹方程为

$$y = x\tan\alpha + \frac{ax^2}{2v^2\cos^2\alpha}(0 \leqslant x \leqslant L\cos\theta) \tag{8.4.1.3-14}$$

在 y 方向等效加速度的作用下，导孔轨迹会在钻进的过程中产生向下弯曲，导致导孔出现向下偏移，从而引起精度偏差。

8.4.1.4　小结

通过分析可知，钻杆发生弯曲变形而引起导孔钻进轨迹变化的主要影响因素是钻杆自重发生在垂直钻杆方向上的法向作用分力。因此，如果要采用诸如45°倾角的反井钻机施工，则必须充分重视此作用力的影响。对于猴子岩水电站45°斜井，在反井钻机的钻杆改造或改进时需要考虑钻杆自重带来的问题。若以增加钻杆直径的方式提高钻杆刚度，既不经济，也不理想，具体改造或优化方案需结合不同轨迹条件下的溜渣规律做进一步研究。

8.4.2　45°斜井反井法施工控制技术

8.4.2.1　猴子岩45°斜井反井法导孔钻进轨迹控制技术

如果按照斜井45°的坡度从上往下钻进导孔，其轨迹会因钻杆和钻头自重分力的影响不断向下弯曲，若斜井较长，则很可能会穿出斜井底板，导致斜井偏离设计位置。如何保证斜井导孔钻进轨迹精度，需要做进一步探索，特别是对导孔钻进轨迹优化方法进行研究，可为后续钻机实际操控提供依据。

1）导孔钻进轨迹理论优化

（1）导孔钻进轨迹纠偏方法。

只要采用反井法进行斜井掘进，其预先钻凿的导孔钻进轨迹偏离钻进方向就会客观存在，如果采用更缓的45°倾角，则钻进轨迹理论上会偏离更多。为此，必须采取切实可行的技术方法和措施进行纠偏，以保证钻进轨迹精度，防止反井钻机在开挖时侵限，使钻杆的偏转或偏离角度控制在一定的安全范围内。

如图8.4－12、图8.4－13所示，考虑其临界条件为反井钻机钻进时刚好侵出上下轮廓线的界限，即钻进轨迹必须控制在以下两种极限工况内：①从洞顶中心开始钻孔，恰好在洞底的中心位置打通；②从洞顶顶部开始钻孔，恰好在洞底下边缘边界位置打通。这两种工况下，钻机钻进轨迹的偏转角达到最大。

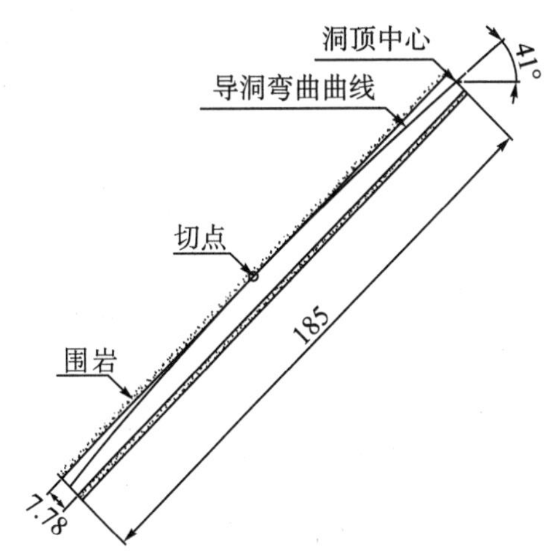

图8.4－12　从洞顶中心开始施工的临界导孔曲线

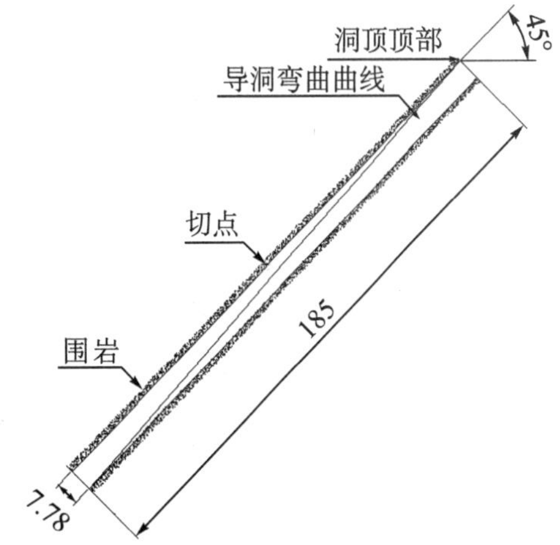

图8.4－13　从洞顶顶部开始施工的临界导孔曲线

（2）纠偏角度及轨迹分析。

如果按斜井倾角进行导孔钻凿，则其轨迹并不理想，很可能会因为向下弯曲出现较大精度的偏差。因此，需在开始阶段就进行适当纠偏，纠偏角度及其轨迹分析如图8.4－14、图8.4－15所示。

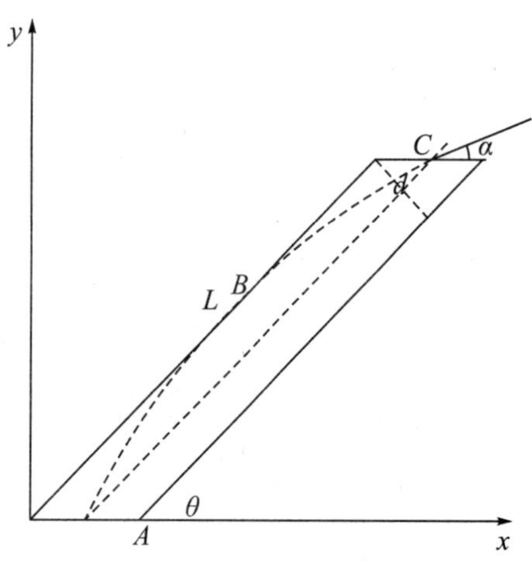

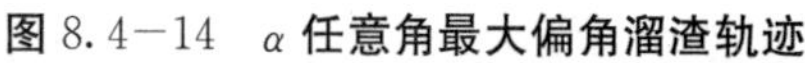
图 8.4－14　α 任意角最大偏角溜渣轨迹

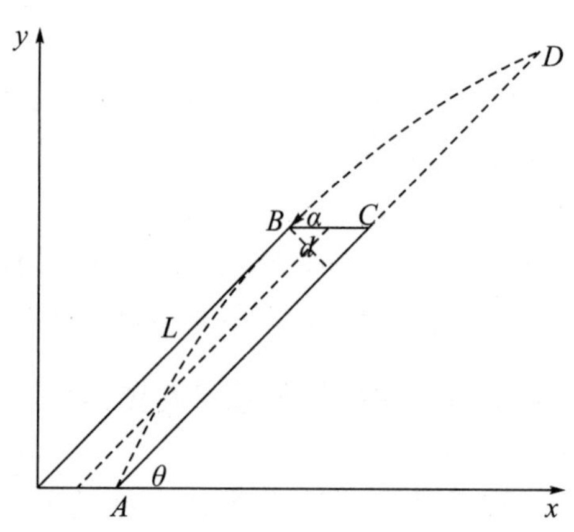

图 8.4－15　α 任意角最小偏角溜渣轨迹

①假设洞口直径为 d，斜井长度为 L，斜井坡度为 θ，推导钻杆的极限下沉量。

②假设斜井周围地质条件均匀，钻杆只有在重力作用下向下钻孔形成一个如图 8.4－14 所示的虚线轨迹，由于导孔极小而斜井距离很大，偏移量很小。若猴子岩斜井为 185m，钻孔轨迹偏离仅约 0.1°，近似圆弧，其误差（类似于系统误差）是可以接受的。结合微分数学的思想，采用圆弧轨迹作为钻孔轨迹近似处理基本合理，可满足施工控制要求。

③分析圆弧曲线方程，建立如图 8.4－14 所示的直角坐标系。在极限状态下，钻杆将从洞口中心进入，在洞底的中心位置钻出，那么这条圆弧曲线经过三点：$A\left(\frac{d}{2\sin\theta},0\right)$；$B\left(\frac{1}{2}L\sin\theta,\frac{1}{2}\sin\theta\right)$；$C\left(\frac{d}{2\sin\theta}+L\cos\theta,L\cos\theta\right)$。设圆的方程为 $(x-m)^2+(y-n)^2=r^2\left(\frac{d}{\sin\theta}\leqslant x\leqslant\frac{d}{2\sin\theta}+L\cos\theta\right)$。把 A、B、C 三点坐标代入圆的方程得

$$m=\frac{L^2}{4d}\sin\theta+\frac{d}{4\sin\theta}+\frac{L}{2}\cos\theta$$

$$n=\frac{1}{4}\left(L\sin\theta+\frac{L-\cos^2\theta}{\sin\theta}+\frac{d\cos\theta}{\sin\theta}-\frac{L^2\cos\theta}{d}\right)$$

$$r^2=\left(\frac{d}{4\sin\theta}-\frac{L^2}{4d}\sin\theta-\frac{L}{2}\cos\theta\right)^2+\frac{1}{16}\left(L\sin\theta+\frac{L-\cos^2\theta}{\sin\theta}+\frac{d\cos\theta}{\sin^2\theta}-\frac{L^2\cos\theta}{d}\right)^2$$

故圆弧方程为

$$\left(x-\frac{L^2}{4d}\sin\theta-\frac{d}{4\sin\theta}-\frac{L}{2}\cos\theta\right)^2+\left(y-\frac{L\sin\theta}{4}-\frac{L-\cos^2\theta}{4\sin\theta}-\frac{d\cos\theta}{4\sin^2\theta}+\frac{L^2\cos\theta}{4d}\right)^2$$

$$=\left(\frac{d}{4\sin\theta}-\frac{L^2}{4d}\sin\theta-\frac{L}{2}\cos\theta\right)^2+\frac{1}{16}\left(L\sin\theta+\frac{L-\cos^2\theta}{\sin\theta}+\frac{d\cos\theta}{\sin^2\theta}-\frac{L^2\cos\theta}{d}\right)^2.$$

$$\left(\frac{d}{\sin\theta}\leqslant x\leqslant\frac{d}{2\sin\theta}+L\cos\theta\right)\qquad(8.4.2.1-1)$$

（3）猴子岩 45°斜井纠偏后导孔钻进轨迹。

对于猴子岩 45°斜井，取 $\theta=45°$，代入式（8.4.2.1－1）得猴子岩 45°斜井纠偏后的导孔钻进轨迹方程：

$$\left(x-\frac{\sqrt{2}L^2}{8d}=\frac{\sqrt{2}(d-L)}{4}\right)^2+\frac{1}{16}\left[y-\frac{\sqrt{2}L}{8}-\frac{\sqrt{2}(L+d-0.5)}{4}+\frac{\sqrt{2}L^2}{8d}\right]^2$$

$$=\left[\frac{\sqrt{2}(d-L)}{4}-\frac{\sqrt{2}L^2}{8d}\right]^2+\frac{1}{16}\left(\frac{\sqrt{2}L^2}{8d}\right)^2+\frac{1}{16}\left[\frac{\sqrt{2}L}{2}+\sqrt{2}(L+d-0.5)-\frac{\sqrt{2}L^2}{2d}\right]^2 \quad (8.4.2.1-2)$$

2）纠偏后的猴子岩45°斜井溜渣模型及猴子岩45°斜井坡度合理性分析

（1）纠偏后的猴子岩45°斜井溜渣模型。

式（8.4.2.1－1）两边同时对x求导，得

$$2\left(x-\frac{L^2}{4d}\sin\theta-\frac{d}{4\sin\theta}-\frac{L}{2}\cos\theta\right)+2\left(y-\frac{L\sin\theta}{4}-\frac{L-\cos^2\theta}{4\sin\theta}+\frac{L^2\cos\theta}{4d}\right)\cdot y'=0 \quad (8.4.2.1-3)$$

取$x=L\cos\theta+\dfrac{d}{2\sin\theta}$，$\theta$=45°，$L$=185m，$d$=7.78m，代入式（8.4.2.1－2）得

$$y'=\tan\alpha=0.8783\Rightarrow\alpha=\arctan0.8783=41°29' \quad (8.4.2.1-4)$$

同理，对于图8.4－15，当钻杆以沿着斜井上边缘相切的角度钻进时，钻杆刚好从洞底下边缘边界位置钻出，即

$$y'=\tan\alpha=1\Rightarrow\alpha=\arctan1=45° \quad (8.4.2.1-5)$$

斜井溜渣可以基本忽略粒径大小、粒径分布规律、粒径形状特征等的影响，其主要与倾角有关，即与导孔钻进轨迹关系最大。根据计算，如果要达到导孔钻进轨迹纠偏精度，则开钻时可适当向上仰起一定角度，即钻杆与水平夹角需适当降低。计算结果表明，降低后的角度范围为41°～45°，其可在理论上保证导孔钻进轨迹精度，且不会影响顺利溜渣（41°～45°是钻杆开始钻进时的纠偏角度，在41°～45°范围内可实现顺利溜渣）。

（2）猴子岩45°斜井坡度合理性分析。

不同的岩性和状态会较大限度地影响岩石的摩擦系数，结合以往经验，具体数据见表8.4－2。

表8.4－2　常见岩石的摩擦系数μ

岩石种类	干燥	水湿润	泥浆湿润
泥质页岩	0.20～0.25	0.15～0.20	0.11～0.13
石灰岩	0.35～0.40	0.33～0.38	0.31～0.35
白云岩	0.38～0.42	0.36～0.48	0.34～0.38
弱胶结尖角颗粒砂岩	0.32～0.42	0.27～0.40	0.25～0.35
弱胶结圆角颗粒砂岩	0.22～0.34	0.20～0.30	0.17～0.25
硬质砂岩	0.43～0.48	0.43～0.45	0.40～0.43
石英岩	0.46～0.48	0.48～0.50	0.42～0.44
花岗岩	0.47～0.55	0.46～0.53	0.45～0.52
无水石膏	—	0.39～0.45	0.37～0.40

猴子岩地区主要是白云岩地质构造，可取摩擦系数为0.55，那么爆渣可以在其自重分力作用下向下滑动，故设计坡度45°是合理的。当摩擦系数为0.55时，由式（8.4.2.1－1）和式（8.4.2.1－2）可计算得到其临界下滑坡度为25.64°。如果考虑爆渣中的细砂和碎块沉淀会大幅增加摩擦系数，则临界下滑坡度也会相应增大。另外，即使溜渣坡度能够满足溜渣要求，但反井钻机钻进更缓倾角导孔时的安全性与稳定性均会受到较大影响，且当坡角较小时，对钻杆钻进进行纠偏的难度会明显加大。这也是反井法大部分仅应用于60°～90°斜井的主要原因。

由图8.4－12可知，从洞顶中心开始施工，对钻杆纠偏可能达到的最小溜渣角度为41°。根据

前述内容，溜渣角度为41°时可以正常溜渣。

由图8.4－13可知，从洞顶顶部开始施工，对钻杆纠偏可能达到的最小溜渣角度为45°。根据前述内容，溜渣角度为45°时不会影响溜渣。

综上，由于洞径的限制，预留变形量为4°时也不会影响溜渣。

45°斜井反井法导孔施工控制中，由于洞径大小的限制，不造成侵限，开挖时的预留变形量必须控制在一定的范围内。根据图8.4－12、图8.4－13，从洞顶中心开始施工的预留变形量必须小于4°，从洞顶顶部开始施工的预留变形量刚好满足。

（3）小结。

根据溜渣模型、导孔钻进轨迹分析，结合现场地质条件，计算出斜井溜渣的临界下滑坡度为25.64°。如果考虑爆渣中的细砂和碎块沉淀会大幅增加摩擦系数，则临界下滑坡度也会相应增大。从洞顶中心开始施工，对钻杆纠偏可能达到的最小溜渣角度为41°；从洞顶顶部开始施工，对钻杆纠偏可能达到的最小溜渣角度为45°。

8.4.2.2 反井钻机改造方法与力学分析

针对反井钻机结构特点，施工基础为现场临时搭建，灵活性高、施工简单，但可靠性方面存在一定风险。因此，首先从钻机机架设计及受力进行分析，以期改造出能够满足45°斜井反井法导孔施工的钻机设备。

1）反井钻机的结构和工作原理

（1）反井钻机的结构。

反井钻机一般包括主机部分和钻具部分。主机部分包括机架、液压泵站、操作控制系统。机架是两个“[”形半架拼装而成，承受钻机工作时所受的外部推、拉、扭等作用力，液压泵站和操作控制系统用于驱动钻机运转、控制钻机工况，以实现不同条件下的钻井工艺要求。钻具部分包括开孔钻杆、稳定钻杆、普通钻杆、导孔钻头、扩孔钻头等。

（2）反井钻机的工作原理。

反井钻机依靠液压马达驱动动力水龙头，将扭矩传递给钻具系统，带动导孔钻头或扩孔钻头旋转。导孔钻头上的牙轮或扩孔钻头刀盘上的滚刀在洞底运动，在钻压作用下，滚刀对岩石形成冲击、挤压和剪切，使岩石破碎。导孔钻进时，破碎的岩屑被正循环的清水或泥浆排出钻孔；扩孔时，岩屑直接落入下水平巷道中。

2）钻架结构的选择

结合现有设备条件，钻架结构特点见表8.4－3。

表8.4－3 铸铁机架与焊接机架结构特点

项目	铸铁机架	焊接机架
机架重量	较重	钢板焊接毛坯比铸件毛坯轻30%，比铸钢毛坯轻20%
强度、刚度及抗振性	强度与刚度较低，内摩擦大，阻尼作用大，故抗振性好	强度高、刚度大，同一结构的强度为铸铁的2.5倍，钢的疲劳强度为铸造的3倍，抗振性较差
材料价格	材料来源方便，价格低廉	价格高
生产周期	生产周期长，资本周转慢，成本高	生产周期短，能适应市场竞争的需要
设计条件	由于技术上的限制，铸件壁厚不能相差过大；为了取出芯砂，设计时只能用开口式结构，影响刚度	结构设计灵活，壁厚可以相差很大，可根据工况需要针对不同部位选用不同性能的材料
用途	大批量生产的中小型机架	单件小批量生产的中大型机架、特大型机架

由表8.4－3不难得出，RBM－200型反井钻机的钻架适合采用焊接机架，使用槽形框架拼装结构，各部分由钢板焊接而成，重要部位除焊接外，还要用高强度螺钉进行连接。钻架的截面形状如图8.4－16所示。

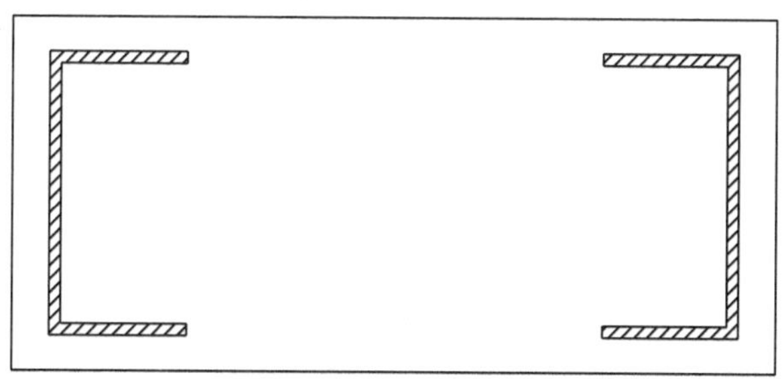

图8.4－16 钻架的截面形状

3）钻架材料的选用

考虑到钻架由钢板焊接而成，并且承受很大的工作载荷，故钻架材料的选用必须遵循焊接性良好、强度高、弹性模量大的原则，同时要兼顾成本低的要求。因此，钻架材料选用焊接性良好的Q235－A。

4）钻架的布置

钻架的设计要符合结构紧凑的要求。钻架是反井钻机工作的平台，其内部和外部均安装或连接着很多零件和部件，这些零件和部件在很大程度上决定着钻架的形状和尺寸，它们的相互位置关系和工作特点是钻架设计的依据。对RBM－200型反井钻机，直接决定钻架结构尺寸的零部件有动力水龙头、主液压缸和钻杆。

图8.4－17是钻架的布置，体现了其与钻机平车、动力水龙头以及主液压缸的位置关系示意图。结合钻机的工作特点，钻架的高度由动力水龙头的工作行程及其尺寸决定，钻架的宽度与动力水龙头、主液压缸的尺寸密切相关，同时需考虑钻机平车与钻架的相互位置关系。

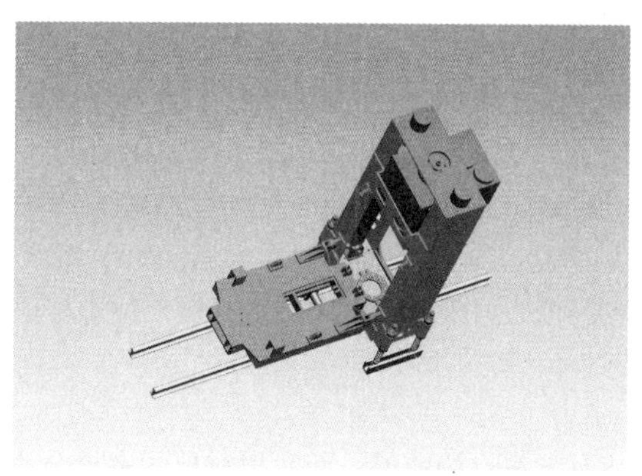

图8.4－17 钻架的布置

5）钻架主体的设计

（1）钻架高度的确定。

钻架高度是由动力水龙头的高度及其工作行程决定的。

①确定动力水龙头的工作行程 S 。

动力水龙头工作行程是由其上行极限位置和下行极限位置确定的。如图8.4－18所示，装卸钻杆时，动力水龙头上行至最高位置（图中实线）；钻机钻进时，动力水龙头下行至最低位置（图中虚线），其工作行程 S 就是由这两个极限位置决定的。

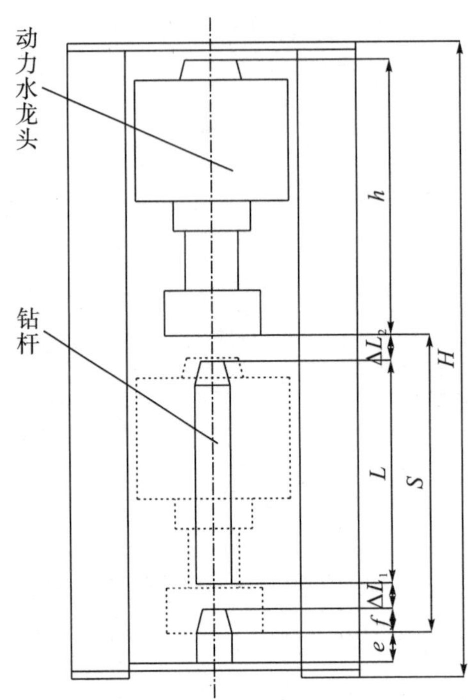

图 8.4－18　钻架高度的确定

上行极限位置与钻杆的长度 L（$L=1120\text{mm}$）有关。装卸钻杆时，动力水龙头上行至最高位置，将要装（或卸）的钻杆由机械手送至动力水龙头正下方；与此同时，下卡瓦将下一根钻杆卡紧，底座上部还留有长度，$e+f=270\text{mm}$。显然，为了确保钻机工作的可靠性，钻杆上下均应留有间隙，下端间隙 $\Delta L_1 \geqslant 100\text{mm}$，上端间隙 $\Delta L_2 \geqslant 100\text{mm}$。

对于动力水龙头的下行极限位置，钻机钻进时，动力水龙头将钻进至图 8.4－18 中虚线位置，距底座高度为 $e(150\text{mm})$。

故动力水龙头的工作行程为

$$S=L+f+\Delta L_1+\Delta L_2 \geqslant 1120+120+100+100=1440(\text{mm})$$

S 即主液压缸的行程，取 $S=1500\text{mm}$。

②动力水龙头高度，$h=1380\text{mm}$。

③钻架高度，$H \geqslant S+h+e=1500+1380+150=3030(\text{mm})$。

考虑到钻架顶板、底座的厚度，以及动力水龙头上行极限位置与顶板之间的间隙，可确定钻架的高度为 3200mm。

（2）钻架宽度的确定。

钻架宽度的确定需要考虑钻架窗口的宽度，而钻架窗口的宽度是由动力水龙头的宽度决定的。整个钻架宽度与动力水龙头以及主液压缸的尺寸和布置有关。

如图 8.4－19 所示，动力水龙头的宽度 $b=800\text{mm}$，主液压缸的安装直径 $D_1=245\text{mm}$，故钻架宽度为 $B \geqslant b+2D_1=800+2\times245=1290(\text{mm})$。

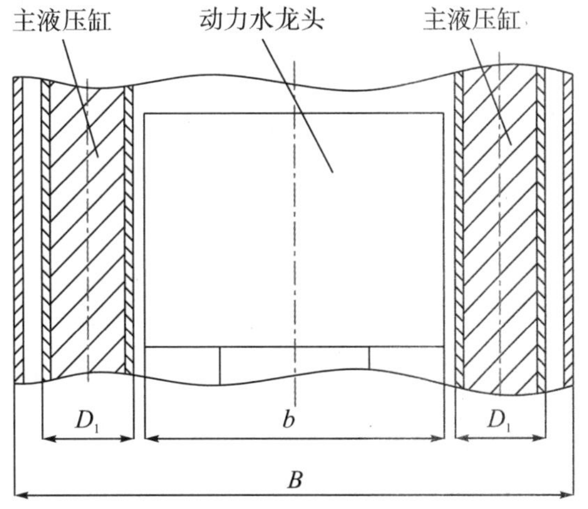

图 8.4−19　**钻架宽度的确定**

另外，钻架宽度还与钻架的壁厚，以及动力水龙头与主液压缸、主液压缸与钻架内壁之间的间隙有关。因此，为了保证结构合理紧凑，钻架宽度确定为 1500mm。

（3）钻架壁厚的确定。

因为钻架是由钢板焊接而成的，所以钻架壁薄更易保证焊接的品质；但同时考虑到钻架整体尺寸较大且受力很大，钻架的壁厚不宜取的太小。

钻架壁厚确定为 $s=25$mm 。

（4）钻架的整体结构。

钻架的整体结构如图 8.4−20 所示。

（5）左右半架的设计。

①结构形式。

图 8.4−21 是左右半架的结构。因为左右半架是对称的，故以左半架为例说明其结构形式。左半架由三块钢板直接焊接而成，顶板与左右半架由高强度螺钉连接。为了确保连接与装配的准确性，需要在左右半架顶部加工定位凸台。

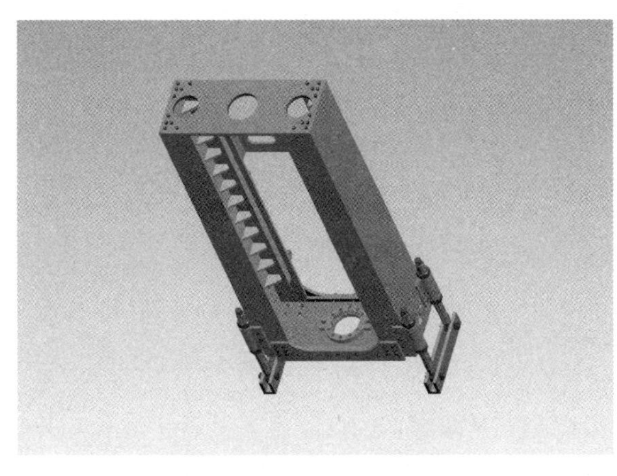

图 8.4−20　**钻架的整体结构**

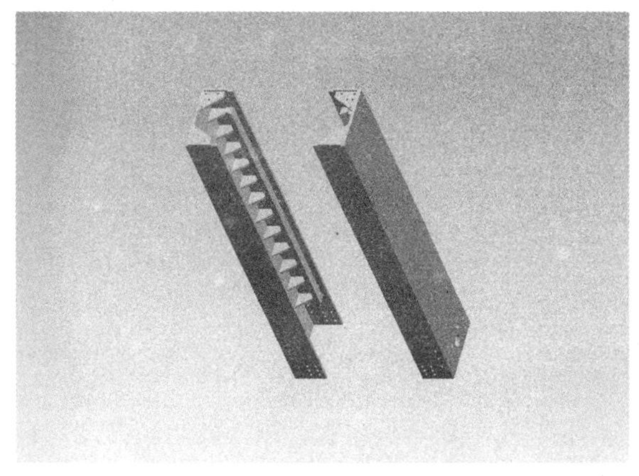

图 8.4−21　**左右半架的结构**

②结构尺寸。

左右半架的结构尺寸如图 8.4−22 所示。

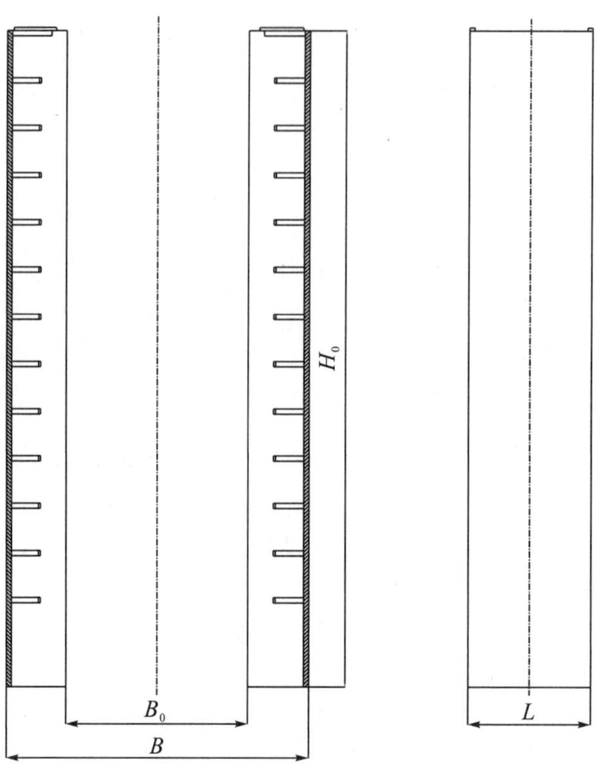

图 8.4—22　**左右半架的结构尺寸**

注：H_0 = 3124mm，B = 1500mm，B_0 = 900mm，L = 600mm 。

左右半架定位凸台的结构尺寸如图 8.4—23 所示。

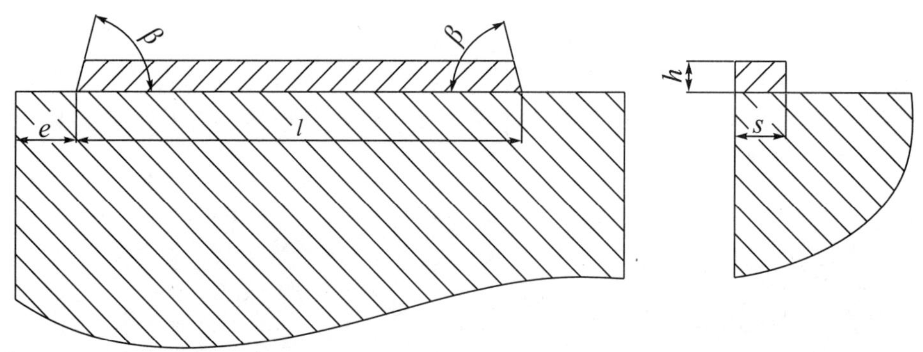

图 8.4—23　**左右半架定位凸台的结构尺寸**

注：l=220mm，s=25mm，h=15mm，β=75°，e=30mm。

（6）顶板的设计。

①结构形式。

顶板由一块钢板组成。顶板要用高强度螺钉连接在左右半架上，因此其上要开若干螺孔，并相应地在顶板上加工 4 个凹槽，以保证定位精度。另外，考虑到动力水龙头和主液压缸的工作情况，还要在顶板上开 3 个孔。顶板的结构如图 8.4—24 所示。

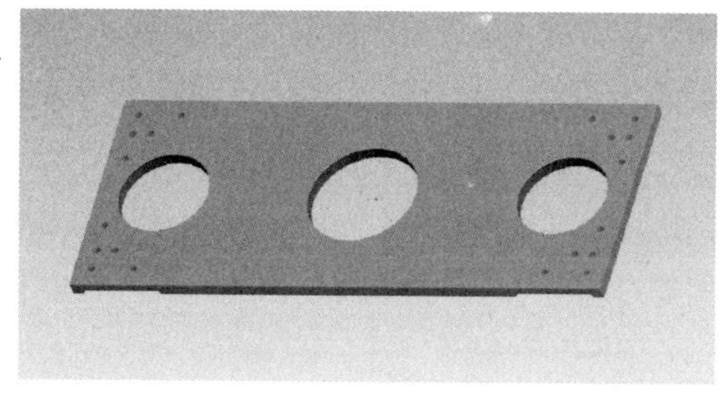
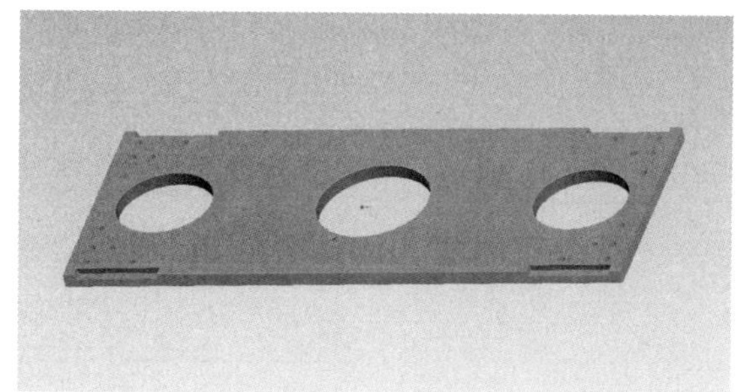

图 8.4－24　顶板的结构

②结构尺寸。

顶板结构尺寸的确定要考虑动力水龙头顶部凸台的外径以及主液压缸的安装尺寸。在此，为动力水龙头的顶部凸台预留一个 $D=300$mm 的孔；因为主液压缸的安装尺寸（外径）是 245mm，故要在顶板上开两个直径 $D_1=250$mm 的孔。

顶板的结构尺寸如图 8.4－25 所示。

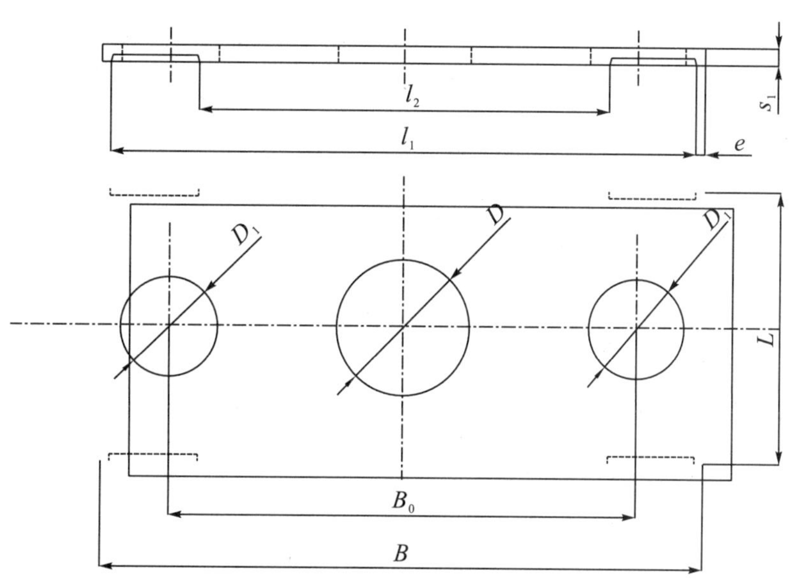

图 8.4－25　顶板的结构尺寸

注：$B=1500$mm，$B_0=1085$mm，$L=600$mm，$s_1=38$mm，$l_1=1440$mm，$l_2=1000$mm，$e=30$mm，$D=300$mm，$D_1=250$mm。

因为顶板定位凹槽与左右半架上的定位凸台配对使用，故其结构尺寸是一样的，如图 8.4－26 所示。

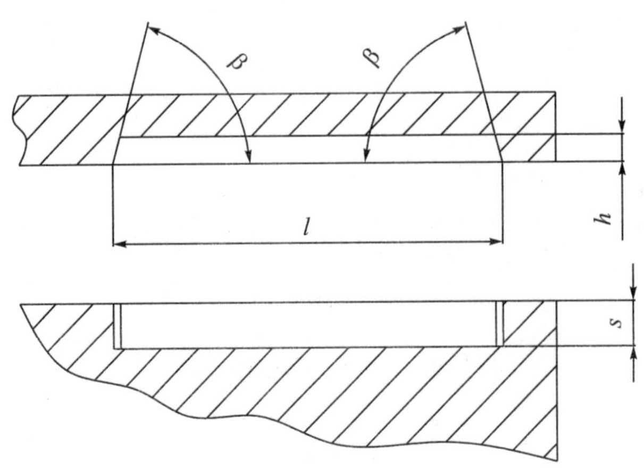

图 8.4－26　顶板定位凹槽的结构尺寸

注：$l = 200\text{mm}, h = 15\text{mm}, s = 25\text{mm}, \beta = 75°$。

（7）底座的设计。

①结构形式。

反井钻机的底座不仅要承受钻架自重，在钻机钻进时还要承受来自钻头的反扭矩，以及装卸钻杆时钻具（包括钻杆和钻头）的重量。因此，底座的设计要充分考虑自身强度的要求，还要满足与左右半架连接强度的要求。

如图 8.4－27 所示，底座主体由 7 块钢板组成，其中工作部分是一块嵌入左右半架的钢板（钢板 1），其他 6 块钢板的功能是连接。最下面的 2 块钢板（钢板 2、3）通过高强度螺钉与嵌入左右半架的钢板（钢板 1）连接起来，并焊接在左右半架的底面；底座前后分别有一块钢板（钢板 4、5），连接方式是焊接；最外面有 2 块连接钢板（钢板 6、7），它们通过高强度螺钉与焊接在底座上的钢板（钢板 4、5）连接，又通过高强度螺钉与左右半架连接在一起。

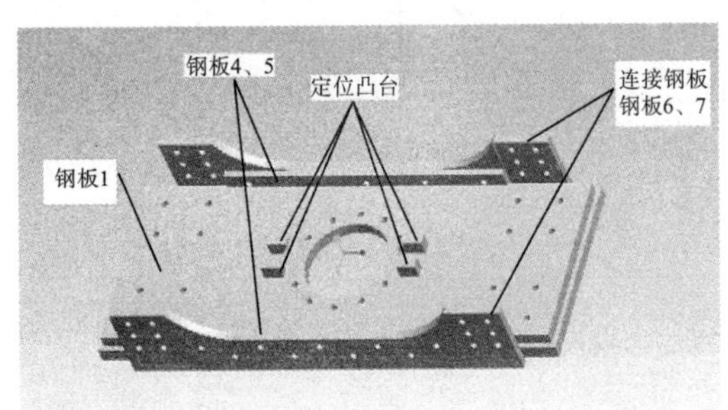

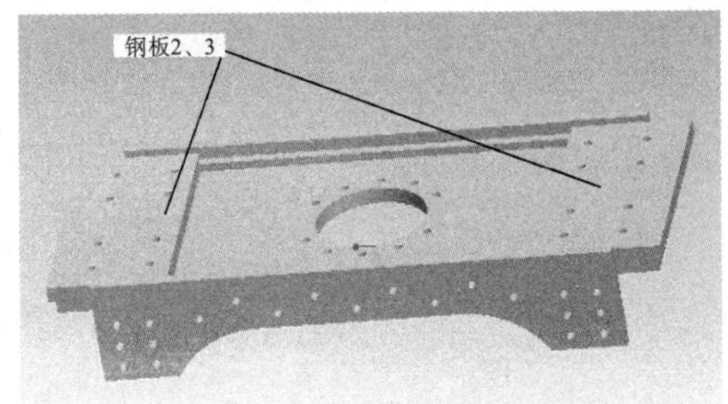

图 8.4－27　底座的结构

另外，底座上还焊接了 4 个定位凸台，它们的作用是为卡座定位。

通过以上分析可知，底座的设计要确定 7 块钢板和 4 个定位凸台的结构尺寸和相互位置关系。在需要用高强度螺钉连接的地方还要确定螺钉孔的位置。

根据对底座结构的分析，确定底座的结构尺寸，如图 8.4－28 所示。底座各钢板的结构尺寸如下：

Ⅰ. 钢板 1 的结构尺寸如图 8.4－29 所示。

Ⅱ. 钢板 2、3 的结构尺寸如图 8.4－30 所示。

Ⅲ. 钢板 4、5 的结构尺寸如图 8.4－31 所示。

Ⅳ. 钢板 6、7 的结构尺寸如图 8.4－32 所示。

Ⅴ. 定位凸台的结构尺寸如图 8.4－33 所示。

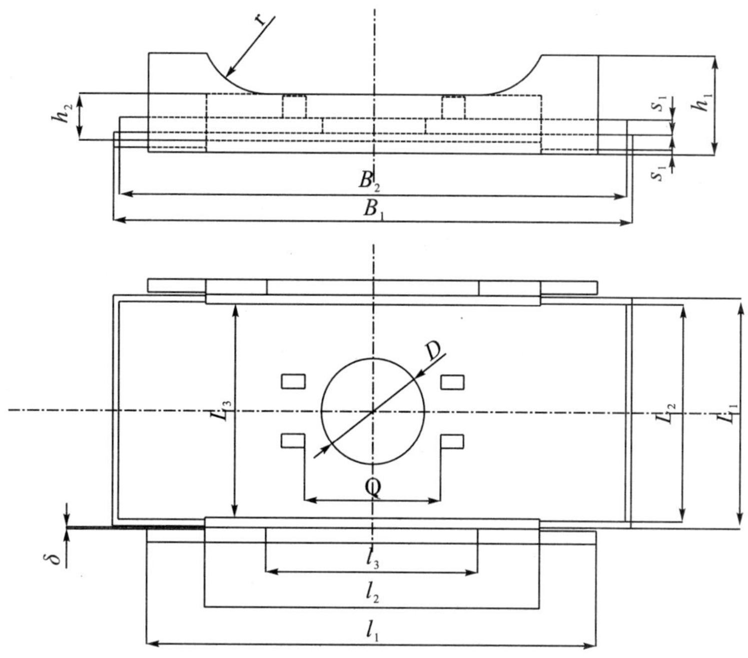

图 8.4−28　底座结构尺寸的确定

注：$B_1=1480\text{mm}$，$B_2=1450\text{mm}$，$l_1=1260\text{mm}$，$l_2=900\text{mm}$，$l_3=500\text{mm}$，$L_1=548\text{mm}$，$L_2=550\text{mm}$，$L_3=540\text{mm}$，$s_1=38\text{mm}$，$h_1=250\text{mm}$，$h_2=108\text{mm}$，$a=382\text{mm}$，$D=268\text{mm}$，$\delta=5\text{mm}$，$r=235\text{mm}$。

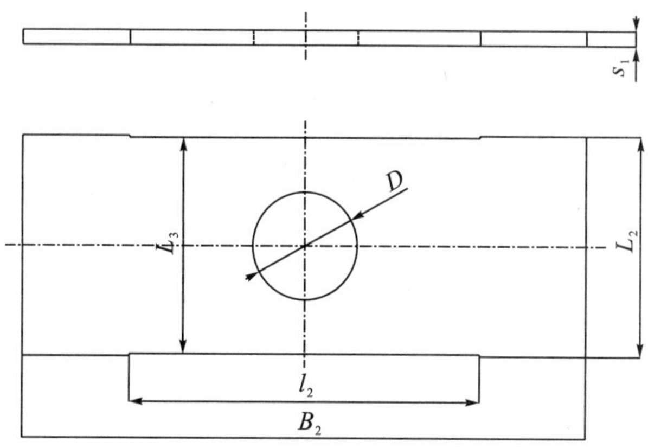

图 8.4−29　钢板 1 的结构尺寸

注：$B_2=1450\text{mm}$，$l_2=900\text{mm}$，$L_2=550\text{mm}$，$L_3=540\text{mm}$，$s_1=38\text{mm}$，$D=268\text{mm}$。

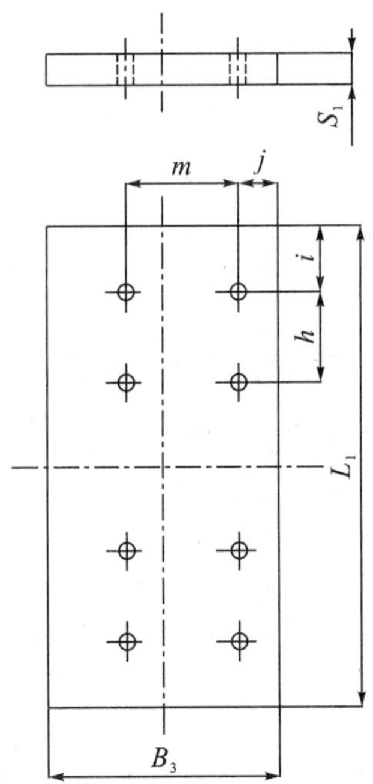

图 8.4-30 **钢板 2、3 的结构尺寸**

注：B_3=290mm，L_1=584mm，s_1=38mm，i=70mm，j=50mm，m=140mm，h=90mm。

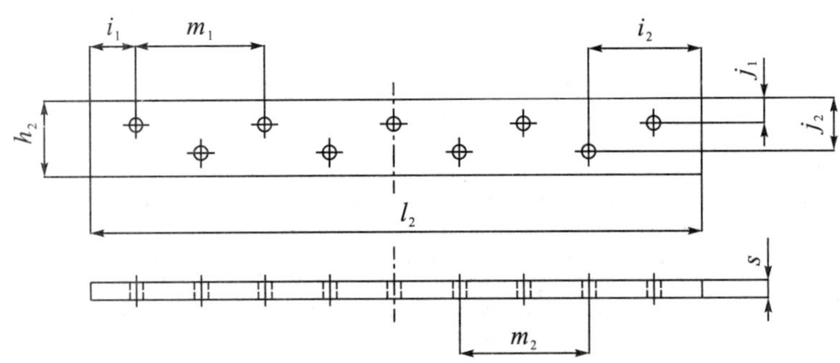

图 8.4-31 **钢板 4、5 的结构尺寸**

注：l_2=900mm，h_2=108mm，s=25mm，i_1=70mm，j_1=35mm，i_2=165mm，j_2=75mm，$m_1=m_2$=190mm。

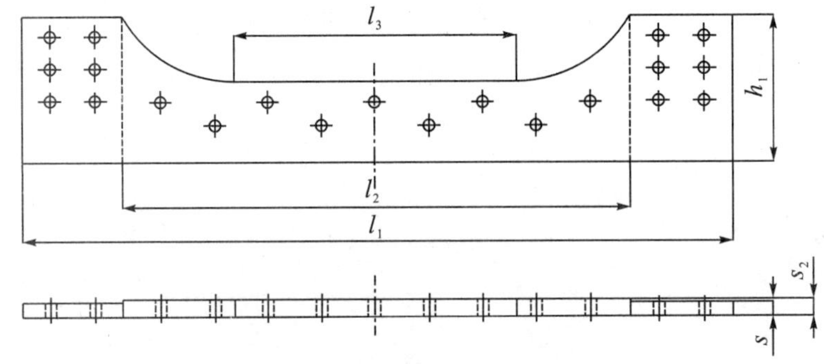

图 8.4-32 **钢板 6、7 的结构尺寸**

注：l_1=1260mm，l_2=900mm，l_3=500mm，h_1=250mm，s=25mm，s_2=30mm。

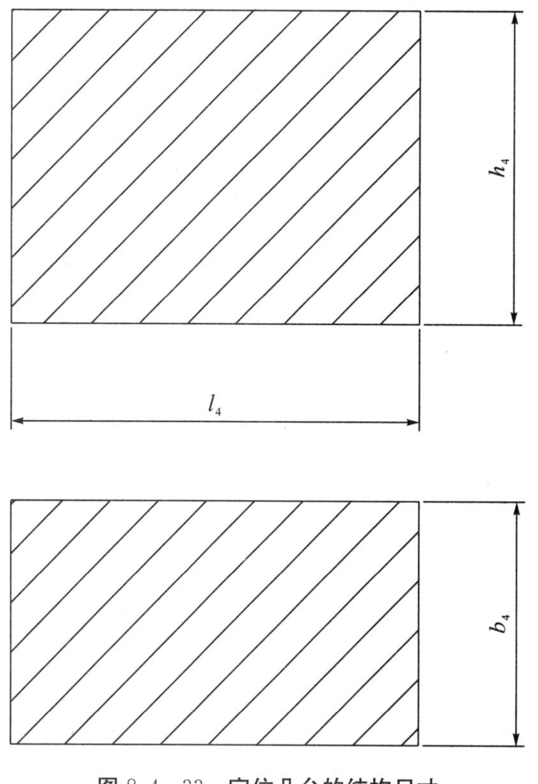

图 8.4—33 定位凸台的结构尺寸

注：l_4＝60mm，b_4＝35mm，h_4＝45mm。

6）小结

根据反井钻机的工作原理，查阅反井钻机设计单位、制造厂家的相关资料，反井钻机的主要动力依靠液压马达驱动动力水龙头，将扭矩传递给钻具系统，其受力与开钻角度无直接关系。若超出设计使用范围，需对反井钻机的结构可改造性进行研究。

现有钻机机架与底座之间的连接属于铰接，其角度最小可以设置为 60°，与目标角度 45°相差 15°。因此，通过调整钻机机架与底座支架的斜支撑架长度或设置倾斜基础，有实现目标角度的可能，但还需要解决机架调整后与其他装置设备之间的空间冲突问题。

8.4.2.3 反井钻机改造现场试验与结果分析

1）反井钻机施工特性

反井钻机常规施工倾角范围 60°～90°，结合现有反井钻机技术，通过理论分析、钻进力学仿真和现场试验等手段，对斜撑杆及钻机基础改造进行充分论证，针对反井钻机基础改造优化以及对反井钻机吊运装置（吊杆）、斜撑杆进行改造而使斜井主机钻进方向的角度尽量降低进行试验研究，最终找出既能避免吊杆与主机冲撞、改善钻进受力状况，又能保证斜井钻孔角度符合偏差要求的最优配置。

通过反井钻机基础改造，将反井钻机的施钻角度降低至 45°，改造后的反井钻机基础如图 8.4—34、图 8.4—35 所示。

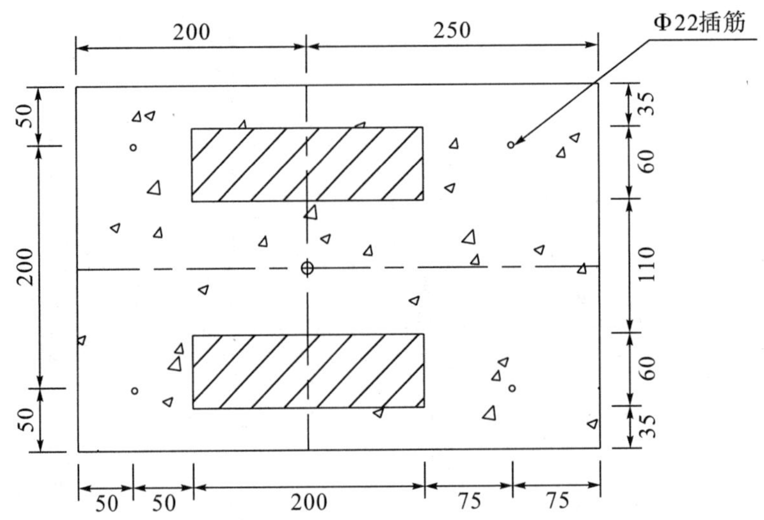

图 8.4-34　改造后的反井钻机基础平面布置图

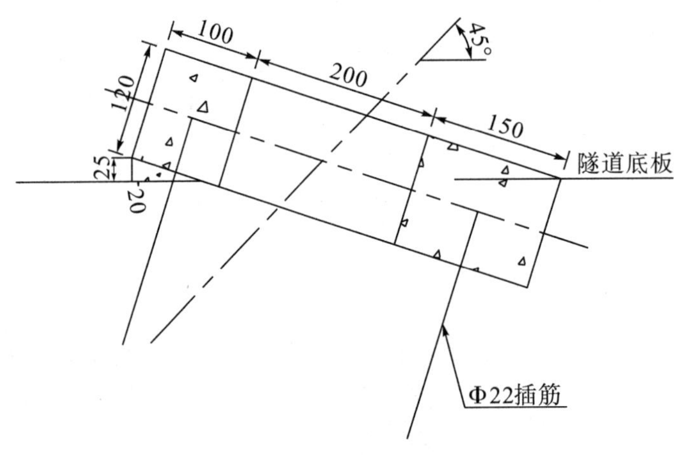

图 8.4-35　改造后的反井钻机基础剖视图

根据岩石条件、斜井长度、扩孔直径、国内现有设备及以往施工经验，选择 LM-200 型反井钻机施工。LM-200 型反井钻机的主要技术参数见表 8.4-4。

表 8.4-4　LM-200 型反井钻机的主要技术参数

序号	名称	技术参数
1	导孔直径/mm	216
2	扩孔直径/mm	1400～2000
3	钻孔深度/m	200～150
4	钻孔倾角	60°～90°
5	出轴钻速/(r/mm)	0～36
6	出轴扭矩/kN	35～70
7	推力/kN	350
8	拉力/kN	850
9	钻杆直径×有效长度/mm	182×1000
10	主机总功率/kW	82.5

续表8.4－4

序号	名称	技术参数
11	主机重量/t	10
12	主机运输尺寸/mm	2950×1370×1700
13	主机工作尺寸/mm	3230×1770×3448

LM－200 型反井钻机包括主机、操作车、泵站、钻具部分和泥浆循环系统、冷却系统（图 8.4－36)。泵站有两台电机驱动、主油泵 75kW，辅油泵 7.5kW，导孔钻进循环用泥浆泵 90kW，冷却系统循环量 10～15m³/h。LM－200 型反井钻机设计最大钻井深度 200m，钻井直径1.4～2.0m。

图 8.4－36　LM－200 型反井钻机结构示意图

LM 系列反井钻机主要包括主机和钻具两大部分。主机包括钻机架、液压泵站、操作控制部分、辅助设备及工具，钻具包括开孔钻杆、稳定钻杆、导孔钻头、扩孔钻头等。反井钻机施工时，先用三牙轮钻头钻进小直径导孔（Φ216)，用高压洗井液（泥浆或清水）将岩屑带出，导孔形成后，在导井下部隧道换用滚刀扩孔钻头（Φ1.4m）反提扩孔，破碎的岩石在自重作用下落入下部隧道中。

反井钻机施工斜井具有以下几个特点：

（1）施工安全性好。采用反井钻机施工，工人不需要进入迎头作业，工作环节和安全状况良好，避免了其他施工方法中落石、淋雨、有害气体等对人员的伤害。

（2）有利于后续施工。反井钻机采用滚刀机械破岩，对围岩破坏小，井壁光滑，有利于扩孔溜渣、通风、排水。

（3）操作安全简单。反井钻机操作简单、安全，改善了工人的劳动条件，减轻了工人的劳动强度。

2）反井钻机施工准备

根据斜井设计的倾角，加工反井钻机底座和钻机后面的调节螺杆支撑，在施工部位浇筑 C25 一期混凝土基础，并预留地脚螺栓的位置。

由于钻机行走轮为轨道轮，现场无法满足铺设轨道，钻机在进入上平洞导孔工作面前，先在工作面的顶部（顶拱处）制安两组天锚，方便钻机就位安装，由吊车将钻机倒运至运渣车上，并运至工作面处，利用天锚配合导链将钻机吊装就位。然后检查主机起钻孔口是否与斜井中心延长线吻合，确保准确无误后浇筑地脚螺栓二期混凝土。反井钻机施工平面布置如图 8.4－37 所示。

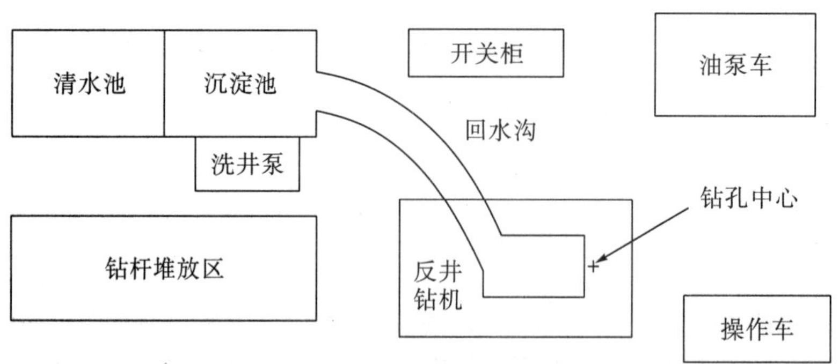

图 8.4—37　**反井钻机施工平面布置示意图**

反井钻机冷却循环系统由 TBW850/50 泥浆泵、水池和水沟组成。在反井钻机后部设置 10m³ 水池，水池中间设一隔墙，将水池分隔成清水池和沉淀池，沉淀池和钻机孔口处由一水沟连接，施工中出现的回水、岩屑沿此沟回流至沉淀池。架设 80mm 供水管路，水量不小于 20m³/h，安装闸阀向水池补充水源。

3）反井钻机的改造及钻孔试验

图 8.4—38 为反井钻机水平倾角 90°（竖井施工）工况的施工示意图，从图中可以看出钻杆与地面的水平倾角主要由斜撑杆调节，常规施工中，反井钻机水平倾角受斜撑杆可调范围的限制，只能为 60°～90°。

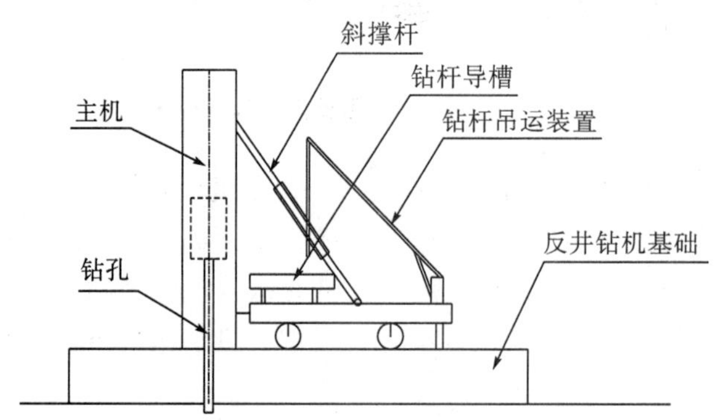

图 8.4—38　**反井钻机水平倾角** 90°（**竖井施工**）**工况的施工示意图**

针对猴子岩水电站出线 45°斜井工况，可对斜撑杆进行改造，或对反井钻机基础进行改造。如图 8.4—39、图 8.4—40 所示。

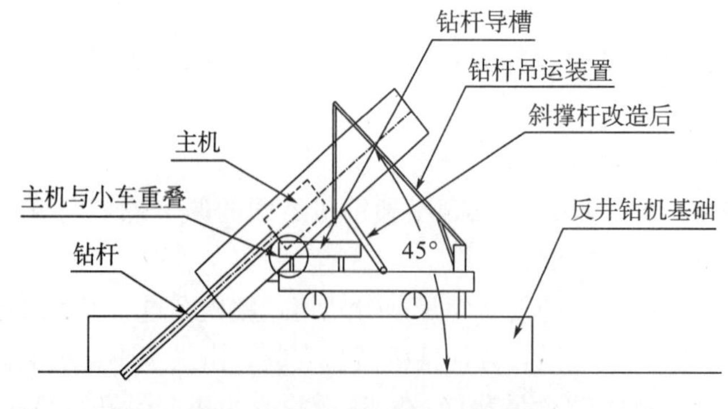

图 8.4—39　**斜撑杆改造示意图**

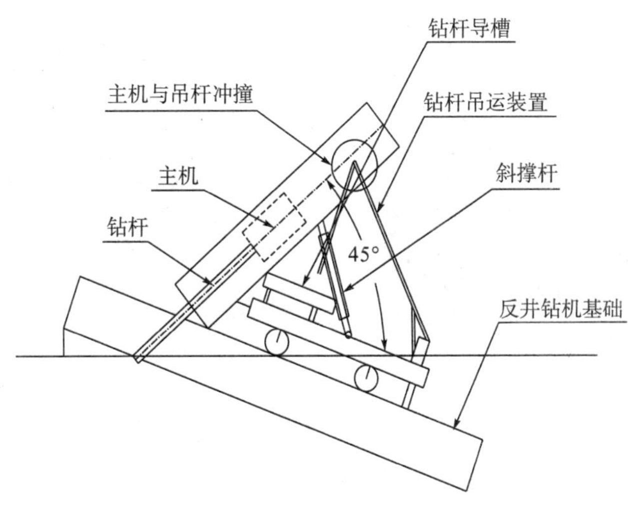

图 8.4-40　反井钻机基础改造示意图

对斜撑杆进行改造后，存在主机与小车冲撞及主机与吊杆冲撞两个问题，且主机与基础之间的夹角较小，受力情况较差；对反井钻机基础进行改造后，无法解决主机与吊杆冲撞问题。通过对比，现场选择对反井钻孔基础进行改造的方案，放弃对斜撑杆进行改造。

对反井钻机基础进行改造后，主机钻进与斜井开挖方向角度可以再次增加，在不改变斜撑杆长度的情况下，依然可以将主机钻进角度控制在 60°以下，且相对受力条件较好（主机钻进与斜井钻进方向大角度相交），改造后的反井钻机结构与原设计一致。然而，主机与吊杆存在冲撞问题（图 8.4-41），现场需对反井钻机吊杆进行改造。

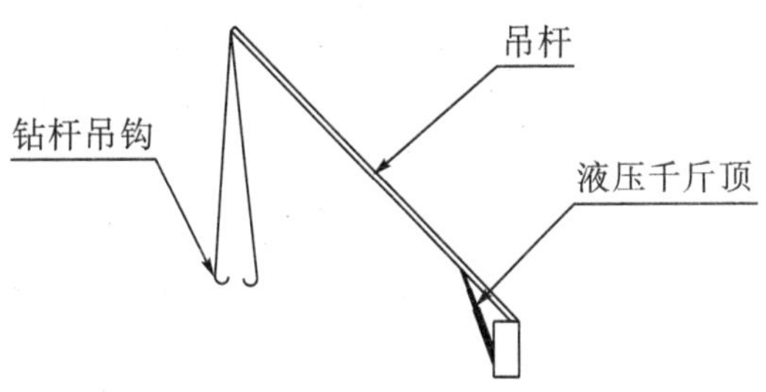

图 8.4-41　钻杆吊运装置结构示意图

吊杆为定型结构，固定长度。在主机水平安置倾角 60°～90°内，吊杆只能通过调节液压千斤顶来满足钻杆安装需要，当水平倾角小于 60°时，则会出现主机与吊杆冲撞的情况，结合吊装结构，将定长吊杆换成双向可调节丝杆，改造后的吊杆可以伸缩自如，调节长度变化幅度增加。改造后的钻杆吊运装置结构、钻机及钻孔效果分别如图 8.4-42、图 8.4-43 所示。

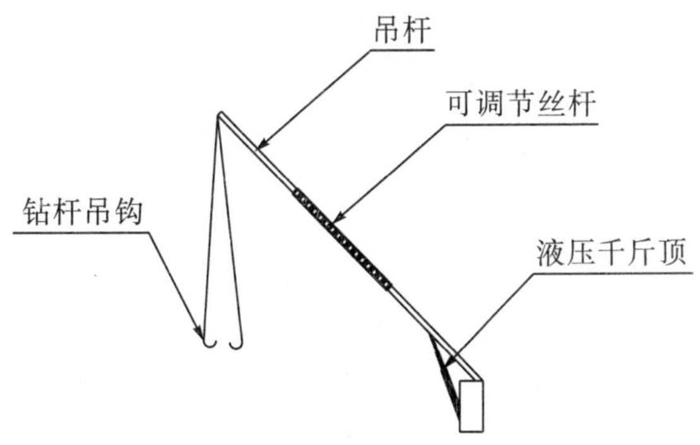

图 8.4-42　改造后的钻杆吊运装置结构示意图

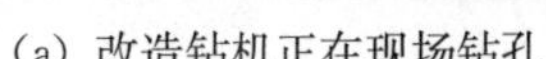

(a) 改造钻机正在现场钻孔　　(b) 改造钻机现场钻孔完成

图 8.4−43　改造后的钻机及钻孔效果

4）小结

（1）通过对反井钻机基础进行改造，使得反井钻机钻孔角度最大化，同时由于为倾斜基础，实际主机与岩体的夹角比钻孔角度大，受力条件更好。

（2）通过对吊杆进行改造，使得反井钻机基础的改造不影响反井钻机的使用性能。

（3）采用改造后的反井钻机进行试验性钻孔，由钻孔结果可知，改造后的反井钻机具有良好的适应性，取得了良好的导孔成型及线性控制效果。

8.4.2.4　斜井反井法施工精度控制技术

猴子岩水电站出线洞斜井长 185.1m，接近 LM−200 型反井钻机施工极限，洞室倾角缓、长度长，围岩条件未知，极易出现导孔偏斜，导致斜井无法顺利贯通。反井钻机先导孔的施工精度是反井法施工成功的关键，是保证洞轴线的必要条件。因此，通过室内及现场试验对不同缓坡倾角条件下的控制方法和参数进行研究，摸索出一整套钻孔前期、中期和其他关键时期的有效控制技术，以满足严格控制斜井导孔偏斜的要求和目标。反井法施工时，斜井角度变小会使岩体及设备本身受力发生较大变化，例如，上、下摩擦力不对称会造成偏斜，必须对设备轴力、速度和扭矩等参数进行试验，探明小倾角斜井开挖机具本身需要具备的动力参数（扭矩、轴力），确定不同倾角下的设备动力损失模型，探索出能够满足缓坡倾角斜井的控制方法，为后续设备研发和改进奠定基础。钻进轨迹关键点的控制参数见表 8.4−5。

表 8.4−5　钻进轨迹关键点的控制参数

断面	设备轴力/kN	钻速/(r/mm)	钻杆弹性模量/(N/mm^2)	围岩摩擦系数 μ	钻杆自重 G/t
断面 1	300	26	2.1×10^5	0.55	10
断面 2	315	29	2.1×10^5	0.55	10
断面 3	324	31	2.1×10^5	0.55	10
断面 4	330	33	2.1×10^5	0.55	10
断面 5	336	35	2.1×10^5	0.55	10
断面 6	342	34	2.1×10^5	0.55	10
断面 7	341	32	2.1×10^5	0.55	10
断面 8	337	30	2.1×10^5	0.55	10
断面 9	330	29	2.1×10^5	0.55	10
断面 10	319	27	2.1×10^5	0.55	10

1）45°斜井反井法施工精度控制方法

45°斜井反井法施工的关键是保证先导孔 Φ216 钻孔的质量，先导孔的偏斜值若超过设计洞边线，则为废孔。开孔后的偏离误差通过测斜仪进行检测，根据检测结果实施不同的主副泵工作压力、转速，合理调整稳定钻杆分布，采取过程纠偏等措施控制孔斜。

2）反井钻机操作流程

（1）反井钻机就位、开机试运转时，操作手要先进行空载运转，检查动力水龙头的上下运行和旋转以及机械手和转盘吊的工作状态；观察液压系统有无漏油、机械系统是否运转灵活、操作手柄是否灵活可靠、各仪表指示是否正常、各种控制阀是否工作可靠、液压油温度有无异常，发现问题应及时处理。

（2）反井钻机钻进时，应经常清理反井钻机附近及场地周围的杂物，保持施工现场整洁干净，文明施工。注意观察反井钻机的运转情况，发现异常应及时检修。

（3）反井钻机加接钻杆时，推进油缸停止工作，将钻具提起 50mm 以上，根据孔深继续冲洗 2min 以上，观察钻孔内的返渣情况，确定孔内无沉渣后再接钻杆。

（4）接钻杆时，动力水龙头要提至最高位置，以免机械手输送钻杆时与动力水龙头碰撞。

（5）卸钻杆时，先将下卡瓦装入卡套，卸下钻杆和接头体丝扣，然后装上卡瓦，卸下钻杆下部丝扣，上提动力水龙头，由机械手抱住钻杆，取出上、下卡瓦，卸下钻杆和接头体丝扣。卸扣时，为确保安全，辅工人员要撤离至主机一侧操作。

（6）操作手工作时，应根据导孔返水或返屑的情况不断调整钻进参数。

（7）操作手要将当班的钻井深度、设备运转状态、地质状况等记录清楚。

3）反井钻机钻进过程控制

斜井钻孔过程中，应稳定钻杆的分布，控制钻进速度。与普通钻杆相比，稳定钻杆（图 8.4－44）周边均匀焊接了 4 条长 3cm 的钢肋板（厚 1cm），其优点是导向，防止随钻孔深度的增加，钻杆因旋转产生过大的弯曲和摆幅，同时有效减少钻杆与孔壁的接触磨损。钻杆分布为：开钻前 10m 全部使用稳定钻杆；10～30m 调整为 3 根普通钻杆，设 1 根稳定钻杆，并安装扶正器，以保证钻孔的开孔质量，钻进速度为平均 3～4h 钻进 1m；30～80m 每隔 20m 设 1 根稳定钻杆，钻进速度为平均 2～3h 钻进 1m。

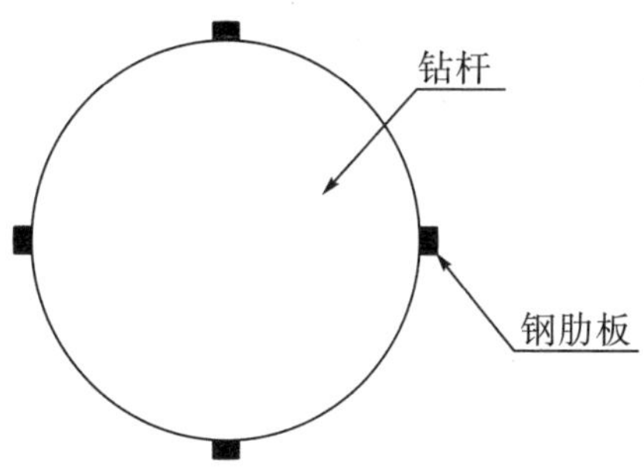

图 8.4－44　稳定钻杆结构示意图

在导孔施工中，最重要的为导孔纠偏工作。钻机定位时，定位夹角为 45°30′，预留 30′下沉量。钻进 20m 时，倾角基本未变，钻进至约 100m 时，下倾角约 44°，偏斜值 1°。此时，主要采取以下纠偏措施：加快钻进速度，即 1.5h 左右钻进 1m；减少主泵供水量，使导孔内水压降低，残留的少量岩屑利于将钻头向上托起；减少稳定钻杆，80m 以后未设置稳定钻杆。

4）反井钻机扩孔施工控制

导孔施工完毕后，在对应底部施工通道安装 Φ1.4m 扩孔钻头。

（1）扩孔开孔：扩孔开始施工时，一般围岩破坏严重，钻头周围难以均匀受力。因此，一般采用副泵提供较小的、均匀的动力。当 Φ1.4m 扩孔钻头接好后，慢速上提钻具，直到滚刀开始接触岩石，然后停止上提，用最低转速（5～9r/min）旋转，并慢慢给进，进尺控制为10cm/h，保证钻头滚刀不受过大的冲击而破坏，防止钻头偏心受力过大而扭断钻杆。给进一些之后暂停，待刀齿把凸出的岩石破碎掉后再继续给进。

（2）扩孔：开始扩孔时，要有人观察，并将情况及时通知操作人员，待钻头全部均匀接触岩石后，才能正常扩孔钻进。扩孔过程中，若岩石硬度较大，可适当增加钻压；反之，可以减少钻压。扩孔时，要及时出渣，防止堵孔。扩孔过程也是拆钻杆的过程，拆下的钻杆要进行必要的清理、上油并带好保护帽。

钻进施工中，要求有较为稳定的供水量，使刀具能得到水冷却，供水量要求不小于7.8m³/h。扩孔施工时，钻杆的拆卸要特别注意钻杆卡瓦的正确摆放及完好程度，以免卡瓦突然断裂，造成扩孔钻头、钻杆脱落。

（3）完孔：当钻头距基础2.5m时，要降低钻压，慢速钻进，直至钻头露出地面。并且认真观察基础周围是否有异常现象，如果有，要及时采取措施处理。

5）斜井导孔及扩孔施工

施工工艺流程：钻机改造→基础混凝土浇筑→钻机安装及调试→Φ216导孔施工→Φ1400扩孔施工→钻机拆除。

（1）钻机安装及调试。

①安装斜井装置底板和钻机的吊装就位。按照钻孔中心点的十字记号线方向放置反井钻机装置底板，将主机运进洞内，通过洞顶的吊装锚杆将主机吊起，对位、拧紧连接螺栓，使主机和底板成为一体，最后装上后支撑拉杆稳定钻机。

②钻机定位及角度调节。

钻机定位及角度调节直接关系斜井导孔的偏斜度，必须高度重视，其步骤如下：

Ⅰ. 调整钻机方位角和垂直度。先用后支撑拉杆将钻机顶起，目测前后方向与地面大致垂直。然后调整钻机左右方向与地面垂直。一般采用线垂测量法，在钻架的左右两边，各悬挂长2m的线垂，通过在底板下方垫置斜铁等办法调整垂直度，允许偏差0.5‰。最后用全站仪测量钻机的方位角，确定无误后即可装上底脚螺栓进行基础二次混凝土浇筑。

Ⅱ. 调整钻机倾斜角。待反井钻机基础二次混凝土达到强度后，通过后支撑拉杆的伸缩调节钻机倾角，经过计算调整好钻机倾角，锁紧螺母，用电焊将钻机与装置底板的几个铰接点焊住，防止施工过程中后支撑拉杆松动钻机发生移动，确保导孔施工精度。

（2）Φ216导孔施工。

①钻进参数。

根据本工程压力管道斜井及排风竖井施工总结的成果，归纳钻进参数，见表8.4－6。实施过程中根据实际情况进行调整。

表8.4－6　45°斜井导孔施工钻进参数

钻进位置或岩石条件	钻压/kN	钻速/(r/min)	钻速/(m/h)
导孔开孔	50	10	0.1
钻透前	50～70	20	0.1
灰岩	15～25	20	0.2

②开孔钻进。

首先对钻杆进行改造，加工稳定钻杆。稳定钻杆与普通钻杆相比，其周边均匀焊接了4条长3cm的钢肋板，其作用是导向，防止随钻孔深度的增加，钻杆因旋转产生过大的弯曲和摆幅，同时有效减少钻杆与孔壁的接触磨损。

(3) Φ1400扩孔施工。

①对接扩孔钻头。

钻头对接前，对导孔透孔部位进行扩挖，形成对接小平台，用手拉葫芦将扩挖钻头提升到小平台进行对接，具体操作如下：

Ⅰ. 放下钻杆，对接钻头。将扩孔钻头放到斜井下部与下平段交接处，放下钻杆对接。

Ⅱ. 扩孔钻头提升。提升时采用小油泵，计算钻杆及钻头重量，设定油泵压力，提升时不转动钻杆，超过设定压力后慢速转动，顺利将扩孔钻头提升到反导孔顶部。

②扩孔钻进。

扩孔钻进相对于前面的工序简单，若岩石较硬，平均每米进尺按照用时5～8h控制。

(4) 钻机拆除。

将扩挖钻头卡固在钢轨上，拆掉钻机的斜撑杆及各种油管，吊出主机，再将反扩钻头取出。

(5) 反井钻机偏斜率控制。

反井钻井偏斜就是反井施工的技术关键，应采取以下措施进行控制：

①进行精确的测量控制，偏斜率较大时，应反复扫孔，纠正偏斜度。

②选用经检修完好的反井钻机和泥浆泵，保证其性能良好。

③钻机安装牢固，定位准确，混凝土浇筑密实。

④合理布置钻具，选用螺旋、直条等多种镶齿稳定钻杆和硬岩导孔钻头，并根据地质条件合理布置。

⑤正确选择钻进参数主要是根据地质条件和不同钻进位置选择不同的钻压、转速和相应的钻进速度，并根据实际钻进过程进行调整。

⑥挑选有多年实践经验的操作人员，按照施工组织设计和反井钻机操作规程工作，及时发现和处理钻进过程中的问题和事故。

6) 小结

通过合理设置稳定钻杆及控制钻进速度来保证导孔偏斜、满足精度要求，加强开孔段钻孔质量纠偏及控制技术，确保导孔偏斜尽量小，在中后期钻孔过程中，主要通过调节钻进速度和主泵供水量纠偏。

8.4.2.5　小结

为使45°斜井顺利按反井法掘进，必须确定导孔满足施工要求，结合轨迹方程对导孔钻进轨迹和精度进行理论优化，并对设备进行改造，确定相应的现场控制方法。

(1) 基于45°斜井反井法导孔钻进轨迹，推导出导孔钻进轨迹纠偏方法，确定猴子岩45°斜井纠偏后的导孔钻进轨迹方程，为后续施工控制奠定坚实基础。

(2) 结合猴子岩45°斜井纠偏后的导孔钻进轨迹方程，提出纠偏后的猴子岩45°斜井溜渣模型，计算出斜井溜渣的临界下滑坡度为25.64°。如果考虑爆渣中的细砂和碎块沉淀会大幅增加摩擦系数，则下滑坡度会增大。如果从洞顶中心开孔，按纠偏后导孔钻进轨迹可计算得溜渣倾角最小值为41°，位于钻孔起始位置；如果从洞顶顶部开孔，则为45°。

(3) 结合反井钻机的工作原理、结构布置，查阅反井钻机设计单位、制造厂家相关资料，对钻机进行适当改造和优化，使反井钻机钻孔角度最大化，同时将水平基础变为倾斜基础，使实际主机与岩体的夹角比钻孔角度大，受力条件相对更好。实践表明，改造后的反井钻机具有良好的适应性，取得了良好的导孔成型及线性控制效果。

(4) 现场试验结果表明，通过导孔钻进轨迹纠偏优化、反井钻机改造以及现场试验等一系列反井法施工控制技术，可以满足操作改进后反井钻机的技术要求，保证斜井导孔、导井的偏斜满足精度要求。

8.4.3 45°斜井正向一次成型控制爆破技术

当采用反井法开挖斜井时，不仅要确保导孔掘进顺利完成，保证钻进方向精度，还要控制斜井正向开挖的质量与安全。因此，运用控制爆破理论、数值模拟和现场试验等方法，对斜井正向开挖方法、斜井轮廓线控制、顺利溜渣的爆破块度质量保障、开挖过程围岩稳定以及动力影响下斜井结构是否安全等进行研究。

8.4.3.1 斜井正向开挖方法

斜井正向开挖有多种方法，这里主要对标准轮廓线开挖和非标准轮廓线开挖两种方法进行分析。

1）标准轮廓线开挖

标准轮廓线开挖是指掌子面垂直斜井底板，其斜井轮廓线为标准断面，如图 8.4－45 所示。

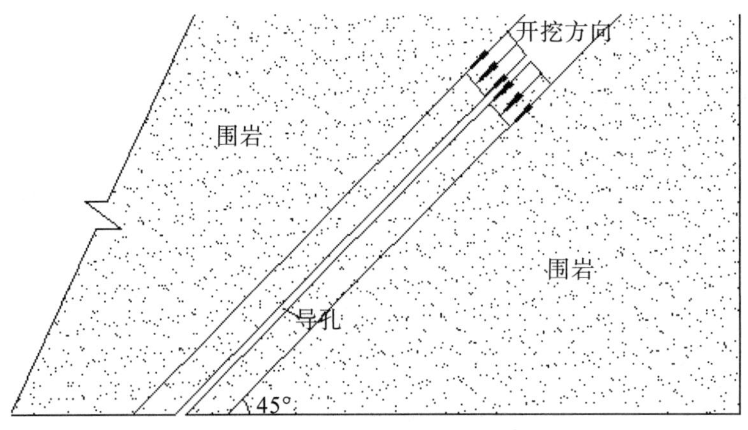

图 8.4－45 标准轮廓线开挖法

2）非标准轮廓线开挖

非标准轮廓线开挖是指掌子面为水平面，其斜井轮廓线为非标准断面，如图 8.4－46 所示。

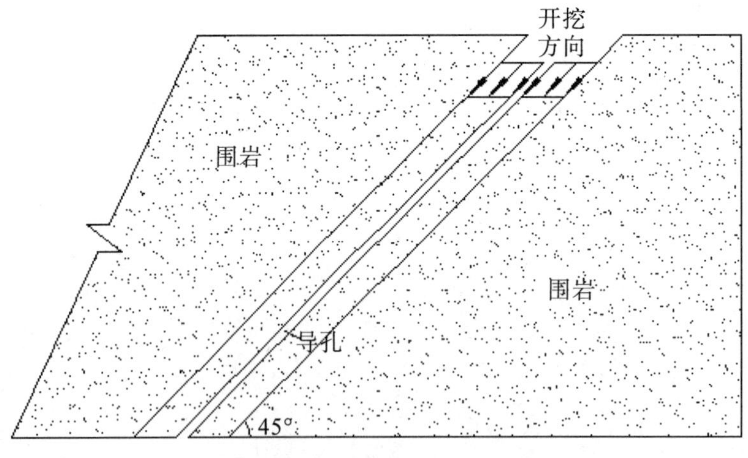

图 8.4－46 全断面正向开挖

3）两种开挖方法的比较

标准轮廓线开挖便于设计，但无法实施。对于非标准轮廓线开挖，在水平面上其轮廓线为非标准断面，不易控制断面的形状和大小，需特别进行开挖结构线控制和爆破控制。

8.4.3.2 全断面正向一次成型控制爆破技术

常规竖井、斜井采用反井钻机开挖形成导井后，一般需采用两次扩挖方可成型。第一次为自下而上反扩挖，最后一次为全断面自上而下正向扩挖。整个过程施工难度大、工期长、通风排水困难、安全隐患突出。

由于斜井倾角接近渣料溜渣内摩擦角，采用全断面正向一次成型扩挖堵井风险高，斜井正向扩挖非常困难，如钻孔台车倾斜固定困难、钻孔方向不好把握、井壁质量难以控制等，如果要在确保爆破质量的同时考虑岩块是否能顺利由缓坡斜井出渣，则难上加难。通过对爆破设计进行试验及调整，提出包括钻孔、循环进尺、炸药单耗、孔网参数、微差间隔、起爆分段以及振动控制等的控制爆破技术，在保证全断面正向一次成型扩挖的前提下，能够很好地控制块度及爆堆抛掷与形状，为后续出渣提供便利。

针对上述难题，系统研究岩块特性与溜渣耦合性作用，采用数值模拟方法对溜渣轨迹进行分析，确定开挖施工方案及爆破设计，最终形成一套成熟的全断面正向一次成型控制爆破技术，确保工程建设顺利进行，也为国内外类似工况下的斜井开挖提供借鉴和参考。

1）隧道开挖原则与施工顺序及总体爆破方案

（1）隧道开挖原则与施工顺序。

①隧道开挖原则。

由于开挖隧道为45°倾斜状态，如果按照常规正对掌子面进行钻孔很不方便，甚至会对施工人员的生命安全产生威胁。因此，在前期拟开挖隧道掌子面处开挖一个孔洞进行隧道出渣，通过重力作用滑落至隧道底部。隧道掌子面前期出渣孔洞如图8.4−47所示，溜渣模型如图8.4−48所示。人站在平地上斜向下进行45°打孔示意图如图8.4−49所示，此方法可以保证出渣顺利并确保施工人员的生命安全。

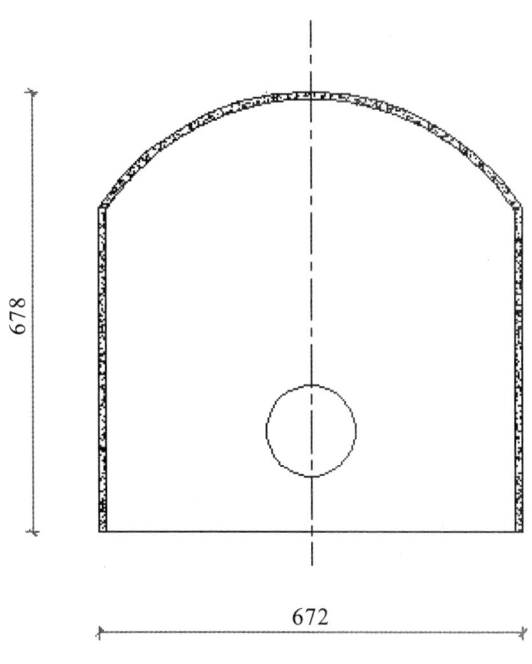

图8.4−47 隧道掌子面前期出渣孔洞

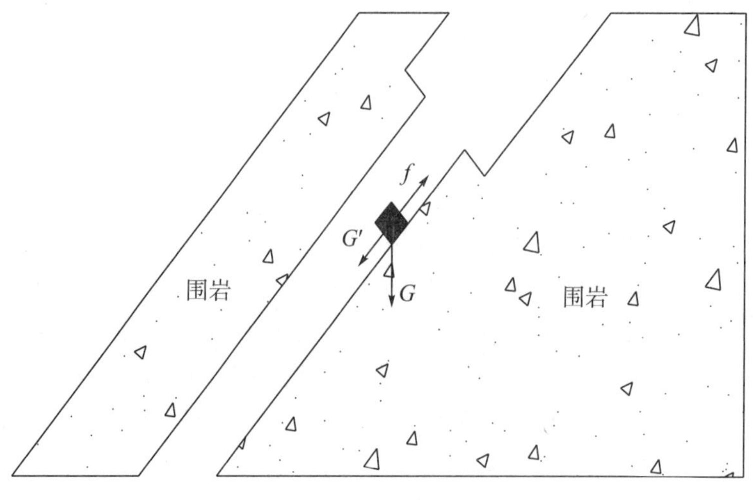

图 8.4—48　溜渣模型

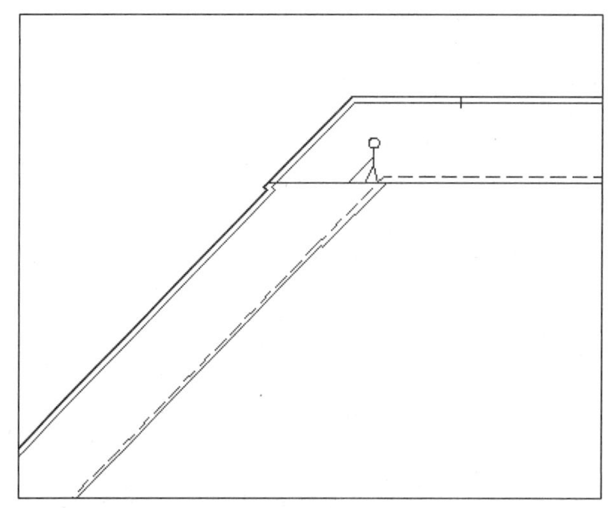

图 8.4—49　人站在平地上斜向下进行 45°打孔示意图

②施工顺序。

按正常施工组织，从进口开始一直往里爆破开挖，并进行出渣，直到最终里程。

(2) 总体爆破方案。

①开挖方式和爆破方法确定。

结合隧道地质、断面条件、临空面、既有隧道安全以及整体工期要求，排除常规隧道垂直作业面钻孔爆破方式，采用倾斜小爆破和机械清渣方式进行。依据前述原则，采用方便施工且速度快的斜向钻眼爆破方法。结合本工程的地形特点，为了提高爆破效果，拟采用浅孔与控制爆破相结合的方法进行爆破施工。为了对大块岩石进行二次破碎，按需要在个别地方可以进行二次爆破作业，以保证岩体块度满足运输要求。

②开挖机具选择。

结合本工程实际情况，爆破选用机具见表 8.4—7。

表 8.4－7　爆破选用机具

机具名称	机具型号	单位	数量	备注
潜孔钻机	HUR12－EDS 液压钻机	台		
风枪	7655	台		
空压机	EP200	台		$20m^3$
空压机	VY－12/7	台		$12m^3$
挖掘机		台		$1.2m^3$
自卸汽车		台		$12m^3$

2）控制爆破设计

（1）控制爆破参数确定。

爆破参数的设计应根据岩石种类、岩性、岩石结构和裂隙情况进行计算，通过爆破试验确定调整爆破参数，在局部地段采用预裂控制爆破技术。

①钻孔直径。

采用浅孔凿岩设备，孔径 42mm，药卷直径 32mm。

②炮孔深度。

爆破孔和周边空炮孔深度均为 150cm。

③单耗 q 与单孔装药量 $Q_{孔}$。

单位岩体炸药消耗量不仅会影响岩石破碎块度、岩石飞散距离和爆堆形状，而且会影响炮眼利用率、钻眼工作量、劳动生产率、材料消耗、掘进成本、断面轮廓质量以及围岩的稳定性。合理的单耗受多种因素影响，如岩石的物流力学性质、断面、炸药性能、炮眼直径和深度等。单耗 q=2.14 kg/m；总装药量 $Q_{孔}$=3.21kg。

④孔距。

爆破孔距 a=30～60cm，周边孔孔距 b=50cm。

（2）炮孔布置。

布置炮孔时，需要将掌子面向水平面投影进行布控。由于在斜井开挖过程中需要对导孔钻进轨迹进行精度控制，当钻机从斜井顶部中心起钻时，爆破炮孔布置如图 8.4－50 所示；在导孔钻进轨迹精度控制条件下，当钻机到达斜井的中部时，在保证爆破控制距离范围内，导孔与断面的上边缘刚好相切，爆破炮孔布置如图 8.4－51 所示；当钻机刚好从斜井底部下边缘穿出时，爆破炮孔布置如图 8.4－52 所示。其中爆破孔布设 7 排，排距 0.3～0.6m，周边孔孔距 0.5m，每排布置炮孔根据实际控制需要确定。

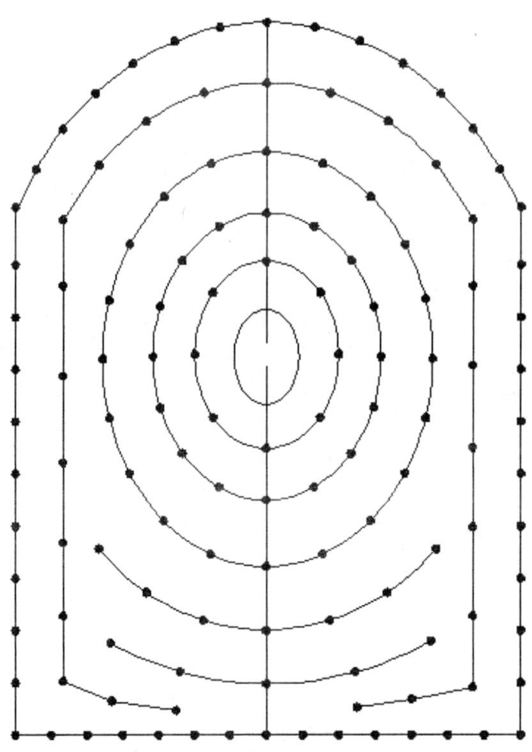

图 8.4-50　斜井顶部中心爆破炮孔布置图

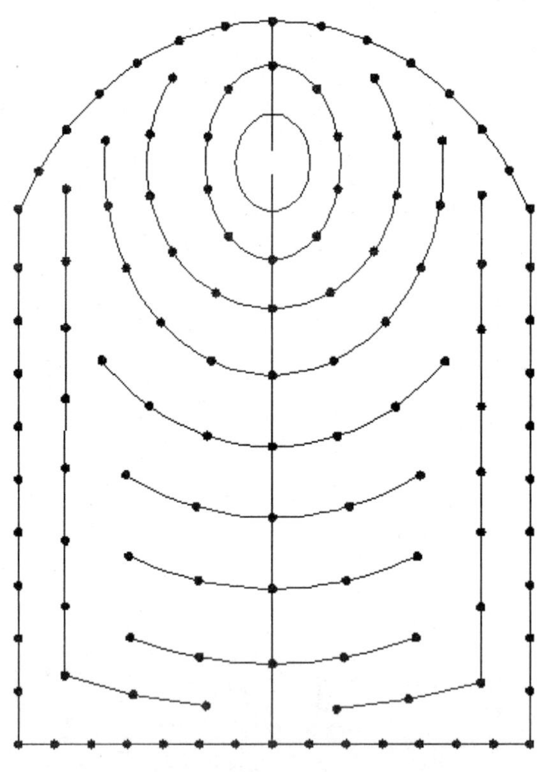

图 8.4-51　斜井中部上边缘爆破炮孔布置图

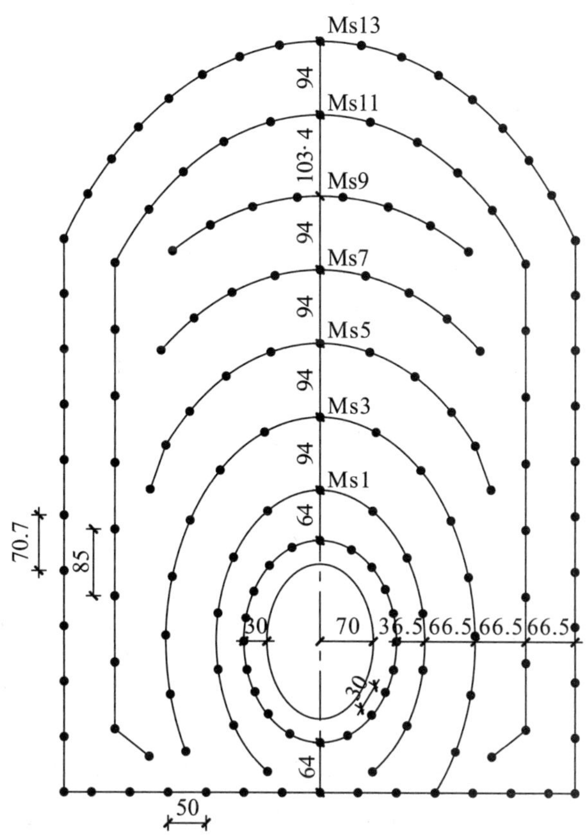

图 8.4—52 斜井底部下边缘爆破炮孔布置图

(3) 炮孔装药和填塞结构。

一般情况下按设计药量装药进行爆破施工，根据现场爆破经验、岩石种类、岩性、结构、抵抗线大小是否有变化，在保证填塞高度和爆破安全的基础上，适当增减炮孔装药量。装药和填塞结构：从孔口到孔底连续柱状装药。所有炮眼的剩余部分应用炮泥封堵，炮眼封泥不足或不严不应进行爆破。炮泥应用水炮泥和黏土泡泥。除水炮泥外的剩余炮眼部分应用黏土炮泥填满封实，严禁用煤粉、块状材料或其他可燃性材料作炮泥。

(4) 爆破微差间隔时间及起爆网络设计。

①微差间隔时间。

从中间向外依次微差起爆，微差间隔时间 Δt 宜为 25～50ms。

②起爆网络设计。

本工程使用毫秒电雷管、非电雷管、导爆索进行排间微差松动控制爆破，起爆网络图如图 8.4—52 所示。

(5) 爆破安全评估与控制。

①爆破振动速度计算。

根据萨道夫斯基控制爆破振动速度公式：

$$V = K\left(\frac{\sqrt[3]{Q}}{R}\right)^{\alpha} \qquad (8.4.3.2-1)$$

式中 V——最大振动速度；

K——与地质地形有关的系数；

Q——一次齐爆的最大装药量；

R——最大一段齐爆装药量的几何分布中心到邻近被保护物的距离；

α——地震波衰减指数。

②Ⅱ级围岩段。

根据《爆破安全规程》(GB 6722—2014)，交通隧道允许振动速度为10.0～15.0cm/s，根据设计确定的允许振动速度为2.5cm/s。按照有关标准取值，$K=150$，$\alpha=1.5$，本工程中单孔最大装药量为1.2kg，如果按排间起爆，则最大段装药量为32.4kg，按距离为70m计算，则有

$$V=150\times\left(\frac{\sqrt[3]{32.4}}{70}\right)^{1.5}\approx 1.45(\mathrm{cm/s}) \tag{8.4.3.2-2}$$

③Ⅲ～Ⅴ级围岩段。

萨道夫斯基公式中参数按照有关标准取值（$K=250$，$\alpha=1.8$），Ⅲ～Ⅴ级围岩段地质条件比Ⅱ级围岩爆破振动衰减更快。本工程中单孔最大药量为1.2kg，如果按排间起爆则最大段装药量为32.4kg，按距离为70m计算，则有

$$V=250\times\left(\frac{\sqrt[3]{32.4}}{70}\right)^{1.8}\approx 0.96(\mathrm{cm/s}) \tag{9.4.3.2-3}$$

由计算可知，爆破振动均在安全范围内，不会对既有隧道结构造成影响。

3）小结

全断面开挖不易控制断面的形状和大小，需特别进行开挖结构线控制及爆破控制。斜井正向开挖爆破实践表明，45°斜井正向一次成型控制爆破技术能够确保一次性开挖成型，还可保证爆破块度满足溜渣要求。

9.4.3.3 斜井全断面正向开挖安全控制

1）斜井全断面开挖控制

（1）施工前，采用钢筋、钢管制作简易人行爬梯，提供斜井人员、设备施工通道。

（2）为减少开挖后人工扒渣的工程量及难度，先在导井区域形成一个“漏斗区”，尽量让渣料滚入井内，漏斗区直径约3.0m，深度约1.5m，开挖完成后立即将渣料通过导井清除，并启动全断面开挖爆破钻孔。

（3）为严格控制渣料粒径，防止堵井，需严格控制爆破孔深度和间距，通过爆破试验总结，爆破孔间距和抵抗线均为60cm左右。

（4）通过爆破试验研究，采用高延时爆破工艺有助于漏斗区渣料充分溜入导井内，减少因大体积渣料爆破可能造成的堵井风险及扒渣的体积。严格控制爆破的孔距及排距，按照爆破设计要求进行施工，利用测量对孔深进行精确控制，尽量减少底部因开挖造成不平整，导致后续扒渣工作难度增大。

（5）采用人工进行扒渣工作，制作简易溜渣槽扒渣，缩小扒渣的水平距离，提高施工效率。

2）斜井施工质量保证措施

（1）严格按照设计图纸、设计修改通知及相关技术规范施工。

（2）进行现场爆破试验，确定合理的爆破参数，以保证光面爆破质量。

（3）每一茬炮均需测量放线，提高放线精度，洞内掌子面用红油漆画出明显的开挖轮廓线。

（4）在每一个循环进行测量放线时，均需对上一茬炮开挖的超欠挖情况进行检查，并将超欠挖情况及时通知钻孔人员，以便对钻孔角度及时进行调整，减少超挖，对欠挖部位及时处理。

（5）井内施工的安全在很大程度上取决于支护质量，井内支护必须按照施工技术要求和规范进行。喷砼和锚杆砂浆的配合比必须通过试验确定。

(6) 对全部施工过程进行严格的全面质量管理，质检部门应随时对洞内施工质量进行检查，杜绝质量事故的发生。

(7) 加强质量检查检测工作和井内围岩变形观测。

(8) 在断层破碎带及井口附近等特殊部位爆破开挖时，精心制定施工爆破设计，并在施工过程中严格执行。

3) 斜井施工安全保证措施

(1) 施工中必须坚持“安全第一、预防为主、综合治理”的方针，认真贯彻“安全生产、人人有责”的原则，坚持执行国家有关安全生产的法律、法规和方针、政策。

(2) 严格执行国家劳动安全卫生规程和标准，按《中华人民共和国劳动法》配备相应的劳保用具，对职工进行劳动安全卫生教育，减少职业危害。

(3) 建立以项目经理为主，以生产副经理为责任人的安全生产履约管理体系，以及以总工程师为责任人的安全生产技术管理体系和以安全总监为责任人的安全监督管理体系。

(4) 斜井施工前，由工程技术部门编制施工技术方案报监理工程师批准。总工程师组织现场管理人员、技术人员及作业工人进行开工前安全技术交底，并形成书面记录。

(5) 施工过程中，对施工人员进行安全技术交底，特殊工种考试合格后方能上岗。推广新技术和使用新型机械设备时，应对员工进行再培训和教育。上班前，进行上岗交底和班前5min安全教育（交代当天的作业情况、主要工作内容、各个环节的操作安全要求以及特殊工种的配合等），并做好上岗记录。

(6) 安全通道设置。在斜井底板一侧设置宽80cm的钢爬梯作为人员上下通道和钢筋、锚杆的运输通道。钢爬梯采用Φ25钢筋焊接，两侧设置高1.2m栏杆，每20m设置一个休息平台。

(7) 斜井井口设置1.2m高防护栏杆，30cm×30cm截水沟，并设置安全警示牌，安排专职安全员24h执勤，确保井口防护安全。斜井扩挖时，沿斜井长度每30m设置一道防护栏，防止上部松动岩石脱落伤及下部作业人员。

(8) 在出线斜井下平段设置警示标志，每班安排1名专职安全员对出线下平段职守，严禁非作业人员进入出线斜井下平段。

(9) 斜井施工过程中，配置专职安全员24h值班，保持井顶、井内及下方的联络畅通。

(10) 爆破器材的保管及发放。爆破器材的入库、发放、运输、现场使用均由专人负责，并进行全程监控，爆破后对剩余的爆破材料进行清点后，退库或安排专人在专门设置的爆破材料存放点看管，以防发生意外。

(11) 钻孔作业。

①爆破作业人员必须经过安全技术专业培训，且持证上岗。

②钻孔前先对上茬炮的爆破情况及危岩进行彻底检查并及时处理，待彻查并消除安全隐患后再进行钻孔作业。钻孔过程中要随时注意工作面以上部位岩体可能出现的随机落块，以免落石伤人。

(12) 装药爆破。

①造孔完成并经质检合格后方可装药，所有炮孔装药完毕后即可进行孔外联网，装药、联网必须严格按照爆破设计要求进行。

②由于爆破采用磁电雷管引爆，引爆雷管连线时要求关闭井内所有施工电源，并由电工在爆破前测量现场的杂散电流，当杂散电流值超过30mA时，采用抗杂散电流的雷管引爆。

③爆破前设专人进行安全巡视和安全警报预警，确保二次警报前工作面和临近施工区内所有工作人员及设备撤离至安全地带。

④炮后安全检查及排险。工作面爆破后，爆破工一般在通风排烟30min后进入掌子面，主要检查有无拒爆孔、盲炮孔、危石及其他可能存在的安全隐患，并及时处理，派专人详细记录安全检

查结果。

⑤做好相邻洞室的爆破联络工作，确保爆破时周边洞室及危险部位无人员及设备。

(13) 扒渣。斜井第二次扩挖需采用人工扒渣，防止人员从井内跌落是重要安全问题，要求每个扒渣作业人员必须佩戴两根安全绳，安全绳必须固定在牢固的锚杆或插筋上。扒渣人员不能站在松动石渣上，且尽量远离中间导井。

(14) 所有电气工作人员必须熟悉电气安全操作规程，具备必要的技术理论知识和实际操作技能，并经考试合格方可持证上岗；位于易燃易爆区域内的电气设备及线路均应满足防火防爆要求；连接电动机械与电动工具的电气回路，必须设置开关和漏电保护器，并应有保护装置，保证一闸控制电动设备；井内施工照明用电使用36V安全电压；手动电器开关的导线接头必须绝缘良好；配电装置中，电气设备必须设置护栏，高度不得低于1.2m。

(15) 各类进洞作业的施工机械、车辆性能必须保持完好状态，确保制动有效，方向灵活可靠，作业中严禁人料混装；施工人员不得与车辆及行走机械抢道，严禁扒车、追车及强行搭车；斜井底部集渣用装载机、反铲装渣时，其回转范围内不能有人通行；运渣过程中，出渣施工通道与各洞室的交叉口设专人指挥，保证洞内交通安全畅通。

(16) 全断面扩挖前，对井口进行锁口施工，确保井口开挖成型质量良好；全断面扩挖时，采取一掘一支护施工方式，若上层未支护不得进行下一层开挖。斜井支护前应先用导井密封盖将导井井口封实，将系好的安全带拴在安全绳上，安全绳与井壁系统锚杆要确保连接牢固。

(17) 导井贯通后，斜井实际上成了施工通风排烟井。扩挖过程中，施工环境极其恶劣，必须切实做好防烟防尘、有毒有害气体及缺氧防护工作。所有进入井内的人员必须佩戴有质量保证且完好的防尘防毒口罩；井口必须做好空气流向及有毒有害气体监测，发现异常要及时与井内外作业人员沟通；施工现场必须配备充足氧气供应设备及有毒有害气体监测仪等相关仪器设备，防止作业人员出现缺氧窒息、中毒等事故。

4) 文明施工及环境保护

(1) 按施工组织设计的总平面布置要求对施工现场进行统一规划，合理布置各施工区域，使施工现场处于有序状态，使各施工场地平坦、整洁、无积水积油。

(2) 在施工区域内设置醒目、整洁的施工标牌及必要的信号装置，标识、信号清楚，颜色、图形符合标准。并配置齐全的安全设施。

(3) 施工场地进行清理、清扫，保证施工现场道路畅通、场地平整、无大面积水，场内设置连续、顺畅的排水系统，合理组织排水。

(4) 现场材料按照总平面布置指定的区域分类堆放，有专人管理，保持整齐有序、稳固、美观，有标识且清晰明了，保持场内整洁。

(5) 机械设备要求定期保养、检修，按照停放要求统一整齐停放。

(6) 斜井内施工的风、水、电管线路要求架设于井壁上，做到平、直、顺、整齐有序。

(7) 施工现场防火、用电安全、施工机械、散体物料运输等，严格按照国家或地方有关规范、规程和规定执行，禁止违章行为。施工低压电线完好，架空位置符合安全规范，牢固绑扎在绝缘体上；开关箱牢固、防雨，加锁，设触电保护器，接零接地完好。

(8) 现场风水管及照明线路布设安全、合理、规范、有序，做到整齐美观，经常检查风水管，设置防脱防爆等措施，防止风水管发生“跑冒滴漏”现象。

(9) 火工材料的运输、存放和使用符合国家相关规定。

(10) 作业面照明采取固定集中照明与移动照明相结合，确保照明充分。施工电缆布置规范，接地可靠，无破损。

(11) 每周由安全监察部组织进行文明施工大检查，在例会上把文明施工检查情况向各有关单位及项目经理汇报，提出进一步整改措施。

5）小结

通过前述相关稳定分析及计算，制定具体的斜井全断面开挖施工方案，拟定相应保证措施，确保斜井全断面开挖的顺利实现。

8.4.3.4 小结

通过对斜井开挖方法进行比较，优化选择斜井开挖方式。通过对斜井倾角、溜渣模型、导井直径等进行研究和分析，确定了斜井全断面开挖的爆破参数，并经过爆破振动影响论证。通过对斜井开挖围岩稳定性进行分析，计算出循环进尺控制长度。通过一系列的研究分析，制定了全断面开挖的实施方案及控制措施。

（1）全断面开挖不易控制断面形状和大小，需特别进行开挖轮廓线及爆破控制。斜井正向开挖爆破结果表明，45°斜井正向一次成型控制爆破技术能够确保一次性开挖成型，还能保证爆破块度满足溜渣要求，避免堵井现象发生。

（2）计算结果表明，对45°斜井段城门洞型全断面爆破开挖，必须考虑周边围岩的层面裂隙对洞室变形及稳定性的影响，隧道围岩和初期支护右侧水平位移比左侧分别高出22.3%和28.3%，同时底板有较大隆起，施工时应对这些部位加强监测，并根据实际结果提出应对措施，以保证围岩的稳定和结构安全。

（3）通过斜井爆破施工过程衬砌振动响应研究，发现衬砌水平、竖向以及轴向的振速峰值相差不大，但极值易出现在边墙中上部纵向，结合斜井施工实际情况（考虑到围岩裂缝发育），认为单循环进尺应控制在2m内，以保证结构安全。

8.5 45°复杂结构城门洞型斜井衬砌施工技术

8.5.1 45°城门洞型断面斜井一体化“导梁自行式”滑模研制

目前国内外成熟的常规滑模仅适合圆形、矩形竖井和60°～90°倾角斜井，而猴子岩斜井为城门洞型，倾角较特殊（仅为45°），既不能采用水平方法也不能采用竖井方法进行衬砌，即使按照较为成熟的60°～90°技术也会有很大的力学差异，是否安全不可预估，其衬砌需要使用的滑模将受到极大挑战。另外，斜井断面是较为复杂的城门洞型，特别是必须布设的两侧排水和底板踏步结构复杂，如果采用常规滑模进行衬砌施工，则在滑模衬砌后还需二次施作两侧排水和底板踏步，这样将会延长工期。再考虑到斜井长185.1m，滑模体受力条件差，非常容易出现滑升困难、滑升对混凝土造成破坏等不良后果。因此，探索并研制出一种能够一次成型的45°复杂结构城门洞型斜井滑模方法，对于猴子岩斜井及其他类似工程的顺利完成是一个重大关键难题。

8.5.1.1 新型滑模理念的提出

1）提出“埋入式+底部钢轨牵引系统”的理念

常规滑模一般采用卷扬机+钢丝绳（液压千斤顶）作为爬升动力，由于洞室断面尺寸6.52m×6.78m，衬砌钢筋、混凝土溜槽等均需从上平段进入，牵引系统将与材料运输系统会对施工产生较大的干扰。由于斜井倾角为45°，台车自重、混凝土浇筑自重、施工活荷载等重力在底板部位的分力更大，摩阻力也大。另外，由于洞室断面为城门洞型，结构受力复杂，边墙、顶拱部位模板受力不均匀，相应部位的滑模滑升行程及方向力不完全一致，极易出现滑升偏移等现象。

为解决上述问题，需要将动力系统更换为埋入式，避免设置外置牵引系统，减少材料运输系统与滑模提升系统之间的干扰；采用埋入式底板钢轨作为台车底板的承重构件和台车的行走结构，减少滑升摩阻力，且很好地控制滑升方向。

2）提出踏步与边顶拱同时施工的理念

由于洞室衬砌为城门洞型，底板有踏步结构，无法采用滑模进行一次性滑升。常规滑模施工需将边顶拱与底板分开浇筑，由于斜井工程底板为踏步结构，无法采用轨道或直接行走滑模台车，因此需要将底板部分更换为液压普通钢模结构。

底板部分为液压普通钢模结构，边顶拱为滑模结构，需在混凝土浇筑顺序、混凝土浇筑时间和初凝时间等方面来研究其联动。底板部分液压普通钢模结构对混凝土的凝结时间要求较滑模结构长，应优先进行底板部分混凝土的浇筑，同时充分了解边顶拱的混凝土浇筑时间和滑模滑升需要的时间，计算滑模踏步及边顶拱台车滑模模板的长度，满足滑模滑升时底板部分已经初凝且具备拆模条件。

3）新型滑模的工作原理

新型滑模主要依靠钢轨作为台车行走结构及辅助滑模线性控制，埋入式液压千斤顶提供爬升动力，进行边顶拱的混凝土浇筑；踏步采用液压伸缩结构模板，在充分计算边顶拱滑模的滑升时间及踏步混凝土拆模时间后，踏步混凝土浇筑与边顶拱混凝土浇筑同步施工。

8.5.1.2　45°斜井滑模结构及受力分析

1）滑模受力分析。

根据《水工建筑物滑动模板施工技术规范》（DL/T 5400—2007）第6.5.6条，滑模的设计荷载应包括以下内容：

（1）模体和操作平台的自重。

（2）施工荷载，包括操作人员、材料和机具的质量。

（3）顶拱新浇筑混凝土及钢筋自重。

（4）混凝土对模体的侧向力及倾倒混凝土时的冲击力。

（5）模体与混凝土之间的摩擦力。

（6）模体前、后轮与轨道之间的摩擦力。

（7）新浇筑混凝土对模体的浮托力（由于斜井底板超前边顶拱施工，可暂不考虑浮托力）。

2）滑模滑升需要的牵引力计算

$$T=(\tau A+G\sin\varphi+f_1 p+f_2\mid G\cos\varphi-p\mid)K$$

式中　T——滑动模板牵引力，kN；

τ——单位面积模体与混凝土的黏滞力，kN/m^2，由DL/T5400—2007附表A查得$\tau=2.5kN/m^2$；

A——模体与混凝土的接触面积，$A=6.36\times2\times1.2+7.11\times1.2\div\sin45°\approx27.33(m^2)$；

G——模体系统自重（包括配重、施工荷载），kN；G_1为滑模体自重，$G_1=18000\times10=180(kN)$，$G_2$为施工荷载，其中人员荷载$G_3=20\times100\times10=20(kN)$，设备荷载$G_4=1000\times10=10(kN)$，材料、工器具荷载$G_5=3000\times10=30(kN)$，则$G_2=G_3+G_4+G_5=20+10+30=60(kN)$，故$G=G_1+G_2=180+60=240(kN)$；

φ——模体面板与水平面夹角，$\varphi=45°$；

f_1——钢模模体与混凝土的摩擦系数，由DL/T 5400—2007查得$f_1=0.5$；

p——混凝土对模板的正压力，kN；

f_2——滑轮与轨道的摩擦力系数，根据 DL/T 5400—2007 查得 $f_2=0.05$；

K——牵引力安全系数，根据 DL/T 5400—2007 查得 $K=1.5$。

p_1是顶拱混凝土对模板的正压力：

$$p_1 = S_1 d\gamma_c \sin\varphi = 12.07 \times 0.48 \times 25 \times \sin45° \approx 102.42(\text{kN})$$

式中　S_1——顶拱模板面积，$S_1=7.11\times1.2\div\sin45°\approx12.07(\text{m}^2)$；

d——顶拱衬砌厚度，$d=0.48\text{m}$；

γ_c——混凝土重力密度，$2500\times10=25(\text{kN}\cdot\text{m}^3)$。

F 是新浇筑混凝土对模板的侧压力计算值，单位是 kN/m^2。根据《建筑施工模板安全技术规范》（JGJ 162—2008），计算公式如下，并取其中较小值：

$$F = 0.22\gamma_c t_0 \beta_1 \beta_2 V^{1/2}$$

$$F = \gamma_c H$$

式中　t_0——新浇筑混凝土初凝时间，根据现有配合比查得 $t_0=7\text{h}$；

β_1——外加剂影响修正系数，由 JGJ 162—2008 查得 $\beta_1=1.2$；

β_2——混凝土坍落度影响系数，由 JGJ 162—2008 查得 $\beta_2=1.15$；

V——混凝土的浇筑速度，$V=0.2\text{m/h}$；

H——混凝土侧压力计算位置处至新浇筑混凝土顶面的总高度，$H=1.2\text{m}$。

则

$$F = 0.22\gamma_c t_0 \beta_1 \beta_2 V^{1/2} = 0.22 \times 25 \times 7 \times 1.2 \times 1.15 \times 0.2^{1/2} \approx 23.76(\text{kN/m}^2)$$

$$F = \gamma_c H = 25 \times 1.2 = 30(\text{kN/m}^2)$$

故 F 取值为 23.76kN/m^2。

$$p_2 = FS_2/2 = 23.76 \times 15.26 \div 2 \approx 181.29(\text{kN})$$

$$p = p_1 + p_2 = 102.42 + 181.29 = 283.71(\text{kN})$$

式中　S_2——边墙模板面积，$S_2=6.36\times1.2\times2\approx15.26(\text{m}^2)$；

p_2——边墙混凝土对模板的正压力。

$$\begin{aligned} T &= (\tau A + G\sin\varphi + f_1 p + f_2 \mid G\cos\varphi - p \mid)K \\ &= (2.5\times27.33+240\times\sin45°+0.5\times283.71+0.05\times \mid 240\times\sin45°-283.71 \mid)\times1.5 \\ &\approx 578.39(\text{kN}) \end{aligned}$$

3）千斤顶数量

滑模体牵引采用 QYD−60 型滚珠穿心式千斤顶，其额定起重量为 60kN，工作起重量 30kN。千斤顶计算承载力为 $P=30\text{kN}$，$n=T/P=578.39\div30\approx20$（台）。故采用 22 台 QYD−60 型滚珠穿心式千斤顶可满足滑模的滑升要求。

4）爬升杆受力计算

爬升杆穿过千斤顶后下端埋设于混凝土中，主要承受滑模提升的反向作用力，与千斤顶对应，共设置 22 根爬升杆。爬升杆采用 Φ48×3.5mm 钢管，千斤顶底部距离混凝土顶部最大距离 1.5m。单根钢管受压分析如下：

$$P_1 = W_1/22 = 578.39 \div 22 \approx 26.29(\text{kN})$$

根据《建筑施工模板安全技术规范》（JGJ 162—2008），Φ48×3.5mm 钢管爬升杆允许承载的计算公式如下：

$$P_0 = \frac{\alpha(99.6 - 0.22L)}{K}$$

式中 α——工作条件系数，由 JGJ 162—2008 附表 B 查得 $\alpha = 1.0$m；

L——支撑杆长度，$L = 150$cm；

K——安全系数，由 JGJ 162—2008 附表 B 查得 $K = 2$。

则 $P_0 = \frac{1 \times (99.6 - 0.22 \times 150)}{2} = 33.3(\text{kN})$，$P_1 < P_0$，所以爬升杆采用 Φ48×3.5mm 钢管，且千斤顶底部距离混凝土顶部最大距离 1.5m 即满足要求。

通过对滑模进行受力分析，可计算出爬升杆、千斤顶等动力构件的具体配置。

8.5.1.3 滑模台车结构设计

1）滑模台车总体结构

滑模台车边顶拱及水沟采用滑模结构，底板踏步采用液压伸缩结构，踏步结构与滑模结构共同工作。台车全长 12m，重约 18t，主要分为桁架结构、平台结构、行走结构、模板结构、底模结构及附属设施。

滑模台车结构示意图如图 8.5−1 所示。

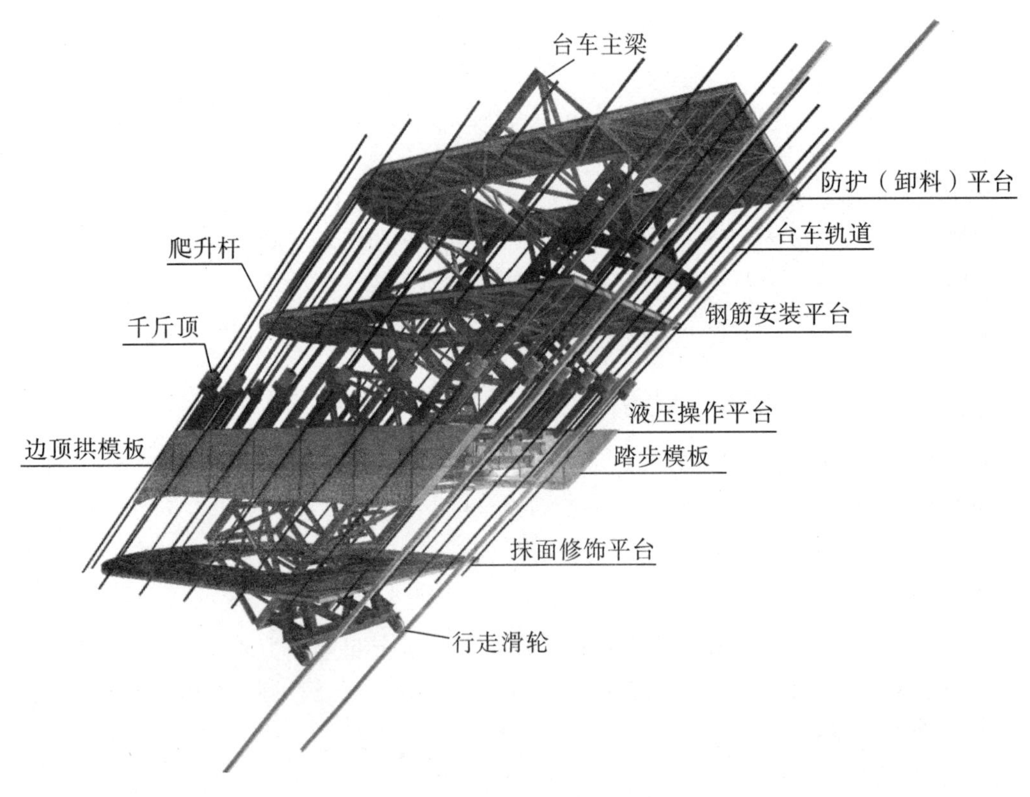

图 8.5−1 滑模台车结构示意图

（1）桁架结构。

滑模台车主梁采用钢桁架结构，结构尺寸 2.5m×2.5m×15.0m，分 2 节组装，周边骨架采用[16 槽钢焊接而成，内部采用 [14 槽钢加固，桁架两端端头 1.5m 处设置 2 对钢车轮方便滑模行走。

（2）平台结构。

滑模台车自上往下共布置 4 个操作平台，分别为防护（卸料）平台、钢筋安装平台、液压操作平台及抹面修饰平台。所有操作平台均采用 [14 槽钢架构，并在现场采用高强螺栓与钢桁架连接。

①防护（卸料）平台。防护（卸料）平台位于主梁顶部，上面铺设废弃轮胎，可防止斜井上部滚落物伤及施工人员。

②钢筋安装平台。钢筋安装平台位于防护（卸料）平台下方，主要供钢筋临时存放及安装、混凝土分流。

③液压操作平台。液压操作平台位于钢筋安装平台下方，主要作为液压系统提升平台和混凝土入仓施工平台。

④抹面修饰平台。抹面修饰平台位于主梁底部，主要供斜井混凝土脱模后的表面压光和缺陷修复、砼养护等。

（3）行走结构。

①液压系统。

液压系统是整个滑模台车的动力系统，用于克服各种滑升阻力，使滑模得以滑升。出线洞斜井滑模采用埋入式爬升式设计方案，千斤顶爬升杆带动滑模上升。液压系统主要为控制台、千斤顶、爬升杆。

Ⅰ．控制台。

出线洞斜井滑模台车液压系统选用 HY－36 型液压操作平台作为控制台，其性能参数见表 8.5－1。

表 8.5－1　HY－36 型液压控制台性能参数

型号	公称油量	额定工作压力	最多千斤顶	重量	外形尺寸
HY－36	36L/min	8MPa	60 个	280kg	860mm×640mm×2090mm

Ⅱ．千斤顶。

出线洞斜井滑模台车液压系统采用 QYD－60 滚珠穿心式千斤顶作为滑升动力，其性能参数见表 8.5－2。爬升千斤顶及细部构造如图 8.5－2 所示。

表 8.5－2　QYD－60 滚珠试穿心式千斤顶性能参数

型号	额定起重量	工作起重量	理论行程	实际行程	工作压力	适合支撑杆
QYD－60	60kN	30kN	35mm	20～30mm	8MPa	Φ48×3.5mm

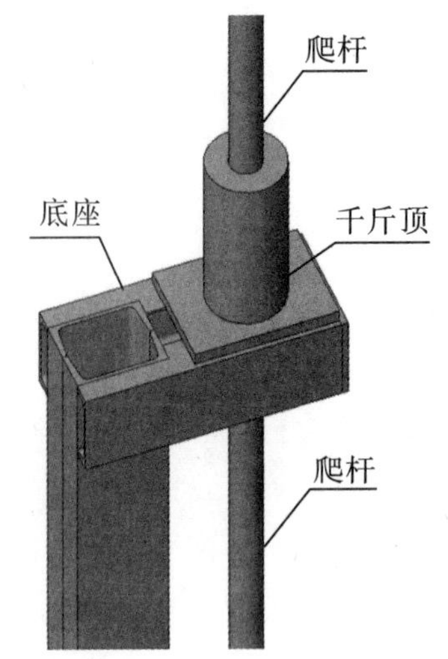

图 8.5－2　爬升千斤顶及细部构造

Ⅲ. 爬升杆。

出线洞斜井滑模台车采用 Φ48×3.5mm 钢管作为 QYD－60 滚珠穿心式千斤顶的爬升杆，主要承受千斤顶爬升的反向作用力，由于爬升杆位于斜井纵向分布筋位置，在混凝土浇筑过程中可代替主筋进行施工。

②轨道。

结合现场实际情况，出线洞斜井运输车与斜井滑模台车共用一副轨道，滑模台车采用 24kg/m 钢轨作为轨道，轨道中心间距 3m，轨道两侧增设插筋（Φ32，L＝1.5m，入岩 1.2m），以确保轨道的稳定性，插筋横向间距 40m，顺斜井方向间距 40cm，轨道底部采用 Φ32 钢筋找平，钢筋、轨道之间用焊接进行连接。

（4）模板结构。

出线洞斜井滑模台车边墙模板斜长 1.2m，边顶拱模板斜长 1.5m，边墙及边顶拱模板均采用 5mm 钢板作为面板，L60 角钢作为模板肋板，模板内侧的围圈采用［14 槽钢制作加工，面板、围圈及主梁之间均采用高强螺栓进行连接。

（5）底模结构。

踏步踢板及底板侧板均采用 5mm 钢板作为，并采用 L60 角钢作为模板肋板，踢脚板面板宽 25cm，呈台阶布置，制作为 2 节踏步。水沟及踏步模板结构如图 8.5－3 所示。

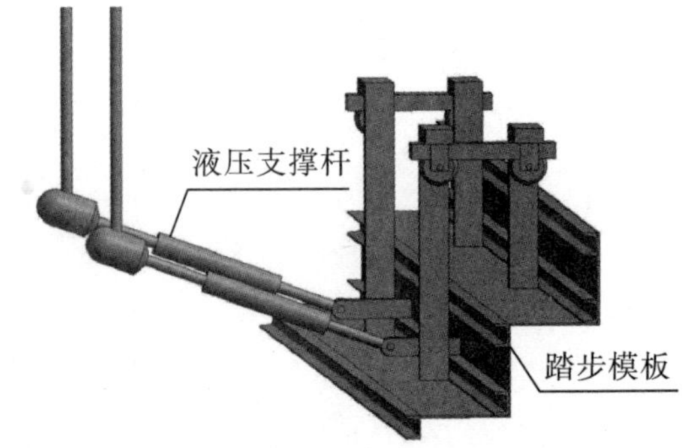

图 8.5－3　水沟及踏步模板结构

（6）附属设施。

待滑模台车安装完成且行走到位后，对滑模体的用电线路、上下爬梯、平台脚手板及防护栏杆进行安装。

2）施工通道

由于出线洞斜井坡度为 45°，施工人员无法直接行走，为确保施工人员上下施工面方便，在斜井靠近边墙位置设置一副爬梯作为施工通道。爬梯采用插筋进行固定，Φ28，$L=1.5$m，入岩 1.2m，间距 0.8m，排距 1.5m，采用手风钻钻孔，M20 砂浆注浆。

3）提升系统

（1）卷扬机。

为满足出线洞斜井材料运输，安装 1 台 JM－5T 卷扬机作为材料运输的提升系统，卷扬机布置于出线洞上平段上游侧距离斜井顶部桩号约 10m 处，卷扬机采用 8 根地锚（Φ28，$L=4.5$m，入岩 4m）做基础。

（2）轨道。

与台车轨道共用。

（3）天锚。

由于出线洞洞内空间有限，无法使用大型设备进行起吊，斜井滑模台车进场并验收合格后运输至出线洞下平段，再由装载机铲运至斜井底部附近，最后人工配合 5t 手拉葫芦进行组装。为满足滑模台车安装要求，需在斜井底部的下平段顶拱部位增加 2 排天锚（Φ28，$L=4.5$m，入岩 4m），排距 3m，间距 2m，共 14 根。

Φ28 锚杆设计抗拔力为 180kN，考虑砂浆的不密实度，锚杆抗拔力 f'按照 90kN 进行计算，手拉葫芦最大拉力 $F=5000\times10=50$(kN)，小于锚杆抗拔力 f'，天锚（Φ28，$L=4.5$m，入岩 4m）满足要求。

（4）运输小车。

运输小车顶部操作平台尺寸 3m×3m（长×宽），上部采用 5cm 木板满铺，周边采用 L50×5mm 角钢制作安全防护栏，小车侧面布置有上下踏步。

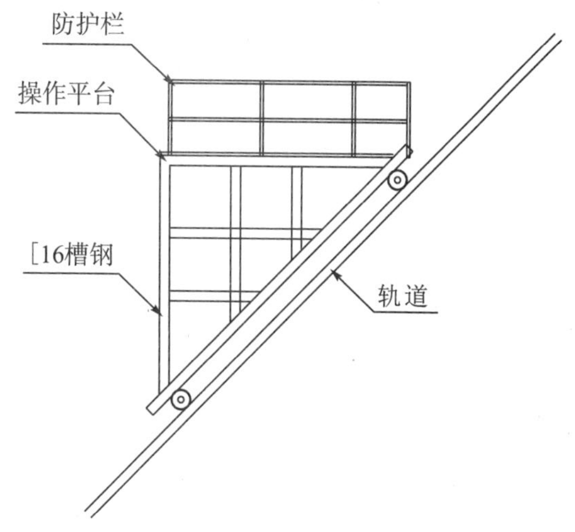

图 8.5－4　运输小车示意图

小车承载力计算：卷扬机最大拉力 50kN，钢绳拉起的最大重量为 T_t（$F/G\sin45°\approx7$t）。

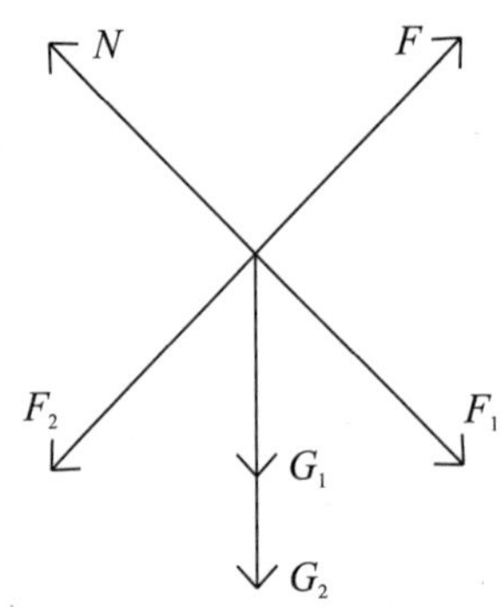

图 8.5－5　运输小车受力情况

运输小车重量 1.5t，则运输小车允许承载最大重量 5.5t（7t－1.5t），出于安全考虑，小车最大载重量限定为 3t。

（5）溜筒。

出线洞斜井采用 DN300 钢管作为溜筒，由于斜井坡度较陡，不利于安装，所有钢管均在加工厂切割成 3m 一节后再运往现场进行安装。为方便现场安装，所有管节由运输车运输至施工工作面，溜筒安装好后需立即与基础插筋进行焊接固定。插筋为 Φ28，L＝1.5m，入岩 1.2m，间排距 0.35m×1.50m，采用手风钻钻孔，M20 砂浆注浆。

出线洞斜井全长 185m，为防止混凝土浇筑过程中出现骨料分离等离析现象，每隔 30m 设置 1 个下料缓冲器，缓冲器由 2 节 DN300 钢管错口焊接而成。

根据现场实际情况，需在斜井上部与平段相交处安装溜槽及受料斗。溜筒安装至斜井滑模台车后，安装溜槽将混凝土分流，以确保均匀下料。

随着滑模的上升，由下向上拆除溜筒，拆除后的溜筒由运输车及时运输至上平段。

4）小结

通过滑模台车的受力分析，设计滑模主体、各结构及附属设施的具体结构，采用导梁自行式滑模进行混凝土浇筑，利用通长钢轨辅助进行线性控制，防止滑模移位，同时利用均布于滑模周边的滚珠穿心式千斤顶作为滑升动力，用于滑模的提升。

8.5.2　45°城门洞型斜井一体化滑模一次成型同步施工技术

8.5.2.1　滑模一次成型同步施工技术

1）滑模台车运行步骤

（1）首先进行定位仓混凝土施工，在进行斜井混凝土施工前，首仓混凝土（即单层滑模长度）提前浇筑，并在该仓混凝土底部增设型钢支撑进行加固，以提供滑模台车滑升的反作用力基础，确保滑升不会对第一仓混凝土结构造成破坏。

（2）正式滑升前，确保首仓混凝土基本终凝，优先进行底板踏步模板的定位，并浇筑该部分混凝土，待完成后进行边顶拱混凝土的浇筑。混凝土浇筑需两侧对称均匀下料。

（3）待踏步范围内的混凝土满足拆模条件后拆除底板踏步模板，将其收缩至滑模台车中部。待边顶拱模体具备滑升条件后，启动液压控制系统启动台车滑升。台车滑升的距离与踏步结构的距离一致。

（4）待滑升到位后进行底板踏步模板的定位，优先浇筑该部分混凝土，然后浇筑边顶拱混凝土，重复上述浇筑工作，直至斜井混凝土浇筑完成。

具体运行程序（表 8.5－3）如下：

表8.5-3　台车运行步骤

运行顺序	运行内容	指标要求	运行时间
1	定位节（首仓）混凝土浇筑	完成定位节（首仓）钢筋、模板加固施工	12～14h
2	台车前移	定位节混凝土终凝	10～15min
3	踏步模板安装	滑模台车就位、固定	10～15min
4	踏步模板混凝土浇筑	踏步模板就位	45～60min
5	边顶拱混凝土浇筑	踏步模板混凝土浇筑完成	120～145min
6	踏步模板拆除	踏步模板混凝土初凝	45～60min
7	台车前移	边顶拱具备滑升条件	60～75min
8	下一循环		

①进行定位节（首仓）钢筋模板安装、加固，并进行混凝土浇筑。

②待定位节混凝土终凝，将踏步模板收回，滑模模板脱模，利用液压千斤顶向前滑升一个行程。

③将踏步模板安装到位，并固定。

④浇筑踏步模板混凝土。

⑤浇筑边顶拱混凝土。

⑥拆除踏步模板（将踏步模板收回）。

⑦启动台车滑升，利用液压千斤顶向前滑升一个行程。

⑧进入下一循环，并利用修饰平台对已浇筑部分进行抹面处理。

2）混凝土施工

堵头模板采用厚5cm的木板进行拼装，背后采用Φ48×3.5mm钢管进行固定，结合爬升杆的分布位置，在其下方布设2根C25锚杆（入岩1m），配合Ⅰ14工字钢作为爬升杆底座，锚杆及工字钢之间采用Φ25钢筋进行焊接连接。

混凝土浇筑前，通过试验确定混凝土的初凝时间，并根据混凝土不同时间的强度来决定滑升时间。由于初始脱模时间不易掌握，必须在现场进行取样试验确定，脱模强度0.3～0.5MPa，一般模板滑升速度为20cm/h（具体速度可根据现场实际情况进行调整），设有滑模施工经验的专人观察和分析混凝土表面，确定合适的滑升速度和滑升时间，确保出模的混凝土无流淌和拉裂现象，滑升过后，安排施工人员站在滑模悬挂平台上用抹子对不良脱模面进行抹平及压光。

全断面浇筑过程中，下料顺序为先顶拱和两侧边墙，再底板。下料不应过于集中，高度需小于40cm。

仓面验收之后，混凝土下料前先用水泥砂浆湿润溜槽。混凝土人仓时应尽量使混凝土先低后高，考虑仓面大小，使混凝土均匀上升，注意分料不要过分集中，每次浇筑高度以30cm为宜，最大不得超过40cm。两侧边墙及顶拱的混凝土应均衡上升，下料时应及时分料，严禁局部堆积过高，以防止一侧受力过大而使模板、支架发生侧向位移。

下料时对混凝土的坍落度应严格控制，一般掌握在10～13cm。对坍落度过大或过小的混凝土应严禁下料，既要保证混凝土输送不堵塞，又不至于料太稀而使模板受力过大而产生变形，延长起滑时间。

为保证混凝土成型质量，混凝土浇筑过程中，若仓内有渗水，应安排专人及时将水排出，避免影响混凝土质量及滑模滑升速度。严格控制好第一次滑升时间。滑模进入正常滑升阶段后，可利用台车下部的抹面平台对出模混凝土面进行抹面及压光处理。

斜井脱模后，应立即检查混凝土表面，并对达不到设计要求的地方进行抹面，及时养护，底板采用覆盖土工布并洒水进行养护，边顶拱采用喷涂养护剂进行养护。

施工成型效果如图 8.5-6 所示。

图 8.5-6　施工成型效果

3）小结

制定具体的滑模台车运行步骤，确保边顶拱、底板同步滑升，满足同步施工的要求，根据现场试验确定下料高度、混凝土坍落度、滑升速度等具体指标。

8.5.2.2　施工工艺流程

施工准备→斜井施工通道→提升系统安装→溜筒施工→滑模系统安装→运输小车安装→钢筋安装→预埋件安装→堵头模板安装→混凝土施工→抹面→养护→滑模系统拆除→回填灌浆。

1）提升系统安装

(1）卷扬机。

卷扬机基础插筋采用手风钻钻孔，先注浆后插杆，卷扬机用人工配合装载机进行焊接固定。如图 8.5-7 所示。

图 8.5-7　斜井卷扬系统

（2）轨道。

轨道采用人工进行焊接安装，插筋与轨道之间需焊接牢固。如图 8.5－8 所示。

图 8.5－8 **斜井滑模台车轨道**

（3）天锚。

天锚搭设钢管脚手架作为施工平台，手风钻钻孔，先注浆后插杆。

2）溜筒施工

根据滑模台车施工特点，出线洞斜井标准段将采用 DN200 溜筒进行混凝土浇筑，具体结构见"出线洞斜井施工通道及溜筒结构布置图"。

（1）施工工艺。

测量放线→插筋施工→溜筒安装→缓冲器安装→溜槽安装（入仓）。

（2）测量放线。

利用全站仪配合钢卷尺对溜筒基础插筋位置进行放线，并用红色油漆标记。

（3）插筋施工。

溜筒插筋为 Φ28，L＝1.5m，入岩 1.2m，间排距 0.35m×1.5m，采用手风钻钻孔，M20 砂浆注浆。溜筒插筋施工工艺及方法见施工通道插筋施工。

（4）溜筒安装。

出线洞斜井采用 DN200 钢管作为溜筒，由于斜井坡度较陡，不利于安装，所有钢管均在加工厂切割成 3m 一节后运往现场进行安装。为方便现场安装，所有管节由运输车运输至施工工作面，溜筒安装到位后需立即与基础插筋进行焊接固定。

（5）缓冲器安装。

出线洞斜井全长 185m，为防止混凝土浇筑过程中出现骨料分离等离析现象，每隔 30m（根据向家坝、长河坝、大岗山等水电站斜井施工经验）设置 1 个下料缓冲器，缓冲器由 2 节 DN200 钢管错口焊接而成。缓冲器结构及溜槽结构布置如图 8.5－9 所示。

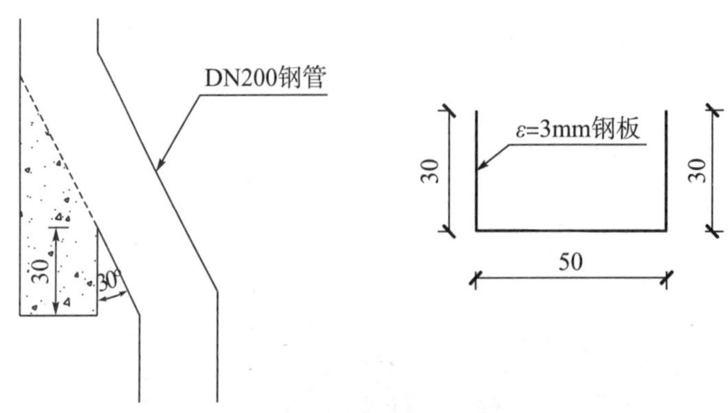

图 8.5－9　缓冲器结构及溜槽结构布置图

（6）溜槽安装。

根据现场实际情况，需在斜井上部与平段相交处安装溜槽及受料斗。斜井段溜筒安装至斜井滑模台车后，安装溜槽将混凝土分流，以确保均匀下料。溜槽系统如图 8.5－10 所示。

图 8.5－10　溜槽系统

（7）溜筒拆除。

随着滑模的上升，由下往上拆除溜筒，拆除后的溜筒由运输车及时运输至上平段。

3）滑模系统安装

由于出线洞洞内空间有限，无法使用大型设备进行起吊，斜井滑模台车进场并验收合格后运输至出线洞下平段，再由装载机铲运至斜井底部进行组装，组装程序为：天锚配合 5t 手拉葫芦对滑模台车主梁及前后轮进行安装→利用上平段 5t 卷扬机将组装完成的主梁托运至斜井斜坡段→利用上平段 5t 卷扬机配合手拉葫芦完成滑模模板安装→完成安全平台、液压平台及修饰平台安装→完成液压系统安装→滑模台车验收→行走至施工工作面。

根据《水工建筑物滑动模板施工技术规范》（DL/T 5400—2007）第 7.6 条“斜井”相关要求，出线洞斜井滑模制作安装允许偏差见表 8.5－4。

表 8.5—4　滑模制作安装允许偏差

<table>
<tr><td colspan="2">项目</td><td>允许偏差</td><td>备注</td></tr>
<tr><td colspan="2">钢模板表面凹凸度</td><td>1</td><td></td></tr>
<tr><td colspan="2">模板拼缝缝隙</td><td>2</td><td></td></tr>
<tr><td colspan="2">面板沿轴向平整度</td><td>2</td><td>用 2m 直尺检查</td></tr>
<tr><td rowspan="2">模体直径</td><td>上口</td><td>0，+3</td><td rowspan="2">已考虑钢模倾斜度之后</td></tr>
<tr><td>下口</td><td>−2，0</td></tr>
<tr><td colspan="2">模体长度</td><td>±5</td><td></td></tr>
<tr><td colspan="2">模体轴线与斜井中心线</td><td>5</td><td></td></tr>
</table>

4）运输小车安装

运输小车由［16 槽钢现场焊接拼装，完成后利用装载机及 5t 卷扬机安装至斜井轨道上，并及时完成安全防护设施，如图 8.5—11 所示。

图 8.5—11　运输小车

5）钢筋安装

钢筋由钢筋加工厂统一加工制作，材料进场后按照规范要求的批次和种类取样送检。根据拱墙钢筋设计图纸绘制钢筋大样图，编制钢筋下料表，明确每个施工段落的钢筋型式、规格、数量、尺寸，加工时严格按照大样图和下料表进行加工。半成品加工好后，挂牌标识并分类存放。钢筋加工尺寸允许偏差见表 8.5—5。

表 8.5—5　钢筋加工允许偏差

项目	允许偏差/mm
受力钢筋全长	±10
弯起钢筋的弯折位置	±20
圆弧钢筋径向偏差	±10
钢筋转角的偏差	±30

施工时，由 C5015 塔机或 25t 吊车将钢筋装车，20t 平板车将其运输至出线洞斜井结束段后再由人工卸车，并装运至斜井运输车，再通过 5t 卷扬机将钢筋运输至滑模台车上方，最后由人工倒

运至滑模台车操作平台进行安装。

钢筋安装严格按设计要求进行，保证安装质量符合设计及规范要求。

(1) 在方便度量的地方放出高程点，确定钢筋绑扎、立模边线，并做好标记。先进行架立筋安装，各排钢筋之间用短钢筋支撑，以保证位置准确。

(2) 钢筋间排距、搭接长度、预埋件加固、保护层大小等允许偏差符合相关规定。

钢筋安装及保护层厚度允许偏差见表 8.5-6。

表 8.5-6 钢筋安装及保护层厚度允许偏差

名称		允许偏差/mm
双排钢筋的上排钢筋与下排钢筋间距		±0.1 间距
同一排中受力钢筋水平间距	拱部	±0.5d
	边墙	±0.1 间距
分布钢筋间距		±0.1 间距
钢筋保护层厚度		±1/4 净保护层厚度
钢筋长度方向的偏差		±1/2 净保护层厚度

钢筋安装时需注意，钢筋连接采用搭接焊，搭接时，搭接长度满足要求，同一搭接区段内钢筋接头面积不大于全部钢筋面积的 50%。同时，还需满足以下要求：

①在构件的受拉区，绑扎接头不得大于 25%；在构件的受压区，绑扎接头不得大于 50%。

②钢筋接头避开钢筋弯曲处，距弯曲点的距离不得小于钢筋直径的 10 倍。

③现场所有焊接接头均由持有电焊合格证的电焊工进行焊接，以确保质量。

④在永久缝处相邻两段衬砌钢筋需断开，在施工缝处钢筋不断开，连续铺设。

6) 预埋件安装

(1) 止水安装。

根据设计要求，在地质条件变化处和洞室交汇处，以及进、出口或其他可能产生较大相对变位处设置永久缝（伸缩缝）2cm，并采用铜止水，沥青木板填缝。对围岩地质条件均一的洞身段，每隔 6～12m 设置施工缝，并设置止水。止水带埋设如图 8.5-12 所示。止水带施工允许偏差见表 8.5-7。

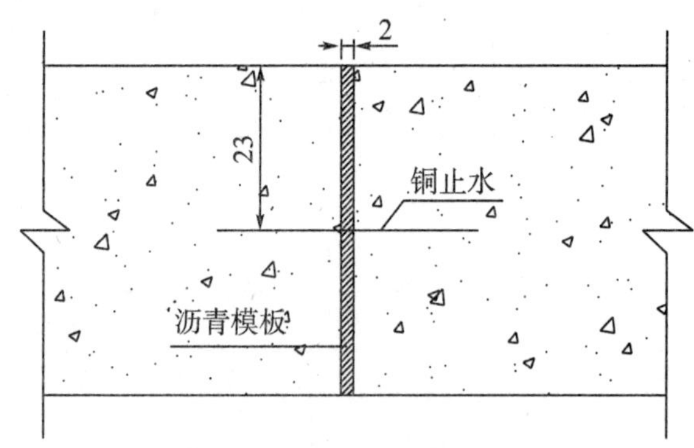

图 8.5-12 止水带埋设示意图

表 8.5－7　止水带施工允许偏差

检查项目	规定值或允许偏差	备注
纵向偏离/mm	±50	每环检查 3 处
偏离衬砌中心线/mm	≤30	每环检查 3 处

（2）回填灌浆管的埋设。

为保证二次衬砌与初期支护之间的密实，在拱部设置回填灌浆管，灌浆管采用预埋 Φ50 PVC 管，间排距 3m，标准段每排 3 孔，扩大段每排 5 孔，灌浆压力需达到 0.28MPa。

回填灌浆管在安装前，先进行测量，精确定出点位，确定埋件的数量、高程、方位、埋入深度等符合设计要求。埋件安装时，必须牢固可靠，确保在混凝土浇筑过程中不移动或松动。安装完成并验收合格后才能进行砼的浇筑。灌浆管预埋后，应用红油漆做好标记，并用土工布包裹封堵，待模板拆除后将土工布拆除。砼浇筑过程中，要注意对埋件进行保护，对周边混凝土振捣密实。

7）堵头模板安装

堵头模板采用厚 5cm 的木板进行拼装，背后采用 Φ48×3.5mm 钢管进行固定，结合爬升杆的分布位置，在滑模上、下方分别布设 2 根 C25 锚杆（入岩 1m），配合Ⅰ14 工字钢作为爬升杆底座，锚杆及工字钢之间采用 Φ25 钢筋进行焊接连接，具体结构布置如图 8.5－13 所示。

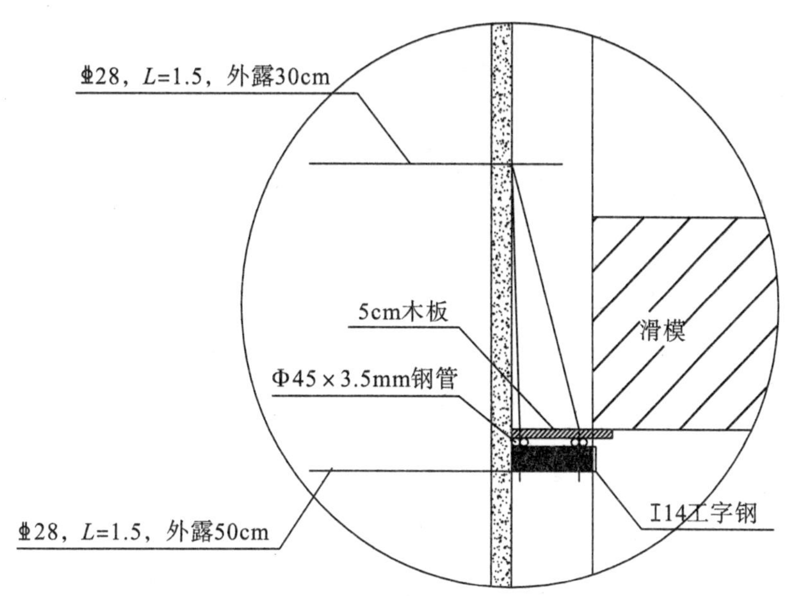

图 8.5－13　堵头模板结构布置图

模板安装完毕后，检查焊接是否紧固、拼缝是否严密、是否满足设计要求，经检验合格后方可进行下一道工序。

8）混凝土施工

斜井标准段混凝土由砂拌系统统一供应，所有混凝土均运输至斜井结束段，然后通过溜槽＋溜筒输送至滑模台车上方，再通过溜槽分流进行浇筑。

由于斜井底板增设了踏步及休息平台，不利于底板施工，斜井底板将采用液压伸缩结构，与边顶拱滑模同步施工。

（1）滑模提升控制。

混凝土浇筑前，通过试验确定混凝土的初凝时间，并根据混凝土不同时间的强度来决定滑升时间。由于初始脱模时间不易掌握，必须在现场进行取样试验确定，脱模强度 0.3～0.5MPa，一般模板滑升速度暂定 20cm/h［根据现有配合比可查得坍落度 110～130mm 的 C25 洞内混凝土初凝时间为 7h，考虑运输及其他影响占用 1h，实际有效浇筑时间为 6h，滑模理论滑升速度为 $120\times\sqrt{2}\div(7-1)\approx 28(\mathrm{cm/h})$］。设有滑模施工经验的专人观察和分析混凝土表面，确定合适的滑升速度和滑升时间，确保出模的混凝土无流淌和拉裂现象，滑升过后，安排施工人员站在滑模修饰平台上用抹子对不良脱模进行面抹平及压光。

（2）抗浮处理。

全断面浇筑过程中，下料顺序为先顶拱和两侧边墙，再底板。下料不应过于集中，高度需小于 40cm。

（3）混凝土控制。

仓面验收之后，混凝土下料前先用水泥砂浆湿润溜槽。混凝土入仓时，应尽量使混凝土先低后高，考虑仓面大小，使混凝土均匀上升，并注意分料不要过分集中，每次浇筑高度宜为 30cm，最大不得超过 40cm。两侧边墙及顶拱的混凝土应均衡上升，下料时及时分料，严禁局部堆积过高，以防止一侧受力过大而使模板、支架发生侧向位移。

下料时，对混凝土的坍落度进行严格控制，一般为 10～13cm。对坍落度过大或过小的混凝土应严禁下料，既要保证混凝土输送不堵塞，又不至于料太稀而使模板受力过大而产生变形，延长起滑时间。

为保证混凝土成型质量，混凝土浇筑过程中，若仓内有渗水，应安排专人及时将水排出，以避免影响混凝土质量及模板滑升速度。严格控制好第一次滑升时间。滑模进入正常滑升阶段后，可利用台车下部的抹面平台对出模混凝土面进行抹面及压光处理。

振捣器采用 Φ50 软轴手提式振捣棒。振捣应避免直接接触止水片、钢筋、模板，对有止水的地方应适当延长振捣时间。振捣棒的插入深度为：在振捣第一层混凝土时，以振捣器头部不碰到基岩或老混凝土面为准；振捣上层混凝土时，应插入下层混凝土 5cm 左右，使上下两层结合良好。振捣时间以混凝土不再显著下沉、水分和气泡不再逸出并开始泛浆为准。振捣混凝土时，应严防漏振现象的发生，模板滑升时严禁振捣混凝土。

9）抹面、养护

斜井脱模后应立即检查混凝土表面，并对达不到设计要求的地方进行抹面，并及时养护，底板采用覆盖土工布并洒水进行养护，边顶拱采用喷涂养护剂进行养护。

10）滑模系统拆除

斜井滑模台车完成标准段浇筑后，行走至与结束段平段相交位置，采用钢绳将台车与地锚（导向滑轮基础插筋）进行连接，手拉葫芦配合装载机将斜井滑模台车模板系统、平台系统及液压系统拆除至结束段内，并及时装车拖走，当斜井结束段利用滑模台车桁架完成浇筑后，利用卷扬机将滑模台车桁架下放至斜井结束段后，利用天锚配合手拉葫芦及装载机进行拆除，并及时装车拖走。

11）小结

根据台车运行步骤及混凝土相关控制指标，制定具体的滑模施工工艺流程及施工方案。猴子岩水电站出线洞斜井运用该滑模。衬砌后的边顶拱外观尺寸偏差±3mm，中线偏差±2mm，衬砌表面平整度±2mm，满足设计要求。

8.5.2.3　小结

（1）充分研究底板、边顶拱的施工方案和相互关系，制定具体的滑模运行步骤。正式滑升时，首先进行底板踏步的混凝土浇筑，然后进行边顶拱、水沟部分的混凝土浇筑，待边顶拱具备滑升条件后，底板踏步混凝土已接近凝固，具备模板拆除条件，使得边顶拱滑模滑升时，底板同步滑升。

（2）根据现场试验，确定下列指标：滑模滑升速度不超过 20cm/h，混凝土坍落度宜控制为 10～13cm，下料高度宜控制为 30cm 左右，并不宜超过 40cm。

参考文献

[1] 黄润秋. 中国西部岩石高边坡应力场特征及其卸荷破裂机理 [J]. 工程地质学报，2004，12(S1)：7－15.

[2] 戚承志，钱七虎，王明洋. 岩体的构造层次及其成因 [J]. 岩石力学与工程学报，2006，24(16)：2838－2846.

[3] 徐林生，王兰生，李天斌. 国内外岩爆研究现状综述 [J]. 长江科学院报，1999，16 (4)：24－27.

[4] 徐林生，王兰生. 岩爆形成机理研究 [J]. 重庆大学学报（自然科学版），2001，24 (2)：115－117.

[5] 徐林生，王兰生，李永林. 岩爆形成机制与判据研究 [J]. 岩土力学，2002，23 (3)：300－302.

[6] 李永林. 二郎山隧道在高地应力条件下大变形破坏机理的研究及治理原则 [J]. 公路，2000 (12)：2－5.

[7] 钱七虎. 深部大型地下工程围岩破坏特点及其施工设计对策 [D]. 武汉：中科院武汉岩体力学研究所，2006.

[8] 姜小兰，陈进，操建国，等. 锦屏一级水电站地下厂房洞室群地质力学模型试验分析 [J]. 长江科学院院报，2005 (1)：50－53.

[9] 黄书岭. 高应力下脆性岩石的力学模型与工程应用研究 [D]. 武汉：中国科学院武汉岩土力学研究所，2008.

[10] 刘立鹏. 锦屏二级水电站施工排水洞岩爆问题研究 [D]. 北京：中国地质大学（北京），2011.

[11] 陈文华，黄火林，马鹏. 超高应力作用下锦屏二级水电站深部岩体变形特性试验研究 [J]. 岩石力学与工程学报，2015，34 (S2)：3930－3935.

[12] 李永松. 复杂条件下岩体应力综合分析及岩爆控制研究 [D]. 武汉：中国地质大学，2015.

[13] 向天兵. 大型地下厂房洞室群施工期动态反馈优化设计方法研究 [D]. 武汉：中国科学院武汉岩土力学研究所，2010.

[15] 李洪涛. 大型地下厂房施工程序和开挖方法研究 [D]. 武汉：武汉大学，2004.

[16] 徐富刚，高剑飞，王峻，等. 猴子岩地下厂房施工过程岩锚梁裂缝成因及对策 [J]. 水利学报，2015，41 (S1)：1－6.

[17] 田君，张鹏，袁平顺. 猴子岩水电站高地应力地下厂房顶拱开挖技术 [J]. 四川水利发电，2013，6 (S4)：11－12.

[18] 张龙，弋瑞. 猴子岩水电站地下洞室群开挖安全管理 [J]. 人民长江，2014，45 (8)：20－22.

[19] 田君，王峻，张学彬. 地下厂房岩锚梁清水混凝土施工技术 [J]. 四川水力发电，2013，32 (6)：50－52.

[20] 肖厚云，林金威．猴子岩水电站高地应力厂房边墙开挖技术研究 [J]．人民长江，2014，45 (8):74−77.

[21] 姚强，杨兴国，陈兴泽，等．大型地下厂房开挖爆破振动动力响应数值模拟 [J]．振动与冲击，2014，33 (6)：66−70.

[22] 姚强，杨兴国，刘勇林，等．大型地下厂房洞室群施工期围岩变形分析 [J]．地下空间与工程学报，2014 (5)：27.

[23] 李洪涛，杨兴国，高星吉，等．地下厂房开挖爆破地震能量分布特征 [J]．爆破，2010，27 (2):5−9.

[24] 陈兴泽，杨兴国，李洪涛，等．地下厂房开挖爆破地震反应谱特征研究 [J]．工程爆破，2012，18 (1)：44−47.

[25] 闭少刚，陈波汲．猴子岩电站地下厂房对穿预应力锚索孔斜控制施工技术 [J]．四川水利，2015 (5)：70−72.

[26] 闭少刚．猴子岩水电站地下厂房锚索施工 [J]．四川水利，2015 (5)：52−56.

[27] 刘杰，徐黎，肖厚云．猴子岩水电站地下洞室富水处理技术 [J]．四川水利，2015 (4)：18−21.

[28] 杨静熙，黄书岭，刘忠绪．高地应力硬岩大型洞室群围岩变形破坏与岩石强度应力比关系研究 [J]．长江科学院院报，2019，36 (2)：63−70.

[29] 严波，李红心，陈飞东．基于微震监测的高地应力深埋地下厂房中下层开挖技术研究 [J]．水力发电，2018，44 (11)：93−95，108.

[30] 胡升伟．猴子岩地下厂房围岩变形监测成果分析 [J]．四川水力发电，2018，37 (5)：99−102，195.

[31] 雷英成，何刚．猴子岩水电站地下厂房施工期围岩变形特征分析 [J]．四川水力发电，2018，37 (5)：103−106，110，195.

[32] 陈川，李治国．浅谈猴子岩水电站通风设计的优化 [J]．四川水力发电，2018，37 (5)：123−124.

[33] 卢薇，程丽娟，李治国．猴子岩地下厂房边墙围岩变形及变形速率控制 [J]．陕西水利，2017 (5)：93−95.

[34] 李志鹏，徐光黎，董家兴，等．高地应力下地下厂房围岩破坏特征及地质力学机制 [J]．中南大学学报（自然科学版），2017，48 (6)：1568−1576.

[35] 张朝，刘建军．猴子岩水电站厂房顶棚结构施工方案优化 [J]．广西水利水电，2016 (5)：59−62.

[36] 姜鹏，戴峰，徐奴文，等．岩体破裂尺度与频率特征关系及其工程实证研究 [J]．岩土力学，2016，37 (S2)：483−492.

[37] 徐奴文，李韬，戴峰，等．基于离散元模拟和微震监测的地下厂房围岩稳定性研究 [J]．四川大学学报（工程科学版），2016，48 (5)：1−8.

[38] 贾哲强，张茹，张艳飞，等．猴子岩水电站地下厂房岩爆综合预测研究 [J]．岩土工程学报，2016，38 (S2)：110−116.

[39] 杨琼，佘鸿翔，李志国，等．猴子岩地下厂房上部开挖监测反馈及预测分析 [J]．地下空间与工程学报，2016，12 (3)：738−746.

[40] 徐奴文，戴峰，李彪，等．猴子岩水电站地下厂房开挖过程微震特征与稳定性评价 [J]．岩石力学与工程学报，2016，35 (S1)：3175−3186.

[41] 李志鹏．高地应力下大型地下洞室群硬岩 EDZ 动态演化机制研究 [D]．武汉：中国地质大

学，2016.

[42] 黄康鑫，袁平顺，徐富刚，等. 大型地下硐室群施工期围岩应力变形及稳定分析 [J]. 水利水运工程学报，2016 (2)：89-96.

[43] 张方涛，王春艳，康安栋，等. 高中间主应力下地下厂房高边墙围岩补强支护及效果评价 [J]. 水电能源科学，2016，34 (3)：140-144.

[44] 王金生，蔡仁龙，张顺高，等. 猴子岩水电站地下厂房施工期岩锚梁裂缝成因分析 [J]. 水电站设计，2015，31 (4)：84-87.

[45] 闭少刚. 猴子岩水电站地下厂房锚索施工 [J]. 四川水利，2015，36 (5)：52-56，66.

[46] 闭少刚，陈波汲. 猴子岩电站地下厂房对穿预应力锚索孔斜控制施工技术 [J]. 四川水利，2015，36 (5)：70-72，78.

[47] 韩模宁，郭宗彦，刘志强. 使用反井钻机掘进竖井和斜井的导井 [J]. 水力发电，1994 (5)：25-29，67.

[48] 傅自义，刘吉祥，吴华清. 反井钻开挖大倾角斜井导孔的工程实践 [J]. 水利水电科技进展，2006 (2)：53-55.

[49] 钱永平，王仕虎. 惠州抽水蓄能电站长斜井施工的技术创新 [J]. 水力发电，2010 (9)：46-48.

[50] 王跃刚. 反井钻机在斜井施工中的应用 [J]. 电网与清洁能源，2008 (11)：88-91.

[51] 高建. 反井钻机在甲岩水电站缓斜井施工中的应用 [J]. 四川水力发电，2014 (2)：36-38，41.

[52] 李坚，刘友旭. 深圳抽水蓄能电站引水斜井开挖及支护施工 [J]. 云南水力发电，2015 (1)：104-109.